자/연/으/로/의/회/귀

천연 약용 자원의 생명산업적 응용

김종덕 지음

전남대학교출판부

서 문

생명 현상은 아주 소중한 것이다. 인류는 이 생명 현상의 유지와 연장을 위하여 부단한 노력을 해왔고 해오고 있다. 생명 현상을 유지하기 위해서 자연을 이용하기 시작하였고, 자연으로부터 효능이 있는 물질들을 발굴하기도 하여 많은 효과를 거두고 있다. 어떻게 생명 현상을 연장할 수 있을까 하는 것이 Biotechnology 라고 생각한다. 이러한 생명의 유지와 연장은 인간의 최소의 기본적인 인간다움에 기초하여야 한다. 적어도 헤아릴 수 없는 강한 부작용으로 인하여 인간의 존귀함의 훼손은 줄어들어야 한다. 이를 위하여 "자연으로의 회귀"가 좀 더 나은 방향으로 진화되어야 한다.

현대에 들어 합성 의약품이 넘쳐나고 있고, 이 제제들을 복용한 후 많은 부작용에 시달리고 있다. 물론 약이란 양면성을 가지고 있어 치료 부분과 부작용 부분은 항상 따라 다니기 마련이다. 이런 때에 천연 자원으로부터의 의약품을 개발 한다면 보다 적은 부작용으로 삶의 행복감을 누릴 수 있을 것으로 생각한다. 본서가 말하는 약용 자원은 합성 의약품이 아니고, 천연으로부터 얻어질 수 있는 약용 자원을 일컫는다. 고대로부터 선조들은 자연으로부터 약용 자원을 채취하여 그 용도에 맞게 치료용으로 사용하여 왔다. 본서는 사람의 생활에 직접적으로 도입하여 해당 분야에 바로 사용할 수 있도록 그 작용 기전 및 사용 방법, 추출 방법, 시험 방법, 그 근거 자료 등을 수록하여 산업적인 응용에 기초를 담당할 수 있도록 하였다. 생명산업적 응용에 대하여, Biotechnology란 살아 있는 자원을 생체에 적용하는 산업이라 할 수 있다. 생명산업의 목적은 생명을 유지할 수 있는 수단의 개발이 될 것이다. 생명의 유지란 고통이 없는 삶, 행복을 추구할 수 있는 삶, 좋은 먹거리를 만들 수 있는 삶, 건강한 정신 및 육체를 동반 한 삶이 될 수 있는 것을 말한다. 이런 삶을 위해서는 자연 친화적인 삶이 필요하고, 고통을 이겨 낼 수 있는 방법도 부작용이 적은 자연에 의존하는 것이 좋은 삶으로 생각된다. 본서에는 우리 삶에 필요한 약용 자원의 기원으로부터 기능성, 항산화 작용, 신생 혈관 형성 억제 작용, 항암 작용, 항비만 작용, 면역 향상 작용, probiotics, 유해 세균 억제 작용, 항생제 대체 작용, 세포 부착 억제 작용, 웰빙 발효주, 항산화 면, 김치 균주의 제어, 장염 비브리오 제어 고추장 및 톳의 특성을 이용한 상품 개발에 대하여 상세히 서술함으로써 필요 부분의 산업화를 자신 있게 추진할 수 있도록 많은 제시를 하고 있다.

특히, 이 저서는 저자가 생명산업을 연구해 오면서 실제로 실험을 통하여 얻은 결과를 저널에 수록된 것 및 특허를 신청했거나 특허를 획득한 자료를 바탕으로 구성되어 있어 사업화를 수행하는데 좋은 방향 제시가 될 것으로 생각한다. 대부분의 Biotechnology 관련 회사들이 영세성을 면하지 못하는 이유도 기본이 충실하지 못하고 이론에 흔들리고, 방법 적용에 어려움이 많고, 방향 설정이 잘못된 경우가 많아서 큰 아쉬움을 느낀 바가 많다. 또한, Biotechnology 관련 기술은 하루가 다르게 발전하고 있어 함께 가지 못하면, 다음의 새 기술을 이해하는 데는 많은 어려움이 따르게 될 것이다. 따라서, 사람이 기술이 되고, 기술이 사람을 편안하게 하는 과정을 필수적으로 생각해야 한다. 기술의 자체 개발도 중요하지만 멘토가 있으면 더욱 쉽게 접근할 수 있을 것이다. 또한 이러한 측면에서 이 도서가 생명산업의 길라잡이가 될 수 있을 것으로 생각한다.

이 도서는 특허를 근거로 쓰여진 항목에 대해서는 특허기간이 유효한 항목이 대부분이기 때문에 저자와 상의 하여 이용토록 했으면 한다. 많은 부분에서 상품화하는 방법들이 언급되어 있어, 생명산업에 필요한 아이디어의 산실이 될 수 있으면 좋겠고, 더욱 사업화에 많은 도움이 되어 경제적으로 활성화를 기할 수 있으면 하는 바램을 가져 본다.

2017년 1월

물길 김종덕 씀

목 차

- 서 문 ____ 3
- 목 차 ____ 5

제1장 약용 자원의 선별

1. 약용 자원의 기원 — 18
1.1. 고서, 고처방에 의한 약용 자원의 선별 — 18
1.2. 장관계에 작용하는 약용 자원으로부터 선별 — 71
1.3. 성분에 의한 약용 자원의 선별 — 72

제2장 약용 자원의 기능성

1. 약용 자원의 항 산화 효과 — 80
1.1. 활성산소의 종류 — 80
2. 각 약용 자원의 항 산화력 — 85
2.1. 약용 자원의 항 산화력 측정방법 — 85
3. 두 종류의 약용 자원 조합에 따른 항 산화력 — 95
3.1. 용존 산소 측정법에 의한 항 산화력의 측정 — 95
3.2. ORAC 법에 의한 측정 — 97
3.3. 전자 공여능의 측정 — 98
3.4. 방향족 화합물 및 총 phenol함량 측정 — 100
4. 세 종류의 약용 자원 조합에 따른 항 산화력 — 103
4.1. 용존 산소 측정법에 의한 항 산화력의 측정 — 103
4.2. ORAC 법에 의한 항 산화력의 측정 — 103
4.3. 전자 공여능의 측정 — 105
4.4. 방향족 화합물 및 총 phenol함량 측정 — 107

제3장 신생 혈관 형성 억제 작용을 갖는 약용 자원

1. 신생 혈관 형성 억제 효과 관련 약용 자원 — 112
1.1. 신생 혈관의 형성 — 112
1.2. 신생 혈관 형성 억제 작용을 이용한 치유 가능한 분야 — 114
1.3. 신생 혈관 형성 원인으로 올 수 있는 질환 — 117
1.4. 신생 혈관의 형성을 촉진하는 물질 — 118
1.5. 신생 혈관의 형성을 억제하는 물질 — 118
2. 신생 혈관 형성 억제 작용을 갖는 물질의 선별 — 120
2.1. 세포를 이용한 대상 물질의 선별 — 120
2.2. 신생 혈관 형성 억제 작용의 분석 — 121
2.3. 신생 혈관 형성 억제 기전 규명 — 122
3. 신생 혈관 형성 억제 작용을 갖는 물질 — 123
3.1. 플라보노이드 — 123
3.2. 녹차 사포닌 E1 — 131
3.3. 녹차 씨앗 추출물 — 134
3.4. 동백잎 추출물 — 134
3.5. 전호 추출물 — 135
3.6. 파고지 추출물 — 135
3.7. 희첨 추출물 — 136
3.8. 산수유 추출물 — 137
4. 신생 혈관 형성을 억제하는 약용 자원 — 138
4.1. 약용 자원 — 138
4.2. 추출 성분의 신생 혈관 형성 억제 활성 — 140
4.3. 항암 효과를 갖는 약용 자원 — 142
4.4. 항비만 효과를 갖는 약용 자원 — 147

제4장 면역 형성 관련 약용 자원

1. 녹차 사포닌과 항원 보조 제제 — 188
2. 실험 재료 및 방법 — 190
2.1. 재료 및 시약 — 190
2.2. 녹차 사포닌의 추출 및 정제 — 190

2.3. 항원 보강제 용액의 제조 — 190
2.4. 세포의 배양 — 190
2.5. T-림포사이트의 분리 — 191
2.6. 혈구 용해 분석 — 191
2.7. 세포 생존율의 측정 — 192
2.8. 세포 자살의 분석 — 192
2.9. 사이토카인 mRNA의 발현 분석 — 192
2.10. 통계 분석 — 193
3. 결과 — 194
3.1. 녹차 사포닌의 용혈 작용 — 194
3.2. 세포의 활성도 및 분화 분석 — 194
3.3. 젖산 탈수소효소의 활성 분석 — 194
3.4. DNA 분해 효과 — 195
3.5. T-림포사이트에 대한 녹차 사포닌의 면역 중개 효과 - 196
3.6. 녹차 사포닌의 EL4에 대한 p38MAPK 신호 전달 경로 조절에 의한 항원 보조제로서의 효과 — 197
4. 녹차 사포닌과 면역 증가 작용 — 198

제5장 유용 균주의 성장을 촉진하는 효과를 갖는 약용 자원

1. ROS제거 및 장내 유용 세균의 활성을 증가시키는 약용 자원군 탐색 — 202
1.1. 한 종류의 약용 자원 — 202
1.2. 두 종류의 약용 자원 조합 — 207
1.3. 세 종류의 약용 자원 조합 — 211
1.4. 네 종류의 약용 자원 조합 — 215
2. 유용 세균의 활성을 증가시키는 약용 자원 조합의 항 산화력 — 220
2.1. 용존 산소 측정법에 의한 항 산화력 — 220
2.2. ORAC 법에 의한 항 산화력 — 224
2.3. DPPH 방법에 의한 항 산화력 — 225
2.4. 방향족 및 총 페놀 함량 — 226
2.5. Hydroxyl radical 소거 기능 — 227
3. 유용 균주의 성장 촉진 배합비 — 231
3.1. *L. acidophilus* — 231
3.2. *L. plantarium* — 231
3.3. *B. adolescentis* — 232
3.4. *B. bifidium* — 232
3.5. *B. infantis* — 233
3.6. *C. butyricum* — 234

제6장 유해 세균의 성장 억제 효과를 갖는 약용 자원

1. ROS제거 및 유해 세균의 활성을 제어하는 약용 자원군 탐색 — 236
1.1. 한 종류의 약용 자원 — 236
1.2. 두 종류의 약용 자원 조합 — 242
1.3. 세 종류의 약용 자원 조합 — 247
1.4. 네 종류의 약용 자원 조합 — 252
2. 성장 저해 효과를 갖는 약용 자원 조합의 항 산화력 — 257
2.1. 용존 산소 측정법 의한 항 산화력 — 257
2.2. ORAC 법에 의한 항 산화력 — 262
2.3. DPPH 방법에 의한 항 산화력 — 262
2.4. Hydroxyl radical 소거 기능 — 264
3. 유해 세균 성장 억제 배합비 — 269
3.1. *Clostridium difficile* — 269
3.2. *Clostridium perfringens* — 269
3.3. *Escherichia coli* — 269
3.4. *Listeria monocytogenes* — 270
3.5. *Staphylococcus aureus* — 271
3.6. *Streptococcus mutans* — 272
3.7. *Vibrio parahaemolyticus* — 272
3.8. *Bacteroides fragilis* — 273

제7장 항생제의 대체를 위한 약용 자원

1. 항생제 대체제 개발의 필요성 — 276
2. 제어 대상 균주 — 278
3. 유해 세균주들의 성장을 억제시키는 약용 자원군의 탐색 — 278
3.1. 한 종류의 약용 자원으로부터 균주의 제어 — 279
3.2. 두 종류의 약용 자원으로부터 균주의 제어 — 279
3.3. 세 종류의 약용 자원으로부터 균주의 제어 — 279
3.4. 네 종류의 약용 자원으로부터 균주의 제어 — 282
3.5. 통합 제어 약용 자원 조합 — 283
4. 제어 효과 — 284
4.1. 장내 균총 변화 관찰 — 284
4.2. 염증 균총 변화 관찰 — 285

제8장 세포 부착 억제 작용을 갖는 약용 자원

1. HUVECs 및 U937 cell의 배양 — 292
2. U937 세포를 이용한 부착 억제 실험 — 292
2.1. IL-1β 및 약용 자원 추출물로 자극된 HUVECs 에 U937 세포 부착 — 292
2.2. PMA 및 약용 자원 추출물로 자극된 U937 세포의 HUVECs에 부착 실험 — 292
2.3. IL-1β 및 약용 자원 추출물로 자극된 HUVECs에 약용 자원 추출물로 자극한 U937 세포의 부착 실험 — 292
3. 전호, 파고지, 희첨 및 산수유의 세포 부착 억제 효과 — 293
3.1. IL-1β 및 약용 자원 추출물로 자극된 HUVECs 에 U937 세포 부착 — 293
3.2. PMA 및 약용 자원 추출물로 자극된 U937 세포의 HUVECs에 부착 실험 — 294
3.3. IL-1β 및 약용 자원 추출물로 자극된 HUVECs에 약용 자원 추출물로 자극한 U937 세포의 부착 실험 — 294
4. ELISA법에 의한 세포 부착 활성 측정 — 296
4.1. 전호, 파고지, 희첨 및 산수유 — 296
4.2. 동백잎 추출물 — 298
5. 플라보노이드의 세포 부착 억제 효과 — 299
5.1. 형광 라벨링 — 299
5.2. U937 cell을 이용한 세포 부착 분석 — 299
5.3. HUVEC에 의한 세포 부착 인자의 발현 — 303

제9장 약용 자원의 기능성

1. 항 아토피 효과 — 306
1.1. 긁기 횟수 측정 — 306
1.2. 부종 두께 측정 — 306
2. 면역 향상 효과 — 307
3. 보습 효과 — 308
4. 세포 독성 억제 효과 — 308
5. 자외선 차단 효과 — 309
5.1. UV-scanning에 의한 차단 효과 선별 — 309
5.2. UV 노출 후 약용 자원에 의한 회복 효과 — 310
6. 항 혈전 효과 — 311
7. 동물 생리 시험 — 311
7.1. 실험동물 및 식이 — 311
7.2. 통계 처리 — 312
7.3. 식이 섭취량, 체중 증가량 및 식이 효율 — 312
7.4. 혈액 분석 — 313
8. 테스토스테론 유도 효과 — 315
8.1. 약용 자원의 효과 — 315
8.2. KAP의 효과 — 315
9. 항 알러지 효과 — 316
10. 항 당뇨 효과 — 317
10.1 당뇨쥐의 제조 — 317
10.2 실험 동물의 사육 및 식이 — 317
10.3. 혈당 변화 측정 — 318
10.4. 항 당뇨 효과 — 318
11. tyrosinase 억제 시험 — 318
12. 항 비만 시험 — 319
12.1. 항 비만 시험 — 319
12.2. 3T3-L1 세포의 분화 측정 — 320

제10장 약용 자원으로부터 웰빙 발효주의 개발

1. 웰빙 발효주 개발을 위한 약용 자원의 선발 — 324
2. 생체 기능 향상을 위한 원료의 배합 — 325
2.1. 예비 담금 — 325
2.2. 1차 담금 — 326
2.3. 2차 담금 — 328
2.4. 3차 담금 — 329
3. 발효주의 성분 분석 — 330
3.1. 휘발성 물질 추출 — 330
3.2. GC/MS분석 조건 — 330
3.3. 분석 결과 — 330
4. 기초 담금의 방향 성분 비교 — 339
5. 개선한 담금의 방향 성분 — 340

제11장 약용 자원으로부터 항 산화 면의 개발

1. 녹차의 첨가량 및 질감의 특성 — 342
2. 전분 배합의 적정성 — 343

3. 항 산화액의 제조 — 344
3.1. 항 산화액의 구성 성분 및 항산화 효과 — 344
3.2. 항 산화액의 구성 성분의 약효 — 345
3.3. 항 산화액의 조성비 — 345
4. 원료 배합을 위한 수분의 적정성 — 346
5. 최적 수분 함량에 의한 원료 배합의 적정성 — 346
6. 효소 반응에 의한 호화도의 비교 — 347
7. DSC(시차주사형열량분석계)에 의한 gel화 열량의 비교 — 348
7.1. 녹차의 적정 첨가량 — 349
7.2. 전분 배합의 적정성 — 350
7.3. 항 산화액의 구성 성분 — 350
7.4. 항 산화액의 조성비 — 350
7.5. 원료 배합을 위한 수분의 적정성 — 350
7.6. 효소 반응에 의한 호화도의 비교 — 351
7.7. 시차주사형열량분석계에 의한 gel화 열량의 비교 — 351

제12장 약용 자원으로부터 김치 균주의 제어

1. 연구 배경 및 목적 — 355
1.1. 시료의 제조 — 355
1.2. 묵은 지의 data 분석 — 356
2. 김치 발효 균주를 제어하는 약용 자원의 선별 — 359
2.1. *L. plantarium* 을 저해하는 약용 자원 — 360
2.2. *L. mesentroides* 의 성장을 촉진하는 약용 자원 - 360
2.3. *Pichia* 균주를 제어하는 약용 자원 — 361
2.4. 김치 연화, 산패 및 부패 촉진 균주들의 제어를 위한 공통 처방의 구성 — 361
2.5. 공통 처방에 따른 약용 자원의 구성 비율 완성 - 362
3. 처방 구성에 따른 제조 김치의 특성 — 364
3.1. pH의 변화 — 364
3.2. 산도의 변화 — 364
3.3. 염도의 변화 — 364
3.4. *Lactobacillus* 의 변화 — 365
3.5. *Leuconostoc* 의 변화 — 365
3.6. *Pichia* 의 변화 — 366
4. 요약 — 366

제13장 약용 자원으로부터 장염 비브리오균의 제어를 위한 고추장의 개발

1. 연구 배경 및 목적 — 368
2. 재료 및 방법 — 370
2.1. 사용 균주 — 370
2.2. 약용 자원의 추출 및 조합 — 370
2.3. 고추장 제조 — 370
2.4. ORP system value에 의한 항 산화력 측정 — 370
2.5. Disk법에 의한 비브리오의 저해력 측정 — 370
3. 결과 및 고찰 — 370
3.1. ORP system value에 의한 항 산화력의 측정 - 370
3.2. Disk법을 이용한 약용 자원 조합의 비브리오 균주의 저해 — 371
4. 요약 — 377

제14장 톳의 기능성 연구

1. 톳의 기능적 특성 — 380
1.1. ORP-pH system을 이용한 톳의 항 산화력 측정 - 381
1.2. FRAP assay를 이용한 톳의 항 산화력 측정 — 383
1.3. 톳의 흡습성 — 384
1.4. 톳의 조섬유 — 386
1.5. 톳의 Tyrosinase 저해능 — 388
1.6. 톳의 점도 특성 — 391
1.7. 톳의 혈관 신생 저해 효과 — 394
2. 톳의 응용 제품의 개발 — 397
2.1. 톳을 이용한 건강 음료 개발 — 397
2.2. 톳을 이용한 조미료의 개발 — 401
2.3. 장내 기능 개선을 위한 건강 톳 죽 개발 — 410

■ 맺 음 말 — 416
■ 약 어 — 417
■ 참고문헌 — 419
■ 찾아보기 — 434
■ 용어풀이 — 446

그림 목차

그림 1. 산소 원자의 전자 배치 및 부대전자 — 80
그림 2. 삼중항산소의 전자 배치 — 81
그림 3. 슈퍼옥시라디칼의 전자 배치 — 81
그림 4. 하이드록실라디칼(OH˙)의 전자 배치 — 82
그림 5. 과산화수소의 전자 배치 — 83
그림 6. H_2O_2의 금속이온에 의한 하이드록실라디칼(OH˙)의 생성 — 83
그림 7. 일중항산소의 전자 배치 — 84
그림 8. 세포 내에서의 프리라디칼의 생성 — 84
그림 9. pH 및 ORP 값과의 상관 관계 — 86
그림 10. 각 표준 물질의 농도에 따른 ORP system value — 86
그림 11. 수용성 및 지용성 표준 물질의 회귀 분석에 의한 ORAC 법 및 ORP system values와의 상관 관계 — 87
그림 12. 수용성 및 지용성 표준 물질의 회귀 분석에 의한 FRAP 법 및 ORP system values와의 상관 관계 — 87
그림 13. 수용성 및 지용성 표준 물질의 회귀 분석에 의한 FRAP 법 및 ORAC 법과의 상관 관계 — 87
그림 14. 용존 산소 측정법을 이용한 항 산화력 측정 — 88
그림 15. 용존 산소 측정법을 이용한 약용 자원의 항 산화력 비교 — 90
그림 16. ORAC values 의 계산 방법 — 91
그림 17. ORAC 법으로부터 약용 자원의 항 산화력 측정 — 91
그림 18. DPPH 법에 의한 약용 자원의 항 산화력 측정 — 93
그림 19. 용존 산소 측정법에 의한 두 종류의 약용 자원 조합에 의한 항 산화력 — 97
그림 20. ORAC 측정법에 의한 두 종류의 약용 자원 조합에 의한 항 산화력 — 97
그림 21. DPPH 측정법에 의한 두 종류의 약용 자원 조합에 따른 항 산화력 — 99
그림 22. 용존 산소 측정법에 의한 세 종류의 약용 자원 조합에 따른 항 산화력 — 103
그림 23. 세 종류의 약용 자원 조합의 따른 ORAC법에 의한 항 산화력 측정방법 — 104
그림 24. DPPH 법에 따른 약용 자원 세종류의 조합의 항 산화력 — 106
그림 25. 신생 혈관 형성 기전 — 113
그림 26. 신생 혈관 형성 억제 물질에 의한 암세포의 괴사 과정 — 114
그림 27. 국내 및 세계인의 암 발생 부위 — 115
그림 28. 국내 고도 비만율 추이 — 116
그림 29. 관상 동맥 질환(CAD) 및 신생 혈관 형성 촉진 물질에 관상 동맥 형성 — 116
그림 30. 상처 치유 과정 — 117
그림 31. 신생 혈관 형성 억제 작용을 나타내는 약용 자원 — 121
그림 32. 길이의 총합을 구하는 방법(a)과 픽셀 방법(b) 및 상관 관계(c) — 122
그림 33. 예상되는 신호 전달 분자(VEGFR-2, ß-catenin, PI3-K, Akt)의 핵 내(NF-kB)까지의 전달 경로 및 차단 물질 — 122
그림 34. 대표적인 단순 및 복합 페놀산의 구조 — 124
그림 35. Flavonoid의 기본 구조 — 125
그림 36. Flavonoids의 종류 — 126
그림 37. 플라보노이드의 구조와 활성과의 관계 — 126
그림 38. Biflavonoid의 구조 — 127
그림 39. B-환의 -OH 기 갯수에 따른 flavonoid 종류 — 128
그림 40. HUVEC을 이용한 각 플라보놀의 독성 — 128
그림 41. Flavonol의 10 uM 및 최고 안전 농도에서의 항 산화력 — 129
그림 42. 10uM의 각 플라보놀을 이용한 세포 내의 항 산화력 — 130
그림 43. VEGF로 자극된 HUVEC의 각 플라보놀의 최고 안전 농도에 의한 신생 혈관 형성 억제 효과 — 131
그림 44. RT-PCR의 개념도 — 132
그림 45. 신호 전달 분자, VEGFR-2, PI3K, β-Catenin, VE-Cadherin, Akt 및 NF-kB의 RT-PCR의 분석 결과 — 133
그림 46. VEGF로 활성화 한 후, VE-cadherin으로 면역 침전하여 VEGFR-2, PI3-kinase, 및 β-catenin과 TSE1 사이의 효과 — 133
그림 47. VEGF로 활성화 한 후, VE-cadherin으로 면역 침전하여 VEGFR-2, PI3-kinase, 및 β-catenin과 TSE 사이의 효과 — 134

그림 48. VEGF로 활성화 한 후, VE-cadherin으로 면역 침전하여 VEGFR-2, PI3-kinase, 및 β-catenin과 동백잎 추출물 사이의 효과 134
그림 49. 전호 추출물의 신호 전달 분자, VE-cadherin, β-catrenin 및 Akt 의 신호 전달 억제 (면역 침전 : PI3K) 135
그림 50. 파고지 추출물의 신호 전달 분자, β-catrenin 및 Akt 의 신호 전달 억제 (면역 침전 : VE-cadherin) 136
그림 51. 희첨 추출물의 신호 전달 분자, VE-cadherin 및 Akt 의 신호 전달 억제 (면역 침전 : PI3K) 136
그림 52. 산수유 추출물의 신호 전달 분자 Akt 의 신호 전달 억제 (면역 침전 : PI3K) 137
그림 53. HUVEC에 대한 녹차 사포닌 E1의 세포 독성 효과(a) 및 분자 구조(b) 144
그림 54. 녹차 사포닌 E1의 신생 혈관 형성 억제 효과 145
그림 55. 녹차 사포닌의 암세포 분화 억제 작용에 대한 효과 146
그림 56. *in vivo* 무모 쥐의 암세포 이식 후 녹차 사포닌의 암세포 저해 효과 146
그림 57. Oil red O염색에 의한 3T3-L1 세포 내에서 녹차 사포닌 E1의 지방 축적 억제 효과 147
그림 58. 녹차 사포닌 E1 투여에 의한 체중 감소 효과 148
그림 59. 녹차 씨앗 케이크 수용액 추출물의 지방 세포 분화 억제 정도 151
그림 60. 녹차 씨앗 케이크 수용성 추출물이 체중, 지방 세포 및 간조직에 미치는 효과 155
그림 61. 녹차 씨앗 케이크 수용성 추출물의 고지방 식이 및 고탄수화물 식이로 비만 유도된 쥐의 지방 조직 아디포카인의 영향 157
그림 62. 녹차 씨앗 케이크 수용성 추출물의 쥐의 간에서의 지방 형성 및 지방 세포 형성에 관련된 바이오마크의 발현의 RT-PCR 분석 158
그림 63. 고지방식이 및 고탄수화물 식이를 한 장간막동맥 지방조직 및 간으로부터 에너지 대사 관련 인자의 RT-PCR에 의한 유전자 발현 159
그림 64. 녹차 씨앗 과피 추출물의 사포닌 분액의 LC/TOF-MS 분석 163
그림 65. 녹차 씨앗 과피 추출물(PE)의 신생 혈관 형성 억제 효과 163
그림 66. 녹차 씨앗 과피 추출물(PE)의 신생 혈관 형성 관련 유전자의 발현 164
그림 67. Oil red O 염색에 의한 지방 세포 분화의 정량적 분석 165
그림 68. 녹차 씨앗 과피 추출물은 3T3-L1 아비만세포 분화 중의 PPARγ, C/EBPα, 및 SREBP의 발현 억제 166
그림 69. 고지방식이를 한 쥐(HFD)의 녹차 씨앗 과피 추출물(PE)에 의한 항 비만 효과 167
그림 70. Orlisat을 투여한 쥐의 복부 지방의 변색 현상 168
그림 71. HUVEC에 대한 희첨 추출물(SHE)의 농도에 따른 세포 독성 170
그림 72. Asahipak GS-310에 의한 희첨 추출물(SHE)의 분리 171
그림 73. 희첨 추출물(SHE)의 F5 분액을 사용한 신생 혈관 형성 억제 실험 시진 172
그림 74. 3T3-L1 지방 세포 분화 과정에서 희첨 추출물(SHE)의 효과 173
그림 75. 희첨 추출물(SHE)의 농도에 따른 비만 관련 인자의 발현 억제 173
그림 76. 희첨 추출물(SHE) 투여에 따른 LB mouse의 체중 변화 174
그림 77. HUVECs에 대한 파고지 추출물(PSE)의 세포 독성 175
그림 78. Asahipak GS-310에 의한 파고지 추출물(PSE)의 분리 176
그림 79. 파고지 추출물(PSE)의 F2 분액을 사용한 신생 혈관 형성 억제 실험 176
그림 80. 3T3-L1 지방 세포 분화 과정에서 파고지 추출물(PSE)의 효과 177
그림 81. 파고지 추출물(PSE)의 농도에 따른 비만 관련 인자의 발현 억제 177
그림 82. 파고지 추출물(PSE) 투여에 따른 LB mouse의 체중 변화 178
그림 83. HUVECs에 대한 전호 추출물(ARE)의 세포 독성 179
그림 84. Asahipak GS-310에 의한 전호 추출물(ARE)의 분리 179
그림 85. 전호 추출물(ARE)의 F5 분액을 사용한 신생 혈관 형성 억제 실험 시진 180
그림 86. 3T3-L1 지방 세포 분화 과정에서 전호 추출물(ARE)의 효과 180
그림 87. 전호 추출물(ARE)의 농도에 따른 비만 관련 인자의 발현 억제 181
그림 88. 전호 추출물(ARE)투여에 따른 LB mouse의 체중 변화 181
그림 89. HUVECs에 대한 산수유 추출물(CFE)의 세포 독성 182
그림 90. Asahipak GS-310에 의한 산수유 추출물(CFE)의 분리 183
그림 91. 산수유 추출물(CFE)의 F1, F5 및 F6 분액을 사용한 신생 혈관 형성 억제 실험 시진 183
그림 92. 3T3-L1 지방 세포 분화 과정에서 산수유 추출물(CFE)의 효과 184
그림 93. 산수유 추출물(CFE)의 농도에 따른 비만 관련 인자의 발현 억제 184
그림 94. 산수유 추출물(CFE) 투여에 따른 LB mouse의 체중 변화 185
그림 95. 녹차 씨앗 추출물의 사포닌 다량 함유 분액의 LC/TOF-MS 분석 191
그림 96. 녹차 사포닌의 양(¥) 적혈구에 대한 용혈 효과 194
그림 97. 녹차 사포닌에 의한 세포의 활성도 및 분화 분석 195

그림 98. 녹차 사포닌의 LDH 유리에 대한 효과 — 195
그림 99. 녹차 사포닌의 DNA 단편화 효과 — 196
그림 100. T-림포사이트의 녹차 사포닌에 의한 사이토카인 관련 유전자의 발현 — 197
그림 101. EL4 세포의 녹차 사포닌에 의한 암 관련 유전자의 발현 — 198
그림 102. *L. acidophilus* 의 성장을 촉진 시키는 약용 자원, 대조군과 약용 자원 (a), (b), (c) 및 (d) — 203
그림 103. *L. plantarium* 의 성장을 촉진 시키는 약용 자원, 대조군과 약용 자원 (a), (b), (c) 및 (d) — 204
그림 104. *B. adolescentis* 의 성장을 촉진 시키는 약용 자원, 대조군과 약용 자원 (a), (b) 및 (c) — 205
그림 105. *B. bifidum* 의 성장을 촉진 시키는 약용 자원 — 205
그림 106. *B. infantis* 의 성장을 촉진 시키는 약용 자원, 대조군과 약용 자원 (a), (b) 및 (c) — 206
그림 107. *C. butyricum* 의 성장을 촉진 시키는 약용 자원, 대조군과 약용 자원 (a), (b), (c) 및 (d) — 207
그림 108. *L. acidophilus* 의 성장을 촉진 시키는 2 종류 약용 자원의 조합, 대조군과 약용 자원 (a) 및 (b) — 208
그림 109. *L. plantarium* 의 성장을 촉진 시키는 2 종류 약용 자원의 조합, 대조군과 약용 자원 (a), (b), (c) 및 (d) — 208
그림 110. *B. adolescentis* 의 성장을 촉진 시키는 2 종류 약용 자원의 조합, 대조군과 약용 자원 (a), (b), (c) 및 (d) — 209
그림 111. *B. bifidum* 의 성장을 촉진 시키는 2 종류 약용 자원의 조합, 대조군과 약용 자원 — 210
그림 112. *B. infantis* 의 성장을 촉진 시키는 2 종류 약용 자원의 조합, 대조군과 약용 자원 — 210
그림 113. *C. butyricum* 의 성장을 촉진시키는 2 종류 약용 자원의 조합, 대조군과 약용 자원 (a), (b), (c) 및 (d) — 211
그림 114. *L. acidophilus* 의 성장을 촉진 시키는 3 종류 약용 자원의 조합, 대조군과 약용 자원 (a) 및 (b) — 212
그림 115. *L. plantarum* 의 성장을 촉진 시키는 3 종류 약용 자원의 조합, 대조군과 약용 자원 (a) 및 (b) — 212
그림 116. *B. adolescentis* 의 성장을 촉진 시키는 3 종류 약용 자원의 조합, 대조군과 약용 자원 (a), (b), (c) 및 (d) — 213
그림 117. *B. bifidum* 의 성장을 촉진 시키는 3 종류 약용 자원의 조합, 대조군과 약용 자원 (a), (b), (c) 및 (d) — 214
그림 118. *B. infantis* 의 성장을 촉진 시키는 3 종류 약용 자원의 조합, 대조군과 약용 자원 (a) 및 (b) — 214
그림 119. *C. butyricum* 의 성장을 촉진 시키는 3 종류 약용 자원의 조합, 대조군과 약용 자원 (a), (b), (c) 및 (d) — 215
그림 120. *L. acidophilus* 의 성장을 촉진 시키는 4 종류 약용 자원의 조합, 대조군과 약용 자원 — 216
그림 121. *L. plantarum* 의 성장을 촉진 시키는 4 종류 약용 자원의 조합, 대조군과 약용 자원 (a) 및 (b) — 216
그림 122. *B. adolescentis* 의 성장을 촉진 시키는 4 종류 약용 자원의 조합, 대조군과 약용 자원 (a), (b), (c) 및 (d) — 217
그림 123. *B. bifidum* 의 성장을 촉진 시키는 4 종류 약용 자원의 조합, 대조군과 약용 자원 (a) 및 (b) — 218
그림 124. *B. infantis* 의 성장을 촉진 시키는 4 종류 약용 자원의 조합, 대조군과 약용 자원 (a), (b), (c) 및 (d) — 219
그림 125. *C. butyricum* 의 성장을 촉진 시키는 4 종류 약용 자원의 조합, 대조군과 약용 자원 (a), (b) 및 (c) — 220
그림 126. 용존 산소 분석법에 의한 *L. acidophilus* 의 성장을 촉진하는 4 종류 조합의 항 산화력 — 221
그림 127. 용존 산소 분석법에 의한 *L. plantarum* 의 성장을 촉진하는 4 종류 조합의 항 산화력 — 222
그림 128. 용존 산소 분석법에 의한 *B. adolescentis* 의 성장을 촉진하는 4 종류 조합의 항 산화력 — 222
그림 129. 용존 산소 분석법에 의한 *B. bifidum* 의 성장을 촉진하는 4 종류 조합의 항 산화력 — 223
그림 130. 용존 산소 분석법에 의한 *B. infantis* 의 성장을 촉진하는 4 종류 조합의 항 산화력 — 223
그림 131. 용존 산소 분석법에 의한 *C. butyricum* 의 성장을 촉진하는 4 종류 조합의 항 산화력 — 224
그림 132. DPPH 방법으로 측정한 유용 균주의 성장을 촉진하는 약용 자원 4 조합의 항 산화력 측정(a)-(h) — 225
그림 133. *L. acidophilus* 의 성장을 촉진하는 약용 자원 4 종류 조합의 OH˙ 라디칼 제거율 — 228
그림 134. *L. plantariumm* 의 성장을 촉진하는 약용 자원 4 종류 조합의 OH˙ 라디칼 제거율 — 228
그림 135. *B. adolescentis* 의 성장을 촉진하는 약용 자원 4 종류 조합의 OH˙ 라디칼 제거율 — 229
그림 136. *B. bifidum* 의 성장을 촉진하는 약용 자원 4 종류 조합의 OH˙ 라디칼 제거율 — 230
그림 137. *B. infantis* 의 성장을 촉진하는 약용 자원 4 종류 조합의 OH˙ 라디칼 제거율 — 230
그림 138. *C. butyricum* 의 성장을 촉진하는 약용 자원 4 종류 조합의 OH˙ 라디칼 제거율 — 231
그림 139. *L. acidophilus* 의 성장을 촉진하는 4 종류 조합의 배합 비율 — 232
그림 140. *L. plantarium* 의 성장을 촉진하는 4 종류 조합의 배합 비율 — 232
그림 141. *B. adolescentis* 의 성장을 촉진하는 4 종류 조합의 배합 비율 — 233
그림 142. *B. bifidum* 의 성장을 촉진하는 4 종류 조합의 배합 비율 — 233
그림 143. *B. infantis* 의 성장을 촉진하는 4 종류 조합의 배합 비율 — 234
그림 144. *C. butyricum* 의 성장을 촉진하는 4 종류 조합의 배합 비율 — 234
그림 145. *C. difficile* 의 성장을 제어하는 한 종류의 약용 자원, 대조군과 약용 자원 (a), (b), (c) 및 (d) — 237
그림 146. *C. perfringens* 의 성장을 제어하는 한 종류의 약용 자원, 대조군과 약용 자원 (a), (b), (c) 및 (d) — 238
그림 147. *E. coli* 의 성장을 제어하는 한 종류의 약용 자원 — 239
그림 148. *Listeria monocytogenes* 의 성장을 제어하는 한 종류의 약용 자원 — 239
그림 149. *Staphylococcus aureus* 의 성장을 제어하는 한 종류의 약용 자원 — 240
그림 150. *Streptococcus mutans* 의 성장을 제어하는 한 종류의 약용 자원 — 240
그림 151. *Vibrio parahaemolyticus* 의 성장을 제어하는 한 종류의 약용 자원 — 241

그림 152. *Bacteroides fragilis* 의 성장을 제어하는 한 종류의 약용 자원 — 242
그림 153. *C. difficile* 의 성장을 제어하는 두 종류의 약용 자원의 조합, 대조군과 약용 자원 (a) 및 (b) — 243
그림 154. *C. perfringens* 의 성장을 제어하는 두 종류의 약용 자원의 조합, 대조군과 약용 자원 (a) 및 (b) — 243
그림 155. *E. coli* 의 성장을 제어하는 두 종류의 약용 자원의 조합, 대조군과 약용 자원 — 243
그림 156. *L. monocytogenes* 의 성장을 제어하는 두 종류의 약용 자원의 조합, 대조군과 약용 자원 (a), (b), (c) 및 (d) — 244
그림 157. *S. aureus* 의 성장을 제어하는 두 종류의 약용 자원의 조합, 대조군과 약용 자원 (a), (b), (c) 및 (d) — 245
그림 158. *S. mutants* 의 성장을 제어하는 두 종류의 약용 자원의 조합, 대조군과 약용 자원 (a), (b), (c) 및 (d) — 245
그림 159. *V. parahaemolyticus* 의 성장을 제어하는 두 종류의 약용 자원의 조합, 대조군과 약용 자원 (a) 및 (b) — 246
그림 161. *C. difficile* 의 성장을 제어하는 세 종류의 약용 자원의 조합, 대조군과 약용 자원 (a)-(c) — 247
그림 162. *C. perfringens* 의 성장을 제어하는 세 종류의 약용 자원의 조합, 대조군과 약용 자원 — 248
그림 163. *E. coli* 의 성장을 제어하는 세 종류의 약용 자원의 조합, 대조군과 약용 자원 (a)-(c) — 248
그림 164. *Listeria monocytogenes* 의 성장을 제어하는 세 종류의 약용 자원의 조합, 대조군과 약용 자원 (a)-(d) — 249
그림 165. *Staphylococcus aureus* 의 성장을 제어하는 세 종류의 약용 자원의 조합, 대조군과 약용 자원 (a)-(d) — 250
그림 166. *Streptococcus mutans* 의 성장을 제어하는 세 종류의 약용 자원의 조합, 대조군과 약용 자원 (a)-(b) — 250
그림 167. *Vibrio parahaemolyticus* 의 성장을 제어하는 세 종류의 약용 자원의 조합, 대조군과 약용 자원 (a)-(d) — 251
그림 168. *Bacteroides fragilis* 의 성장을 제어하는 세 종류의 약용 자원의 조합, 대조군과 약용 자원 (a)-(c) — 252
그림 169. *Clostridium difficile* 의 성장을 제어하는 네 종류의 약용 자원의 조합, 대조군과 약용 자원 (a)-(d) — 252
그림 170. *Clostridium perfringens* 의 성장을 제어하는 네 종류의 약용 자원의 조합, 대조군과 약용 자원 — 253
그림 171. *E. coli* 의 성장을 제어하는 네 종류의 약용 자원의 조합, 대조군과 약용 자원 (a)-(d) — 253
그림 172. *Listeria monocytogenes* 의 성장을 제어하는 네 종류의 약용 자원의 조합, 대조군과 약용 자원 (a)-(d) — 254
그림 173. *Staphylococcus aureus* 의 성장을 제어하는 네 종류의 약용 자원의 조합, 대조군과 약용 자원 (a)-(d) — 255
그림 174. *Streptococcus mutans* 의 성장을 제어하는 네 종류의 약용 자원의 조합, 대조군과 약용 자원 — 256
그림 175. *Vibrio parahaemolyticus* 의 성장을 제어하는 네 종류의 약용 자원의 조합, 대조군과 약용 자원 (a)-(b) — 256
그림 176. *Bacteroides fragilis* 의 성장을 제어하는 네 종류의 약용 자원의 조합, 대조군과 약용 자원 (a)-(b) — 257
그림 177. 용존 산소 분석법에 의한 *C. difficile* 의 성장을 제어하는 4 종류 조합의 항 산화력 — 258
그림 178. 용존 산소 분석법에 의한 *C. perprigins* 의 성장을 제어하는 4 종류 조합의 항 산화력 — 258
그림 179. 용존 산소 분석법에 의한 *E. coli* 의 성장을 제어하는 4 종류 조합의 항 산화력 — 259
그림 180. 용존 산소 분석법에 의한 *L. monocytogenes* 의 성장을 제어하는 4 종류 조합의 항 산화력 — 259
그림 181. 용존 산소 분석법에 의한 *S. aureus* 의 성장을 제어하는 4 종류 조합의 항 산화력 — 260
그림 182. 용존 산소 분석법에 의한 *S. mutans* 의 성장을 제어하는 4 종류 조합의 항 산화력 — 260
그림 183. 용존 산소 분석법에 의한 *V. parahaemolyticus* 의 성장을 제어하는 4 종류 조합의 항 산화력 — 261
그림 184. 용존 산소 분석법에 의한 *B. fragilis* 의 성장을 제어하는 4 종류 조합의 항 산화력 — 261
그림 185. DPPH 방법으로 측정한 유해균주 성장을 제어하는 약용 자원 4 조합의 항 산화력 측정(a)-(h) — 263
그림 186. *C. difficile* 의 성장을 제어하는 약용 자원 4 종류 조합의 OH˙ 디칼 제거율 — 265
그림 187. *C. perfringens* 의 성장을 제어하는 약용 자원 4 종류 조합의 OH˙ 라디칼 제거율 — 265
그림 188. *E. coli* 의 성장을 제어하는 약용 자원 4 종류 조합의 OH˙ 라디칼 제거율 — 266
그림 189. *Listeria monocytogenes* 의 성장을 제어하는 약용 자원 4 종류 조합의 OH• 라디칼 제거율 — 266
그림 190. *Staphylococcus aureus* 의 성장을 제어하는 약용 자원 4 종류 조합의 OH˙ 라디칼 제거율 — 267
그림 191. *Streptococcus mutans* 의 성장을 제어하는 약용 자원 4 종류 조합의 OH˙ 라디칼 제거율 — 267
그림 192. *Vibrio parahaemolyticus* 의 성장을 제어하는 약용 자원 4 종류 조합의 OH˙ 라디칼 제거율 — 268
그림 193. *Bacteroides fragilis* 의 성장을 제어하는 약용 자원 4 종류 조합의 OH˙ 라디칼 제거율 — 268
그림 194. *Clostridium difficile* 의 성장을 제어하는 4 종류 약용 자원 조합의 배합 비율 — 269
그림 195. *Clostridium perfringens* 의 성장을 제어하는 4 종류 약용 자원 조합의 배합 비율 — 270
그림 196. *E. coli* 의 성장을 제어하는 4 종류 약용 자원 조합의 배합 비율 — 270
그림 197. *Listeria monocytogenes* 의 성장을 제어하는 4 종류 약용 자원 조합의 배합 비율 — 271
그림 198. *Staphylococcus aureus* 의 성장을 제어하는 4 종류 약용 자원 조합의 배합 비율 — 271
그림 199. *Streptococcus mutans* 의 성장을 제어하는 4 종류 약용 자원 조합의 배합 비율 — 272
그림 200. *Vibrio parahaemolyticus* 의 성장을 제어하는 4 종류 약용 자원 조합의 배합 비율 — 272
그림 201. *Bacteroides fragilis* 의 성장을 제어하는 4 종류 약용 자원 조합의 배합 비율 — 273
그림 202. 각 균주의 한 종류의 약용 자원에 의한 제어 형상 — 280
그림 203. 각 균주의 두 종류의 약용 자원에 의한 제어 형상 — 281
그림 204. 각 균주의 세 종류의 약용 자원에 의한 제어 형상 — 282
그림 205. 각 균주의 네 종류의 약용 자원에 의한 제어 형상 — 283
그림 206. 약용 자원 조합에 의한 각 균주의 동시 제어 형상 — 284

그림 207. 통합 제어 약용 자원 조합에 의한 S.D. 계열의 수컷 쥐의 장내 *Clostridium* sp 제어 형상 284
그림 208. 통합 제어 약용 자원 조합에 의한 S.D. 계열의 암컷 쥐의 장내 *Clostridium* sp 제어 형상 285
그림 209. 통합 제어 약용 자원 조합에 의한 *S. epidermidis* 감염으로부터 회복 형상 285
그림 210. 통합 제어 약용 자원 조합에 의한 *S. aureus* 감염으로부터 회복 형상 286
그림 211. 통합 제어 약용 자원 조합에 의한 *S. pyogenes* 감염으로부터 회복 형상 286
그림 212. 통합 제어 약용 자원 조합에 의한 *S. zooepidemicus* 감염으로부터 회복 형상 287
그림 213. IL-1β 로 자극된 HUVECs에 대한 U937 세포의 약용 자원(전호, 파고지, 희첨 및 산수유)에 의한 세포 부착 억제 작용 293
그림 214. PMA 및 약용 자원(전호, 파고지, 희첨 및 산수유)로 자극된 U937세포의 HUVECs에 대한 세포 부착 억제 작용 294
그림 215. PMA 및 약용 자원(전호: *A. radix*, 파고지: *P. semen*, 희첨: *S. herba* 및 산수유: *C. fructus*)로 자극된 U937세포의 약용 자원 및 IL-1β 으로 자극된 HUVECs에 대한 세포 부착 억제 작용 295
그림 216. 약용 자원의 농도에 따른 내피 세포 부착 인자 VCAM-1의 발현 억제 효과 297
그림 217. 약용 자원의 농도에 따른 내피 세포 부착 인자 ICAM-1의 발현 억제 효과 297
그림 218. 약용 자원의 농도에 따른 내피 세포 부착 인자 E-Selectin의 발현 억제 효과 298
그림 219. 내피세포 부착 인자 E-selectin(a), VCAM-1(b) 및 ICAM-1(c)의 동백잎 추출물(*Camelliae japonica folium*)의 농도에 따른 발현 억제 299
그림 220. 최고 안전 용량의 flavonol이 U937 세포의 IL-1β 로 자극하거나 하지 않은 HUVEC 세포에 대한 세포 부착 억제 작용 300
그림 221. 최고 안전 용량인 flavonol이 U937 세포의 PMA로 자극한 HUVEC 세포에 대한 세포 부착 억제 작용 301
그림 222. 최고 안전 용량인 flavonol이 U937 세포의 IL-1β 로 자극한 HUVEC 세포에 대한 세포 부착 억제 작용 302
그림 223. 안전 용량의 플라보놀들의 내피 세포의 세포 부착 인자 발현 억제 작용 303
그림 224. 약용 자원의 가려움 억제 효과 306
그림 225. Compound 48/80에 대한 약용 자원의 부종 억제 효과 307
그림 226. 약용 자원의 T-세포 성장 촉진 작용 307
그림 227. 약용 자원의 보습 효과 308
그림 228. 약용 자원의 과산화수소(H_2O_2) 유도된 세포 독성 회복 효과 309
그림 229. 약용 자원의 U.V. 흡수 스캐닝 챠트 310
그림 230. NIH/3T3의 U.V. 조사 후 약용 자원에 의한 회복 효과 310
그림 231. 약용 자원의 항 혈전 효과 311
그림 232. 약용 자원의 테스토스테론 유도 효과 315
그림 233. KAP 추출물에 의한 쥐의 생식기 팽창 정도 315
그림 234. KAP에 의한 쥐의 생식기 팽창 정도 측정 316
그림 235. 약용 자원의 농도에 따른 항 알러지 효과 317
그림 236. 약용 자원(희첨: *S. herba*)의 항 당뇨 효과 318
그림 237. 약용 자원의 Tyrosinase 억제 효과 319
그림 238. 3T3-L1를 이용한 약용 자원의 항 비만 효과 320
그림 239. 3T3-L1세포의 분화를 억제하는 약용 자원 320
그림 240. 1 차 담금주의 색, 향 및 맛 시험 327
그림 241. 2 차 담금주의 색, 향 및 맛 시험 328
그림 242. 3 차 담금주의 색, 향 및 맛 시험 329
그림 243. No-10 발효주에 대한 이온 크로마토그램 332
그림 244. S-NO_2(1) 발효주에 대한 이온 크로마토그램 334
그림 245. SS-NO_2(1) 발효주에 대한 이온 크로마토그램 337
그림 246. 기초 담금 발효주의 향미 성분 비교 340
그림 247. 개발 담금 발효주의 향미 성분 비교 340
그림 248. 밀가루에 녹차 분말을 각각 1%, 3%, 5% 및 8%가 되게 첨가하고 수돗물(Tap) 및 약용 자원의 항산화 추출액(AO)으로 혼합하여 texture meter로써 gel strength의 시험 결과 342
그림 249. 3%의 녹차를 첨가한 시료의 저작 시험을 한 결과 343
그림 250. 항 산화액을 구성하는 각 약용 자원의 AUC 비교(가) 및 항 산화 추출액의 AUC(나) 345
그림 251. 밀가루 및 전분의 혼합비에 따른 호화도 348
그림 252. 주사형열량분석계로 분석한 시료의 gel 화 열량의 비교 349
그림 253. 여러 가지의 숙성 김치의 pH 356
그림 254. 여러 가지의 숙성 김치의 산도 356
그림 255. 여러 가지의 숙성 김치의 염도 357

그림 256. 여러 가지의 숙성 김치의 총 세균수, G(+), G(-) 357
그림 257. 다양한 숙성 김치에서 *Lactobacillus* sp. 및 *Leuconostoc* sp.의 균수 비교 358
그림 258. 다양한 숙성 김치에서 *Pediococcus* sp. 및 *Streptococcus* sp.의 균수 비교 358
그림 259. 다양한 숙성 김치에서 yeasts의 균수 비교 359
그림 260. *L. plantarium* 의 성장을 억제하는 약용 자원 360
그림 261. *L. mesentroides* 의 성장을 촉진하는 약용 자원 360
그림 262. *Pichia* sp.의 성장을 억제하는 약용 자원 361
그림 263. 김치 발효에 영향을 미치는 3 종류 세균의 조절 위한 약용 자원의 처방 361
그림 264. *Lactobacillus* sp.을 제어 할 수 있는 공통 처방의 구성 비율 362
그림 265. *Leuconostoc* sp.를 활성화 할 수 있는 공통 처방의 구성 비율 363
그림 266. *Pichia* sp.를 제어 할 수 있는 공통 처방의 구성 비율 363
그림 267. 새로운 처방의 온도에 따른 저장 시기 중의 pH 변화 364
그림 268. 새로운 처방의 온도에 따른 저장 시기 중의 산도 변화 364
그림 269. 새로운 처방의 온도에 따른 저장 시기 중의 염도 변화 365
그림 270. 새로운 처방의 온도에 따른 저장 시기 중의 *Lactobacillus* sp.의 제어 365
그림 271. 새로운 처방의 온도에 따른 저장 시기 중의 *Leuconostoc* sp.의 활성화 366
그림 272. 새로운 처방의 온도에 따른 저장 시기 중의 *Pichia* sp.의 제어 366
그림 273. *V. parahaemolyticus* 균주의 약용 자원 3 종류 성분의 비율에 의한 균주의 억제 372
그림 274. *V. parahaemolyticus* 균주의 약용 자원 4 종류 성분의 비율에 의한 균주의 억제 372
그림 275. 4 종류의 약용 자원 조합(a), 제조한 고추장(b) 및 식초 고추장(c)의 균주 억제, IZD 373
그림 276. 5 종류의 약용 자원 조합(a), 제조한 고추장(b) 및 식초 고추장(c)의 균주 억제, IZD 373
그림 277. 식초(a: IZD=1.71), 0.01% 키토산을 함유한 식초(b: 1.73), 0.05% 키토산을 함유한 식초(c: 1.56) 및 0.1% 키토산을 함유한 식초(d: 1.83)의 항균 효과 374
그림 278. 약용 자원 조합+식초를 함유한 고추장, 약용 자원 조합+식초+농도별 키토산을 함유한 고주장의 IZD 374
그림 279. (A)배합 조합 및 (B) 배합 조합에 마늘을 첨가한 것, 첨가하지 않은 것, 식초를 첨가한 것, 식초를 첨가하고 키토산을 농도별로 첨가한 고추장의 IZD 375
그림 280. 약용 자원 조합(C 및 D 조합)에 메주를 혼합하거나 하지않은 고추장에 식초 첨가, 식초에 키토산을 농도별로 첨가한 고추장의 IZD 376
그림 281. *V. parahaemolyticus* 에 고추냉이 및 겨자를 첨가한 항균력의 비교 377
그림 282. 비브리오 제어 고추장의 최적 조건 377
그림 283. ORP value와 pH와의 관계 382
그림 284. 해조류의 FRAP법에 따른 항 산화력 383
그림 285. 톳의 재배 영역 및 다른 해조류의 조섬유 함유량 387
그림 286. 타이로신으로부터 멜라닌의 형성 과정 388
그림 287. 해조류의 타이로신에이스 억제 활성 390
그림 288. 완도 및 보길도 톳의 산성 추출물의 shear stress 및 shear rate의 상관 관계 392
그림 289. 완도 및 보길도 톳의 열수 환류 추출물의 shear stress 및 shear rate의 상관 관계 392
그림 290. 완도 및 보길도 톳의 알카리 추출물의 shear stress 및 shear rate의 상관 관계 392
그림 291. 완도 및 보길도 톳의 산성 추출물(a), 열수 환류 추출물(b), 알카리 추출물(c)의 온도에 따른 고유 속도의 변화 393
그림 292. 완도 및 보길도 톳의 환류 추출물의 pH에 따른 고유 속도 변화 394
그림 293. 완도 및 보길도 톳의 알카리 추출물의 시간에 따른 고유 속도의 변화 394
그림 294. 푸코이단, 완도 및 보길도 톳 추출물의 HUVEC 세포에 대한 신생 혈관 형성 억제 효과 396
그림 295. NIH 영상 분석에 의한 푸코이단의 농도별, 완도 및 보길도 톳 추출물의 HUVEC 세포에 대한 신생 혈관 형성 억제 효과 397

표 목차

표 1. 용존 산소 측정법을 이용한 30 종류 약용 자원의 항 산화력 90
표 2. ORAC 측정법을 이용한 30 종류 약용 자원의 항 산화력 92
표 3. 약용 자원의 TBA 방법에 따른 hydroxyl radical 제거 능력 비교 93
표 4. DPPH 법에 따른 기울기의 절대치로 나타낸 약용 자원의 항 산화력 비교 94
표 5. 약용 자원의 280nm에서 측정한 방향족의 함량 94
표 6. 약용 자원의 총 phenol 함량 95
표 7. ORAC 법에 따른 두 종류의 약용 자원 조합에 의한 항 산화력 98
표 8. DPPH 측정법으로 구한 기울기 절대치에 따른 두 종류의 약용 자원 조합에 따른 항 산화력 비교 100
표 9. 분광광도계로 측정한 두 종류의 약용 자원 조합의 방향족 함량 101
표 10. 두 종류의 약용 자원 조합의 총 phenol 함량 102
표 11. ORAC 법에 따른 세 종류의 약용 자원 조합에 의한 항 산화력 104
표 12. DPPH법에 따라 구한 기울기의 절대치에 따른 세 종류의 약용 자원 조합에 의한 항 산화력 106
표 13. 분광광도계로 측정한 세 종류의 약용자원 조합의 방향족 함량 107
표 14. 세 종류의 약용 자원 조합의 총 phenol 함량 108
표 15. 신생 혈관 형성을 촉진하는 물질 118
표 16. 신생 혈관 형성을 억제하는 물질 118
표 17. 신생 혈관 형성을 억제하는 식탁 약용 자원 119
표 18. 신생 혈관 형성을 억제하는 식물 화학 물질 119
표 19. 폴리페놀 화합물의 주된 그룹 123
표 20. 항 산화제로서의 플라보노이드의 다양한 형태 125
표 21. 신호 전달 분자의 프라이머 132
표 22. 약용 자원의 신생 혈관 형성 활성 138
표 23. 추출 성분의 신생 혈관 형성 억제 활성 141
표 24.13C-NMR data of 544-4 in pyridine-d5 143
표 25. 녹차 사포닌의 생화학적 및 지방관련 인자들에 대한 효과 149
표 26. PCR 분석은 위한 비만 인자 관련 특정 프라이머, 유전지 은헹 및 크기 152
표 27. 녹차 씨앗 케이크 수용성 추출물의 고지방 식이 및 고탄수화물 식이로 비만 유도된 쥐의 섭취율, 혈청 생화학적 인자들 및 분변 성분의 특성 154
표 28. 녹차 씨앗 케이크 수용성 추출물의 고지방 식이 및 고탄수화물 식이로 비만 유도된 쥐의 혈청 아디포카인의 영향 156
표 29. 녹차 씨앗 과피 추출물(PE)에 따른 혈청인자들의 효과 168
표 30. 각 사이토카인의 프리이머 구성, 크기 및 유전자 은행 목록 번호 193
표 31. ORAC방법으로 분석한 각 유용균주의 성장을 촉진하는 4 종류 약용 자원 조합의 항 산화력 비교 224
표 32. 유용 세균의 성장을 촉진하는 약용 자원 4 종류의 조합을 DPPH 방법으로 측정한 데이터로부터 회귀분석한 기울기의 절대값으로 항 산화력 비교 226
표 33. 280 nm에서 분광광도계로 측정한 약용 자원 방향족 화합물의 량 226
표 34. ORAC방법으로 분석한 각 유해 균주의 성장을 제어하는 4 종류 약용 자원 조합의 항 산화력 비교 262
표 35. 유해 세균의 성장을 제어하는 약용 자원 4 종류의 조합을 DPPH 방법으로 측정한 데이터로부터 회귀분석한 기울기의 절대값으로 항 산화력 비교 264
표 36. 동물 실험 식이의 조성 312
표 37. 약용 자원을 투여한 쥐의 혈청 내의 ALT, AST 및 LDH의 활성도 313
표 38. 고콜레스테롤 및 지방 식이를 한 쥐에서 glucose, triglyceride, cholesterol, LDL-cholesterol에 대한 약용 자원의 효과 314
표 39. 고콜레스테롤 식이를 한 쥐에서 체중 증가, 섭취 및 식이 효율에 대한 약용 자원 추출물의 효과 314
표 40. 약용 자원의 다양한 효과의 순위 325
표 41. 예비 담금을 위한 약용 자원의 구성 326
표 42. 1 차 담금을 위한 약용 자원의 구성 326
표 43. 1 차 담금의 특징 분석 327
표 44. 2 차 담금을 위한 약용 자원의 구성 328
표 45. 3 차 담금을 위한 약용 자원의 구성 329

표 46. No-10 발효주에 대한 주된 휘발성 성분 332
표 47. S-NO2(1) 발효주에 대한 주된 휘발성 성분 335
표 48. SS-NO2(1) 발효주에 대한 주된 휘발성 성분 337
표 49. 밀가루, 쌀가루, 전분의 여러 가지 배합 비율에 3%의 녹차 분말을 첨가하여 제조한 시료의 종류 344
표 50. 밀가루 및 전분의 배합비에 따라 제조된 4종류의 국수에 대한 관능 검사 344
표 51. 항 산화 추출물 및 솔잎에 대한 성향 분석 345
표 52. 원료의 배합비와 시료의 함수율에 따른 물리적 특성(T: 수돗물, H: 항 산화 액) 346
표 53. 최적 수분 함량(33%)으로 제조된 시료들의 물리적 특성(T: 수돗물, H : 항 산화 액) 347
표 54. 주사형열량분석계로 분석한 시료의 gel 화 온도 및 겔화 열량의 비교 349
표 55. 약용 자원 조합의 ORP 시스템 수치에 의한 항 산화력 371
표 56. 3 종류의 약용 자원 조합의 IZD 비교 371
표 57. 4 종류의 약용 자원 조합의 IZD 비교 372
표 58. 각 해조류의 ORP System value 비교 382
표 59. 각 표준 물질의 ORP System value 382
표 60. 각 표준 물질의 농도별 FRAP법에 의한 항 산화력 384
표 62. 톳의 열수 추출물에 대한 기호도 조사 399
표 63. 톳의 열수 추출물에 첨가제를 첨가한 후 기호도 조사 400
표 64. 톳의 조미 성분 조합 구성 406
표 65. 맛의 향상을 위한 비율을 변화 시킨 톳의 조미 성분 조합 406
표 66. 표 65를 기준으로 맛을 향상 시키기 위한 각 구성물의 함량 조절 407
표 67. 표 66을 근간으로 쇠고기 분말을 첨가한 조합 407
표 68. 액상 조미료의 혼합 비율 408
표 69. 시료별 액상 조미료의 관능 시험 409
표 70. 톳 죽 구성을 위한 조성물 411
표 71. 톳 죽 구성을 위한 천연 조성물의 비율 412
표 72. 톳 죽 및 판매중의 죽과의 관능 시험 비교 412
표 73. 약용 자원 종류 및 첨가 농도에 따른 관능 검사 413

제1장

약용 자원의 선별

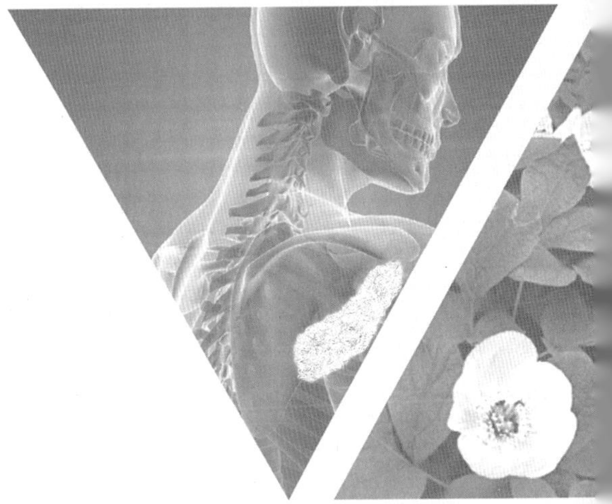

1. 약용 자원의 기원
   - 1.1. 고서, 고처방에 의한 약용 자원의 선별
   - 1.2. 장관계에 작용하는 약용 자원으로부터 선별
   - 1.3. 성분에 의한 약용 자원의 선별

제1장

약용 자원의 선별

1. 약용 자원의 기원

1.1. 고서, 고처방에 의한 약용 자원의 선별

가. 고서로부터 약용 자원의 탐색

항산화 약용 자원의 검색은 동의보감 등의 고서(黃度淵原, 1989; 森雄材,1986; 顔焜熒, 1982; 廉泰煥등, 1975; 생약연구회, 1999)로부터, 그리고 한방의 이론 등으로 부터 약물을 분류하고 이 약물들 중 연구자가 필요에 따라 그리고, 생체의 부위 및 기능에 따라 작용하는 약물을 분류하여 48 종류의 약용 자원을 선택하였다.

- 정기(精氣)
  - 양기(陽氣) — 기(氣)
    - 기허(氣虛) : 보기(補氣)
    - 양허(陽虛) : 보양(補陽)
  - 음액(陰液)
    - 혈(血) — 혈허(血虛) : 보혈(補血)
    - 진(津) — 진허(津虛) : 자음(滋陰)
    - 정(精) — 정허(精虛) : 보신익정(補腎益精)

생체의 기능을 아주 효율적으로 정상화하기 위해서는 모자라는 부분을 도와주는 것이 기본 원리이며, 이 이론을 바탕으로 생체에 필요한 약용 자원을 선택하였다. 보기, 보양, 보혈, 자음, 보신 익정 등에 관여하는 천연 산물군 중에서 항암, 항균 작용, 항 염증 작용, 수렴 작용, 면역 부활 작용, 활혈 작용, 위염 및 장염에 대한 항 궤양 작용, 장관 운동 촉진, 항 종양 작용, 해독 작용, 진통 작용 등을 갖는 천연 산물들을 선택하였다(森雄材, 1986).

① 보기제(補氣劑)

보기약(補氣藥)	건비약(健脾藥)	
인삼(人蔘)	산약(山藥)	백복령(白伏苓)
홍삼(紅蔘)	황정(黃精)	창출(蒼朮)
단삼(當蔘)	**연자(蓮子)**	의이인(薏苡仁)
자감초(炙甘草)	대조(大棗)	**자실(杍實)**
황기(黃耆)	현미(玄米)	백편두(白扁豆)
백출(白朮)	교이(膠飴)	

② 보양제(補陽劑)

산한약(散寒藥)	보기약(補氣藥)	보양약(補陽藥)	음양쌍보약(陰陽雙補藥)	
오수유(吳茱萸)	인삼(人蔘)	**음양곽(淫羊藿)**	녹용(鹿茸)	토사자(免絲子)
고량강(高良薑)	홍삼(紅蔘)	파극천(巴戟天)	**두충(杜冲)**	자하거(紫河車)
소회향(小茴香)	당삼(當蔘)	구척(狗脊)	용안육(肉從蓉)	해구신(海狗腎)
소두구(小豆蔲)	**자감초(炙甘草)**	비자(榧子)	쇄양(鎖陽)	복분자(覆盆子)
세신(細辛)	**황기(黃耆)**	**보골지(補骨脂)**	속단(續斷)	**동충하초(冬蟲夏草)**
계피(桂皮)	**백출(白朮)**	익지인(益智仁)	합개(蛤蚧)	**오미자(五味子)**
생강(生薑)	**고삼(苦蔘)**			

③ 자음제(滋陰劑)

보혈약(補血藥)		자음약(滋陰藥)		
폐・위(肺・胃)		심(心)	간・신(肝・腎)	
당귀(當歸)	백합(百合)	산조인(酸棗仁)	숙지황(熟地黃)	**천문동(天門冬)**
백작약(白灼藥)	맥문동(麥門冬)	아교(阿膠)	하수오(何首烏)	차전자(車前子)
계혈등(鷄血藤)	**오미자(五味子)**	숙지황(熟地黃)	**구기자(拘杞子)**	구판(龜板)
용안육(龍眼肉)	**천문동(天門冬)**	하수오(何首烏)	산약(山藥)	구갑(龜甲)
원지(遠志)	현삼(玄蔘)	**구기자(拘杞子)**	자실(杍實)	
백자인(白子仁)	사삼(沙蔘)	상심(桑椹)	**연자(蓮子)**	
부소맥(浮小麥)	**노근(蘆根)**		**산수유(山茱萸)**	
단삼(丹蔘)	**백작약(白灼藥)**			

④ 보신제(補腎劑)

보양약(補陽藥)	음양쌍보약(陰陽雙補藥)		자음약(滋陰藥)	
음양곽(淫羊藿)	녹용(鹿茸)	토사자(免絲子)	숙지황(熟地黃)	**천문동(天門冬)**
파극천(巴戟天)	**두충(杜冲)**	자하거(紫河車)	하수오(何首烏)	구판(龜板)
구척(狗脊)	육종용(肉從蓉)	해구신(海狗腎)	**구기자(拘杞子)**	구갑(龜甲)
비자(榧子)	쇄양(鎖陽)	복분자(覆盆子)	**산수유(山茱萸)**	현삼(玄蔘)
보골지(補骨脂)	속단(續斷)	동충하초(冬蟲夏草)	산약(山藥)	맥문동(麥門冬)
익지인(益智仁)	합개(蛤蚧)	**오미자(五味子)**	**연자(蓮子)**	차전자(車前子)
			우슬(牛膝)	산조인(酸棗仁)

⑤ 산한제(散寒劑)

온중산한(溫中散寒)		온경산한(溫經散寒)
정향(丁香)	오수유(吳茱萸)	오두(烏頭)
소회향(小茴香)	**당귀(當歸)**	백지(白芷)
호초(胡椒)	천궁(川芎)	마황(麻黃)
부자(附子)	세신(細辛)	
육계(肉桂)		

⑥ 청열제(清熱劑)

청열화습 (清熱瀉火)	청열해독 (青熱解毒)	청열양혈 (清熱凉血)	청열해서 (清熱解署)	청열화습 (清熱火濕)	청허약 (清虛藥)
지모(知母)	**승마(升摩)**	지황(地黃)	지모(知母)	인진호(茵蔯蒿)	지모(知母)
황련(黃蓮)	**감초(甘草)**	목단피(牧丹皮)	하엽(荷葉)	**황금(黃芩)**	목단피(牧丹皮)
황백(黃柏)	현삼(玄蔘)	**황련(黃蓮)**	**노근(蘆根)**	**황련(黃蓮)**	지황(地黃)
황금(黃芩)	**황련(黃蓮)**	**작약(芍藥)**		**황백(黃柏)**	지골피(地骨皮)
산치자(山梔子)	**황금(黃芩)**	대황(大黃)		산치자(山梔子)	**황련(黃蓮)**
대황(大黃)	**황백(黃柏)**	지골피(地骨皮)		대황(大黃)	**천문동(天門冬)**
	녹차(綠茶)	**괴화(槐花)**			

⑦ 이기제(理氣劑)

이기 (理氣)	이기화습 (理氣化濕)	이기화담 (理氣化痰)	이기이수 (理氣利水)
지실(枳實) 지곽(枳殼) 목향(木香)	반하(半夏) 곽향(藿香) **진피(陳皮)** 귤피(橘皮) 등피(橙皮) 후박(厚朴)	반하(半夏) **진피(陳皮)** 귤피(橘皮) 등피(橙皮) **생강(生薑)**	빈낭자(檳榔子) 대복피(大腹皮) 오수유(吳茱萸) 백개자(白介子)
이기산한 (理氣散寒)	이기활혈 (理氣活血)	이기소도 (理氣消導)	소간해울 (疏肝解鬱)
정향(丁香) 계피(桂枝) 오수유(吳茱萸) 오약(烏藥)	천궁(川芎) 연호색(延胡索) **산사자(山査子)** 삼릉(三稜)	**산사자(山査子)** 맥아(麥芽) 신곡(神曲)	천궁(川芎) 연호색(延胡索) 박하(薄荷) 후박(厚朴)

⑧ 활혈화어제(活血化瘀劑)

활혈(活血)	화어(化瘀)	파혈(破血)	지혈(止血)
당귀(當歸) 천궁(川芎) **갈근(葛根)** 계혈등(鷄血藤)	목단피(牧丹皮) **작약(芍藥)** 홍화(紅花) 대황(大黃) 우슬(牛膝) 현삼(玄蔘)	도인(桃仁) 홍화(紅花) 아술(莪朮) 삼릉(三稜) 천산갑(穿山甲)	유향(乳香) 소목(蘇木) 포황(蒲黃)

⑨ 이수제(利水劑)

이수약(利水藥)			
백출(白朮) 창출(蒼朮) 복령(茯笭) 오수유(吳茱萸) **황기(黃耆)**	**계피(桂皮)** 마황(麻黃) 방풍(防風) 백지(白芷) 세신(細辛)	택사(澤瀉) 의이인(薏苡仁) 인진호(茵陳蒿) 방기(防己) 차전자(車前子)	박하(薄荷) **사간(射干)** 연교(連翹) 우방자(牛蒡子) **상백피(桑白皮)**

⑩ 거풍습제(去風濕劑)

거풍습약(去風濕藥)			
마황(麻黃)	창출(蒼朮)	우슬(牛膝)	의이인(薏苡仁)
계피(桂皮)	**백출(白朮)**	상기생(桑寄生)	방기(防己)
방풍(防風)	천궁(川芎)	**석창포(石菖浦)**	백지(白芷)
세신(細辛)	**오가피(五加皮)**	천남성(天南星)	

⑪ 해표제(解表劑)

해표약(解表藥)			
신온해표 (辛溫解表)	신량해표 (辛凉解表)	화습해표 (化濕解表)	윤조해표 (潤燥解表)
계피(桂皮) **생강(生薑)** **자소엽(紫蘇葉)** 백지(白芷) 신이(辛夷)	박하(薄荷) 국화(菊花) **갈근(葛根)** **승마(升摩)** 상엽(桑葉)	곽향(藿香) 백지(白芷) 금은화(金銀花)	**갈근(葛根)** 상엽(桑葉)

동의보감(東醫寶鑑; 동의문헌연구실, 2007), 증맥 방약합편(證脈 方藥合編; 黃度淵原, 1989), 현대한방강좌(現代韓方講座; 廉泰煥, 1975), 韓方處方의 構成과 適用(森雄材, 1986), 도해 상용한방처방(圖解 常用韓方處方; 顔焜熒, 1982), 도설 동양의학(図說 東洋医學; 山田光胤, 1973), 인도약용식물지해설(印度藥用植物誌解說; 石館守, 1944), 현대생약학(생약학연구회, 1999), 한약학(韓藥學; 대한약사회, 1986),면역과 한방(駱和生, 1992)등의 여러 고처방으로부터 소화기계에 많이 사용되는 처방 중에서 생체를 보하는 기능, 해독 작용, 수렴, 조혈 작용, 항균 작용을 가지는 약용 자원의 역할을 바탕으로 48 종류를 택하였으며, 약용 자원의 성분은 신동의약보감(동방미디어주식회사, 1999)의 것과 Chinese Drug Monographs and Alalysis(Wagner, 1997)의 것을 인용, 정리하였고, 처방은 동의보감 및 신동의약보감에서 추출하였다.

본 서의 천연 약용 자원의 기원 식물

1) 갈근(葛根) *Puerariae radix*

2) 감초(甘草) *Glycyrrhizae radix*

3) 계피(桂皮) *Cinnamomi cortex*

4) 고삼(苦蔘) *Sophorae radix*

5) 괴화(槐花) *Sophorae flos*

6) 구기자(拘杞子) *Lycii fructus*

7) 다엽(茶葉) *Theae folium*

8) 당귀(當歸) *Angelicae gigantis radix*

9) 두충(杜冲) *Eucommiae cortex*

10) 백굴채(白掘菜) *Chelidonium majus*

11) 백작약(白灼藥) *Paeonia radix alba*

12) 백출(白朮) *Atractylodis rhizoma alba*

13) 사간(射干) *Belamcandae rhizoma*

14) 산사자(山査子) *Crataegi fructus*

15) 산수유(山茱萸) *Corni fructus*

16) 상백피(桑白皮) *Mori cortex radicis*

17) 석창포(石菖浦) *Acori graminei rhizoma*	18) 송엽(松葉) *Pini folium*	19) 승마(升摩) *Cimicifugae rhizoma*	20) 연자육(蓮子肉) *Nelumbinis semen*

21) 오가피(五加皮) *Acanthopanacis cortex*	22) 오미자(五味子) *Schisandrae fructus*	23) 오배자(五倍子) *Galla rhois*	24) 음양곽(淫羊藿) *Epimedii herba*

25) 전호(前胡) *Anthrisci radix*	26) 진피(陳皮) *Aurantii nobilis pericarpium*	27) 천문동(天門冬) *Asparagi tuber*	28) 파고지(破故紙) *Psoraleae semen*

29) 현초(玄草) *Geranii herba*	30) 황금(黃芩) *Scutellariae radix*	31) 황기(黃耆) *Astragali radix*	32) 황련(黃蓮) *Coptidis rhizoma*

33) 황백(黃柏) *Phellodendri cortex*	34) 희첨(希簽) *Siegesbeckiae herba*	35) 노근(蘆根) *Phragmitis rhizoma*	36) 갓(芥子) *Brassica juncea*

37) 강활((羌活) *Angelicae koreanae radix*	38) 금은화(金銀花) *Lonicerae flos*	39) 동백잎(山茶花) *Camelliae japonica folium*	40) 머루(山葡萄) *Vitis thunbergii caulis*

41) 민들레(浦公英) *Taraxacum coreanum herba*	42) 생강(生薑) *Zingiberis rhizoma*	43) 차조기(紫蘇葉) *Perillae folium*	44) 톳(海藻) *Hijikia fusiforme*

45) 돌외(七葉膽) *Gynostemma pentaphyllum*	46) 장춘화(長春花) *Catharanthus roseus*	47) 노루궁댕이버섯 *Hericium erinaceum*	48) 동충하초(冬蟲夏草) *Cordyceps sinensis*

1) 갈근(葛根: *Puerariae radix*)

자원 식물	약재 형태	주요 성분
		• Flavonoids -daidzein, genistein, kaempferol, quercetin • Pueraria glycoside

【효 능】

해기(解肌: 근육을 풀어줌), 발표(發表: 표면열을 발산시킴), 승양(升陽: 양기를 향상시킴), 생진(生津: 생체의 체액의 분비를 촉진함), 지갈(止渴: 갈증을 해소시킴), 개위(開胃: 음식을 먹을 때 구미가 당기게 함), 하식(下食: 소식(消食)과 유사한 용어로 먹은 것을 아래로 내리는 효능), 퇴열(退熱: 병으로 인한 열을 가시게 함), 지사(止瀉: 설사를 멈추게 함), 파혈(破血: 나쁜 피를 엷어지게 함), 타태(墮胎: 인위적인 수단에 의하여 태아를 분만기 이전에 모체에서 떨어지게 함), 배농(排膿: 염증으로 생긴 농을 바깥으로 배출하는 작용), 산울화(散鬱火: 답답한 화울을 분산시킴), 소주독(消酒毒: 술독을 소거시킴), 통소장(通小腸: 소장운동을 원활하게 함)

【주치병증】

외감발열두통(外感發熱頭痛: 외인에 감촉되어 생긴 발열 및 두통), 항강(項强: 목덜미가 뻣뻣하고 아프며 잘 돌리지 못하는 증상), 온학(溫瘧: 학질의 하나로 사기가 음경에 잠복해 있다가 가을에 먼저 풍에 상한 다음 다시 한에 상하거나 서열사를 받아서 생기는 증상), 중풍(中風: 갑자기 정신을 잃고 넘어지거나 갑자기 구안와사, 반신불수, 언어장애 등 일련의 후유증을 남기는 병증), 두통(頭痛), 제비(諸痺: 막혀서 통하지 않는 모든 증상), 천행상기(天行上氣: 기운이 아래에서 위로 치미는 증상), 구역(嘔逆: 속이 메슥메슥하여 게우려는 것), 신열(身熱: 열이나는 증상), 소갈(消渴: 갈증이 나서 물을 많이 마시지만 갈증이 없어지지 않는 증상), 심열(心熱: 심장에 생긴 여러 가지 열증), 토혈(吐血: 피가 호흡기와 소화관으로부터 입을 거쳐 나오는 증상), 흉격번열(胸膈煩熱: 가슴이 답답하면서 열감을 느끼는 증), 열리(熱痢: 열증에 속하는 이질), 설사(泄瀉), 협풍통(脇風痛: 풍으로 옆구리가 아픈 증), 장풍하혈(腸風下血: 치질 때 뒤로 새빨간 피가 나오는 것)

【처 방】

승마갈근탕(升麻葛根湯), 연교석고탕(連翹石膏湯), 연교승마탕(連翹升麻湯), 연교석고탕(連翹石膏湯), 연교승마탕(連翹升麻湯), 전씨백출산(錢氏白朮散), 가미승마탕(加味升麻湯),

가미지골피산(加味地骨皮散), 갈근백출산(葛根白朮散), 갈근소독음(葛根消毒飮), 갈근해기탕(葛根解肌湯), 마황갈근탕(麻黃葛根湯), 맥문동음자(麥門冬飮子), 백출산(白朮散) 등의 비정상적인 열을 다스리며 해독작용을 갖는 약용 자원으로써 240 여종의 처방을 구성한다.

2) 감초(甘草: *Glycyrrhizae radix*)

자원 식물	약재 형태	주요 성분
	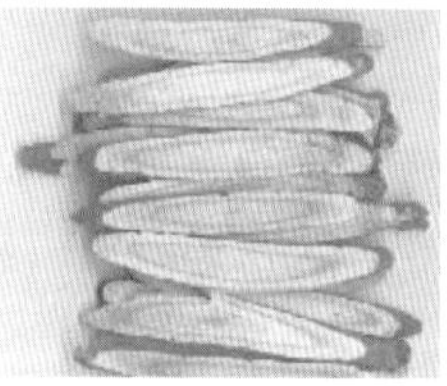	• Flavonoids - astragalin, galangin, genistein kaempferol, quercetin • Saponins - glycyrrhizin, soyasaponin

【효 능】

보비(補脾: 비가 허약한 증상이 나타날 때 쓰는 치료법), 윤폐(潤肺: 담천으로 기침을 하고 숨이 차며 목에서 가래 끓는 소리가 나고 가슴이 답답하며 달아오르는 것을 없앰), 이정(益精: 생명의 발생과 그 활동을 유지하는 데에 기본이 되는 물질의 향상), 양기(養氣: 몸 안에 기를 기르는 것), 청열(淸熱: 성질이 찬약으로 열을 내림), 해독(解毒: 몸 안이나 목 겉면에 있는 독을 없앰), 거담(祛痰: 가래가 잘 나가도록 함), 지해(止咳: 기침소리와 가래를 멈추게 함), 정통(定痛: 통증을 그치게 하는 효능), 장력(壯力: 힘을 튼튼히 하는 효능), 온중(溫中: 중초를 따뜻하게 함), 하기(下氣: 기가 치밀어 오르는 것을 내림), 안혼(安魂: 정신을 안정되게 함), 사심화(瀉心火: 심이나 위의 화열을 없앰)

【주치병증】

한열(寒熱: 오한과 열나는 증상), 허로이수(虛勞羸瘦: 허약하여 살이 여위는 것을 보함), 비위허약(脾胃虛弱: 비위의 기가 부족한 증상), 권태핍력(倦怠乏力: 몸이 피곤해서 움직이기 싫고 힘이 없음), 단기(短氣: 숨결이 빠르면서 이어지지 못하고 숨이 찬 증상), 심계(心悸: 가슴이 두근거리면서 불안해 하는 증상), 소갈(消渴: 갈증이 나서 물을 많이 마시지만 갈증이 없어지지 않는 증상), 번만(煩滿: 가슴이 달아오르면서 그득한 증상), 경간(驚癎: 전간의 하나로 무섭고 놀라서 크게 울면서 전간 발작이 나타나는 증상), 건망(健忘: 기억력이 약해져 지나간 일을 잘 잊어버리는 병증), 설종(舌腫: 혀가 붓는 증상), 인통(咽痛: 목안이 아픈 증상), 폐위(肺痿: 폐엽(肺葉)이 마르고 시들어 발생하는 병증), 복중냉통(腹中冷痛: 배가 차고 아픈 증상), 사지연급(四肢攣急: 팔과 다리의 힘줄이 오그라들고 뻣뻣해지는 증상), 신기상(腎氣傷: 콩팥이 손상되는 증상), 적백리(赤白痢: 묵 같은 곱과 피고름이 섞인 대변을 누는 이질의 한 종류), 부인혈력(婦人血瀝: 부인이 월경이 아닌데 조금씩 피가 나오는 것), 요통(腰痛), 유옹(乳癰: 젖몸에 생긴 덩어리), 요혈(尿血: 소변에 혈이 동반되는 증상), 태독(胎毒: 갓난 어린이에게 여러 가지 병을 일으키게 하는 선천적 병인)

【처 방】

가감백출산(加減白朮散), 가감백호탕(加減白虎湯), 가감보심탕(加減補心湯), 가감복령환(加減茯笭丸), 가감사군자탕(加減四君子湯), 가미십전대보탕(加味十全大補湯), 가미십전탕(加味十全湯), 곽향정기산(藿香正氣散), 궁귀조혈음(芎歸調血飮), 작약감초탕(芍藥甘草湯), 청열해독탕(淸熱解毒湯) 등 대부분의 처방에 대부분 이용되며 해독, 기의 운행에 관계되며 약 3,700 가지의 처방을 구성한다.

3) 계피(桂皮: *Cinnamomi cortex*)

자원 식물	약재 형태	주요 성분
		• Flavonoids - (+)-catechin,(-)-epicatechin, cinnamomum, procyanidin A2 • Phenylpropanoid - cinnamaldehyde, cinnamic acid • Diterpenoid: sincassiol • Steroid : beta-sitosterol

【효 능】

온중(溫中: 중초를 따뜻하게 함), 보양(補陽: 양이 허한 것을 보함), 평간(平肝: 간기가 몰리거나 치밀어 오르거나 간양이 왕성한 것을 정상으로 회복시킴), 익폐(益肺: 폐기를 보호), 소음(消陰: 음이 성한 것을 없앰), 납기(納氣: 신(腎)의 기능의 하나로 들이쉰 숨을 받아들여 호흡이 잘 되도록 함), 평천(平喘: 숨찬 것을 멈추게 함), 산한(散寒: 한증을 치료하는 방법), 지통(止痛: 아픔이 멎는 것), 활혈(活血: 혈을 잘 돌아가게 하는 방법), 통혈맥(通血脈: 혈맥을 잘 통하게 함), 강근골(强筋骨: 힘줄과 뼈를 강하게 함)

【주치병증】

양위(陽痿: 발기가 안 되는 것이며, 혹 발기가 되어도 단단하지 않은 것), 궁랭(宮冷: 자궁이 한랭(寒冷)한 것), 요슬냉통(腰膝冷痛: 허리와 무릎이 차고 통증이 있는 증상), 신허작천(腎虛作喘: 신(腎)이 허하여 호흡이 가쁜 병증), 양허현훈(陽虛眩暈: 현훈의 하나로 양기가 부족하거나 청양이 머리까지 올라가지 못해서 생기는 증상), 목적인통(目赤咽痛: 눈에 피가 모이고 목이 아픈 증상), 심복냉통(心腹冷痛: 명치와 배가 차고 아픈 증상), 허한토사(虛寒吐瀉: 정기가 허하고 속이 찬 증상으로 게우고 설사하는 병증)

【처 방】

가감오적산(加減五積散), 가미오적산(加味五積散), 반하계감탕(半夏桂甘湯), 분심기음(分心氣飮), 위풍탕(胃風湯), 이신삼백오령산(二神三白五苓散), 곽향정기산(藿香正氣散) 등의 몸을 따뜻하게 도우는 처방에 사용되며 90 여종의 처방에 응용되고 있다.

4) 고삼(苦蔘: *Sophorae radix*)

자원 식물	약재 형태	주요 성분
		• Flavonoids - kushenols A-X, sophoraflavanone, kurarinol • Alkaloids: matrine, oxymatrine, sophoranol • Saponins: soyasaponin I, sophorasaposides • Steroid: beta-sitosterol

【효 능】

보중(補中: 중초(비위)를 보함), 익기(益氣: 기허증을 치료함), 평위(平胃: 비위에 습이 울체되어 음식을 먹고 싶은 생각이 없으며, 온몸이 무겁고 명치 밑이 트적지근하면서 헛배가 부르고 때로 구역질을 하며 트림이 나거나 신물이 올라 오는 것을 소거함), 양간(養肝: 간음이 허한 것을 치료함), 정지(定志: 마음 또는 정신을 안정시킴), 명목(明目: 눈을 밝게 하는 효능), 지루(止淚: 눈물을 그치게 하는 효능), 거풍(祛風: 밖으로부터 들어온 풍사를 없앰), 축수(逐水: 몸 안에 몰려 있는 수음을 없앰), 해갈(解渴: 갈증을 풀어줌), 성주(醒酒: 술에서 깨게 함), 안오장(安五臟: 오장을 편안하게 함), 이구규(利九竅: 9개의 공동(두개의 눈, 콧구멍, 귓구멍, 입, 요도, 항문)을 이롭게 함), 사습열(瀉濕熱: 습(濕)이 울체된 채 오래되어 열상(熱象)을 없앰), 감충(疳蟲: 뱃속에 충이 생겨 발생하는 감병(疳病), 몸이 여위면서 살갗이 누렇게 되고 설사가 잘 멎지 않음), 해주독(解酒毒: 술을 지나치게 많이 마셔 생긴 독을 풀어줌), 복홍(伏汞: 수은의 독을 억제하는 효능)

【주치병증】

대열(大熱: 대(大)는 체표(體表)를 말하며, 높은 열이 아니고 표열(表熱)을 말함), 복열(伏熱: 몸 안에 잠복하고 있는 열사), 열독(熱毒: 양열(陽熱)이 몰려 독이 생긴 것), 중악(中惡: 어린이 진기가 쇠약한 증상), 기수(嗜睡: 잠이 너무 많은 증상(嗜睡), 번조(煩躁: 가슴 속이 달아오르면서 답답하고 편안하지 않아서 팔다리를 가만히 두지 못하는 증상), 황달(黃疸: 온몸과 눈, 오줌이 누렇게 되는 병증), 적취(積聚: 뱃속에 덩이가 생겨 아픈 증상), 미탈(眉脫:

눈썹이 떨어지는 증상), 심복적기(心腹積氣: 명치와 아랫배에 기가 몰려서 흩어지지 않는 증상), 복통(腹痛), 장풍(腸風: 치질 때 뒤로 새빨간 피가 나오는 증상), 사혈(瀉血: 어혈(瘀血)을 체외로 빼내어 질병을 치유하는 방법), 열리(熱痢: 대장에 열이 몰려서 기혈이 막힌 탓으로 위장의 운화기능이 장애되어 생긴 이질), 혈리(血痢: 피고름이 섞인 대변을 설하는 이질), 소변황적(小便黃赤: 오줌 색깔이 정상보다 누러면서 붉은 색을 띠는 증상), 임력(淋瀝: 소변이 잘 나오지 않고, 방울방울 떨어지면서 배뇨 시(排尿時) 통증이 있는 증상), 족종(足腫: 무릎 이하 복사뼈, 발가락 등이 모두 붓고 경직되는 병증), 소아신열(小兒身熱: 어린이가 여름에 열이 나면서 몸이 약해지는 증상), 악창(惡瘡: 헌 곳이 벌겋게 부어 오르면서 아프고 가려우며 곪아터진 다음에 잘 낫지 않는 증상), 옹종(癰腫: 옹저 때 부어 오른 것), 창개(瘡疥: 피부병의 하나로 헌 곳이 겹친 진옴(瘡疥), 대풍(大風: 혈이 허해서 생긴 풍, 한센병), 나질(癩疾: 만성 전염성 피부병의 하나인 한센병), 폐열창(肺熱瘡: 열이 몹시 날 때 폐에 생기는 물집)

【처 방】

가감하수오산(加減何首烏散), 가미고삼환(加味苦蔘丸), 삼귀환(蔘歸丸), 삼황패독산(三黃敗毒散), 세누창방(洗漏瘡方), 세독탕(洗毒湯), 세약(洗藥), 수풍산(搜風散), 용담환(龍膽丸), 환음해독탕(還陰解毒湯) 등에서와 같이 간, 소화기계에 작용하며, 해독과 항균 작용을 지니고 있으며, 90여 가지의 처방에 사용되고 있다.

5) 괴화(槐花: *Sophorae flos*)

자원 식물	약재 형태	주요 성분
	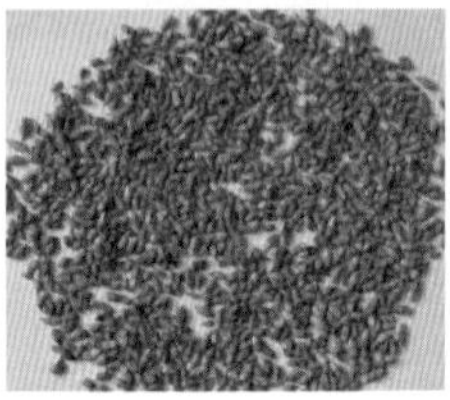	• Flavonoids - maackiain, isorhamnetin • Saponins: azukisaponin, soyasaponin I, kaikasaponin I

【효 능】

청간사화(淸肝瀉火: 맛이 쓰고 성질이 찬 약으로 간화를 내리는 방법), 양혈지혈(凉血止血: 한랭(寒冷)한 약물을 사용하여 혈분(血分)의 열사(熱邪)를 제거하여 지혈하는 효능), 살오장충(殺五臟蟲: 5장과 관련시켜 이름 붙인 5가지 기생충을 멸함)

【주치병증】

피부풍열(皮膚風熱: 피부의 풍사와 열사가 겹친 증상), 소갈(消渴: 갈증이 나서 물을 많이 마시지만 갈증이 없어지지 않는 증상), 중풍실음(中風失音: 풍으로 갑자기 말을 못하는 증상), 간열목적(肝熱目赤: 간열(肝熱)로 인해 눈이 붉게 된 증상), 객혈(喀血: 기도를 통해 피가 나오는 증상), 토혈(吐血: 피가 호흡기와 소화관으로부터 입을 거쳐 나오는 증상), 후비(喉痺: 목안이 벌겋게 붓고 아프며 막힌 감이 있는 인후병), 심통(心痛: 심장 부위 및 명치부위가 아픈 증상), 두통현훈(頭痛眩暈: 머리가 아프고 어지러운 증상), 장풍하혈(腸風下血: 일종의 변혈(便血)을 주증으로 하는 질병), 오치(五痔: 모치, 빈치, 맥치, 장치, 기치 등의 5가지 치질), 적백리(赤白痢: 묵 같은 곱과 피고름이 섞인 대변을 누는 이질), 장독하혈(臟毒下血: 대변을 본 뒤에 피가 나오는 증상), 붕중(崩中: 성기 이상 출혈), 치혈(痔血: 군살이 몸 밖으로 비집고 나온 것(痔)에서 피가 나는 것), 누혈(漏血: 사춘기와 갱년기 부녀자에게서 충임맥(衝任脈)이 단단치 못해 생기는 혈), 옹저(癰疽: 곪으며 부어오르는 증상), 양매독창(楊梅毒瘡: 성병의 하나로 양매(楊梅)와 독창(毒瘡)이 겸한 증상)

【처 방】

궁귀환(芎歸丸), 기각산(枳殼散), 당귀화혈탕(當歸和血湯), 도적지유탕(導赤地榆湯), 돈위환(豚胃丸), 밀몽화산(密蒙花散), 백엽탕(柏葉湯), 양혈지황탕(凉血地黃湯), 연각환(連殼丸) 등의 간의 열기를 사하고 혈의 운행를 조절하며 항균 작용의 처방에 사용되며 50 여종의 처방에 사용된다.

6) 구기자(拘杞子: *Lycii fructus*)

자원 식물	약재 형태	수요 성분
		• Alkaloids: kukoamine • Fatty acids: linoleic acid, linolenic acid • Coumarin: scopoletin • Steroid : beta-sitosterol, withanolide • Saponin: diosgenin

【효 능】

자보간신(滋補肝腎: 간신(肝腎)을 기르고 보익(補益)하는 효능), 윤폐(潤肺: 담천으로 기침을 하고 숨이 차며 목에서 가래 끓는 소리가 나고 가슴이 답답하며 달아오르는 감), 익정(益精: 생명의 발생과 그 활동을 유지하는 데에 기본이 되는 물질의 향상), 명목(明目: 눈이 잘 보이지 않는 증상), 보수(補髓: 기억력 감퇴와 골다공증을 막음), 자음보혈(滋陰補血: 음기(陰氣)를 기르고 혈(血)을 보익(補益)하는 효능)

【주치병증】

간신음휴(肝腎陰虧: 간음과 신음이 모두 허한 증상), 허로정휴(虛勞精虧: 몸의 정기와 기혈이 허손 해져(虛勞) 정(精)이 이지러짐), 음허목적생예(陰虛目赤生翳: 음허(陰虛)로 인해서 눈이 붉어지고 예(흐릿함)가 생기는 병증), 요슬산통(腰膝酸痛: 허리와 무릎이 시리고 아픈 증상), 두훈(頭暈: 어지러움), 목현(目眩: 눈앞이 아찔해지거나 아지랑이 현상으로 잘 보이지 않는 것), 이명(耳鳴: 귀 울음 증상), 소갈(消渴: 갈증이 나서 물을 많이 마시지만 갈증이 없어지지 않는 증상), 소중(消中: 消渴의 한 종류), 유정(遺精: 정액이 절로 나오는 병증), 해수(咳嗽: 기침 소리와 가래가 다 있는 것), 토혈(吐血: 피를 게우는 병증), 심통(心痛: 심장 부위와 명치 부위의 아픔 증상), 요통(腰痛: 허리 아픈 병증)

【처 방】

보신환(補腎丸), 보음환(補陰丸), 보음환(補陰丸), 보천대조환(補天大造丸), 본사방양간원(本事方羊肝元), 사물오자원(四物五子元), 산정환(山精丸), 삼일신기환(三一腎氣丸), 삼출건비환(蔘朮健脾丸), 삼화오자환(三花五子丸), 연령고본단(延齡固本丹)등의 간과 익정에 관계되는 처방 등으로 100 여건의 처방을 구성한다.

7) 다엽(茶葉: *Theae folium*)

자원 식물	약재 형태	주요 성분
	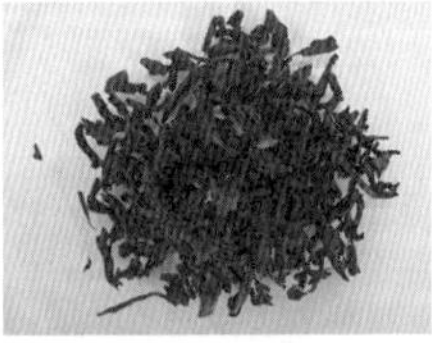	• Flavonoids: cathechins, EGCG, EGC • Tannins • Saponins: E1 • GABA

【효 능】

청두목(淸頭目: 머리와 눈을 맑게 해주는 효능), 제번갈(除煩渴: 가슴이 답답하여 입 안이 마르고 갈증이 나는 병증을 없앰), 화담(化痰: 담을 삭아지게 함), 소식(消食: 소화를 돕고 식욕을 촉진시키는 작용), 이뇨(利尿), 해독(解毒), 사열청신(瀉熱淸神: 열을 사하고 정신을 맑게 함), 양위지리(養胃止痢: 위기(衛氣)를 증강시켜 이질(痢疾)을 멎게 하는 효능)

【주치병증】

상서(傷暑: 여름철에 서사에 상한 병증), 곽란번민(霍亂煩悶: 갑자기 토하고 설사하며 몸을 이리저리 뒤틀며 안타깝게 괴로워함), 풍열담연(風熱痰涎: 풍열이 올라와 머리를 어지럽혀 일어나는 두통), 다수(多睡: 잠을 많이 자는 병증), 열독(熱毒: 양열(陽熱)이 몰려 독이 생긴 것), 두통(頭痛), 심번구갈(心煩口渴: 목이 마르고 가슴이 답답한 병증), 식적담체(食積痰滯: 비위의 운화 기능 장애로 먹은 음식물이 정체되어 머물러 맺혀있는 증상), 요통(腰痛), 적백리(赤白痢: 묵 같은 곱과 피고름이 섞인 대변을 누는 이질), 부인경폐(婦人經閉:

여자가 18세 이상이 되어도 월경이 없거나 3개월 이상 연속 월경이 없는 병증)

【처 방】

벽력산(霹靂散), 치소변불통방(治小便不通方), 치하감창방(治下疳瘡方), 치음창방(治陰瘡方), 치하감창방(治下疳瘡方), 구룡공연산(九龍控涎散) 등의 비뇨기 및 심신의 안정 등에 사용되었으나, 현재는 아주 다양한 기능성을 가지고 있어 다방면에 사용되고 있다.

8) 당귀(當歸: *Angelicae gigantis radix*)

자원 식물	약재 형태	주요 성분
		• Essential oil: ligustilide, senkyunolide, isoeugenol, carvacrol • Vitamins: vitamins A, B_1, B_{12}, E, biotin • Organic acids: folic acid, isoferulic acid • Sterols: stigmasterol

【효 능】

양혈(養血:보법의 하나. 혈이 허한 것을 보하는 방법), 활혈(活血: 이혈법의 하나로 혈을 잘 돌아가게 하는 방법), 조경(調經: 월경부조를 치료하는 방법), 지통(止痛: 아픔이 멎는 것), 윤조(潤燥: 음을 보하고 진액이 생기도록 하는 약으로 음허나 진액이 부족한 것을 치료하는 방법), 활장(滑腸: 밤낮으로 설사를 하면서 음식을 먹으면 그내로 나가는 증상), 온중(溫中: 중초를 따뜻하게 함), 발한(發汗: 땀내기 작용이 있는 약을 써서 땀과 함께 표에 있는 사기를 밖으로 내보내는 방법), 화혈(和血: 병으로 혈이 적어졌거나 몰린 것을 고르게 하는 것), 파어(破瘀: 어혈을 없애는 작용이 비교적 센 약으로 어혈을 없애는 치료방법), 익오장(益五臟 : 오장을 활성화 함), 윤장위(潤腸胃: 입에서 항문까지의 소화 기관을 원활하게 함), 생기육(生肌肉: 근육을 생기게 함), 택피부(澤皮膚: 피부를 윤택하게 함), 서근(舒筋: 외치법의 하나로 발이나 손목 부위가 상하여 건 또는 힘살이 오그라들고 관절에 강직이 왔을 때 힘살이나 건을 펴주는 방법), 배농(排膿: 고름을 뽑아내는 것), 제웅황(制雄黃: 삼류화비소(As_2S_3)를 주성분으로 하는 광석의 활성화를 억제함)

【주치병증】

한열(寒熱: 오한과 열나는 증상을 합하여 이른 말), 혈허위황(血虛萎黃: 혈이 허하거나 부족하여 몸이 누렇게 뜬 병증), 현훈심계(眩暈心悸: 어지러우며 심장이 심하게 뛰는 것), 온학(溫瘧: 학질의 하나로 사기가 음경에 잠복해 있다가 가을에 먼저 풍에 상한 다음 다시 한에 상하거나 서열사를 받아서 생기는 증상), 구역(嘔逆: 속이 메슥메슥하여 토하려는 증상), 상기(上氣: 기운이 아래에서 위로 치미는 것), 해역(咳逆: 기침하면서 기운이 치밀어

오르는 증상(숨이 찬 증상)), 기와(嗜臥: 노곤해서 잠을 많이 자거나 계속 조는 병증), 허로(虛勞: 몸의 정기와 기혈이 약하고 손상을 입은 병증), 중풍(中風: 갑자기 정신을 잃고 넘어지거나 갑자기 구안와사, 반신불수, 언어장애 등 일련의 후유증을 남기는 병증), 풍경(風痙: 경증(痙證)의 하나. 갑자기 넘어지며 온 몸이 강직되고 이를 악무는 등의 전간양(癲癇樣) 발작이 반복적으로 나타남), 중악(中惡: 어린이 진기가 쇠약한 증상), 풍습비(風濕痺: 풍사(風邪)와 습사(濕邪)가 합쳐진 비증(痺證)으로 팔다리가 저리고 아프며 잘 쓰지 못하는 증상), 두통(頭痛), 치통(齒痛), 지절통(肢節痛: 감기(感氣)나 몸살로 인(因)하여 팔다리의 뼛마디가 쑤시는 증상), 심하통(心下痛: 명치밑의 아픔을 위주로 하는 병증), 장위랭(腸胃冷: 장위(腸胃)에 매우 차고 냉냉한 기운이 몰린 증상), 복통(腹痛), 하리(下痢: 설사와 이질), 혈력(血瀝: 혈이 몰리는 것), 월경불순(月經不順: 생리가 순조롭지 못한 증상), 경폐통경(經閉痛經: 월경이 있어야 할 시기에 월경이 없고 월경통이 있는 증상), 붕중(崩中: 갑자기 음도(陰道)에서 대량의 출혈이 있는 것), 요혈(溺血: 소변에 피가 섞여 나오는 것)

【처 방】

가미사군자탕(加味四君子湯), 가미사물탕(加味四物湯), 가미소요산(加味逍遙散), 가미십기산(加味十奇散), 가미십전대보탕(加味十全大補湯), 가미십전탕(加味十全湯), 가미이진탕(加味二陳湯), 가미조중익기탕(加味調中益氣湯), 우황청심원(牛黃淸心元) 등의 조혈, 양혈의 처방에 많이 사용되며 1,730 여 처방을 이루는 군약의 약용 자원이다.

9) 두충(杜冲: *Eucommiae cortex*)

자원 식물	약재 형태	주요 성분
		• Lignan derivatives and glucosides -eucommin A, liriodendrin • Iridoid glycosides: aucubin, eucommiol, geniposide • Polysaccharides • Free sugars

【효 능】

익간신(益肝腎: 간과 신장을 보익하는 효능), 보요슬(補腰膝: 허리와 무릎을 보하는 효능), 익정기(益精氣: 생명활동을 유지하는 데 필요한 이로운 물질과 그 기능을 더하는 것), 견근골(堅筋骨: 힘줄과 뼈를 견고하게 하는 효능), 거풍습(祛風濕: 풍습사에 의하여 생긴 병증을 제거하는 효능), 안태(安胎: 임신부나 태아 자체의 여러 가지 원인들에 의하여 임신이 중절되려는 것을 치료하여 태아가 정상적으로 자라게 하는 효능), 온중(溫中: 중초를 따뜻하게 하는 효능), 강지(强志: 의지를 강하게 하는 효능)

【주치병증】

체허강직(體虛强直: 몸이 허하고 온몸이 뻣뻣해지는 증상), 간경풍허(肝經風虛: 肝經(간경)의 몸이 허해져서 외풍과 내풍에 의해서 생긴 병증을 補(보)하는 효능), 근골상리(筋骨相離: 힘줄과 뼈가 서로 떨어지는 증상), 신허요통(腎虛腰痛: 신의 허쇠로 생긴 요통. 허리가 시큰거리며 무겁고 계속 아픔), 신로(腎勞: 신이 허손되어 오는 허로), 풍랭상신(風冷傷腎: 풍랭(風冷)에 의해 신(腎)이 상한 것), 음하습양(陰下濕痒: 사타구니가 축축하고 가려운 것. 신(腎)이 상하여 신기(腎氣)가 부족하기 때문에 음부(陰部)가 차고 땀이 저절로 나는 것이며, 풍사(風邪)의 침범에 의하여 가려움증을 일으킴, 소변여력(小便餘瀝: 소변을 보고 난 뒤에도 남아서 방울방울 떨어지는 병증), 각중산통(脚中産痛: 다리에 방산형으로 통증이 생기는 것), 태동(胎動: 태아가 자궁강 안에서 움직이는 것), 태루(胎漏: 임신기에 아랫배의 아픔이 없이 자궁 출혈이 조금씩 있는 증상), 타태(墮胎: 임신 3달 이후에 저절로 중절되는 증상)

【처 방】

가미대보탕(加味大補湯), 가미보음환(加味補陰丸), 가미사물탕(加味四物湯),가미청아원(加味青娥元), 귤피전원(橘皮煎元), 녹각교환(鹿角膠丸), 녹용대보탕(鹿茸大補湯), 녹용사근환(鹿茸四斤丸), 자신백보환(滋腎百補丸), 자음대보환(滋陰大補丸), 자혈양근탕(滋血養筋湯) 등에서와 같이 음양 쌍보의 제제로써 간과 신장을 도우며 보기제로서도 중요하며 120여 처방에 사용되고 있다.

10) 백굴채(白掘菜: *Chelidonium majus*)

자원 식물	약재 형태	주요 성분
		• Alkaloids: chelidonin, protopine, berberine • Flavonoids: quercetin, kaempferol • Carotenoid

【효 능】

식물의 뿌리(백굴근)의 추출물에서 알칼로이드를 분리하고 주로 chelidonine의 황산염 또는 인산염을 만들어 진통제로 사용. 아편 대용.

【주치병증】

진해 작용, 이뇨, 해독, 급성 및 만성 위염, 위궤양, 진통, 위궤양, 간염 등

11) 백작약(白灼藥: *Paeonia radix alba*)

자원 식물	약재 형태	주요 성분
		• Monoterpene glycoside : paconiftorin, albiftorin. oxypaconiflorin, benzylpaeoniflorin • Monoterpenes: paconiflorigenone, paeonilactones • Gallotannins

【효 능】

자음(滋陰: 음이 허한 것을 보하는 방법), 양혈조경(養血調經: 혈이 허한 것을 보하고 월경부조를 치료), 유간(柔肝: 간(肝)을 부드럽게 하는 치료법), 완위(緩胃: 위를 이완시켜 기를 기르게 함), 염음(斂陰: 치료법의 하나로 음액을 수렴하는 방법), 지한(止汗), 산어(散瘀: 어혈을 헤치고 부은 것을 삭히는 방법), 화영설열(和營泄熱: 영혈(營血)을 조화시켜 열을 내보내게 하는 효능, 혈(血)은 영기(營氣)의 작용을 통해서 음식물의 정미로운 물질을 경맥을 통해서 전신을 자윤 시킴), 완급지통(緩急止痛: 급(急)한 기운을 완화시키고 통증을 그치게 하는 효능), 이방광대소장(利膀胱大小腸: 방광(膀胱)과 대장(大腸), 소장(小腸)을 이롭게 하는 효능), 수렴(收斂: 아물게 하고 줄어 들게 하며 나가는 것을 거두어들이는 것)

【주치병증】

경광(驚狂: 심간풍화(心肝風火)가 항성(亢盛)하여 정신을 어지럽히는 병증), 중악(中惡: 정신을 잃고 넘어지며 말을 하지 못하는 것), 두통현훈(頭痛眩暈: 머리가 아프고 어지러운 증상), 악풍(惡風: 뇌풍(한센병). 독이 센 풍사), 한열(寒熱: 추위를 느끼고 찬 것을 싫어하는 증상 및 열나는 증상), 허로(虛勞: 몸의 정기와 기혈이 허손해진 병증), 적취(積聚: 뱃속에 덩이가 생겨 아픈 증상), 혈비(血痺: 기혈이 허약해져서 막혀서 통하지 않는 증상), 혈허위황(血虛萎黃: 혈이 허하거나 부족하여 몸이 누렇게 뜬 병증), 목삽(目澁: 눈이 깔깔하고 아픈 병증), 심하비(心下痞: 명치 밑이 그득하면서 더부룩한데 만지면 유연하고 아프지도 않는 증상), 협하통(脇下痛: 옆구리 아래의 통증), 사지연급(四肢攣急: 사지(四肢)의 힘줄이 오그라들고 땅기면서 뻣뻣해지는 병증), 장풍(腸風: 치질로 인하여 새빨간 피가 나오는 것), 사리(瀉痢: 설사와 이질), 부인경폐(婦人經閉: 여자가 18세 이상이 되어도 월경이 없거나 또는 계속 월경이 있다가 임신, 수유기를 제외하고 3개월 이상 연속 월경이 없는 병증), 월경불순(月經不順: 생리가 순조롭지 못한 것), 붕루(崩漏: 여성 성기에서 부정기적으로 출혈이 있는 증상), 대하(帶下: 여성 성기에서 흘러 나오는 비정상적인 삼출물, 부인과 질병을 통틀어 이른 말), 자한(自汗: 깨어 있을 때 몸에 부담을 줌이 없이 저절로 나는 땀), 도한

(盜汗: 잠잘 때에만 땀이 나다가 잠에서 깨어나면 곧 땀이 멎는 증상), 소아두창(小兒痘瘡: 소아가 천연두를 앓은 뒤에 피부가 헐어서 가렵고 진물이 나는 병증), 옹종(癰腫: 옹저 때 부어 오른 증상), 발배(發背: 등에 생긴 상처가 깊고 잘 낫지 않는 증상), 창개(瘡疥: 피부병의 하나로 헌데가 겹친 진옴), 치루(痔瘻: 항문 직장 주위에 누공이 생긴 병증)

【처 방】

가미사물탕(加味四物湯), 가미소건중탕(加味小建中湯), 가미소요산(加味逍遙散), 가미십전대보탕(加味十全大補湯), 소건중탕(小建中湯), 소속명탕(小續命湯), 소요산(逍遙散), 십육미유기음(十六味流氣飮), 십전대보탕(十全大補湯), 양영탕(養榮湯), 양혈사물탕(養血四物湯) 외 820 여 처방에서 주혈 기능 및 소화기계에 많이 사용되는 약용 자원이다.

12) 백출(白朮 : *Atractylodis rhizoma alba*)

자원 식물	약재 형태	주요 성분
		• Essential oil: - monoterpens: borneol α-terpinene - sesquiterpenes: atractylon - phenolic constituents: thymol • Coumnarins • Monosaccharides: arabinose, galactose, glucose

【효 능】

건비(健脾: 비가 허약한 증상이 나타날 때 쓰는 치료법), 난위(暖胃: 성질이 따뜻하거나 더운 약으로 위한증을 치료하는 방법, 위를 덥게 함), 조습(燥濕: 맛이 쓰고 성질이 조(燥)한 약으로 중초의 습을 없애는 방법, 습을 없앰), 화탁(化濁: 더러운 것을 삭히는 효능), 화중(和中: 위기를 조화시키는 치료 방법), 지사(止瀉), 안태(安胎: 임신부나 태아 자체의 여러 가지 원인들에 의하여 임신이 중절되려는 것을 치료하여 태아가 정상적으로 자라게 하는 것), 생진(生津: 진액을 생기게 하는 약으로 열에 의하여 진액이 소모된 병증을 치료하는 방법), 소곡(消穀: 음식을 소화시키는 것), 보요슬(補腰膝: 허리와 무릎을 보함), 장기육(長肌肉: 근육(肌肉)을 튼튼히 하는 효능), 축담수(逐痰水: 염증에 의하여 생긴 담수를 제거하는 효능), 이소변(利小便: 소변이 잘 나오게 하는 치료 방법), 제지만(除支滿: 속이 치받듯이 그득한 것을 제거하는 효능), 안토제습(安土除濕: 비위(脾胃)를 안정시키고 습사(濕邪)를 제거하는 효능)

【주치병증】

비위기약(脾胃氣弱: 비위(脾胃)의 기가 약한 것), 권태소기(倦怠少氣: 권태(倦怠)롭고 기운이 적은 것), 하리(下痢: 설사와 이질), 담음(痰飮: 여러 가지 수음 병을 통틀어 이른 말), 수종(水腫: 몸 안에 체액이 머물러 있어 얼굴, 팔다리, 가슴과 배, 심하면 온몸이 붓는 병증), 황달(黃疸: 온몸과 눈, 소변이 누렇게 되는 병증), 지절통(肢節痛: 온몸의 뼈마디가 아프고 괴로운 증상), 각기(脚氣: 다리 힘이 약해지고 저리거나 지각 이상이 생겨서 제대로 걷지 못하는 병증), 소변난(小便難), 현훈(眩暈), 도한(盜汗: 잠을 잘 때에만 땀이 나다가 잠에서 깨어나면 곧 땀이 멎는 증상), 태기불안(胎氣不安: 임신불안(姙娠不安)의 뜻으로 임신의 정상 경과에 장애가 발생한 병리적 상황)

【처 방】

방기황기탕(防己黃芪湯), 방풍백출모려탕(防風白朮牡蠣湯), 방풍통성산(防風通聖散), 백출방풍탕(白朮防風湯), 백출복령탕(白朮茯苓湯), 보기생혈탕(補氣生血湯), 보기양혈탕(補氣養血湯), 보익양영탕(補益養榮湯), 보중익기탕(補中益氣湯), 복령백출탕(茯苓白朮湯)외 생체의 물의 운행에 관계하는 처방에 사용되며 1,300 여의 처방을 이루는 약용 자원이다.

13) 사간(射干: *Belamcandae rhizoma*)

자원 식물(미)	약재 형태	주요 성분
		• Triterpenoid : belamcandal • Flavonoid : iridin, irisflorentin, muningin, tectorigenin

【효 능】

사화(瀉火: 성질이 찬 약으로 열이 심하여 생긴 화를 사하는 방법), 해독(解毒: 몸 안이나 목 겉면에 있는 독을 없애는 방법), 산혈(散血: 혈을 소산되게 함. 혈중에 뭉친 어혈 등을 푸는 것), 소담(消痰: 머물러 있는 탁한 담을 없애는 방법), 개위(開胃: 위의 소화 기능을 돕고 입맛을 돋우는 방법), 하식(下食: 소식(消食)과 유사한 용어로 먹은 것을 아래로 내리는 효능), 이장(利腸: 장(腸)을 이롭게 하는 효능), 진간(鎭肝: 간(肝)을 편안하게 진정시키는 효능), 명목(明目: 눈을 밝게 하는 효능), 이인후(利咽喉: 목안을 편하게 하는 효능)

【주치병증】

열독담화울결(熱毒痰火鬱結: 열독(熱毒)으로 인해 담화(痰火: 담을 낀 화나 담에 의하여 생긴 화, 목이나 귀의 뒷쪽, 겨드랑이 밑에 염주알 같은 매듭이 생긴 병증)가 울결된 것),

후비(喉痺: 목안이 벌겋고 붓고 아프며 막힌 감이 있는 인후병), 인후종통(咽喉腫痛: 목안이 붓고 아픈 증상), 기역(氣逆: 장부의 기가 병적으로 위로 치밀어 오르는 것), 담천(痰喘: 담이 성해서 생긴 숨찬 증상), 해수(咳嗽: 기침 소리와 가래가 다 있는 것), 기취(氣臭: 좋지 않은 냄새), 폐만(肺滿: 폐기가 막히고 몰려 가슴이 그득한 증상), 흉열(胸熱: 가슴에 열사(熱邪)가 있는 것), 복중사역(腹中邪逆: 배 안의 사기(邪氣)가 역(逆)하는 것), 적기(積氣: 병의 기운이 몸 안에 몰려 있는 것), 수고(水蠱: 배가 몹시 불러 오면서 속이 그득한 감을 주증상으로 하는 병증), 복창(腹脹: 배가 불러오는 증상), 심비숙혈(心脾宿血: 심과 비에 혈(血)이 정체하여 오래된 혈(血), 어혈(瘀血: 피가 몸 안의 일정한 곳에 몰려 생긴 병증), 결핵(結核), 경폐(經閉: 달거리가 있어야 할 시기에 없는 것)

【처 방】

간산(補肝散), 사간산(瀉肝散), 사간탕(射干湯), 용담사간탕(龍膽瀉肝湯)등의 해독작용 및 기의 운행에 관계하며 60건의 처방에 관여되고 있다.

14) 산사자(山査子: *Crataegi fructus*)

자원 식물	약재 형태	주요 성분
	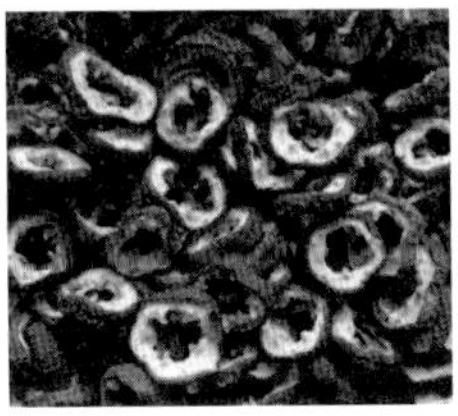	• Flavonoid: (-)-epicatechin, epicatechol, hyperoside, quercetin, sexangularetin, vitexin • Lipid : citric acid trimethyl ester, trimethyl citrate, methyl citrate

【효 능】

파기(破氣: 작용이 비교적 센 행기약으로 기가 몰리거나 맺힌 것을 풀어내는 치료 방법), 마적(磨積: 적취(積聚)를 해소하는 효능), 행기(行氣: 행기약으로 기를 잘 돌게 하는 방법), 산어(散瘀: 어혈을 풀어내고 부은 것을 삭히는 방법), 소식(消食: 소화를 돕고 식욕을 촉진시키는 작용), 도체(導滯: 막힌 것을 통하게 하는 치료방법), 보비(補脾: 비가 허약한 증상이 나타날 때 쓰는 치료법), 건위(健胃: 위의 소화 기능을 높이는 치료법), 활혈(活血: 혈을 잘 돌아가게 하는 방법), 구조충(驅絛蟲: 벌레를 제거하는 치료 방법)

【주치병증】

담음(痰飮: 여러 가지 수음 병을 통틀어 이른 말), 비만(肥滿: 몸의 지방 조직에 중성 지방이 지나치게 많이 축적되어 살찐 상태), 육적(肉積: 비가 허한데 고기를 지나치게 먹어서 생긴 적의 하나), 위완창통(胃脘脹痛: 명치에 가까운 윗배가 창만(脹滿) 하면서 아픈 병증),

사리복통(瀉痢腹痛: 설사를 하며 복통이 있는 것), 탄산(呑酸: 위의 신물이 목구멍까지 올라갔다가 내려가는 증), 하리(下痢: 설사와 이질), 장풍(腸風: 치질로 인하여 피가 나오는 것), 요통(腰痛), 혈괴(血塊: 해산한 뒤에 주기적으로 아랫배 아픔이 있는 것), 기괴(氣塊: 덩어리가 있는 것 같은데 생겼다 풀렸다 해서 만져지지 않는 것), 어혈경폐(瘀血經閉: 기체(氣滯), 한조(寒阻)에 의하여 경맥의 혈행이 삽체(澁滯)되고 어혈(瘀血)이 충맥(衝脈), 임맥(任脈), 포맥(胞脈)을 막은 것이 오래되어 월경이 일어나지 않는 병증)

【처 방】

삼귀별갑음(蔘歸鱉甲飮), 아위환(阿魏丸), 비설환(脾泄丸), 좌기단(挫氣丹) 등과 같이 주로 소화기계와 혈류 개선에 사용되어지며 10여가지의 처방에 사용되며 소화제로써 많이 사용된다.

15) 산수유(山茱萸: *Corni fructus*)

자원 식물	약재 형태	주요 성분
		• Tannin : 1,2,3-tri-O-galloyl-beta-D-glucopyranose • Triterpenoid : ursolic acid • Flavonoids : kaempferol, populetin, quercitrin • Monoterpenoid : secologanin

【효 능】

삽정(澁精: 수삽약으로 몽설, 활정, 누정, 요정 등 유정을 치료하는 방법), 염한(斂汗: 수삽법의 하나로 표가 허해서 절로 땀이 나거나 식은땀이 나는 것을 수렴하는 약으로 멎게 하는 방법), 수삽보조(收澁補助: 수삽(收澁: 정기(精氣)가 흐르고 떨어져 나간 것을 수렴(收斂)하는 치료 방법)하는 약물로써 보(補)하는 기능을 돕는 효능), 명목(明目: 눈을 밝게 하는 효능), 경신(輕身: 몸을 가볍게 하는 효능), 연년(延年: 오래 살게 함)

【주치병증】

풍한습비(風寒濕痺: 풍, 한, 습 3기가 뒤섞여 혈기를 울체로 몰아 신중, 두통, 수족마비 등의 증상이 나타나는 것), 요슬산통(腰膝酸痛: 허리와 무릎이 시리고 아픈 증상), 양위유정(陽痿遺精: 성욕은 있으나 음경이 제대로 발기되지 않은 증상과 정액이 성행위 이외에 흐르는 증상), 현훈이명(眩暈耳鳴: 현훈(眩暈)에 이명(耳鳴)을 수반하는 증상), 소변빈삭(小便頻數: 소변을 보는 횟수와 양이 모두 많은 증상), 소갈(消渴: 갈증이 나서 물을 많이 마시지만 갈증이 없어지지 않는 증상), 두풍(頭風: 머리 아픔이 낫지 않고 오래 계속되면서 때에 따라 아팠다 멎었다 하는 것, 머리에 풍사를 받아 생긴 병증), 풍기(風氣: 바람), 뇌골통(腦骨痛: 두개골(頭蓋骨)에 생기는 통증), 이롱(耳聾: 귀 안에서 소리가 나면서 잘 듣지 못하는 증), 목황(目黃: 눈의 백정이 누런 빛을 띤 것), 비색(鼻塞: 코가 막히는 것으로 흔히 감기에서 볼 수 있는 증상, 감기 등으로 인해 코가 막히는 증상), 장위풍사(腸胃風邪: 장위(腸胃)에 풍사(風邪: 바람이 병을 일으키는 원인이 된 것)가 있는 것), 노인유뇨(老人遺尿: 노인(老人)에게서 생기는 스스로 자각(自覺)하지 못하고 소변이 저절로 흘러나오는 불수의적 배뇨)

【처 방】

가감팔미원(加減八味元), 가미보음환(加味補陰丸), 가미신기환(加味腎氣丸), 고본건양단(固本健陽丹), 명목장수환(明目壯水丸), 무비산약원(無比山藥元), 보신환(補腎丸), 보정탕(保精湯), 연령고본단(延齡固本丹), 육미지황원(六味地黃元), 자음대보환(滋陰大補丸) 등의 주로 비뇨기, 생식기에 관계되는 처방에 사용된다.

16) 상백피(桑白皮: *Mori cortex radicis*)

자원 식물	약재 형태	주요 성분
		• Heterocycles: moracin A • Steroids: campesterol, cholesterol • Flavonoids : astragalin, kuwanol, morin, sanggenon • Monoterpenoids : cineole, cajeputol, eucalyptol

【효 능】

조중(調中: 중초(中焦)를 조화롭게 하는 효능), 개위(開胃: 위의 소화 기능을 돕고 입맛을 돋우는 방법), 소담(消痰: 머물러 있는 탁한 담을 없애는 방법), 해갈(解渴: 갈증(渴症)을 풀어주는 효능), 살충(殺蟲), 산어혈(散瘀血: 어혈(瘀血)을 제거하는 효능)

【주치병증】

절맥(絕脈: 맥의 하나로 정상보다 지나치게 빨리 뛰거나 더디게 뛰는 맥), 곽란토사(霍亂吐瀉: 갑자기 토하고 설사가 나며 심한 고통이 따르는 위장병), 허로객열(虛勞客熱: 허로한데 열증이 동반된 것), 열갈(熱渴: 실열이 있으면서 갈증이 나는 것), 수종(水腫: 몸 안에 체액이 머물러 있어 얼굴, 팔다리, 가슴과 배, 심하면 온몸이 붓는 병증), 각기(脚氣: 다리 힘이 약해지고 저리거나 지각 이상이 생겨서 제대로 걷지 못하는 병증), 두액통(頭額痛: 머리와 이마가 아픈 증상), 소변불리(小便不利: 소변 량이 줄거나, 잘 나오지 않거나 심지어 막혀서 전혀 나오지 않는 병증), 소아중설(小兒重舌: 소아의 혀 밑에 혀 모양의 군살이 돋는 병증), 아구창(鵝口瘡: 신생아, 영아의 설사 및 영양 부족 또는 마진(麻疹)의 후기에 발생하는 구강 질환으로 입 안의 점막이나 혀에 둥근 하얀 반점이 생기는 병증)

【처 방】

복령조혈탕(茯苓調血湯), 사화청폐탕(瀉火淸肺湯), 상백피산(桑白皮散), 소풍해독산(疎風解毒散), 시호승마탕(柴胡升麻湯), 신비탕(神秘湯), 영양각산(羚羊角散), 영폐탕(寧肺湯) 등의 혈액을 깨끗하게 하며 통증을 가라 앉히는 처방에 관계하며 260여 처방에 사용된다.

17) 석창포(石菖蒲: *Acori graminei rhizoma*)

자원 식물	약재 형태	주요 성분
		• Essential oils : asarone, eugenol, acorone • Terpenoids : camphene, calarene, linalool • Tannins

【효 능】

개심공(開心孔: 심공(心孔)을 열어주는 효능임. 체강이 열려 정신이 맑고 밝아짐), 이구규(利九竅: 9개의 공동(두개의 눈, 콧구멍, 귓구멍, 입, 요도, 항문)을 이롭게 함), 보오장(補五臟: 심, 간, 비, 폐, 신 등의 5장을 보함), 난장위(暖腸胃: 장위(腸胃)를 따뜻하게 하는 효능), 명이목(明耳目: 눈과 귀를 밝게 하는 효능), 발성음(發聲音: 목소리를 회복시키는 효능), 거습(祛濕: 습사를 없애는 치료방법), 제풍(除風: 풍(風)의 기운을 제거하는 효능), 축담(逐痰: 담(가래)을 제거하는 효능), 하기(下氣: 기가 치밀어 오르는 것을 내림), 소종(消腫: 부은 것이 삭아지게 하는 치료법), 지통(止痛: 통증을 멈춤), 살충(殺蟲), 열비(悅脾: 비(脾)의 기능을 증강시키는 효능), 분청화탁(分淸化濁: 소장(小腸)에서 소변(小便)과 대변(大便)의 생성과정이 잘 일어나도록 돕는 효능)

【주치병증】

전간(癲癎: 발작적으로 의식 장애가 오는 것을 주증으로 하는 병증), 담궐(痰厥: 궐증(厥證)의 하나로 담(痰)이 성하여 기(氣)가 막힘으로써 팔다리가 차고 심지어 기절하는 병증), 열병혼수(熱病昏睡: 열병(熱病)으로 인해 정신이 희미해 지면서 쓰러져 깨어나지 않는 증상), 건망(健忘: 기억력이 약해져 지나간 일을 잘 잊어버리는 병증), 기폐이롱(氣閉耳聾: 기(氣)가 쌓여서 거슬러 올라감으로써 청각 기능이 저하되는 병증), 심흉번민(心胸煩悶: 가슴이 더부룩하고 답답한 것), 위통(胃痛), 복통(腹痛), 완비불기(脘痞不飢: 배가 결리고 아프거나 체하여 배가 고프지 않는 증상), 심적복량(心積伏梁: 배꼽 위에서 일어나는데 크기가 팔뚝만하고 위로 명치까지 이르며, 오랫동안 낫지 않고 심번(心煩)하게 하는 증상), 소변불금(小便不禁: 신장(腎臟)과 방광이 함께 허(虛)하여 스스로 제어할 수 있는 힘이 없어 저절로 소변이 나오는 것을 참거나 가누지 못해 흘리게 되는 증세), 사지습비(四肢濕痺: 사지(四肢)에 습기(濕氣)가 성(盛)하여 형성되는 병증), 하혈(下血: 자궁출혈), 변독(便毒: 횡현(橫痃) 소복하(少腹下)와 서혜부(鼠蹊部)에 생긴 멍울. 성교에 너무 힘을 썼거나, 혹은, 욕정을 참고 배설하지 못하여 정(精)과 혈(血)이 뭉쳐 중도(中途)에 막혀 있는 경우, 심하게 화를 내어 간(肝)을 손상하여 경락에 기혈이 막혀 생기기도 하고, 양매창이 전염되어 생기기도 함), 붕중(崩中: 갑자기 음도(陰道)에서 대량의 출혈이 있는 것), 태루(胎漏: 임신기에 아랫배 아픔이 없이 자궁 출혈이 조금씩 있는 증상), 태동(胎動: 태아가 자궁강 안에서 움직이는 것)

【처 방】

가미정지환(加味定志丸), 가미청심음(加味淸心飮), 개심산(開心散), 구선영응산(九仙靈應散), 궁귀음(芎歸飮), 난궁종사환(煖宮螽斯丸), 대오보환(大五補丸), 묘응환(妙應丸), 보심환(補心丸), 삼령백출환(蔘苓白朮丸) 등 신장과 관계되는 곳에 많이 쓰이며 150 여 처방에 사용되는 약용 자원이다.

18) 송엽(松葉: *Pini folium*)

자원 식물	약재 형태	주요 성분
		• Monoterpenoid: alpha-pinene • Diterpenoid: abietic acid, dehydroabietic acid • Tetraterpenoid: beta-carotene • Sesterterpenid: alpha-tocopherol • Protein: alanine

【효 능】

거풍조습(祛風燥濕: 거풍법(祛風法)의 하나로 풍습(風濕)을 없애는 방법), 안오장(安五臟: 오장(五臟)을 편안하게 하는 효능), 벽천행온역(辟天行瘟疫: 크게 유행하는 온역(瘟疫)을 피하게 하는 효능), 살충(殺蟲: 기생충을 없애는 효능), 생모발(生毛髮: 몸에 털이 나게 하는 효능), 서근통락(舒筋通絡: 근육을 이완시키고 경락(經絡)을 통하게 하는 효능), 지양(止痒: 양증(痒症)을 치료하는 효능)

【주치병증】

중풍(中風: 갑자기 정신을 잃고 쓰러지거나, 한쪽 팔다리를 쓸 수 없고, 언어 장애 등의 후유증을 남기는 병증), 역절풍(歷節風: 숨이 짧고 땀이 저절로 나며 마디마디가 두루 아파 참지 못하며 굽히고 펴지 못하는 것), 음낭습양(陰囊濕痒: 음낭(陰囊)이 축축하고 가려운 증상), 각비(脚痺: 다리의 비증(痺證)), 악창(惡瘡: 창양(瘡瘍)으로 인한 농혈(膿血)이 부패하여 오래되어도 낫지 않는 병), 동창(凍瘡: 겨울에 몸이 얼어서 피부에 헌데가 생긴 것), 풍습비(風濕痺: 풍습으로 신체가 저리고 감각이 없어지는 증상), 부종(浮腫: 세포사이의 체액이 혈관 이외의 부위에 집적되어 부어오르는 증상), 습창(濕瘡: 습진의 한 종류), 개선(疥癬: 옴)

【처 방】

송백엽(松栢葉), 송엽(松葉), 오가피장척탕(五加皮壯脊湯)

19) 승마(升摩: *Cimicifugae rhizoma*)

자원 식물	약재 형태	주요 성분
	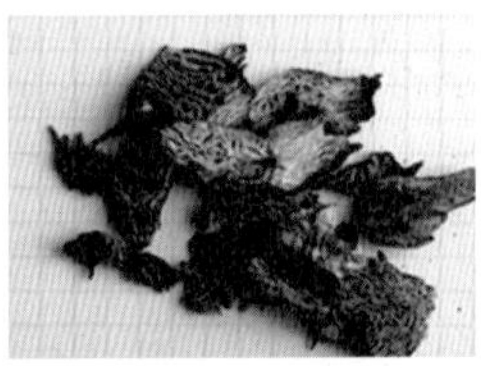	• Triterpenoids, triterpenc glycosides: actein, cimicifugoside, cirnigenol, dahurinol, cimicifugenol • Caffeic acid, tartaric, derivatives: ferulic acid, caffeic acid, cimicifugic acid • Furochrornones: cimifugin

【효 능】

승양(升陽: 양기를 향상시킴), 안혼(安魂: 정신을 안정되게 함), 정백(定魄: 백(魄:정신의 식 활동에서 정력, 패기, 넋을 표현한 말. 또한 본능적인 감각 기능과 몸 동작을 하는 기능을 표현한 말)을 바로잡는 효능임), 발표(發表: 표면열을 발산시킴), 투진(透疹: 발진을 잘 돋게 하는 방법), 청열(淸熱: 성질이 찬 약으로 열을 내림), 해독(解毒: 몸 안이나 목 겉면에 있는 독을 없앰), 보비위(補脾胃), 행어혈(行瘀血: 어혈(瘀血)을 소통시켜 풀어주는 효능), 토고독(吐蠱毒: 기생충의 감염으로 생기는 고창병, 고의 독으로 생기는 위급한 병증을 게우게 함), 인약상행(引藥上行: 약력(藥力)을 위로 끌어올리는 효능), 청위양혈(淸胃凉血: 위(胃) 속의 사열을 없애고 혈분(血分)에 열(熱)이 성(盛)한 것을 치료하는 효능)

【주치병증】

한열(寒熱: 추위를 느끼고 찬 것을 싫어하는 증상 및 열이 나는 증상), 열옹(熱壅: 목구멍의 가운데에 생기는 후옹(喉癰)), 중악(中惡: 정신을 잃고 넘어지며 말을 하지 못하는 것),

시기독려(時氣毒癘: 계절마다 발생하는 강력한 전염성(傳染性) 병사(病邪)), 풍열두통(風熱頭痛: 두통의 하나로 풍열사(風熱邪)가 위로 치밀어서 생긴 증상), 현훈(眩暈), 목적(目赤: 백정에 피가 생기는 증상), 치통(齒痛), 아근부란악취(牙根浮爛惡臭: 잇몸이 붓고 헐면서 썩은 냄새가 나는 것), 해농혈(咳膿血: 기침할 때 가래침에 피고름이 섞여 나오는 증상), 흉협허통(胸脇虛痛: 허증(虛證)일 때 나타나는 흉협부(胸脇部)의 통증(痛症)), 복통(腹痛)), 기육풍열(肌肉風熱: 풍열(風熱)로 인한 근육(肌肉)의 병증), 자궁탈수(子宮脫垂: 자궁이 정상 위치에서 아래쪽으로 내려와서 음렬(陰裂)을 이탈한 상태), 구설(久泄: 설사가 낫지 않고 오래 끄는 것), 하리후중(下痢後重: 하리(下痢) 후에 뒤가 묵직한 것), 혈림(血淋: 오줌에 피가 섞여 나오는 임증), 하혈(下血), 백탁(白濁: 오줌이 혼탁되어 뿌연 증상, 오줌길 구멍이 늘 허연 혼탁된 물이 조금씩 나와 있고 오줌이 잘 나오지 않으면서 아픈 증상), 족한(足寒: 발리 시려움), 대하(帶下: 여성 성기에서 흘러 나오는 분비물, 부인과 질병을 통틀어 이른 말), 붕중(崩中: 갑자기 음도(陰道)에서 대량의 출혈이 있는 것), 산후악혈(産后惡血: 산후(産後)에 나쁜 피가 나오는 증상), 소아경간(小兒驚癎: 소아가 경기(驚氣)와 간질(癎疾)을 앓는 증상), 마진불투(麻疹不透: 마진(麻疹)이 아직 투발(透發: 농(膿)이나 두창(痘瘡) 따위를 통하게 하여 발산시키는 효능)되지 않은 것), 양독발반(陽毒發斑: 열이 나면서 얼굴 및 그 밖의 드러난 부위 피부에 반점, 구진, 잔물집, 딱지 등의 피진(皮疹)이 나타나며 관절이 붓고 아픈 증상 등이 나타나는 병증), 두창(痘瘡: 천행발반창, 천연두. 급성발진성 전염병), 유풍종독(游風腫毒: 얼굴의 국한성 부종으로 헌데 또는 헌데의 독), 옹종(癰腫: 옹저 때 부어 오른 증상)

【처 방】

가미익기탕(加味益氣湯), 강활부자탕(羌活附子湯), 기제해독탕(旣濟解毒湯), 내소승마탕(內消升麻湯), 당귀화혈탕(當歸和血湯), 대강활탕(大羌活湯), (마황승마탕(麻黃升麻湯), 목단피탕(牡丹皮湯), 반하후박탕(半夏厚朴湯), 보중익기탕(補中益氣湯) 등의 해독 작용, 기의 운행, 혈류 조절등에 사용되며 550 여 처방을 이룬다.

20) 연자육(蓮子肉: *Nelumbinis semen*)

자원 식물	약재 형태	주요 성분
		• Alkaloids : anonaine, dehydroanonaine, isoliensinine, neferine • Flavonoids : hyperoside, hyperin, isoquercitrin, kaempferol, quercetin • Monoterpenoid: linalool • Steroid: beta-sitosterol

【효 능】

양심(養心: 심음이 허한 것을 치료하는 효능), 안신(安神: 정신이 불안한 것을 안정시키는 효능), 익신(益腎: 신을 활발하게 함), 보비(補脾), 삽장(澁腸: 수렴약으로 설사를 멎게 하는 효능), 지사(止瀉), 후장위(厚腸胃: 장과 위를 튼튼하게 함), 강근골(强筋骨: 힘줄과 뼈를 강하게 함), 명이목(明耳目: 눈과 귀를 밝게 하는 효능), 거열(祛熱: 열을 제거함), 지갈(止渴: 갈증을 해소시킴), 삽정(澁精: 수삽약으로 몽설, 활정, 누정, 요정 등을 치료하는 효능)

【주치병증】

안적작통(眼赤作痛: 양쪽 눈이 붉게 부으며 아픈 병증), 허손상중(虛損傷中: 몸의 정기(正氣)나 기혈(氣血)이 쇠약해진 병증으로 중초비위(中焦脾胃)의 기를 손상한 것), 심계실면(心悸失眠: 가슴이 두근거리면서 불안해하며 잠이 오지 않는 증상), 한습요통(寒濕腰痛: 한습사가 경락을 막아서 기혈이 잘 통하지 못해 일어나는 요통), 비허구사(脾虛久瀉: 비(脾)가 허하여 오랫동안 설사를 하는 증상), 구리(久痢: 痢疾이 오래도록 낫지 않는 증상), 유정(遺精: 정액이 저절로 나오는 증상), 적백탁(赤白濁: 백탁과 적탁, 음경구(陰莖口)로부터 탁한 물질이 흘러 나오나 소변은 혼탁하지 않은 증상)

【처 방】

연자육(蓮子肉), 청심연자탕(淸心蓮子湯) 등의 익신, 삽정, 마음을 가라 앉히는 처방에 사용된다.

21) 오가피(五加皮: *Acanthopanacis cortex*)

자원 식물	약재 형태	주요 성분
		• Lignans: eleutheroside E1 • Phenylpropane derivatives: eleuthcroside B • Coumarin: isoraxidin, dihydroxycoumarin • Flavonoid : hyperin • Carbohydrate : inositol • Sterol: eleutheroside A

【효 능】

거풍제습(祛風除濕: 거풍과 제습, 풍사(風邪)과 습사(濕邪)가 체내에 머물러 있다가 통증이 옮겨 다니는 증상에 효능), 자보간신(滋補肝腎: 간신(肝腎)을 기르고 보익(補益)하는 효능), 익기건비(益氣健脾: 기(氣)와 비(脾)를 보(補)하는 것으로 기허(氣虛)와 비허(脾虛)를 치료하여 튼튼하게 함), 순기(順氣: 기를 순조롭게 함), 화담(化痰: 담을 삭아지게 함), 명목(明目), 보중(補中: 중초(비위)를 보함), 장근골(壯筋骨), 통경락(通經絡: 인체의 기혈이 운행되는 통로를 원활하게 하는 것), 축어혈(逐瘀血: 피가 몸 안의 일정한 곳에 몰려 생긴 증상을 제거하는 효능)

【주치병증】

간신양허(肝腎陽虛: 간신(肝腎)이 모두 허하여 인체 생명 활동의 기본 물질인 정혈(精血)이 부족해지는 병증), 오로칠상(五勞七傷: 오로는 오장이 허약해서 생기는 허로(虛勞)를 5가지로 나눈 것으로, 심로(心勞), 폐로(肺勞), 간로(肝勞), 비로(脾勞), 신로(腎勞) 등이고, 칠상은 남자의 신기(腎氣)가 허약하여 생기는 음한(陰寒), 음위(陰痿), 이급(裏急), 정루(精漏), 정소(精少), 정청(精淸), 소변삭(小便數) 등 7가지 증상), 풍습비통(風濕痺痛: 풍사(風邪)와 습사(濕邪)가 상박(相搏)하여 병변을 일으킴. 풍습으로 인해서 저리고 아픈 것, 팔이 아파 쓰지 못하는 증상), 근골위연(筋骨痿軟: 근골이 마르면서 힘이 빠지는 병증), 적풍상인(賊風傷人: 이상기후(바람)로 사람의 건강을 해치는 것), 허리(虛羸: 허하여 몸이 야위는 증상), 식욕부진(食慾不振), 요슬산통(腰膝酸痛: 허리와 무릎이 시리고 아픈 증상), 실면다몽(失眠多夢: 잠을 잘 자지 못하고 꿈을 많이 꾸는 증상), 사지불수(四肢不遂: 사지의 운동마비), 피부어혈(皮膚瘀血: 피부에 어혈이 생긴 증상)

【처 방】

삼황패독산(三黃敗毒散), 영양각탕(羚羊角湯), 오가피산(五加皮散), 자운풍환(紫雲風丸), 정통산(定痛散), 오가피장척탕(五加皮壯脊湯) 등의 기의 운행과 풍의 예방 등의 처방에 사용되며 30여 가지의 처방을 이루며 인삼과도 대등한 효과를 갖는 약용 자원이다.

22) 오미자(五味子: *Schisandrae fructus*)

자원 식물	약재 형태	주요 성분
		• Lignans: schisandrol A/B, schisandrin A/B/C, schisantherin A-E, gomisin, angeloylgomisin, anwulignan, wulignan, epiwulignan, epischisandron • Monoterpenes: borneol, p-cymol a, β-pinene • Sesquiterpenes : sesquicarene, a-ylangene, chamigrenal, a-β-chamigrene, β-bisabolene

【효 능】

익기(益氣: 기허증을 치료함), 수렴고삽(收斂固澁: 수삽(收澁)하는 약물로써 기혈진액이 밖으로 과도하게 배출되는 것을 막는 효능), 익정(益精: 생명 활동을 유지하는 데 필요한 정미로운 물질), 생진(生津: 진액을 생기게 하는 약으로 열에 의하여 진액이 소모된 병증을 치료하는 방법), 지갈(止渴: 갈증을 해소시킴), 명목(明目), 보신영심(補腎寧心: 신(腎)을 보호하고 마음을 편안하게 함), 염한(斂汗: 수삽법의 하나로 표가 허해서 절로 땀이 나거나 식은땀이 나는 것을 수렴하는 약으로 멎게 하는 방법), 거풍(祛風), 영수(寧嗽: 기침을 멈추게 함), 정천(定喘: 기침과 가래를 멎게 함), 지구(止嘔: 구역(嘔逆)을 멈추게 하는 효능), 난수장(暖水臟: 수장(水臟)은 비장(脾臟)과 췌장의 중간 장부를 따스하게 함. 수장은 위(胃)에서 소화시키면 오물 중에 가스가 화하는 오물은 대변이 되고, 염소질(鹽素質)이 화하는 오물은 소변이 되고, 영양소인 유질(油質)은 오염이 안된 수질이 함유하며 이를 흡수하는 장부), 안심신(安心神: 마음과 정신을 편안하게 함), 해주독(解酒毒: 술을 지나치게 많이 마셔 생긴 독을 풀어줌)

【주치병증】

폐허해천(肺虛咳喘: 폐(肺)가 허하여 해수(咳嗽)가 시원하게 나오지 않고 호흡이 가쁘며 곤란한 증후), 번열(煩熱: 가슴이 답답하고 열이 나는 증상), 구갈(口渴: 목이 마르는 증상), 해역(咳逆: 기침하면서 기운이 치밀어 오르는 것, 숨이 찬 것), 심계실면(心悸失眠: 가슴이 두근거리면서 불안해 하여 잠을 못 이루는 것), 유정(遺精: 정액이 저절로 나오는 증상), 노상이수(勞傷羸瘦: 노권상(勞倦傷: 내상병증으로 늘 노곤해 하는 증)으로 인해서 몸이 마르고 체중이 감소되는 증상), 적유풍단(赤遊風丹: 바람을 맞아 살갗이 반들반들하면서 붓고 빨갛고, 몸에서 이리저리로 돌아다니는 발적), 반위(反胃: 음식을 먹은 다음 일정한 시간이 지나서 게우는 증상), 유뇨(遺尿: 오줌이 자기도 모르게 저절로 나오는 병증), 소복기창(小腹氣脹: 아랫배가 부어올라 커지는 증상), 구리(久痢), 냉기(冷氣), 분돈(奔豚: 신기(腎氣)가 허약하여 비(脾)의 습사(濕邪)가 들거나, 발한(發汗) 후 소침(燒鍼)을 잘못 놓아 침구멍에 한사(寒邪)가 들어가 기가 상충(上衝)함, 흉복통(胸腹痛)이 있고, 한열(寒熱)이 오가며, 배꼽 밑에 동계(動悸)가 있음), 사리(瀉痢: 설사), 자한(自汗: 깨어 있을 때 몸에 부담을 줌이 없이 절로 나는 땀), 도한(盜汗: 잠잘 때에만 땀이 나다가 잠에서 깨어나면 곧 땀이 멎는 증상), 신허(腎虛), 백탁(白濁: 오줌이 혼탁되어 뿌연 증상, 오줌길 구멍이 늘 허연 혼탁된 물이 조금씩 나와 있고, 오줌이 잘 나오지 않으면서 아픈 증상), 부녀음랭(婦女陰冷: 부녀의 음부(陰部)가 한랭(寒冷)한 증상), 단기맥허(短氣脈虛: 호흡이 짧아 제대로 이어지지 않고 맥(脈)이 허(虛)한 증상)

【처 방】

가감팔미원(加減八味元), 가미사물탕(加味四物湯), 가미십전탕(加味十全湯), 녹용대보탕(鹿茸大補湯), 연령고본단(延齡固本丹), 온폐탕(溫肺湯), 용담사간탕(龍膽瀉肝湯), 천왕보심단(天王補心丹), 소청룡탕(小青龍湯), 녹용대보탕(鹿茸大補) 등의 기의 운행, 소화기계 등에 작용하며 약 400 건의 처방을 이룬다.

23) 오배자(五倍子: *Galla rhois*)

자원 식물	약재 형태	주요 성분
		• gallic acid, syringic acid, methyll gallate

【효 능】

염폐(斂肺: 폐(肺)의 기운을 수렴하여 기침 등을 멈추는 효능), 강화(降火: 화를 내리는 치료법), 염한(斂汗: 수삽법의 하나로 표가 허해서 절로 땀이 나거나 식은땀이 나는 것을 수렴하는 약으로 멎게 하는 방법), 지혈(止血), 삽상(澁腸: 수렴약으로 설사를 멎게 하는 효능), 지사(止瀉), 수습염창(收濕斂瘡: 습(濕)의 기운을 거두어 들여 창(瘡)을 수렴시키는 것), 오수발(烏鬚髮: 머리와 수염을 검게 하는 효능), 지해수(止咳嗽: 기침소리와 가래가 다 있는 것을 그치게 함), 지구토(止嘔吐), 해독(解毒)

【주치병증】

폐허구해(肺虛久咳: 폐가 허하여 오래된 기침을 치료), 구리(久痢: 오래된 이질), 구사(久瀉: 오래된 설사), 탈항(脫肛: 항문 및 직장 점막 또는 전층이 항문 밖으로 빠져 나오는 병증), 자한(自汗), 도한(盜汗), 유정(遺精), 혈변(血便), 비혈(鼻血), 붕루(崩漏: 여성 성기에 부정출혈이 있는 증상), 외상출혈(外傷出血: 외상(外傷)으로 인해 출혈이 나는 것), 종독(腫毒: 독기에 의한 종기로서 좀처럼 가라앉지 않고 주위에 시퍼렇게 죽은 피가 뭉쳐서 점점 악화되면서 잘 곪지도 않아 통증이 심한 경우, 종기의 독기), 피부습란(皮膚濕爛: 피부에 진물이 나면서 문드러지는 증상)

【처 방】

구풍산(驅風散), 녹반환(綠礬丸), 독승산(獨勝散), 독호산(獨虎散), 동록산(銅綠散), 문합산(蚊蛤散), 치울담방(治鬱痰方), 치탈항우방(治脫肛又方), 치하혈방(治下血方) 등에서 처럼 phenolic acid의 주성분으로 항균 작용과 수렴 작용을 가지고 있으며 70여 처방에 응용되고 있다.

24) 음양곽(淫羊藿: *Epimedii herba*)

자원 식물	약재 형태	주요 성분
		• Prenylflavone glycosides: icariin, icariside, epimedoside, epimedine • Flavones : kaempferol, chrysoeriol, quercetin, apigenin, luteolin, hypcroside • Sugar: inositol

【효 능】

익기(益氣: 기허증을 치료함), 강지(强志: 의지를 강하게 하는 효능), 온신(溫腎: 신을 따스하게 함), 조양(助陽: 보법의 하나. 양이 허한 것을 보하는 방법), 거풍(祛風), 제습(除濕), 견근골(堅筋骨: 힘줄과 뼈를 견고하게 하는 효능), 보요슬(補腰膝: 허리와 무릎을 보함), 조양익정(助陽益精: 양기(陽氣)를 도우며 정(精)을 더하는 효능)

【주치병증】

냉풍(冷風: 비신(脾腎)이 모두 허한 데에 풍습(風濕)이 팔다리의 관절에 침입해 발병한 병증), 편풍(偏風: 반신불수), 노기(勞氣: 허로(虛勞), 밥을 먹고 나면 땀이 나고 잠이 들면 식은땀이 나는 증상), 건망(健忘: 기억력이 약해져 지나간 일을 잘 잊어버리는 병증), 아치풍통(牙齒風痛: 풍사(風邪)를 받아서 생긴 치통), 근골연급(筋骨攣急: 근맥이 수축해 펴지지 않고 동통(疼痛)이 그치지 않는 증상), 풍습비통(風濕痺痛: 풍사(風邪)와 습사(濕邪)가 상박(相搏)하여 병변을 일으킴. 풍습으로 인해서 저리고 아픈 것, 팔이 아파 쓰지 못하는 증상), 사지불인(四肢不仁: 수족의 운동신경이 마비되어 수축이 안 되고 행동이 부자유스러운 것), 음위(陰萎: 성욕은 있으나 음경이 제대로 발기되지 않은 증), 절양무자(絕陽無子: 양기(陽氣)가 끊어져서 자식을 낳지 못하는 것), 음경중통(陰莖中痛: 음경(陰莖)의 속이 아픈 것), 소변불리(小便不利: 소변 량이 줄거나, 잘 나오지 않거나, 심지어 막혀서 전혀 나오지 않는 병증), 부인절음불산(婦人絕陰不産: 부인의 몸에 음기(陰氣)가 없어 아이를 낳지 못하는 것), 적옹(赤癰: 붉은 색의 옹(癰: 몸의 겉 층과 장부 등이 곪는 병증)), 하부창(下部瘡: 부인의 음호에 생긴 헌 곳), 출충(出蟲: 생체에 해악한 충을 내보냄)

【처 방】

선령비(仙靈脾), 음양곽(淫羊藿)등의 주로 보신익정(정력제)에 가미되는 약용 자원이다.

25) 전호(前胡: *Anthrisci radix*)

자원 식물	약재 형태	주요 성분
		• Flavonoid: apigenin, luteolin • Benzenoid: guaiacol, cresol, benzyl alcohol • Monoterpenoid: linalool • Phenylpropanoid: eugenol, caffeic acid • Lignin: anthricin • Steroid: stigmasterol

【효 능】

상한(傷寒: 차가운 기운의 사기(邪氣)에 몸이 상한 증상을 통칭, 감기), 풍열해수담다(風熱咳嗽痰多: 풍열사(風熱邪)가 폐(肺)에 침입하여 기침을 하면서 가래가 있는 것), 객담황조(喀痰黃稠: 황조(黃稠)한 담(痰)이 배출되는 것), 풍두통(風頭痛: 풍사(風邪)가 머리를 침입함으로써 발생하는 여러 가지 편두통(偏頭痛)이나 정두통(正頭痛)), 담열천해(痰熱喘咳: 담열로 인해서 숨이 가쁘고 기침이 나오는 증상), 시기열(時氣熱: 전염병으로 열이 나는 것), 곽란전근(霍亂轉筋: 토사(吐瀉)로 다리의 근육, 특히 장딴지에 경련이 이는 병증), 기천(氣喘: 각종 호흡 곤란증의 총칭), 상기(上氣: 기침할 때 기가 상역(上逆)하는 것), 반위(反胃: 음식이 내려간 지 한참 만에 거꾸로 넘어오거나 속에서 한동안 묵었다가 도로 나오는 병증), 구역(嘔逆 구토), 징결(癥結: 병사(病邪)가 쌓여서 뭉친 것), 심복결기(心腹結氣: 심복부에 무언가 맺혀있는 병증), 골절번민(骨節煩悶: 뼈마디가 번거롭고 답답한 증상)

【주치병증】

상한(傷寒: 차가운 기운에 손상을 입은 감기), 풍열해수담다(風熱咳嗽痰多: 풍열사(風熱邪)가 폐(肺)에 침입하여 기침을 하면서 가래가 있는 증상), 객담황조(喀痰黃稠: 황조(黃稠)한 담(痰)이 배출되는 것), 풍두통(風頭痛: 풍(風)으로 인한 두통(頭痛), 담열천해(痰熱喘咳: 담열(痰熱)로 인해서 숨이 가쁘고 기침이 나오는 증상), 시기열(時氣熱: 전염병으로 열이 나는 증상), 곽란전근(霍亂轉筋: 구토와 설사로 다리의 근육, 주로 비장근(腓腸筋)에 경련이 이는 증상), 기천(氣喘: 여러 가지 천증(喘證)을 통틀어 이르는 말), 상기(上氣: 내쉬는 숨이 많고 들이마시는 숨이 적어 숨이 가쁜 증상), 반위(反胃: 위암; 음식을 먹은 뒤 일정한 시간이 지난 다음 토하는 병증), 구역(嘔逆), 심복결기(心腹結氣: 심복부에 무언가 맺혀있는 증상), 골절번민(骨節煩悶: 뼈마디가 번거롭고 답답한 것을 말함)

【처 방】

강마탕(羌麻湯), 가감삼요탕(加減三拗湯), 개기소담탕(開氣消痰湯), 대황좌경탕(大黃左經

湯), 단어산(團魚散), 궁소산(芎蘇散), 만병원(萬病元), 만형자산(蔓荊子散), 마황행인음(麻黃杏仁飮), 독활탕(獨活湯), 가감소시호탕(加減小柴胡湯), 당귀백출탕(當歸白朮湯), 가미강활산(加味羌活散)

26) 진피(陳皮: *Aurantii nobilis pericarpium*)

자원 식물	약재 형태	주요 성분
		• Flavanonglycosides: hesperidin, naringin, neoeriocitrin • Flavones: sinensetin, nobiletin, tangcrctin • Alkaloids: synephrine • Carotene: cryptoxanthin, luteoxanthin, mutatochrome, auroxanthin, zeaxanthin, • Essential oil: a-copaene

【효 능】

청열(淸熱: 성질이 찬 약으로 열을 내림), 조습(燥濕: 맛이 쓰고 성질이 조(燥)한 약으로 중초의 습을 없애는 방법, 습을 없앰), 수삽(收澁: 혈진액이 밖으로 과도하게 배출되는 것을 막는 효능), 평천(平喘: 숨이 찬 것을 멈추게 함), 지해(止咳: 해소를 멈춤), 명목(明目), 지리(止痢), 수렴(收斂: 아물게 하고 줄어들게 하며 나가는 것을 거두어 들이는 것), 경신불로(輕身不老: 몸을 가볍게 하고 노화를 방지하는 효능)

【주치병증】

신열(身熱: 열이 나는 증상), 풍한습비(風寒濕痺: 풍, 한, 습의 3 종류의 기가 뒤섞여 혈기를 울체로 몰아 신중, 두통, 수족 마비 등의 증상이 나타나는 것), 열리하중(熱痢下重: 열증에 의한 이질에 의하여 몸 아랫도리가 무거운 것), 설사(泄瀉), 청예백막(靑翳白膜: 사물을 흐리게 보는 눈, 백내장), 목적종통(目赤腫痛: 눈의 흰자위에 핏발이 서고 부으며 아픈 증), 풍루(風淚: 바람을 쏘이면 눈물이 나오는 것), 부인대하(婦人帶下: 부인의 음도에서 끈끈한 액체가 끊임없이 계속 흘러나오는 것), 소아경간(小兒驚癎: 아이가 자지러지듯 우는 것), 사교독창(蛇咬毒瘡: 뱀에 물려 오른 독으로 창(瘡)이 생긴 것)

【처 방】

반하백출천마탕(半夏白朮天麻湯), 가감익기탕(加減益氣湯), 가감정기산(加減正氣散), 가감청비탕(加減淸脾湯), 가감평위산(加減平胃散), 가감향령산(加減香苓散), 가미기출환(加味枳朮丸), 가미백출산(加味白朮散), 가미복령탕(加味茯苓湯), 가미사군자탕(加味四君子湯), 가미사물탕(加味四物湯), 궁귀조혈음(芎歸調血飮) 등의 기의 흐름에 관계되는 처방을 구성하며 1,300여 처방을 구성하는 군약의 약용 자원이다.

27) 천문동(天門冬: *Asparagi tuber*)

자원 식물	약재 형태	주요 성분
		• Saponin: asparagoside, asparagus saponin, methylprotogracillin

【효 능】

자음(滋陰: 음이 허한 것을 보하는 방법), 윤조(潤燥: 음을 보하고 진액이 생기도록 하는 약으로 음허나 진액이 부족한 것을 치료하는 방법), 청폐(淸肺: 폐에 쌓인 적열을 씻어내어 폐 기능을 활성화), 생진(生津: 진액을 생기게 하는 약으로 열에 의하여 진액이 소모된 병증을 치료하는 방법), 강화(降火: 화를 내리는 치료법), 진심(鎭心: 안심법의 하나. 광물성 약물이나 조개류의 껍질 같은 질량이 무거운 진정약으로 정신이 불안한 것을 치료하는 방법), 보폐기(保肺氣: 폐기능을 보하는 효능), 통신기(通腎氣: 신기(腎氣)를 소통시키는 효능), 소담(消痰: 머물러 있는 탁한 담을 없애는 방법), 이소변(利小便: 소변이 잘 나오게 하는 치료 방법), 거복시(去伏尸: 사람의 오장 중에 숨어 있고, 여러 해가 지나도 없어지지 않는 충을 없앰), 소옹종(消癰腫: 옹종을 소서함), 제면흑(除面黑: 얼굴이 검은 색을 띠는 것을 제거함)

【주치병증】

음허발열(陰虛發熱: 음혈(陰血)이 저절로 손상되거나 신수(腎水)가 쇠갈하여 발생하는 발열), 한열(寒熱: 추위를 느끼고 찬 것을 싫어하는 증상 및 열나는 증상), 폭풍습(暴風濕: 갑자기 풍습(風濕)을 감수하여 발생한 여러 가지 병증), 풍열(風熱: 풍사(風邪)와 열사(熱邪)가 겹친 것. 발열이 중하고 오한은 경하며, 구갈(口渴)이 나는 증상), 중풍편비(中風偏痺: 풍사(風邪)가 성(盛)한 비증(痺症)이 한 쪽으로 오는 것, 동통이 상하좌우로 돌아다녀 일정하지 않는 증상), 풍전(風顚: 정신이 불안정한 증상), 오로칠상(五勞七傷: 오로는 오장이 허약해서 생기는 허로(虛勞)를 5가지로 나눈 것으로, 심로(心勞), 폐로(肺勞), 간로(肝勞), 비로(脾勞), 신로(腎勞) 등이고, 칠상은 남자의 신기(腎氣)가 허약하여 생기는 음한(陰寒), 음위(陰痿), 이급(裏急), 정루(精漏), 정소(精少), 정청(精淸), 소변삭(小便數) 등 7가지 증상), 해역(咳逆: 기침하면서 기운이 치밀어 오르는 것, 숨이 찬 것), 천식(喘息), 토혈(吐血), 폐위(肺痿: 폐엽(肺葉)이 마르고 시들어 발생하는 병증), 인후종통(咽喉腫痛: 목안이 붓고 아픈 증상), 소갈(消渴), 음위(陰萎: 성욕은 있으나 음경이 제대로 발기되지 않은 증상), 이롱(耳聾: 귀 안에서 소리가 나면서 잘 듣지 못하는 증), 습개(濕疥: 개창, 피부병의 하나로 헌데가 겹친 진옴), 옹저(癰疽), 악창(惡瘡: 헌데가 벌겋게 부우면서 아프고 가려우며 곪아 터진 다음에 잘 낫지 않는 것)

【처 방】

생지황음자(生地黃飮子), 생혈윤부음(生血潤膚飮), 세폐산(洗肺散), 소농음(消膿飮), 소풍화담탕(疏風化痰湯), 속사단(續嗣丹) 등의 몸에 진이 생기게 하며 기관지, 폐 등의 윤활에 사용되는 천연 산물로 170여 처방에 사용된다.

28) 파고지(破故紙: *Psoraleae semen*)

자원 식물	약재 형태	주요 성분
		• Flavonoid: bavachin, bavachinin, daidzein • Terpenoids: bakuchiol • Alkaloid: betanin • Saponin: daucosterol • Steroid: β-sitosterol

【효 능】

염정신(斂精神: 정신을 추스리는 효능), 축냉기(逐冷氣: 냉기를 쫓아내는 효능), 명이목(明耳目: 눈과 귀를 밝게 하는 효능), 난단전(暖丹田: 단전(丹田)을 따뜻하게 하는 효능), 축소변(縮小便: 소변이 너무 잦을 때 하초의 기운을 공고히 하여 이를 다스리는 효능), 온명문(溫命門: 명문(命門)의 상화(相火)의 기운을 보태주는 효능), 장원양(壯元陽: 원양(元陽)을 튼튼히 하는 효능), 납기(納氣: 신(腎)이 폐(肺)로부터 흡수한 기운을 받아들이는 효능), 장화익토(壯火益土: 화기(火氣)를 보충하여 상생(上生)작용으로 토기(土氣)의 영양을 유도하는 효능), 지사(止瀉: 설사(泄瀉)를 치료함)

【주치병증】

신허작천(腎虛作喘: 신(腎)이 허하여 호흡이 가쁜 병증), 양위유정(陽痿遺精: 양위(陽痿) 증상과 정액이 성행위 이 외에 흐르는 증상), 오경설사(五更泄瀉: 오경(五更)쯤에 설사를 하는 증상, 腎虛), 요슬냉통(腰膝冷痛: 허리와 무릎에 냉감 있는 통증), 원형탈모증(圓形脫毛症: 모발이 동전모양으로 둥글게 빠지는 증상), 유뇨빈뇨(遺尿頻尿 : 소변이 저절로 나오면서 배뇨 횟수가 잦은 증상), 오로(五勞: 5가지의 허로: 오래 걸으면 간장(肝臟)이 피로하여 힘줄이 상하고(行傷筋), 오래 보면(視) 심장(心臟)이 피로하여 혈을 상하며(視傷血), 오래 앉으면 비장(脾臟)이 피로하여 근육을 상하고(坐傷肉), 오래 누워있으면 폐장(肺臟)이 피로하여 기를 상하며(臥傷氣), 오래 서있으면 신장(腎臟)이 피로하여 뼈를 상함(立傷骨)을 말함, 칠상(七傷: 정(精), 기(氣), 신(神), 마음(心), 혈(血), 근육(筋肉), 근골(筋骨)의 7가지가 상함을 말함), 풍허(風虛: 몸이 허해져서 생기는 풍증), 허한(虛寒: 정기(正氣)가 허하여 속이 찬 증후가 나타나는 것), 천수(喘嗽: 호흡이 빠르고 촉박하며 기침이 나는 병증), 비완(痺頑), 신랭(腎冷: 신한(腎寒) 한기(寒氣)가 신(腎)을 쳐서 일어남. 오삭오삭 떨리고 뼈 속까지 차며, 이빨이 덜덜 떨리는 증상), 요동(腰疼: 허리가 빠근하고 아픈 증상), 낭습(囊濕: 음낭에 땀이 많이 나서 축축한 증상), 정류(精流: 정액이 계속 흐르는 병증), 유뇨(遺尿: 소변을 참지 못하고 저절로 배출되는 증상), 부인혈기불순(婦人血氣不順: 부인(婦人)의 혈기(血氣)가 순조롭지 못한 증상), 태불하(胎不下: 태아가 임신부의 뱃속에서 나오지 않는 것), 소아유뇨(小兒遺尿: 어린아이가 때에 상관없이 소변을 지리는 병증)

【처 방】

가감보음환(加減補陰丸), 가미창출고(加味蒼朮膏), 가미청아원(加味青娥元), 고진음자(固眞飮子), 각로오수건양단(却老烏鬚健陽丹), 구미안신환(九味安腎丸), 국방안신원(局方安腎元), 금쇄단(金鎖丹), 금박환(金箔丸), 목향순기환(木香順氣丸), 가미호잠환(加味虎潛丸), 녹용환(鹿茸丸), 두충환(杜仲丸), 목향산(木香散), 녹각산(鹿角散)

29) 현초(玄草: *Geranii herba*)

자원 식물	약재 형태	주요 성분
		• Tannin: geraniin • Acid: gallic acid, succinic acid • Flavonoid : quercetin

【효 능】

탄닌과 케르세틴에 의한 수렴, 정장, 지시약으로 설사, 복통에 사용하고, 민간에서 종기, 피부병 등에 외용(外用)하며, 항진균 작용(抗眞菌作用)이 있다.

【주치병증】

이질, 설사, 적리, 변비, 위장병, 십이지장 궤양, 간장병, 魚肉의 중독, 감기, 睾丸炎, 심장병, 자궁내막염, 중금속을 제거, 제암 작용

30) 황금(黃芩: *Scutellariae radix*)

자원 식물	약재 형태	주요 성분
		• Main flavonoids: baicalin, baicalcin, wogonoside, wogonin, scutellarin, scutellarcin, oroxyloside, oroxylin A • Minor flavonoids & other constituents: viscidulin, chrysin, trans-verbascoside, trans-martynoside

【효 능】

청열(淸熱: 성질이 찬약으로 열을 내림), 조습(燥濕: 맛이 쓰고 성질이 조(燥)한 약으로 중초의 습을 없애는 방법, 습을 없앰), 사화(瀉火: 성질이 찬약으로 열이 심하여 생긴 화를 사하는 방법), 해독(解毒), 강담(降痰: 담을 내리는 효능), 해갈(解渴: 갈증(渴症)을 풀어주는 효능), 양심(涼心: 심(心)기능을 맑게 하는 효능), 지혈(止血), 안태(安胎: 임신부나 태아 자체의 여러 가지 원인들에 의하여 임신이 중절되려는 것을 치료하여 태아가 정상적으로 자라게 하는 것), 배농(排膿: 고름을 뽑아내는 것), 이장위(利腸胃: 장과 위를 이롭게 함), 보방광(補膀胱: 방광을 보하는 효능)

【주치병증】

천행열질(天行熱疾: 한 나라 또는 세계적인 범위에서 돌림이 일어나는 병, 전염병), 장열번갈(壯熱煩渴: 고열이 나며 가슴이 답답하여 입안이 마르고 갈증이 나는 병증), 폐열해수(肺熱咳嗽: 폐에 생긴 여러 가지 열증(熱證)으로 기침이 나는 것), 풍열(風熱: 풍사(風邪)와 열사(熱邪)가 겹친 것. 발열이 중하고 오한은 경하며, 구갈(口渴)이 나는 증상), 습열사리(濕熱瀉痢: 습열로 인한 이질), 황달(黃疸: 온 몸과 눈, 오줌이 누렇게 되는 병증), 열림(熱淋: 습열이 하초에 몰려서 생기는 임증), 토기(吐氣: 토하려는 기운이 있는 것), 비혈(鼻血), 혈붕(血崩: 성기 부정 출혈, 붕루, 피가 갑자기 많이 나오는 것), 누정(漏精: 좋아하는 사람을 보거나 생각하기만 하여도 정액이 저절로 나오는 병증, 조루와 유사), 후성(喉腥: 목안에서 비린 냄새가 나는 것), 골증(骨蒸: 허로병 때 뼛속이 후끈후끈 달아 오르는 증상), 분돈(奔豚: 신기(腎氣)가 허약하여 비(脾)의 습사(濕邪)가 들거나, 발한(發汗) 후 소침(燒鍼)을 잘못 놓아 침구멍에 한사(寒邪)가 들어가 기가 상충(上衝)함, 흉복통(胸腹痛)이 있고, 한열(寒熱)이 오가며, 배꼽 밑에 동계(動悸)가 있음), 유옹(乳癰: 젖몸에 생긴 옹), 목적종통(目赤腫痛: 눈의 흰자위에 핏발이 서고 부으며 아픈 증상), 태동불안(胎動不安: 임신이 중절되려 할 때의 초기증상)

【처 방】

가감윤조탕(加減潤燥湯), 가감이진탕(加減二陳湯), 가감청비탕(加減淸脾湯), 가감통성산

(加減通聖散), 가감통성환(加減通聖丸), 가미금화환(加味金花丸), 가미기출환(加味枳朮丸), 가미사물탕(加味四物湯), 가미소요산(加味逍遙散), 기제해독탕(旣濟解毒湯), 기효사물탕(奇效四物湯), 길경탕(桔梗湯), 내소승마탕(內消升麻湯) 등의 비정상적인 열을 다스리며 해독 작용을 갖는 처방에 관계하며 1,200 여 건의 처방을 이룬다.

31) 황기(黃耆: *Astragali radix*)

자원 식물	약재 형태	주요 성분
		• Triterpene saponins: astragalosides I-VIII soyasaponin • Flavonoids: isoflavones, isoflavans, pterocarpans • Polysaccharides: astragalans • Biogenic amines: betaine, choline

【효 능】

익위(益衛: 위기(衛氣: 살갗과 주리 등의 몸 겉면에 분포된 양기)를 증강시키고 기(氣)의 흐름을 좋게 하는 효능), 이수(利水: 이소변), 소종(消腫: 부은 것이 삭아지게 하는 치료법), 보폐(補肺), 사심(瀉心: 심이나 위의 화열을 없애는 방법), 조기(助氣: 사람의 기운을 북돋움), 익혈(益血: 혈액을 번성하게 함), 장근(壯筋: 근육을 튼튼하게 함), 배농(排膿), 탁독(托毒: 창양 치료법의 하나. 창양이 곪았을 때 먹은 약으로 병독이 퍼지지 못하게 국한시키거나 몰아내는 방법), 염창(斂瘡: 창(瘡)을 수렴시키는 것), 생기(生肌: 새살이 살아나게 치료하는 것), 지통(止痛), 축악혈(逐惡血: 나쁜 형을 내보냄)

【주치병증】

한열(寒熱: 추위를 느끼고 찬 것을 싫어하는 증상 및 열나는 증상), 이수(羸瘦: 몸이 여위는 병증), 중기하함(中氣下陷: 비(脾)가 허해서 장부가 아래로 처지는 감이 있는 병증), 기허수종(氣虛水腫: 기(氣)가 허하여 몸이 붓는 증), 소갈(消渴), 자한(自汗), 도한(盜汗), 학질(瘧疾), 신쇠(腎衰: 신이 위축됨), 기열(肌熱: 기표(肌表)에 열이 나는 느낌이 드는 병), 두풍(頭風: 머리 아픔이 낫지 않고 오래 계속되면서, 때에 따라 아팠다 멎었다 하는 것, 머리에 풍사를 받아 생긴 병증), 목적(目赤), 이롱(耳聾), 폐옹(肺癰: 폐부(肺部)에 생기는 옹양(癰瘍)), 복통(腹痛), 구사탈항(久瀉脫肛: 오래된 설사로 탈항(脫肛)된 것), 적백리(赤白痢: 묵 같은 곱과 피고름이 섞인 대변을 누는 이질), 소변폐(小便閉: 소변이 나오지 않은 증상), 혈붕(血崩: 성기 부정 출혈, 붕루, 피가 갑자기 많이 나오는 것), 대하(帶下: 부인의 음도에서 끈끈한 액체가 끊임없이 계속 흘러나오는 것)

【처 방】

가미귀비탕(加味歸脾湯), 가미대보탕(加味大補湯), 가미사물탕(加味四物湯), 당귀보혈탕(當歸補血湯), 방기황기탕(防己黃芪湯), 보중익기탕(補中益氣湯), 십전대보탕(十全大補湯), 쌍화탕(雙和湯) 등으로 면역활성의 증가시키는 작용을 하며 560 건 이상의 처방을 이루고 있다.

32) 황련(黃蓮: *Coptidis rhizoma*)

자원 식물	약재 형태	주요 성분
		• Quaternary protoberberin type alkaloids: berberin, coptisine, palmitne, herherastine • Quaternary aporphinc alkaloid: magnoflorine • Flavonoids: baicaline, wogonoside, baicalcin, wogonin • Tetracycline triterpen: limonin • Organic acids: ferulic acid, gentisic acid

【효 능】

청열조습(淸熱燥濕: 성질이 찬약으로 열을 내리고, 맛이 쓰고 성질이 조(燥)한 약으로 중초의 습을 없애는 방법, 습을 없앰, 열기를 식히고 습기를 말리는 효능), 사화해독(瀉火解毒: 성질이 차가운 약으로 열이 심하여 생긴 화를 사하여 해독하는 방법), 양혈(凉血: 혈분(血分)에 열(熱)이 성(盛)한 것을 치료하는 효능), 개울(開鬱: 기가 울체된 것을 통하게 함), 정경(定驚: 놀란 것을 안정시키는 작용), 명목(明目), 진간(鎭肝: 간(肝)을 편안하게 진정시키는 효능), 청심(淸心: 심(심포)에 열사가 침입한 것을 치료하는 방법, 심열(心熱)을 내림), 조위(調胃: 위장병을 고침), 후장(厚腸: 장을 튼튼하게 함), 강골(强骨: 뼈를 강하게 함), 살충(殺蟲: 벌레를 죽임)

【주치병증】

천행열질(天行熱疾: 한 나라 또는 세계적인 범위에서 돌림이 일어나는 병, 전염병), 상한(傷寒: 외감성 질병, 풍한사에 의해서 생긴 외감병), 장열번갈(壯熱煩渴: 고열이 나며 가슴이 답답하여 입안이 마르고 갈증이 나는 병증), 비만구역(痞滿嘔逆: 흉완부(胸脘部)가 막혀 그득하고 답답하되 아프지 않으며 구역(嘔逆)하는 것), 허로이수(虛勞羸瘦: 몸이 허약해져 점점 수척해지는 것), 기급(氣急: 숨이 찬 것, 갑자기 몹시 놀라는 것), 울열(鬱熱: 열이 쌓임), 복서(伏暑: 사기(邪氣)가 인체에 침범한 후 곧바로 병을 일으키지 않고 잠복해 있다가 일정한 시기가 되어 발생하는 온병), 황달(黃疸), 경계(驚悸: 이유 없이 스스로 놀라 가슴이 두근거려 불안한 증상), 번조(煩躁: 가슴속이 달아 오르면서 답답하고 편안하지 않아서 팔다리를 가만히 두지 못하는 증상), 소갈(消渴), 도한(盜汗), 비혈(鼻血), 하혈(下血), 아통(牙

痛: 이가 아픈 것), 오장냉열(五臟冷熱; 오장의 냉열을 치료), 간화(肝火: 간기가 몹시 왕성하여 생긴 화로 머리가 어지럽고 얼굴이 벌개지는 등의 증상), 오심(惡心: 매스꺼움. 토하고 싶어도 토해지지 않는 증상), 태동(胎動: 태아가 자궁강 안에서 움직이는 것), 열독리(熱毒痢: 전염성이 강한 사기가 대장에 몰려 중하게 경과하는 이질), 구설창(口舌瘡: 안과 혀가 허는 것), 창개(瘡疥: 피부병의 하나로 헌데가 겹친 진옴), 회충(蛔蟲), 주독(酒毒), 태독(胎毒: 갓난 어린이에게 여러 가지 병을 일으키게 하는 선천적 병인)

【처 방】

가미기출환(加味枳朮丸), 가미사물탕(加味四物湯), 가미십전대보탕(加味十全大補湯), 가미영신환(加味寧神丸), 가미윤하환(加味潤下丸), 감초사심탕(甘草瀉心湯), 강국산(羌菊散), 거풍제습탕(祛風除濕湯), 거풍지보단(祛風至寶丹), 반하사심탕(半夏瀉心湯), 반하후박탕(半夏厚朴湯), 삼황사심탕(三黃瀉心湯) 등의 해독 및 항균 작용 및 소화기계에 작용하며 1,100여건의 처방을 이루고 있다.

33) 황백(黃柏: *Phellodendri cortex*)

자원 식물	약재 형태	주요 성분
		• Alkaloids: berberine, palmatine magnoftorine phellodendrine, candieine • Steroids: campcsterin, sitosterin • Limonoidal triterpenoids: limonin, obakunone • Phenolic constituents: syringin, lyoniresinol, coniferin

【효 능】

청열(淸熱: 성질이 차가운 약으로 열을 내림), 해독(解毒), 조습(燥濕: 맛이 쓰고 성질이 조(燥)한 약으로 중초의 습을 없애는 방법), 제증(除蒸: 몸에 찌듯이 열(熱)이 나는 것을 치료), 지혈(止血), 살충(殺蟲), 명목(明目), 안심(安心), 양간(凉肝: 간의 열독을 내림), 견신(堅腎: 신(腎)을 견고하게 하는 효능), 장골수(壯骨髓: 골수(骨髓)를 튼튼히 하는 효능), 이하초(利下焦: 하초(下焦)를 이롭게 하는 효능), 제열(除熱), 치루(治瘻: 치핵이 터진 것)

【주치병증】

골증노열(骨蒸勞熱: 골증로(骨蒸勞), 골증열(骨蒸熱), 허로병 때 뼛속이 후끈후끈 달아오르는 증상), 도한(盜汗), 열리(熱痢: 열증에 의한 이질), 설사(泄瀉), 소갈(消渴), 황달(黃疸), 대하(帶下), 유정(遺精), 치창변혈(痔瘡便血: 치질(痔疾)에 의해 변을 볼 때 피가 나오는 것), 각기(脚氣: 다리 힘이 약해지고 저리거나 지각 이상이 생겨서 제대로 걷지 못하는 병증), 목적종통(目赤腫痛: 눈의 흰자위에 핏발이 서고 부으며 아픈 증상), 창양종독(瘡瘍腫毒: 겉에 생기는 여러 가지 외과 질환과 피부 질환이 헌 곳, 헌 곳의 독)

【처 방】

가미사물탕(加味四物湯), 가미소요산(加味逍遙散), 가미이진탕(加味二陳湯), 가미익기탕(加味益氣湯), 가미창출고(加味蒼朮膏), 감리고(坎離膏), 강활부자탕(羌活附子湯), 거풍지보단(祛風至寶丹), 고본원(固本元), 고정환(固精丸), 금화산(金華散), 녹운고(綠雲膏), 당귀강활탕(當歸羌活湯), 만응고(萬應膏), 반하백출천마탕(半夏白朮天麻湯), 발독산(拔毒散) 등의 열을 사하며 해독작용과 항균 작용을 가지는 처방에 사용되며 550 여 처방을 이룬다.

34) 희첨(希簽: *Siegesbeckiae herba*)

자원 식물	약재 형태	주요 성분
		• Flavonoids: rutin, orientin • Terpenoids: kirenol, isopropylkirenol, neodarutoside, neodarutoside • Pubeside: siegesbeckioside, siegesbeckiol • Sterins: β-sitosterol, stigmasterol • Phenolcarboxylic acid : caffeic acid

【효 능】

거풍습(去風濕: 풍사(風邪), 습사(濕邪)로 나타난 질병을 치료함), 이관절(利關節: 관절의 움직임을 편하게 하는 효능), 소종(消腫: 부종(浮腫)을 삭히며 해독함), 해독(解毒), 생기(生肌: 새살이 돋아나도록 치료함), 지통(止痛: 통증을 없애는 효능)

【주치병증】

항혈전, 항염증, 항류마티즘, 이뇨 작용이 있으며, 한방에서는 반신불수(半身不遂), 사지마비(四肢麻痺), 근골무력(筋骨無力), 학질, 담음(痰飮: 몸안에 수습이 몰린 것), 번만불식(煩滿不食: 속이 차고 답답하여 음식을 먹을 수 없음), 반위토식(反胃吐食: 위가 받지 않아 음식을 토하는 것), 풍독설사(風毒泄瀉: 풍독으로 인한 설사), 열닉(熱匿: 속이 답답하고 그득한 것), 정창(疔瘡: 못 형태의 종기), 풍진습창(風疹濕瘡: 풍진으로 인해 생기는 습성 피부질환), 악창(惡瘡: 농혈(膿血)이 부패하여 오래되어도 낫지 않는 병증), 금창(金瘡: 칼, 창, 화살 따위로 생긴 상처), 지주교(蜘蛛咬: 거미한테 물리면 임신한 것처럼 배가 커지고 몸에서 실 같은 것), 잠교(蠶咬: 누에에 물려 생긴 중독증), 구교(狗咬:개에 물린 것), 호상(虎傷:

호랑이에게 물려 생긴 상처) 등에 사용

【처 방】

마풍환(磨風丸), 하수오산(何首烏散), 해낭독독일방(解狼毒毒一方)

35) 노근(蘆根 : *Phragmitis rhizoma*)

자원 식물	약재 형태	주요 성분
		• coixol • Protein 5% • Lipid 1% • Carbohydrate : glucose, xylose • asparagin • Vitamin: B2, B1, C

【효 능】

청열(淸熱: 열기를 성질이 차거나 서늘한 약으로 식히는 효능), 제번(除煩: 번조(煩躁)한 것을 제거하는 효능), 거담(袪痰: 가래가 잘 나가도록 함), 생진(生津: 진액을 자양하는 약물을 사용하여 고열 등의 원인으로 인한 진액 손상을 치료하는 방법), 배농(排膿: 염증으로 생긴 농을 바깥으로 배출하는 작용), 화습(化濕: 상초(上焦)나 체표에 있는 습(濕)을 없애는 방법), 화위(和胃: 위기(胃氣)가 조화롭지 못한 것을 치료하는 방법), 지구(止嘔: 구역(嘔逆)을 멈추게 하는 효능), 이뇨(利尿), 수습거부(收濕去腐: 지혈(止血), (출혈(出血)을 그치게 하는 효능), 지혈(止血), 소종(消腫: 부종(浮腫)을 삭히며 해독함, 부은 것이 삭아지게 하는 치료법)

【주치병증】

상한한열(傷寒寒熱: 상한(외감성 질병, 풍한사에 의해서 생긴 외감병, 차가운 기운에 손상을 입은 감기)에 오한(惡寒), 발열(發熱)하는 것), 시질(時疾: 계절성이 강한 감염성 질병), 소갈(消渴: 갈증이 나서 물을 많이 마시지만 갈증이 없어지지 않는 증상), 반위(反胃: 음식이 내려간 지 한참 만에 거꾸로 넘어오거나 속에서 한동안 묵었다가 도로 나오는 병증), 번갈(煩渴: 가슴에 열감(熱感)이 있으면서 입 안이 마르고 갈증이 나는 병증), 곽란(霍亂: 갑자기 크게 토하고 사(瀉)하는 증상), 폐열구얼(肺熱嘔呃: 폐열(肺熱)로 구역질과 딸꾹질을 하는 병증), 폐열해수(肺熱咳嗽: 폐에 생긴 여러 가지 열증(熱證)으로 기침이 나는 것), 폐옹(肺癰: 폐부(肺部)에 생기는 옹양(癰瘍), 옹저(癰疽: 곪으며 부어오르는 증상), 소변단적(小便短赤: 소변이 시원하게 나오지 않고 찔끔거리며, 양이 적고 붉은 증상), 열림삽통(熱

淋澁痛: 습열이 하초에 몰려 소변을 조금씩 자주 보며, 잘나오지 않고 아픈 증상)

【처 방】

남근산(藍根散), 상국음(桑菊飮), 연박음(連朴飮), 죽여탕(竹茹湯)

36) 갓(芥子: *Brassica juncea*)

자원 식물	약재 형태	주요 성분
	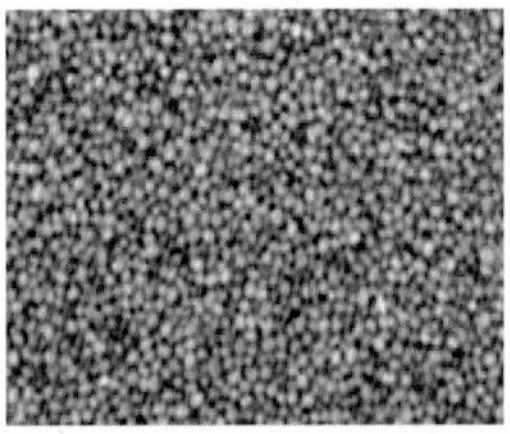	• Flavonoid: astragalin, isoquercitrin, Isorhamnetin, kaempferol, quercetin • Alkaloid: brassilexin, tropine • Sulfide: propenyl glucosinolate, but-3-enyl-isothiocyanate • Tetraterpenoid: antheraxanthin, lutein • Aliphatic: allylisothiocynate

【효 능】

온폐(溫肺: 맛이 맵고 성질이 더운 약으로 폐한증(肺寒症)을 치료하는 방법), 산한(散寒: 한증을 치료하는 방법), 이기(利氣: 기를 통하게하는 치료법), 활담(豁痰: 가래를 삭이는 방법), 소종(消腫: 부종(浮腫)을 삭히며 해독함, 부은 것이 삭아지게 하는 치료법), 산결(散結: 울체되어 뭉친 곳을 풀어 주는 효능), 통락(通絡: 맥락을 통하게 함), 지통(止痛), 발한(發汗), 개위(開胃: 위의 소화 기능을 돕고 입맛을 돋우는 방법)

【주치병증】

음증상한(陰證傷寒: 병사(病邪)가 음경(陰經)으로 직접 침범한 허한증(虛寒證)), 담체경락(痰滯經絡: 담(痰)이 경락(經絡)에 울체(鬱滯)된 병증), 관절마목(關節麻木: 관절(關節)의 감각 기능이 제대로 발휘되지 않는 증상), 담습유주(痰濕流注: 담습(痰濕)이 유주하여 생기는 증상), 목예(目翳: 흑정이 흐려진 것, 안구결막), 이롱(耳聾: 귀 안에서 소리가 나면서 잘 듣지 못하는 증), 비뉵(鼻衄: 코피가 나는 증상), 후비(喉痺: 목안이 벌겋고 붓고 아프며 막힌 감이 있는 인후병), 순긴(脣緊: 어린아이에서 입과 입술의 근육이 급히 수축하여 입을 벌리고 다물기 어렵고 젖이나 음식을 못 먹는 것), 위한토식(胃寒吐食: 위(胃)가 차서 음식을 토하는 병증), 폐한해수(肺寒咳嗽: 폐에 한(寒)기가 가득 차서 기침이 나는 병증), 풍랭기통(風冷氣痛: 찬 바람(風冷)으로 인한 목이 아픈 증상), 흉협창통(胸脇脹痛: 흉협(胸脇: 앞 가슴과 양쪽 옆구리)이 창만하며 통증이 있는 증상), 심통(心痛: 심장 부위 및 명치 부위가 아픈 증상), 요통(腰痛), 제하교통(臍下絞痛: 배꼽 아래가 꼬이듯 아픈 것), 풍독종(風毒腫: 풍독(風毒)으로 생기는 종기), 신랭(腎冷: 신한(腎寒) 한기(寒氣)가 신(腎)을 쳐서 일어남. 오삭오삭 떨리고 뼈 속까지 차며, 이빨이 덜덜 떨리는 증상), 부녀경폐(婦女經閉: 여자가 18세 이상이 되어도 월경이 없거나, 또는 계속 월경이 있다가 임신, 수유기를 제외하고 3개월 이상 연속 월경이 없는 병증), 박손(撲損: 넘어지거나 부딪혀서 입은 외상(外傷)), 옹종(癰腫: 옹저 때 부어 오른 것), 사공독(射工毒; 물속 벌레에 쏘여 생긴 독)

【처 방】

단방 처방

37) 강활(羌活: *Angelicae koreanae radix*)

자원 식물	약재 형태	주요 성분
		• Coumarins: koreanin, isoimperatorin, oxypeucedanin, prangolarine, imperatorin, ferulic acid, bisabolangelone, oxypeucedanin hydrate, osthol, bergapten, isooxypeucedanin, oxypeucedanin methanolate • Terpenoid: β-farnesene, α-terpineol

【효 능】

산한(散寒: 한증을 치료하는 방법), 거풍(祛風: 밖으로부터 들어온 풍사를 없앰), 제습(除濕: 습을 제거함), 지통(止痛: 통증을 없애는 효능), 거한산습(祛寒散濕: 한(寒)을 제거하고 습(濕)을 흩어지게 하는 효능), 투기표사(透肌表邪: 기육에 머무르는 표사를 제거하여 소통시키는 효능)

【주치병증】

풍한감모(風寒感冒: 풍한사(風寒邪)를 외감(外感)해 생긴 감기), 유풍(游風: 얼굴에 국한성 부종이 나타나는 증상), 두통(頭痛), 두선(頭旋: 현기증), 목적(目赤: 백정에 피가 생기는 증상), 척강이궐(脊强而厥: 척추뼈 부위의 근맥(筋脈)과 기육(肌肉)이 땅겨 몸을 앞으로 구부리지 못하고 궐증(厥證: 갑자기 의식을 잃고 넘어지며 얼굴색이 창백하고 손발이 싸늘한 것이 주증상인데 한참 후에 저절로 깨어나는 병증)을 일으키는 것), 풍습비통(風濕痺痛: 풍사(風邪)와 습사(濕邪)가 상박(相搏)하여 병변을 일으킴. 풍습으로 인해서 저리고 아픈 것, 팔이 아파 쓰지 못하는 증상), 유경(柔痙: 폐열(肺熱)이 신(腎)으로 전해짐으로써 뼈가 뻣뻣해지고 힘살이 물러 팔다리의 움직임에 힘이 없는 병증), 강경(剛痙: 몸과 팔다리가 뻣뻣해지면서 수축되는 병증), 중풍불어(中風不語: 중풍으로 말을 하지 못하는 증상), 구면와사(口面喎邪: 눈과 입이 성한 쪽으로 당기며 비뚤어짐), 수족불수(手足不隨: 팔다리가 마비되어 마음대로 움직이지 못하는 병), 근골연급(筋骨攣急: 근맥이 수축하여 펴지지 않고 동통(疼痛)이 그치지 않는 증상), 견배산통(肩背酸痛: 어깨와 등이 시큰시큰하면서 아픈 증상), 백절산동(百節酸疼: 전신(全身)의 관절이 시큰거리며 아픈 증상), 기부불인(肌膚不仁: 피부가 무감각한 증상), 오로칠상(五勞七傷: 오장이 허약해서 생기는 허로(虛勞)를 5가지로 나눈 것으로, 심로(心勞), 폐로(肺勞), 간로(肝勞), 비로(脾勞), 신로(腎勞)), 복량(伏梁: 심하부에 덩어리가 고정되어 있어 통증을 일으키는 증상), 수기(水氣: 몸 안에 수습(水濕)이 고여 얼굴과 눈, 팔다리, 가슴과 배, 심지어 온몸이 붓는 증상), 산후중풍(産後中風: 출산(出産)한 뒤 경련(痙攣)을 주증으로 하는 증상), 장출불수(腸出不收: 장이 나왔다가 거두어지지 않는 것)

【처 방】

가미익기탕(加味益氣湯), 가미패독산(加味敗毒散), 강활도체탕(羌活導滯湯), 강활방기탕(羌活防己湯), 강활방풍탕(羌活防風湯), 강활부자탕(羌活附子湯)

38) 금은화(金銀花: *Lonicerae flos*)

자원 식물	약재 형태	주요 성분
		• Alkaloid: acetylcholine • Flavonoid: apigenin, luteolin • Phenylpropanoid: chlorogenic acid • Monoterpenoid: geraniol, eugenol, linalool • Saponin: hederagenin

【효 능】

청열(清熱), 해독(解毒), 청서(清暑: 더운 사기를 제거함), 투사(透邪: 표사(表邪)를 없애는[透達] 방법), 벽예(辟穢: 일체의 더러운 것들을 몰아내는 효능), 보허(補虛), 소풍(疏風), 양혈(養血), 지갈(止渴: 갈증을 그치게 하는 효능임), 제리(除痢: 이질(痢疾) 또는 리(痢)를 제거하는 효능), 해야균(解野菌: 야생 버섯의 독(毒)을 없애주는 것), 경분독(輕粉毒: 수은 중독), 산열해독(散熱解毒: 열을 흩뜨리고 해독하는 효능), 소종거농(消腫去膿: 옹저(癰疽)나 상처가 부은 것을 삭아 없어지게 하고 동시에 고름을 제거하는 효능), 경신연년(輕身延年: 몸을 가볍게 하고 수명을 늘리는 효능)

【주치병증】

한열(寒熱), 온열초기(溫熱初起: 온열사(溫熱邪)에 감촉된 초기), 후비(喉痺: 목안이 벌겋고 붓고 아프며 막힌 감이 있는 인후병), 단독(丹毒: 환부의 피부가 마치 빨간 물감을 칠한 듯하고 불에 지지듯이 화끈 달아오르면서 열이 나는 증상), 유아(乳蛾: 후핵(喉核; 구개편도)이 빨갛게 붓고 아픈 증상), 비시(飛尸: 허벅지 안쪽과 바깥쪽 모두 약간 붓고 조금 곪은 증상, 전염성이 있는 노병(勞病)), 귀격신청(鬼擊身青: 귀격(鬼擊: 갑자기 귀기(鬼氣)에 걸려 일어나는 병)으로 몸이 푸르게 된 증, 칼로 찌르듯이 가슴과 배가 아파서 만지지도 못하고 누를 수도 없거나, 피를 토하고 코피가 나며 하혈(下血)을 함), 신종(身腫: 부종), 복창만(腹脹滿: 배가 불룩하면서 그득한 것), 열독혈리(熱毒血痢: 열독으로 인한 피가 섞여 나오는 이질), 수리(水痢), 제종독(諸腫毒: 모든 종기(腫氣)의 독기운), 오치(五痔: 모치(牡痔), 빈치(牝痔), 장치(腸痔), 맥치(脈痔), 기치(氣痔) 등 5종의 치질), 정창(疔瘡: 부스럼의 하나로 쇠 못처럼 작고 딴딴하고 뿌리가 깊이 박혀 있는 증상), 변독(便毒: 횡현(橫痃), 소복하(少腹下)와 서혜부(鼠蹊部)에 생긴 멍울. 성교에 너무 힘을 썼거나, 혹은 욕정을 참고 배설하지 못하여 정(精)과 혈(血)이 뭉쳐 중도(中途)에 막혀 있거나, 심하게 화를 내어 간(肝)을 손상하여 경락에 기혈이 막혀 생기거나, 양매창이 전염되어 생기기도 함), 양매창(楊梅瘡: 매독(梅毒)의 균이 전염되어 생기는 매독(梅毒)), 개선(疥癬: 옴)

【처 방】

가감통성산(加減通聖散), 과루산(瓜蔞散), 금은화산(金銀花散), 복령탕(茯笭湯), 삼황패독산(三黃敗毒散), 선방활명음(仙方活命飲), 소독음(消毒飲), 소풍패독산(消風敗毒散), 연교패독산(連翹敗毒散), 천화산(天花散), 청열소독음(清熱消毒飲)

39) 동백잎(山茶花: *Camllia japonica folium*)

자원 식물	약재 형태	주요 성분
	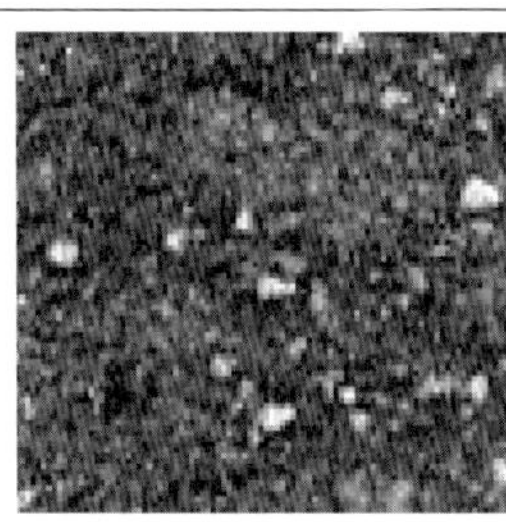	• Flavonoid: catechin, epicatechin, kaempferol, quercetin • Triterpenoid: camelledionol, dammaradienol, maragenin, taraxasterol • Tannin: camelliatannin A, casuariin • Phenylpropanoid: eugenol, heragenin

【효 능】

양혈(涼血: 혈분(血分)에 열(熱)이 성(盛)한 것을 치료하는 효능), 지혈(止血)

【주치병증】

토혈(吐血), 육혈(衄血: 외상을 입지 않았는데도 두부(頭部)의 모든 구멍 및 살갗에서 피가 나오는 증상), 장풍하혈(腸風下血: 일종의 변혈(便血)을 주증으로 하는 질병), 혈림(血淋:

오줌에 피가 섞여 나오는 임증), 혈리(血痢: 피고름이 섞인 대변을 동반하는 이질), 탕화작상(湯火灼傷: 끓는 물이나 뜨거운 기름에 팔다리를 데었거나, 혹은 불에 타서 화상을 입은 증상)

【처 방】

청폐음자(淸肺飮子), 치구혈객혈방(治嘔血喀血方), 구혈단(嘔血丹)

40) 머루(山葡萄: *Vitis thunbergii caulis*)

자원 식물	약재 형태	주요 성분
		• Reduced sugar • Flavonoid: catechin • resveratrol, • polyphenol

【효 능】

거습(祛濕), 이뇨(利尿), 해독(解毒), 양혈(凉血), 지혈(止血)

【주치병증】

임병(淋病: 임질), 이질(痢疾), 통비(痛痺: 지금의 통풍(痛風)), 간증(癎症: 발작시에 의식장애), 얼역(噦逆: 위기(胃氣)가 거슬러 올라와 위로 치밀어서 일어남, 병이 심한 사람은 그 소리가 메이는 증상, 딸국질), 나력(瘰癧: 멍울[結核], 결핵성림프선염), 유옹(乳癰), 습진(濕疹)

【처 방】

포도주(葡萄酒)

41) 민들레(浦公英: *Taraxacum coreanum herba*)

자원 식물	약재 형태	주요 성분
		• Triterpenoid : taraxerol, skimmiol, taraxasterol, taraxasterin, inusterol • Alkaloid: amanitin, arachine • Flavonoid : luteolin • Vitamin: A, E, C • Acids: lactic acid, malic acid, citric acid, tartaric acid, acetic acid

【효 능】

청열(清熱: 성질이 찬 약으로 열을 내림), 해독(解毒), 소종(消腫), 산결(散結: 울체되어 뭉친 곳을 풀어 주는 효능), 이뇨(利尿), 장근골(壯筋骨: 근육과 뼈를 튼튼하게 함), 오수발(烏鬚髮: 머리와 수염을 검게 하는 효능), 통림(通淋: 하초(下焦)의 습열(濕熱)을 없애고 결석(結石)을 제거하며, 소변 볼 때 깔깔하면서 아프거나 방울방울 떨어지면서 시원하게 나가지 않는 병증을 제거하는 방법, 임증(淋證)을 치료하는 방법)

【주치병증】

부인유옹(婦人乳癰: 부인의 유방에 생기는 옹(癰)), 폐옹(肺癰: 폐부(肺部)에 생기는 옹양(癰瘍), 인후종통(咽喉腫痛: 목안이 붓고 아픈 증상), 목적종통(目赤腫痛: 눈의 흰자위에 핏발이 서고 부으며 아픈 증상), 장옹(腸癰: 창자 속에 옹(癰)이 생기고 아울러 배가 아픈 병증), 습열황달(濕熱黃疸: 간 조직에 염증이 생겨 간 세포가 파괴되어 일으키는 카타르성 황달), 수종(水腫: 몸 안에 체액이 머물러 있어 얼굴, 팔다리, 가슴과 배, 심하면 온 몸이 붓는 병증), 간염(肝炎), 정창종독(疔瘡腫毒: 독기를 감수하여 생긴 정창(疔瘡)이 진행되면서 붓고 아픈 것), 악종결핵(惡腫結核: 살결 속에 응어리가 지며 붓는 병), 악창(惡瘡: 농혈(膿血)이 부패하여 오래되어도 낫지 않는 병증, 창양(瘡瘍)으로 인한 농혈(膿血)이 부패하여 오래되어도 낫지 않는 병), 오림융폐(五淋癃閉: 오림(五淋: 노림(勞淋), 열림(熱淋), 혈림(血淋), 기림(氣淋), 석림(石淋) 등 5 가지의 임증(淋症)으로 인하여 요(尿)가 방광에 정체(停滯)되어 소변(小便)이 잘 나오지 않는 증상), 열림삽통(熱淋澁痛: 습열이 하초에 몰려 소변을 조금씩 자주 보며, 잘 나오지 않고 아픈 증상), 호뇨자창(狐尿刺瘡: 곤충의 분비물에 닿아 일으키는 피부병으로 창(瘡)이 생긴 것), 요혈(尿血), 사교상(蛇咬傷: 뱀에 물린 상처)

【처 방】

귤엽산(橘葉散), 포공영(蒲公英), 금갈음(金葛飮), 소독음(消毒飮)

42) 생강(生薑: *Zingiberis rhizoma*)

자원 식물	약재 형태	주요 성분
		• Benzenoid: gingerol, shogaol, gingediol, gingerenone A • Sesquiterpenoid: selinene, ionone, cadinol, zingiberol • Monoterpenoid: cineole, cajeputol, eucalyptol, citronellal

【효 능】

건비(健脾: 비가 허약한 증상이 나타날 때 쓰는 치료법), 개위(開胃: 위의 소화 기능을 돕고 입맛을 돋우는 방법), 선결(宣結: 결체(結滯)된 것을 펴는 것), 조습(燥濕: 맛이 쓰고 성질이 조(燥)한 약으로 중초의 습을 없애는 방법, 습을 없앰), 소담(消痰: 머물러 있는 탁한 담을 없애는 방법), 해표(解表: 땀을 내어 표증을 가라앉히는 것), 온중(溫中: 중초를 따뜻하게 하는 효능), 산한(散寒: 한증을 치료하는 방법), 회양(回陽: 양기(陽氣)를 회복하는 일), 통맥(通脈), 하기(下氣: 기가 치밀어 오르는 것을 내림), 지혈(止血), 거체(去滯: 체기(滯氣)를 제거 함), 소식(消食: 소화를 돕고 식욕을 촉진시키는 작용), 이폐(利肺), 지구(止嘔: 구역(嘔逆)을 멈추게 하는 효능), 지해(止咳: 해소를 멈춤, 기침 소리와 가래를 멈추게 함), 해사독(解蛇毒: 뱀에게 물려서 중독된 것을 치료하는 효능)

【주치병증】

허로불면(虛勞不眠: 몸이 허약해져 잠을 자지 못하는 것), 비홍(鼻紅: 코피가 심하게 쏟아져 나오는 증상), 비색(鼻塞: 코가 막히는 것), 비뉵(鼻衄: 코피가 나는 증상), 토혈(吐血), 타혈(唾血: 침에 피가 섞여 나오는 증상), 지랭맥미(肢冷脈微: 사지가 냉하고 맥이 미약한 증상), 담음해수(痰飮咳嗽: 담음병(痰飮病: 담궐(痰厥), 담괴(痰塊), 담결(痰結) 등과 같이 담음(痰飮)으로 인해 생긴 병증)으로 인해 발생하는 기침), 상기구역(上氣嘔逆: 상기(上氣)가 있으면서 구역(嘔逆)이 나는 증상), 반위(反胃: 음식을 먹은 다음 일정한 시간이 지나서 토하는 증상), 심복냉통(心腹冷痛: 가슴과 배가 차면서 아픈 증상), 구토(嘔吐), 설사(泄瀉), 한비(寒痺: 한사(寒邪)로 인해 저리고 아픈 증상), 풍습비(風濕痺: 풍사(風邪)와 습사(濕邪)가 합쳐진 비증(痺證)으로 팔다리가 저리고 아프며 잘 쓰지 못하는 증상), 피부결기(皮膚結氣: 피부에 사기(邪氣)가 맺혀 모인 증상), 요신간한통(腰腎間寒痛: 허리와 신(腎)에 차가운 통증이 있는 증상), 중악(中惡: 정신을 잃고 넘어지며 말을 하지 못하는 것), 곽란전근(霍亂轉筋: 구토와 설사로 다리의 근육, 주로 비장근(腓腸筋)에 경련이 이는 증상), 창만(脹滿: 배가 몹시 불러 오면서 속이 그득한 감이 있는 증상), 한사(寒瀉: 비위(脾胃)에 한(寒)이 성

(盛)하여 발생하는 설사), 하리(下痢: 이질), 음양역병(陰陽易病: 한(傷寒), 혹은 온역(溫疫) 등의 병을 앓은 후에 남은 열이 아직 완전히 없어지지 않은 상태에서 방사(房事)를 함으로써 병이 상대방에게 전염되는 것, 상한을 앓아 건강이 완전히 회복되지 않은 부인과 방사를 한 후 남자가 얻은 병을 음역(陰易)이라 하고, 상한을 앓아 건강이 완전히 회복되지 않은 남자와 방사를 한 후 부인이 얻은 병을 양역(陽易)이라 함), 타박손상(打撲損傷: 부딪치거나 맞아서 다쳐 손상된 증상)

【처 방】

가감사물탕(加減四物湯), 가감속명탕(加減續命湯), 가감평위산(加減平胃散), 가미귀비탕(加味歸脾湯), 가미십전대보탕(加味十全大補湯), 가미패독산(加味敗毒散), 곽향정기산(藿香正氣散), 궁귀조혈음(芎歸調血飮), 맥문동탕(麥門冬湯)

43) 차조기(紫蘇葉: *Perillae folium*)

자원 식물	약재 형태	주요 성분
		• pcrilaldehyde • limonene • pienene • inolenic acid

【효 능】

해표(解表: 땀을 내어 표증을 가라앉히는 것), 산한(散寒: 한증을 치료하는 방법), 행기(行氣: 행기약으로 기를 잘 돌게 하는 방법), 관중(寬中: 속을 편안하게 하는 효능), 소식(消食: 소화를 돕고 식욕을 촉진시키는 작용), 화담(化痰: 담을 삭아지게 함), 개위(開胃: 위의 소화 기능을 돕고 입 맛을 돋우는 방법), 지통(止痛), 안태(安胎: 임신부나 태아 자체의 여러 가지 원인들에 의하여 임신이 중절되려는 것을 치료하여 태아가 정상적으로 자라게 하는 것), 통심장(通心臟: 심장의 기운을 소통시키는 효능), 서간(舒肝: 간기(肝氣)가 정체된 것을 흩어지게 하는 방법), 선통울기(宣通鬱氣: 폐기(肺氣)를 개통시켜 응체된 기(氣)를 흩뜨리는 효능), 해어해독(解魚蟹毒: 물고기와 게를 많이 먹고 생긴 독(毒)을 푸는 것), 발표산한(發表散寒: 땀을 내서 표(表)에 있는 한사(寒邪)를 없앰)

【주치병증】

풍한감모(風寒感冒: 풍한사(風寒邪)를 외감(外感)해 생긴 감기), 한열왕래(寒熱往來: 갑자기 춥다가 갑자기 열이 나는 증상), 곽란전근(霍亂轉筋: 구토와 설사로 다리의 근육, 주로 비장근(腓腸筋)에 경련이 이는 증상), 기천(氣喘: 여러 가지 천증(喘證)을 통틀어 이르는 말), 해수(咳嗽: 기침 소리와 가래가 다 있는 것), 노복(勞復: 상한(傷寒), 온열병(溫熱病)이 나은 후에 남은 사기(邪氣)가 아직 다 없어지지 않았는데 과로로 재발한 것), 식복(食復: 온병(溫病) 또는 온역(溫疫)의 회복기에 음식 조절을 잘못하여 병이 도진 증상), 임신구토(姙娠嘔吐: 수태후 2~3개월에 나타나는 오심 구토), 심복창만(心腹脹滿: 고창(鼓脹). 흉복부가 불어나고 속이 그득한 것이 주증인 병증), 유옹(乳癰: 젖몸에 생긴 옹, 젖몸에 생긴 덩어리), 각기(脚氣: 다리 힘이 약해지고 저리거나 감각에 이상이 생겨서 제대로 걷지 못하는 병), 비사입목(飛絲入目: 먼지가 눈에 들어가 눈병이 생긴 것), 사견상(蛇犬傷: 뱀이나 개에 물린 손상)

【처 방】

가미육군자탕(加味六君子湯), 곽향정기산(藿香正氣散), 안태산(安胎散), 오미자탕(五味子湯), 자소엽(紫蘇葉), 청폐음(淸肺飮)

44) 톳(海藻: *Hijikia fusiforme*)

자원 식물	약재 형태	주요 성분
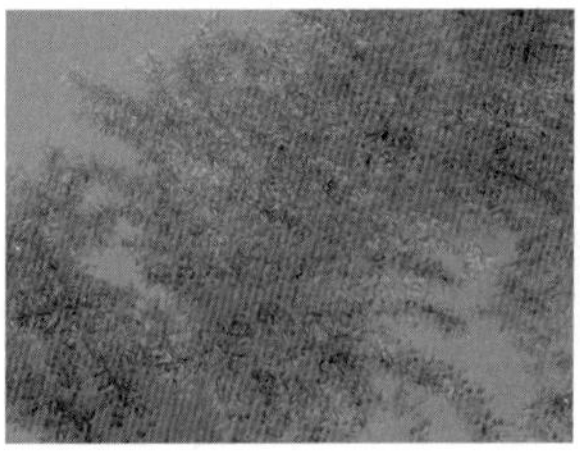	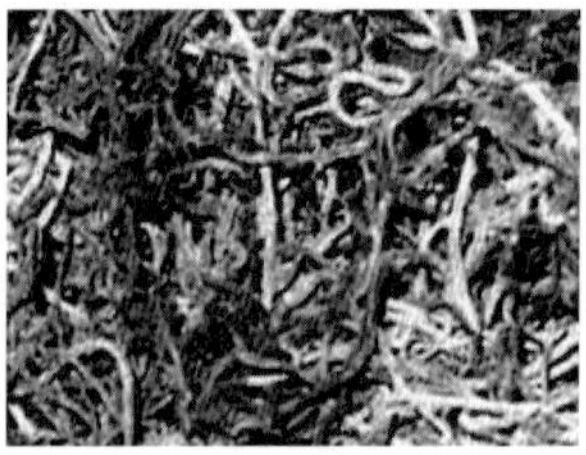	• Protein • Carbohydrate • Lipid • Mineral: Na, K, Ca, Mg, P • Fiber • Vitamin : A, B, C, E

【효 능】

소담(消痰), 산결(散結: 울체되어 뭉친 곳을 풀어 주는 효능), 이소변(利小便), 하12종수종(下十二種水腫: 12가지 종류의 수종(水腫)을 내리는 효능), 벽백사귀매(辟百邪鬼魅: 백가지 사악한 귀신과 도깨비를 막는 효능), 윤하(潤下: 장을 원활하게 하는 약으로 대변을 나오게 하는 방법), 소영결핵(消癭結核: 영류(癭瘤) 및 결핵(結核)을 없애는 효능)

【주치병증】

기급(氣急: 숨이 찬 것, 갑자기 몹시 놀라는 것), 담음(痰飮: 몸 안에 수습(水濕)이 운화되지 못하여 생긴 음(飮; 묽은 가래 또는 물가래, 찬가래)과 담(痰; 진한 가래 또는 불가래, 더운 가래)을 말함), 심하만(心下滿: 위완부(胃脘部)가 막혀 답답하면서 더부룩한 병증), 복중뇌명(腹中雷鳴: 뱃속에 꾸르륵 하면서 끓는 소리가 나는 증상), 수기부종(水氣浮腫: 수기(水氣)에 의한 부종(浮腫)), 적취(積聚: 뱃속에 결괴(結塊)가 생겨 항상 배가 더부룩하거나 아픈 증상), 분돈(奔豚: 신기(腎氣)가 허약하여 비(脾)의 습사(濕邪)가 들거나, 발한(發汗) 후 소침(燒鍼)을 잘못 놓아 침구멍에 한사(寒邪)가 들어가 기가 상충(上衝)함, 흉복통(胸腹痛)이 있고, 한열(寒熱)이 오가며, 배꼽 밑에 동계(動悸)가 있음), 산기(疝氣: 고환 통증), 음퇴(陰㿉: 아랫배가 붓고 아프거나 고환이 땅기면서 붓고 아픈 증상), 고환종통(睾丸腫痛: 고환(睾丸)이 붓고 통증이 있는 것), 난종(卵腫: 고환에 염증이 생겨 통증이 심한 증상), 각기(脚氣), 경하경핵(頸下硬核; 목 밑 부분에 단단한 알갱이가 있는 증상), 나력(瘰癧: 목 뒤나 귀의 뒤, 겨드랑이, 사타구니 쪽에 크고 작은 멍울이 생긴 증상, 한센병으로 목, 귀의 뒤, 겨드랑이 등에 큰 멍울이 생긴 증상), 옹종(癰腫: 기혈(氣血)이 사독(邪毒)을 받아 옹색(壅塞)하여 통하지 않음으로써 국부적으로 일어나는 종창(腫脹), 마도제창(馬刀諸瘡: 나력의 멍울이 여러 개 연달아 생기는 것)

【처 방】

귤핵환(橘核丸), 숙건지황산(熟乾地黃散), 해조(海藻), 지부자탕(地膚子湯), 사성산(四聖散)

1.2. 장관계에 작용하는 약용 자원으로부터 선별(현대생약학, 1999)

가. 위장계에 작용하는 약용 자원

박하(薄荷), 박하유(薄荷油), 박하수(薄荷水), 회향(茴香), 소두구(小豆蔲), 육두구(肉荳蔲), 등피(橙皮), 목향(木香), **백출(白朮)**, **계피(桂皮)**, 생강(生薑), 고추(苦椒), 후추(胡椒), 산초(山椒), 용담(龍膽,) 겐티아나根, 당약(當藥), 콘두란고, **황백(黃柏)**, 고목(苦木), 호프(忽布), **감초(甘草)**, 모려(牡蠣), **산사자(山査子)**, 흑축(黑丑), 대황(大黃), 결명자(決明子), 노회(蘆薈), 센나葉, 차전자(車前子), 한천(寒天), **산수유(山茱萸)**, 복분자(覆盆子), **오미자(五味子)**, 아선약(阿仙藥), **오배자(五倍子)**, **현초(玄草)**, 몰식자(沒食子), 울금(鬱金), 한인진(韓茵蔯), 치자(梔子), 백삼(白蔘), 홍삼(紅蔘), **오가피(五加皮)**, 지황(地黃), **구기자(拘杞子)**, 산약(山藥), **황기(黃耆)**, 황정(黃精), **진피(陳皮)**, **고삼(苦蔘)**, **현초(玄草)**.

나. 근육계에 작용하는 약용 자원

오수유(吳茱萸), 맥각(麥角), 홍화(紅花), 디기탈리스, 영란(鈴蘭), 해총(海葱), 섬수(蟾酥), **두충(杜沖)**, **상백피(桑白皮)**, 인도사목(印度蛇木), 여로(黎蘆), 요힘바皮, **음양곽(淫羊藿)**, **괴화(槐花)**, 도인(桃仁), 유향(乳香), 우슬(牛膝), 목단피(牧丹皮), **작약(芍藥)**, 봉출(蓬朮), **당귀(當歸)**, 천궁(川芎)

다. 신경계에 작용하는 약용 자원

아편(阿片), 방기(防己), 현오색(玄胡索), **백굴채(白屈菜)**, 부자(附子), 백부자(白附子), **녹차(綠茶)**, 코오피, 카카오, 코카, 마황(麻黃), 다투라葉, 히요스葉, 벨라돈나根, 빈랑자(檳榔子), 대산(大蒜), 백지(白芷), 세신(細辛), 방풍(防風), 신이(辛夷), **소엽(蘇葉)**, 형개 (荊芥), 시호(柴胡), **승마(升摩)**, **갈근(葛根)**, 지모(知母), 하고초(夏枯草), 석고(石膏), 연교(連翹), 서각(犀角), **황금(黃芩)**, **황련(黃蓮)**, **고삼(苦蔘)**, 괄루근(括蔞根), 카모밀라

라. 정신, 신경계에 작용하는 약용 자원

길초근(吉草根), 대마초(大麻草), 용골(龍骨), 주사(朱砂), 산조인(酸棗仁), 대추(大棗), 용안육(龍眼肉), 영지(靈芝), 녹용(鹿茸), 하수오(何首烏), 천마(天麻), 백강잠(白殭蠶), 용담(龍膽), 전갈(全蝎), **석창포(石菖蒲)**, 사향(麝香), 우황(牛黃), **녹차(綠茶)**

마. 호흡기계에 작용하는 약용 자원

반하(半夏), 길경(桔梗), 원지(遠志), 세네가根, **천문동(天門冬)**, 맥문동(麥門冬), 패모(貝母), 행인(杏仁)

바. 비뇨기계에 작용하는 약용 자원

상육(商陸), 자실(杍實), 모근(茅根), 목통(木通), 택사(澤瀉), 복령(茯笭), 영실(營實), 익모초(益母草), 월귤엽(越橘葉), 정향(丁香), 사향초(麝香草), 몰약(沒藥), 연자(蓮子)

1.3. 성분에 의한 약용 자원의 선별(동방미디어주식회사, 1999; Wagner, 1997)

가. Alkaloid 계 화합물을 함유하는 약용 자원

약용 자원 중에서 질소를 함유하고 염기성을 나타내며 생리 활성이 있는 이성환 화합물을 말하며 여러 종류와 유익한 작용들을 가지고 있다.

① 백작약

2-Acetylpyrrole, 3-Hydroxypyridine

② 진피

N-Methyltyramine, Synephrine

③ 갈근

Acetylcholine, Allantoin, Choline, PF-P, Stizolamine

④ 당귀

Adenine, Choline, Folic acid : Coenzyme F, Nicotinic acid, Phosphatidylcholine, Vitamin B12

⑤ 황금

2-Formylpyrrole, Indole

⑥ 구기자

1-Methoxycarbonyl-beta-carboline, Atropine, Choline / Sinkalin, Hyoscyamine, Kukoamine A, N-9-Formylharman, Perlolyrine

⑦ 괴화

Anagyrine ((-)-form), Cytisine ((-)-form), Matrine ((+)-form), N-Methylcytisine, Oxymatrine ((+)-form), Sophocarpine ((-)-form), Stizolamine

⑧ 황백

Berberine, Canthin-6-one, Coptisine, Jateorrhizine, Magnoflorine, Palmatine, Phellodendrine

⑨ 연자육

(-)-Nornuciferine, 4'-O-Methyl-N-methylcoclaurine, Anonaine, Armepavine Asimilobine, Dehydroanonaine, Dehydronuciferine Dehydroroemerine, Demethylcoclaurine, Isoliensinine, Liensinine Lirinidine, Liriodenine, Lotusine, Methylcorypalline, N-Methylasimilobine N-Methylcoclaurine, N-Methylisococlaurine, N-Norarmepavine Neferine, Nornuciferine, Nuciferine (R-form), Pronuciferine, Roemerine

⑩ 승마

cis-3-(3'-Methyl-2'-butenylidene)-indolin-2-one

⑪ 산수유

Dopamine hydrochloride

⑫ 고삼

(+)-5-alpha,9-alpha-Dihydroxymatrine, (+)-Sophocarpine N-oxide, (+)-Sophoranol N-oxide (-)-9-alpha-Hydroxysophoramine, (-)-delta7-Dehydrosophoramine 2,4(5)-Dimethylimidazole, 4(5)-Methylimidazole 5-Episophocarpine ((-)-form), 7,11-Dehydromatrine ((-)-form), Allomatrine ((+)-form), Anagyrine ((-)-form), Baptifoline Cytisine ((-)-form), Isokuraramine, Isomatrine ((+)-form), Kuraramine ((+)-form), Lupanine, Mamanine ((+)-form) Matrine ((+)-form), N-Methylcytisine, Oxymatrine ((+)-form), Rhombifoline ((-)-form), Sophocarpine ((-)-form), Sophoramine ((-)-form), Sophoranol ((+)-form), Sophoridine ((-)-form)

⑬ 황련

(-)-Stylopine, Berberastine, Berberine, Columbamine, Coptisine, Dihydrosanguinarine,

Epiberberine, Groenlandicine, Jateorrhizine, Magnoflorine, Oxyberberine, Palmatine, Tetrahydrojatrorrhizine, Tetrahydropalmatine, Thalifendine, Worenine

⑭ 감초

1-Furfuryl-2-acetylpyrrole, 1-Furfuryl-2-formylpyrrole, 1-Methyl-2-formylpyrrole, 2,6-Dimethylpyrazine, 2-Acetylpyrrole, 2-Ethyl-6-methylpyrazine, 2-Formyl-5-methylpyrrole, Indole, Ligustrazine, Nicotinic acid, Pyrazole, Trimethylpyrazine

⑮ 황기

3-Hydroxy-2-methylpyridine

나. Flavonoid 계 화합물을 함유하는 약용 자원(Øyvind, 2006)

고등 식물에 분포되어 있는 성분의 한가지로 C6-C3-C6로 이루어 있고, C3-단위의 형태에 따라 항 산화력이 달라지며, 이에 따라 flavon, flavonol, flavanone, chalcone, aurone, anthocyane 등으로 구분되며, C3-단위에 결합하는 또 하나의 C6-단위의 결합 위치에 따라 flavonoids와 isoflavonoid로 구분되며 이 화합물들은 강한 항 산화력을 나타낸다.

① 음양곽

4'-Methoxy-5-hydroxy-8-(3,3-dimethylally)flavone

Icariin, Icariside I, Icariside II-2'''-O-rhamnopyranoside, Icaritin, Ikarisoside A, Quercetin, Quercitrin, Rouhuoside

② 진피

Apigenin-trimethyl ether, Hesperidin, Isosinensetin, Naringin, Narirutin, Neohesperidin, Nobiletin, Ponkanetin, Sinensetin

③ 갈근

8-C-Glucopyranosyl-3',4',7-trihydroxyisoflavone, 8-Prenyldaidzein, Apigenin, Baicalein, Biochanin A, Daidzein, Daidzein-4',7-di-O-glucopyranoside, Kaempferol-3-O-rhamnopyranosylgalacto-pyranoside-7-O-rhamnopyranoside, Kakkalide, Kakkanin, Lupiwighteone, Pueraria glycoside(PG)-1, Pueraria glycoside(PG)-2,

④ 황금

(2S)-2',6',7-Trihydroxy-5-methoxyflavanone

(2S)-4',5,6,7-Tetrahydroxyflavanone-7-O-beta-D-glucuronopyranoside

(2S)-4',5,7,8-Tetrahydroxyflavanone-7-O-beta-D-glucuronopyranoside

2',3',5,7-Tetrahydroxyflavone, 2',3,5,6',7-Pentahydroxyflavanone,

Scutellarein, Scutellarein-4',6,7-trimethyl ether, Scutellarin, Skullcapflavone I, Skullcapflavone II-2'-methyl ether, Tectorigenin, Viscidulin I, Wogonin, Wogonin-5-O-beta-D-glucopyranoside, Wogonin-7-O-beta-D-glucuronopyranosyl-methyl ester

⑤ 구기자

Isoquercitrin, Kaempferol,
Kaempferol-3-O-beta-D-rutinoside,
Kaempferol-3-O-rutinoside-7-O-beta-D-glucopyranoside
Quercetin, Quercetin-3-O-rutinoside-7-O-beta-D-glucopyranoside,

⑥ 괴화

Kaempferol-3,7-di-O-beta-D-glucopyranoside,
Kaempferol-3-O-beta-D-rutinoside, Maackiain,
Pratensein, Quercetin, Sissotrin, Sophojaponicin, Sophorabioside,
Sophoricoside

⑦ 연자육

Hyperoside, Isoquercitrin, Kaempferol-3-O-beta-D-glucuronide,
Quercetin, Quercetin-3-O-beta-D-diglucopyranoside,
Quercetin-3-O-beta-D-glucuronide

⑧ 산수유

Kaempferol, Quercetin, Quercitrin

⑨ 녹차

(+)-Catechin, (-)-Epiafzelechin-3-O-gallate,
(-)-Epicatechin, (-)-Epicatechin-3-O-(4-O-methyl)gallate,
(-)-Epicatechin-3-O-p-hydroxybenzoate, (-)-Epigallocatechin,
(-)-Epigallocatechin-3,3'-di-O-gallate, (-)-Epigallocatechin-3,4'-di-O-gallate Theaflavin,
Theaflavin-3'-O-gallate,
Theaflavin-3,3'-di-O-gallate,Theaflavin-3-O-gallate,
Theasinensin A, Theasinensin B, Theasinensin C
Theasinensin D, Theasinensin E, Theasinensin F
Theasinensin G, Tricetin, d-Catechol

⑩ 산사자

(-)-Epicatechin, Hyperoside, Quercetin

⑪ 고삼

(-)-Maackiain, Formononetin, Isokurarinone, Isoxanthohumol, Kuraridin Kuraridinol, Kurarinol, Kurarinone ((S)-form), Kushenin, Kushenol A Kushenol B, Kushenol C, Kushenol D, Kushenol E, Kushenol F

⑫ 황련

Coptiside I, Coptiside II

⑬ 감초

2',4,4'-Trihydroxy-3'-prenylchalcone,
2-(3,4-Dihydroxyphenyl)-6-hydroxy-4-methoxy-5-prenyl-benzofuran,
Liquiritin, Lupiwighteone, Melanoxetin, Naringenin, Neoisoliquiritin,
Neolicuroside, Neoliquiritin, Neouralenol, Phaseollinisoflavan, nocembrin,
Prunetin, Quercetin, Quercetin-3,3'-Dimethyl ether, Sigmoidin B,
Uralenol, Vicenin 2

⑭ 황기

Calycosin, Calycosin-7-O-beta-D-glucopyranoside, Formononetin,
Isoquercitrin, Isorhamnetin,
Kaempferol,Methylnissolin-3-glucoside, Quercetin, Rhamnocitrin,
Rhamnocitrin-3-O-beta-D-glucopyranoside

⑮ 사간

Belamcanidin, Iridin, Irigenin, Irisflorentin, Iristectorigenin A,
Tectorigenin, Iristectorigenin B, Methyl irisolidone, Muningin, Tectoridin,
Shekanin, Shekkanin

다. Tannins

Tannin은 다가의 phenol성 -OH기를 가지고 있으며, 이 phenolic -OH에 의하여 항 산화력이 결정되어진다.

① 율모곽

1,2',3,5-Tetra-O-galloyl-D-hamamelofuranos,
1,2',5-Tri-O-galloyl-D-hamamelofuranos,

1,2'-Di-O-galloyl-D-hamamelofuranose, 2',3,5-Tri-O-Galloyl-D-hamamelose, 2',5-Di-O-galloyl-D-hamamelose, Acutissimin A, Acutissimin B, Chestanin, Hamamelitannin, Kurigalin

② 산수유

1,2,3-Tri-O-galloyl-beta-D-glucopyranose,
1,2,6-Tri-O-galloyl-beta-D-glucose,
1,2-Di-O-galloyl-beta-D-glucopyranose,1,2-Di-O-galloyl-beta-D-glucose,
1,7-Di-O-galloyl-D-sedoheptulose, 3,4,6-Tri-O-galloyl-D-glucopyranose,
Coriarin F, Cornusiin B, Cornusiin F, Gemin D, Isoterchebin

③ 대황

1,2,6-Tri-O-galloyl-beta-D-glucopyranose,
1,2,6-Tri-O-galloyl-beta-D-glucose,
1,2-Di-O-galloyl-6-O-cinnamoyl-beta-D-glucopyranoside

④ 녹차

1,4,6-Tri-O-galloyl-beta-D-glucopyranoside

⑤ 석류피

2,3-(S)-Hexahydroxydiphenoyl-D-glucopyranoside,
Casuariin, Casuarinin, Corilagin, Pedunculagin, Punicafolin

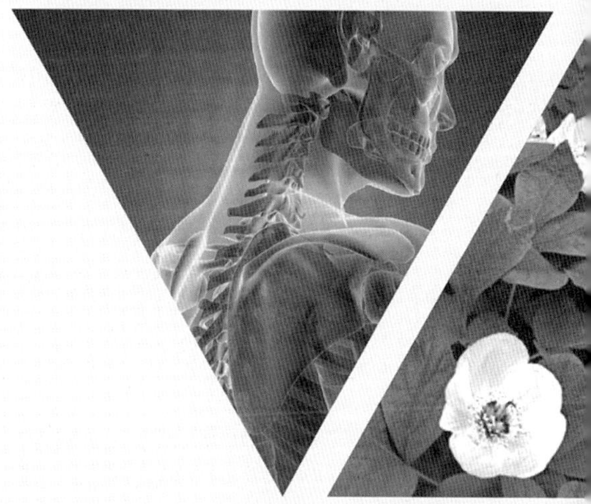

제2장

약용 자원의 기능성

1. 약용 자원의 항 산화 효과
2. 각 약용 자원의 항 산화력
3. 두 종류의 약용 자원 조합에 따른 힝 산화력
4. 세 종류의 약용 자원 조합에 따른 항 산화력

제2장

약용 자원의 기능성

1. 약용 자원의 항 산화 효과

1.1. 활성산소(free radical)의 종류(김종덕, 2013)

활성산소(유해산소)는 그림에서 보다시피 산소원자의 중심에는 원자핵이 있고, 그 둘레에 8개의 전자가 돌고 있다. 제1 - 제3 궤도에는 전자가 2개씩 짝을 이루고 있으나, 제4, 5궤도에는 짝이 없는 전자(부대전자 : unpaired electron)을 가지고 있는 것을 볼 수 있다. 이처럼 원자나 분자가 부대전자를 하나 이상 가지고 있는 산소를 활성산소라고 일컫는다. 전자가 2개가 되지 않으면 안정화 될 수 없고, 다른 어느 곳으로부터 전자를 뺏어와 안정화 되려는 성질을 가지고 있기 때문에 불안정하다. 따라서, 활성산소는 전자를 주고 받음에 따라 여러 종류의 프리라디칼이 생성되는데 이를 살펴보도록 한다(増尾淸, 1998).

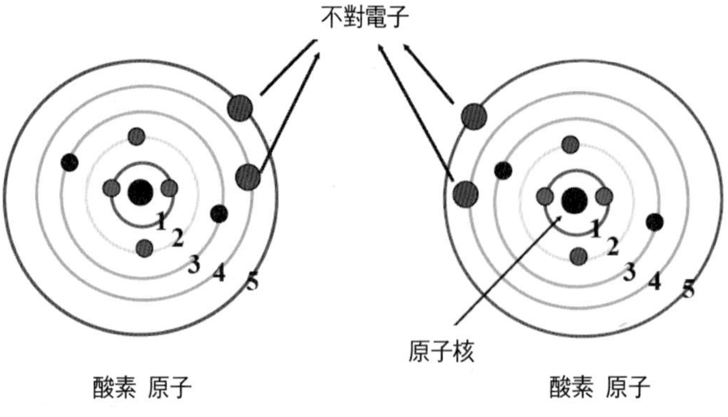

그림 1. 산소원자의 전자 배치 및 부대 전자

가. 삼중항산소($^3O_2$)

2개의 산소원자가 그림처럼 형성되어 있고, 2개의 원자가 결합하여 제5 궤도를 돌고 있는 전자가 조합을 이루어 제5궤도에는 2개의 전자를 가지게 되고, 제4 궤도에만 부대전자를 가지고 있는 형태가 된다.

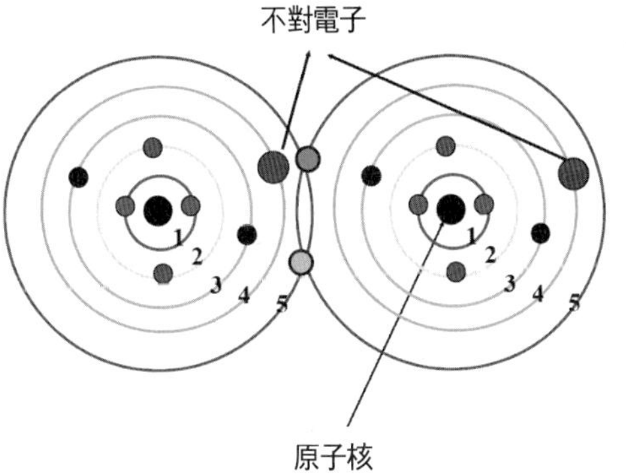

그림 2. 삼중항산소의 전자 배치

이 구조는 공기 중에 있는 산소이며, 3중항산소라 한다. 제4궤도의 부대전자는 안정화되려고 끊임없이 다른 전자를 끌이 들이기 위하여 노력한다.

나. 슈퍼옥시라디칼(Superoxide radical : $O_2^{\bullet -}$)

3중항 산소에 한쪽의 세4궤노에 외부로 부터 전자 1개를 받아들이면, 다른 4궤도의 한 개의 부대전자만 남게 되며, 이를 슈퍼옥사이드라디칼($O_2^{\bullet -}$)이라고 하며, 전자를 하나 받아들였기 때문에 (－)전하를 띄므로 음이온 라디칼로서 다양한 반응성을 나타낸다. 또 안정화되기 위하여 다른 곳으로부터 전자를 빼앗아 안정화 되려고 하며, 결국 상대를 산화시키고 만다. 부대전자가 1개이기 때문에 산화력은 그다지 높지 않다.

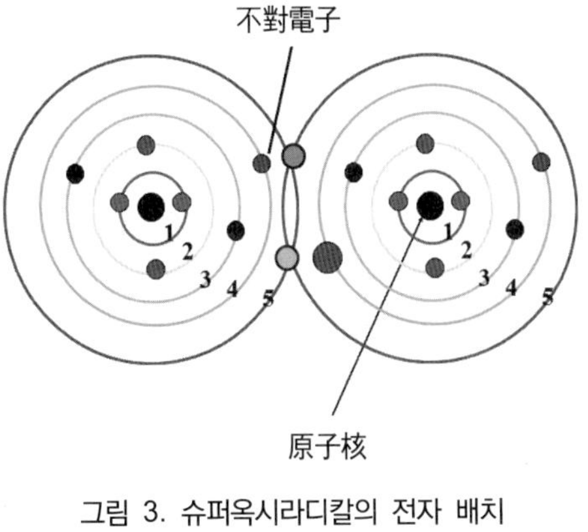

그림 3. 슈퍼옥시라디칼의 전자 배치

우리 생체에서 대량 발생되며, 세포성 면역에 관여한다. 수명은 환경에 크게 의존되며, 중성 용액의 시험관에서 1/1000 정도이고, 비프로톤 용액(염기성용액)중에서는 수명이 길다. 따라서, 독성도 하이드록실라디칼($OH^{\bullet}$)이나 1중항 산소보다 높지 않다.

다. 하이드록실라디칼(Hydroxyl radical : $OH^{\bullet}$)

산소를 구성하고 있는 2개의 원자가 분리되고, 제5궤도에 전자가 한개 들어온 형태이다. 제4궤도에 부대전자가 있어 외부로부터 전자를 탈취하는 산화력이 굉장히 강하다. 산화력이 아주 강하며, 암이나 성인병, 그리고 노화를 촉진시키고, 독성도 아주 강한 프리라디칼이다.

단백질, 핵산, 지질, 당질이 생성되는 장소 가까이에서 많이 생성되어 빠른 속도로 반응을 일으킨다. 수명은 1/1,000,000 초로 짧으나, 생체 내에서 제거할 수 있는 효소가 없기 때문에, 아주 위험한 라디칼이다. 또한, 발생한 극히 가까운 부분에만 영향을 미치지만, 유전자에 작용할 경우 이를 파괴하고, 연쇄적으로 세포막을 공격한다. 특히, 막을 구성하고 있는 지질은 활성산소와 쉽게 반응한다.

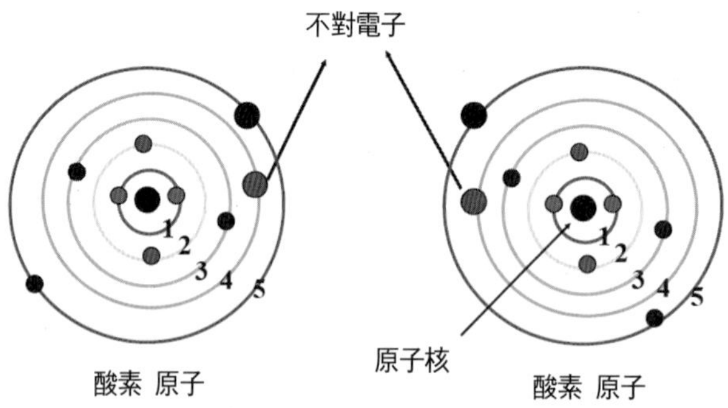

그림 4. 하이드록실라디칼($OH^{\bullet}$)의 전자 배치

이 때 과산화 지질이 축적되어 종종 질병의 원인이 된다. 생체에서는 산소로부터 직접 $OH^{\bullet}$가 생성되지는 않으나, $O_2^{\bullet -}$나 H_2O_2 등의 전구체로부터 재빠르게 생성된다.

라. 과산화수소(Hydrogen peroxide: H_2O_2)

슈퍼옥시라디칼로부터 전자를 하나 더 받아 들이면 부대전자가 없어져 라디칼은 아니지만, 슈퍼옥사이드라디칼($O_2^{\bullet -}$)이 되며, 2개의 H^+과 결합하여 H_2O_2인 과산화수소가 된다. 부대전자가 없으므로 외부로부터 전자를 탈취력, 산화력은 없으며 독성 또한 없다. 그러나, 이 구조는 결합력이 약하여 산소-산소 결합이 분해되어, 독성이 강한 하이드록실라디칼이나, 독성이 더 높은 일중항산소로 쉽게 변화 된다.

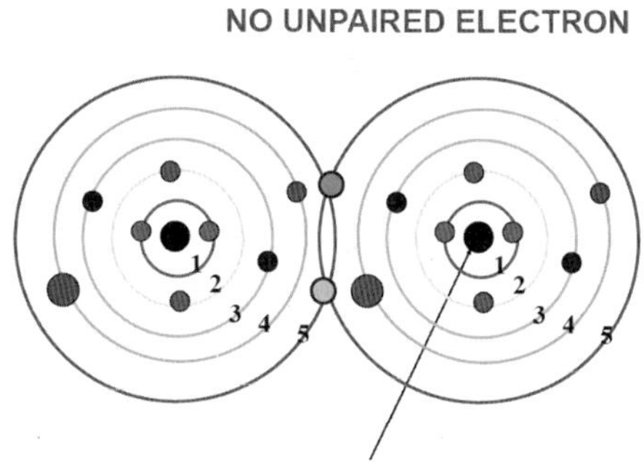

그림 5. 과산화수소의 전자 배치

과산화수소수(H_2O_2)는 부대전자를 갖고 있지 않기 때문에 유해산소는 아니다. 그러나, OH˙를 생성하기 때문에 활성산소 종에 포함시킨다. 이것은 생체의 정상적인 대사과정에서 생성되는 활성산소이며, 10^{-9}~10^{-7} mole 정도로 추정되며, 조직에 따라서 다르다.

과산화수소수 자체의 산화력은 그다지 크지 않으나, 하이드록실라디칼(OH˙), 하이드로퍼옥실라디칼(HOO˙)의 원료 물질로써 중요하다. 이 과산화수소수는 사람의 세포내에서 Fe 이온이나 Cu 이온과 반응하여 OH˙ 라디칼을 생성하며 이것은 생체 내에서 세포성 면역에 관여하여 체내에 침입한 세균을 죽이는 역할을 한다.

Fenton 반응을 예로 들 수 있다.

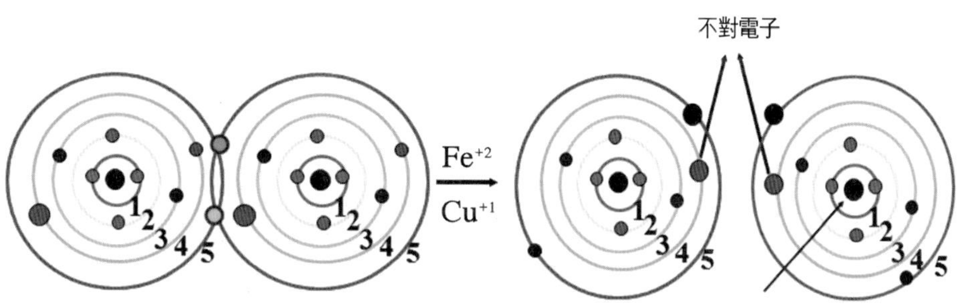

그림 6. H_2O_2의 금속 이온에 의한 하이드록실라디칼(OH˙)의 생성

$$Fe(II) + H_2O_2 \rightarrow Fe(III) + OH^{\bullet} + OH^-$$

$$Cu(I) + H_2O_2 \rightarrow Cu(II) + OH^{\bullet} + OH^-$$

과산화수소수는 세포막을 통과하기 때문에, 여기에 있는 금속 이온과 반응을 일으키기 쉬울 것이다. 과산화수소수가 생체에 들어온 세균을 살균하는 것은 과산화수소수 그 자체보다는 이들이 분해되어 생성되는 하이드록실라디칼에 의해서 일어난다.

마. 일중항산소($^1O_2$)

2개의 산소원자에 있어서 한쪽의 전자가 다른 원자 쪽으로 옮겨가서 한쪽의 원자궤도(제4궤도)의 전자가 없는 상태 즉, 부대전자가 없는 상태를 일중항산소(singlet oxygen)이라고 하며 $^1O_2$로 표시한다. 일반적인 산소 기저상태의 산소를 $^3O_2$라 표시하며, 삼중항산소라 한다.

일중항산소는 부대전자가 없기 때문에 프리라디칼은 아니나, 이 비어있는 궤도가 2개의 전자를 강하게 구하고 있기 때문에, 강력한 산화력을 발휘할 수 있다. 수용액 중에서 수명은 1/1,000,000 초 정도이며, 유기용매 중에서는 1/100,000 초 정도 된다. 이 일중항 산소는 이중결합과 아주 빠르게 반응하지만, 이중결합을 가지고 있지 않은 화합물과는 잘 반응하지 않는다. 일중항산소는 생체 내에서 보편적으로 생성하고 있는지 아닌지, 그리고 어느 과정에서 중요한 작용을 하고 있는지 아주 확실하지는 않다. 생체에 있어서의 작용은 porphyrin증에서 볼 수 있는 것처럼 피부의 광독성의 원인이 되고 있다.

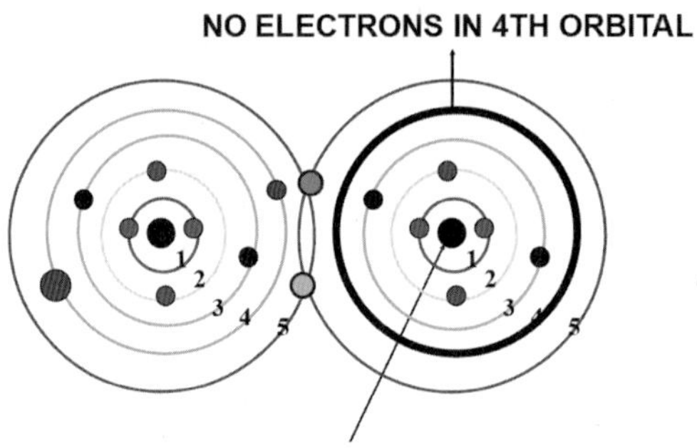

그림 7. 일중항산소의 전자 배치

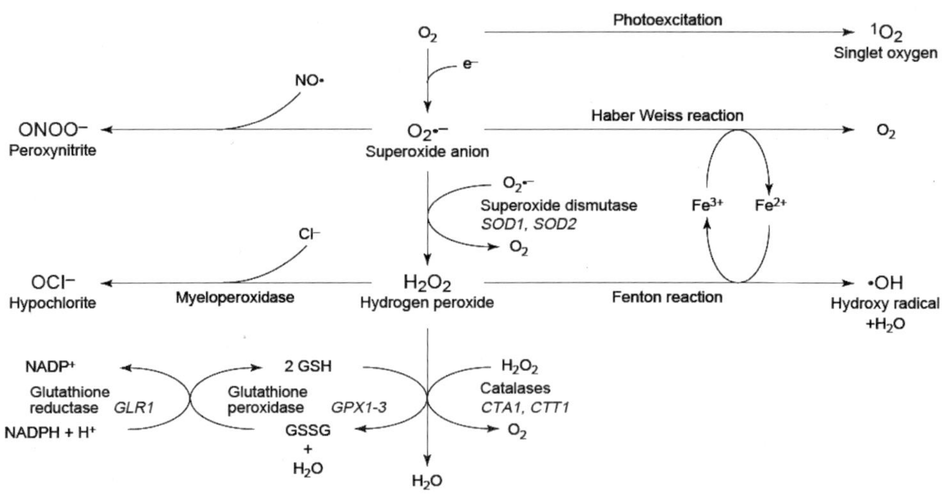

그림 8. 세포 내에서의 프리라디칼의 생성

Trends in Cell Biology, 15, 319-326, 2005

일중항산소에 의한 산화는 비라디칼 반응이기 때문에 연쇄반응은 일어나지 않는다. 즉, $OH^{\bullet}$ 및 $O_2^{\bullet -}$ 와는 다른 일중항산소에 의한 산화는 양론적이며, 하나의 표적 분자를 산화시켜 반응은 종결된다. 여기에 비교하여 라디칼반응에서는 최초에 하나의 라디칼밖에 생성되지 않지만 하나의 생성물이 되었을 때, 동시에 새로운 다른 라디칼이 생성하며, 결국 반복 반응이 계속해서 일어난다.

2. 각 약용 자원의 항 산화력

2.1. 약용 자원의 항 산화력 측정방법

가. ORP system value법

ORP system value 방법은 저자(Lee 등, 2004) 등이 개발한 방법으로 시료의 전처리가 필요 없고, 많은 종류의 시약을 제조할 필요가 없으며, 측정하는데 시간이 오래 걸리지 않고, 색깔을 가지고 있는 시료도 사용할 수 있으며, 간단하고 정확한 방법으로써, ORAC 법, FRAP 법 등의 다른 방법과 비교도 가능한 방법이다.

Okouchi 방법(2002)을 이용하여 용액으로 제조된 항산화물질을 산과 알칼리로 pH를 변화시켜가며, ORP값을 측정한 후, 측정된 값을 회귀 분석하여 기울기와 절편을 구하고, 기울기의 절대값을 절편으로 나눈 값을 "ORP system value"라고 명명하였다.

ORP system value를 새로운 항 산화력 측정법으로 사용하기 위해서는, 표준 물질로써 ascorbic acid, BHT, BHA 및 α-tocopherol을 각 농도별 100, 50, 25, 10, 5, 1 mM로 제조하여, ORP system value, ORAC 법 그리고, FRAP 법으로 각각 측정하고, 측정된 값으로부터 서로의 상관 관계를 정립하였다. 결과에 따라, 수용성 항산화제의 경우, ascorbic acid의 농도에 따른 ORP system value로부터 회귀 분석한 표준 곡선을 이용하여, ascorbic acid에 해당되는 농도를 알 수 있다. 그리고, 지용성 항산화제의 경우 BHA, BHT, α-tocopherol의 농도에 따른 ORP system value로부터 회귀분석한 표준 곡선을 이용하여, 각 BHA, BHT, α-tocopherol의 표준 곡선을 이용하여, 각 BHA, BHT, α-tocopherol의 해당 농도를 알 수 있고, ORP system value 법의 수치와 ORAC 법의 수치, 그리고, ORP system value와 FRAP 법의 수치와 상관 관계식을 이용하여 측정된 ORP system value를 ORAC 법의 수치와 FRAP 법의 수치로 변환하여 나타낼 수 있다. 그리고, 주요 수용성 및 지용성 표준 물질의 농도에 따른 ORP system value를 구하여 지표로 사용할 수 있도록 하였다.

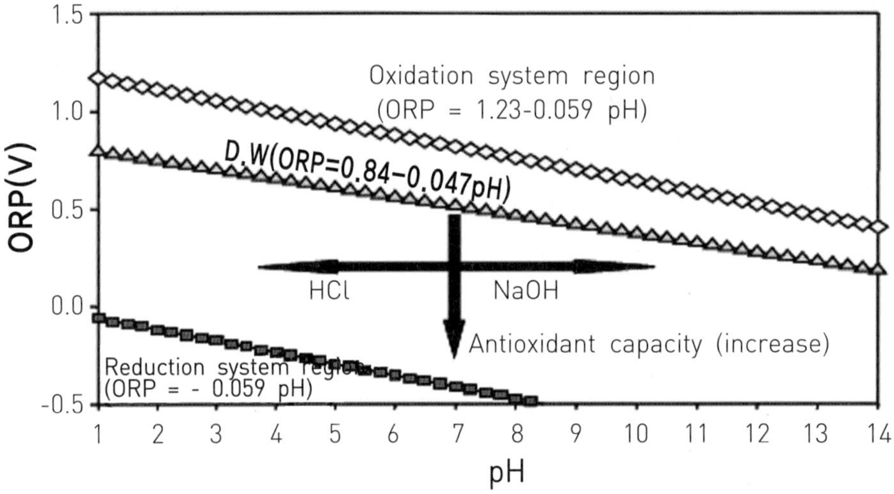

그림 9. pH 및 ORP 값과의 상관 관계

Journal of food science. 67, 1594-1598, 2002

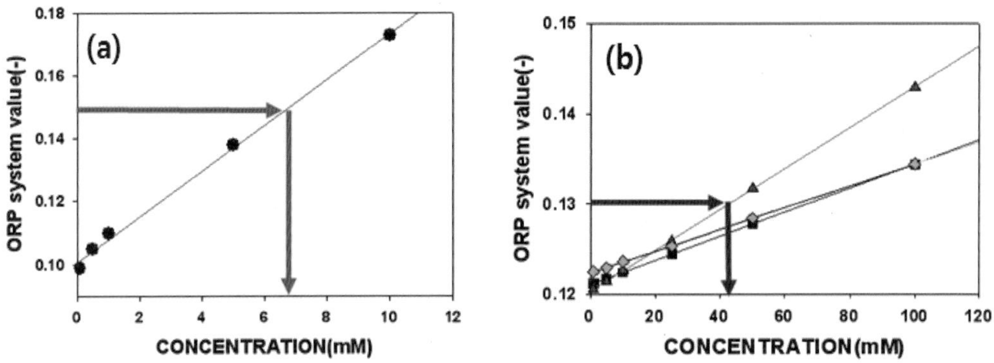

그림 10. 각 표준 물질의 농도에 따른 ORP system value

(a)•: ascorbic acid(r^2=0.97), (b) ■ : BHT(r^2=0.98), ◆ : α-tocopherol(r^2=0.97), ▲ : BHA(r^2=0.97)

Biotechnology and Bioprocess Engineering, 19, 514-518, 2004

또한, 수용성 및 지용성의 표준 물질의 ORAC 값 및 FRAP 값을 구하여 ORP system value와의 상관 관계를 찾았다.

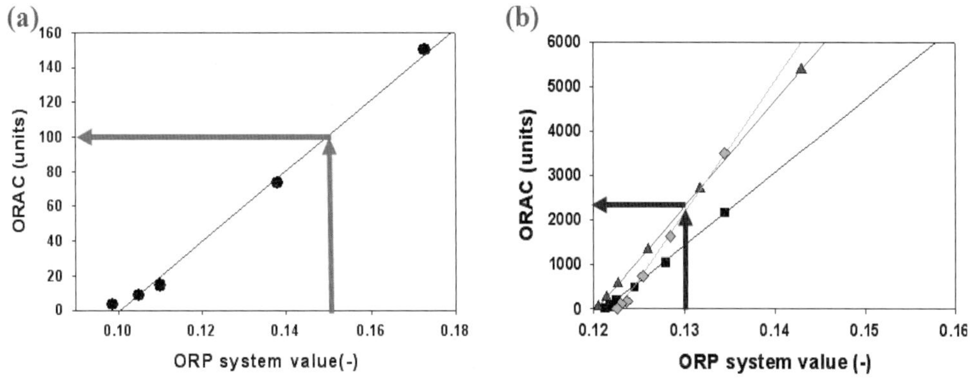

그림 11. 수용성 및 지용성 표준 물질의 회귀 분석에 의한 ORAC법 및 ORP system values와의 상관 관계

(a) ascorbic acid(r^2=0.97), (b) ■ : BHT(r^2=0.98), ▲ : BHA(r^2=0.97), ◆ : α-tocopherol(r^2=0.97)

Biotechnology and Bioprocess Engineering, 19, 514-518, 2004

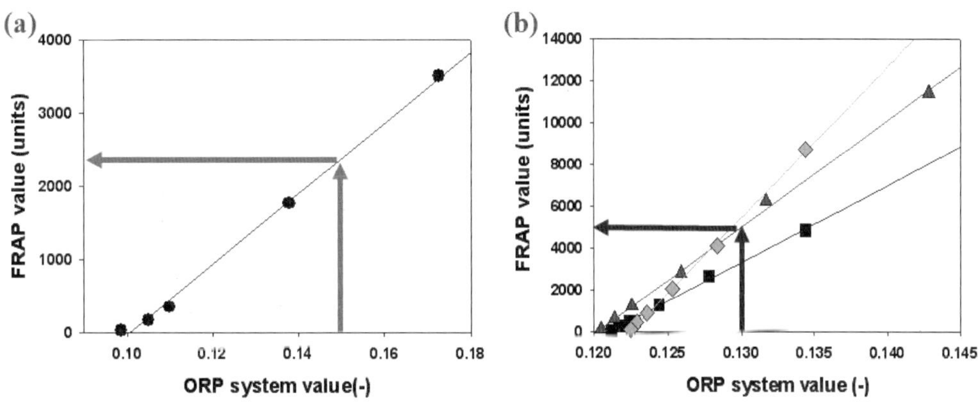

그림 12. 수용성 및 지용성 표준 물질의 회귀 분석에 의한 FRAP 법 및 ORP system values와의 상관 관계

(a) ascorbic acid(r^2=0.97), (b) ■ : BHT(r^2=0.98), ▲ : BHA(r^2=0.97), ◆ : α - tocopherol(r^2=0.97)

Biotechnology and Bioprocess Engineering, 19, 514 - 518, 2004

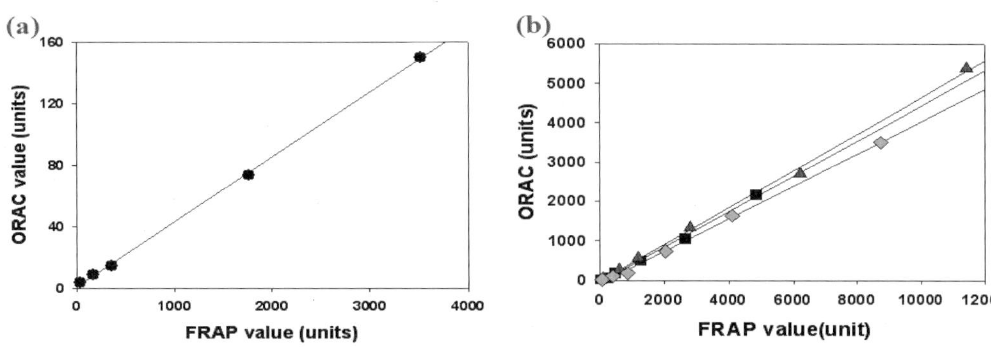

그림 13. 수용성 및 지용성 표준 물질의 회귀 분석에 의한 FRAP 법 및 ORAC 법과의 상관 관계

(a) ascorbic acid(r^2=0.97), (b) ■ : BHT(r^2=0.98), ▲ : BHA(r^2=0.97), ◆ : α-tocopherol(r^2=0.97)

Biotechnology and Bioprocess Engineering, 19, 514 - 518, 2004

수용성 항산화 물질과 지용성 항산화 물질의 항 산화력을 ORP system value 법으로 측정할 수 있으며, ORP system value를 기초로 하여, 수용성 항산화 물질과 지용성 항산화 물질의 항 산화력을 ORAC 법의 수치와 FRAP 법의 수치로 변환하여 나타낼 수 있는 특징을 가지고 있다.

나. 용존 산소 측정법(D.O. analysis method)에 의한 약용 자원의 항 산화력의 측정 (Nemcova, 1997, Outa, 1987)

용존 산소계를 이용하여 용존 산소량의 변화로부터 유지의 자동산화의 정도를 측정하여 油脂의 보존 안전성 및 산화 방지제의 항 산화능력을 판정한다. 유지 및 물, 그리고 Tween 40으로 제조된 에멀젼에 시험하려고 하는 산화 방지제를 첨가하여 산소 전극으로부터 용존 산소의 량을 측정하여 항 산화력을 측정한다. 처음의 용존 산소량을 100%으로 하고, 항 산화력이 강한 물질일수록 천천히 감소되며, 시간이 지남에 따라 감소되는 산소의 량을 측정하여 항산화능력을 비교한다.

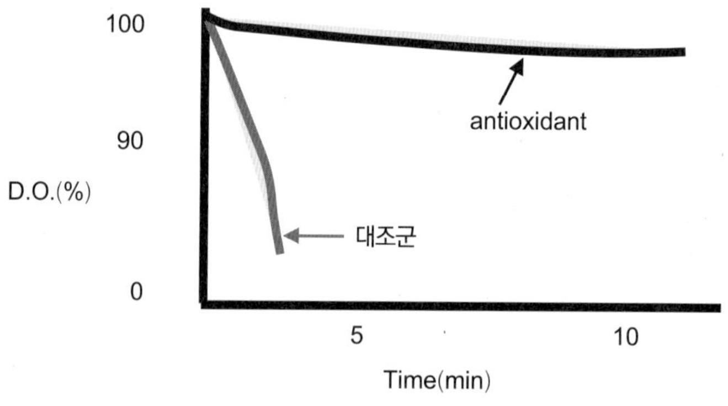

그림 14. 용존 산소 측정법을 이용한 항 산화력 측정

용존 산소 측정법은 각각의 약용 자원 300g에 3차 증류수 1,600ml를 넣어 1시간 동안 추출한 열수 추출물을 500ml로 하여 시료로 사용하였다. 항 산화력의 측정은 linoleic acid 1g에 2ml의 Tween40과 증류수, 그리고 시료를 3 ml를 첨가하여 최종량을 30 ml로 한 후 37℃의 항온조에서 Fe^{2+}ion을 첨가하여 D.O.의 감소를 측정하였다. 표준 물질로서는 합성 항산화제인 0.02%의 BHA, BHT, 그리고 β-carotene을 사용하여 약용 자원의 농도에 따른 항 산화력을 Area Under Curve(AUC)를 비교하였으며 그 결과들을 그림 15에 나타내었다.

용존 산소 분석법에 의하여 30종류의 약용 자원을 분석한 후 AUC를 계산하여 기존의 합성 항산화제인 BHA 및 BHT 등과 비교하였을 때 승마, 산수유 등은 항 산화력이 강함을 보였으며, 현초, 백작약, 천문동, 음양곽, 상백피, 연자육, 백굴채, 황련, 백출, 진피, 오배자, 두충, 황백, 계피, 구기자, 녹차, 오가피, 사간, 고삼 및 당귀 등은 β-carotene 보다 나은 항 산화력을 나타내었다. 그리고, 괴화, 석창포 및 황기 등은 β-carotene의 항 산화력과 비슷한 효과를 나타내었으며, 오미자, 감초, 갈근, 황금 및 산사자 등은 β-carotene보다 약한 항 산화력을 나타내었다. 약용 자원 중에서도 항 산화력이 β-carotene 보다 강한 제제들이 많아 합성 항산화제의 대용 뿐 만아니라, ROS를 위한 생체 투여가 가능한 물질도 많음을 알 수 있었으며, 식품 보존제, 항 노화제제 등의 다방면으로 사용이 가능할 것으로 사료되며, 30가지의 약용 자원의 AUC는 표 1에 나타내었다.

(a)

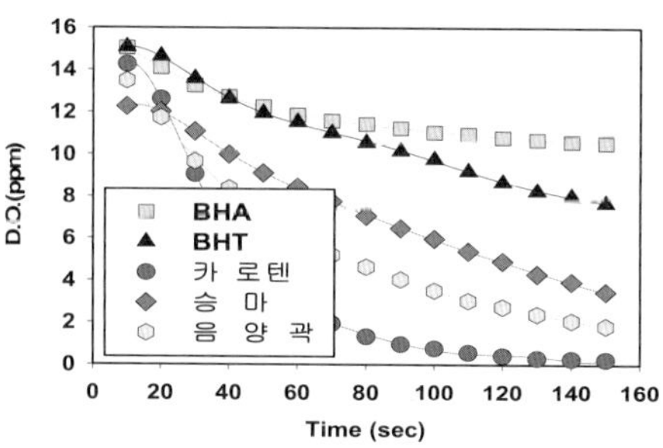

(b)

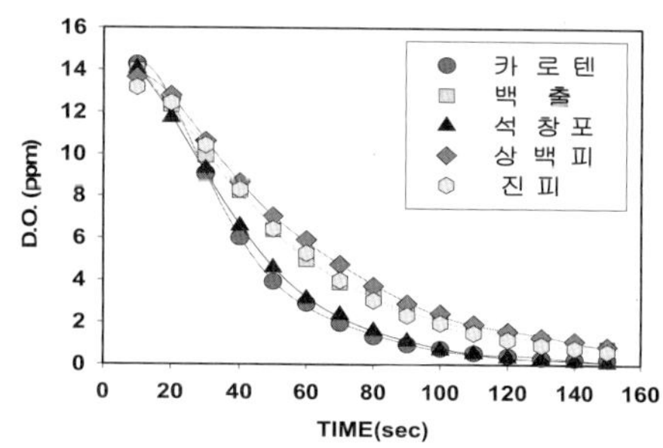

β-carotene(485.28), BHA(1656.80), BHT(1516.58), 승마(1045.24), 음양곽(783.20), 백출(665.05), 석창포(497.97), 상백피(723.28), 진피(658.23)

(c)

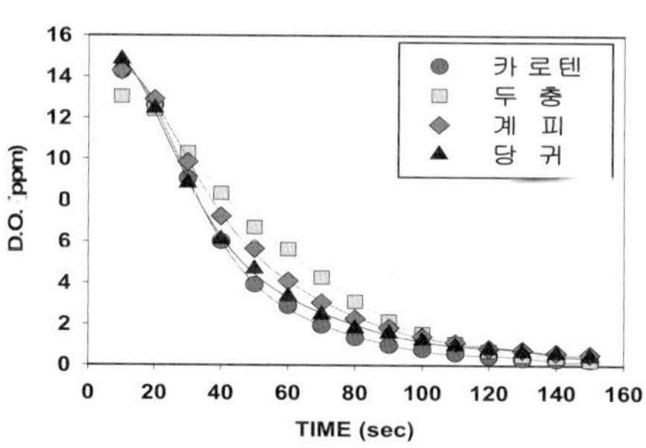

(d)

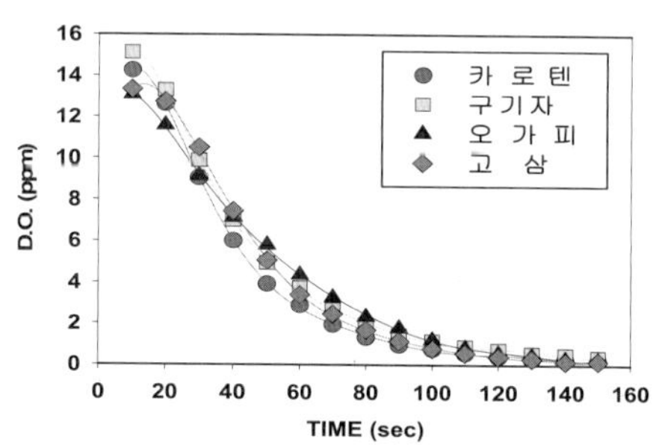

두충(640.47), 계피(592.23), 당귀(532.32), 구기자(568.86), 오가피(555.90), 고삼(537.52)

(e)

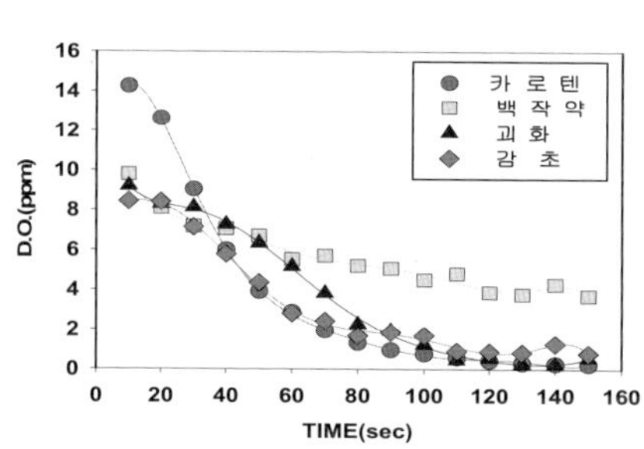

(f)

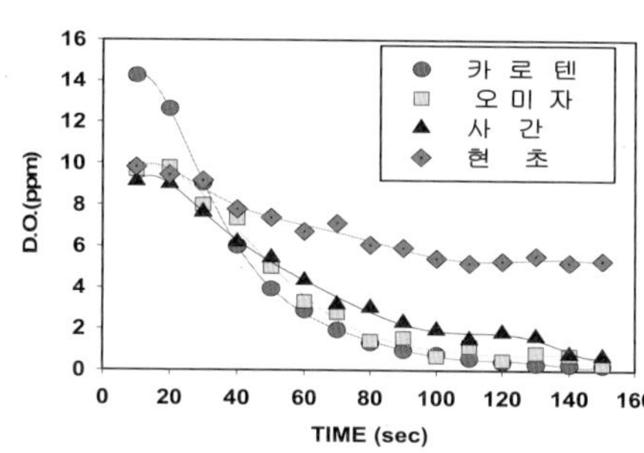

백작약(788.73), 괴화(509.67), 감초(450.27), 오미자(486.36), 사간(539.44), 현초(941.58)

(g) (h)

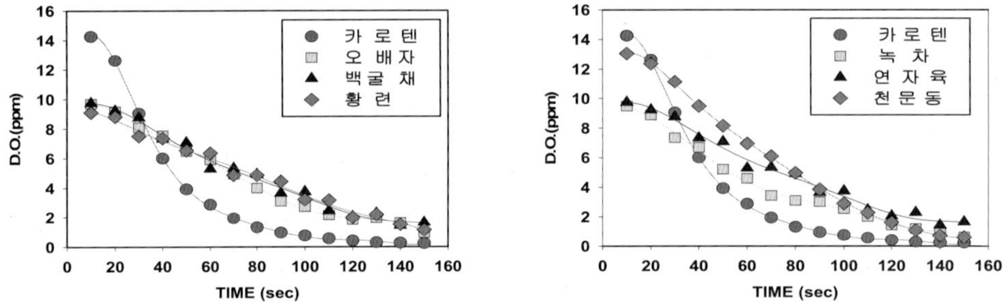

오배자(652.37), 백굴채(695.86), 황련(682.05), 녹차(557.93), 연자육(695.86), 천문동(787.92)

(i) (j)

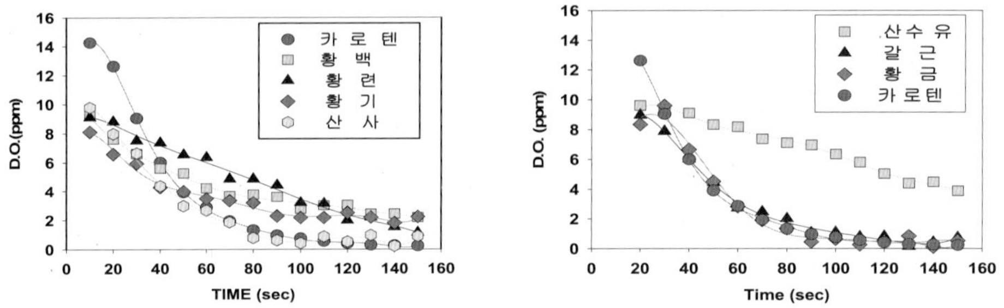

황백(601.10), 황련(682.05), 황기(492.97), 산사자(363.42), 산수유(984.50), 갈근(495.21), 황금 (429.41)

그림 15. 용존 산소 측정법을 이용한 약용 자원의 항 산화력 비교 ( ): AUC 값

(김종덕, 농림부 최종 연구 보고서, 2002)

표 1. 용존 산소 측정법을 이용한 30 종류 약용 자원의 항 산화력

순서	약용 자원	AUC	순서	약용 자원	AUC	순서	약용 자원	AUC
1	B H A	1656.80	12	황 련	682.05	23	고 삼	537.52
2	B H T	1516.58	13	백 출	665.05	24	당 귀	532.32
3	승 마	1045.24	14	진 피	658.23	25	괴 화	509.67
4	산 수 유	984.50	15	오 배 자	652.37	26	석 창 포	497.97
5	현 초	941.58	16	두 충	640.47	27	갈 근	495.21
6	백 작 약	788.73	17	황 백	601.10	28	황 기	492.97
7	천 문 동	787.92	18	계 피	592.23	29	카 로 텐	485.28
8	음 양 곽	783.20	19	구 기 자	568.86	30	오 미 자	484.36
9	상 백 피	723.28	20	녹 차	557.93	31	감 초	450.27
10	연 자 육	695.86	21	오 가 피	555.90	32	황 금	429.41
11	백 굴 채	695.86	22	사 간	539.44	33	산 사	363.42

(김종덕, 농림부 최종 연구 보고서, 2002)

다. Oxygen Radical Absorbance Capacity(ORAC)법에 의한 약용 자원의 항 산화력 측정(Boxin, 2001)

Indicator protein으로서 β-phycoerythrine(β-PE)를 사용하며, peroxyl radical generator 로서는 2,2'-azobis(2-amidinopropane)dihydrochloride (AAPH)를, 그리고 대조 표준 물질로서는 6-hydroxy-2,5,7,8-tetramethyl chloroman-2-carboxylic acid(Trolox)를 사용하였다. 일정량의 β-PE 및 약용 자원성분을 10 mm의 석영 cubette에 넣고 37℃에서 항온 시키고, AAPH를 첨가함으로써 반응이 시작되며, 발생되는 형광을 형광분광광도계로써 5 분 간격으로 565 nm (emission)과 540 nm(excitation)에서 흡광도가 0(zero)가 될 때까지 측정한다.

그림 16에 준하여 측정하였으며, 이 방법에 의한 ORAC value 를 아래의 표 2에 나타내었다.

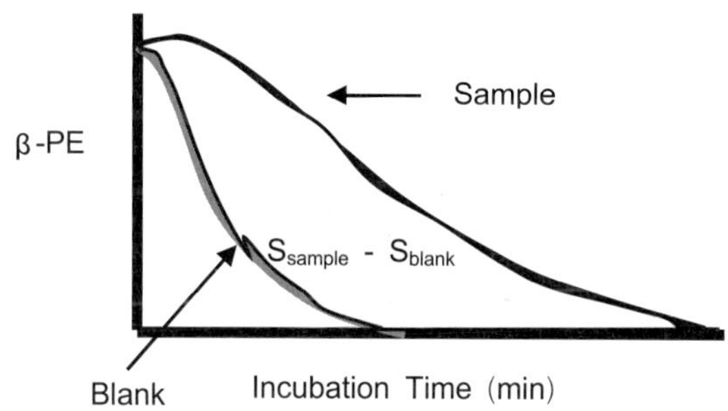

그림 16. ORAC values의 계산 방법

ORAC value는 측정한 AUC(area under curve)에서 blank의 AUC를 뺀 영역 그림 16으로부터 구할 수 있다.

$$\text{ORAC value(U/ml)} = 50\ k\ (S_{sample} - S_{blank})/(S_{Trolox} - S_{Blank})$$

k : dilution factor

S : area under the quenching curve of β-PE

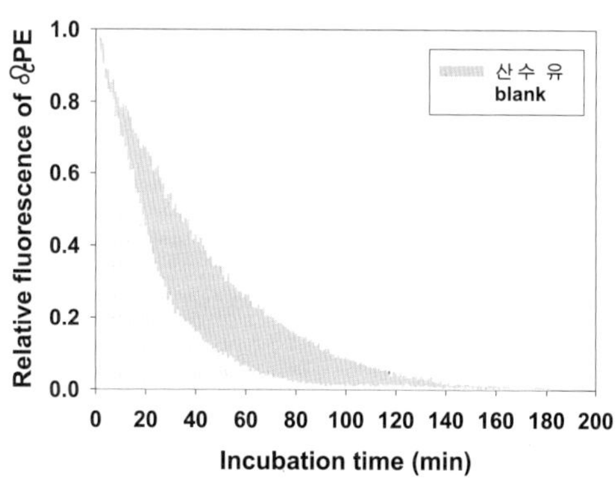

그림 17. ORAC법으로부터 약용 자원의 항 산화력 측정

표 2. ORAC 측정법을 이용한 30 종류 약용 자원의 항 산화력

순서	약용 자원	ORAC (unit/ml)	순서	약용 자원	ORAC (unit/ml)
	Trolox	50	15	오가피	4,983,287
	vitamin C (1 uM)	25	16	사간	4,750,249
1	산수유	6,650,652	17	고삼	4,719,880
2	계피	6,481,262	18	오배자	4,703,458
3	황련	6,339,188	19	산사	4,696,068
4	백작약	5,792,086	20	갈근	4,358,217
5	음양곽	5,721,820	21	오미자	4,118,254
6	승마	5,702,299	22	감초	1,229,120
7	현초	5,595,399	23	두충	348,266
8	연자육	5,528,701	24	당귀	108,560
9	황백	5,457,561	25	괴화	57,640
10	상백피	5,373,740	26	석창포	46,285
11	백출	5,361,377	27	황금	35,707
12	녹차	5,341,602	28	황기	23,892
13	구기자	5,229,881	29	천문동	16,663
14	진피	5,157,748	30	백굴채	8,021

(김종덕, 농림부 최종 연구 보고서, 2002)

라. Hydroxyl radical(OH˙)소거 능력(Kawagan, 1996; Kogukuchi, 1999; Yosikawa, 2000)의 비교

약용 자원의 hydroxyl radical(OH˙) 소거 정도는 약용 자원 추추물을 100 배 희석하여 TBA 법(Farrukh, 2006)으로써 측정하고, 그 소거율을 표 3에 나타내었다. 항산화 능력을 나타내고자하는 AUC의 서열과 차이가 있었으며, 이는 TBA의 방법으로는 모든 프리라디칼을 측정할 수 없기 때문으로 사료된다.

마. 전자 공여능(DPPH method)의 측정(Irshad, 2012; Tailor, 2014; Eugenio, 2012)

전자 공여에 의한 방법으로는 DPPH(a,a-diphenyl-β-picyl-hydrazyl) 16 mg을 100 ml의 무수메탄올에 녹인 후 여기에 100 ml의 증류수를 혼합하여 Whatman filter paper NO.2에 여과하여, 이 여액(5 ml)을 막으로 여과한 시료 1 ml를 혼합한 후 528 nm에서 흡광도의 감소를 검토한다.

DPPH에 의한 전자 공여도의 실험은 528 nm에서 흡광도의 감소를 회기분석하여 기울기의 절대값으로 항 산화력을 비교하였으며, 표준 물질인 β-carotene과 비교하였을 때, 고삼, 갈근, 진피, 백출, 음양곽, 석창포, 산수유, 당귀, 백작약, 연자육 등이 β-carotene보다 항 산화력이 강한 것으로 나타났다. 녹차나 β-carotene보다도 항 산화력이 큰 약용 자원이 있다는 것은 천연으로부터 항산화제의 개발이 유용함을 말해주고 있으며, 다양한 부분에 사용

표 3. 약용 자원의 TBA 방법에 따른 hydroxyl radical 제거 능력 비교

순서	약용 자원	소거율(%)	순서	약용 자원	소거율(%)
1	0.02% BHA	91.864	18	녹차	68.210
2	0.02% BHT	91.239	19	산수유	64.956
3	0.02% β-caroene	90.864	20	갈근	63.579
4	오미자	90.738	21	천문동	62.453
5	현초	82.478	22	승마	61.952
6	오배자	82.353	23	구기자	58.573
7	황백	81.977	24	황기	56.946
8	당귀	81.727	25	진피	51.940
9	황금	79.474	26	산사자	51.815
10	백작약	77.472	27	황련	46.558
11	음양곽	77.472	28	계피	45.181
12	감초	75.970	29	상백피	40.676
13	고삼	75.970	30	사간	39.549
14	백굴채	73.842	31	석창포	38.924
15	연자육	72.966	32	두충	38.173
16	오가피	72.591	33	백출	3.880
17	괴화	70.839			

(김종덕, 농림부 최종 연구 보고서, 2002)

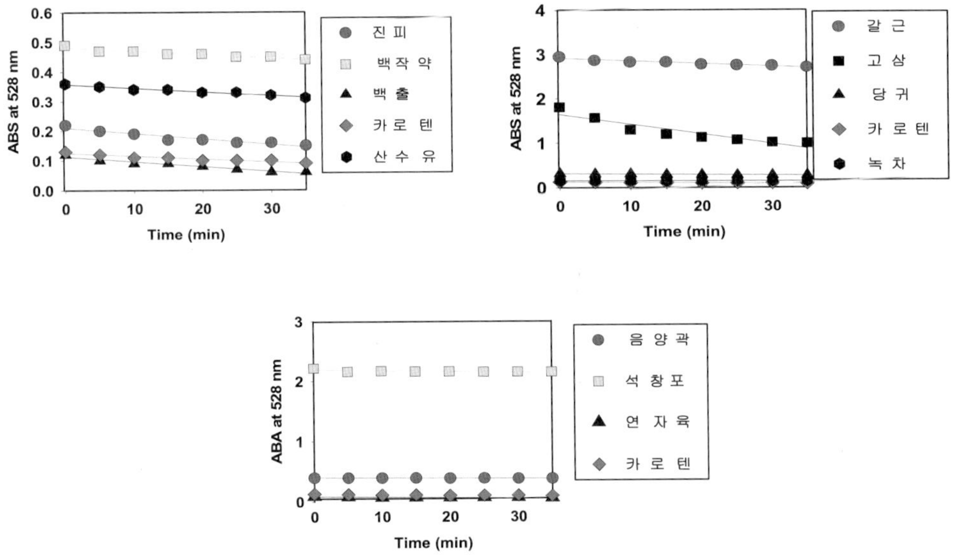

그림 18. DPPH 법에 의한 약용 자원의 항 산화력 측정

(김종덕, 농림부 최종 연구 보고서, 2002)

이 가능할 것으로 사료된다. 흡광도가 감소하는 기울기의 절대치를 표 4에 비교하였으며, 기울기의 절대치가 클수록 항 산화력이 큰 것을 나타낸다.

그리고, DPPH를 이용하여 다른 방법으로도 측정할 수 있는데, DPPH와 항 산화력이 있는 시료와의 반응시 진한 자주색에서 연한 노란색으로 환원되기 때문에 흡광도가 감소하게 된다. 따라서 DPPH 프리라디칼 소거율은 다음의 식으로도 구할 수 있다(Tailor, 2014; Eugenio, 2012).

$$소거율(\%) = (A_{control} - A_{sample}) / A_{control} \times 100$$

표 4. DPPH 법에 따른 기울기의 절대치로 나타낸 약용 자원의 항 산화력 비교

순서	약용 자원	기울기 절대치 ($\times 10^{-3}$)	순서	약용 자원	기울기 절대치 ($\times 10^{-3}$)
1	고 삼	21.900	12	산수유	1.286
2	갈 근	16.048	13	당 귀	1.238
3	진 피	1.857	14	백작약	1.214
4	백 출	1.643	15	연자육	1.000
5	음양곽	1.582	16	카로텐	1.000
6	석창포	1.445	17	녹 차	0.319

(김종덕, 농림부 최종 연구 보고서, 2002)

바. 방향족 화합물 및 총 phenol함량 측정(Shahidi, 1992; A.O.A.C, 1990)

약용 자원의 추출물 일정량을 분광 광도계를 이용하여 280 nm에서 흡광도 측정하여 방향족 화합물의 함량을 측정하였으며, 총 phenol 함량의 분석은 Folin-Denis법을 개량한 방법으로 750 nm에서 흡광도를 측정한 후 tannic acid를 이용하여 미리 작성한 검량 곡선에 의하여 총 phenol 함량을 구한다.

표 5. 약용 자원의 280nm에서 측정한 방향족의 함량

순서	약용 자원	흡광도 (280 nm)	순서	약용 자원	흡광도 (280 nm)	순서	약용 자원	흡광도 (280 nm)
1	천문동	2.9962	11	고삼	2.5094	21	당귀	2.4874
2	백굴채	2.807	12	녹차	2.5002	22	갈근	2.4872
3	사간	2.7826	13	오가피	2.5002	23	산사자	2.4868
4	감초	2.7696	14	계피	2.4994	24	상백피	2.4836
5	현초	2.769	15	음양곽	2.4956	25	연자육	2.483
6	황기	2.765	16	두충	2.4934	26	석창포	2.483
7	오미자	2.7636	17	산수유	2.4934	27	백작약	2.4796
8	황련	2.7598	18	황백	2.4932	28	진피	2.4618
9	황금	2.594	19	승마	2.489	29	구기자	2.4138
10	오배자	2.5142	20	괴화	2.4876	30	백출	1.6254

(김종덕, 농림부 최종 연구 보고서, 2002)

표 5에 약용 자원에 대한 방향족의 량을 제시하였고, 표 6에 총 phenol 양을 나타내었다. 표 5, 6들을 서로 비교하여 보면 총 phenol 양이 많은 약용 자원이 AUC가 큰 것을 알 수 있으며, 방향족 화합물의 량과 항 산화력과는 반드시 일치하지 않는 것으로 나타났다.

표 6. 약용 자원의 총 phenol 함량

순서	약용 자원	총 페놀량(%)	순서	약용 자원	총 페놀량(%)	순서	약용 자원	총 페놀량(%)
1	연자육	0.1836	11	현초	0.1746	21	오배자	0.1728
2	황백	0.1825	12	고삼	0.1742	22	산사자	0.1727
3	산수유	0.1801	13	황금	0.1742	23	구기자	0.1703
4	갈근	0.1798	14	녹차	0.174	24	두충	0.1699
5	당귀	0.1775	15	백굴채	0.1739	25	황기	0.1663
6	백작약	0.1773	16	괴화	0.1738	26	계피	0.1656
7	천문동	0.1766	17	감초	0.1736	27	백출	0.1647
8	음양곽	0.1763	18	진피	0.1734	28	오미자	0.1592
9	승마	0.1754	19	황련	0.1734	29	상백피	0.1578
10	사간	0.1747	20	오가피	0.1729	30	석창포	0.1577

(김종덕, 농림부 최종 연구 보고서, 2002)

3. 두 종류의 약용 자원 조합에 따른 항 산화력

3.1. 용존 산소 측정법(D.O. analysis method)에 의한 항 산화력의 측정(Nemcova, 1997, Outa, 1987)

필요에 따라 두 종류의 약용 자원을 조합하여 항 산화력을 측정하여 그림 19에 나타내었다. 항 산화력이 한 가지 단독보다도 향상되는 경우와 저하되는 경우도 있었으며 목적에 따라 여러 가지의 효과를 낼 수 있을 것으로 사료된다.

(a)

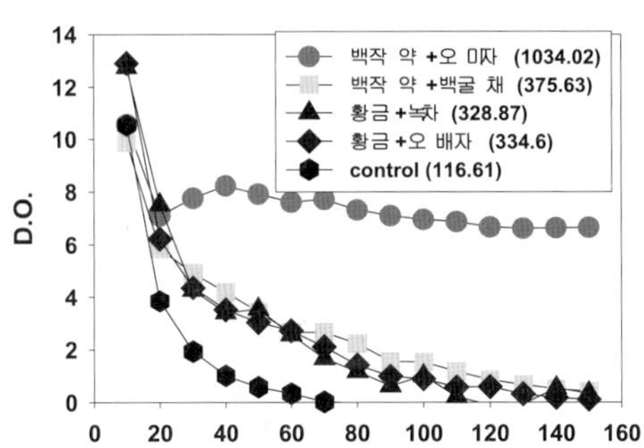

(b)

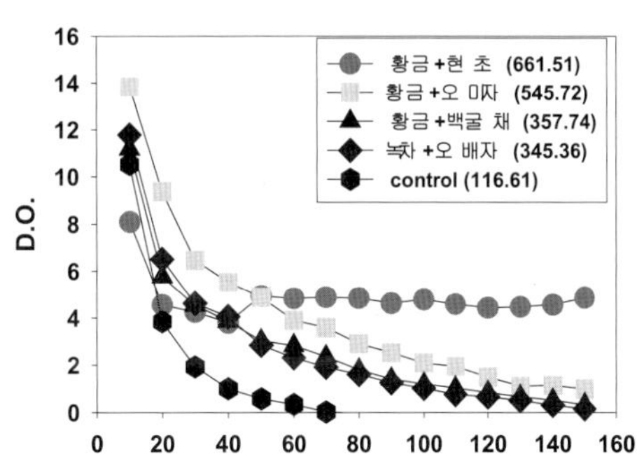

(c)

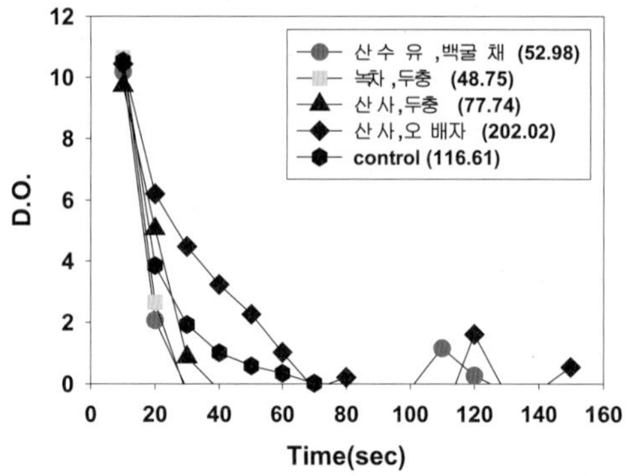
산수유,백굴채 (52.98)
녹차,두충 (48.75)
산사,두충 (77.74)
산사,오배자 (202.02)
control (116.61)
D.O.
Time(sec)

(d)

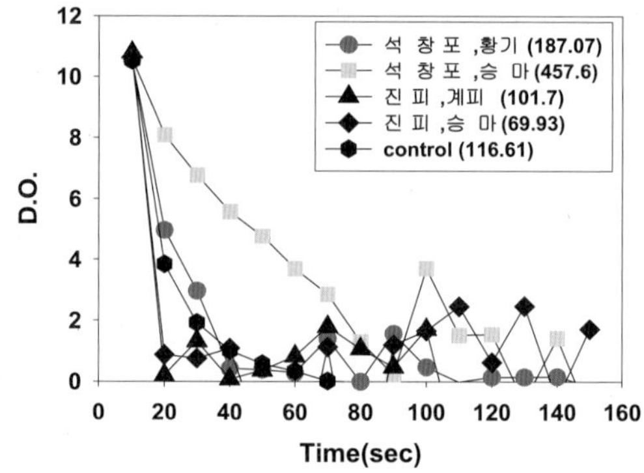
석창포,황기 (187.07)
석창포,승마 (457.6)
진피,계피 (101.7)
진피,승마 (69.93)
control (116.61)
D.O.
Time(sec)

(e)

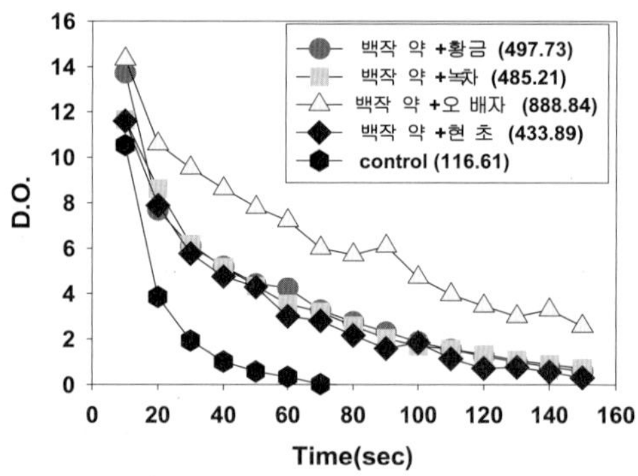
백작약+황금 (497.73)
백작약+녹차 (485.21)
백작약+오배자 (888.84)
백작약+현초 (433.89)
control (116.61)
D.O.
Time(sec)

(f)

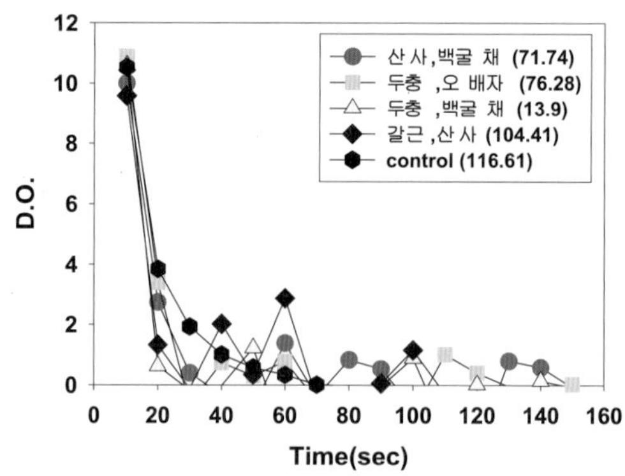
산사,백굴채 (71.74)
두충,오배자 (76.28)
두충,백굴채 (13.9)
갈근,산사 (104.41)
control (116.61)
D.O.
Time(sec)

(g)

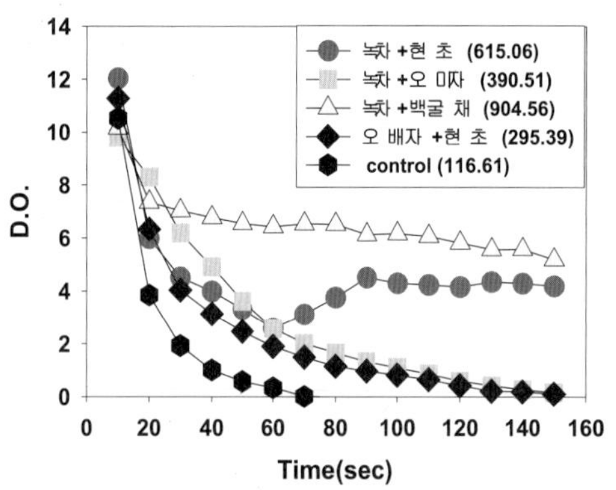
녹차+현초 (615.06)
녹차+오미자 (390.51)
녹차+백굴채 (904.56)
오배자+현초 (295.39)
control (116.61)
D.O.
Time(sec)

(h)

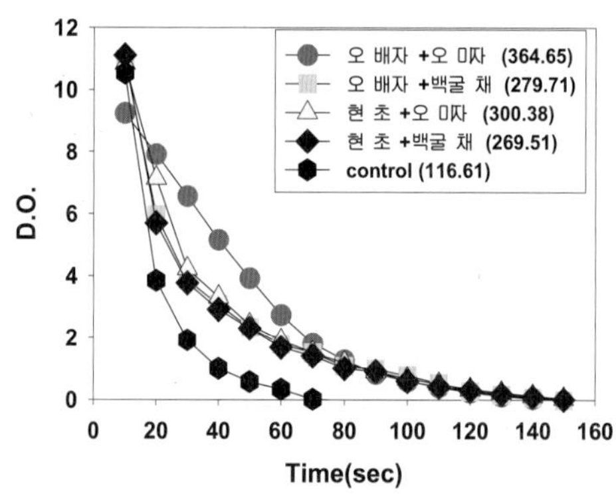
오배자+오미자 (364.65)
오배자+백굴채 (279.71)
현초+오미자 (300.38)
현초+백굴채 (269.51)
control (116.61)
D.O.
Time(sec)

(i) (j)

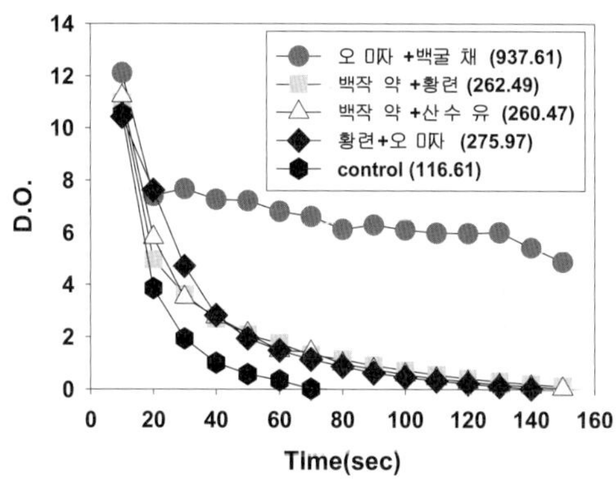

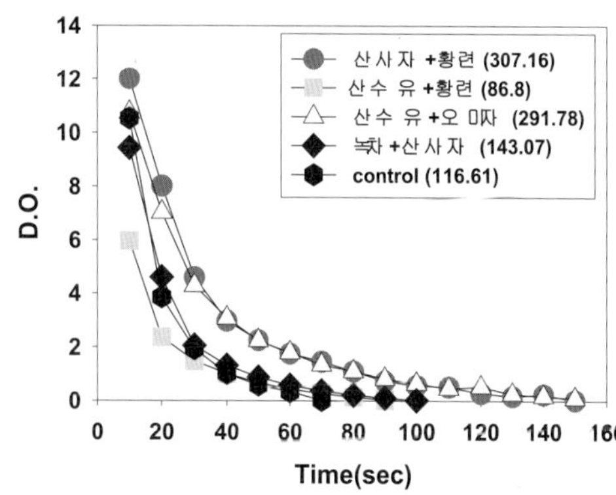

그림 19. 용존 산소 측정법에 의한 두 종류의 약용 자원 조합에 의한 항 산화력 ( ): AUC

(김종덕, 농림부 최종 연구 보고서, 2002)

3.2. ORAC 법에 의한 측정(Cao, 1993)

약용 자원 두 가지를 혼합한 항 산화력을 β-PE와 Fe^{+2}를 free radical generator로, 그리고 대조군 standard로서는 Trolox를 사용하여, 발생되는 형광을 fluorescence spectrophotometer로써 그림 20과 같이 실시하였고, 이 방법에 의한 ORAC value를 표 7에 나타내었다.

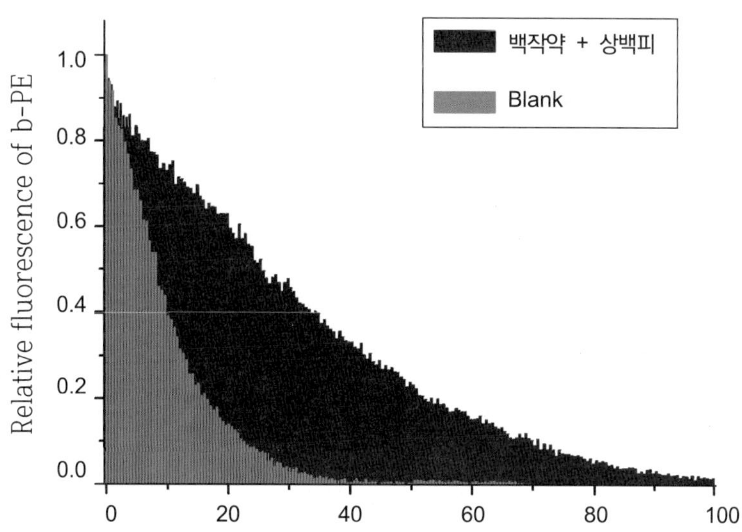

그림 20. ORAC 측정법에 의한 두 종류의 약용 자원 조합에 의한 항 산화력

표 7. ORAC 법에 따른 두 종류의 약용 자원 조합에 의한 항 산화력

순위	약용 자원	ORAC (unit/ml)	순위	약용 자원	ORAC (unit/ml)
	Trolox	50	5	황금+황백	8,677,691
	vitamin C (1uM)	25	6	황금+오가피	8,051,464
1	백작약+상백피	14,399,874	7	황백+오미자	7,522,565
2	오미자+녹차	10,952,138	8	백출+감초	7,502,971
3	오가피+녹차	8,977,249	9	황금+황기	6,866,732
4	백출+녹차	8,771,909	10	백작약+황백	6,818,472
5	황금+황백	8,677,691	11	괴화+산수유	6,744,536
6	황금+오가피	8,051,464	12	상백피+산수유	5,609,391

(김종덕, 농림부 최종 연구 보고서, 2002)

3.3. 전자 공여능(DPPH method)의 측정(Irshad, 2012)

전자 공여에 의한 방법으로 DPPH(a,a-diphenyl-β-picyl-hydrazyl)를 사용한 전자 공여에 의한 방법으로 2 가지의 혼합 구성에 대하여 528 nm에서 흡광도의 감소를 검토하여, 기울기의 절대치로써 항 산화력을 비교하였으며(그림 21), 기울기의 절대치를 표 8에 나타내었다.

(a)

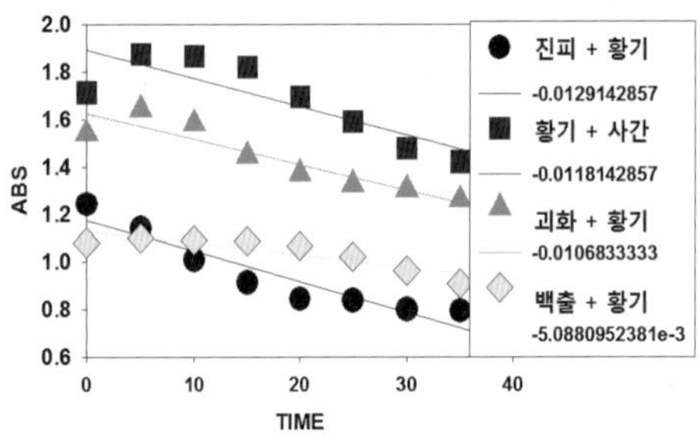

(b)

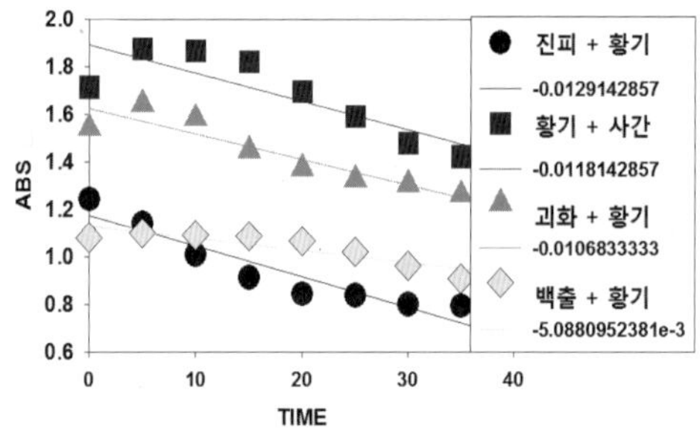

(c)

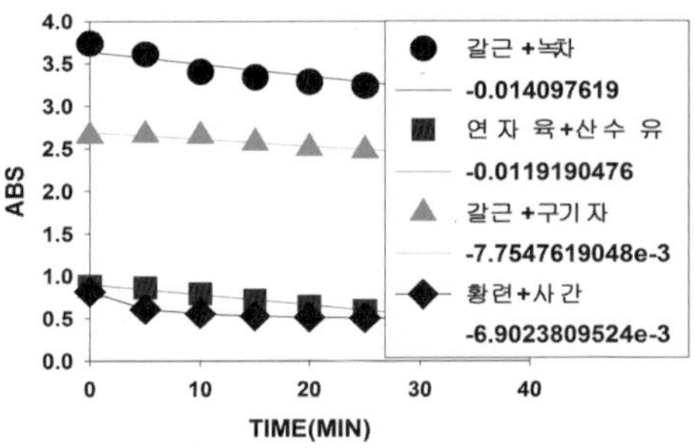

(d)

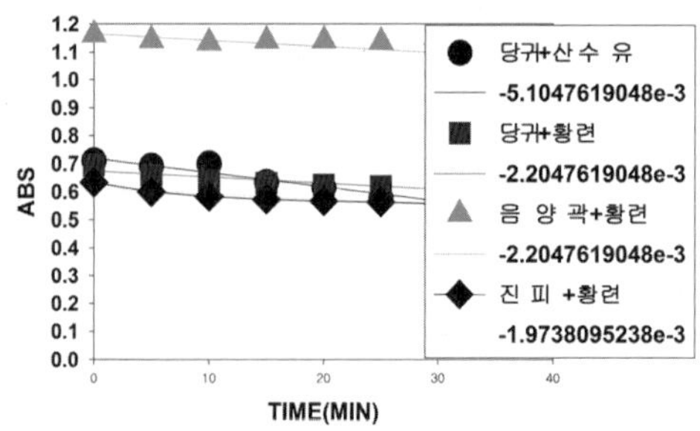

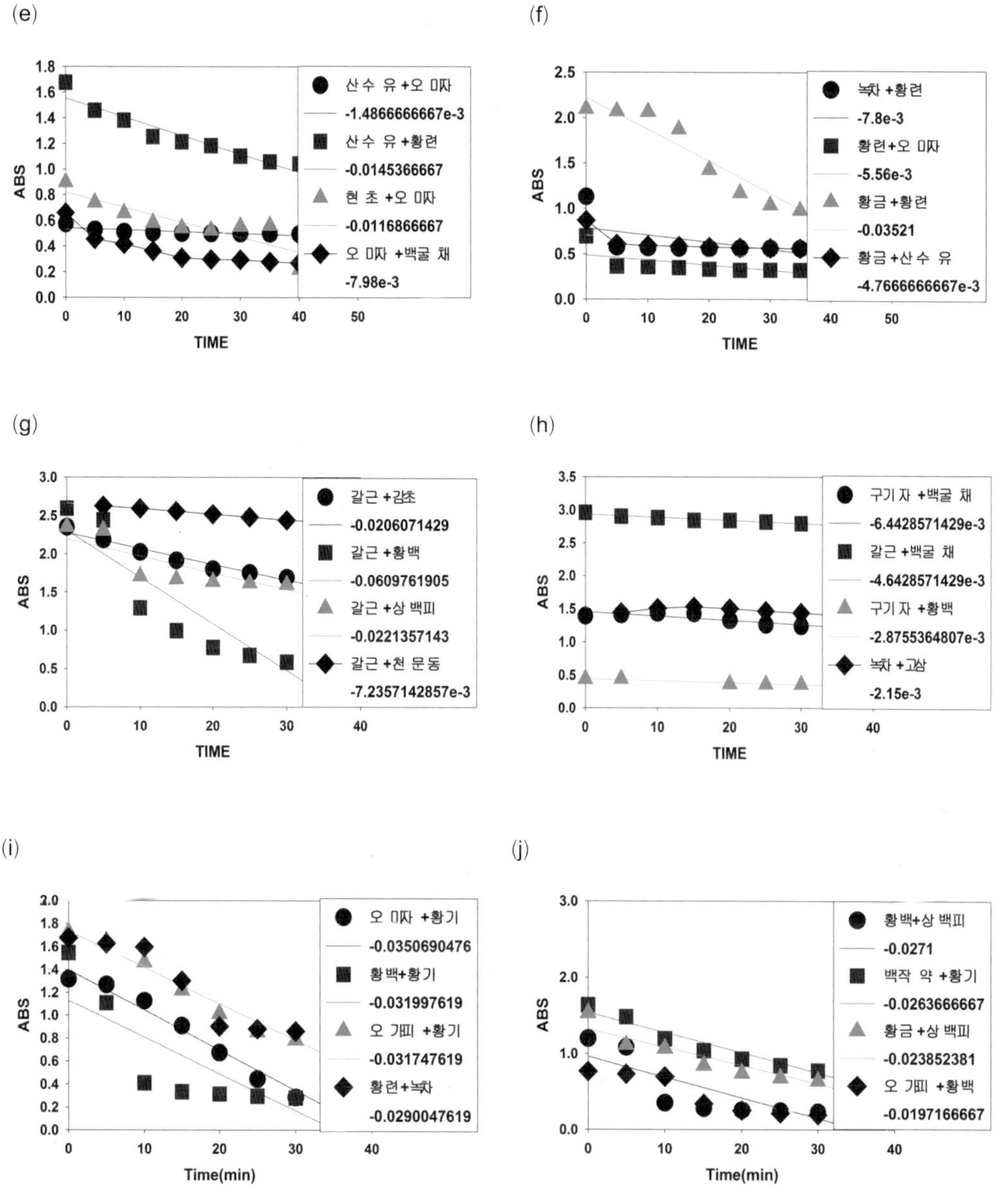

그림 21. DPPH 측정법에 의한 두 종류의 약용 자원 조합에 따른 항 산화력

(김종덕, 농림부 최종 연구 보고서, 2002)

표 8. DPPH 측정법으로 구한 기울기 절대치에 따른 두 종류의 약용 자원 조합에 따른 항 산화력 비교

순위	약용 자원	기울기절대값 (× 10^{-3})	순위	약용 자원	기울기절대값 (× 10^{-3})
1	갈근+구기자	7754.761	31	석창포+황기	20.245
2	황련+사간	6902.380	32	오가피+황백	19.716
3	산수유+오미자	1486.666	33	백작약+갈근	19.111
4	연자육+녹차	66.895	34	음양곽+갈근	18.597
5	갈근+황백	60.976	35	괴화+연자육	16.952
6	음양곽+연자육	56.023	36	산수유+황련	14.536
7	연자육+상백피	55.711	37	갈근+녹차	14.097
8	백작약+석창포	41.523	38	진피+황기	12.914
9	황금+황련	35.21	39	연자육+산수유	11.919
10	오미자+황기	35.069	40	황기+사간	11.814
11	산수유+백굴채	34.578	41	현초+오미자	11.686
12	연자육+황련	34.028	42	괴화+황기	10.684
13	황백+황기	31.997	43	오미자+백굴채	7.98
14	오가피+황기	31.747	44	녹차+황련	7.8
15	갈근+승마	30.2	45	갈근+천문동	7.235
16	진피+연자육	29.514	46	구기자+백굴채	6.442
17	황련+녹차	29.004	47	황련+오미자	5.56
18	황금+연자육	28.992	48	당귀+산수유	5.104
19	산수유+황기	27.288	49	백출+황기	5.088
20	황백+상백피	27.1	50	황금+산수유	4.766
21	백작약+황기	26.366	51	갈근+백굴채	4.642
22	갈근+연자육	25.545	52	구기자+황백	2.875
23	갈근+오미자	24.924	53	당귀+황련	2.204
24	두충+황기	24.642	54	음양곽+황련	2.204
25	갈근+괴화	24.630	55	녹차+고삼	2.15
26	황금상+백피	23.852	56	진피+황련	1.973
27	계피+황기	22.819	57		
28	갈근+상백피	22.135	58		
29	갈근+두충	21.885	59		
30	갈근+감초	20.607	60		

(김종덕, 농림부 최종 연구 보고서, 2002)

3.4. 방향족 화합물 및 총 phenol함량 측정(Shahidi, 1992; A.O.A.C, 1990)

약용 자원 추출물 일정량을 분광 광도계를 이용하여 선택된 2 가지 산물의 배합 구성을 280 nm에서 흡광도 측정하여 방향족 화합물의 함량을 측정하여 표 9에 나타내었고, 총 phenol함량의 분석은 750 nm에서 흡광도를 측정한 후 tannic acid를 이용하여 작성한 검량 곡선에 의하여 총 phenol함량을 구하여 표 10에 나타내었다.

표 9. 분광광도계로 측정한 두 종류의 약용 자원 조합의 방향족 함량

순위	약용 자원	흡광도 (280 nm)	순위	약용 자원	흡광도 (280 nm)
1	백굴채+상백피	3.385	41	진피+당귀	2.613
2	석창포+갈근	3.312	42	석창포+사간	2.613
3	음양곽+녹차	2.931	43	음양곽+석창포	2.613
4	천문동+감초	2.763	44	석창포+황금	2.613
5	녹차+황련	2.756	45	황금+사간	2.613
6	황금+산수유	2.729	46	진피+구기자	2.613
7	황련+산수유	2.716	47	백작약+진피	2.61
8	괴화+황련	2.687	48	황령+사간	2.613
9	황련+녹차	2.674	49	산수유+사간	2.613
10	오미자+녹차	2.674	50	황금+녹차	2.611
11	산수유+감초	2.659	51	현초+오미자	2.606
12	백작약+산수유	2.659	52	황기+오미자	2.605
13	상백피+황련	2.659	53	백작약+오배자	2.601
14	황백+오배자	2.659	54	갈근+오미자	2.600
15	녹차+오배자	2.651	55	석창포+황련	2.600
16	괴화+감초	2.647	56	진피+녹차	2.6
17	당귀+사간	2.647	57	진피+오미자	2.6
18	백작약+괴화	2.647	58	갈근+구기자	2.6
19	현초+감초	2.647	59	구기자+녹차	2.6
20	음양곽+사간	2.647	60	구기자+오미자	2.6
21	오가피+오미자	2.644	61	음양곽+갈근	2.6
22	황백+상백피	2.644	62	백작약+현초	2.599
23	괴화+산수유	2.644	63	당귀+산수유	2.597
24	황금+황백	2.641	64	황금+오배자	2.596
25	황금+황기	2.641	65	오배자+오미자	2.595
26	녹차+오미자	2.639	66	연자육+백작약	2.595
27	백출+현초	2.636	67	갈근+당귀	2.595
28	오배자+현초	2.633	68	녹차+백굴채	2.593
29	당귀+구기자	2.633	69	백작약+황기	2.589
30	석창포+산수유	2.63	70	백작약+황금	2.588
31	상백피+녹차	2.63	71	음양곽+황금	2.587
32	오가피+상백피	2.63	72	백작약+황백	2.587
33	갈근+녹차	2.63	73	백작약+음양곽	2.58
34	백출+황금	2.63	74	당귀+황련	2.584
35	오배자+백굴채	2.625	75	황금+오미자	2.583
36	녹차+현초	2.624	76	상백피+황기	2.579
37	백출+감초	2.619	77	녹차+황기	2.579
38	상백피+감초	2.619	78	황기+오배자	2.579
39	백출+상백피	2.616	79	황금+괴화	2.579
40	음양곽+황련	2.613	80	오가피+오배자	2.577

(김종덕, 농림부 최종 연구 보고서, 2002)

표 10. 두 종류의 약용 자원 조합의 총 phenol 함량

순위	약용 자원	총 페놀량 (%)	순위	약용 자원	총 페놀량 (%)
1	연자육+황련	.23	41	백출+황금	.20
2	연자육+황금	.23	42	괴화+황련	.20
3	음양곽+석창포	.23	43	백작약+감초	.20
4	음양곽+갈근	.23	44	괴화+산수유	.20
5	백작약+음양곽	.22	45	괴화+상백피	.20
6	연자육+산수유	.22	46	오가피+상백피	.20
7	연자육+괴화	.22	47	황금+괴화	.20
8	백작약+석창포	.22	48	백출+녹차	.20
9	연자육+백작약	.22	49	오가피+녹차	.20
10	음양곽+녹차	.22	50	백출+현초	.20
11	백작약+구기자	.22	51	황기+오배자	.20
12	백작약+사간	.22	52	황백+오가피	.20
13	음양곽+산수유	.22	53	오배자+황련	.20
14	음양곽+구기자	.22	54	황백+오배자	.20
15	괴화+현초	.21	55	오가피+황련	.20
16	괴화+오미자	.21	56	백작약+백출	.20
17	황금+감초	.21	57	황백+녹차	.20
18	백작약+오가피	.21	58	황백+황기	.20
19	황금+산수유	.21	59	상백피+녹차	.20
20	백작약+갈근	.20	60	백작약+황기	.20
21	백작약+진피	.20	61	상백피+황련	.20
22	백굴채+감초	.20	62	상백피+오배자	.20
23	백굴채+황기	.20	63	황금+현초	.19
24	음양곽+진피	.20	64	녹차+현초	.19
25	음양곽+황금	.20	65	백작약+오배자	.19
26	음양곽+당귀	.20	66	황금+오배자	.19
27	연자육+녹차	.20	67	녹차+오배자	.19
28	백굴채+상백피	.20	68	백작약+백굴채	.19
29	백작약+당귀	.20	69	백작약+황금	.19
30	백작약+괴화	.20	70	오배자+오미자	.19
31	황금+상백피	.20	71	오배자+백굴채	.19
32	황금+황기	.20	72	황금+백굴채	.19
33	오가피+오배자	.20	73	백작약+녹차	.19
34	황금+황백	.20	74	황금+오미자	.19
35	백출+괴화	.20	75	오배자+현초	.19
36	황백+황련	.20	76	녹차+백굴채	.19
37	황금+오가피	.20	77	녹차+오미자	.19
38	상백피+산수유	.20	78	현초+백굴채	.19
39	괴화+녹차	.20	79	백작약+현초	.19
40	괴화+감초	.20	80	오가피+오미자	.19

(김종덕, 농림부 최종 연구 보고서, 2002)

4. 세 종류의 약용 자원 조합에 따른 항 산화력

4.1. 용존 산소 측정법(D.O. analysis method)에 의한 항 산화력의 측정(Nemcova, 1997; Outa, 1987)

2 차 조합을 근간으로 하여 3 차 조합을 구성하였으며, 이들의 AUC는 그림 22와 같다.

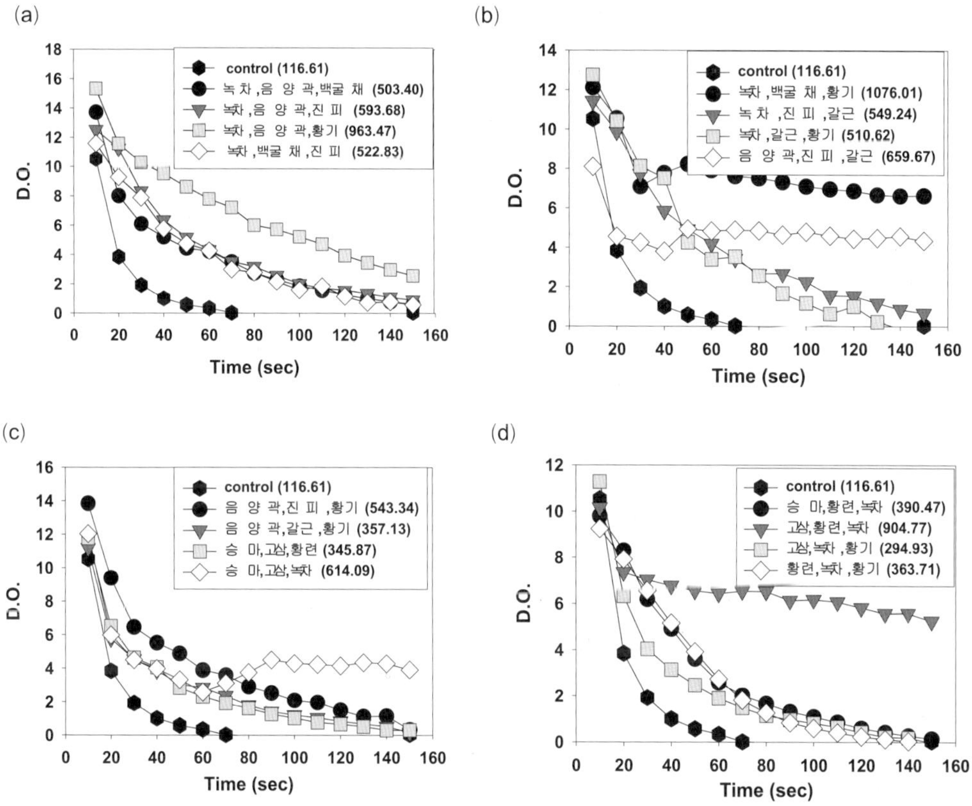

그림 22. 용존 산소 측정법에 의한 세 종류의 약용 자원 조합에 따른 항 산화력 ( ) : AUC

(김종덕, 농림부 최종 연구 보고서, 2002)

4.2. ORAC 법에 의한 항 산화력의 측정(Cao, 1993)

약용 자원 세 가지를 혼합한 항 산화력을 β-PE와 Fe^{+2}를 free radical generator로, 그리고 대조군 stabdard로서는 Trolox를 사용하여, 발생되는 형광을 fluorescence spectrophotometer로써 그림 23에 준하여 구하였고, 그 결과를 표 11에 나타내었다.

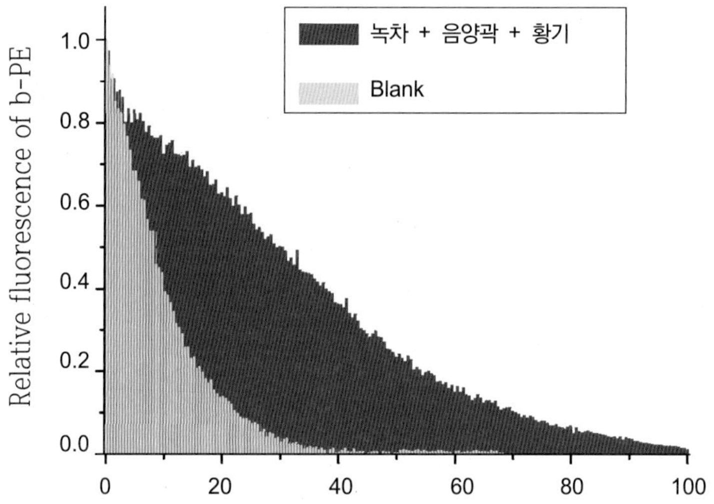

그림 23. 세 종류의 약용 자원 조합의 따른 ORAC법에 의한 항 산화력 측정 방법

표 11. ORAC 법에 따른 세 종류의 약용 자원 조합에 의한 항 산화력

순위	약용 자원	ORAC (unit/ml)
	Trolox	50
	vitamin C (1uM)	25
	베타-caroten	10,257,612
1	녹차+음양곽+황기	15,436,691
2	녹차+백굴채+황기	15,013,422
3	승마+고삼+녹차	12,611,450
4	음양곽+진피+갈근	11,105,843
5	고삼+황련+진피	899,559
6	고삼+황기+녹차	2,504,586
7	녹차+음양곽+백굴채	43,398
8	당귀+상백피+괴화	25,647
9	백작약+백굴채+오미자	19,133
10	산수유+황련+현초	50,506
11	오미자+산사+녹차	331,365
12	오미자+산수유+녹차	44,355
13	음양곽+괴화+연자육	21,781
14	음양곽+당귀+녹차	7,573,388
15	황백+오미자+황련	36,755
16	백작약+오미자+녹차	42,400
17	황백+오미자+연자육	36,623
18	백작약+연자육+산수유	39,910
19	승마+황련+녹차	27,294

순위	약용 자원	ORAC (unit/ml)
20	황금+오미자+산사	39,467
21	황련+녹차+황기	43,912
22	오미자+산수유+백작약	26,941
23	황금+산사+백작약	36,755
24	백작약+황금+현초	80,536
25	오미자+산사+백작약	99,751
26	황금+녹차+오미자	162,137
27	오미자+백작약+연자육	102,208

(김종덕, 농림부 최종 연구 보고서, 2002)

4.3. 전자 공여능(DPPH method)의 측정(Irshad, 2012)

전자 공여에 의한 방법으로 DPPH(a,a-diphenyl-β-picyl-hydrazyl)를 사용한 전자 공여에 의한 방법으로 3 가지의 혼합 구성에 대하여 528nm에서 흡광도의 감소를 그림 24에 나타내었고, 기울기의 절대치를 표 12에 나타내었다.

(a)

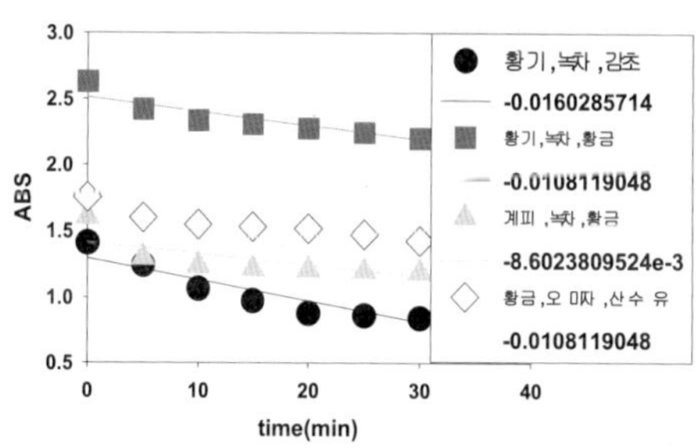

(b)

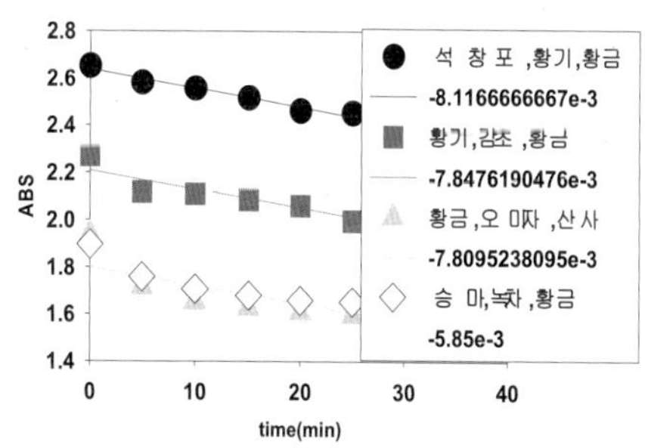

(c)

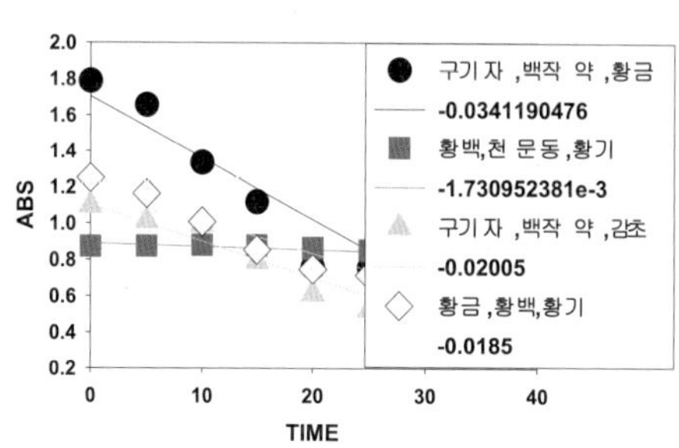

(d)

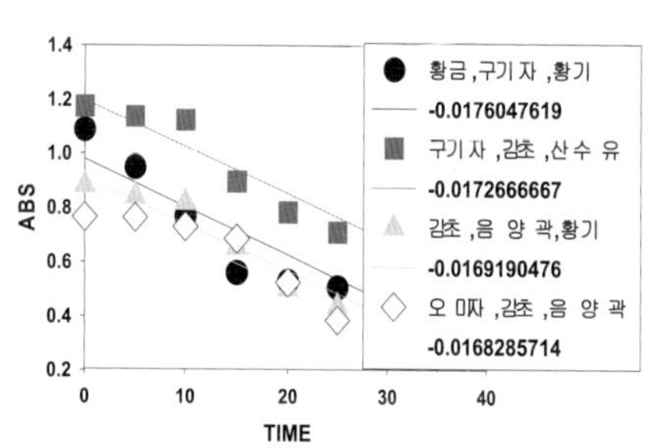

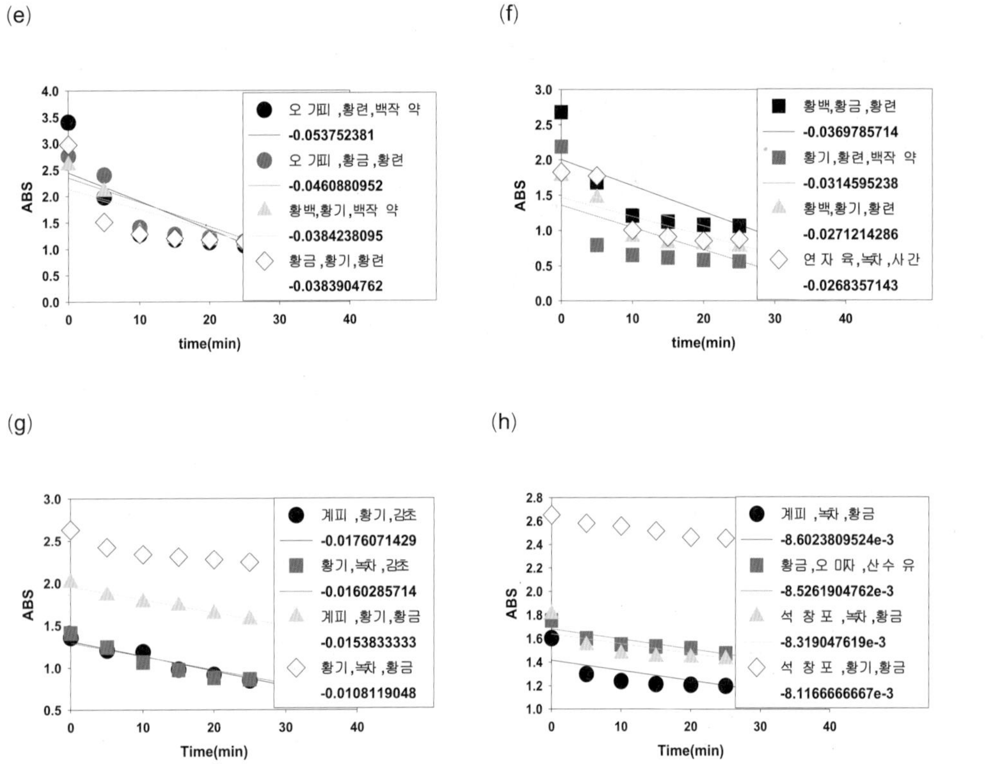

그림 24. DPPH 법에 따른 약용 자원 세종류의 조합의 항 산화력

(김종덕, 농림부 최종 연구 보고서, 2002)

표 12. DPPH 법에 따라 구한 기울기의 절대치에 따른 세 종류의 약용 자원 조합에 의한 항 산화력

순위	약용 자원	기울기 절대값 (× 10^{-3})	순위	약용 자원	기울기 절대값 (× 10^{-3})
1	오가피+황련+백작약	53.752	15	오미자+감초+음양곽	16.828
2	오가피+황금+황련	46.088	16	황기+녹차+감초	16.028
3	황백+황기+백작약	38.426	17	계피+황기+황금	15.383
4	황금+황기+황련	38.390	18	황금+오미자+산수유	10.811
5	구기자+백작약+황금	34.119	19	황기+녹차+황금	10.811
6	황기+황련+백작약	31.459	20	계피+녹차+황금	8.602
7	황백+황기+황련	27.121	21	계피+녹차+황금	8.602
8	연자육+녹차+사간	26.835	22	황금+오미자+산수유	8.526
9	구기자+백작약+감초	20.05	23	석창포+녹차+황금	8.319
10	황금+황백+황기	18.5	24	석창포+황기+황금	8.116
11	계피+황기+감초	17.607	25	황기+감초+황금	7.847
12	황금+구기자+황기	17.604	26	황금+오미자+산사	7.809
13	구기자+감초+산수유	17.266	27	승마+녹차+황금	5.85
14	감초+음양곽+황기	16.919	28	황백+천문동+황기	1.730

(김종덕, 농림부 최종 연구 보고서, 2002)

4.4. 방향족 화합물 및 총 phenol함량 측정(Shahidi, 1992; A.O.A.C, 1990)

세 종류의 약용 자원 조합을 280 nm에서 흡광도 측정하여 방향족 화합물의 함량을 측정하였으며, 총 phenol함량의 분석은 Folin-Denis법(Folin, 1912; Singleton, 1965)을 사용하였고, 그 결과를 각각 표 13 및 표 14에 나타내었다.

표 13. 분광광도계로 측정한 세 종류의 약용 자원 조합의 방향족 함량

순위	약용 자원	흡광도 (280 nm)	순위	약용 자원	흡광도 (280 nm)
1	오미자+오가피+황금	2.5290	41	음양곽+백굴채+진피	2.3860
2	황백+오가피+백작약	2.5270	42	녹차+진피+갈근	2.3840
3	황백+오가피+황금	2.5240	43	당귀+상백피+백작약	2.3830
4	오미자+오가피+백작약	2.5240	44	승마+황련+황기	2.3810
5	오가피+황금+황련	2.5180	45	황련+녹차+황기	2.3800
6	산수유+녹차+사간	2.5180	46	진피+갈근+황기	2.3780
7	황백+오가피+황련	2.5180	47	백굴채+진피+황기	2.3780
8	오가피+황기+백작약	2.5180	48	당귀+황기+괴화	2.3780
9	오미자+오가피+황기	2.5160	49	음양곽+백굴채+황기	2.3780
10	오가피+황련+백작약	2.5160	50	음양곽+갈근+황기	2.3780
11	황백+황련+백작약	2.5160	51	승마+고삼+황련	2.3750
12	황백+황기+황련	2.5160	52	백굴채+갈근+황기	2.3730
13	황백+황금+백작약	2.5130	53	음양곽+진피+갈근	2.3730
14	연자육+녹차+사간	2.5130	54	녹차+갈근+황기	2.3720
15	오가피+황금+백작약	2.5090	55	녹차+음양곽+백굴채	2.3720
16	황기+황련+백작약	2.5070	56	당귀+황기+음양곽	2.3690
17	황백+황금+황련	2.5050	57	녹차+백굴채+황기	2.3640
18	오미자+황기+황련	2.5050	58	백굴채+진피+갈근	2.3630
19	오미자+오가피+황련	2.5050	59	사간+백작약+괴화	2.3600
20	오가피+황금+황기	2.5050	60	녹차+백굴채+갈근	2.3570
21	오미자+황기+백작약	2.5050	61	녹차+상백피+괴화	2.3510
22	황금+황기+백작약	2.5050	62	녹차+사간+괴화	2.3390
23	황백+황기+백작약	2.5030	63	상백피+괴화+음양곽	2.3390
24	연자육+산수유+사간	2.4980	64	황금+백굴채+오미자	2.3370
25	오가피+황기+황련	2.4960	65	사간+당귀+백작약	2.3330
26	황백+오미자+오가피	2.4940	66	백굴채+형초+녹차	2.3330
27	황금+황기+황련	2.4570	67	사간+당귀+괴화	2.3320
28	황백+오가피+황기	2.4550	68	사간+상백+피음양곽	2.3320
29	황백+오미자+황련	2.4380	69	녹차+황기+상백피	2.3300
30	녹차+사간+백작약	2.4220	70	녹차+사간+당귀	2.3300
31	녹차+사간+상백피	2.4140	71	상백피+백작약+음양곽	2.3260

순위	약용 자원	흡광도 (280 nm)	순위	약용 자원	흡광도 (280 nm)
32	녹차+음양곽+황기	2.4040	72	황기+백작약+괴화	2.3260
33	승마+고삼+황기	2.4020	73	황금+백굴채+현초	2.3260
34	고삼+황련+황기	2.3940	74	황기+상백피+괴화	2.3250
35	고삼+황련+녹차	2.3940	75	백굴채+현초+오미자	2.3250
36	음양곽+백굴채+갈근	2.3940	76	황금+백굴채+녹차	2.3250
37	승마+황련+녹차	2.3940	77	사간+황기+백작약	2.3230
38	고삼+녹차+황기	2.3940	78	사간+당귀+음양곽	2.3230
39	승마+고삼+녹차	2.3870	79	녹차+황기+백작약	2.3230
40	음양곽+진피+황기	2.3870	80	황기+상백피+백작약	2.3190

(김종덕, 농림부 최종 연구 보고서, 2002)

표 14. 세 종류의 약용 자원 조합의 총 phenol 함량

순위	약용 자원	총 페놀량(%)	순위	약용 자원	총 페놀량(%)
1	황금+백굴채+오미자	.2042	41	백작약+녹차+오미자	.1938
2	상백피+괴화+음양곽	.2039	42	녹차+당귀+황기	.1937
3	황기+상백피+백작약	.2022	43	사간+상백+피괴화	.1934
4	사간+백작약+괴화	.2014	44	백작약+백굴채+오미자	.1934
5	황금+녹차+오미자	.2004	45	녹차+황기+음양곽	.1934
6	당귀+황기+음양곽	.2000	46	당귀+황기+상백피	.1933
7	상백피+백작약+괴화	.1998	47	황금+백굴채+현초	.1932
8	녹차+황기+상백피	.1987	48	사간+황기+백작약	.1932
9	녹차+사간+당귀	.1987	49	녹차+사간+음양곽	.1932
10	황기+상백피+괴화	.1977	50	사간+당귀+상백피	.1930
11	사간+황기+괴화	.1976	51	녹차+사간+황기	.1928
12	사간+상백피+백작약	.1973	52	녹차+황기+백작약	.1927
13	황기+백작약+괴화	.1973	53	당귀+황기+괴화	.1927
14	사간+괴화+음양곽	.1971	54	황기+백작약+음양곽	.1927
15	당귀+상백피+괴화	.1970	55	사간+황기+음양곽	.1925
16	녹차+사간+괴화	.1964	56	사간+당귀+황기	.1925
17	녹차+당귀+상백피	.1964	57	사간+상백+피음양곽	.1913
18	백작약+백굴채+현초	.1964	58	당귀+황기+백작약	.1909
19	사간+당귀+음양곽	.1964	59	사간+황기+상백피	.1898
20	황금+현초+녹차	.1963	60	황기+상백피+음양곽	.1895
21	황금+백굴채+녹차	.1962	61	녹차+사간+백작약	.1845
22	백작약+백굴채+녹차	.1962	62	황백+오미자+오가피	.1819
23	녹차+백작약+음양곽	.1960	63	황백+황금+백작약	.1818
24	백작약+황금+오미자	.1959	64	황기+황련+백작약	.1818
25	백굴채+형초+녹차	.1959	65	황백+오가피+황금	.1818
26	황기+괴화+음양곽	.1959	66	황백+황기+백작약	.1815

순위	약용 자원	총 페놀량(%)	순위	약용 자원	총 페놀량(%)
27	사간+당귀+괴화	.1959	67	황백+황금+황련	.1812
28	녹차+상백피+음양곽	.1958	68	녹차+음양곽+황기	.1810
29	녹차+황기+괴화	.1957	69	황백+오가피+황기	.1808
30	백작약+황금+백굴채	.1955	70	녹차+백굴채+갈근	.1806
31	녹차+사간+상백피	.1953	71	녹차+갈근+황기	.1806
32	사간+백작약+음양곽	.1952	72	녹차+백굴채+황기	.1800
33	상백피+백작약+음양곽	.1950	73	녹차+진피+갈근	.1799
34	백굴채+녹차+오미자	.1949	74	황백+황기+황련	.1796
35	녹차+상백피+괴화	.1945	75	음양곽+백굴채+갈근	.1795
36	당귀+상백피+백작약	.1942	76	백굴채+진피+갈근	.1795
37	당귀+상백피+음양곽	.1942	77	승마+황련+황기	.1795
38	백굴채+현초+오미자	.1942	78	고삼+황련+녹차	.1794
39	사간+당귀+백작약	.1939	79	승마+고삼+녹차	.1794
40	녹차+상백피+백작약	.1938	80	오가피+황기+백작약	.1791

(김종덕, 농림부 최종 연구 보고서, 2002)

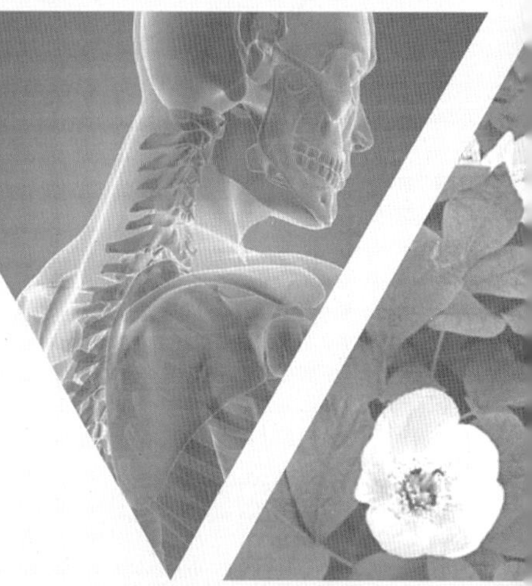

제3장

신생 혈관 형성 억제 작용을 갖는 약용 자원

1. 신생 혈관 형성 억제 효과 관련 약용 자원
2. 신생 혈관 형성 억제 작용을 갖는 물질의 선별
3. 신생 혈관 형성 억제 작용을 갖는 물질
4. 신생 혈관 형성을 억제하는 약용 자원

제3장

신생 혈관 형성 억제 작용을 갖는 약용 자원

1. 신생 혈관 형성 억제 효과 관련 약용 자원

1.1. 신생 혈관의 형성(Ralf 등, 2007)

혈관계의 발생은 크게 나누어 두 가지로 분류된다. 처음에는 내피 세포로 분화하는 혈관모세포(angioblast)가 세포집단을 형성한 후, 관강 같은 구조물을 형성하는 과정(vasculogenesis)이다. 그리고 이렇게 해서 형성된 기존의 혈관총에서 새로운 혈관이 생성되는 일련의 과정을 "신생 혈관 형성(angiogenesis)"이라 하며, 태아의 발생과 여성의 월경 및 상처 치유 과정 등의 정상적인 상황 뿐만 아니라 암세포의 성장과 전이, 류머티즘 관절염 및 당뇨성 실명증 등의 여러 질병에서도 필수적으로 요구되는 것으로 알려져 있다. 이는 정상 조건하에서는 거의 일어나지 않는 매우 엄격히 조절되는 현상이며, 다음과 같은 기전으로 형성된다(그림 25).

a: 혈관 형성의 시작은 내피 세포 성장 촉진 인자(VEGF)와 같은 신생 혈관 형성 촉진 인자 신호(+)와 아주 강하게 결합되어 있는 혈관주변 세포(PC)가 세포밖의 조직(ECM) 분자 또는 VEGF 저해자 등과 접촉하는 것과 같이 촉진 인자의 신호를 정지시키는 신호(-)사이의 균형의 조절에 의하여 일어난다. 신생 혈관 형성은 내피 세포(ECs)가 정상 기저부의 자극에 의하여 발아가 시작되며, 운동성의 유도 및 침습성의 활성으로 세포 사이의 접촉이 일어나고 기저부의 분해가 일어난다.

b: 내피 세포의 성장은 내피 세포 성장 촉진 인자(VEGF)의 농도 구배에 의하여 진행되어진다. 다른 신호들은 조직의 환경내에서 촉진(+) 혹은 억제(-)되는 기저부의 자극 및 지표 역할을 수행한다. 끝 부분의 세포가 주변 세포(PCs)를 끌어들여 새로운 발아를 촉진함으로써 혈소판 유도 성장 인자 B(PDGFB)를 유리한다. 과잉의 조직이 파괴되는 것을 방지하기 위하여 관상의 관강을 형성한 후 내피 세포 사이의 결합부위는 유지될 필요가 있다.

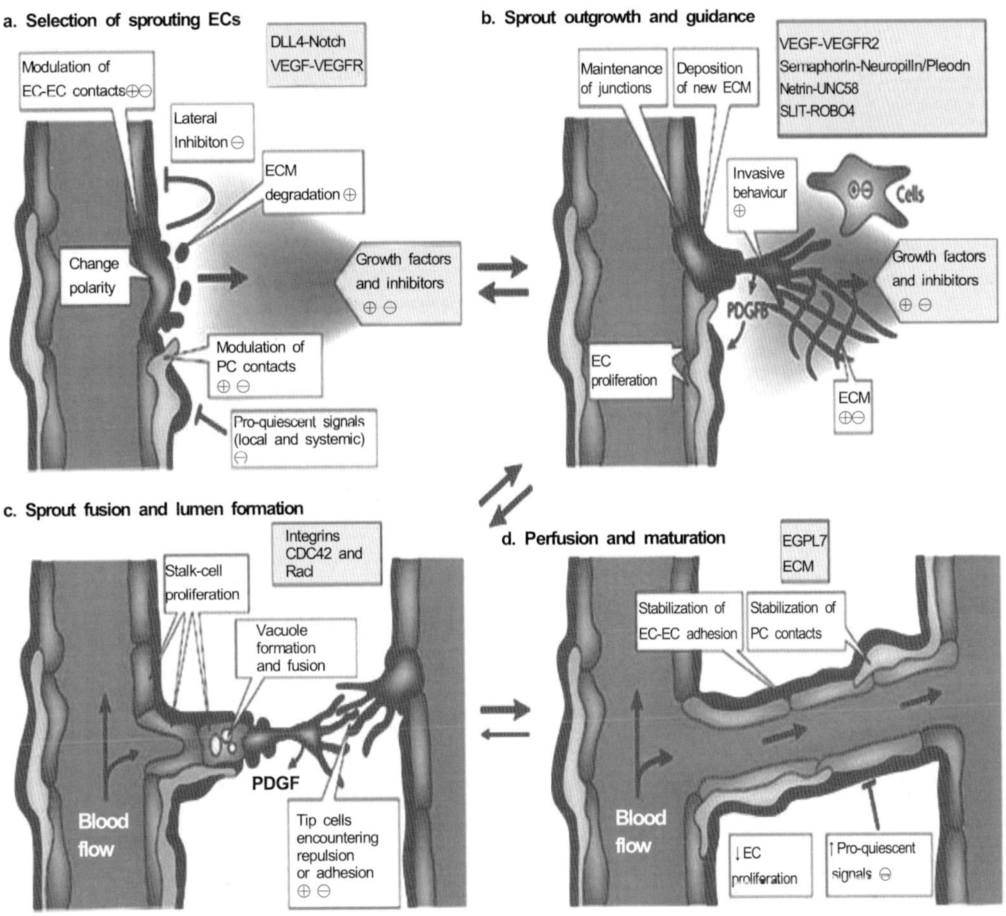

그림 25. 신생 혈관 형성 기전

[DLL4; delta-like-4 ligand, EGFL7; epidermal growth factor ligand-7, ROBO4; roundabout homologue-4(magic roundabout), VEGFR2; VEGF receptor-2.]

(Nature Reviews Molecular Cell Biology 8, 464-478, 2007)

c: 부착력 및 척력의 상호 작용에 의하여 끝세포가 각각의 주위의 세포와 접하게 되고, 주변의 발아 세포 및 혈관을 형성 등을 조절한다. 내피 세포(ECs)의 줄기에서 관강의 형성은 액포의 융합 및 다른 기전들의 공헌에 의하여 이루어진다.

d: 내피 세포 사이의 융합 과정에 의하여 관강의 형성이 완료된다. 혈액의 흐름은 산소의 공급을 향상시켜 저산소증의 유도로 활성화되어진 신생 혈관 형성을 촉진하는 신호를 감소시킨다. 혈관내의 혈액의 흐름은 세포 사이의 접합부위를 안정화시켜 혈관의 형성을 완성하고, 기저부를 축적하며, 주변 세포들의 강한 부착이 일어나게 한다. 성장 인자의 쇠퇴는 혈관 형성을 위한 발아의 소거 및 내피 세포자살의 계기가 될 수 있다.

따라서, 정상 상태에서 생체는 혈관 신생을 유도하는 인자들과 억제하는 인자들이 평형을 이루고 있으나, 질환이 유발되는 상황에서는 혈관 성장을 촉진하는 인자들이 증가하거나, 억제 인자가 제대로 작용을 하지 못하여 혈관 신생이 자율적으로 조절되지 못하여 계속 성장함으로써 질환으로 발전된다(그림 26)(Bergers, 2003: Poon, 2001).

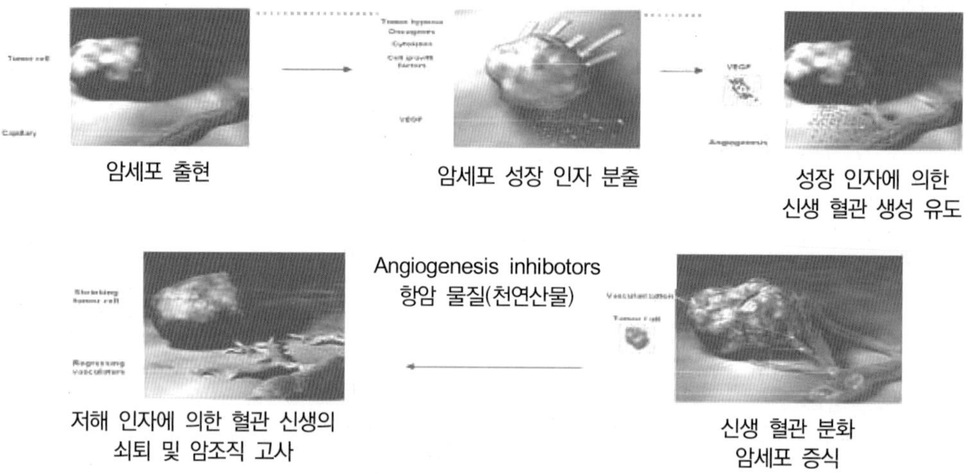

그림 26. 신생 혈관 형성 억제 물질에 의한 암세포의 괴사 과정

(www.gene.com, J Clin Oncol 19: 1207-1225, 2001)

이러한 신생 혈관 촉진 인자는 현재까지 20 가지 이상이 알려졌으며, 그 중에 혈관 내피세포 성장 인자(vascular endothelial growth factor, VEGF)는 많은 종류의 종양 세포에서 분비되며, 동시에 가장 강력한 혈관 형성 촉진 인자로 알려져 있다.

신생 혈관의 형성을 억제함으로써 어떠한 조직에 새로운 혈관의 형성을 억제하여 조직이 비대해지는 것을 막을 수 있다는 추론이 가능하고, 이러한 신생 혈관 형성을 억제하는 물질을 응용하여 항암 제제 및 항비만 제제의 개발이 가능하며, 또한 신생 혈관의 형성을 촉진함으로써 심장병, 상처 치유 등을 이룰 수 있다.

1.2. 신생 혈관 형성 억제 작용을 이용한 치유 가능한 분야

가. 항암 분야

암이란 통제할 수 없는 세포의 성장을 말하며, 세포의 일부가 이상 증식을 시작하는 질환으로 주위의 정상 조직을 침윤하여 증식을 계속함으로써 정상 기능을 파괴하는 질환을 의미한다. 이미 우리나라 인구 5 명 중 1 명이 암으로 사망하고 해마다 증가하는 추세이다. 세계적으로도 감염성 질환, 심혈관계 질환에 이어 3 위로 사망의 원인이 되고 있다. 2001년 WHO는 총사망자의 12.6%가 암으로 사망한다고 하였고, 우리나라에서도 순환계 질병 다음으로 많은 사망의 원인이 되고 있다. 암은 그 발생 부위가 국내 및 세계적으로도 다양하고 남성 및 여성의 발생 부위를 그림 27에서 볼 수 있다. 암은 한 가족이나 개인의 삶을 완전히 파괴, 아무런 희망도 삶의 가치도 없이 생을 포기해야 하는 안타까움이 두렵기도 하다. 암을 예방할 수 있거나 치료할 수 있는 제제의 개발, 부작용이 적고, 쉽게 구할 수 있는 원료를 사용하여 약용 자원으로부터 신생 혈관의 형성을 억제함으로써 암 치료가 가능하며, 암에 대하여 효과가 있고 저렴한 항암 제제를 개발함으로써 다양한 경제적 및 사회적 효과를 거둘 수 있을 것이다.

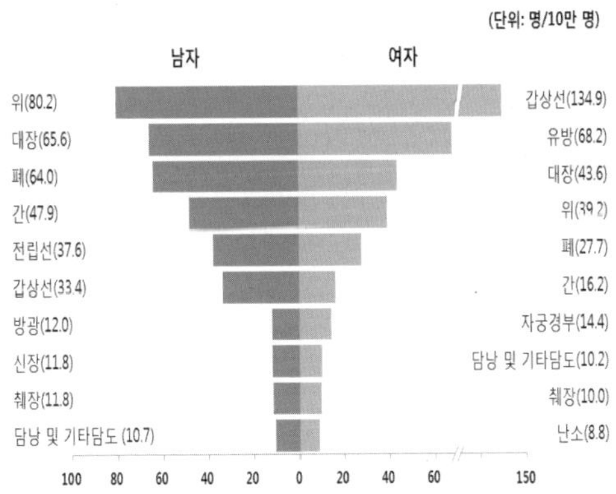

(2013, 성별 10대 암 발생율, 국가암정보센터)

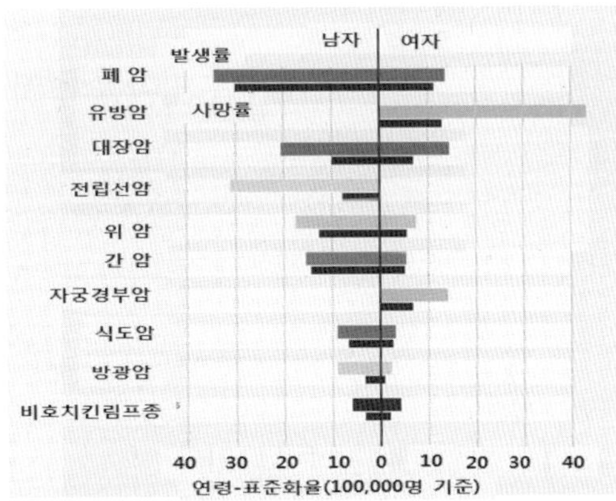

(Nature 509, S50-S51, 2014,doi: 10.1038/509S50a)

그림 27. 국내 및 세계인의 암 발생 부위

나. 항비만 분야

현재 전 세계적으로 과체중 혹은 비만에 해당되는 사람들의 숫자는 12 억 명에 이르며, 미국의 경우 2015년 현재 성인 인구의 약 68%가 과체중에 해당한다고 세계보건기구(WHO)가 밝힌 적이 있으며, 비만은 합병증의 원인이 되고 있으며, 전 세계 당뇨병 환자의 80%, 심장 질환의 21%가 비만이 원인이 되고 있고, 자궁암, 신장암, 유방암, 수면무호흡증, 골관절염, 담석증 등의 발병에 큰 원인이 되고 있다. 그리고, 비만으로 인하여 간접 경비 지출 확대되고 있으며, 미국의 경우 비만으로 인해 매년 약 1,170억 달러의 직간접 경비가 지출되고 있고, 최근 들어 우리 나라에서도 비만 인구는 32.4%(체질량지수 25% 이상)로 지난 10 여 년 동안 1.6 배 증가(여자 1.3 배, 남자 2 배 증가)되고 있다. 뿐만 아니라, 건강보험공단은 2002~2013년 국민건강정보 데이터베이스를 분석한 결과 2013년 고도비만(체질량지수 30 kg/m^2 이상) 비율은 4.2%로 2002년(2.5%)에 비해 1.7 배로 증가했다고 밝히고, 이 추세대로라면 10년 뒤 전체 고도 비만율이 5.9%에 이를 것이라고 언급하였다(그림 28). 또한, 소아 비만도 증가하여 초등 학생 비만 비율은 2 배 정도 증가해, 선진국에서 문제가 되었던 '비만 문제'가 우리 나라에서도 심각하게 대두 되고 있다. 그리고, 비만으로 인하여 질환에 이환될 가능성은 당뇨병은 2 배, 고혈압은 1.5 배이며 고도 비만의 경우 당뇨병은 5 배, 고혈압은 2.5 배로 매우 높다. 또한, 비만으로 인한 사회, 경제적인 측면 손실은 약 1조 8천억 원(보건사회부, 2002)이며, 이것은 비만 관련 질병으로 인한 총 진료비와 조기사망, 입원 등으로 인한 생산성 손실을 합산한 것으로 국민 의료비의 약 5%에 해당된다. 이에 따른 비만 치료제 시장의 규모는 약 13억 달러 규모(2000년), 2010년에는 80 억 달러에 도달했다. 그리고, 기존의 항비만 제제는 대부분 화학 합성 물질로써 부작용 심각하나, 신생 혈관 형성 억제에 의한 항비만 제제는 지방 세포에 특이성을 가지고 작용함으로써, 기존의 약물에 비교하여 독성과 부작용이 적은 것이 큰 장점이 되고 있다.

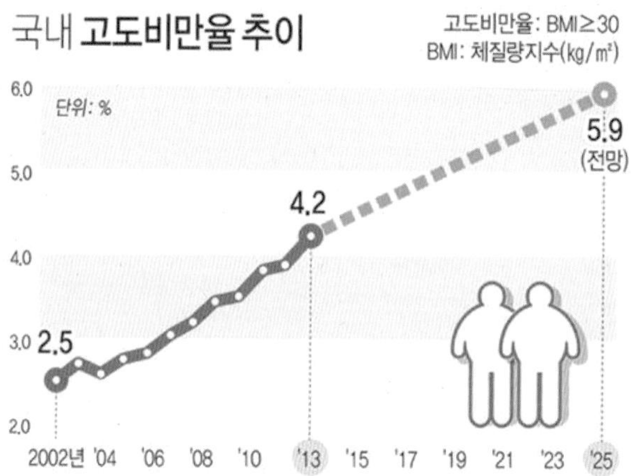

그림 28. 국내 고도 비만율 추이 (건강보험공단, 2015)

다. 심장질환 분야

신생 혈관 형성 촉진 물질의 기능은 동맥의 경화 등에 의하여 관상 동맥에 질환이 있을 경우 심장으로의 혈액공급이 원활히 공급되지 못할 때, 관상 동맥의 역할을 대신 할 수 있는 새로운 혈관 형성이 필요할 경우 사용할 수 있다(그림 28).

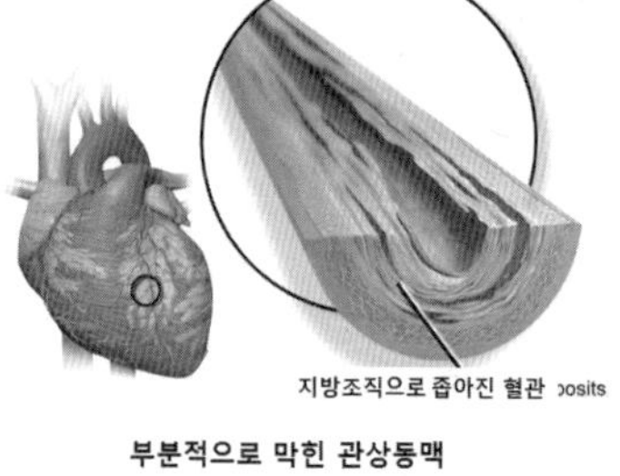

pixbam.com/blocked-artery

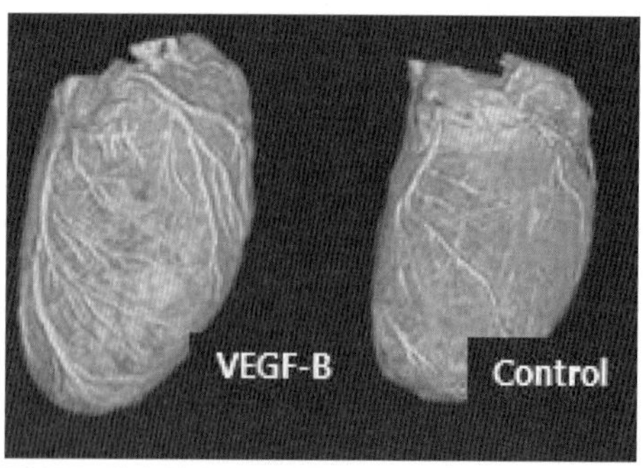

[VEGF-B 성장 인자가 관상동맥의 형성을 유도할 수 있음: Wihuri Research Institute]

그림 29. 관상 동맥 질환(CAD) 및 신생 혈관 형성 촉진 물질에 관상 동맥 형성

라. 상처 치유 분야

상처 치료를 위하여 새로운 혈관을 형성함으로써 상처가 된 연결 조직을 복구하며, 세포의 이동 및 분화 작용의 기능을 이용할 수 있다.

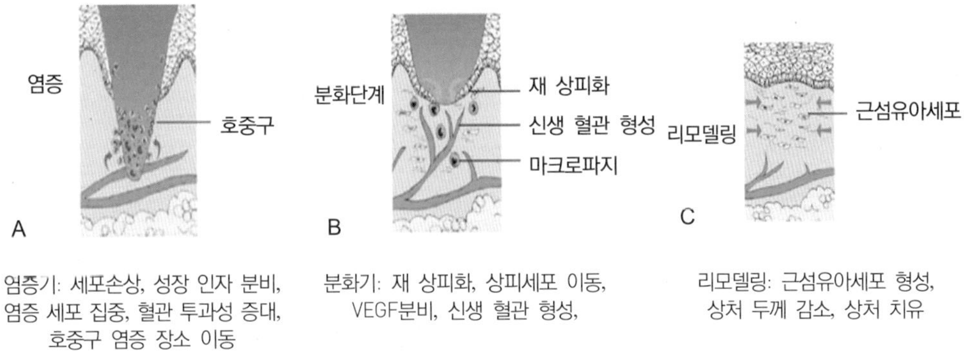

(Journal of the American Academy of Dermatology, 2008, 58, 185-206)

그림 30. 상처 치유 과정

1.3. 신생 혈관 형성 원인으로 올 수 있는 질환

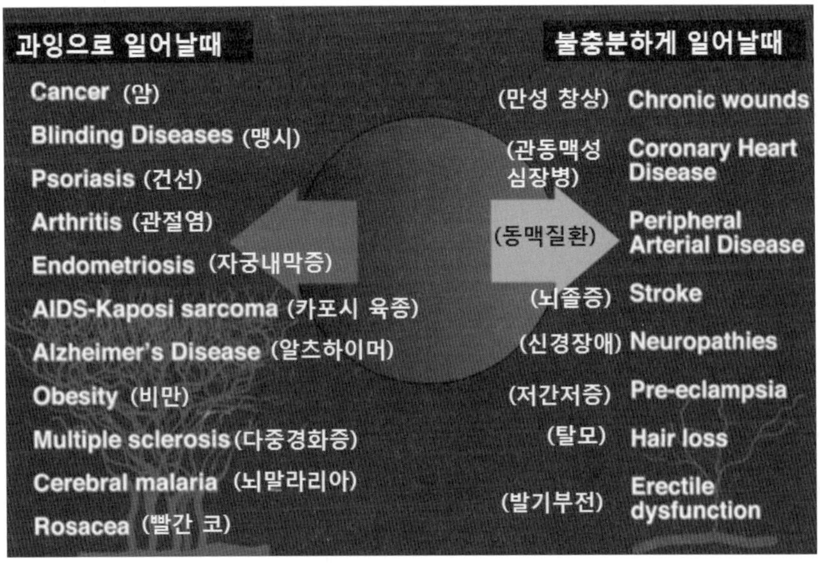

http://www.cs.utah.edu/

1.4. 신생 혈관의 형성을 촉진하는 물질 (William, 2012)

표 15. 신생 혈관 형성을 촉진하는 물질

Angiogenin	Leptin
Angiopoietin-1	Midkine
Adrenomedullin	Neuregulin
Del-1	Osteogenic protein-1
Fibroblast growth factor-1 (acidic FGF, FGF1)	Placental growth factor (PIGF)
Fibroblast growth factor-2 (basic FGF, FGF2)	Platelet-derived endothelial-cell growth factor (PD-ECGF)
Follistatin	Platelet-derived growth factor (PDGF)
Granulocyte-colony-stimulating factor (G-CSF)	Pleiotrophin
Hepatocyte growth factor/scatter factor (HGF/SF)	Progranulin
Interleukin-3 (IL-3)	Proliferin
Interleukin-8 (IL-8)	Transforming growth factor-α (TGFα)
Intermedin	Transforming growth factor-β (TGFβ)
Keratinocyte growth factor (FGF-7)	Tumor necrosis factor-α (TNFα)
	Vascular endothelial growth factor/vascular permeability factor (VEGF/VPE)

(Journal of Oncology, 2012, doi:10.1155/2012/879623)

1.5. 신생 혈관의 형성을 억제하는 물질

가. 신생 혈관의 형성을 억제하는 물질 (William, 2012)

표 16. 신생 혈관 형성을 억제하는 물질

Angiopoietin-2 (in the absence of VEGF)	METH-2
Angiostatin	2-Methoxyestradiol
Antithrombin Ⅲ fragment	Osteopontin cleavage product
Arresten	PEX
Canstatin	Pigment epithelium-derived factor (PEDF)
Chondromodulin Ⅰ	Plasminogen activator inhibitor (PAI)
Connective tissue growth factor (CTGF)	Platelet factor-4
Decorin	Prolactin 16-KDa fragment
Endorepellin	Proliferin-related protein
Endostatin	Prothrombin kringle 2
Fibronectin 20-kDa fragment	Maspin
Interferons-α, β, and γ	Restin
Interleukin-4 (IL-4)	Soluble fms-like tyrosine kinase-1 (S-Flt-1)
Interleukin-10 (IL-10)	SPARC cleavage product
Interleukin-12 (IL-12)	Tetrahydrocortisol-S
Interferon-inducible protein-10 (IP-10)	Tissue inhibitors of matrix metallolproteinases (TIMPs)
Kringle 5	Thrombospondin-1 and -2
Metastatin	Transforming growth factor-β(TGF-β) (*activated form*)
METH-1	Troponin-1
	Tumstatin
	Vascular endothelial growth inhibitor (VEGI)
	Vasostatin

(Journal of Oncology, 2012, doi:10.1155/2012/879623)

나. 신생 혈관 형성을 억제하는 식탁 약용 자원

표 17. 신생 혈관 형성을 억제하는 식탁 약용 자원

녹차	포도	라벤더
딸기	적포도주	호박
블랙베리	청경채	해삼
라즈베리(산딸기)	케일	참치
오랜지	콩	파슬리
그레이프프루트(자몽)	인삼	마늘
레몬	잎새버섯	토마토
사과	감초	올리버오일
파인애플	강황	포도씨유
체리(버찌)	육두구	검은 초코렛
블루베리	돼지감자	

(source : Angiogenesis Foundation(www.angio.org)

http://info.agscientific.com/blog/bid/92151/32-anti-angiogenesis-foods-science

다. 신생 혈관 형성을 억제하는 식물 화학 물질 (Sagar, 2006)

표 18. 신생 혈관 형성을 억제하는 식물 화학 물질

일반명	학 명	유용 성분
알로에	*Aloe barbadensis*	aloe vera leaf and pulp extracts
당귀	*Angelica sinensis*	aqueous extracts
개똥쑥	*Artemisia annua*	artemisinin
녹차	*Camellia sinensis*	epigallocatechin
코코플럼	*Chrysobalanus icaco*	methanol extract
울금	*Curcuma longa*	curcumin
디속실룸 비넥타리페룸	*Dysoxylum binectariferum*	flavopiridol, rohitukine
신이화	*Flos magnoliae*	magnosalin
영지	*Ganoderma lucidum*	triterpenoids
은행	*Ginkgo biloba*	ginkgolide B
감초	*Glycyrrhiza glabra*	isoliquiritigenin,; glabridin
로젤	*Hibiscus sabdariffa L.*	protocatechuic acid
비로아자	*Livistona chinensis*	aqueous extract from seed
케모마일	*Matricaria chamomilla*	flavonoids: apigenin, fisetin
홀리바질	*Ocimum sanctum*	carnosol, ursolic acid
후박	*Magnolia obovata*	honokiol
인삼	*Panax ginseng*	saponins: 20(R)- and 20(S)-ginsenoside-Rg3
폴리포디움 류코토모스	*Polypodium leucotomos*	difur
복령	*Poria cocos*	1-3-a-D-glucan

일반명	학 명	유용 성분
호장근	*Polygonum cuspidatum*	resveratrol
프로안토시아니딘	*Proanthocyanidin*	
동릉초	*Rabdosia rubescens Hora*	ponicidin and oridonin
로즈마리	*Rosmarinus officinalis*	carnosol and ursolic acid
황금	*Scutellaria baicalensis*	baicalin and baicalein
흰무늬엉겅퀴	*Silybum marianum*	silymarin
화란국화	*Tanacetum parthenium L.*	parthenolide
타히보	*Tabebuia avellanedae*	b-lapachone
주목(택솔)	*Taxus brevifolia*	taxoids
겨우살이	*Viscum album*	lectins
생강	*Zingiber officinale*	6-gingerol
성분		
쿠엘세틴	Quercetin	
EPA	Omega-3 fatty acids	eicosapentaenoic acid,
DHA	Omega-3 fatty acids	docosahexaenoic acid
아이소플라보노이드	Soy isoflavones	genistein, daidzein
미네랄		
셀레니움	Selenium	
동물유래		
소 연골	Bovine cartilage	
상어 연골	Shark cartilage	water soluble extract AE-941
곱상어	Squalus acanthias	dogfish liver: squalamine
바이타민 D	Vitamin D	1a, 25-D3

(CURRENT ONCOLOGY, 13(1), 14-26, 2006)

2. 신생 혈관 형성 억제 작용을 갖는 물질의 선별

2.1. 세포를 이용한 대상 물질의 선별 (Jong-Deog Kim, 2011)

24 well culture plate에 150 uL 의 matrigel 을 입힌 한 후 고체화를 위하여 37℃에서 1 시간 동안 반응시킨 후, 배양한 사람태반세포(HUVECs: Human Umbilical Vein Endothelial Cells)를 trypsin-EDTA를 사용하여 배양기로부터 분리한 다음, 코팅된 matrigel plate 당 25,000 cells/well 이 되도록 재 현탁 시켰다. Cell을 배양한 후 독성이 없는 최고 시료의 농도를 투여한 후 37℃의 5% CO_2 환경에서 4 시간 동안 배양 한 후, 형성된 튜브 망의 길이를 현미경 하에서 plate의 well을 불규칙적으로 5 분야로 나누어 디지털 카메라(Nikon, Coolpix)로 촬영하여 그 영상을 pixel로 전환시킨 후 NIH image 프로그램으로 분석하였다.

전남 지역에서 비교적 쉽게 구할 수 있는 약용 자원을 사용하였으며, 녹차 과피(greentea pericarpium)는 여수, 순천, 보성에서, 황금(*S. radix*)은 여수에서, 상백피(*M. cortex*)는 무안에서, 연자육(*N. semen*)은 목포에서, 산수유(*C. furctus*)는 산동에서, 애엽(*A. folium*)은 거문도에서, 음양곽(*E. herba*)은 약산에서, 상기생(*T. ramulus*)은 지리산에서, 황칠(*D. panax*)은 해남에서, 그리고, 고삼(*S. radix*), 파고지(*P. semen*), 홍화(*C. flos*), 금은화(*L. flos*), 괴화(*S. flos*), 전호(*P. radix*), 시호(*B. radix*), 희첨(*S. hebra*), 백자인(*T. semen*), 지네(*Scolopendra*) 등은 주산지가 전남은 아니나 그 효과를 기대할 수 있는 물질이어서 선택한 약용 자원들이다.

다양한 약용 자원의 추출물을 10 ppm으로 하여 신생 혈관 형성 억제 작용을 대조군과 양성 대조군으로서의 EGCG와 비교하였을 때, EGCG보다 신생 혈관 형성 억제 능력이 나은 천연 산물을 선별할 수 있었으며, 녹차 과피, 황금, 산수유, 애엽, 파고지, 홍화, 괴화, 전호, 희첨 등이 이었다. 그 결과를 Fig. 31에 나타내었다.

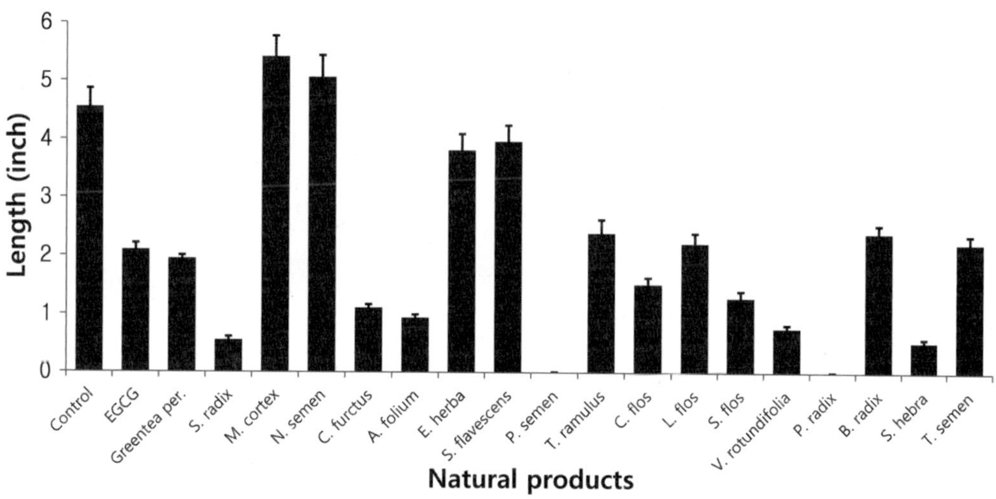

그림 31. 신생 혈관 형성 억제 작용을 나타내는 약용 자원

(Jong-Deog Kim, Biotechnology and Bioprocess Engineering 16, 144-152, 2011)

2.2. 신생 혈관 형성 억제 작용의 분석

신생 혈관의 튜브 형성의 분석은 NIH-program으로 일일이 형성된 튜브의 길이를 합해야 하므로(그림 32(a)), 시간이 소모되고 시료가 많을 경우에는 굉장히 시간이 많이 드는 작업인데, 이 방법에서 pixel 로써 분석할 수 있는 방법을 개발하여 아주 간단하게 측정할 수 있는 방법(그림 30(b))을 체계화 하였다.

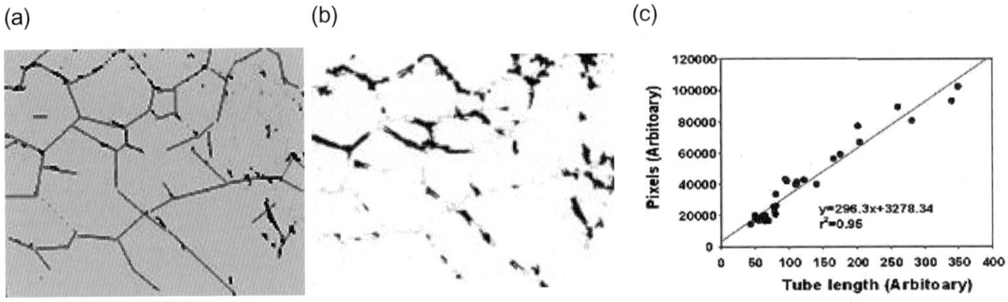

튜브망을 길이의 합으로 분석함

튜브망의 형성 정도를 픽셀 방법으로 분석함

길이의 합 및 픽셀 방법과의 상관성을 규명함(r^2=0.95)

그림 32. 길이의 총합을 구하는 방법(a)과 픽셀 방법(b) 및 상관관계(c)

(Jong-Deog Kim, International Biotechnology Symposium, 2012)

2.3. 신생 혈관 형성 억제 기전 규명 (Kim, 2014)

신생 혈관의 형성을 억제하는 기전을 알기 위하여 약용 자원을 추출하여 VEGFR2, PI3K, β-catenin, VE-cadherin 등의 신호 전달 분자의 항체를 이용하여 제어과정을 살펴 보았다. 선택된 약용 자원은 세포 표면의 신호 전달 분자, 그리고, 그 하위 그룹의 Akt를 억제함으로써 그림 33에 나타낸 바와 같이 NF-kB의 활성을 차단함으로써 신생 혈관의 형성을 억제하는 것으로 판단된다.

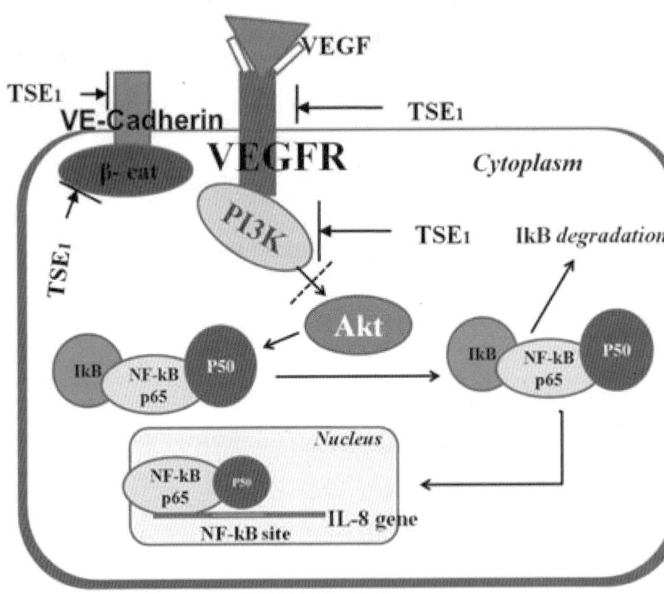

그림 33. 예상되는 신호 전달 분자(VEGFR-2, ß-catenin, PI3-K, Akt)의 핵 내(NF-kB)까지의 전달 경로 및 차단 물질

(Jong-Deog Kim, Bioscience, Biotechnology, and Biochemistry, 78(2), 279-287, 2014)

3. 신생 혈관 형성 억제 작용을 갖는 물질

3.1. 플라보노이드 (Flavonoid)

약용 자원의 항산화의 성분은 대부분이 폴리페놀 계열(Constantine, 2007)이나 페놀 산(Santi, 2013; Fatima, 2010) 등에 기인되며, 이들 페놀 화합물은 ROS 제거 기능 등의 항산화 효과와 금속과의 킬레이트 효과를 가지고 있어 생체와는 암의 예방, 심장 혈관 질환 등의 아주 밀접한 관계를 가지고 있다. 약용 자원에 있어서의 폴리페놀은 색소의 형성, 병에 대한 저항, 역병, 발아를 돕는 큰 역할을 한다(Santi, 2013). 산업적으로는 페인트, 종이, 화장품, 천연 색소나 보존제 등으로, 또한, 항생제, 지사제, 항궤양제, 항염증제 뿐만 아니라 고혈압, 고지혈증, 알러지 등의 해소에도 널리 사용된다. 무엇보다도 페놀 화합물은 ROS를 제거하는 항산화제로서 각광을 받고 있으며, 항산화능력을 갖는 구조로 살펴본 폴리페놀의 종류는 표 19와 같으며 이런 종류의 페놀 류를 검토하고자 한다. 단순한 페놀들은 항산화 효과를 갖지 못하며, 이중 구조의 페놀 화합물의 구조를 갖는 것이 항산화 효과가 있는 것으로 알려져 있다(Constantine, 2007). 그리고 폴리페놀류는 플라보노이드 형태의 구조를 갖는 종류가 많으며(그림 34), 이들의 구조에 따라 항산화력의 증감이 결정되어진다. 표 20으로부터 플라보노이드의 다양한 종류를 볼 수 있다(Bravo, 1998).

표 19. 폴리페놀 화합물의 주된 그룹

Class	Basic Skeleton	Basic Structure
Simple phenols	C_6	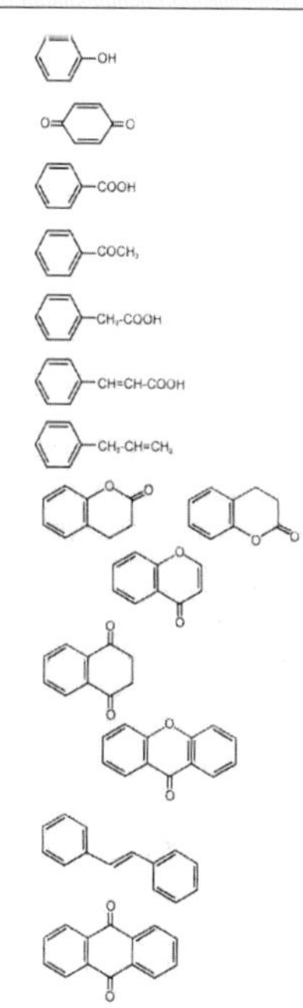
Benzoquinones	C_6	
Phenolic acids	$C_6 - C_1$	
Acetophenones	$C_6 - C_2$	
Phenylacetic acids	$C_6 - C_2$	
Hydroxycinnamic acids	$C_6 - C_3$	
Phenylpropenes	$C_6 - C_3$	
Coumarins, isocoumarins	$C_6 - C_3$	
Chromones	$C_6 - C_3$	
Naftoquinones	$C_6 - C_4$	
Xanthones	$C_6 - C_1 - C_6$	
Stilbenes	$C_6 - C_2 - C_6$	
Anthraquinones	$C_6 - C_2 - C_6$	
Flavonoids	$C_6 - C_3 - C_6$	
Lignans, neolignans	$(C_6 - C_3)_2$	
Lignins	$(C_6 - C_3)_n$	

(Nutrition Research Reviews, 23, 47-64, 2010)

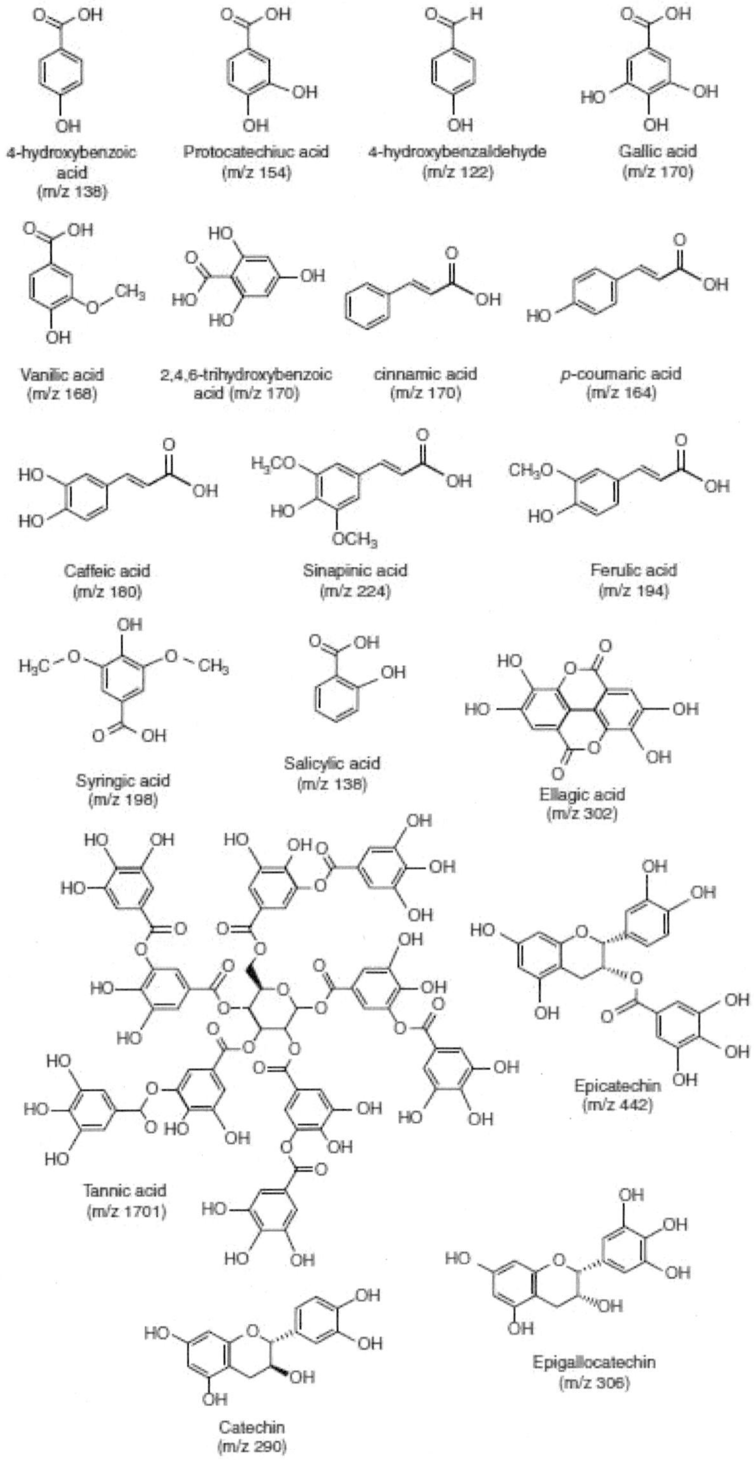

그림 34. 대표적인 단순 및 복합 페놀산의 구조

(Natural Products, pp. 2047-2059, 2013)

표 20. 항 산화제로서의 플라보노이드의 다양한 형태

Flavonoid	Basic Structure
Chalcones	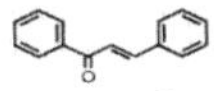
Dihydrochalcones	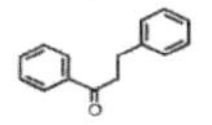
Aurones	
Flavones	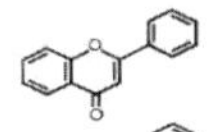
Flavonols	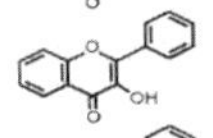
Dihydroflavonol	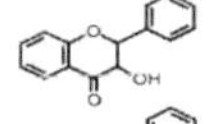
Flavanones	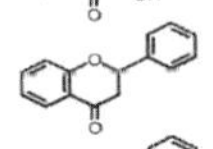
Flavanol	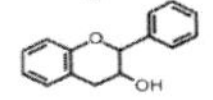
Flavandiol or leucoanthocyanidin	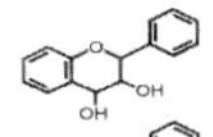
Anthocyanidin	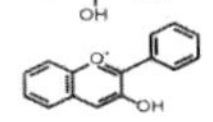
Isoflavonoids	
Biflavonoids	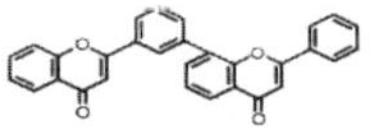
Proanthocyanidins or condensed tannins	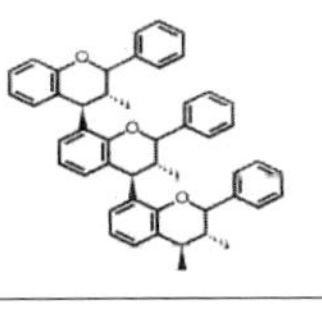

(Nutrition reviews, 56(11): 317-333. 1998.)

가. 플라보노이드의 구조

플라보노이드는 C6-C3-C6의 구조로 되어 있고(그림 35)(Constantine, 2007; Milvia, 2013), C3의 형태에 따라 Chalcone, aurone, flavan, flavanone, flavanonol(dihydroflavonol), flavonol, flavone, catechin, anthocyanidin(그림 36)(Kelly, 2002; Diane, 2001) 등으로 나누어 볼 수 있으며, B환의 위치에 따라 isoflavonoid, neoflavonoid로도 나누어 지며, B환의 -OH 갯수에 따라 그 특징이 달라진다(Robert, 2004; Kim, 2006).

또한, flavonoid가 활성을 갖기 위해서는 특정의 구조를 갖추어야 한다. 즉, B-환에 -OH 라디칼이 있어야 하고, C-환의 3위치에 -OH 라디칼이, C2-C3에는 이중결합이, 4위치에 keto 그룹이 있어야 한다.

이들의 라디칼의 변화에 따라 항산화력이 결정되어지며 항산화 효과를 나타내기 위한 라디칼의 구조적 위치를 그림 37에 나타내었다(Robert, 2004).

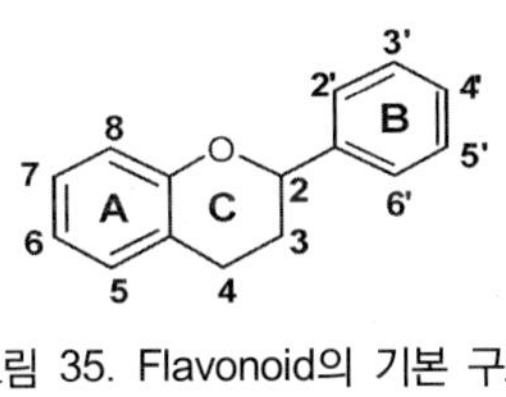

그림 35. Flavonoid의 기본 구조
(Antioxidants, 2, 340-369, 2013)

Structural formula	Representative flavonoids	Substitutions					
		5	6	7	3′	4′	5′
Flavanone 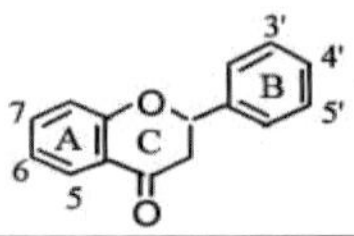	Eriodictyol	OH	H	OH	OH	OH	H
	Hesperitin	OH	H	OH	OH	OMe	H
	Naringenin	OH	H	OH	H	OH	H
Flavanol 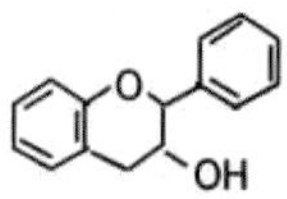	Catechin	OH	H	OH	OH	OH	H
	Gallocatechin	OH	H	OH	OH	OH	OH
Flavone 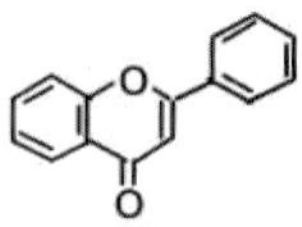	Apigenin	OH	H	OH	H	OH	H
	Chrysin	H	H	OH	H	H	H
	Luteolin	OH	H	OH	OH	OH	H
Flavonol 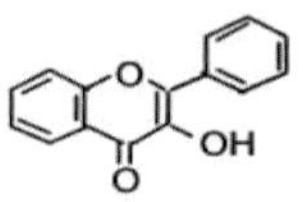	Kampherol	OH	H	OH	H	OH	H
	Myricetin	OH	H	OH	OH	OH	OH
	Quercetin	OH	H	OH	OH	OH	H
Flavanonol 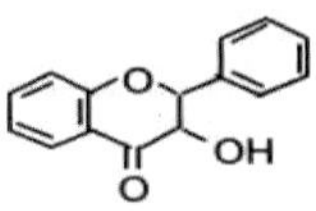	Taxifolin	OH	H	OH	OH	OH	H
Isoflavone 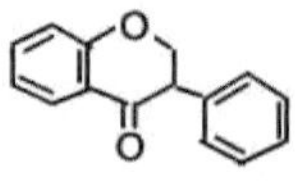	Daidzein	H	H	OH	H	OH	H
	Genistein	OH	H	OH	H	OH	H
	Glycitein	OH	OMe	OH	H	OH	H
	Formononetin	H	H	OH	H	OMe	H

그림 36. Flavonoids의 종류

(Pharmacology & Therapeutics 90 (2001) 157-1770)

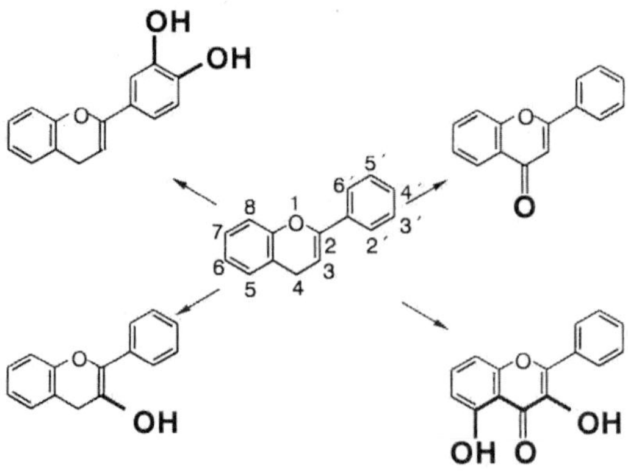

그림 37. 플라보노이드의 구조와 활성과의 관계

(Free Radical Biology & Medicine 36(7), 838-849, 2004)

나. Flavonoid의 기능

항산화작용, 항암작용, 항혈전작용, 항염증작용, 항 cyclooxygenas 작용, 항 xanthine oxidase, 항 NADH oxidase, 항 proteinnase 작용, 사하작용(Multiflorin A), 이뇨 작용(quercitrin, quercetin-3-O-á-L-rhamnoside), 항모세혈관투과작용(hesperidin, hesperstin-7-O-â-D-rutinose), 항 알레르기 작용(baicalin, 5,6,7-trihydroxyflavone), 진경 작용(daidzein, 7,4′-dihydroxyisoflavone), 혈압 강하(kuwanon G), 살충 작용(rotenone), 항균 작용(isoflavonoid인 pterocarpin 등), 간장 보호 작용(silymarin) 등을 가지며, 대표적인 성분들로서는 flavanon으로서 진피가 함유하고 있는 naringenin, naringin, hesperidin 등이, Isoflavonoid로서는 콩과 식물이 많이 함유하고 있으며, daidzin, daidzein 등으로서 황기 및 감초에 많이 들어 있으며, 이뇨 작용 등을 나타낸다(Ali, 2011; Giovanni, 2012; Kenneth, 2006). Chalcone은 carthamin(홍화), dihydrochalcone으로서는 phloretin(접시꽃 씨앗), phloridzin 등이, aurone으로서는 sulphuretin(고삼) 등이, anthocyanidine으로서는 pelargonidine(장미), cyanidin(복분자), delphinidin(가지) 등이, neoflavonoid로서는 hemotoxylin(홍색염료: 소목)과 brazilin(간장보호작용: 소목) 등이 있다. 그리고, 두 분자의 flavone이 결합된 biflavonoid(그림 38)(Micha, 2013)로서는 amentoflavone(부처손: Jane, 2003), hinokiflavone(두송실: Rathi, 2011), cupressusflavone(Chrozophora senegalensis: Ahmad, 1976), agathisflavone(측백나무, 겨양옻나무: Juliana, 2005) 등이 있고, prenylated flavonoid(Bruno, 2005)로서는 morusin(상백피), icariin(음양곽), rotenone(데리스) 등이 있다.

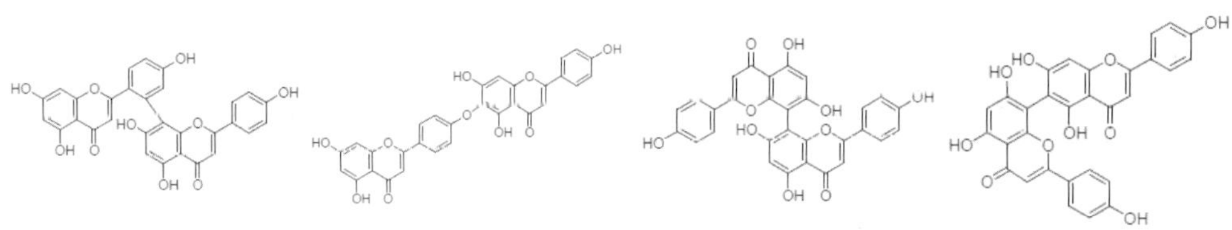

Amentoflavone Hinokiflavone Cupressusflavone Agathisflavone

그림 38. Biflavonoid의 구조

(Biochemical Systematics and Ecology, 46, 18-21, 2013)

다. B-환에 따른 플라보놀의 특성(Jong-Deog Kim, 2006)

B-환의 OH 개수에 따른 flavonoids를 그림 39에 나타내었으며, 이들의 항산화 효과, 신생혈관 형성 억제 효과를 살펴보았다.

① Flavonol의 세포 독성

HUVEC에 미치는 독성 정도를 Trypan blue 염색법으로 확인 하였으며, B-환의 -OH 기의 수가 많을수록 독성이 적게 나타났다. 즉, myricetin < quercetin < kaempferol < galangin의 순서로 독성이 강한 것으로 나타으며, LD50은 각각 100>50>20>10 uM이었으며, 무독성을 나타내는 플라보놀의 농도는 각각 50, 15, 10 및 5 uM 이었다. U937세포를 이용한 독성 시험에서 95%이상의 세포가 살아남은 농도는 50 uM의 myricetin, 20 uM의 quercetin, 10 uM의 kaempferol 및 5 uM의 galangin으로 나타났다(그림 40).

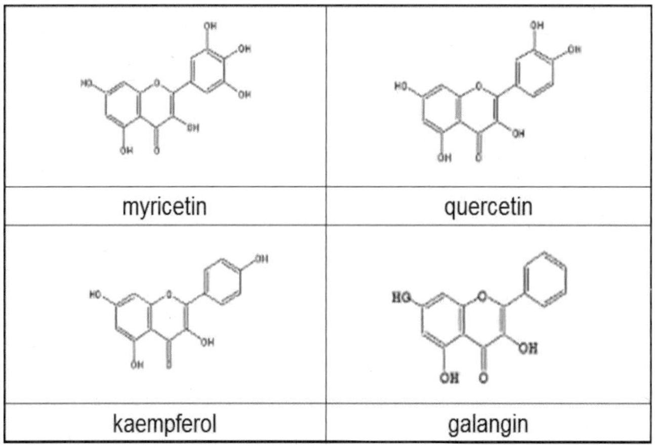

그림 39. B-환의 -OH 기 갯수에 따른 flavonoid 종류

(Jong-Deog Kim, Journal of Nutritional Biochemistry, 17, 165-176, 2006)

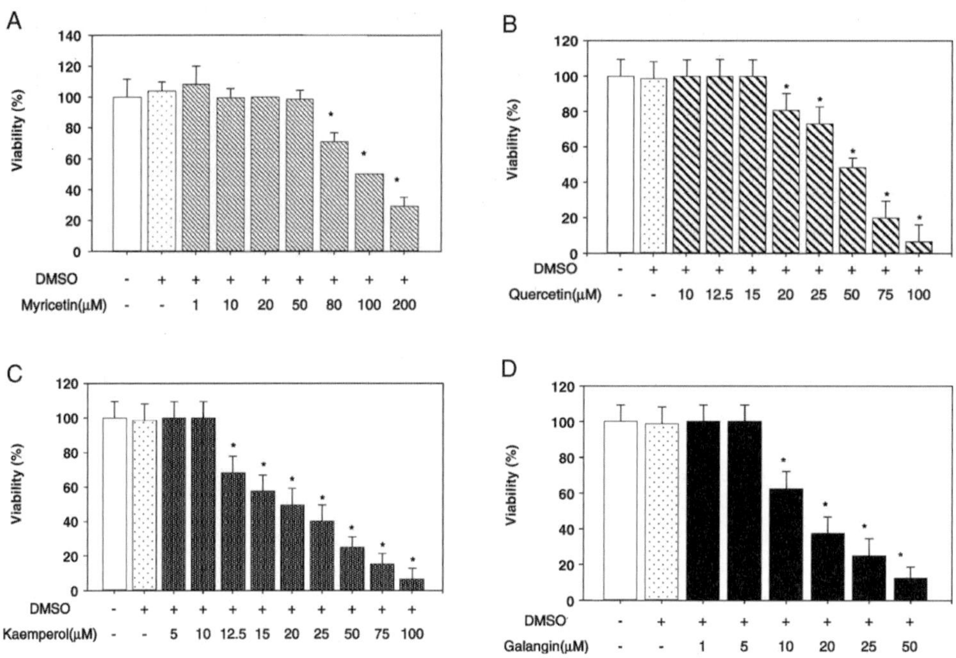

그림 40. HUVEC을 이용한 각 플라보놀의 독성

충분히 자란 HUVEC세포에 각 플라보놀을 DMSO 용액에 용해시켜 여러 가지의 농도로 첨가하여 37℃에서 24시간 반응시킨 후, Trypan blue로 염색하여 세포수를 세었음. 데이터는 3번 실험하여 평균±표준 편차로 표시하였으며, *는 대조군에 비교하여 $p < 0.01$을 나타냄.

(Jong-Deog Kim, Journal of Nutritional Biochemistry, 17, 165-176, 2006)

② 플라보놀의 항산화력

플라보놀의 항산화력은 593 nm에서 2,4,6-tri[2-pyridyl]-s-triazine (Fluka), 300 mM acetate buffer(pH 3.6), 40 mM HCl 및 20 mM $FeCl_3$(ferric chloride)를 사용한 FRAP(ferric-reducing ability assay of plasma)법에 따라 분광광도계로 측정하였다. 플라보놀들을 0.1% DMSO에 용해시켜, 10 uM을 배양액에 첨가하였으며, 이는 각 플라보놀의 최대의 비독성 농도이며, myricetin (25 uM), quercetin (15 uM), kaempfrol (10 uM) 및 galangin (5 uM)이다(그림 41). 항산화력의 1 unit는 1 mM의 Fe(II)의 항산화력에 해당된다.

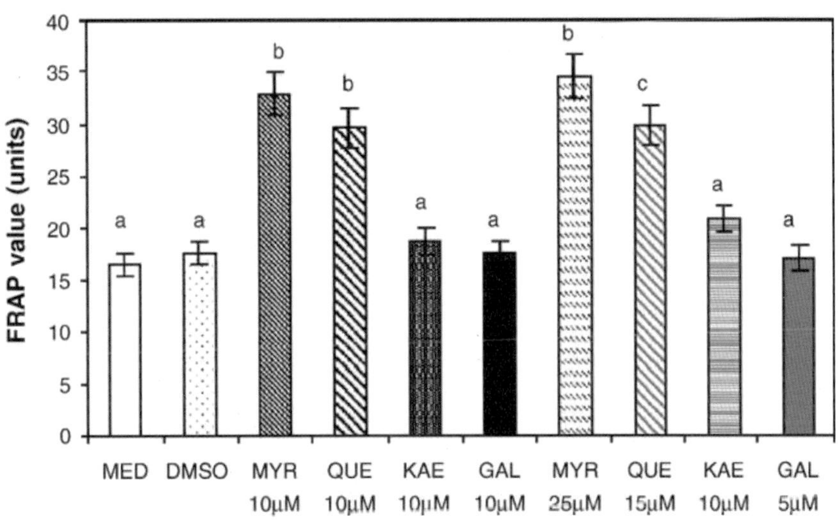

그림 41. Flavonol의 10 uM 및 최고 안전 농도에서의 항산화력

Myr: myricetin, Que:quercetin, Kae: kaempferol, Gal: galangin
플라보놀은 DMSO에 녹인 후 배양액에 첨가하였고, 배양액 내의 단독으로 사용한 DMSO는 매개 대조군으로 사용하였음. 데이터는 3번 실험하여 평균±표준 편차로 표시하였으며, 다른 글자는 서로 아주 다른 특징을 나타냄($p < 0.05$).
(Jong-Deog Kim, Journal of Nutritional Biochemistry, 17, 165-176, 2006)

B-환에 -OH 기의 개수가 많은 플라보놀의 항산화력이 강한 것으로 판단된다. 그 결과를 보면, myricetin=quercetin > kaempferol=galangin 으로 나타났으며, 또한 myricetin은 높은 항산화력을 나타내었고, 아주 낮은 세포 독성을 나타내었다. B-ring의 -OH 라디칼의 개수가 많을 수록 항산화력은 강해지고, 독성은 적은 것으로 나타났다.

③ 플라보놀의 세포 내의 항산화력

플라보놀의 세포 배양시스템에서의 항산화 활성을 측정하기 위하여 U937 세포 내에서 생성되는 ROS에 대하여 플라보놀의 억제 효과를 측정하였다. 세포들을 10 uM의 각각의 플라보놀로써 37℃에서 20 시간 동안 처리하였다. 처리액에는 동일 농도의 DMSO(0.01%)를 함유하고 있으며, 배양 후 세포를 PBS(phosphate buffered saline)로 3회 세척한 후, 50

uM의 dichlorodihydrofluorescein diacetate/L(Molecular Probes)를 함유하는 HBSS(Hank's Balanced Salt Solution)으로 37℃에서 30분간 추가 배양하였다. Dichlorodihydrofluorescein diacetate는 비형광물질이며, 아주 빠르게 세포에 흡수된다. 세포내에 들어오면, diacetate 라디칼은 esterase에 의하여 제거되어, dichlorodihydrofluorescein이 유리되고, 세포막의 투과성이 낮아 세포 내 축적된다. Dichlorodihydrofluorescein은 ROS와 직접 반응하여 형광물질인 DCF (2′,7′-dichlorofluorescein)를 형성하는데, 이것을 형광 Cytofluor(PerSeptive Biosystems)로 분석하고, 세포를 세척한 후 HBSS로 유지한다. 100 uM의 H_2O_2를 첨가하고 45분간 형광의 강도를 여기(485nm) 및 기저(530 nm) 파장에서 측정하였다(그림 42).

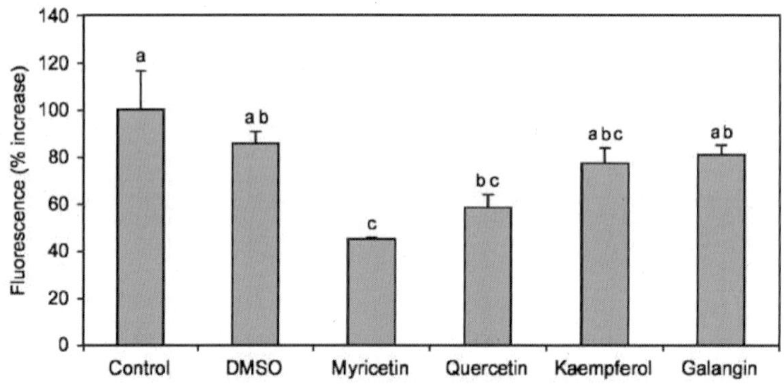

그림 42. 10uM의 각 플라보놀을 이용한 세포내의 항산화력

세포내에서의 항산화력을 10uM의 각각의 플라보놀을 사용하여 세포내에서 생성되는 ROS의 소거 기능을 시험하였으며, ROS는 형광을 이용하여 세포내에서 DCHF가 DCF로 분해될 때 발생하는 형광의 강도를 측정함. ROS는 100uM의 H_2O_2를 배지 내에 첨가하여 발생시킴. 데이터는 자극되지 않은 세포와 비교하였으며, 단독의 DMSO는 매개 대조군으로 사용하였음. 데이터는 2번 실험하여 평균±표준 편차로 표시하였으며, 한 실험에는 4번 중복하였고, 다른 글자는 서로 아주 다른 특징을 나타냄($P<0.05$).

(Jong-Deog Kim, Journal of Nutritional Biochemistry, 17, 165-176, 2006)

각각의 flavonol 10 uM에 대한 세포 내의 항산화력은 세포 내에서의 ROS 소거 능력을 그림 42에 나타내었다. 이들 플라보놀의 세포내의 항산화력은 세포가 없는 항산화력 (세포 배양액)과 비슷한 결과를 나타내었다. 이 중 myricetin 및 quercetin은 대조군에 비교하여 현저한 ROS 억제 효과를 나타내었다.

④ 신생 혈관 형성 관련 효과 (*in vitro*)

Matrigel 상의 내피 세포 튜브 형성의 분석은 각 well에서 불규칙적으로 5 부분의 사진을 찍어 pixel 수준으로 분석하였다.

독성을 나타내지 않는 최대 안전 용량의 플라보놀의 신생 혈관 형성 억제 효과를 그림 43에 나타내었다. 각 플라보놀의 VEGF로 자극된 HUVEC에 대한 튜브 형성 억제 효과는 각각 다른 형태를 나타내었으며, 우리가 실험했던 EGCG가 신생 혈관 형성 억제 효과를 나타내어, 25 uM의 EGCG를 양성 대조군으로 사용하였는데, 44%의 억제 효과를 보였다 ($p=0.006$).

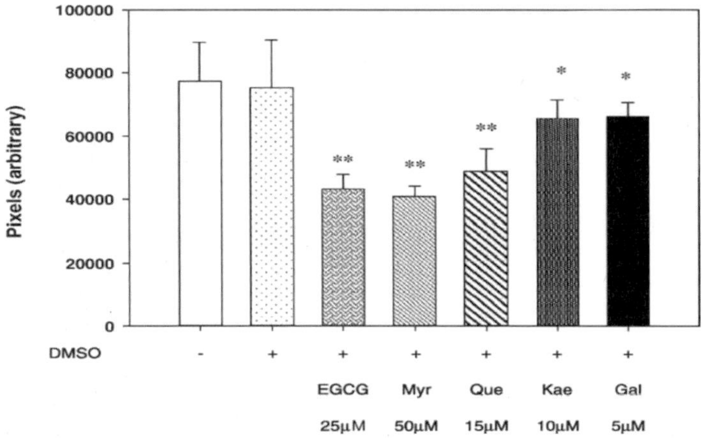

그림 43. VEGF로 자극된 HUVEC의 각 플라보놀의 최고 안전농도에 의한 신생 혈관 형성 억제 효과

Myr: myricetin; Que: quercetin; Kae: kaempferol; and Gal: galangin.
HUVEC세포(25000 cells/well)를 matrigel을 코팅한 플레이트에 분주하고 각각의 다른 농도의 플라보놀을 DMSO에 용해하여 배지에 주입하고 37℃에서 24시간 배양하였으며, DMSO는 매개 대조군으로 사용하였고, 튜브망의 형성은 불규칙적으로 5부분을 촬영하여 pixel 방법으로 분석함. EGCG는 양성 대조군으로 사용하였고, 데이터는 3번 실험하여 평균±표준 편차로 표시하였음 (** $p < 0.01$, *$p < 0.05$).

(Jong-Deog Kim, Journal of Nutritional Biochemistry, 17, 165-176, 2006)

최고 안전 용량인 50 uM의 myricetin(B ring에 -OH 기를 3개 보유), 15 uM의 quercetin (B ring에 -OH 기를 2개 보유)의 이 두 가지 flavonol은 47% 및 37%의 신생 혈관 형성 억제 효과를 나타내었다. 10 uM의 kaempferol(B ring에 -OH 기를 1개 보유) 및 5 uM의 galangin (B ring에 -OH 기를 0개 보유)은 각각 15% 및 14%의 억제 효과를 보였다.

3.2. 녹차 사포닌 E1(Greentea seed saponin E1: GTE1)

가. RT-PCR의 개념

RT-PCR은 그림 44에서 보는 바와 같이, RT(reverse transcription)와 PCR(polymerase chain reaction)으로 이루어져 있으며, RT는 RNA로부터 한가닥의 DNA(cDNA)를 합성하는 과정이며, RNA와 역전사효소 및 RNA 분해 억제 물질 등으로써 37℃에서 1시간 반응시킴으로써 cDNA를 합성할 수 있다. PCR은 특정의 primer를 사용하여 유전자의 필요한 부분을 분석이 가능한 충분한 량을 획득하는 과정으로써, DNA를 주형으로 하여, 완충용액, $MgCl_2$, dATP, dTTP, dGTP 및 dCTP, 그리고, DNA polymerase, primer를 사용하여, DNA의 변성과정, annealing 및 증폭, 완료 과정을 통하여 증폭할 수 있다.

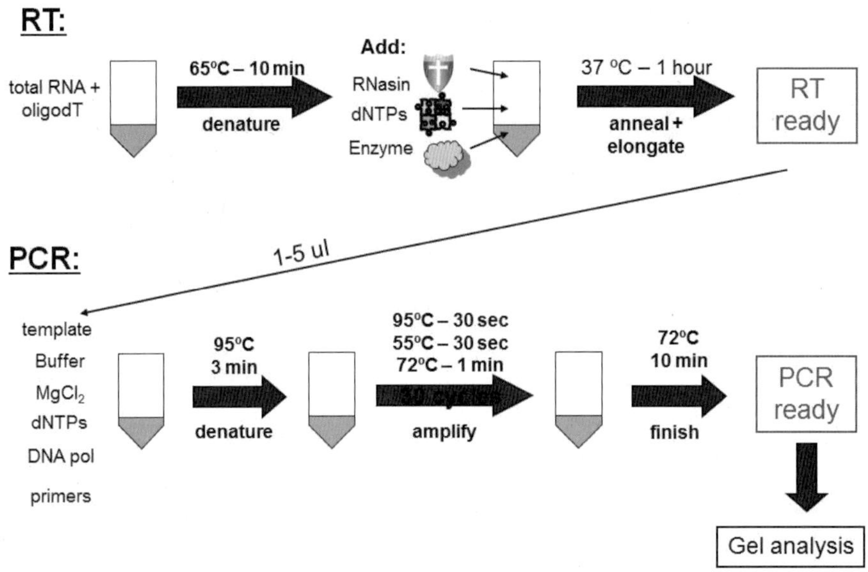

그림 44. RT-PCR의 개념도

total RNA: 총 RNA, RNasin: RNAase inhibitor, template: 주형, buffer: 완충용액,
dNTP(dATP, dTTP, dGTP 및 dCTP), DNA pol: DNA polymerase

(Tamas Borsics, ABE Workshop, 2006)

나. RT-PCR 분석

HUVEC을 이용한 신생 혈관 형성 억제 작용을 확인하기 위하여 RT-PCR을 행하였으며, 각 신호 전달 물질의 primer 표 21과 같다.

HUVEC 세포를 T-25 flask에 1.25×10^5cells의 농도로 접종한 후, 세포 수가 70% 정도로 플라스크에 충족되었을 때, 각 플라스크에 5-25 μg/ml의 농도로 녹차 사포닌 E1(TSE_1)을

표 21. 신호 전달 분자의 프라이머

Gene	Primer sequence	Gene Bank Accession No.	Size (bp)
VEGFR-2 (KDR)	F 5′-AGG TTG CGT GTT CTT CGA GT-3′ R 5′-CCC AAA GTG CTG GGT TTT TA-3′	NM_002253.2	934
PI3K (PIK3CA)	F 5′-CGT GTG CCA TTT GTT TTG AC-3′ R 5′-TCA AAC CCT GTT TGC GTT TAC-3′	NM_006218.2	536
VE-Cadherin (CDH5)	F 5′-GGA AGG AGA CAC CAA GCT CA-3′ R 5′-CTT GTC ATG CAC CAG TTT GG-3′	NM_001795.3	322
β-Catenin (CTNNB1)	F 5′-GGT GGG CTG GTA TCT CAG AA-3′ R 5′-GGC AAC TGG TAA ACT GTC CAA-3′	NM_001098209.1	629
AKT-1	F 5′-CCG ATT CAC GTA GGG AAA TG-3′ R 5′-AGC GTC GAA AAG GTC AAG TG-3′	NM_005163.2	529
NF-kB (RELA)	F 5′-TGG TCA GCT CCC TTC TCT GT-3′ R 5′-GCC AGC TTG GCA ACA GAT-3′	NM_001145138.1	521
β-actin (ACTB)	F 5′-CTC CTG AGC GCA AGT ACT CC-3′ R 5′-ACA TCT CAA GTT GGG GGA CA-3′	NM_001101.3	632

48 시간 동안 처리하였다. 총 RNA는 TRI 시약으로 추출하였고, 각각의 프라이머를 사용하여 RT-PCR로 유전자를 분석하였으며, β-actin은 대조군으로 사용하였다.

RT-PCR 분석에서 녹차 사포닌의 농도 증가에 따라서 신호가 억제됨을 보여 녹차 사포닌은 신생 혈관 형성을 억제하는 것으로 나타났다(그림 45).

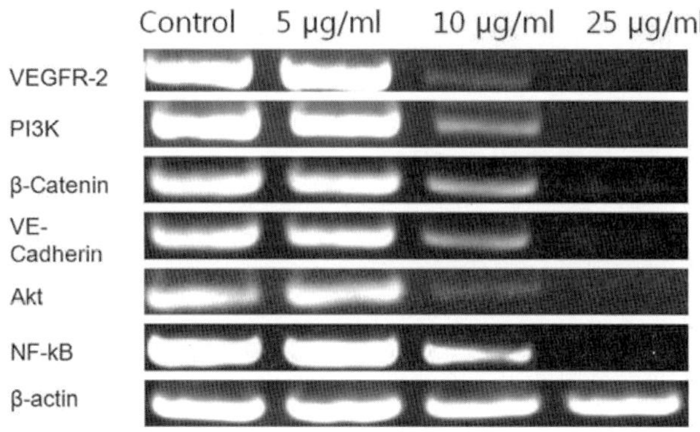

그림 45. 신호 전달 분자, VEGFR-2, PI3K, β-Catenin, VE-Cadherin, Akt 및 NF-kB의 RT-PCR의 분석 결과
(Jong-Deog Kim, Bioscience, Biotechnology, and Biochemistry, 78(2), 279-287, 2014, 한국 특허: 10-1132739호, 2012)

다. 웨스턴 블랏(웨스턴 블랏)

각각의 1) VEGFR-2, 2) PI3-kinase, 3) β-catenin 및 4) VE-cadherin 등의 항체를 사용하여 웨스턴 블랏을 수행하였을 때 신호 전달 분자가 사포닌의 농도 증가에 따라서 신호가 억제됨을 보여 녹차 사포닌은 신생 혈관 형성을 억제하는 것으로 나타났다(그림 46).

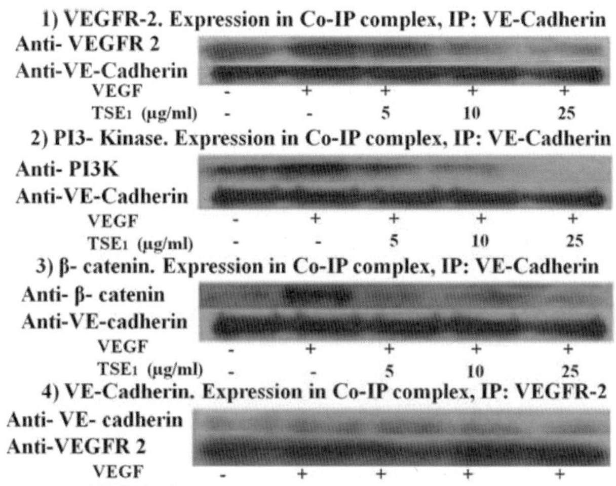

그림 46. VEGF로 활성화한 후, VE-cadherin으로 면역 침전하여 VEGFR-2, PI3-kinase, 및 β-catenin과 TSE1 사이의 효과

1) VEGFR-2, 2) PI3-kinase, 3) β-catenin 및 4) VE-cadherin
세포는 영양결핍 상태에서 TSE1 (5-25 μg/ml)으로 24시간 동안 처리 한 후 VEGF(50 ng/ml)로 자극함
(Jong-Deog Kim, Bioscience, Biotechnology, and Biochemistry, 78(2), 279-287, 2014, 한국 특허: 10-1132739호, 2012)

3.3. 녹차 씨앗 추출물(Greentea seed extract : TSE)

녹차 씨앗 추출물(TSE)를 사용하여 웨스턴 블랏을 하였을 때 농도 증가에 따라 신호 전달 분자의 신호가 차단되는 것을 볼 수 있었고 이 기전에 따라 녹차 씨앗 추출물이 신생혈관 형성을 억제하는 것으로 판단된다(그림 47).

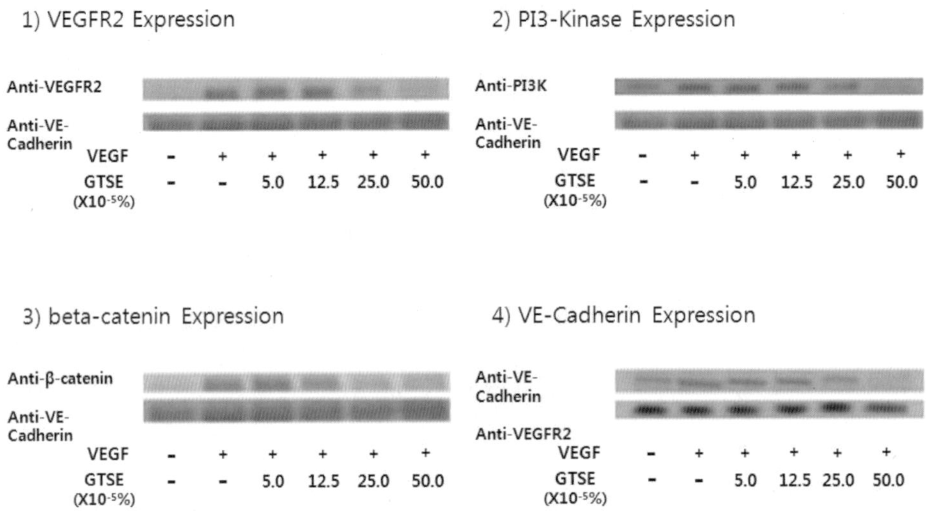

그림 47. VEGF로 활성화 한 후, VE-cadherin으로 면역 침전하여 VEGFR-2, PI3-kinase, 및 β-catenin과 TSE 사이의 효과

1) VEGFR-2, 2) PI3-kinase, 3) β-catenin 및 4) VE-cadherin

(Jong-Deog Kim, Animal Cells and Systems, 13(2), 133-139, 2009, 한국 특허: 10-1132739호, 2012)

3.4. 동백잎 추출물

동백잎 추출물도 웨스턴 블랏을 수행하였을 때 신호 전달 분자의 신호를 억제함으로써 신생 혈관 형성 억제 작용이 있는 것으로 판단된다(그림 48).

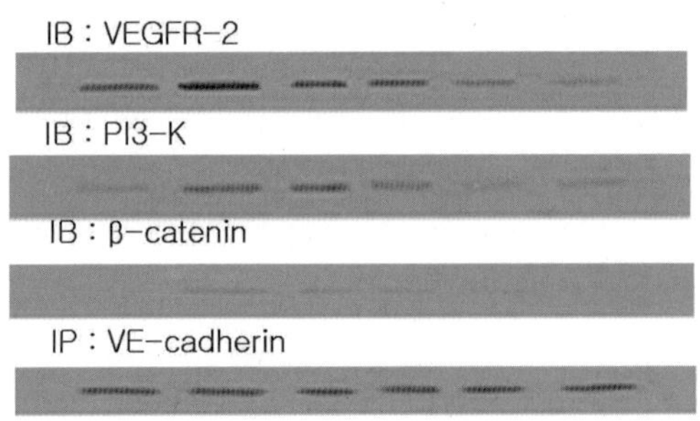

VEGF	–	+	+	+	+	+
C.J. Ext. (ug/mL)	–	–	5	10	20	30

그림 48. VEGF로 활성화 한 후, VE-cadherin으로 면역 침전하여 VEGFR-2, PI3-kinase, 및 β-catenin과 동백잎 추출물 사이의 효과

(Jong-Deog Kim, Korean J. Biotechnol.Bioeng. 22(4), 249-254, 2007)

3.5. 전호(*Anthrisci Radix*) 추출물(Kim, 2013)

웨스턴 블랏 분석으로 전호 추출물(ARE)의 신생 혈관 형성에 관여하는 인자인 VE-cadherin, β-catenin 및 Akt의 발현 정도를 살펴 보았다.

PI3K 항체로써 면역 침전(Immuno precipitation : IP)을 수행하고, VE-cadherin, β-catrenin 및 Akt 로써 웨스턴 블랏한 결과를 그림 49에 나타내었다. 전호 추출물은 VE-cadherin과 β-catenin의 신호 전달을 억제하고 있으며, 그 하위 신호 전달 분자인 Akt도 억제함을 보이고 있어 신생 혈관 형성 억제제로써 기대 할 수 있었다. VE-cadherin, β-catenin 및 Akt 등은 신생 혈관 형성에 중요한 역할을 하는 인자이며, VEGF 자극 하에서 이들의 발현을 전호 추출물(ARE)의 서로 다른 농도, 0.1, 0.2 및 0.25에서 실시하였다.

이들 신호 전달 분자 경로의 억제에 의하여 신생 혈관 형성이 억제되는 것으로 나타났으며, 0.2 및 0.25 ppm에서 현저한 억제를 보였다.

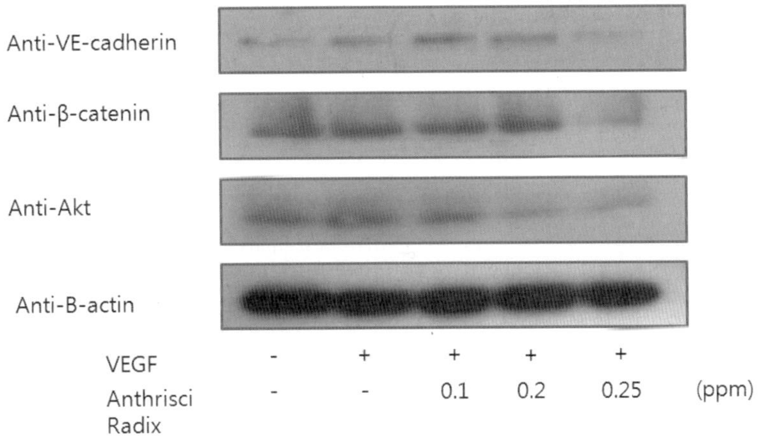

그림 49. 전호 추출물의 신호 전달 분자, VE-cadherin, β-catrenin 및 Akt 의 신호 전달 억제(면역 침전: PI3K)
(Jong-Deog Kim, Biotechnology and Bioprocess Engineering, 18, 164-172, 2013, 한국 특허: 10-1144197호, 2012)

3.6. 파고지(*Psoraleae Semen*) 추출물(Kim, 2013)

VE-cadherin 항체로써 면역 침전을 행하고, β-catrenin 및 Akt 로써 블랏한 결과를 그림 50에 나타내었다. 파고지는 하위 그룹의 Akt의 신호 전달을 억제하는 것으로 나타났다. VE-cadherin, β-catenin 및 Akt등은 신생 혈관 형성에 중요한 역할을 하는 인자이며, VEGF 자극하에서 이 들의 발현을 파고지 추출물의 서로 다른 농도, 0.1, 0.25 및 0.5에서 찾아 보았다.

VE-cadherin, β-catenin 및 Akt 분자들을 면역 침전시키고 웨스턴 블랏을 수행하였을 때 파고지 추출물(PSE)에 의하여 신호 전달이 억제되는 것으로 나타났다. 이들 신호 전달 분자 경로의 억제에 의하여 신생 혈관 형성이 억제되는 것으로 나타났으며, 0.25 및 0.5 ppm에서 현저한 억제를 보였다.

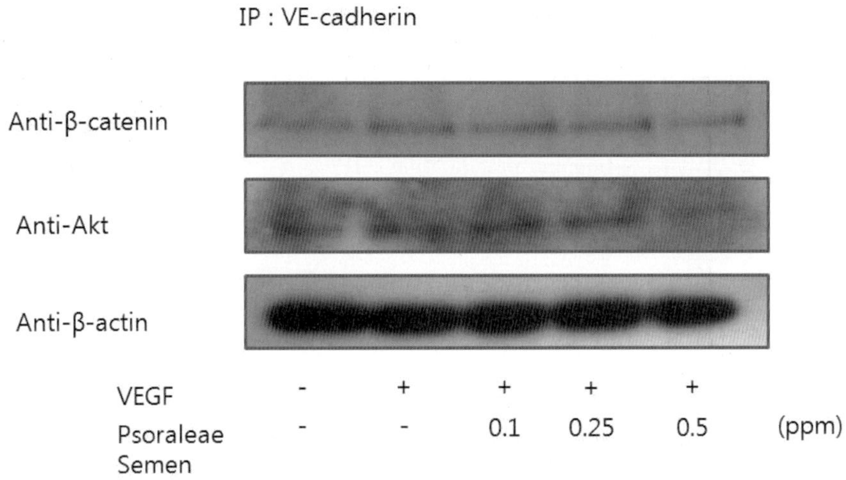

그림 50. 파고지 추출물의 신호 전달 분자, β-catrenin 및 Akt 의 신호 전달 억제(면역 침전: VE-cadherin)

(Jong-Deog Kim, Biotechnology and Bioprocess Engineering, 18, 942-949, 2013, U.S.A. patent: 8753694(2014), 한국 특허: 10-1144197호(2012)

3.7. 희첨(*Siegesbeckiae Herba*) 추출물(Kim, 2011)

PI3K 항체로써 면역 침전을 행하고, VE-cadherin 및 Akt 로써 블랏한 결과를 그림 51에 나타내었다. 희첨은 웨스턴 블랏 상에서 신호 전달을 확실하게 제어 하는 것으로 나타났으며, VE-Cadherin과 하위 그룹의 Akt를 농도 증가에 따라 확실하게 제어됨을 보였다. VE-cadherin 및 Akt 등은 신생 혈관 형성에 중요한 역할을 하는 인자이며, VEGF 자극하에서 이들의 발현을 희첨 추출물의 서로 다른 농도, 0.1, 0.5 및 1.0ppm에서 찾아 보았다. 이들

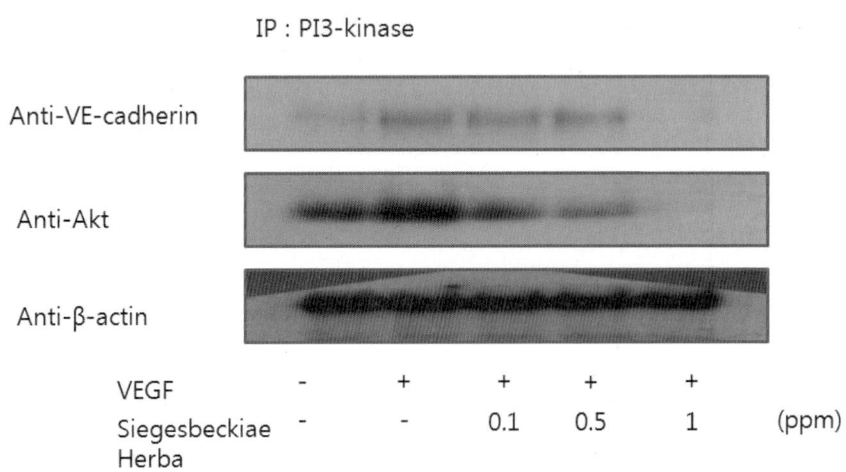

그림 51. 희첨 추출물의 신호 전달 분자,VE-cadherin 및 Akt 의 신호 전달 억제(면역 침전 : PI3K)

(Jong-Deog Kim, Biotechnology and Bioprocess Engineering, 16, 144-152, 2011, U.S.A. patent: 8753694(2014), 한국 특허: 10-1144197호(2012)

신호 전달 분자 경로의 억제에 의하여 신생 혈관 형성이 억제되는 것으로 나타났으며, 0.5 및 1.0 ppm에서 현저한 억제를 보였다. 희첨 추출물은 VE-cadherin 및 Akt의 모두에게 억제 작용을 나타내었으며, 이에 따라 이들의 신호가 NF-kB까지 미치지 못함으로써 세포의 성숙 시기 동안 튜브형성을 직접적으로 억제하는 것으로 판단된다.

3.8. 산수유(*Corni Fructus*) 추출물

PI3K 항체로써 면역 침전을 행하고, Akt로써 웨스턴 블랏한 결과를 그림 52에 나타내었다. VE-cadherin 및 Ak t등은 신생 혈관 형성에 중요한 역할을 하는 인자이며, VEGF 자극하에서 이들의 발현을 산수유 추출물의 서로 다른 농도, 0.1, 0.5 및 1.0 mg/L의 농도로 실험하였다.

VE-cadherin 및 Akt 분자들을 면역 침전시키고 웨스턴 블랏를 수행하였을 때, 산수유 추출물(CFE)에 의하여 하위 그룹의 Akt의 신호 전달이 억제되는 것으로 나타났으며, 0.5 및 1.0 mg/L에서 현저한 억제를 보였다.

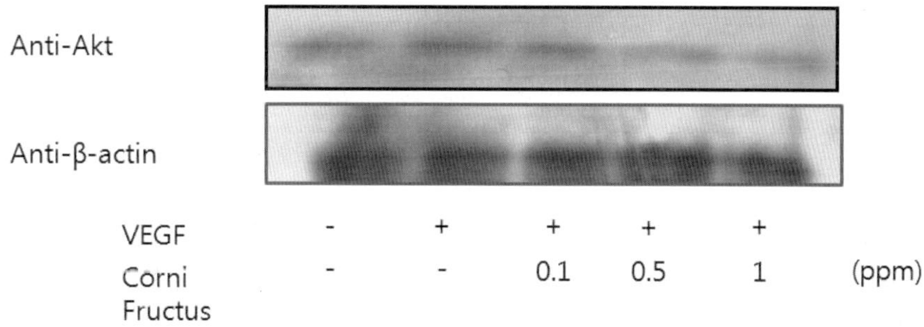

그림 52. 산수유 추출물의 신호 전달 분자 Akt 의 신호 전달 억제 (면역 침전 : PI3K)

(Jong-Deog Kim, Korean J. Physiol. Pharmacol., 15, 43-51, 2011)

4. 신생 혈관 형성을 억제하는 약용 자원

4.1. 약용 자원

표 22의 자료는 신생 혈관 형성 억제 작용을 가지고 있는 약용 자원을 본 실험실에서 선별, 실험하여 얻은 것이다.

표 22. 약용 자원의 신생 혈관 형성 활성

No	품 명		신생 혈관 형성 활성 (+: 촉진, -: 억제)	
	생약 명	라틴 명		
1	감나무	*Diospyros kaki Thunb.*	--	
2	감초	*Glycyrrhizae radix*	--	
3	갓	*Brassica juncea*	---	
4	개시호	*Bupleurum longiradiatum*	-	
5	개오동열매	*Cata lpa ovata semen*	---	
6	개오동잎	*Cata lpa ovata*	---	
7	거머리	*Hirudo nipponica*	---	
8	거지덩굴	*Cayatia japonica*	---	
9	계지	*Cinnamomi ramulus*	--	
10	계피	*Cinnamomi cortex*	--	
11	고사리	*Pteridium aquilinum var. latiusculum*	-	
12	곽향	*Agastache rugosa*	--	
13	괴화	*Sophorae flos*	---	
14	구척	*Woodwardia japonica Smith.*		
15	굴피나무	*Platycarya strobilacea*	-	
16	금은화	*Lonicera japonica flos*	---	
17	노근	*Phragmites communis*	-	
18	노루궁댕이	*Hericium erinacium*	---	
19	녹차 잎	*Camellia sinensis (leaf)*	----	
20	녹차 씨앗 (과피)	*Camellia sinensis (peel)*	-----	
21	녹차 씨앗 (배아)	*Camellia sinensis (seed)*	-----	
22	느타리버섯	*Pleurotus ostreatus*	---	
23	단삼	*Salvia miltorrhiza*	-	
24	당귀	*Angelicae gigantis radix*	--	
25	당삼	*Codonopsis pilosuld*	--	
26	대나무	*Phyllostachys nigra*	--	
27	대추나무	*Zizyphus jujuba Mill.Var.inermis R.*		
28	대파	*Allium fistulosum*	---	
29	더위지기	*Artemisia iwayomogi Kitamura*	----	
30	도꼬마리	*Xanthium stramonium*	----	

No	품 명		신생 혈관 형성 활성 (+: 촉진, -: 억제)	
	생약 명	라틴 명		
31	돌외	*Gynostemma pentaphyllum*	---	
32	동백과피	*Camelliae japonica folium (peel)*	-----	
33	동백잎	*Camelliae japonica folium (leaf)*	----	
34	동잎열수	*Camellia japonica (leaf)*	-	
35	동충하초	*Cerdipceps millitaris*	---	
36	두충	*Eucommia ulmoides*	--	
37	들깻잎	*Perilla frutescens var. japonica*		
38	매실	*Prunus mume sieb. et Zucc*	--	
39	미역줄나무	*Tripterygium regelii Sparague et Takeda*	--	
40	민들레	*Taraxacum officinale*	----	
41	바디나물	*Anthriscus sylvestris Hoffm*	-	
42	박주가리열매	*Metaplexis japonica semen*	----	
43	박주가리잎	*Metaplexis japonica herb*	----	
44	박하	*Mentha arvensis*	--	
45	백굴채	*Chelidonium majus*	----	
46	백출	*Atractylodis rhizoma alba*	--	
47	백하수오	*Cynanchum wilfordi*		
48	백합	*Lilium tsingtauense*		
49	사간	*Beiamcanda chinensis*	--	
50	사상자	*Cnidium japonicum*	--	
51	산사	*Crataegi fructus*	-	
52	산수유	*Cornus otticinalis sieb. et Zucc*	----	
53	산약	*Dioscarea batatas Decne.*		
54	삼백초	*Saururus chinensis Baill.*	--	
55	상기생	*Loranthus parasiticus*	---	
56	상백피	*Mori cortex radicis*	----	
57	석이	*Umbilicaria esculenta*	---	
58	석창포	*Acori graminei rhizoma*	-	
59	선피막이	*Hydrocotyle maritima*	-	
60	소맥	*Triticum aestivum*		
61	수수	*Sorghum biocolor Moench.*		
62	승마	*Cimicifugae rhizoma*	--	
63	시호	*Bupleurum falcatum L.*	-	
64	쌀겨(EtOH)		--	
65	쌀겨(물)		--	
66	쌀겨(환류)		-	
67	쑥(애엽)	*Artemisia princeps*	----	
68	아가리쿠스	*Agaricus blazei*	----	
69	아카시아	*Acasia robinia*	--	

No	품 명		신생 혈관 형성 활성 (+: 촉진, -: 억제)	
	생약 명	라틴 명		
70	어성초	*Huttuynia cordata Thunb*	---	
71	여정실	*Ligustrum japonicum*	--	
72	연자육	*Nelumbo nucifera*	---	
73	오배자	*Galla rhois*	----	
74	왕불유행	*Vaccaria segetalis*		
75	음양곽	*Epimedii herba*	-	
76	의의인	*Coix lachryma*	---	
77	인동초	*Lonicera Japonica Thunb.*	--	
78	인삼	*Ginseng radix*	---	
79	장춘화 뿌리	*Rosa chinensis radix*	-----	
80	장춘화 잎	*Rosa chinensis herb*	-----	
81	저령	*Polyporus umbellatus*	-	
82	적하수오	*Pleuropterus multiflorus*	-	
83	진피	*Aurantii nobilis pericarpium*	---	
84	차전자	*Plantago asiatica*	-	
85	큰피막이	*Hydrocotyle ramiflora*	-	
86	택사	*Alisma canaliculatum*		
87	파고지	*Psoralea corylifolia*	----	
88	포도나무	*Vitis labruscaL.*	---	
89	표고버섯	*Lentinus edodes*	---	
90	하늘타리	*Trichosanthes kirilowi Maximowicz*	--	
91	해파리	*Physalia physalis*	---	
92	형개	*Schizonepeta tenuifolia*		
93	황금	*Scutellaria baicalensis Georgi*	---	
94	황기	*Astragali radix*	---	
95	황백	*Phellodendri cortex*	---	
96	황정	*Polygonatum sibiricum*	-	
97	희첨	*Siegesbeckia glabrescens*	----	

4.2. 추출 성분의 신생 혈관 형성 억제 활성

표 23의 자료는 저자가 관심있는 약용 자원을 추출하여 신생 혈관 형성에 관한 활성을 시험한 것이다.

표 23. 추출 성분의 신생 혈관 형성 억제 활성

No	성 분 명	신생 혈관 형성 활성 (+: 촉진, -: 억제)	비 고
1	녹차잎-hexan fraction	-----	
2	녹차잎-ethylacetate fraction	-----	
3	녹차잎-chloroform fraction	-----	
4	녹차잎-butanol fraction	-----	
5	녹차배아-Hexan fraction I	----	
6	녹차배아-Hexan fraction,II	----	
7	녹차배아-Hexan fraction,III	----	
8	녹차배아-Hexan fractionIV	---	
9	녹차배아-Chloroform fraction I	----	
10	녹차배아-Chloroform fraction II	----	
11	녹차배아-Chloroform fraction III	----	
12	녹차배아-Chloroform fraction IV	----	
13	녹차배아-Butanol fraction I	-----	
14	녹차배아-Butanol fraction II	-----	
15	녹차배아-Butanol fraction III	-----	
16	녹차배아-Butanol fraction IV	-----	
17	녹차배아-water fraction I	----	
18	녹차배아-water fraction II	----	
19	녹차배아-water fraction III	----	
20	녹차배아-water fraction IV	---	
21	녹차배아-Hexan fraction,II	-----	
22	녹차배아-Hexan fraction,III	-----	
23	녹차배아-Hexan fractionIV	-----	
24	녹차과피-Hexan fraction I	-----	
25	녹차과피-Chloroform fraction I	-----	
26	녹차과피-Chloroform fraction II	-----	
27	녹차과피-Chloroform fraction III	-----	
28	녹차과피-Chloroform fraction IV	-----	
29	녹차과피-Butanol fraction I	-----	
30	녹차과피-Butanol fraction II	-----	
31	녹차과피-Butanol fraction III	-----	
32	녹차과피-Butanol fraction IV	-----	
33	녹차과피-water fraction I	----	
34	녹차과피-water fraction II	----	
35	녹차과피-water fraction III	----	
36	녹차과피-water fraction IV	----	
37	동백잎Et-sol중성	----	
38	동백잎Et-sol산성	---	

No	성 분 명	신생 혈관 형성 활성 (+: 촉진, -: 억제)	비 고
39	동백잎-hexan fraction	-	
40	동백잎-chloroform fraction	--	
41	동백잎-ethylacetate fraction		
42	동백잎-butanol fraction	-----	
43	동백잎-Water fraction	--	
44	동백꽃-Water fraction		
45	동백꽃-1열수 fraction	---	
46	동백꽃-1ethylacetate fraction 중성	--	
47	동백꽃-1ethylacetate fraction 산성	--	
48	동백꽃-2ethylacetate fraction 중성	-	
49	동백꽃-2ethylacetate fraction 산성	-	
50	동백꽃-hexan fraction		
51	동백꽃-Chloroform fraction	--	
52	동백꽃-Ethylacetate fraction	---	
53	동백꽃-Aceton fraction	----	
54	동백꽃-Butanol fraction	-----	
55	EGCG(25uM)	----	
56	Naringenin-7-O-β-D-glucoside		
57	Rutin	----	
58	Kaempferol-3-O-rutinoside	----	
59	(+)-catechin	-----	
60	(-)-epicatechin	----	
61	1,6-bis(4-hydroxybenzoate)-O-β-D-glucopyranoside	----	
62	Phroidzin	----	
63	Kaempferol-3-O-β-D-galactopyranoside	---	
64	Kaempferol-3-O-α-D-arabinopyranoside	---	
65	Kaempferol-3-O-β-D-glucopyranoside	---	
66	Quercetin-3-O-β-D-galctopyranoside	-----	
67	Quercetin-3-O-α-D-arabinopyranoside	---	

4.3. 항암효과를 갖는 약용 자원

가. 녹차 사포닌 E1 (Jong-Deog Kim, 2014)

녹차 사포닌(tea-saponin)은 산차과 식물의 종자에서 추출한 일종의 당분식 화합물이며 사포닌 종에 속하는 천연의 표면 활성제로서, 소염, 진통, 거담, 항균, 항비만 및 항염증 작용 등과 같은 약리적인 작용도 나타낸다(Fujiki, 1998; Lin, 2006; Susan, 2004; Maria, 1999; Katsunori, 2004; Minoru, 2000; Yuko, 1996). 이 외에도 차 종자 유를 추출하고 남은 종자박에는 다량의 녹차 사포닌이 함유되어 있어, 특정 어류나 해충에 대해 살충 작용을 나타내기 때문에, 새우 양식장에서는 새우를 잡아먹는 고기를 없애기 위해 녹차 사포닌이 다량 함유된 종자박을 사용하고 있다. 최근에는 차 종자박의 녹차 사포닌 성분이 습윤성, 거품 발생 능력, 분산성 등이 뛰어나 샴푸 제조에 널리 이용하고 있는데, 녹차 사포닌으로 머리를 감으면, 머릿결이 부드러워지고 광택이 나며 비듬 제거와 가려움증 등이 없어지는 것으로 알려져 있다. 또한, 녹차 사포닌은 세척 모방직, 침직, 의약 및 일용화 공업 등의 생산에 광범위하게 응용되고 있을 뿐 아니라, 고체형 농약 중에서 윤활제와 현부제 작용을 하며, 크림 기름형 농약 중에서 증효제 등의 작용을 하여 생물 농약으로도 직접 사용할 수 있다. 그러나, 녹차 사포닌의 신생 혈관억제 효과를 이용한 조성물로의 사용은 아직까지 보고된 바 없다. 이에, 녹차 씨앗 추출물로부터 분리 정제한 녹차 사포닌 E1(tea-saponin E1: TSE1)의 신생 혈관 형성 억제 기전과 효과, 이 효능에 의한 암세푸 증식 어제 효과를 암세포주 뿐 아니라 생체 내에서도 확인하고, 세포 독성 역시 거의 없음을 규명함으로써, 녹차 사포닌 E1을 신생 혈관 형성 억제 및 항암용 조성물의 유효 성분으로 유용하게 상용할 수 있음을 알 수 있었다.

① 세포 독성 시험

녹차 사포닌 E1(TSE1)의 세포 독성을 HUVECs(Human Umbilical Vein Endothelial Cells : 사람태반세포)를 대상으로 1-25 μg/mL로써 실험하였을 때, 1-5 μg/mL에서는 100%의 생존율을 보였으며, 10-25 μg/mL에서는 각각 96% 및 85%의 생존율을 보였다. 또한, 50 μg/mL에서는 생존율이 낮음을 보여, 무독성 수준을 10 μg/mL로 하였다(그림 53).

② 녹차 사보닌 E1의 구조

분자구조의 결정을 위하여 추출한 데이터는 표 24와 같으며, 이에 따라 분자 구조식은 녹차 사포닌 E1 으로 결정하였다(그림 53(b)).

표 24. ^{13}C-NMR data of 544-4 in pyridine-d_5

Position	544-4	reference	Position	544-4	reference
1	38.5	38.3	1′	104.4	104.1
2	25.5	25.2	2′	78.6	78.4
3	84.8	84.5	3′	84.1	84.2
4	55.4	55.2	4′	71.2	70.8
5	48.7	48.4	5′	76.9	77.3
6	20.7	20.4	6″	171.3	171.8
7	32.7	32.5	1″	103.6	103.2
8	40.6	40.4	2″	74.0	73.7
9	47.1	46.8	3″	75.7	75.3
10	36.4	36.1	4″	70.8	70.5
11	24.1	23.8	5″	76.8	76.5

Position	544-4	reference	Position	544-4	reference
12	123.4	123.1	6″	62.4	62.1
13	143.3	142.9	1‴	102.0	101.7
14	42.0	41.8	2‴	82.3	82.3
15	34.9	34.6	3‴	73.8	73.4
16	68.2	68.1	4‴	68.7	68.4
17	48.3	48.0	5‴	66.5	66.1
18	40.4	40.2	1⁗	107.4	107.0
19	47.5	47.2	2⁗	76.3	75.9
20	36.6	36.3	3⁗	78.5	78.2
21	79.2	78.9	4⁗	70.8	70.8
22	74.6	74.5	5⁗	68.0	67.5
23	210.3	209.8	1′′′′′	168.2	167.9
24	11.4	11.0	2′′′′′	129.3	129.0
25	16.1	15.8	3′′′′′	137.5	137.0
26	17.1	16.9	4′′′′′	16.3	15.9
27	27.7	27.4	5′′′′′	21.4	21.0
28	64.1	64.0	1′′′′′′	170.4	171.1
29	29.8	29.5	2′′′′′′	21.2	20.9
30	20.6	20.3			

③ 신생 혈관 형성 억제 실험

(a)

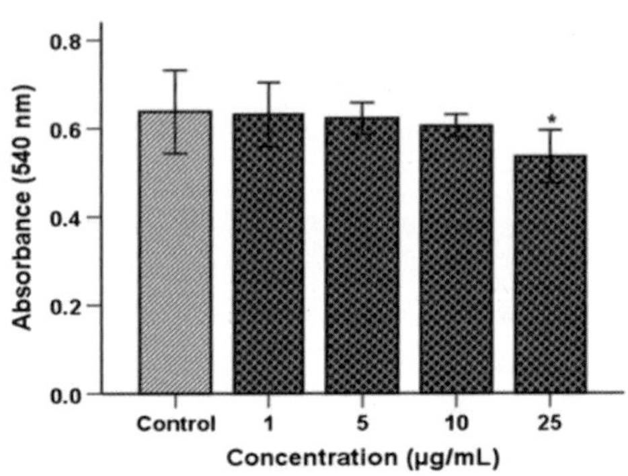

(b)

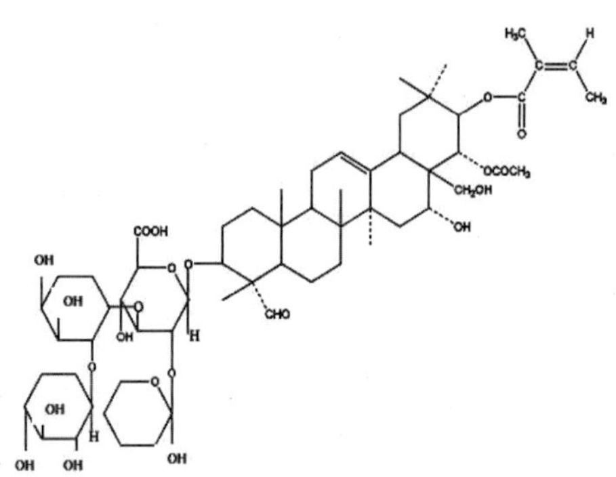

그림 53. HUVEC에 대한 녹차 사포닌 E1의 세포 독성 효과(a) 및 분자 구조(b)

세포는 녹차 사포닌 농도 1.0-25.0 μg/mL이 범위에서 48시간 배양하였다. 세포의 활성도는 MTT 분석으로 하였고, 96-well plate를 사용하여 540 nm에서 마이크로플레이트리더로 측정하였다. 1.0-5.0 μg/mL의 녹차 사포닌 농도에서 HUVEC에 대한 독성은 전혀 나타나지 않았으며 100%의 생존율을 보였다. 10 μg/mL 및 25 μg/mL의 농도에서는 각각 96% 및 85%의 생존율을 보였다. 수치는 평균±표준 편차(n=3)으로 나타내었고, *표시는 대조군에 비교하여 $p < 0.05$를 나타냄(Tukey-Kramer multiple-comparison test).

(Jong-Deog Kim, Bioscience, Biotechnology, and Biochemistry, 78(2), 279-287, 2014, 한국 특허: 10-1132739호, 2012)

녹차 사포닌 E1의 신생 혈관 형성 억제 효과를 확인하기 위하여, HUVECs에 상기 녹차 사포닌 E1을 용량 별로 투여하여 4시간 동안 배양한 후, 독성이 없는 안전 용량(0.5 LD50)의 10 μg/mL의 녹차 사포닌 E1으로 신생 혈관 형성 억제 실험을 하여, 농도에 따라 형성된 튜브망의 길이를 현미경하에서 디지탈 카메라로 촬영하여 그 영향을 NIH 이미지 프로그램으로 분석하였다(그림 54). 그 결과, 녹차 사포닌 E1은 5 μg/mL에서도 현저한 신생 혈관 형성 억제 효과를 나타내었고(A), 10 μg/mL에서도 튜브의 형성이 나타나지 않아 좋은 억제 효과를 보였다(B).

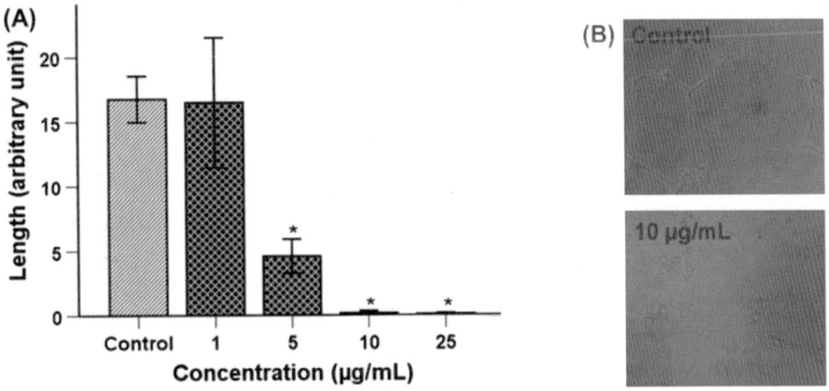

그림 54. 녹차 사포닌 E1의 신생 혈관 형성 억제 효과

HUVECs (2.5 × 10^4 cells/well)을 matrigel로 코팅한 24-well 플레이트에 다양한 농도의 녹차 사푸닌 F1을 처리하고 4시간 동안 배양하였다. A: 튜브망의 형성을 플레이트 당 불규칙적으로 5부분을 사진을 찍어 망의 길이를 NIH 프로그램으로 합산하였다. 수치는 평균±표준 편차(n=3)으로 나타내었고, *표시는 대조군에 비교하여 $p < 0.05$를 나타냄(Tukey-Kramer multiple-comparison test). B: 대표적인 HUVECs의 이미지를 대조군과 10 μg/mL의 녹차 사포닌을 처리하였을 때의 이미지. 역상 현미경으로 100×배율임.
(Jong-Deog Kim, Bioscience, Biotechnology, and Biochemistry, 78(2), 279-287, 2014, 한국 특허: 10-1132739호, 2012)

③ 함암 효과

암세포는 위암(SNU-719), 간암(SNU-423), 유방암(HCC-1428) 및 자궁암(SNU-1005) 세포를 사용하였고, *in vitro* 및 *in vivo* 에서 항암 활성을 실험하였다(그림 55). 생체에서의 항암 실험은 무모쥐를 사용하여 암세포를 이식한 2 주후에 그 경향을 살펴보았다(그림 56).

in vitro 실험에서 녹차 사포닌의 농도가 증가함에 따라 4 종류의 암세포는 현저히 억제되는 것으로 나타났다. 그리고, 생체 실험에서도 암세포의 감소가 줄어듦을 볼 수 있었고, 위암 및 자궁암에서 그 효과가 현저함을 볼 수 있었다(그림 56).

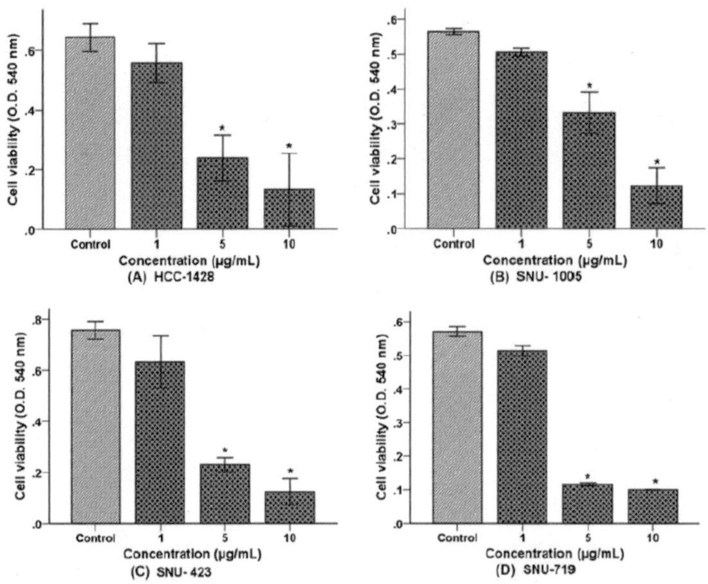

그림 55. 녹차 사포닌의 암세포 분화 억제 작용에 대한 효과

(A) Breast cancer, (B) uterus cancer, (C) liver cancer 및 (D) stomach cancer.
충분히 배양된 암세포에 녹차 사포닌 E1을 1-5 μg/mL씩 처리하고 24시간 배양하였다. 세포를 회수하여 MTT 분석법으로 생존 세포를 분석하였다. 수치는 평균±표준 편차(n=3)으로 나타내었고, *표시는 대조군에 비교하여 $p < 0.05$를 나타냄 (Tukey-Kramer multiple-comparison test).
(Jong-Deog Kim, Bioscience, Biotechnology, and Biochemistry, 78(2), 279-287, 2014, 한국 특허: 10-1132739호, 2012)

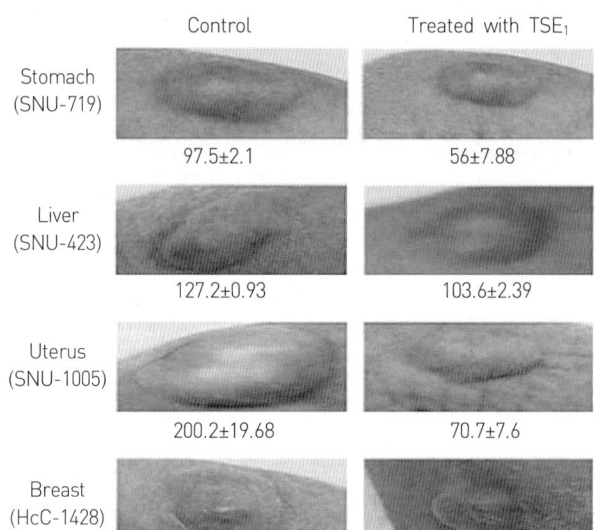

그림 56. *in vivo* 무모 쥐의 암세포 이식 후 녹차 사포닌의 암세포 저해 효과

사람의 암세포(2×10^6 cells)를 PBS 0.1 mL에 분주한 후, 6주령의 암컷 무모 쥐에 피하 주사하여 이식하였다. 2주 후에 암조직이 생성되었으며, 녹차 사포닌을 10 μg/체중(g)을 복강에 매일 주사하면서 4주 동안 실시하였고, 암조직에 직접적으로 1주일에 한 번 주사하였다. 암조직의 표면적: (mm): $(L/2 \times W/2) \times 3.14$, L: 암조직의 길이, W: 암조직의 폭. 수치는 평균±표준 편차(n=4)으로 나타내었음.
(Jong-Deog Kim, Bioscience, Biotechnology, and Biochemistry, 78(2), 279-287, 2014, 한국 특허: 10-1132739호, 2012)

4.4. 항비만효과를 갖는 약용 자원

가. 녹차 사포닌 E1(Jong-Deog Kim, 2014)

① Oil red O 염색

3T3-L1세포(3×10^3 cells/cm^2)를 6-well plate에 접종하고, 2일 후 80% 정도로 충분히 배양한 후, 세포를 다시 24시간 동안 배양시키고 세포의 분열은 일어나지 않게 한다. 이때를 0일(DAY 0)로 하고 배양액을 분화 유도 배지(MDI 배지: 1 mM dexamethasone, 0.5 mM 3-isobutyl-1-methylxanthine(IBMX) 및 10 μg/mL insulin, 10% FBS)로 바꾸어 준다. 2일 후(DAY 2) 세포를 세포 상태를 유지 할 수 있도록 10 μg/mL의 insulin이 들어 있는 유지 배지(INS 배지)로 교환한다. 이로부터 2 일 후(DAY 4) 10% FBS/DMEM 배지로 DAY 8까지 2일 간격으로 교환해 준다. 배지 교환시에 유도 배지 및 유지 배지에도 농도가 다른 녹차 사포닌 E1를 첨가한다. 양성 대조군으로써 EGCG 50 μg/mL를 사용하였다. 세포를 PBS로 세척하고, 10% 포르말린으로 1시간 고정시켰다. 다시, 60%의 2-propanol 로 세척하여 건조시키고 Oil red O용액으로 3시간 동안 반응시켰다. 이 세포들을 증류수로 4회 세척하고 완전히 건조된 세포를 현미경으로 이미지를 관찰하여 이미지를 획득한 후, 마지막으로 100%의 2-propanol으로 세척하여 세포로부터 염색 성분을 추출하여, 520 nm에서 플레이트 리더로써 측성하였다.

Oil red O 염색을 이용한 지방 형성 억제 효과를 규명하기 위하여 분화 중인 3T3-L1 세포를 여러 가지의 농도, 1, 5, 10 및 25 μg/mL의 녹차 사포닌 E1을 처리하여 48시간동안 반응시키고 축적된 지방립이 감소되는 경향을 보았다. 대조군에 비교하여 녹차 사포닌 E1을 처리한 군에서 세포내 지방 입자가 농도 의존적으로 감소됨을 보였다(그림 57). 10 μg/mL로 처리하였을 때 신생 혈관 형성 억제 효과가 가장 좋았던 것을 바탕으로, 대조군과

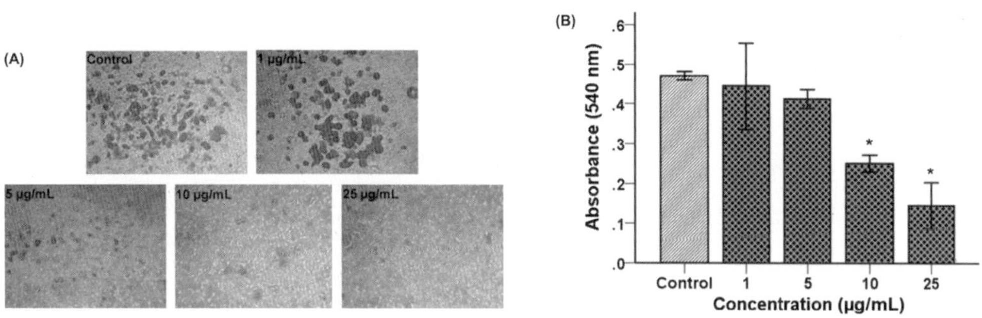

그림 57. Oil red O염색에 의한 3T3-L1 세포 내에서 녹차 사포닌 E1의 지방 축적 억제 효과

분화 후에 3T3-L1세포를 녹차 사포닌을 1-25 μg/mL으로 처리한 후 48시간 배양하였다. A: oil red O 염색에 의한 지방 축적 억제 효과를 현미경으로 변화를 관찰하였음. 역상현미경으로 × 100의 배율임. B: 520 nm에서 마이크로 플레이트 리더로 Oil red O로 염색된 지방을 측정하였음. 수치는 평균±표준 편차(n=3)으로 나타내었고, *표시는 대조군에 비교하여 $p < 0.05$를 나타냄(Tukey-Kramer multiple-comparison test)

(Jong-Deog Kim, Bioscience, Biotechnology, and Biochemistry, 78(2), 279-287, 2014)

1 μg/mL로 처리한 군과의 외형적인 차이는 별로 없었으나, 25 μg/mL의 농도로 처리하였을 때 지방립은 거의 보이지 않았다. 520 nm 에서 정량하였을 때도 같은 결과를 나타내었고, 녹차 사포닌 E1(TSE1)은 3T3-L1 세포에서 지방의 축적을 농도 의존적으로 억제하는 결과를 보여주었다.

② 동물 실험

4 주령의 비만쥐(C57Bl/6 J-ob/ob mice (SLC, Shizuoka, Japan))를 표준 조건(12시간 밤/낮 주기, 22℃)에 1 주일간 순치한 후, 각 10마리씩 2 그룹으로 나누었다. 대조 그룹은 고지방 식이(45% kcal from fat; D12451 Research Diets, NJ, USA), 다른 그룹은 녹차 사포닌 E1 그룹으로 고지방 식이에 체중 그램당 10 ug의 녹차 사포닌 E1을 구강으로 투여하였으며, 체중은 전자 천평으로 5일 간격으로 측정하였다.

고지방 식이를 시킨 그룹의 체중은 증가하였고, 녹차 사포닌 E1의 처치 그룹은 40일 후에는 대조군보다 현저히 줄어들었다. 특히, 2-3주 사이에 현저히 줄어들었고, 대조군은 점차 증가하는 추세를 보였다. 이 결과로 녹차 사포닌 E1은 대조군과 비교하여 체중 감소에 현저한 효과가 있음을 볼 수 있었다(그림 58).

(A)

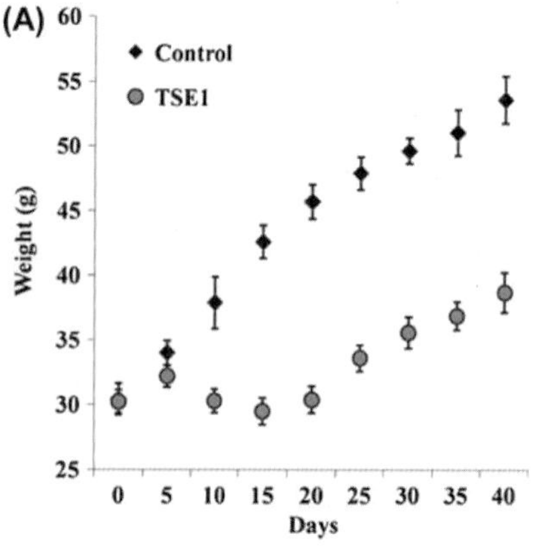

(B)

그림 58. 녹차 사포닌 E1 투여에 의한 체중 감소 효과

C57Bl/6 J-ob/ob 쥐를 10 마리씩 두그룹으로 나누고, 1 주일간 순치 한 후, 대조군은 고지방 식이를, 녹차 사포닌 그룹은 고지방 식이에 녹차 사포닌을 10 μg/g(체중)의 농도로 하루에 한번 경구 투여하였다. A: 체중을 전자 천평으로 5일 간격으로 40일간 측정함. 수치는 평균±표준 편차(n=10)으로 나타내었음. B: 체중 감소 정도(왼쪽: 녹차 사포닌 그룹, 오른쪽: 대조군).
(Jong-Deog Kim, Bioscience, Biotechnology, and Biochemistry, 78(2),279-287, 2014)

③ 혈액 분석

채혈은 쥐의 사육 마지막 단계에서 혈중 당 및 지방(total cholesterol, triglyceride, high-density lipoprotein cholesterol), 그리고, AST(aspartate aminotransferase: SGOT), ALT(alanine aminotransferase: SGPT) 및 LDH(lactate dehydrogenase) 등의 간 기능을 측정하기 위하여 안와정맥총에서 채혈하였다. 시료는 냉장, 원심 분리하여 -80℃에 보관하였다.

녹차 사포닌 E1을 먹인 혈장 지방 관련 인자들은 HDL-cholesterol을 제외하고는 감소 현상을 보였다. AST, ALT, cholesterol, glucose, LDH, triglyceride 및 HDL 량을 표 25에 나타내었다. 중성 지방은 대조군에 비교하여 1.5배 감소하였고, 총 콜레스테롤은 1.34배 감소하였다. 그리고 HDL 콜레스테롤은 1.41배 증가하였다. 글루코스는 약간 증가되었고, AST 및 LDH는 감소하였고, ALT는 1.86배로 현저한 감소를 보였다.

표 25. 녹차 사포닌의 생화학적 및 지방관련 인자들에 대한 효과

Group/Components	A	B
AST (U/L) GOT	359.0	217.5
ALT (U/L) GPT	71.3	38.3
Cholesterol (mg/dl)	105.0	78.0
Glucose (mg/dl)	154.8	180.0
LDH (U/L)	1456.3	1195.0
Triglyceride (mg/dl)	93.25	61.5
HDL Cholesterol (U/L)	25.5	36.0
A: Fed high fat diet. B: Fed with TSE_1 and high fat diet.		

수치는 평균±표준 편차(n=10)
(Jong-Deog Kim, Bioscience, Biotechnology, and Biochemistry, 78(2), 279-287, 2014)

나. 녹차 씨앗 추출물

비만은 복합적이고, 여러 가지의 다양한 원인의 기능성의 무질서에서 유래되며, 장기간의 치료가 요구되어진다. 결국은 type 2형 당뇨병, 고혈압, 심장 질환 및 암등을 일으킨다 (Friedman, 2000; Kopelman, 2000). 비만은 결과적으로 에너지원의 취함과 소비 사이에 균형이 깨어져 비만 세포의 과잉 성장 및 팽창에 기인된다. 과잉의 에너지는 지방 세포에 저장되어 이를 성장시키거나 그 수를 증가시키는 일을 한다(Pi-Sunye, 2002; Alessi, 2003). AMPK(Adenosine monophosphate (AMP)-activated protein kinase)는 글루코스 대사의 조절, 글루코스의 수송, 지방 형성, 글루코스 재합성, 지방 분해 등에 중요한 역할을 한다(Hardie, 2004). 또한, 세린-쓰레오닌 키나제로써 세포의 AMP/ATP비율을 증가시키고, 간의 대사를 결정짓는 역할을 한다(Winder, 2007). AMP의 AMPK와의 결합은 인산화를 일으켜 AMPK를 활성화하고 동화 작용의 경로를 불활성화시켜 지방산 및 콜레스테롤의 합성을 일으키고, 이화 작용의 경로를 활성화 시켜 효소의 에너지 대사를 촉진하게 한다(Ruderman, 1999). AMPK는 ACC-1(acetyl-CoA carboxylase) 및 FAS(fatty acid synthetase)를 불활성화하여 드-노보합성을 억제하는데, 이는 지방산 및 스테롤의 합성을 조절하고, 지방의 산화를 활성화시킨다(Viollet, 2007). 그리고, CPT-1(Carnitine palmitoyltransferase-1)은 세포질 내의 긴 체인인 fatty acyl CoA를 산화시키기 위하여 미토콘드리아로 수송하는 역할을 한다. 이것은 알로스테릭적으로 말로닐-CoA에 의하여 불활성되고, MLYCD(malonyl-CoA decarboxylase)를

활성화 한다. GPAT-1(Glycerol-3-phosphate acyl transferase-1)는 지방산을 분해하여 글리세롤과 결합하여 중성 지방으로 만들어 축적되게 한다. AMPK 역시, 지방 세포 형성이나 지방의 형성에 중요한 조절 역할을 하는 PPARγ(peroxisome proliferator-activated receptor γ), C/EBPα(CCAAT/enhancer-binding protein α), SREBP(sterol regulatory element binding proteins) 등의 전사 인자를 조절한다(Ejaz, 2009; Rosen, 2001). 따라서, AMPK 경로는 대사 장애를 치료 할 수 있는 중요한 표적이 될 수 있다.

녹차(Camellia sinensis)는 카테킨, 카페인, 사포닌, 테아닌, 바이타민, 미네랄 오일 및 여러 가지의 인자들을 함유하고 있다(Cabrera, 2003; Cabrera, 2006; Matsui, 2009). 이 화합물들은 항돌연변이(Kaur, 2005), 암억제(Inoue, 2001; Paschka, 1998; Gupta, 2000; Chen, 1998), 항산화(Almajano, 2008; Syam, 2013), 세포자살 유도(Ahmad, 1997) 및 신생 혈관 형성 억제 작용(Cao, 1999) 등의 다양한 생리학적 기능을 갖고 있다.

녹차 씨앗에 존재하는 주된 성분은 사포닌 글리코사이드(Kitagawa, 1998), 캠페롤(Lee, 2011), 나린제닌(Hasegawa, 2011)등이다. 이 연구는 녹차 씨앗 케이크 추출물(greentea seed cake extract: GTE)를 이용하여 지방 세포의 분화, 체중 감소, 생화학적 인자 등을 고지방식이 및 고 탄수화물 식이를 통하여 분자적 수준에서 규명하고자 한다.

① 추출물의 제조

녹차 씨앗(신광수차)을 건조하고, 압착하여 오일을 제거한 후의 박 360g을 1.8리터의 증류수로 90℃에서 1.5시간 추출 한 후, 현탁액을 여과하고 동결 건조하여 64.5g의 시료를 얻었다. 그리고 10g의 시료를 80%의 메탄올에 용해시키고, saponin glycoside를 HPLC로 정량하였다. 표준품으로는 Teasaponin(96%, C57H90O26, molecular weight 1200, Aladdin Chemistry Co. Ltd., Shanghai, China)을 사용하였다. 사포닌은 LC/MS로 분석하였고, saponin glycosides는 LTQ Orbitrap XL instrument(Thermo Scientific, Bremen, Germany)을 이용하여 LC/TOF-MS(1050-1300 m/z)로 수행하였다.

② 세포의 활성 측정

세포 활성도는 MTT(3-(4,5-dimethylthiazol-2-yl)-2,5-diphenyltetrazolium bromide)로 분석하였고, 3T3-L1(1 × 10^4 cells/well)세포를 96 well plate에 접종한 후 24시간 배양하고 녹차 씨앗 추출물을 여러 가지 농도로 처리한 후 37℃, 5%의 CO_2환경에서 24시간 배양하였다. 0.5%의 MTT 용액을 첨가하고 37℃에서 4시간 동안 배양하였다. MTT 배지 용액을 흡인 제거하고 DMSO(dimethyl sulfoxide)를 첨가하여, 15분 동안 반응시켜 formazan 결정을 녹인 후 540nm에서 플레이트 리더로 흡광도 측정하였다. 세포의 활성도는 대조군과 비교하여 상대적인 %로 나타내었다.

③ Oil red O staining

상기의 [가. 녹차 사포닌 E1]과 같은 과정으로 실시하였다. 녹차 씨앗 추출물의 지방 세포 분화 효과에 대하여서는 3T3-L1는 다양한 농도의 녹차 씨앗 추출물에 대하여 성숙한 세포로 분화되었다. EGCG(50 ㎍/mL)을 양성 대조군으로 했을 때 녹차 씨앗 추출물을 처리한 그룹에서는 Oil Red O 염색으로 측정하였을 때 지방의 축적이 농도 의존적으로 억제되었다(그림 59A). 0, 50, 75 및 100 ㎍/mL의 농도로 처리한 곳에서 중성 지방은 아주 현저하게 감소되었다(그림 59B). 녹차 씨앗 추출물의 농도 100㎍/mL에서의 억제 효과는 세포 생존과 비교해 보았을 때 독성이 없는 농도에서 아주 현저하게 억제되는 것으로 나타났다. 3T3-L1의 세포 활성도를 보면, 녹차 씨앗 추출물의 농도가 높아짐에 따라서도 세포의 활성도가 줄어들지 않음을 볼 수 있었다(그림 59C). 이 사실은 높은 농도의 녹차 씨앗 추출물의 농도에서도 세포의 활성이 줄어들지 않고 3T3-L1세포의 분화를 억제하는 것으로 나타나 녹차 씨앗 추출물의 높은 농도에서도 지방 세포의 분화를 억제시키는 것으로 나타났다.

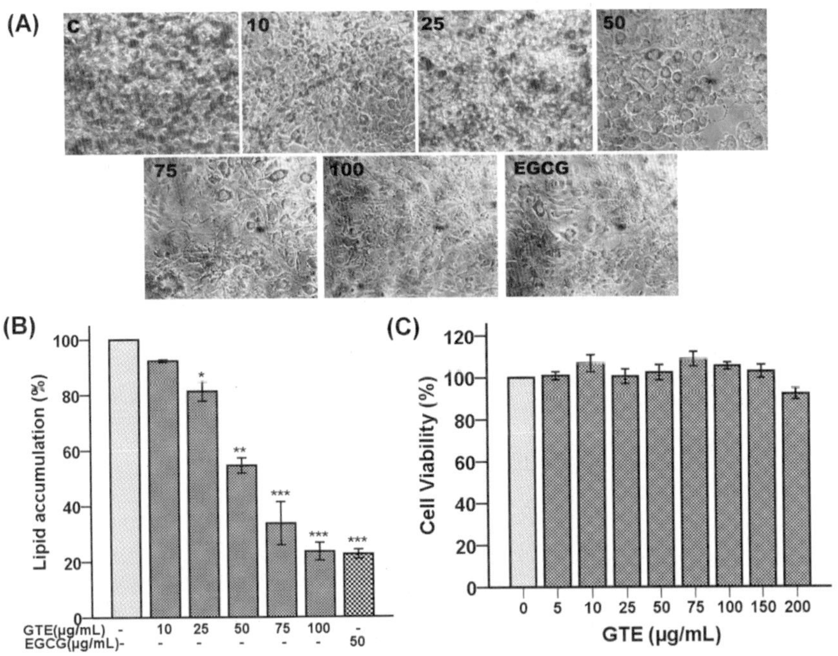

그림 59. 녹차 씨앗 케이크 수용액 추출물의 지방 세포 분화 억제 정도

(A) 3T3-L1세포의 oil red O 염색의 사진, 역상현미경, × 100, (B) Oil red O 염색에 의한 지방 세포의 정량적 분석, (C) 녹차 씨앗 케이크의 수용액 추출물의 3T3-L1세포에 대한 세포 독성 효과.
수치는 평균±표준 편차(n=3)으로 나타내었고, *표시는 대조군에 비교하여 *: $p < 0.05$, **: $p < 0.005$, 및 ***: $p < 0.001$을 나타냄.

(Jong-Deog Kim, Biotechnology and Bioprocess Engineering, 20, 157-167, 2015)

④ RNA 분리 및 RT-PCR 분석

총 RNA는 간조직으로부터 TRI 용액을 사용하여 분리하였다. 분리한 RNA는 DNAse를 처리하고, 500 ng의 RNA는 Revert Aid Premium First Strand cDNA Synthesis Kit (Thermo scientific, EU)를 사용하여 cDNA를 합성하였다. RT-PCR(Reverse transcription polymerase chain reaction)은 유전자의 RNA 발현 정도를 분석하기 위하여 특정의 primer(표 26)를 사용하여 분석하였다. PCR 반응은 Takara Ex Taq Hot Start Version (Takara, Japan)을 사용하여 수행하였다. PCR은 변성온도를 93℃에서 3분간, 증폭은 35 사이클을 수행하였고, 프로그램은 94℃ 30 초, 60℃ 45 초, 72℃ 1분간으로 하였다. 마지막 cycle은 72℃에서 7분간 수행하여 불완전한 합성을 완료할 수 있도록 하였다. 이 후는 1.5% agarose gel로 전개하여 분석하였다.

표 26. PCR 분석은 위한 비만 인자 관련 특정 프라이머, 유전자 은행 및 크기

Gene	Primer sequence	Gene Bank Accession No.	Size (bp)
PPARγ	F 5′-CTG GCC TCC CTG ATG AAT AA-3′ R 5′-GGG TGA AGG CTC ATG TCT GT-3′	NM_001127330.1	393
SREBP	F 5′-TTG CAC CAG AGA GCA TTT TG-3′ R 5′-GAA AAT GAG AGG CTG GTT GC-3′	NM_033218.1	593
C/EBPα	F 5′-TTA CAA CAG GCC AGG TTT CC-3′ R 5′-CCA CAG GGG TGT TGT TAT AC-3′	NM_007678.3	629
FAS	F 5′-AAA GGA CCT GCC CAA TCT CT-3′ R 5′-TGA TCA AAC TCA GGC TGC AC-3′	NM_007988.3	245
aP2	F 5′-CAG CCT TTC TCA CCT GGA AG-3′ R 5′-TCG ACT TTC CAT CCC ACT TC-3′	NM_024406.2	352
Leptin	F 5′-CTC ATG CCA GCA CTC AAA AA-3′ R 5′-AGG TGA CCA AGG TGG CAT AG-3′	NM_008493.3	465
LPL	F 5′-AAG CCC CAC AAG TGT AGT CG-3′ R 5′-CGG ACA CAA AGT TAG CAC CA-3′	NM_008509.2	402
Actin	F 5′-GTT GGT TGG AGC AAA CAT CC-3′ R 5′-GAG GGT GAG GGA CTT CCT GT-3′	NM_007393.3	151

(Jong-Deog Kim, Biotechnology and Bioprocess Engineering, 20, 157-167, 2015)

⑤ 웨스턴 블랏 분석

간 조직을 ROPREP Protein Extraction Solution (iNTRON Biotechnology Inc., Gyeongi-do, Korea)을 사용하여 균질화하고, BCA 단백질 정량 키트를 사용하여 단백질을 정량하였다. 단백질 시료 30 ug을 SDS-PAGE를 실행한 후 nitrocellulose 막으로 이행 시켰다. 이 막을 3% bovine serum albumin을 함유하는 Tris-buffered saline (TBS)-Tween 20 용액으로 blocking 하고, 4℃에서 phospho-AMPKα (Cell Signaling Technology, Danvers, MA) 및 β-actin(Santa Cruz, CA)의 1 차 항체를 overnight 반응시켰다. 이후 horseradish peroxidase 및 강화된 chemiluminescence이 결합된 2 차 항제를 사용하여 필요 단백질을 발현시켰다.

⑥ 생화학적 분석

혈청 중의 총 콜레스테롤(total cholesterol: TC), 중성 지방(triacylglycerol: TG), HDL cholesterol,

LDL cholesterol, 유리 지방산(free fatty acid: FFA), glucose, alanine transaminase(ALT) 및 aspartate transaminase(AST)의 양은 키트를 사용하여 분석하였다(Wako Chemicals, Osaka, Japan). 혈청 중의 인슐린 양은 mouse insulin ELISA kit (Shibayagi, Shibukawa, Japan)을 사용하여 분석하였고, 혈청 중의 leptin, adiponectin, IL-6, IL-10 및 TNF-α 양, 그리고, 장간막 지방 조직의 leptin, adiponectin 및 IL-6 의 양은 mouse ELISA kit (Abcam, Cambridge, MA, USA)를 사용하였고, 장간막 지방 조직의 총 단백질 양의 측정은 TRI 시약으로 추출하여 1%의 SDS 용액에 재현탁시켜 키트를 사용하여 분석하였다.

녹차 씨앗 추출물의 섭취 및 체중 감소 효과를 보기 위하여 8 주령된 ICR mouse 계열 암컷 쥐를 6마리씩 9그룹으로 나누었다. 일반 식이 대조군(NC: normal diet 대조군, NIH #31 M Rodent Diet, Taconic), 고지방 식이 대조군(HFC: high-fat diet 대조군, 45% fat, D12451 Research Diets, New Brunswick, NJ, USA), 고탄수화물 식이 대조군(HCC: high-carbohydrate diet 대조군, 70% carbohydrate, TD.98090 Harlan Teklad, Seoul, Korea), 그리고, 양성 대조군(positive 대조군)으로써, 고지방 식이에 50 mg/kg/day으로 Orlistat(HF-O)를 첨가여 투여하였다. 그 또한, 4 그룹은 고지방 식이에 100 mg/kg/day의 녹차 씨앗 추출물을 첨가한 그룹(HF-100), 300 mg/kg/day의 녹차 씨앗 추출물을 첨가한 그룹(HF-300), 고 탄수화물 식이에 100 mg/kg/day의 녹차 씨앗 추출물을 첨가한 그룹(HC-100), 그리고, 300 mg/kg/day의 녹차 씨앗 추출물을 첨가한 그룹(HC-300)으로 하였고, 또한 다른 한 그룹은 고지방 식이를 4주간 전에 투여하여 비만을 유도한 후 300 mg/kg/day의 녹차 씨앗 추출물을 투여한 그룹(PHF-300)으로 구성하였으며, 녹차 씨앗 추출물은 매일 경구 투여 하였고, 대조군은 녹차 씨앗 추출물 첨기 없이 증류수를 투여하였다. 체중 및 섭취율을 그룹당 1주일에 2번 측정하였다.

10주 후에, 하룻 밤동안 절식시키고, 에테르로 마취시킨 후 복부 대정맥으로부터 혈액을 채취하였다. 시료는 -80℃에 보존하며 실험하였고, 신장 주위의 흰 지방 조직(WAT), 자궁 근처의 흰 지방 조직, 장간막 주위의 흰 지방 조직, 간 조직 등을 분리하여 무게를 달았다. 장간막 주위의 흰 지방 조직, 간 조직은 무균 조작 조건으로 채취하고 액체 질소로 냉동시켜 -80℃에 저장하여 RNA 및 단백질 추출에 사용하였다.

섭취율은 고지방 식이 및 고탄수화물 식이에서 큰 차이는 없었다. 그러나, 첫 번째 그룹의 일반 식이를 한 그룹에서 다른 그룹보다 조금 높은 것으로 나타났다(표 26). 10 주 후, 고지방 식이(HFC) 그룹 및 고탄수화물 식이(HCC) 그룹은 대조군(NC)에 비교하여 현저한 체중 증가를 보였다(그림 60). HF-100 및 HF-300 그룹의 HFC 그룹과 비교했을 때 현저한 체중 감소를 보였다(그림 60A 및 60B). PHF-300그룹은 4 주간 고지방 식이로 비만을 유도한 뒤 300 mg/kg의 녹차 씨앗 추출물을 투여한 그룹인데 7-10 주에서 아주 현저히 감소되는 것으로 나타났다. 양성 대조군인 HF-O 그룹은 체중의 감소 효과를 나타내었지만, 위 및 장에 기름이 많고, 설사 증상을 보였다. 고 탄수화물 그룹에 녹차 씨앗 추출물의 투여는 실험 초기에서부터 체중의 감소되는 것으로 나타났다. 고탄수화물 식이에 대한 녹차 씨앗 추출물의 현저한 체중의 감소 효과는 HC-100의 그룹에서는 3-10 주 사이에, HC-300 그룹은 2-10 주 사이에 집중되었다(그림 60C 및 60D). 결과적으로 녹차 씨앗 추출물의 고지방 식이는 체중의 증가를 억제하였으며, 고탄수화물 식이 그룹은 살이 빠지는 효과를 나타내었다.

간 및 지방 조직의 무게의 변화는 고지방 식이에 녹차 씨앗 추출물을 처리한 그룹에서 WAT의 무게를 비교한 결과 대조군(HFC: $p < 0.05$)보다 현저한 감소를 보였다(그림 60E). 또한, HC-100 및 HC-300 그룹에서도 WAT의 무게가 HCC 그룹에 비교하여 현저한 감소를 보였다(그림 60F). 간의 무게는 고지방 식이 및 고탄수화물 식이의 대조군의 무게가 녹차 씨앗 추출물 처리 그룹에 비교하여 높은 것으로 나타났으나, 통계적 유의성은 없었다(그림 60G 및 그림 60H).

표 27. 녹차 씨앗 케이크 수용성 추출물의 고지방 식이 및 고탄수화물 식이로 비만 유도된 쥐의 섭취율, 혈청 생화학적 인자들 및 분변 성분의 특성

Parameters	NC	HFC	HCC	HFO	HF-100	HF-300	PHF-300	HC-100	HC-300
Food intake (kcal/day)	28.07 ±2.43	27.79 ±1.56	24.77 ±0.44	29.59 ±0.28	26.59 ±2.1	24.59 ±2.64	28.58 ±1.31	24.57 ±1.588	23.88 ±1.96
Serum TG (mg/dL)	186.93 ±25.73*#	287.15 ±26.20	239.56 ±29.39	214.09 ±21.53*	226.94 ±25.82*	200.94 ±28.31*	213.82 ±23.02*	217.85 ±37.03#	175.32 ±24.90#
TC (mg/dL)	69.27 ±2.41*#	145.83 ±18.59	106.48 ±7.63	85.24 ±5.23*	129.28 ±23.04	82.81 ±3.89*	93.28 ±2.50*	68.92 ±4.05#	66.26 ±1.83#
FFA (μEq/L)	179.35 ±26.54*#	247.98 ±28.52	216.07 ±38.66	154.02 ±12.66*	142.63 ±9.29*	133.76 ±21.90*	173.52 ±26.08*	145.81 ±21.10#	121.03 ±11.08*
HDL (mg/dL)	49.14 ±2.68*#	36.93 ±4.12	39.38 ±3.40	48.60 ±5.62*	43.89 ±7.87*	48.97 ±3.95*	47.85 ±1.59*	45.51 ±7.32#	50.87 ±3.94#
LDL (mg/dL)	20.35 ±1.37*#	54.29 ±3.83	47.54 ±2.47	27.92 ±1.49*	43.24 ±5.27	24.29 ±3.47*	21.72 ±1.46*	23.84 ±1.36#	20.48 ±2.91*
Glucose (mg/dL)	108.75 ±11.66*#	136.85 ±13.68	130.45 ±20.59	120.34 ±9.95*	126.36 ±17.15*	103.68 ±11.26*	106.61 ±3.74*	118.11 ±19.89#	107.60 ±6.41#
ALT (IU/L)	36.86 ±3.34*#	87.73 ±8.65	57.86 ±9.56	40.80 ±3.95*	56.31 ±10.84*	49.09 ±5.63*	46.25 ±3.08*	42.67 ±3.08#	36.99 ±0.84#
AST (IU/L)	48.34 ±0.95*#	109.63 ±4.36	78.06 ±8.13	74.56 ±1.59*	59.23 ±1.05*	55.35 ±2.37*	56.38 ±5.75*	40.95 ±6.98#	31.46 ±0.60#
Feces TG (mg/g)	2.08 ±0.14	1.57 ±0.95	2.26 ±0.90	2.93 ±0.19*	1.81 ±0.13	3.42 ±0.21*	2.87 ±0.18*	3.21 ±0.70#	3.60 ±0.11#
TC (mg/g)	3.48 ±0.41#	2.72 ±0.14	2.26 ±0.38	3.89 ±0.26	3.07 ±0.84*	4.97 ±0.45*	4.86 ±0.44*	3.38 ±0.83#	4.95 ±0.58#

Data are expressed as mean ± SEM (n = 6). *p < 0.05, significantly different from HFC. #p < 0.05, significantly different from HCC.

(Jong-Deog Kim, Biotechnology and Bioprocess Engineering, 20, 157-167, 2015)

혈청의 생화학적 인자들의 실험결과를 표 27에 나타내었다. TG, TC, FFA, LDL cholesterol, glucose, ALT, AST는 HFC 및 HCC 그룹이 NC 및 녹차 씨앗 추출물 처리 그룹보다 높은 것으로 나타났다.

HDL cholesterol은 HFC 및 HCC 그룹이 녹차 씨앗 추출물 처치 그룹보다 현저히 감소된 것으로 나타났다.

고지방 식이에 녹차 씨앗 추출물을 처리한 그룹(HF-300)에서 TG, TC, FFA, LDL cholesterol, glucose, ALT 및 AST의 양이 각각 고지방 식이 대조군(HFC)그룹에 비하여 1.4-,1.7-, 1.8-, 2.2-, 1.3-, 1.7- 및 1.9-배로 감소되었다.

고지방 식이로 비만을 유도한 그룹인 PHF-300 그룹에 녹차 씨앗 추출물의 투여는 TG, TC, FFA, LDL cholesterol, glucose, ALT 및 AST의 량이 대조군(HFC)에 비교하여 각각 1.3-, 1.5-, 1.4-, 2.5-, 1.2-, 1.8- 및 1.9-배로 현저히 감소되었다.

고탄수화물 식이에 녹차 씨앗 추출물을 투여한 HC-100 그룹 및 HC-300 그룹에서 TG, TC, FFA, LDL cholesterol, glucose, ALT 및 AST의 양은 대조군(HCC)에 비교하여 HC-100 그룹은 각각 1.1-, 1.5-, 1.4-, 2-, 1.1-, 1.3- 및 1.8-배, 그리고, HC-300 그룹에서는 각각 1.3-, 1.6-, 1.7-, 2.3-, 1.2-, 1.5- 및 2.5-배로 현저히 감소된 것으로 나타났다.

그러나, HDL cholesterol은 각 그룹의 대조군에 비교하여 HF-100 그룹에서 1.1-배, HF-300 그룹에서 1.3-배, PHF-300 그룹에서 1.3-배, HC-100 그룹에서 1.1-배, 그리고, HC-300 그룹에서 1.2-배로 증가되었다.

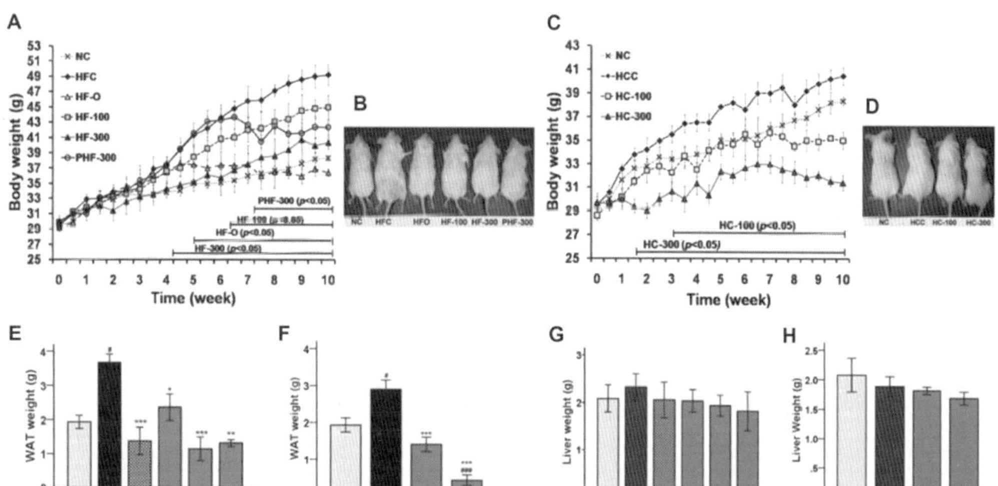

그림 60. 녹차 씨앗 케이크 수용성 추출물이 체중, 지방 세포 및 간조직에 미치는 효과

A: 고지방 식이를 한 쥐의 항 비만 효과, B: 고지방 식이한 쥐의 사진, C: 고탄수화물 식이를 한 쥐의 항 비만 효과, D: 고탄수화물 식이한 쥐의 사진, E: 고지방 식이한 쥐의 fat-pad 무게, F: 고탄수화물 식이한 쥐의 fat-pad 무게, G: 고지방 식이한 쥐의 간 무게, H: 고탄수화물 식이한 쥐의 간 무게.
수치는 평균±표준 편차(n=6)으로 나타내었고, *표시는 대조군에 비교하여 *: p 〈 0.05, **: p 〈 0.005, 및 ***: p 〈 0.001을 나타냄.

(Jong-Deog Kim, Biotechnology and Bioprocess Engineering, 20, 157-167, 2015)

⑦ 분변 지방의 분석

분변중의 지방은 동물 실험의 마지막 3주의 분변을 채취하여 70℃에서 1시간 건조하여

100mg의 분변 분액으로 하여 2 mL의 chloroform-methanol (2:1)용액으로 60℃에서 30분간 교반하면서 반응시킨 후 원심 분리하였다. 1 mL의 증류수를 첨가하여 vortex 한 후 2,000 rpm 에서 10 분간 원심분리 하였다. 하층을 새로운 튜브에 옮기고 시료를 증발시켜 건조한 후, 0.5 mL의 Triton X-100/methanol (2:1)으로 재현탁 시켰다. 분변 지방 추출물에 들어 있는 총 cholesterol 및 중성 지방은 키트(Wako Chemicals)를 사용하여 분석하였다.

분변 속의 TG 및 TC는 실험 시작 3주 및 실험 마지막 3주의 분변을 모아 분석하였고(표 25), 녹차 씨앗 추출물로 처치한 그룹이 HFC 및 HCC 그룹과 비교해 보았을 때 TG 및 TC가 마지막 3주에서 현저히 높게 나타났다(표 27).

⑧ 아디포카인의 분석

ⓐ 혈청 속의 인슐린, 렙틴, 아디포넥틴, IL-10, IL-6, 및 TNF-α에 대한 녹차 씨앗 추출물의 효과

혈청속의 인슐린, 렙틴, 아디포넥틴, IL-10, IL-6, 및 TNF-α에 대한 녹차 씨앗 추출물의 효과를 표 28에 나타내었다. HFC 및 HCC 그룹의 혈청에서 이들 각각의 량은 NC 및 녹차 씨앗 추출물 처리 그룹에 비교하여 현저히 높게 나타났다. 그러나, 아디포넥틴은 HFC 및 HCC 그룹에 비교하여 녹차 씨앗 추출물을 처리한 그룹에서 현저히 높게 나타났다.

표 28. 녹차 씨앗 케이크 수용성 추출물의 고지방 식이 및 고탄수화물 식이로 비만 유도된 쥐의 혈청 아디포카인의 영향

Parameters	NC	HFC	HCC	HFO	HF-100	HF-300	PHF-300	HC-100	HC-300
Insulin (pg/mL)	1240.19 ±64.97*#	2586.08 ±222.76	2586.08 ±102.10	1699.65 ±40.376*	1862.08 ±37.12*	998.86 ±204.20*	938.52 ±71.02*	785.37 ±92.82#	655.42 ±21.48#
Leptin (pg/mL)	183.80 ±7.45*#	428.20 ±2.73	323.75 ±44.19	218.17 ±74.15*	284.91 ±49.55*	236.13 ±15.73*	200.75 ±39.94*	222.64 ±6.01#	124.88 ±4.37#
Adiponectin (pg/mL)	1007.96 ±103.51*#	856.56 ±270.00	910.61 ±174.70	1522.16 ±130.28*	1340.90 ±69.88*	1835 ±99.35*	1784.68 ±134.74*	1434 ±174.70#	2048 ±49.35#
IL-10 (pg/mL)	105.03 ±42.63*	336.51 ±35.99	135.58 ±47.124	125.15 ±0.73*	115.07 ±44.82*	59.00 ±2.19*	47.87 ±4.89*	58.349 ±5.66#	66.85 ±15.05#
IL-6 (pg/mL)	35.19 ±2.83*#	162.37 ±10.28	93.47 ±8.63	40.38 ±4.29*	78.93 ±7.48*	34.68 ±6.48*	59.01 ±10.38*	44.82 ±3.98#	26.48 ±2.94#
TNF-α (pg/mL)	0.56 ±0.07*#	1.68 ±0.13	1.05 ±0.11	0.86 ±0.03*	1.02 ±0.12	0.75 ±0.18*	0.86 ±0.03*	0.77 ±0.05#	0.42 ±0.02#

Data are expressed as mean ± SEM (n = 6). $^{*}p < 0.05$, significantly different from HFC. $^{\#}p < 0.05$, significantly different from HCC.

(Jong-Deog Kim, Biotechnology and Bioprocess Engineering, 20, 157-167, 2015)

ⓑ 지방 조직의 렙틴, IL-6 및 아디포넥틴에 대한 녹차 씨앗 추출물의 효과

지방 조직의 렙틴, IL-6 및 아디포넥틴의 결과를 그림 61에 나타내었다. 고지방 식이 및 고탄수화물 식이를 한 그룹에서 조직의 렙틴 및 IL-6의 량이 일반 식이를 한 그룹보다 현

저히 증가된 것으로 나타났으며, 녹차 씨앗 추출물을 투여한 그룹에서는 조직에서의 렙틴 및 IL-6의 량이 현저히 줄어든 것으로 나타났다(그림 61A, 61B, 61C 및 61D). 장간막 흰지방 조직에서의 아디포넥틴의 농도는 HF-100, HF-300 및 PHS-300 그룹에서의 양이 HFC 그룹에 비교하여 각각 1.3-, 2.4- 및 1.9-배로 증가한 것으로 나타났다(그림 61E). 또한, 고탄수화물 식이한 그룹에서도 HCC 그룹에 비교하여 HC-100 및 HC-300 그룹이 각각 1.4 및 2.4배로 증가하였다(그림 61F). 따라서, lipogenesis 및 adipogenesis에 있어서 biomaker의 발현은 녹차 씨앗 추출물의 영향이 큰 것으로 나타났다.

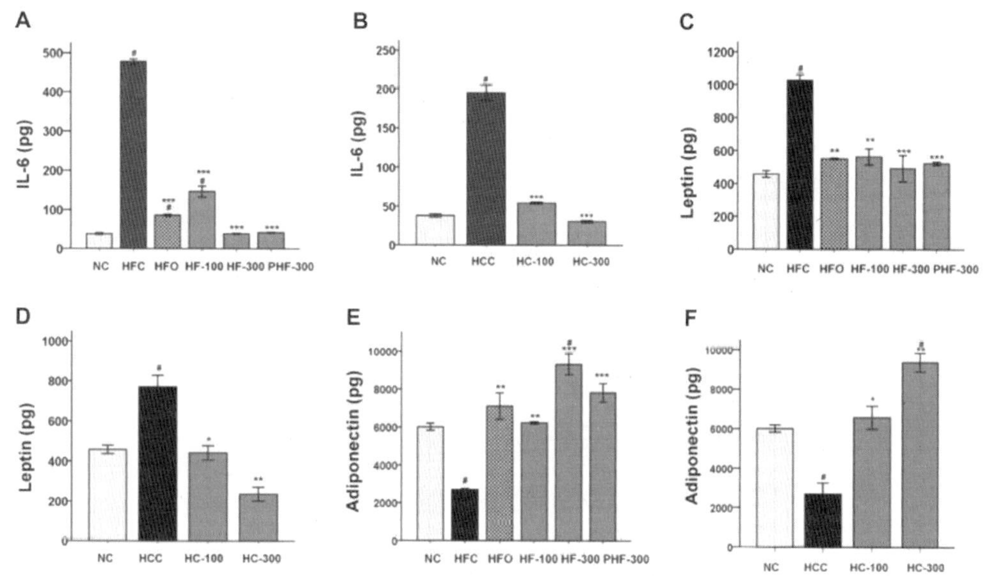

그림 61. 녹차 씨앗 케이크 수용성 추출물의 고지방 식이 및 고탄수화물 식이로 비만 유도된 쥐의 지방 조직 아디포카인의 영향

수치는 평균±표준 편차(n=6)으로 나타내었고, *표시는 대조군에 비교하여 *: p 〈 0.05, **: p 〈 0.005, 및 ***: p 〈 0.001, #: 일반식이 대조군 NC에 대하여 p 〈 0.05.

(Jong-Deog Kim, Biotechnology and Bioprocess Engineering, 20, 157-167, 2015)

ⓒ PPARγ, C/EBPα, 및 SREBP의 RNA 발현

녹차 씨앗 추출물이 lipogesis 및 adipogenesis의 전사 인자에 관여하는 바이오마커의 발현정도를 알기 위하여 간 조직을 사용하였고, 비만 관련 인자인 PPARγ, C/EBPα, 및 SREBP의 RNA 발현 정도를 실험하였다. 이 전사 인자들은 고지방 식이를 한 그룹이 녹차 씨앗 추출물에 의하여 억제 조절되었으며, 고지방 식이를 한 대조군에 비교하여 현저한 억제 현상을 보였다(그림 62A).

또한, lipogenesis 및 adipogenesis의 전사 인자인 lipoprotein lipase(LPL), FAS(fatty acid synthase), adipocyte protein 2(aP2), leptin 의 유전자는 녹차 씨앗 추출물에 의하여 억제됨을 보였고(그림 62B), 또한 고 탄수화물 식이에서도 이들 유전자의 발현은 억제되는 것으로

나타났다(그림 62C 및 그림 62D). 그리고, 간 조직에서 AMPK-α(Adenosine monophosphate (AMP)-activated protein kinase)의 활성을 인산화 AMPK를 측정하였다. 녹차 씨앗 추출물에 의한 AMPK 발현은 고지방 식이 및 고탄수화물 식이의 대조군과 비교하였을 때 현저히 증가되는 것으로 나타났다(그림 62E).

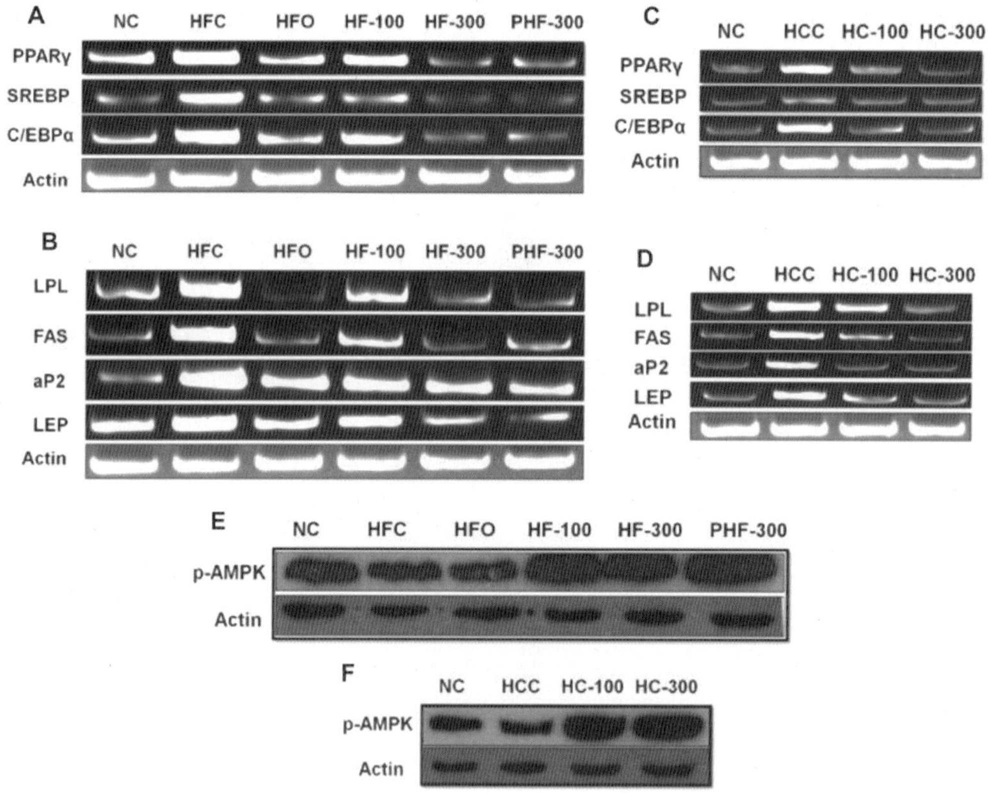

그림 62. 녹차 씨앗 케이크 수용성 추출물의 쥐의 간에서의 지방 형성 및 지방 세포 형성에 관련된 바이오마크의 발현의 RT-PCR 분석

A, B: 고지방 식이한 간에서의 지방 형성 및 지방 세포 형성에 관련된 mRNA의 발현
C, D: 고탄수화물 식이한 간에서의 지방 형성 및 지방 세포 형성에 관련된 mRNA의 발현
E, F: phosphorylated AMPK (p-AMPK) 및 actin의 발현, 각각 고지방 식이 및 고탄수화물 식이
(Jong-Deog Kim, Biotechnology and Bioprocess Engineering, 20, 157-167, 2015)

간 조직에서 ACC-1(acetyl-CoA carboxylase), GPAT-1(Carnitine palmitoyltransferase-1), 및 MLYCD(malonyl-CoA decarboxylase) mRNA 등은 HFC 및 HCC등의 대조군과 비교하였을 때 GTE 처치 그룹에서 감소됨을 알 수 있었다(그림 63).

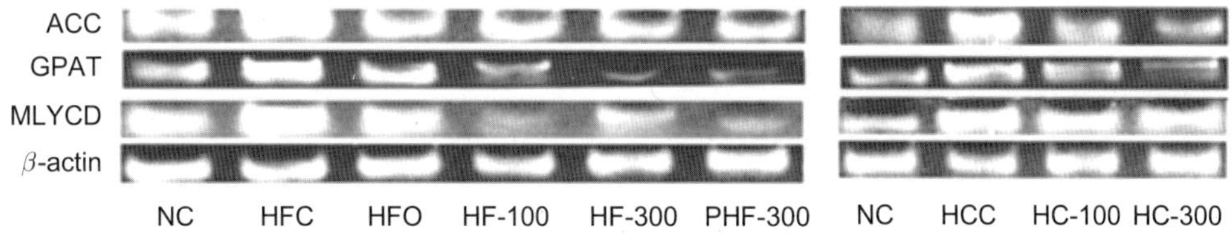

그림 63. 고지방 식이 및 고탄수화물 식이를 한 장간막 동맥 지방 조직 및 간으로부터 에너지 대사 관련 인자의 RT-PCR에 의한 유전자 발현

(Jong-Deog Kim, unpublished data)

⑨ 항 비만 제제로서의 녹차 씨앗 추출물

녹차 씨앗 추출물의 항비만에 대한 효과를 고지방 식이 및 고탄수화물 식이를 쥐를 사용하여 실험하였다. 녹차 씨앗 추출물의 활성 성분을 확인하기 위하여 표준물질을 이용하여 LC/MS로 분석하였다. 녹차 씨앗 추출물은 11.7%의 saponin, 0.3%의 naringenin를 활성 물질로 함유하며, 15%의 단백질, 65%정도의 polysaccharide, 그리고, 비활성 물질로써 회분으로 되어 있고, 활성 물질로 알려진 EGCG, ECG, kaempferol 등은 녹차 씨앗 추출물의 수용액 추출물에서는 보이지 않았다. saponin의 분자량은 m/z 1050 에서 m/z 1,300 사이에 있다고 보고되고 있으며, 따라서 우리는 이 범위 내에서 시료를 채취하였다.

Oil red O 염색 분석은 녹차 씨앗 추출물이 지방 세포의 분화 및 지방의 축적을 농도 의존적으로 억제하였다. 지방 조직의 과잉성장은 지방 세포의 수의 증가 및 크기에 기인된다. 지방 조직은 각 기관의 대사 요구에 기인되는 에너지 균형 및 변화에 중요한 역할을 한다. 생체 실험에서 녹차 씨앗 추출물은 고지방 식이 및 고탄수화물 식이로 유도된 체중 증가를 아주 효율적으로 억제하였다. 녹차 씨앗 추출물을 처리한 쥐의 체중 감소는 지방량의 감소에 기인되며, 녹차 씨앗 추출물의 처리는 지방 조직의 무게를 억제하였기 때문으로 보인다. 녹차 씨앗 추출물을 처리한 그룹의 식이 섭취율은 고지방 식이 및 고탄수화물 식이의 대조군과 비교해볼 때 큰 차이는 나지 않았다. 따라서, 녹차 씨앗 추출물 투여 그룹의 체중 감소는 식이율과는 무관한 것으로 나타났다. 우리의 연구에서 녹차 씨앗 추출물의 투여는 혈청의 지방, 글루코스 량을 대조군에 비교하여 현저히 낮추어진 것을 볼 수 있다. 또한, 혈청 및 장간막 지방 조직에서의 leptin 및 IL-6의 수준을 낮추었고, 반대로 adiponectin의 량은 현저히 증가시켰다. 더구나, HDL은 녹차 씨앗 추출물 처리 그룹에서 증가된 것을 볼 수 있었고, 분변에서 TG 및 총 콜레스테롤의 량을 현저히 배설 시킨 것을 볼 수 있었다. 따라서, 녹차 씨앗 추출물은 혈청 중의 비만을 유도하는 생화학적 요소들을 개선 시키는 것으로 나타났다. 우리는 adipogenesis를 조절하는 전사 인자인 PPARγ, C/EBPα 및 SREBP를 억제함으로써, 그리고, 지방 대사에 관여하는 인자인, aP2(adipocyte protein 2), LPL(Lipoprotein lipase) 및 FAS(fatty acid synthase), leptin, ACC-1(acetyl-CoA carboxylase), GPAT-1(Carnitine palmitoyltransferase-1) 및 MLYCD(malonyl-CoA decarboxylase)의 발현을 억제하여 지방 형성을 억제하는 것으로 결론지었다.

또한, AMPK의 활성화는 지방의 합성을 억제하고, 대사 조직에서의 지방산의 산화를 확대하여 지방 대사의 중요한 인자로 알려져 있다. 녹차 씨앗 추출물의 AMPK에 대한 효능은 쥐의 간으로부터 p-AMPK 단백질의 정도를 웨스턴 블랏으로 측정하였는데, 녹차 씨앗 추출물의 투여는 p-AMPKα의 단백질 량을 농도 의존적으로 증가 시켰다. AMPK의 활성은 결국, adipogenesis에 관여하는 유전자 발현을 억제하여 다양한 대사 경로를 변화시키는 것으로 생각된다. 전통적인 약물은 대부분 약용 자원을 이용하며 효능을 증진시키고, 부작용을 줄이는데 사용되어 왔다. 우리의 결과는 분자적 수준에서 녹차 씨앗 추출물이 고지방 혈 및 지방 층을 낮추는 것으로 나타났다. 분자 수준에서 녹차 씨앗 추출물의 항비만 작용 기전은 adiponectin의 발현과 AMPK의 활성화, 그리고, 주요 전사 인자들과 표적 유전자의 억제에 기인되는 것으로 판단한다. 녹차 씨앗 추출물의 처치는 고지방 식이 및 고 탄수화물 식이를 한 쥐 모델에서 adipogenesis 및 지방 대사의 조절에 중요한 역할을 하는 것으로 보인다.

신생 혈관 형성은 생리학적 및 병리학적으로 중요한 역할을 한다. 다양한 신호 전달 경로가 복합적으로 작용하며, 신생 혈관 형성 인자들의 조절에 대해서도 많은 연구가 되고 있다. Phosphatidylinositol 3'-kinase (PI3K)/AKT는 VEGF(vascular endothelial growth factor)와 같이 일반적으로 종양 유전자 및 암 억제 인자의 신호 전달에 관여한다. VEGF는 신생 혈관 형성에 가장 중요한 인자이며, 항암제 및 항비만 제제를 개발하기 위한 표적으로 이용되고 있다. ERK-2(Activation of extracellular signal-related kinase)의 활성은 VEGF 매개 세포 분화에 필수적이며 내피 세포의 이동에도 중요한 역할을 한다. 내피 세포의 이동, 분화, 성장 및 생존을 위해서는 두가지의 경로, 즉, PI3K-AKT 및 Raf-MEK-ERK 경로가 주요한 역할을 한다. 이 두가지의 경로는 신생 혈관의 형성을 위한 필수적인 경로이며, NF-κB 및 c-Jun경로를 필요로 한다. 여기에서 녹차 씨앗 추출물(GTE)은 농도 의존적으로 VEGFR-2, AKT, PI3K, VE-Cadherin, β-Catenin, NF-κB 및 ERK-2의 mRNA 발현을 제어한다. 결과적으로 녹차 씨앗 추출물(GTE)은 AKT, ERK-2 경로의 제어를 통하여 신생 혈관의 형성을 제어하는 것으로 판단된다. VE-Cadherin은 VEGF-유도 ERK 활성화 및 내피 세포의 이동을 방해함으로써 신생 혈관 형성을 제어한다.

식이는 비만을 유도하지만 약용 자원은 식욕 조절, 음식 섭취, 지방 산화, 지방 형성 및 비만 세포 형성 억제 등에 중요한 역할을 할 수 있다. 암세포와 같이, 지방 조직의 성장과 확장에는 지방 조직에 산소와 영양분을 제공하여 지방 세포의 수와 사이즈를 크게 하기 위하여 새로운 혈관의 형성(신생 혈관 형성)을 요구한다. 따라서, 신생 혈관의 형성을 억제하면 지방 세포수의 감소 및 지방량을 줄임으로써 비만 세포의 성장을 억제한다. Oil red O 염색으로 녹차 씨앗 추출물(GTE)이 아지방 세포의 형성을 억제하고 지방의 축적을 억제하는 것을 증명할 수 있었고, *in vivo* 실험에서 녹차 씨앗 추출물(GTE)은 고 지방식이 및 고 탄수화물 식이에서 유도된 체중을 효과적으로 억제하는 것을 알 수 있었다. 지방 조직 및 간의 무게는 녹차 씨앗 추출물(GTE)을 투여한 쥐의 몸무게와 연관되어 있었고, 녹차 씨앗 추출물(GTE)의 매개 체중 감소는 식이의 섭취와는 독립적으로 지방 조직의 감소에 공헌하였다. 또한 녹차 씨앗 추출물(GTE)은 대조군과 비교하였을 때 혈청의 지방과 당의 농도를 현저히 저하시켰고, 혈청 및 장의 지방 조직의 leptin 및 IL-6를 감소 시켰고, 반대로 adiponectin의 농도는 현저히 증가시킨 것을 볼 수 있었다. 그리고, AMPK의 활성은 글리세롤 지방의 형성을 약화시키고, MLYCD의 하위 조절을 유도하는 GPAT-1의 활성을 하위 조절하여 지방의 산화를 증가시킨다. 녹차 씨앗 추출물(GTE)에 의하여 활성화된 AMPK는 Acetyl CoA가 malonyl CoA(MLYCD)로 순차적으로 하위 조절하는 ACC-1을 하위 조절한다. 그리고, PPARγ, C/EBPα 및 SREBP는 성장하고 있는 비만 세포나 지방 조직에 고도로 발현되는 adipogenesis 및 lipogenesis에 관여하는 아주 중요한 전사 인자이다. 우리는 이 연구를 통하여 녹차 씨앗 추출물(GTE)이 이러한 전사 인자들과 목표 유전자(LPL, aP2 및 leptin)를 억제하는 것을 밝혔다. 녹차 씨앗 추출물(GTE)은 특히, 고탄수화물 식이에 300 mg/kg를 투여하였을 때 아주 현격한 효과를 나타내었다.

우리의 연구 결과는 녹차 씨앗 추출물(GTE)이 고도의 지질을 억제하고 지방 덩이를 저하시키는 기전을 분자적 측면에서 밝혔고, 고지질 및 고탄수화물식이를 시킨 쥐에서 지방의 억제 조절 및 병리적 염증 반응에 중요한 역할을 한다는 것을 알 수 있었다. 따라서, 녹차 씨앗 추출물(GTE)이 신생 혈관의 형성 및 지방 세푸의 분화를 억제함으로써 비민 관련 대사 장애를 현저하게 저해하는 활성을 가지고 있고, 지방 덩이 및 혈청의 지방 농도를 감소시킴으로써 체중의 증가를 억제하는 효과를 가지고 있는 훌륭한 약용 자원인 것을 밝힌다. 녹차 씨앗 추출물에 대한 우리의 연구결과는 adipogenesis의 억제, 및 지방 세포의 분화 억제에 따른 대사 장애에 관련되는 비만, 체중의 감소, 지방증 및 혈청 지방 수준의 감소에 현저한 활성 물질임을 아주 분명하게 주장한다.

다. 녹차 씨앗 과피 추출물(Greentea Seed Peel Extract : PE)

① 추출물의 제조 및 분석

순천의 명인 신광수차에서 녹차 씨앗 껍질을 제공 받아 건조시킨 2 kg을 미세하게 분말로 만들어 70%의 EtOH로 60℃에서 4시간 환류하여 추출하였다. 이것을 Superjet No.8(Buon Vino, Cambridge, ON, Canada)으로 여과하였다. 여과액을 진공 농축기로 농축한 후 동결건조하여 4℃에 보관하며 사용하였다. 50 g의 녹차 껍질 추출물(PE: peel extract)를 80%의 MeOH로 녹여 preparative high-performance liquid chromatography (HPLC) (Shimadzu Co., Kyoto, Japan)로 분석하였다.

② 통계분석

모든 실험은 최소한 3회 반복하였고, 데이터는 평균치±SEM으로 하였으며, One-Way ANOVA 및 Tukey-Kramer Multiple Comparison test(SPSS 21)로 수행하였으며, $p<0.05$로 중요도를 표시하였다.

③ 세포 배양

HUVEC(Human umbilical vein endothelial cell) 및 3T3-L1세포를 를 배양하여 사용하였다.

④ 세포 활성 분석

세포 활성도는 MTT(3-(4,5-dimethylthiazol-2-yl)-2,5-diphenyltetrazolium bromide)로 분석하였고, 3T3-L1(1 × 10^4 cells/well)세포를 96 well plate에 접종한 후 24시간 배양하고 녹차 씨앗 추출물을 여러 가지 농도로 처리한 후 37℃, 5%의 CO_2 환경에서 24시간 배양하였다. 0.5%의 MTT 용액을 첨가하고, 37℃에서 4시간 동안 배양하였다. MTT의 배지 용액을 흡인 제거하고 DMSO(dimethyl sulfoxide)를 첨가하여 15분 동안 반응시켜 formazan 결정을 녹인 후 540nm에서 플레이트 리더로 흡광도 측정하였다. 세포의 활성도는 대조군과 비교하여 상대적인 %로 나타내었다.

⑤ 신생 혈관 형성 억제 실험

24 well plate에 150 uL 의 matrigel로 코팅한 후 굳히기 위하여 37℃에서 1시간 동안 반응시킨 후, 배양한 사람태반세포(HUVECs: Human Umbilical Vein Endothelial Cells)를 trypsin-EDTA를 사용하여 배양기로부터 분리한 다음 코팅된 matrigel plate 당 25,000 cells/well 이 되도록 재 현탁 시켰다. 세포을 배양한 후 독성이 없는 최고의 시료의 농도를 투여한 후 37℃의 5% CO_2 환경에서 4시간 동안 배양 한 후, 형성된 튜브망의 길이는 현미경하에서 불규칙적으로 5 분야로 나누어 디지털 카메라 (Nikon, Coolpix)로 촬영하여 NIH image 프로그램으로 분석하였다.

녹차 씨앗 과피 추출물(PE)의 신생 혈관 형성을 억제하는 활성 성분은 Prep-HPLC를 사용하였으며, 이 성분들은 (－)-epigallocatechin gallate(EGCG), (－)-epigallocatechin(EGC) 및 saponin glycosides로 확인되었다. 그리고, (-)-epicatechin gallate(ECG) 및 (-)-epicatechin(EC) 등은 아주 낮은 농도로 존재하거나 결여되어 있었다. 녹차 씨앗 과피 추출물의 최종 정제한 생리 활성 물질은 EGCG (14.93 mg/g) EGC (1.08 mg/g) 및 saponin glycosides(86.41 mg/g)로 구성되어 있었다. EGCG 및 ECG는 표준품과 동일한 것으로 나타났으며, saponin이 많은 분액은 P-HPLC로 정제하여 LC/TOF-MS 로 그 특징을 규명하였다(그림 64). 녹차 씨앗 과피 추출물(PE)은 HUVEC에 대하여 50－100 μg/mL에서 현저한 신생 혈관 형성 억제 작용을 보였고(그림 65A), 100 μg/mL에서는 완전하게 형성된 망을 억제하였다. 신생 혈관 형성을 억제하는 녹차 씨앗 과피 추출물(PE)인 EGCG 및 ECG의 최소 농도는 각각 10 및 25 μg/mL 이었다. 그리고, PE 사포닌의 신생 혈관 형성 억제 최저 농도는 2.5 μg/mL이었다(그림 65B). 또한, 녹차 씨앗 과피 추출물(PE), EGCG 및 ECG의 농도 0－100 μg/mL에서는 독성을 나타내지 않았으며, 녹차 씨앗 과피 추출물(PE) 사포닌의 LD50은 25 μg/mL으로 나타났다. 따라서 녹차 씨앗 과피는 세포의 활성에 영향을 미치지 않고 강한 신생 혈관 형성 억제 작용을 나타내었다.

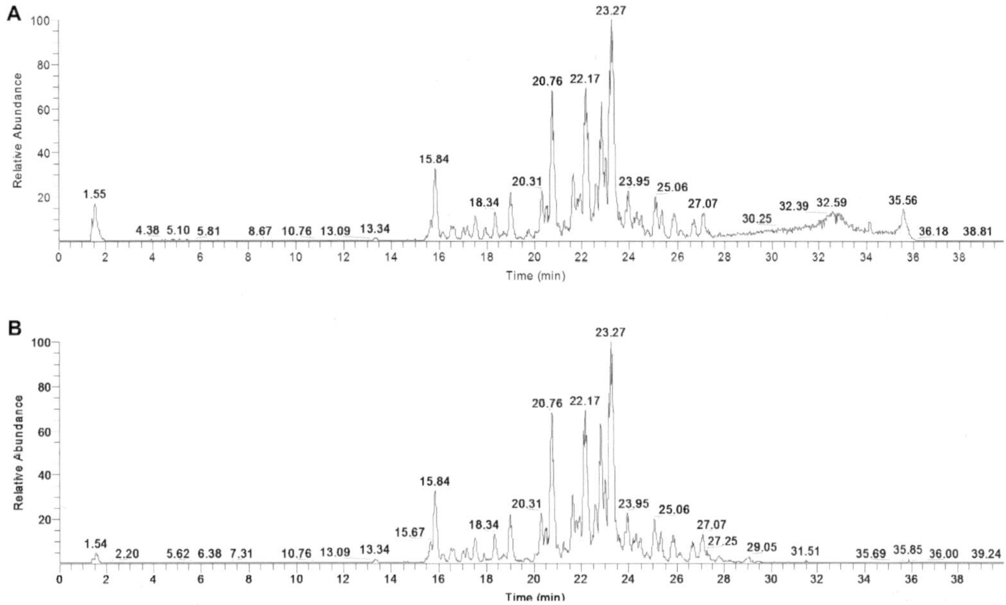

그림 64. 녹차 씨앗 과피 추출물의 사포닌 분액의 LC/TOF-MS 분석

A: m/z 500-1500에서 크로마토그램의 기본 피크 강도, B: m/z 1050-1300에서 크로마토그램의 기본 피크 강도.
(Jong-Deog Kim, Journal of Functional Food, 7, 479-486, 2014, 한국 특허: 10-1492092호, 2015)

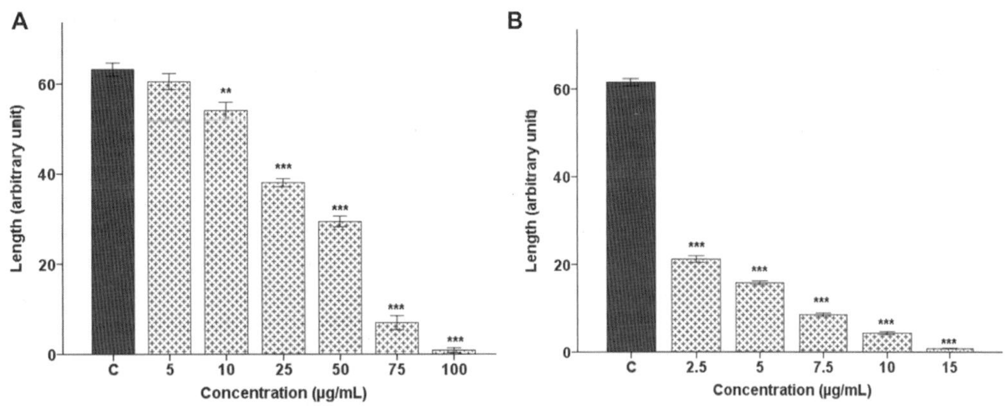

그림 65. 녹차 씨앗 과피 추출물(PE)의 신생 혈관 형성 억제 효과

A: 녹차 씨앗 과피 추출물(PE), B: 녹차 씨앗 과피 추출 사포닌
수치는 평균±표준 편차(n=3)으로 나타내었고, *표시는 대조군에 비교하여 **: p < 0.005, 및 ***: p < 0.001.
(Jong-Deog Kim, Journal of Functional Food, 7, 479-486, 2014, 한국 특허: 10-1492092호, 2015)

신생 혈관 형성에 관여하는 유전자의 발현 정도는 PCR을 이용하여 측정하였으며, VEGFR-2, VE-Cadherin 및 β-Catenin의 유전자들이 용량 의존적으로 억제되는 것으로 나타났다. 이 들 인자들은 PI3K/AKT 경로 활성에 중요한 역할을 하며, 하위 단위를 활성화 시키고 핵내의 NF-kB를 활성화 시켜 신생 혈관을 형성하게 한다. 녹차 씨앗 과피 추출물(PE)은 PI3K, AKT 및 NF-kB를 현저히 억제하는 것으로 나타났다(그림 66).

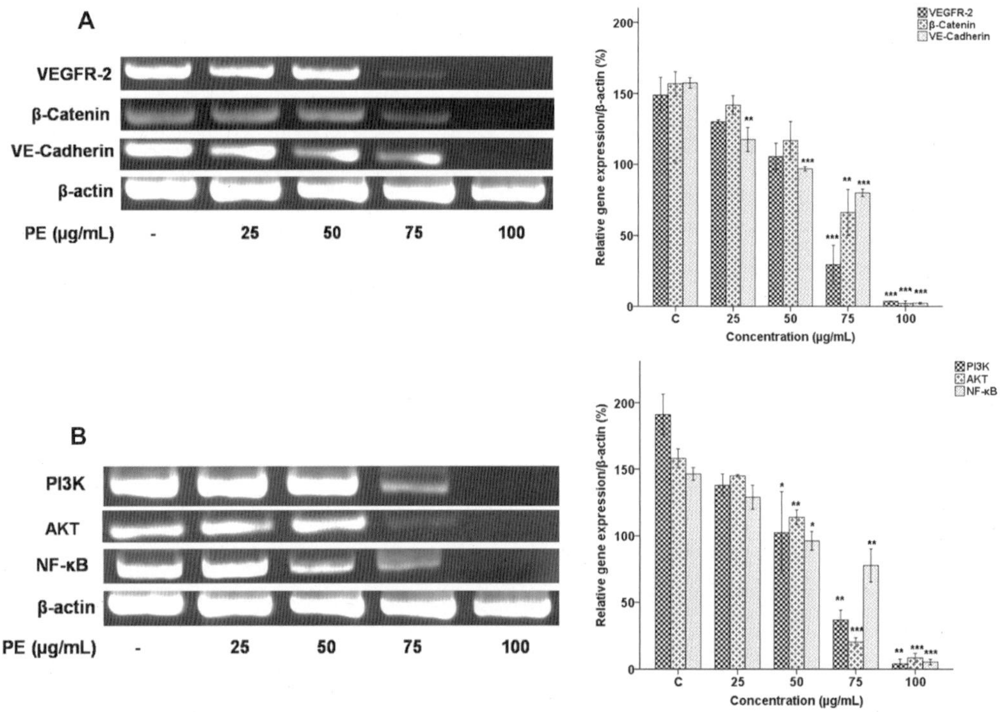

그림 66. 녹차 씨앗 과피 추출물(PE)의 신생 혈관 형성관련 유전자의 발현

A: VEGFR-2, β-Catenin 및 VE-cadherin의 RT-PCR 분석, B: PI3K, AKT 및 NF-kB의 RT-PCR 분석
HUVEC을 9.6×10^4 세포의 농도로 6-well plate에 분주하고, 70%의 성장에 이르렀을 때 각각의 다른 농도로 시료를 처리한 후 24시간 배양하였다. 총 RNA를 분리하고 특정의 프라이머를 사용하여 유전자의 발현을 분석하였음. 데이터는 β-actin(ACTB)를 근간으로 분석하였으며, 수치는 평균±표준 편차(n=3)으로 나타내었고, * 표시는 대조군에 비교하여 *: $p < 0.05$, **: $p < 0.005$, 및 ***: $p < 0.001$.

(Jong-Deog Kim, Journal of Functional Food, 7, 479-486, 2014, 한국 특허: 10-1492092호, 2015)

⑥ Oil red O 염색

3T3-L1세포(3×10^3 cells/well)를 6-well plate에 접종하고, 2일 후 80%의 최적 성장율에 도달 한 후, 세포를 다시 24시간 동안 배양시키고 세포의 분열은 일어나지 않게 한다. 이 때를 0일(DAY 0)로 하고 배양액을 분화 유도 배지(MDI 배지: 1 mM dexamethasone, 0.5 mM 3-isobutyl-1-methylxanthine 및 10 μg/mL insulin)로 바꾸어 준다. 2일 후(DAY 2) 세포 상태를 유지 할 수 있도록 10 μg/mL의 insulin이 들어 있는 유지 배지(INS 배지)로 교환한다. 이로부터 2 일 후(DAY 4) 10% FBS/DMEM 배지로 DAY 8까지 2일 간격으로 교환해 준다. 배지 교환시에 유도 배지 및 유지 배지에 농도가 다른 녹차 씨앗 과피 추출물(PE)를 첨가한다. 양성 대조군으로써 epigallocathechin gallate(EGCG) 50 μg/mL를 사용하였다. 세포를 PBS로 세척하고, 10% 포르말린으로 1시간 고정시켰다. 다시, 60%의 2-propanol 로 세척하여 건조시키고 Oil red O 용액으로 3시간 동안 반응시켰다. 이 세포들을 증류수로 4회 세척하고 완전히 건조된 세포를 현미경으로 관찰하여 관련 이미지를 획득한 후, 100%의 2-propanol으로 세척하여 세포로부터 염색성분을 추출하여, 520 nm에서 플레이트 리더로

써 측정하였다.

그리고, Oil Red O 염색에 의한 비만 세포의 분화 및 항비만 표적에 대하여 살펴보았으며, 분화 중인 아 비만 세포에 녹차 씨앗 과피 추출물(PE)의 투여는 농도 의존적으로 지방의 축적을 억제하였다(그림 67). 또한, 3T3-L1 세포 활성에 대하여도 실험을 하였고, 최고의 농도인 200 μg/mL에서도 독성을 나타내지 않았다. 100 μg/mL를 처리하였을 때 세포의 형태변화는 비분화 세포와 같은 형태를 하고 있었다. 이것은 녹차 씨앗 과피 추출물(PE)의 처리가 비만 세포의 형성을 억제하였으며, 이것은 3T3-L1 세포에서 지방의 형성을 억제하는 것으로 생각된다.

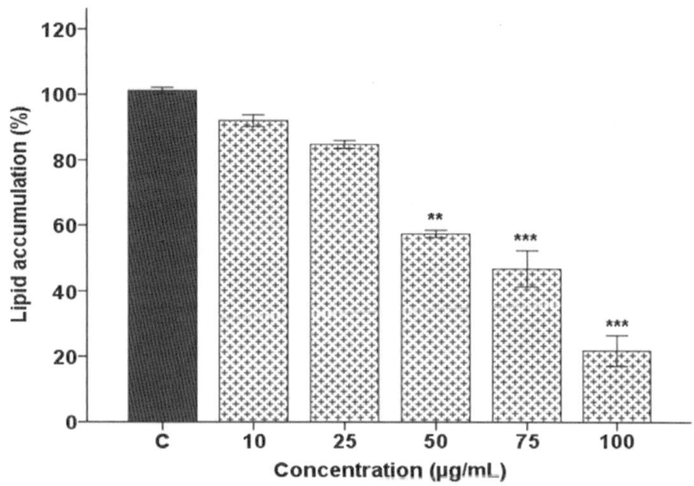

그림 67. Oil red O 염색에 의한 지방 세포 분화의 정량적 분석

수치는 평균±표준 편차(n=3)으로 나타내었고, *표시는 대조군에 비교하여 **: p 〈 0.005, 및 ***: p 〈 0.001.

(Jong-Deog Kim, Journal of Functional Food, 7, 479-486, 2014, 한국 특허: 10-1492092호, 2015)

⑦ RNA 분리 및 RT-PCR

신생 혈관 관련 유전자의 발현 분석을 위하여 HUVEC을 6-well plate에 9.6×10^4 cells/well로 접종 후 EBM-2배지에서 70%의 최적 성장률에 도달할 때까지 배양한 후 여러 가지 농도의 녹차 씨앗 과피 추출물(PE)을 첨가하고 24시간 배양한다. 그리고, 지방 형성 유전자의 발현을 분석하기 위하여 3T3-L1세포를 전술한 바와 같이 Oil red O 염색과 같은 빙법으로 분화시켰다. 총 RNA는 TRI 시약을 이용하여 회사의 지시대로 수행하였다. cDNA의 합성은 1ug의 총 RNA를 사용하여 RevertAid Premium First Strand cDNA Synthesis Kit (Thermo Scientific, Glen Burnie, MD,USA)으로 합성하였다. RT-PCR(Reverse transcription polymerase chain reaction)은 신생 혈관 형성 관련 유전자 및 지방 형성 유전자의 RNA 발현 정도를 분석하기 위하여 진행하였으며, 해당 프라이머를 사용하였다. PCR은 처음 DNA 변성 사이클은 94℃에서 3분간 반응시킨 후, 증폭 사이클은 94℃에서 30 초, 60℃에서 45 초,

그리고, 72℃에서 1분간 실시하였다. 이 후 불완전한 합성을 완료할 수 있도록 72℃에서 7분간 한 사이클을 첨가하였다. 1.5% agarose gel로 전개하여 밴드의 강도는 소프트웨어를 사용하였으며, 발현의 정도는 β-actin과 비교하여 분석하였다.

지방 세포의 형성은 C/EBPα(CCAAT/enhancer binding proteins), PPARγ(peroxisome proliferators activated receptor gamma) 및 SREBPs(sterol regulatory element-binding proteins) 등의 주요 전사 인자의 발현 및 활성에 의하여 조정된다. 녹차 씨앗 과피 추출물(PE)에 대한 이들 유전자, PPARγ, C/EBPa, 및 SREBP의 발현 정도를 규명하였다. 즉, 3T3-L1 아 비만 세포를 0-8일간 여러 가지의 농도로 배양한 뒤 총 RNA를 추출하여 RT-PCR로 유전자의 발현을 실험하였다(그림 68). 녹차 씨앗 과피 추출물(PE)은 지방 형성세포의 전사 인자를 현저히 억제하였다. 그리고, PPARγ 및 SREBP의 25 μg/mL의 농도에서 억제되었고, C/EBPα는 75 μg/mL의 농도에서 완전히 억제되었다. 이 결과는 녹차 씨앗 과피 추출물(PE)은 비만 세포 분화 중의 비만 세포 유전자를 억제하는 것을 말해주고 있다.

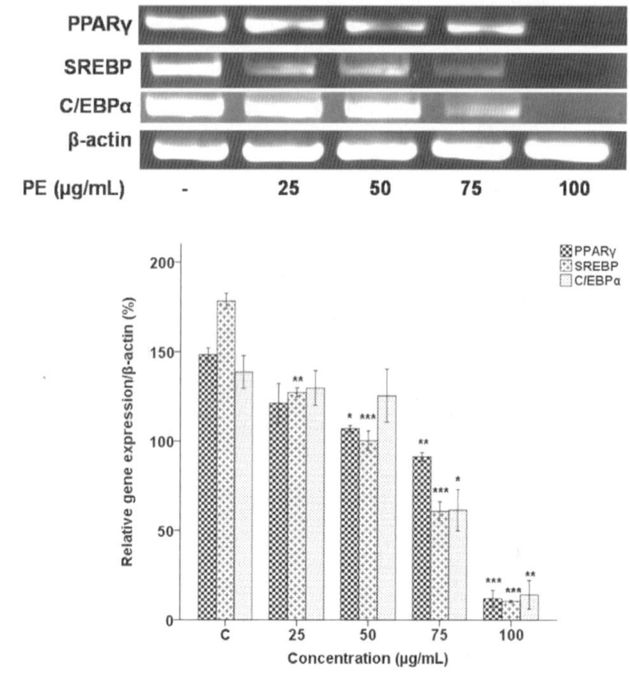

그림 68. 녹차 씨앗 과피 추출물은 3T3-L1 아 비만 세포 분화 중의 PPARγ, C/EBPα, 및 SREBP의 발현 억제

총 RNA는 배양 9일 째 추출하였고, 지방 세포의 유전자는 RT-PCR로 분석하였으며, 데이터는 β-actin(Actb)를 근간으로 구하였다. 수치는 평균±표준 편차(n=3)으로 나타내었고, *표시는 대조군에 비교하여 *: $p < 0.05$, **: $p < 0.005$, 및 ***: $p < 0.001$.
(Jong-Deog Kim, Journal of Functional Food, 7, 479-486, 2014, 한국 특허: 10-1492092호, 2015)

⑧ 동물 실험

4 주령의 Sprague-Dawley(SD) 암컷 쥐를 표준 조건(12 시간 밤/낮 조절, 22 ℃ 및 상대 습도 50±5%)에서 사육하였다. 1 주일 간 순치하고, 그룹 당 5마리씩으로 하여 4 그룹으로

구성하였다. 일반식이 대조군(NC, NIH #31M Rodent Diet, Taconic), 고지방 식이 대조군(HFC, 45% kcal fat, D12451 Research Diets, New Brunswick, NJ, USA), 양성 Orlistat 대조군(OR, 50 mg/kg/d + high-fat diet), 그리고 녹차 씨앗 과피 추출물(PE) 처리 그룹(PE, 100 mg/kg/d + highfat diet)으로 하였다. 식이는 자유 식이로 하였으며, 추출물은 하루 1회 경구 투여하였고, 대조군(ND 및 HFD)은 추출물이 함유되지 않은 증류수를 투여하였다. 체중과 식이 섭취의 시료 채취는 5일 간격으로 50일 동안 진행하였다. 연구의 마지막 시기에서 하룻밤 절식한 후 에테르로 마취시켜 복부로부터 채혈하였다. 신장 백색 지방 조직(WAT), 고환 백색 지방 조직, 그리고 장간막 백색 지방 조직을 분리하여 무게를 달았다. 혈청은 -80℃에 저장하면서 사용하였고, 전남대학교 동물윤리위원회의 허가를 얻어 진행하였다(CNU IACUC-YS-2013-2).

비반에 대한 PE의 효과를 알기 위하여 SD 쥐에 고지방 식이에 100 mg/kg/day 의 PE를 첨가하여 투여하였다. 고지방 식이를 한 쥐의 대조군은 일반식이보다 현저한 체중 증가를 보였다. HFD+PE 그룹은 HFD에 비교하여 16.53%의 현저한 체중 감소를 보였다(그림 69A). 그러나, 식이율에서는 큰 차이를 보이지 않았다(표 29). 체중 감소 효과는 녹차 씨앗 과피 추출물(PE) 처리 그룹에서 25-50일에서 고지방 식이 대조군과 비교하였을 때 통계적으로 현저한 감소를 보였다. 전체적인 백색 비만 조직 즉, 신장 주위 지방(pcrirenal WAT), 부고환 지방(epididymal WAT), 및 장간막 지방(mesenteric WAT)들은 고지방 식이 대조군과 비교하였을 때 79%가 감소된 것으로 나타났다.

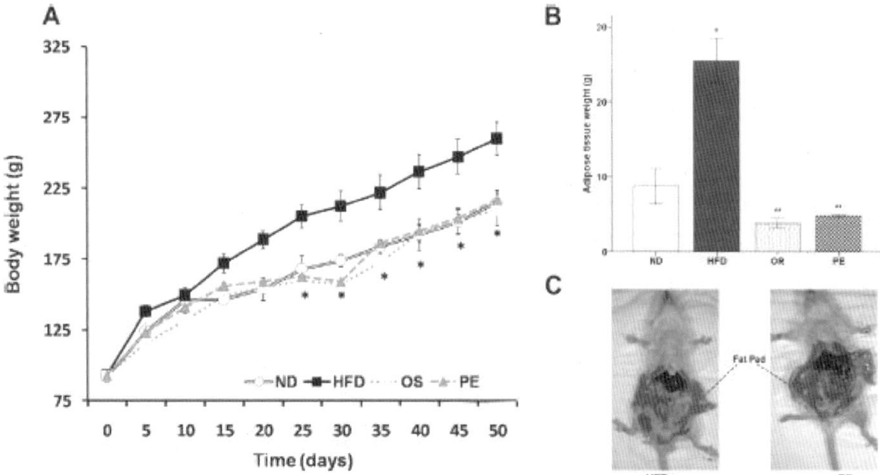

그림 69. 고지방 식이를 한 쥐(HFD)의 녹차 씨앗 과피 추출물(PE)에 의한 항 비만 효과

A: 식이 실험을 진행한 50이 간의 녹차 씨앗 과피 추출물(PE)에 의한 체중 감소효과, B: 녹차 씨앗 과피 추출물(PE)의 한 흰 지방 조직의 무게 변화, C: 녹차 씨앗 과피 추출물(PE) 처리에 의한 백색 fat-pad의 비교
수치는 평균±표준 편차(n=5)으로 나타내었고, *표시는 대조군(HFD)에 비교하여 *: $p < 0.05$.
(Jong-Deog Kim, Journal of Functional Food, 7, 479-486, 2014, 한국 특허: 10-1492092호, 2015)

⑨ 혈청 생화학

혈청 중의 glucose, total cholesterol(TC), triacylglycerol(TG), alanine transaminase (ALT), 및 aspartate transaminase(AST) 등은 kit(Wako Chemicals, Osaka, Japan)를 사용하였고, leptin 및 insulin은 ELISA kit(Shibayagi Co., Ltd., Shibukawa, Japan)을 사용하여 분석하였다.

표 29. 녹차 씨앗 과피 추출물(PE)에 따른 혈청인자들의 효과

	ND	HFD	OS	PE
Food in take (g/d)	21.07±0.60	20.41±1.25	23.50±3.50	19.05±1.81
Glucose (mg/dL)	271.38±31.79^{b}	535.91±209.26^{a}	215.24±5.48^{b}	269±6.50^{b}
TC (mg/dL)	239.86±6.95^{b}	481.7 ±21.42^{a}	236.91±4.38^{b}	254.3±7.43^{b}
TG (mg/dL)	143.91±2.51^{b}	264.55±4.81^{a}	139.77±69^{b}	152.58±3.58^{b}
ALT (IU/L)	23.09±1.41^{b}	54.68±2.57^{a}	21.54±1.60^{b}	25.98±2.68^{b}
AST (IU/L)	32.27±7.34^{b}	79.27±4.25^{a}	35.06±5.37^{b}	36.68±9.26^{b}
Insulin (ng/mL)	1.67±0.02^{b}	2.49±0.62^{a}	1.70±0.58^{b}	1.47±0.15^{b}
Leptin (ng/mL)	2.56±0.55^{b}	4.98±0.29^{a}	2.29±0.22^{b}	2.98±0.73^{b}

Data are expressed as means ± SEM (n=5). ^{ab}Different superscript letters in a row show significant differences, $p < 0.05$. ND, control group rats fed normal diet; HFD, control group rats fed high-fat diet (HFD); OR, positive control group rats fed HFD plus orlistat (50 mg/kg/d); PE, treatment group rats fed HFD plus peel extract (100 mg/kg/d)

수치는 평균±표준 편차(n=5)으로 나타내었고, a 및 b: 윗 첨자는 일반 식이와 비교하여 서로 현저히 차이남($p < 0.05$.), ND: 일반 식이 대조군, HFD: 고지방 식이 대조군, OR: HFD+양성 대조군 orlistat(50 mg/kg/d), PE: HFD+녹차 씨앗 과피 추출물(PE: 100 mg/kg/d)

(Jong-Deog Kim, Journal of Functional Food, 7, 479-486, 2014, 한국 특허: 10-1492092호, 2015)

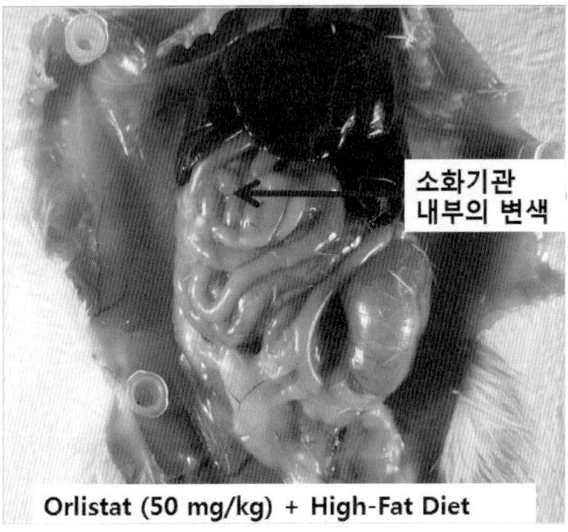

그림 70. Orlisat을 투여한 쥐의 복부 지방의 변색 현상

(Jong-Deog Kim, KSBB Spring Conference, 2015)

고지방 식이 쥐의 혈청내의 glucose, TC, TG, ALT, AST, insulin 및 leptin의 량은 일반 식이 그룹(ND)보다 현저히 높게 나타났다. PE 처리 그룹은 glucose (49.8%), TC (47.2%), TG(42.3%), ALT(52.4%), AST(53.7%), insulin (40.9%) 및 leptin(40.16%)으로 현저히 감소된 것으로 나타났다. 양성 대조군인 orlisat 투여 그룹(OR)은 고지혈 현상이 나타났으며, 지방 덩이 감소 효과가 있었고, 소화기 계통에 기름이 많이 분비되었고, 무른 변을 하였으며, 복부 지방에 색깔이 관찰되었다(그림 70).

⑩ 항비만 제제로서의 녹차 씨앗 과피 추출물(PE)

녹차에 관한 생리학적 독성학적 조건은 규명되어 왔으나, 녹차의 부산물에 대해서는 거의 보고된 바가 없다. 그러나, 식물의 껍질, 외피 등의 활성 물질들이 약리학적인 관점에서 보고된 바 있다. 녹차 씨앗 과피 추출물(PE)은 HUVECs의 materigel 기반에서 튜브의 형성을 현저히 저해하였고, 이로부터 3 종류의 활성 물질을 정제하였다. 2 종류의 물질은 EGCG 및 EGC 였고, 다른 것은 saponin이었다.

PE의 신생 혈관 형성 억제 작용은 신생 혈관 형성 관련 유전자의 발현의 억제에 의하여 확실하게 규명되었다. 즉, 신호 전달 분자인 VEGFR-2, β-Catenin, 및 VE-Cadherin 의 RNA 발현을 억제하였으며, 이들 분자들은 다중 복합 수용체로써 AKT의 활성화 및 내피 세포의 이동과 튜브 형성에 기여하는 분자들이다. PI3K, AKT 및 NF-kB 유전자는 억제되었으며, AKT는 NF-kB를, NF-κB는 암세포의 생존, 분화, 전이, 세포 침투 및 신생 혈관 형성을 조절한다. 분화 중인 3T3-L1 에 다양한 농도의 녹차 씨앗 과피 추출물(PE)을 처리하였을 때 지방립의 형성이 감소되었는데 이는 Oil red O염색, 비만 세포 형성, 지방 세포 형성에 관여하는 PPARγ, C/EBPα 및 SREBP등의 경로 탐색에서도 밝혀졌다. 이것은 비만의 형성을 억제하고, 비만을 형성하는 백색 비만 조직의 축적에 의하여 형성되는 비만의 축적을 억제하였다. 그리고, 녹차 씨앗 과피 추출물(PE)의 체중의 증가 및 지방덩이의 감소에도 현저한 효과를 보였고, 고환 부위의 지방 조직, 장간막 지방 조직의 무게도 고지방 식이 대조군에 비교하여 현저히 감소된 것으로 나타났다. 그리고, 혈청 중의 고지혈증과 같은 상태의 glucose, 총 콜레스테롤, 중성 지방, leptin 및 인슐린 등을 감소시켰다. 또한, 녹차 씨앗 과피 추출물(PE)의 섭취 그룹이 고지방 식이에 비교하여 leptin 수준이 54%로 현저히 감소되었다. Leptin은 백색 비만 조직의 비만 세포에서 합성되며, 혈액 중으로 순환되는 leptin의 량은 생체의 지방량에 비례한다. 식물 화학 물질은 이들의 항산화 작용을 바탕으로 암, 당뇨, 심장 질환 등을 억제한다. 결과적으로 녹차 씨앗 과피 추출물(PE)은 내피 세포의 튜브 형성을 억제함으로써 신생 혈관 형성을 억제하였으며, 혈액 내의 지방의 량이 감소시키고, 쥐의 백색 비만 조직을 감소시킴으로써 항비만 효과를 나타내었다. 그리고, 혈액 중의 leptin의 량의 감소는 혈액 속의 콜레스테롤 및 중성 지방을 감소시키기도 하였다. 이 활성 물질들은 EGCG, EGC 및 saponin이었으며, 신생 혈관 형성 억제 작용 및 비만 관련 증상들을 예방할 수 있을 것으로 생각되어, 의약품 및 산업적으로 이용 가능성을 보였다.

라. 희첨 추출물(*Siegesbeckiae herba* extract : SHE)

약용 자원은 독성과 부작용이 적은 관계로 합성 의약품보다는 장점이 많고, 고전적으로 사용해오던 제제이다. 그 중 희첨(*Siegesbeckiae herba* : SHE)은 항 혈전, 항 염증, 항 류마티즘, 이뇨 작용 등의 작용이 있으며, 희첨 추출물로부터 신생 혈관 형성 억제 작용, 비만 세포 형성 억제, 세포 부착 억제 등을 동물 실험으로 규명하고, 이를 바탕으로 항 비만 제제로의 가능성을 규명하고자 한다.

① 추출물의 제조

희첨을 분쇄하여 EtOH와 4:6(w/v)로 혼합하고 60℃에서 5시간동안 환류 추출하였다. 이를 여과하고 농축하여 동결 건조하였다. 분말은 DMSO에 녹여 용도에 맞게 희석하여 실험에 사용하였다.

② 세포 배양

HUVEC(Human umbilical vein endothelial cell) 및 3T3-L1세포를 배양하여 사용하였다. HUVECs는 EBM-2 배지를, 3T3-L1세포는 DMEM 배지를 사용하였다.

③ 추출물의 세포 독성

MTT 분석법으로 희첨 추출물에 대한 세포 독성을 실험하였다. 1 × 10^4cells 세포를 96-well plate에 24시간 배양하고, 0.1~25ppm의 다양한 농도로 처리한 다음, 37℃, 5% CO_2 환경에서 48시간 배양 후 0.5%의 MTT 를 처리하여 분석하였으며, 10 ppm의 농도가 적합하였고, 이를 실험에 사용하였다. HUVEC에 대한 희첨 추출물(SHE)의 MTT 분석의 결과를 그림 71에 나타내었다. 10 ppm 까지의 농도에서는 별 다른 변화가 없었고, 90%이상의 HUVECs가 10 ppm의 농도 첨가에서도 살아 남았으나, 25 ppm의 농도에서는 현저히 감소되는 것으로 나타났다.

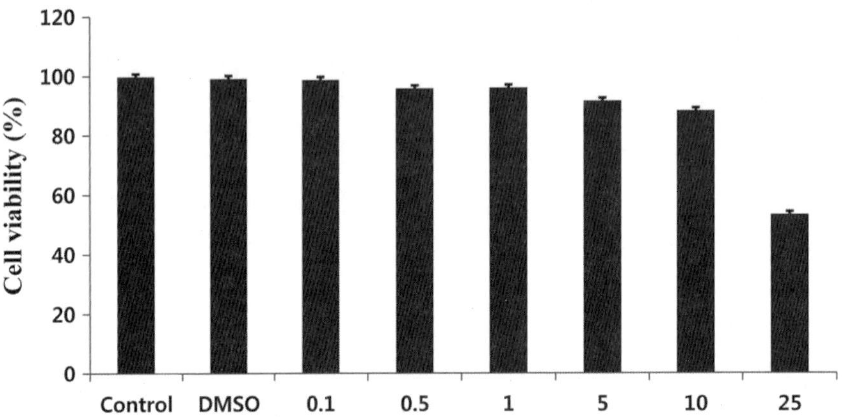

그림 71. HUVEC에 대한 희첨 추출물(SHE)의 농도에 따른 세포 독성

HUVECs를 96-well plate에 분주하고 다양한 농도의(0.1, 0.5, 1, 5, 10 및 25 ppm) 희첨 추출물(SHE)을 첨가하고 48시간 배양한 후 MTT 용액을 처리하여 배양하였고, 540nm에서 흡광도 측정하였다. 수치는 대조군에 비교하여 살아있는 세포수를 나타내었음

(Jong-Deog Kim, Biotechnology and Bioprocess Engineering 16, 144-152, 2011, U.S.A. patent: 8753694(2014), 한국 특허: 10-1144197호(2012)

이 독성은 세포 내부로 흡수되거나, 세포막에서의 관련 분자들과 상호 작용에 의한 것으로 보인다. 희첨 추출물에 대한 *in vitro* 시험의 결과는 10 ppm까지의 농도에서는 독성을 나타내지 않았다.

④ HPLC 분액 및 신생 혈관 형성 억제 작용 효과

희첨의 EtOH 추출물을 사이즈 추출 칼럼(500 mm × 21.5 mm; Showa Denko, Tokyo, Japan)을 사용하여 분액하였으며, 분액된 희첨 추출물을 Asahipak GS-310 column을 사용하여 MeOH를 5.0 mL/min으로 유출시키면서 307nm에서 관찰하였다. 희첨 추출물은 5 분획으로 분리(그림 72)하였고, 각각의 분액으로 신생 혈관 형성 억제실험을 하였다. 희첨 추출물은 F1, F2, F3, F4 및 F5의 5 분획과 양성 대조군으로서 EGCG 를 사용하였으며, 모두 50 ppm을 사용하였다. 이들 분액 중에서 F5 분액이 최적의 신생 혈관 형성 억제 작용을 나타내었고, F5 분액으로 1, 5, 10 및 25 ppm의 농도 별로 실험한 결과, 농도 의존적으로 신생 혈관 형성 억제 작용을 나타내었다(그림 73). 25 ppm 의 F5 분액 농도에서 아주 현저한 억제 작용을 보였다.

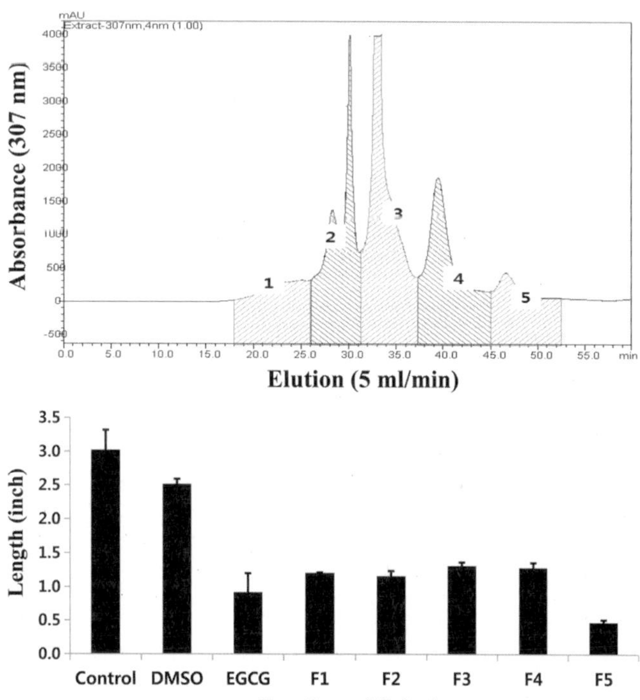

그림 72. Asahipak GS-310에 의한 희첨 추출물(SHE)의 분리

분리는 Asahipak GS-310에 메탄올을 5 mL/min으로 유출시키면서 307 nm에서 모니터링하였다. 희첨 추출물(SHE)은 5 가지의 분액으로 추출하였으며, 이 중 F5 분액을 마트리젤이 코팅된 플레이트에 HUVECs에 첨가하여 신생 혈관 형성 억제실험을 행하고 형성된 튜브망을 불규칙적으로 5면의 사진을 찍어 NIH 프로그램으로 분석하였음
(Jong-Deog Kim, Biotechnology and Bioprocess Engineering 16, 144-152, 2011, U.S.A. patent: 8753694(2014), 한국 특허: 10-1144197호(2012)

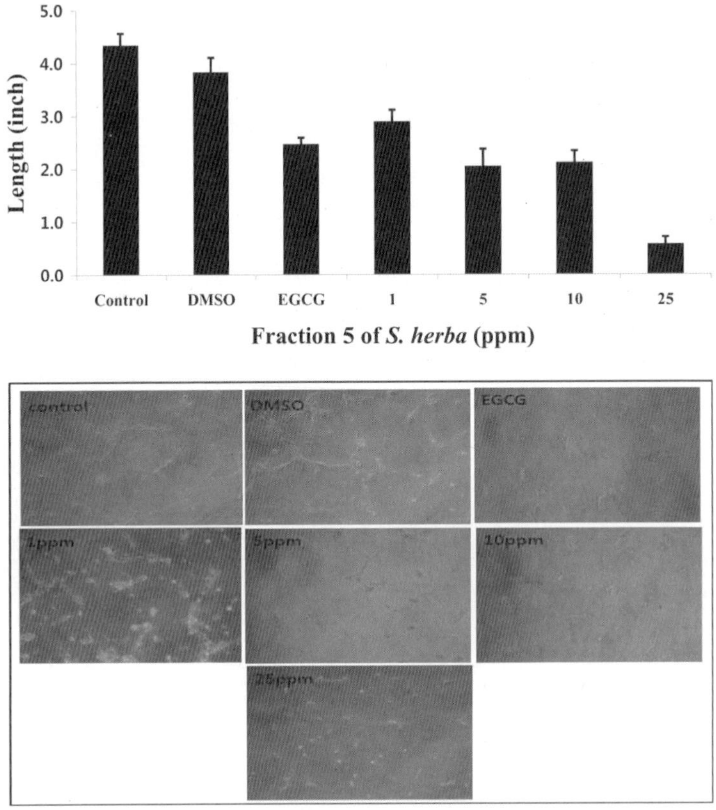

그림 73. 희첨 추출물(SHE)의 F5 분액을 사용한 신생 혈관 형성 억제 실험 시진

실험은 F5 분액의 다양한 농도(1.0, 5.0, 10.0 및 25.0 ppm)를 HUVECs에 적용하였으며, 농도에 따라 억제된 튜브망을 볼 수 있음
(Jong-Deog Kim, Biotechnology and Bioprocess Engineering 16, 144-152, 2011, U.S.A. patent: 8753694(2014), 한국 특허: 10-1144197호(2012)

⑤ Oil red O 염색

3T3-L1 아 비만 세포(9.6 × 10^4cells)를 96-well plate에 접종하고 2일간 배양하였다.

MDI 및 희첨 추출물(SHE)을 첨가하고 2일간 더 배양하였다. 배지를 DMEM/10% FBS, insulin 및 희첨 추출물(SHE)로 바꾸어 배양한 뒤 한 번 더 인슐린을 교환하였다. 그 후 세포를 10% 포르말린으로 고정하고, 60%의 2-propanol로 세척하여 완전하게 건조한 후 Oil red O 용액을 첨가하고 4 회에 걸쳐 증류수로 세척하였다. 완전히 건조후 100%-2-propanol로써 Oil red O 용액을 새로운 96 well plate에 옮기고 520 nm에서 측정하였다.

분화된 3T3-L1 아 비만 세포를 여러 가지의 농도 즉, 1.0, 5.0, 10.0 및 25.0 ppm으로 2일 동안 처리한 후 지방의 축적 정도를 Oil red O 염색으로 측정하였다(그림 74). 대조군에 비교하여 희첨 추출물의 처리군은 농도 의존적으로 지방의 축적이 감소되었으며, 아주 효과가 좋은 것은 2 5ppm의 농도였다.

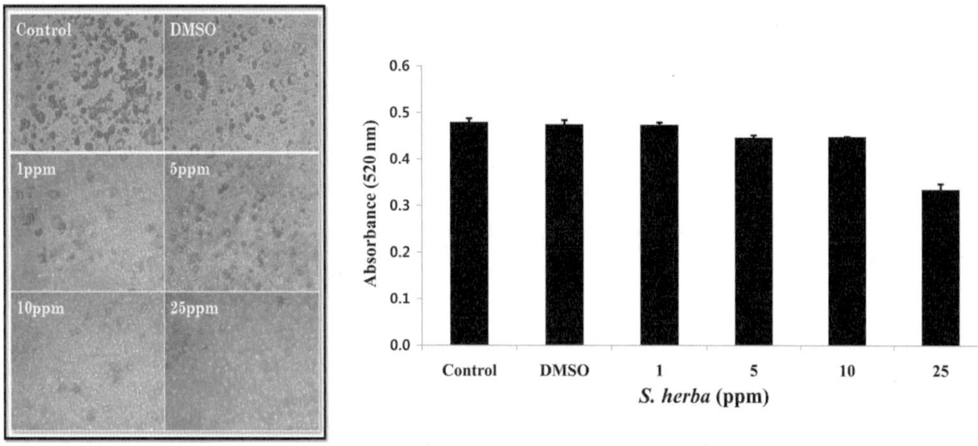

그림 74. 3T3-L1 지방 세포 분화 과정에서 희첨 추출물(SHE)의 효과

3T3-L1세포를 희첨 추출물(SHE)의 여러 가지 농도(1.0, 5.0, 10.0 및 25.0 ppm)로 처리하고, 분화 후의 지방 축적을 Oil red O 용액으로 염색하고, 형태의 변화는 현미경으로 측정하였으며, Oil red O로 염색된 지방을 520 nm에서 플레이트 리더로 측정하였음

(Jong-Deog Kim, Biotechnology and Bioprocess Engineering 16, 144-152, 2011, U.S.A. patent: 8753694(2014), 한국 특허: 10-1144197호(2012)

⑥ 웨스턴 블랏 분석

웨스턴 블랏 분석으로 희첨 추출물의 신생 혈관 형성에 관여하는 인자인 VEGFR2/flk-1, VE-cadherin, β-catenin, PI3-kinase 및 Akt의 발현(그림 51), 그리고, 비만 세포의 형성에 관여하는 C/EBPα, SREBP-1 및 PPARγ의 발현 정도를 살펴 보았다(그림 75). 3T3-L1 아 비만 세포의 전사 인자의 반응을 분화 전후로 검토하였다. 희첨 추출물의 농도를 1.0, 5.0 및 10.0 ppm 의 다른 농도로 투여하고 발현의 정도를 시험하였다. 단백질은 3T3-L1 아 비만 세포로부터 분리하여 웨스턴 블랏으로 확인하였다. 지방 세포 분화에 관여하는 인자인 PPARγ의 발현은 10.0 ppm의 희첨 추출물의 농도에서 억제되었다(그림 75A). 3T3-L1 아 비만 세포가 완전히 분화하고 난 뒤에 1.0, 5.0 및 10.0 ppm의 희첨 추출물을 처리 한 후 추출한 단백질로 웨스턴 블랏을 수행하였을 때 지방 세포 형성에 관여하는 인자, SREBP-1, PPARγ 및 C/EBPα는 5.0 ppm 의 희첨 추출물의 농도에서 농도 의존적으로 신호 전

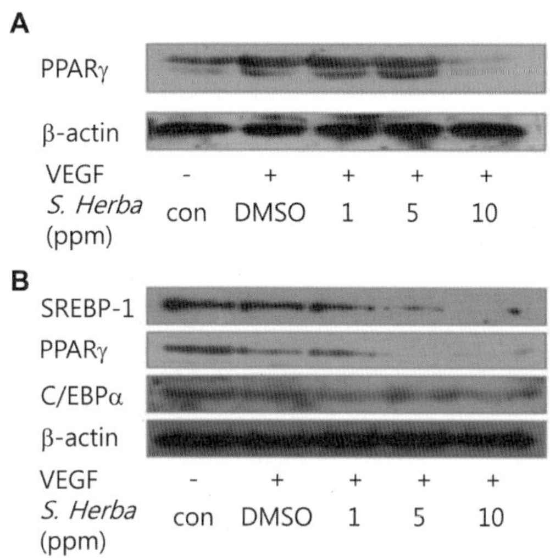

그림 75. 희첨 추출물(SHE)의 농도에 따른 비만 관련 인자의 발현 억제

3T3-L1세포의 희첨 추출물(SHE)의 농도(1, 5 및 10 ppm)에 따른 분화 전의 PPARγ 발현 억제(A) 및 분화 후의 SREBP-1, PPARγ 및 C/EBPα의 발현 억제(B)

(Jong-Deog Kim, Biotechnology and Bioprocess Engineering 16, 144-152, 2011, U.S.A. patent: 8753694(2014), 한국 특허: 10-1144197호(2012)

달이 차단되는 것으로 나타났다. 즉, 희첨 추출물은 비만 세포의 형성 인자를 억제함으로써 분화를 억제하는 것으로 판단된다(그림 75B).

⑦ 동물 실험

4주령의 C57BL/6J-ob/ob 쥐(Shizuoka, Japan)를 표준조건에서 순치시키고 10 마리씩을 1그룹으로 하여 3그룹으로 나누었다. 즉, 대조군 그룹, 희첨 그룹, 양성 대조군으로서는 orlistat 그룹 등으로 하였다. 3그룹을 고지방 식이(45% kcal from fat, D12451 Research Diets, NJ, USA)를 처음 2주 동안 실시하였다. 이 후 생리식염수, 25 ppm의 희첨 추출물, 10 ug의 orlistat을 2일 간격으로 꼬리에 피하 주사를 각각 4주 동안 실시하였다. 그 후 4주 후 동일 량을 매일 주사하였다. 체중 계량은 2.5일 간격으로 전자 천평으로 측정하였다. 소비되지 않은 식이는 매일 제거하였고 신선한 고지방 식이를 하였다.

처음 4주간은 희첨 추추물을 2일 간격으로 투여하여, 생체 내에서 유지 량이 불안정하여 그다지 큰 변화가 없었던 것으로 생각되며, 이 후 매일 투여한 4주간은 현저한 체중 감소가 일어난 것을 볼 수 있었다. 양성 대조군인 orlistat은 그다지 큰 변화를 이끌어 내지 못하였다. 이 결과는 희첨 추출물이 다른 부작용 없이 체중 감소에 중요한 역할을 하는 것으로 판단된다(그림 76).

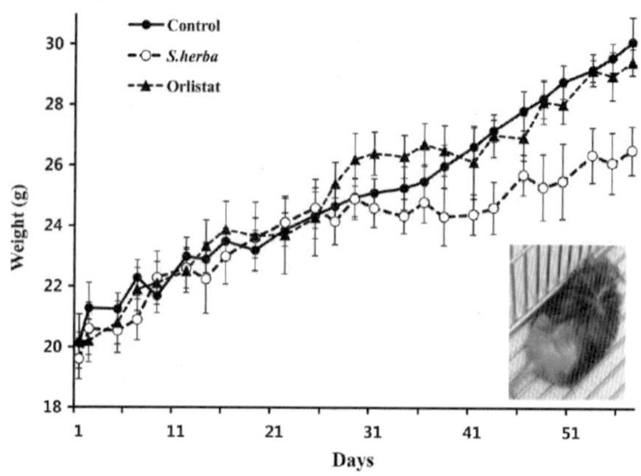

그림 76. 희첨 추출물(SHE)투여에 따른 LB mouse의 체중 변화

삽인된 사진은 합성 항 비만제의 탈모 현상(orlistat)

(Jong-Deog Kim, Biotechnology and Bioprocess Engineering 16, 144-152, 2011, U.S.A. patent: 8753694(2014), 한국 특허: 10-1144197호(2012)

⑧ 항비만 제제로서의 희첨 추출물

희첨 추출물은 농도 의존적으로 신생 혈관 형성을 억제하였으며, 웨스턴 블랏의 결과로 VE-cadherin 및 AKT의 신호 전달을 억제하여 핵내의 전사 인자인 NF-κB를 억제시킴으로써 신생혈관의 형성이 억제되는 것으로 나타났다. 신생 혈관 형성이 비만 형성에 중요한 역할을

하며, VEGF는 신생 혈관의 형성을 촉진하는 인자이고, VE-cadherin, β-catenin, VEGFR-2, PI3-kinase, 및 Akt 복합체를 활성화시켜 핵내의 NF-kB까지 신호를 도달되게 하여, IL-8 유전자를 활성화시켜 세포를 분화시키고 혈관의 형성을 촉진하게 된다. 비만 조직에서의 비만 세포는 VEGF, monoburitin, ob-protein 및 leptin을 분비하며 내피 세포의 분화 및 비만 세포의 분화를 촉진한다. Oil red O 염색의 결과로부터 희첨 추출물은 3T3-L1 세포의 분화를 농도 의존적으로 억제하였으며, 웨스턴 블랏을 통하여 비만 세포 및 지방 형성에 관여하는 인자들인 PPARγ, SREBP-1 및 C/EBPα 들을 농도 의존적으로 억제하는 것으로 나타났다. 이로써 희첨 추출물은 에너지 의존적인 음식으로 인한 사람의 질병을 예방하는데 중요한 역할을 할 수 있을 것으로 생각된다.

마. 파고지 추출물(*Psoraleae semen* extract : PSE)

파고지 추출물(PSE)는 항 결핵제, 야간 다뇨증, 육종, 항 염증, 항암, 항 산화 작용이 있으며, 파고지 추출물로부터 신생 혈관 형성 억제 작용, 비만 세포 형성 억제, 세포 부착 억제 등을 동물 실험으로 규명하고 이를 바탕으로 항 비만 제제로의 가능성을 규명하고자 한다.

① 추출물의 세포 독성

HUVEC에 대한 파고지 추출물(PSE)의 MTT 분석의 결과를 그림 77에 나타내었다. 10.0 ppm 까지의 농도에서는 별다른 변화가 없었고, 95%이상의 HUVECs가 10.0 ppm의 농도 첨가에서도 생존하였으나, 15.0 ppm의 농도에서는 현저히 감소되는 것으로 나타났다.

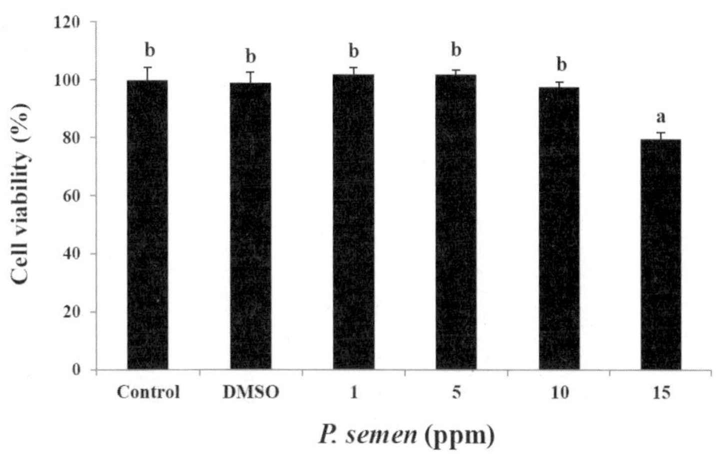

그림 77. HUVECs에 대한 파고지 추출물(PSE)의 세포 독성

HUVECs를 96 well plate에 분주하고 다양한 농도(1, 5, 10, 및 15 ppm)의 파고지 추출물(PSE)을 처리한 후 48 시간 후에 MTT 분석을 하였다. 수치는 대조군에 대하여 생존율을 나타내었고, Bar는 표준 편차(n=3)를, 다른 문자는 유의성을 나타냄($p < 0.05$)

(Jong-Deog Kim, Biotechnology and Bioprocess Engineering, 18, 942-949, 2013, U.S.A. patent: 8753694(2014), 한국 특허: 10-1144197호(2012)

② HPLC 분액 및 신생 혈관 형성 억제 작용 효과

파고지의 추출물은 6 분획으로 분리(그림 78A)하였고 각각의 분액으로 신생 혈관 형성 억제 실험을 하였다. 희첨 추출물은 F1, F2, F3, F4, F5 및 F6의 6 분획과 양성 대조군으로서 EGCG 를 사용하였으며, 모두 25.0 ppm을 사용하였다(그림 78B). 이들 분액 중에서 F2 분액이 최적의 신생 혈관 형성 억제 작용을 나타내었고, F2 분액으로 0.5, 1.0, 5.0, 10.0 및 25.0 ppm의 농도 별로 실험한 결과 농도 의존적으로 신생 혈관 형성 억제 작용을 나타내었다(그림 79).

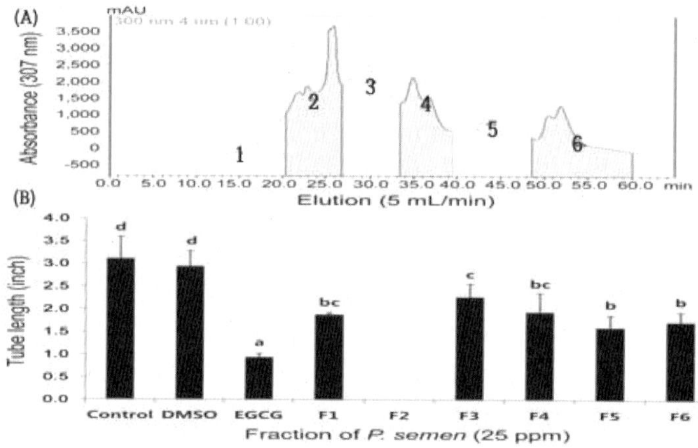

그림 78. Asahipak GS-310에 의한 파고지 추출물(PSE)의 분리

분리는 Asahipak GS-310에 메탄올을 5 mL/min으로 유출시키면서 307 nm에서 모니터링하였다. 파고지 추출물(PSE)은 6 가지의 분액으로 추출하였으며(A), 이 중 F2 분액을 마트리젤이 코팅된 플레이트에 HUVECs에 첨가하여 신생 혈관 형성 억제 실험(B)을 행하였고, Bar는 표준 편차(n=3)를, 다른 문자는 유의성을 나타냄($p < 0.05$)

(Jong-Deog Kim, Biotechnology and Bioprocess Engineering, 18, 942-949, 2013, U.S.A. patent: 8753694(2014), 한국 특허: 10-1144197호(2012)

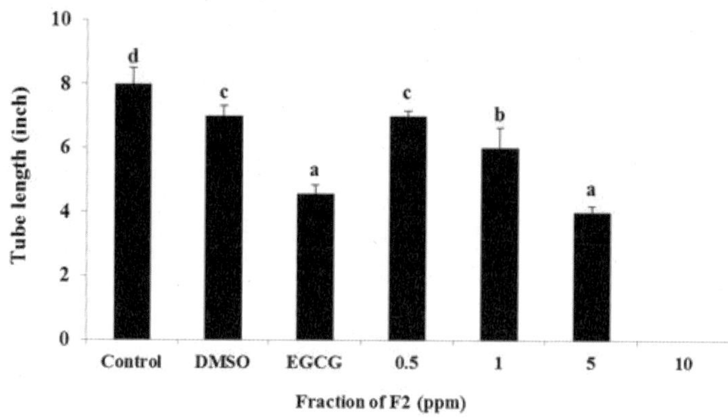

그림 79. 파고지 추출물(PSE)의 F2 분액을 사용한 신생 혈관 형성 억제 실험

실험은 F2 분액의 다양한 농도(0.5, 1.0, 5.0, 및 10 ppm)를 HUVECs에 적용하였으며, 농도에 따라 억제되었고, Bar는 표준 편차(n=3)를, 다른 문자는 유의성을 나타냄($p < 0.05$)

(Jong-Deog Kim, Biotechnology and Bioprocess Engineering, 18, 942-949, 2013, U.S.A. patent: 8753694(2014), 한국 특허: 10-1144197호(2012)

③ Oil red O 염색

분화된 3T3-L1 아 비만 세포를 여러 가지의 농도 즉, 1.0, 5.0, 10.0 및 25.0 ppm으로 2일 동안 처리한 후 지방의 축적 정도를 Oil red O 염색으로 측정하였다(그림 80). 대조군에 비교하여 파고지 추출물의 처리군은 농도 의존적으로 지방의 축적이 감소되었으며, 아주 효과가 좋은 것은 25.0ppm의 농도였다.

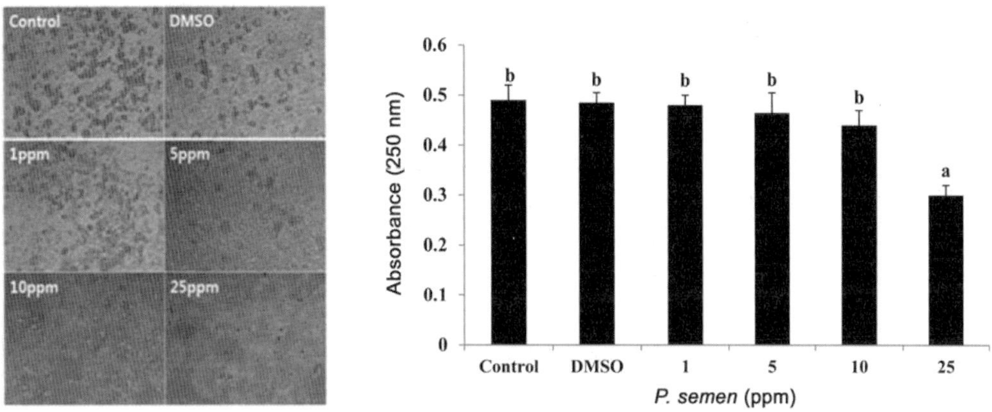

그림 80. 3T3-L1 지방 세포 분화 과정에서 파고지 추출물(PSE)의 효과

3T3-L1세포를 파고지 추출물(PSE)의 여러 가지 농도(1.0, 5.0, 10.0 및 25.0 ppm)로 처리하고, 지방 축적을 Oil red O 용액으로 염색하고, 형태의 변화는 현미경으로 측정하였으며, Oil red O로 염색된 지방을 520 nm에서 플레이트 리더로 측정하였음. Bar는 표준 편차(n=3)를, 다른 문자는 유의성을 나타냄($p < 0.05$)
(Jong-Deog Kim, Biotechnology and Bioprocess Engineering, 18, 942-949, 2013, U.S.A. patent: 8753694(2014), 한국 특허: 10-1144197호(2012)

④ 웨스턴 블랏 분석

웨스턴 블랏 분석으로 파고지 추출물의 신생 혈관 형성에 관여하는 인자인 VEGFR2/flk-1, VE-cadherin, β-catenin, PI3-kinase 및 Akt의 발현(그림 50), 그리고, 비만 세포의 형성에 관여하는 C/EBPα, SREBP-1 및 PPARγ의 발현 정도를 살펴 보았다. 그리고, 지방 세포 형성에 관여하는 인자, SREBP-1 및 PPARγ를 살펴보았을 때, PPARγ 는 10 ppm 의 파고지 추출물의 농도에서 감소되었으며(그림 81A),

분화된 3T3 - L1세포에 파고지 추출물의 처리는 5 ppm의 파고지 추출물 처리에 의하여 SREBP-1 및 PPARγ가 농도 의존적으로 감소됨을 나타내었다(그림 81B).

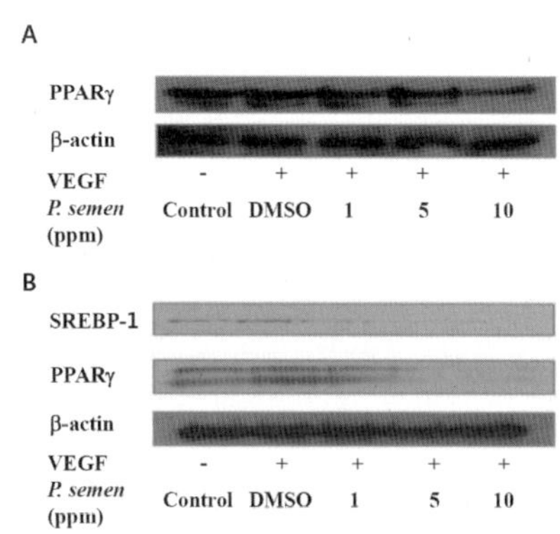

그림 81. 파고지 추출물(PSE)의 농도에 따른 비만 관련 인자의 발현 억제

3T3-L1세포의 파고지 추출물(PSE)의 농도(1, 5 및 10 ppm)에 따른 분화 전의 PPARγ 발현 억제(A) 및 분화 후의 SREBP-1 및 PPARγ의 발현 억제(B). (Jong-Deog Kim, Biotechnology and Bioprocess Engineering, 18, 942-949, 2013, U.S.A. patent: 8753694(2014), 한국 특허: 10-1144197호(2012)

⑤ 동물 실험

처음 4주간은 파고지 추추물을 2일 간격으로 투여하여, 생체 내에서 유지량이 불안정하여 그다지 큰 변화가 없었던 것으로 생각되며, 이 후 매일 투여한 4주간은 현저한 체중 감소가 일어난 것을 볼 수 있었다(그림 82). 양성 대조군인 orlistat은 그다지 큰 변화를 이끌어 내지 못하였다. 이 결과는 파고지 추출물이 다른 부작용 없이 체중 감소에 중요한 역할을 하는 것으로 판단된다.

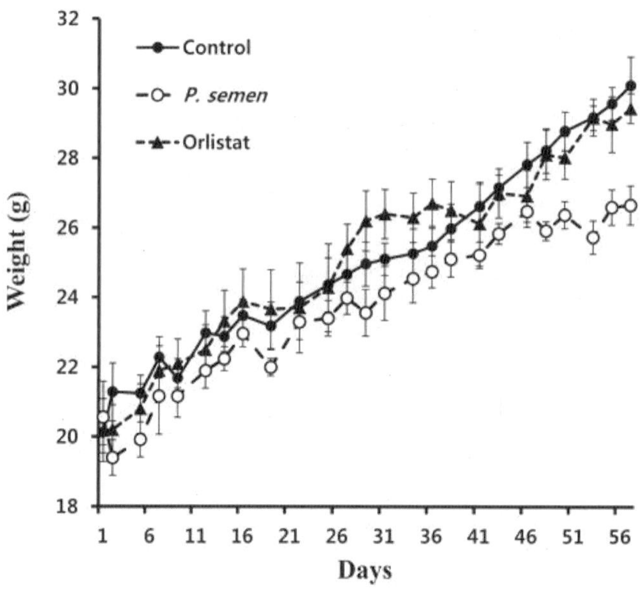

그림 82. 파고지 추출물(PSE)투여에 따른 LB mouse의 체중 변화

(Jong-Deog Kim, Biotechnology and Bioprocess Engineering, 18, 942-949, 2013, U.S.A. patent: 8753694(2014), 한국 특허: 10-1144197호(2012)

사. 전호 추출물(*Anthrisci radix* extract : ARE)

전호 추출물(ARE)는 항 혈전, 항 염증, 거담제 및 항 산화 작용이 있으며, 이 추출물로부터 신생 혈관 형성 억제 작용, 비만 세포 형성 억제, 세포 부착 억제, 동물 실험 등을 통하여 항 비만 제제로의 가능성을 개발하고자 한다.

① 추출물의 세포 독성

HUVEC에 대한 전호 추출물(ARE)의 MTT 분석의 결과를 그림 83에 나타내었다. 0.2 ppm 까지의 농도에서는 별다른 변화가 없었고, 0.2 ppm의 농도에서 95% 이상의 HUVECs가 생존하였고, 0.5 ppm의 농도에서는 현저히 감소되는 것으로 나타났다.

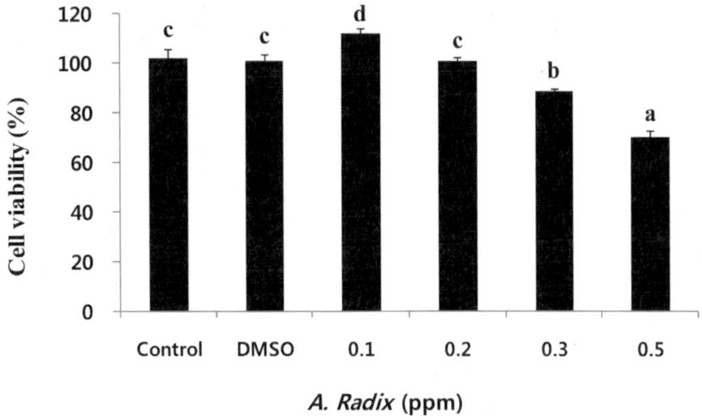

그림 83. HUVECs에 대한 전호 추출물(ARE)의 세포 독성

HUVECs를 96 well plate에 분주하고 다양한 농도(0.1, 0.2, 0.3 및 0.5 ppm)의 전호 추출물(ARE)을 처리한 후 48 시간 후에 540 nm에서 MTT 분석을 하였다. 수치는 대조군에 대하여 생존율을 나타내었고, Bar는 표준 편차(n=3)를, 다른 문자는 유의성을 나타냄($p < 0.05$)

(Jong-Deog Kim, Biotechnology and Bioprocess Engineering, 18, 164-172, 2013)

② HPLC 분액 및 신생 혈관 형성 억제 작용 효과

전호 추출물(ARE)은 5 분획으로 분리하였고, 각각의 분액으로 신생 혈관 형성 억제실험을 하였다. 희첨 추출물은 F1, F2, F3, F4 및 F5의 5 분획과 positive 대조군으로서 EGCG를 사용하였으며, 모두 0.2 ppm을 사용하였다(그림 84A). 이들 분액 중에서 F5 분액이 최적의 신생 혈관 형성 억제 작용을 나타내었고(그림 84B), F5 분액으로 0.05, 0.1, 0.2 및 0.25 ppm의 농도 별로 실험한 결과 농도 의존적으로 신생 혈관 형성 억제 작용을 나타내었다(그림 85).

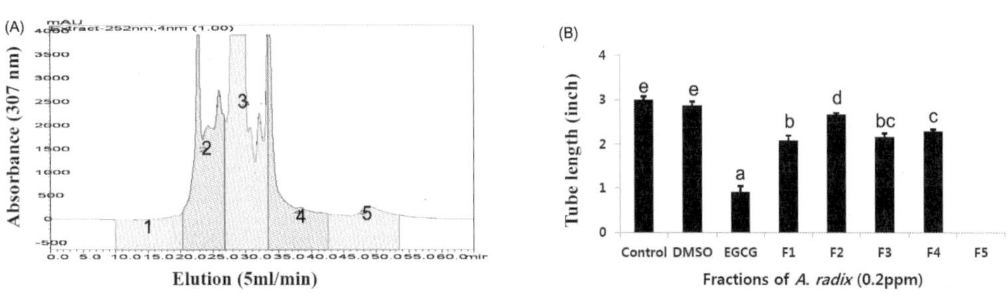

그림 84. Asahipak GS-310에 의한 전호 추출물(ARE)의 분리

분리는 Asahipak GS-310에 메탄올을 5 mL/min으로 유출시키면서 307 nm에서 모니터링 하였다. 전호 추출물(ARE)은 5 가지의 분액으로 추출하였고(A), 이 중 F5 분액을 마트리젤이 코팅된 플레이트에 HUVECs에 첨가하여 신생 혈관 형성 억제 실험을 행하고 형성된 튜브망을 불규칙적으로 5면의 사진을 찍어 NIH 프로그램으로 분석하였으며(B), Bar는 표준 편차(n=3)를, 다른 문자는 유의성을 나타냄($p < 0.05$)

(Jong-Deog Kim, Biotechnology and Bioprocess Engineering, 18, 164-172, 2013)

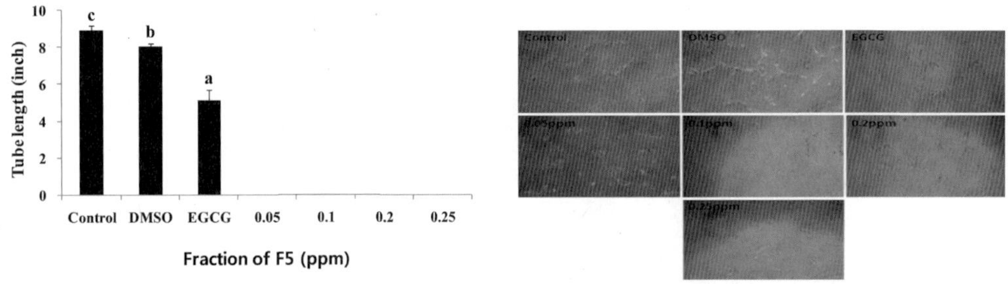

그림 85. 전호 추출물(ARE)의 F5 분액을 사용한 신생 혈관 형성 억제 실험 시진

실험은 F5 분액의 다양한 농도(0.05, 0.1, 0.2 및 0.25 ppm)를 HUVECs에 적용하였으며, 농도에 따라 억제된 튜브망을 볼 수 있음. Bar는 표준 편차(n=3)를, 다른 문자는 유의성을 나타냄($p < 0.05$).

(Jong-Deog Kim, Biotechnology and Bioprocess Engineering, 18, 164-172, 2013)

③ Oil red O 염색

분화된 3T3-L1 아 비만 세포를 여러 가지의 농도 즉, 0.05, 0.1, 0.5 및 1.0 ppm으로 2일 동안 처리한 후 지방의 축적 정도를 Oil red O 염색으로 측정하였다. 대조군에 비교하여 전호 추출물의 처리군은 농도 의존적으로 지방의 축적이 감소되었으며, 아주 효과가 좋은 것은 1.0 ppm의 농도였다(그림 86).

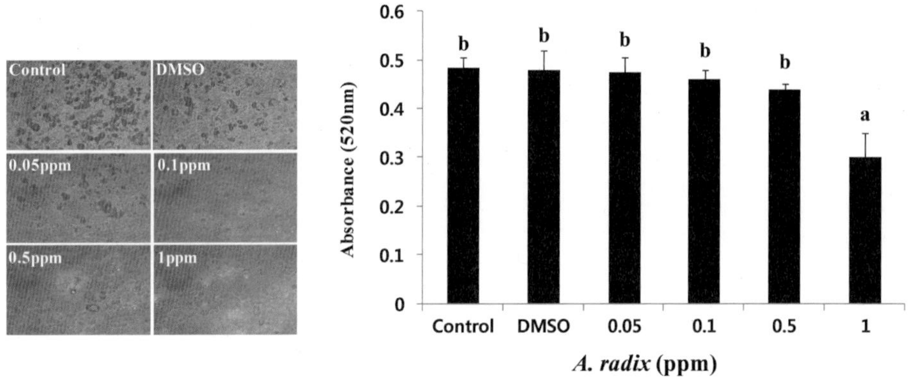

그림 86. 3T3-L1 지방 세포 분화 과정에서 전호 추출물(ARE)의 효과

3T3-L1세포를 전호 추출물(ARE)의 여러 가지 농도(0.05, 0.1, 0.5 및 1 ppm)로 처리하여 지방 축적을 Oil red O 용액으로 염색하고, 형태의 변화는 현미경으로 측정하였으며, Oil red O로 염색된 지방을 520 nm에서 플레이트 리더로 측정하였음. Bar는 표준 편차(n=3)를, 다른 문자는 유의성을 나타냄($p < 0.05$).

(Jong-Deog Kim, Biotechnology and Bioprocess Engineering, 18, 164-172, 2013)

④ 웨스턴 블랏 분석

웨스턴 블랏 분석으로 전호 추출물(ARE)의 신생 혈관 형성에 관여하는 인자인 VE-cadherin, β-catenin 및 Akt의 발현(그림 49), 그리고, 비만 세포의 형성에 관여하는 SREBP-1 및 PPARγ의 발현 정도를 살펴 보았다. 지방 세포 형성에 관여하는 인자, SREBP-1 및 PPARγ를 살펴보았을 때, PPARγ 는 0.25 ppm 의 파고지 추출물의 농도에서 감소되었으며(그림 87A),

분화된 3T3 - L1세포에 전호 추출물(ARE)의 처리는 0.1 ppm의 파고지 추출물 처리에 의하여 SREBP-1 및 PPARɣ가 농도 의존적으로 감소됨을 나타내었다(그림 87B).

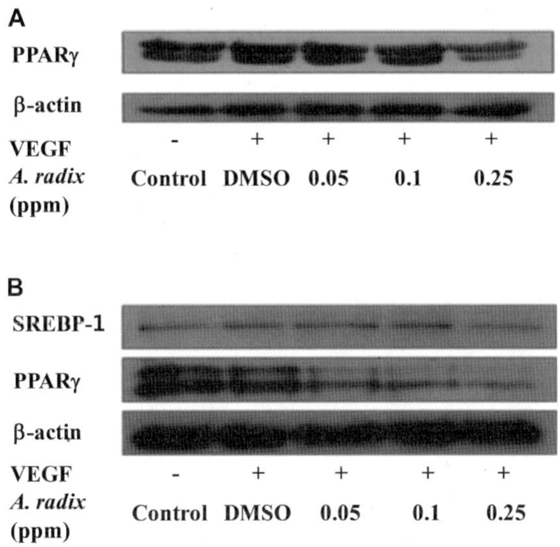

그림 87. 전호 추출물(ARE)의 농도에 따른 비만 관련 인자의 발현 억제

3T3-L1세포의 전호 추출물(ARE)의 농도(0.05, 0.1 및 0.25 ppm)에 따른 분화 전의 PPARɣ 발현 억제(A) 및 분화 후의 SREBP-1 및 PPARɣ의 발현 억제(B).
(Jong-Deog Kim, Biotechnology and Bioprocess Engineering, 18, 164-172, 2013)

⑤ 동물 실험

처음 4 주간은 전호 추추물을 2일 간격으로 투여하여, 생체 내에서 유지량이 불안정하여 그다지 큰 변화가 없었던 것으로 생각되며, 이 후 매일 투여한 4 주간은 현저한 체중 감소가 일어난 것을 볼 수 있었다(그림 88). 양성 대조군인 orlistat은 그다지 큰 변화를 이끌어 내지 못하였다. 이 결과는 전호 추출물이 다른 부작용 없이 체중 감소에 중요한 역할을 하는 것으로 판단된다.

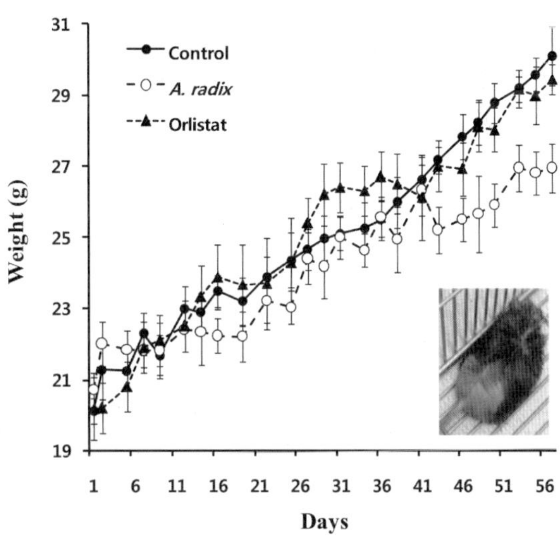

그림 88. 전호 추출물(ARE)투여에 따른 LB mouse의 체중 변화

삽인된 사진은 합성 항 비만제(orlistat)의 부작용인 탈모 현상
(Jong-Deog Kim, Biotechnology and Bioprocess Engineering, 18, 164-172, 2013)

사. 산수유 추출물(*Corni fructus* extract : CFE)

산수유 추출물(CFE)는 결핵, 천식, 간염, 만성 신부전증, 항 염증 작용, 이뇨 작용이 있으며, 이 외의 항 암 및 항 비만 작용에 대하여 살펴보면 다음과 같다.

① 추출물의 세포 독성

HUVEC에 대한 산수유 추출물(CFE)의 MTT 분석의 결과를 그림 89에 나타내었다. 1.0 mg/L 까지의 농도에서는 별다른 변화가 없었으며, 10 mg/L 의 농도 첨가에서 90%이상 HUVECs가 생존하였고, 100 mg/L 의 농도에서는 현저히 감소되는 것으로 나타났다.

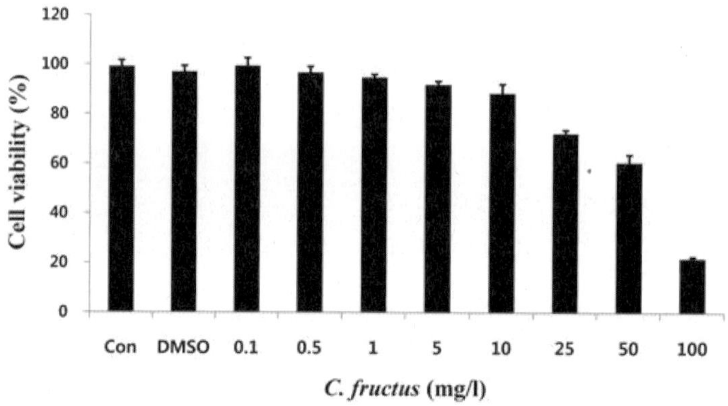

그림 89. HUVECs에 대한 산수유 추출물(CFE)의 세포 독성

HUVECs를 96 well plate에 분주하고 다양한 농도(0.1, 0.5, 1, 5, 10, 25, 50 및 100 mg/l)의 산수유 추출물(CFE)을 처리한 후 48 시간 후에 540 nm에서 MTT 분석을 하였다. 수치는 대조군에 대하여 생존율을 나타내었고, Bar는 표준 편차(n=3)를, 다른 문자는 유의성을 나타냄($p < 0.05$)

(Jong-Deog Kim, Korean J. Physiol. Pharmacol., 15, 43-51, 2011)

② HPLC 분액 및 신생 혈관 형성 억제 작용 효과

산수유의 추출물은 6 분획으로 분리(그림 90A)하였고 각각의 분액으로 신생 혈관 형성 억제 실험을 하였다. 산수유 추출물은 F1, F2, F3, F4, F5 및 F6의 6 분획과 positive 대조군으로서 EGCG 를 사용하였으며, 모두 50 mg/L를 사용하였다. 이들 분액 중에서 F1, F5 및 F6 분액이 최적의 신생 혈관 형성 억제 작용을 나타내었고(그림 90B), 3 종류의 분액으로 1, 5, 10, 및 25 mg/L 의 농도 별로 실험한 결과, F1은 EGCG와 비슷한 효과를 보였으며, F5 및 F6 분액은 5 mg/L 이상에서 현저한 신생 혈관 형성 억제 효과를 나타내었다(그림 91).

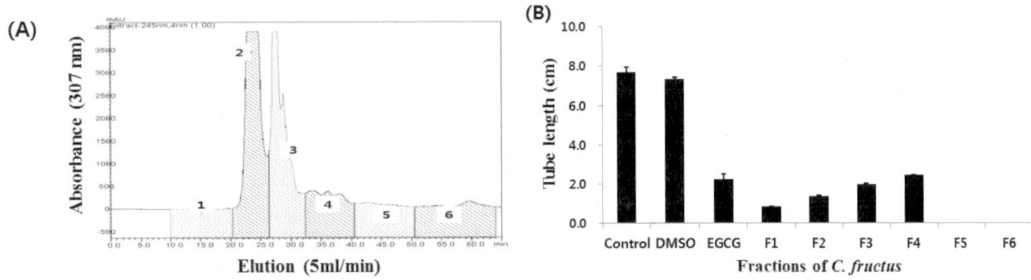

그림 90. Asahipak GS-310에 의한 산수유 추출물(CFE)의 분리

분리는 Asahipak GS-310에 메탄올을 5 mL/min으로 유출시키면서 307 nm에서 모니터링 하였다. 산수유 추출물(CFE)은 6 가지의 분액으로 추출하였고(A), 이 중 F1, F5 및 F6 분액을 마트리젤이 코팅된 플레이트에 HUVECs에 첨가하여 신생 혈관 형성 억제 실험을 행하고 형성된 튜브망을 불규칙적으로 5면의 사진을 씩어 NIH 프로그램으로 분석하였다(B), Bar는 표준 편차(n=3)를, 다른 문자는 유의성을 나타냄($p < 0.05$).

(Jong-Deog Kim, Korean J. Physiol. Pharmacol., 15, 43-51, 2011)

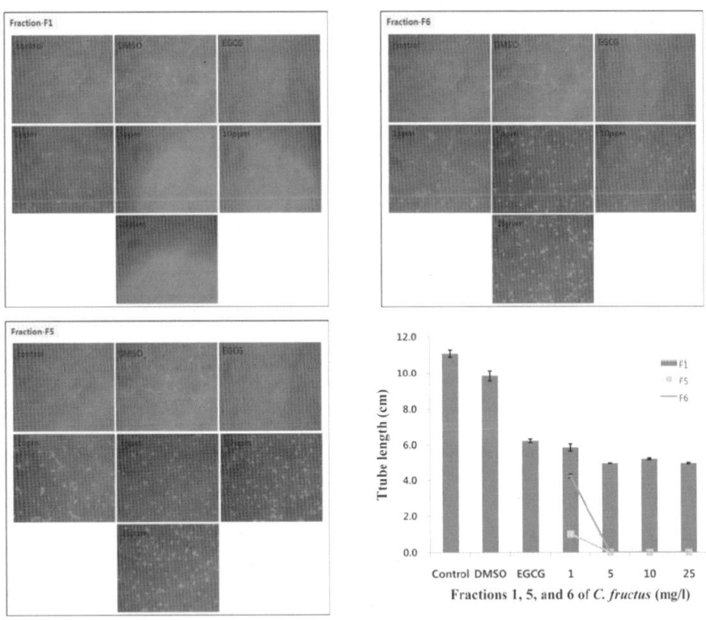

그림 91. 산수유 추출물(CFE)의 F1, F5 및 F6 분액을 사용한 신생 혈관 형성 억제 실험 시진

실험은 F1, F5 및 F6 분액의 다양한 농도(1.0, 5.0, 10.0 및 25.0 ppm)를 각각 HUVECs에 적용하였으며, 농도에 따라 F1, F5, 및 F6의 억제된 튜브망을 볼 수 있음. Bar는 표준 편차(n=3)를, 다른 문자는 유의성을 나타냄($p < 0.05$).

(Jong-Deog Kim, Korean J. Physiol. Pharmacol., 15, 43-51, 2011)

③ Oil red O 염색

분화된 3T3-L1 아 비만 세포를 CFE의 여러 가지의 농도 즉, 1, 5, 10 및 25 ppm으로 2일 동안 처리한 후 지방의 축적 정도를 Oil red O 염색으로 측정하였다(그림 92). 대조군에 비교하여 산수유 추출물의 처리군은 농도 의존적으로 지방의 축적이 감소되었으며, 아주 효과가 좋은 것은 25 ppm의 농도였다.

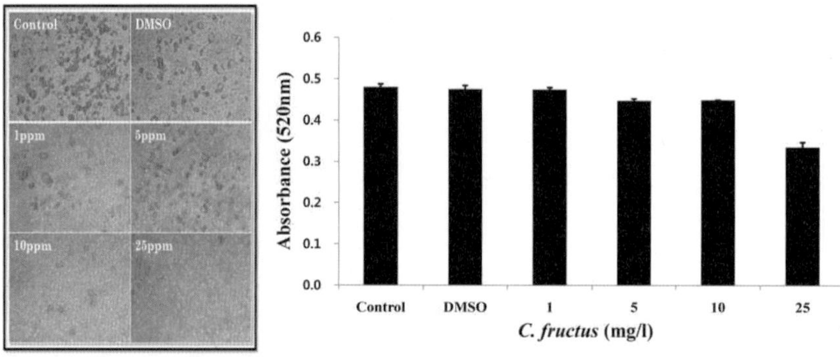

그림 92. 3T3-L1 지방 세포 분화 과정에서 산수유 추출물(CFE)의 효과

3T3-L1세포를 산수유 추출물(CFE)의 여러 가지 농도(1.0, 5.0, 10.0 및 25.0 mg/L)로 처리하여 지방 축적을 Oil red O 용액으로 염색하고, 형태의 변화는 현미경으로 측정하였으며, Oil red O로 염색된 지방을 520 nm에서 플레이트 리더로 측정하였음. Bar는 표준 편차(n=3)를 나타냄

(Jong-Deog Kim, Korean J. Physiol. Pharmacol., 15, 43-51, 2011).

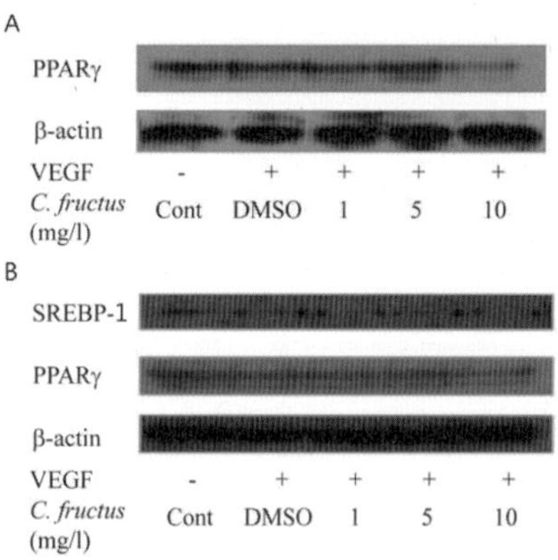

그림 93. 산수유 추출물(CFE)의 농도에 따른 비만 관련 인자의 발현 억제

3T3-L1세포의 산수유 추출물(CFE)의 농도(1.0, 5.0, 10.0 및 25.0 mg/L)에 따른 분화 전의 PPARɣ 발현 억제(A) 및 분화 후의 SREBP-1 및 PPARɣ의 발현 억제(B).

(Jong-Deog Kim, Korean J. Physiol. Pharmacol., 15, 43-51, 2011)

④ 웨스턴 블랏 분석

웨스턴 블랏 분석으로 산수유 추출물(CFE)의 신생 혈관 형성에 관여하는 인자인 VE-cadherin, 및 Akt 의 발현(그림 52), 그리고, 비만 세포의 형성에 관여하는 C/EBPα, SREBP-1 및 PPARɣ의 발현 정도를 살펴 보았다.

그리고, 아 비만 세포의 분화 전의 PPARɣ는 10 mg/L의 산수유 추출물에 의하여 억제 되었으며(그림 93A), 분화 후의 세포는 지방 세포 형성에 관여하는 인자, SREBP-1 및 PPARɣ를 살펴보았을 때, 10mg/L의 산수유 추출물의 농도에서 농도 의존적으로 감소되었다(그림 93B). 산수유 추출물(CFE)은 SREBP-1 및 PPARɣ의 발현을 억제함으로써 비만 세포의 형성을 억제하는 것으로 나타났다.

⑤ 동물 실험

처음 4 주간은 산수유 추추물을 2일 간격으로 투여하여, 생체 내에서 유지량이 불안정하여 그다지 큰 변화가 없었던 것으로 생각되며, 이 후 매일 투여한 4 주간은 현저한 체중 감소가 일어난 것을 볼 수 있었다(그림 94). positive 대조군인 orlistat은 그다지 큰 변화를 이끌어 내지 못하였고, 현저한 탈모 증상을 나타내었다(그림 94, 삽입 사진). 이 결과는 산수유 추출물이 다른 부작용 없이 체중 감소에 중요한 역할을 하는 것으로 판단된다.

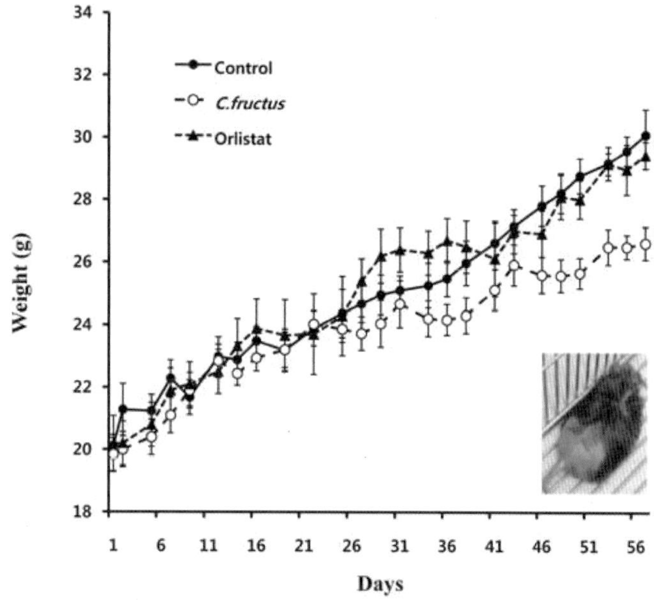

그림 94. 산수유 추출물(CFE) 투여에 따른 LB mouse의 체중 변화

삽입된 사진은 합성 항 비만제의 부작용인 탈모 현상(orlistat)
(Jong-Deog Kim, Korean J. Physiol. Pharmacol., 15, 43-51, 2011)

제4장

면역 형성 관련 약용 자원

1. 녹차 사포닌과 항원 보조 제제
2. 실험 재료 및 방법
3. 결과
4. 녹차 사포닌과 면역 증가 작용

제4장

면역 형성 관련 약용 자원

1. 녹차 사포닌과 항원 보조 제제

T-림프종은 가장 널리 알려진 악성 종양의 한가지이다. 림포사이트의 구조 및 기능의 비정상적인 활동이 염증과 싸우는 역할을 하는 백혈구가 림프종의 원인이 되기도 한다. 시간이 지나면서 이러한 암세포는 증식되어 면역 시스템을 손상 시킨다. 림프종은 일생을 통하여 위험에 이르게 하고 림프종의 발생은 해가 지날수록 증가 되게 된다(Morton, 2006). 백신이나 다른 화학적 치료를 할 수 있음에도 불구하고 T-림프종은 증가 일로에 있다. 최근에는 식물로부터 항암 약품을 찾고 있는데, 이는 강한 약리학적 효과와 동시에 독성이 낮고 혈구 용해 작용을 갖고 있기 때문이다(Ji, 2012). 녹차가 암의 위험을 줄일 수 있고, 특히 위암, 식도암 및 췌장암에 효과적인 것으로 보고 되고 있다(Inoue, 1998). 녹차(*Camellia sinensis*)는 아시아의 중국, 일본, 인도, 태국 및 한국에서 약용으로 오랫동안 재배해 오고 있다. 녹차는 널리 알려진 음료이며 세계적으로 거의 1인당 0.12L/day를 소비하고 있다(Pastore, 2014). 녹차 씨앗 및 녹차 잎에는 폴리페놀, 사포닌, 비타민, 오일 미네랄, 그 외 다양한 요소들을 함유하고 있다(Cabrera, 2003). 사포닌은 혈청 콜레스테롤의 저하(Francis, 2002), 사이토카인의 발현을 조절함으로써 면역 조절 작용(Sun, 2009), 암세포에 대한 세포독성 효과 및 백신의 활성 보조제 등의 약리학적 잠재력을 가지고 있다(Sjolander,1998). 면역 보조제는 항원 자체로서 보다는 특정 항원과 조합함으로써 아주 강한 면역 효과를 낼 수 있는 제제를 말한다(Singh, 2003). 대부분, 오일과 알루미늄이 백신의 제조에 사용되고 있으나, 약한 항원의 면역성을 증가시키는 데는 실패하였다(Bowersock, 1999; Gupta, 1998). 그러나, 사포닌을 근간으로 하는 보조제 과정은 세포 및 호르몬 면역 반응을 조절 할 수 있는 능력을 가지고 있는 것으로 알려졌다(Oda, 2000).

Quillaja saponaria 박으로부터 추출한 테르페노이드 사포닌인 QS-21은 세포 독성 T-림포사이트(CTLs)의 유도와 HIV-1 항원에 대한 T-세포의 분화 능력이 강한 보조제로서의 능력을 발휘하였다(Evans, 2001; Kensil, 1991). 인삼 추출물도 난백 알부민(ovalbumin: OVA)은 OVA-조합 IgG, IgG1, IgG2a 항체 발현에 OVA 대조군에 비교하여 강한 효과를 나타내었고(Sun, 2006), 쥐에서 디프테리아 독소에 대하여 강한 항체의 발현도 보조한 바가 있다. 또한, *Astragalus* 사포닌은 세포 및 호르몬 반응을 유도하였고, NK(natural killer cell)의 활성 증가, 인터페론(IFN) 및 식세포의 생산을 증가 시켰다(Kong, 2004; Yang, 2005; Yesilada, 2005). 최근의 보고에는 녹차의 트리테르페노이드 사포닌이 S180세포를 이식한 ICR 쥐의 생체 실험에서 강한 항암 활성을 나타내었다(Li, 2013). 사포닌이 보조 제제로서의 효과를 나타내는 기전에 대해서는 확실하게 알려져 있지 않으나, 사포닌이 항원 지시 세포(APC)와의 상호 작용으로 사이토카인 및 인터페론의 생산을 유도하며(Cox, 1998), 항원 보조 제제로서의 효과는 사포닌의 구조에 가지가 달린 당의 체인과 알데히드 그룹의 존재 여부에 의존된다고 밝혀지고 있다(Bomford, 1998). 그리고, 사포닌의 항원 보조 제제로서의 효과는 세포 표면에 구멍을 만들거나 Schiff 염을 형성하여 항원이 항원 지시 세포를 만나게 하고 세포 독성 림포사이트(cytotoxic T-lympocyte: CTL)의 반응을 증가시키는 것에 기인된다(Sjolander, 2001). 항암 면역 작용은 Th1 및 Th2 사이토카인의 분비로 T-림포사이트가 병원소와 싸우는 잠재력에 의하여 일어난다(Arend, 1990). Th1 세포는 인터루킨-1(IL-1), IL-2, IL-12, 감마-인터페론(IFN-γ) 및 암세포 괴사 인자(tumor necrosis factor: TNF-α)를 생산하고, Th2는 IL-4, IL-5, IL-10, IL-6 및 IL-13을 분비한다(Mosolits, 2005). Th2 사이토카인은 항세포자살인자(IL-4)의 유전자를 유도하여 암세포의 생존을 촉진시킨다(Moingeon, 2002; Nishimura, 2000).

녹차 사포닌의 면역 조절 작용 및 항원 보조 제제로서의 효과는 알려진 바가 없으며, 이 연구에서 녹차 사포닌의 Th1 및 Th2에 대한 면역 반응의 효과를 MAPK(mitogen-activated protein kinases)의 신호 전달 과정을 바이오마크로 하여 세포의 분화에 따른 효과는 T-림포사이트 및 EL4세포를 사용하여 녹차 사포닌의 작용 기전을 규명하고, 또한, 녹차 사포닌의 면역 조절 작용 및 항원 보조 제제로서의 가능성에 대하여도 밝히고자 한다. 면역 조절 작용은 면역에 관계하는 효과 인자(T-림포사이트)의 직접 조절을 말하며, 항원 보조 제제란 면역 반응 및 암세포를 사멸 시키는 T - 세포의 증식을 유도하는 능력을 말한다(Fernandez, 1986).

in vitro 실험은 사포닌이 정상적인 T-림포사이트 및 T-림프종 세포(EL4)의 사이토카인의 발현 정도와 증식에 관여하는 효과에 대하여 수행할 것이며, 세포 증식에 대한 녹차 사포닌의 효과, T-림포사이트의 사이토카인 발현의 변화, 그리고, 항원 보조 제제로서의 기능을 규명하기 위하여 EL4 세포의 IL-4, NF-kB(nuclear factor kappaB), TNF-α 및 MAPK-ERK2의 경로 파악에 중점을 두고, 이를 위하여 mRNA의 발현을 RT-PCR로 분석하였다.

2. 실험 재료 및 방법

2.1. 재료 및 시약

EL4 세포는 한국 세포주 은행에서 구입하였고, 파이브린이 제거된 양혈액(MB cell, 서울), Dynabeads Untouched Mouse T cells kit(Invitrogen, Grand Island, NY), Apoptotic DNA Ladder Detection Kit(Abcam, Cambridge, MA), cell strainer(BD Bioscience, Bedford, MA) 등은 해당 사에서 구입하였다. Dulbecco's Modified Eagle's Medium(DMEM), 소태아혈청(fetal bovine serum: FBS), ACK(Ammonium-Chloride-Potassium) 용해 완충 용액 등은 Gibco(Grand Island, NY)에서, 난백알부민(OVA), 완전프로인트항원 보강제(complete Freund's adjuvant: CFA), 페니실린-G, 스트렙토마이신, 덱사메타손, 3-(4,5-dimethyl-2-thiazolyl)-2,5-diphenyl-2H-tetrazolium bromide(MTT), 시험관 독성 분석 키트(in vitro toxicology assay kit), 젖산탈수소효소(lactate dehydrogenase; LDH) 및 다른 시약들은 시그마 사로부터 구입하였다.

2.2. 녹차 사포닌의 추출 및 정제

녹차 씨앗은 한국 순천의 명인신광수차 농장에서 건조된 씨앗을 제공 받아 껍질을 제거하고 분말로 만들었다. 2 kg의 분말을 4 리터의 n-핵산으로 지방을 제거하고, 30℃에서 5 시간 동안 균질화 하였다. 탈지한 씨앗 분말을 70%의 에탄올로 4 시간 동안 추출한 후 여과 및 농축, 동결 건조하여 조사포닌 98 g을 얻었다. 녹차 사포닌은 포토다이오드 검출기가 부착된 분취용 고성능 액체 크로마토그라피(preparative high performance liquid chromatography (Shimadzu Co., Kyoto, Japan))로 정제하였다. 추출은 35℃에서 Luna C-18(2) 역상 칼럼(250 mm × 21.2 mm, 15 um; Phenomenex, Inc., Torrance, CA)로 추출하였다. 용매 A는 메탄올을, 용매 B는 0.1%의 포름산을 함유하는 증류수를 사용하였다. 비선형 구배 시스템을 사용하였고 초기에는 A/B(74:26)에서 A/B(74.8:25.2로, 33.5 분에서는 A/B(100:0)으로 2 분간, 그리고 A/B(100:0)을 10분간 수행한 후 A/B(74:26)으로 12 분간 실시하였다. 구성 물질들은 210 nm에서 검출 되었고, 유속은 7 mL/min으로 하였다. 결국 39g 의 사포닌을 얻었으며, 사포닌이 풍부한 분액을 LC/TOF-MS 분석으로 그 특징을 살펴 보았다(그림 95).

2.3. 항원 보강제 용액의 제조

OVA 항원을 10 mM의 멸균 인산 완충 용액으로 희석하고, 녹차 사포닌(0.1% w/v)과 혼합하여 사용하였고, CFA는 양성 대조군으로 사용하였다.

2.4. 세포의 배양

EL4세포는 10%(v/v) FBS, 50mM의 2-mercaptoethanol, sodium bicarbonate (3.7 g/L), penicillin (100 000 U/L) 및 streptomycin(100 mg/L)을 함유한 DMEM 배지를 사용하여 37℃

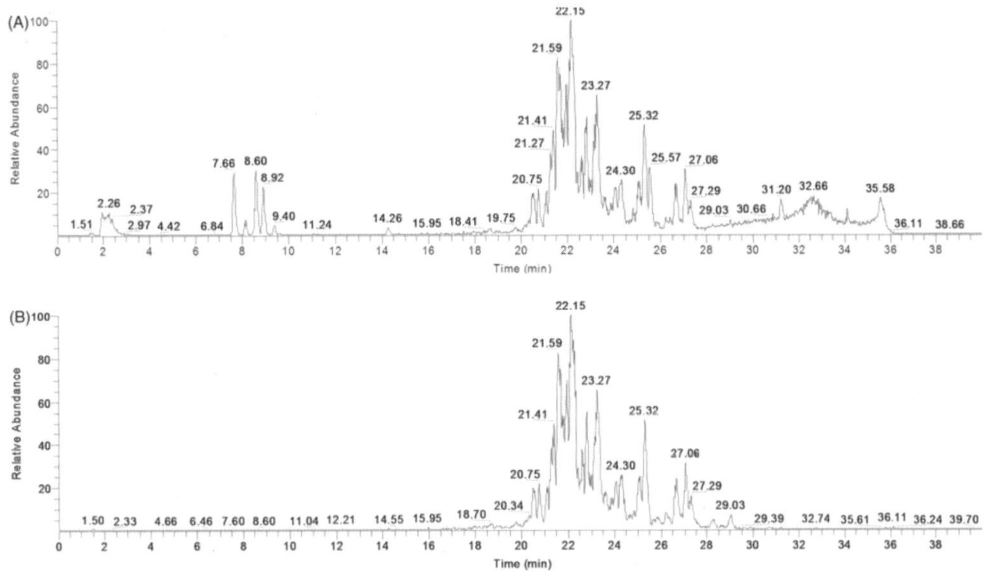

그림 95. 녹차 씨앗 추출물의 사포닌 다량 함유 분액의 LC/TOF-MS 분석

A: m/z 500-1500에서 크로마토그램의 기본 피크 강도, B: m/z 1050-1300에서 크로마토그램의 기본 피크 강도.
(Jong-Deog Kim, Immunopharmacology and Immunotoxicology, 36(3), 202-210, 2014)

에서 5%의 CO_2 배양기에서 배양하였다.

2.5. T-림포사이트의 분리

6-8 주령의 수짓 쥐(BALB/c (Taconic, Chungbuk, Korea))를 독성이 없는 환경의 표준 조건(12 시간 간격으로 명암 조절, 22℃, 상대습도: 50%±5%)에 순치하고 실험에 사용하였다. 식이 및 물은 자유롭게 섭취 하도록 하였고, 동물 실험 지침에 의거 사용하였으며, 전남대학교 동물 실험 윤리위원회의 인준(CNU IACUC - YS - 2013-3)을 받아 실험하였다. 비장을 쥐로부터 무균적으로 분리하여 멸균한 인산 완충 생리 식염 수용액(PBS)에 넣어 보관하였다. 단일 세포 현탁액은 세포 스트레이너를 사용하여 제조하여, 15 mL의 코니칼 튜브에 이행, 사용하였다. 세포 현탁액은 인산 완충 생리 식염 수용액(PBS)으로 2번 세척하고 실온에 10분간 두었다가, ACK 용해 완충용액으로 2-8℃에서 5분간 반응시켜 적혈구를 제거하였다. T-림포사이트는 Dynabeads Untouched Mouse T Cells kit를 제조사의 지시대로 사용하여 분리하였다. 세포 수는 trypan blue로 염색하여 헤아렸으며, T-세포는 2×10^6 cells/mL로 하여 10%(v/v)의 열 처리한 불활성화 된 FBS, penicillin(100 000 U/L), 그리고, streptomycin(100 mg/L)이 들어 있는 DMEM 용액에 재현탁 시켰다.

2.6. 혈구 용해 분석

파이브린을 제거한 양의 혈액을 1,000×g 로 5 분간 원심 분리하여 적혈구(RBC)를 얻었다. 적혈구를 인산 완충 생리 식염수(PBS)를 시용하여 1:2(v/v)로 재현탁하고 다시 같은 방법으로 원심 분리 하였고, 이 작업은 상등액의 색이 없어 질 때까지 3-4회 반복하였다. 용혈 분석은 96-well plate에 PBS에 신선한 적혈구를 20%되게 제조된 용액을 사용하였다. 100 uL의 PBS를 각 well에 첨가하고, 100 uL의 RBC 용액을 첫 번째 열은 blank로 사용하기 위하여 제외하고, 전부의 well에 분주하며, blank 부분은 PBS로 채워서 200 uL가 되게 한다. 다음, 녹차 사포닌의 농도가 20-250 μg/mL이 되게 각 well에 첨가하고 실온의 암소에서 3시간 배양한 후, 흡광도는 플레이트 리드를 사용하여 650 nm에서 측정하였다.

2.7. 세포 생존율의 측정

EL4 및 T-세포의 생존 정도는 96-well을 사용하여 MTT 분석으로 하였다. 각 세포를 4×10^4 cells/well이 되게 96 well에 분주하고 24 시간 배양한 후, 녹차 사포닌의 농도를 5-100 μg/mL이 되게 처리하여, 37℃, 5%의 CO_2농도에서 24시간 배양하였다. 0.5%(w/v)의 MTT 용액을 각각의 배지에 첨가하고 37℃에서 4시간 배양한 다음, MTT용액을 뽑아내고, dimethyl sulfoxide를 각 well에 첨가하여 15분간 formazan을 녹인 다음, 540 nm에서 흡광도 측정하였다. 세포의 생존은 대조군에 비교하여 상대적인 %로 계산하였다. EL4 및 T-세포가 배양액에 유리하는 LDH의 농도는 시험관 독성 분석 키트(in vitro toxicology assay kit)를 사용하여 제조사의 지시대로 측정하였다. 유리된 LDH의 활성은 490 nm에서 흡광도 측정하여 세포의 총 LDH를 %로 나타내었다.

2.8. 세포 자살의 분석

EL4(4×10^4 cells/well) 및 T-세포(8×10^4 cells/well)를 24-well plate에서 양성 대조군으로써 20 uM의 덱사메타손 및 녹차 사포닌을 투여하여 24 시간 배양하였다. Apoptotic DNA Ladder Detection Kit으로 세포 자살 정도, 또는 DNA의 단편을 제조사의 지시대로 측정하였다.

2.9. 사이토카인 mRNA의 발현 분석

사이토카인 mRNA 발현의 분석을 위하여 세포를 24 well 플레이트에 9.6×10^4 cells/well로 분주하였다. EL4 및 T-세포는 10%(v/v)의 열처리한 불활성화 된 FBS, penicillin (100,000 U/L) 및 streptomycin(100 mg/L)이 들어 있는 DMEM 용액으로 유지하였다. 세포는 사포닌+OVA, CFA(양성 대조군), 사포닌 및 OVA 를 처리하여 24 시간 동안 활성화 시켰다. EL4 및 T-세포의 총 세포의 RNA는 TRI 용액을 사용하여 분리하였고, 상보적인 DNA(cDNA)는 1 ug의 총 RNA를 Revert Aid Premium First Strand cDNA Synthesis Kit(Thermo Scientific, Glen Burnie, MD)으로 합성하였다. 그리고, 각각 특정의 프라이머(표 30)를 사용하여 IL-1, IL-2, IL-4, IL-8, IL-10, IL-12, IFN-γ, TNF-α, NF-kB, MAPK 및 ERK2의 발현을 RT-PCR로 분석하였다. PCR 반응은 Ex Taq Hot Start Version(Takara, Otsu, Japan)을 사용하였으며, 처

음 불활성화 사이클은 94℃에서 3분간 반응 시킨 후, 94℃에서 30 초간, 60℃에서 45 초간, 그리고, 72℃에서 1분간씩을 적용하여 50 사이클을 운용하였고, 마지막 72℃에서의 7분간은 불완전한 복제를 완결시키기 위하여 실행하였다. 증폭된 산물들은 1.5% agarose gel을 사용하여 전개시키고, UV 투영으로 확인하였으며, 각 밴드의 강도는 ImageJ software (NIH, Bethesda, MD)을 사용하여 분석하였고 발현 정도는 β-actin을 근간으로 분석하였다.

표 30. 각 사이토카인의 프리이머 구성, 크기 및 유전자 은행 목록 번호

Gene	Primer sequence	Gene Bank Accession No.	Size (bp)
IL-1	F 5′-GCA GCA GGG TTT TCT AGG TG-3′ R 5′-CTT TAA GGA CGG GAG GGA GA-3′	NM_010554.4	204
IL-2	F 5′-AAC CTG AAA CTC CCC AGG AT-3′ R 5′-TCA TCA TCG AAT TGG CAC TC-3′	NM_008366.3	236
IL-4	F 5′-TCA ACC CCC AGC TAG TTG TC-3′ R 5′-TCT GTG GTG TTC TTC GTT GC-3′	NM_021283.2	184
IL-8	F 5′-GAG CCA AGG CAA GAA CAC TG-3′ R 5′-AAA TGG GTG GAT GAC TGT CC-3′	NM_011339.2	157
IL-10	F 5′-CCA GGG AGA TCC TTT GAT GA-3′ R 5′-CAT TCC CAG AGG AAT TGC AT-3′	NM_010548.2	173
IL-12	F 5′-ATG ACC CTG TGC CTT GGT AG-3′ R 5′-GAA GCA GGA TGC AGA GCT TC-3′	NM_001159424.1	241
IFN-γ	F 5′-ACT GGC AAA AGG ATG GTG AC-3′ R 5′-GAC CTG TGG GTT GTT GAC CT-3′	NM_008337.3	212
TNF-α	F 5′-AGC CCC CAG TCT GTA TCC TT-3′ R 5′-CCA CTC TCC CTT TGC AGA AC-3′	NM_013693.2	216
NF-κB	F 5′-GCG TAC ACA TTC TGG GGA GT-3′ R 5′-CCG AAG CAG GAG CTA TCA AC-3′	NM_009045.4	178
ERK-2	F 5′-TAA GGT GCC ATG GAA CAG GT-3′ R 5′-TCG TCC AAC TCC ATG TCA AA-3′	NM_001038663.1	198
p38 MAPK	F 5′-ATG GTG CAG GAA AAC AGG AC-3′ R 5′-CGT CTC TCC CTT TGT TCA GC-3′	NM_001168508.1	163
β-actin	F 5′-GTT GGT TGG AGC AAA CAT CC-3′ R 5′-GAG GGT GAG GGA CTT CCT GT-3′	NM_007393.3	151

2.10. 통계 분석

데이타는 최소 3회 실험으로 평균±표준 편차로 나타내었고, SPSS 프로그램을 사용하였다(SPSS Inc., Chicago, IL, version 21.0). 유의성의 차이는 Tukey–Kramer posthoc analysis으로부터 $p < 0.05$를 나타낸다.

3. 결과

3.1. 녹차 사포닌의 용혈작용

녹차 사포닌의 용혈 효과는 대조군에 비교하여 유리되는 헤모글로빈량을 %로 나타내었다. 녹차 사포닌은 25-75 μg/mL의 농도에서 유의성 있는 용혈 작용을 나타내지 않았으며, 녹차 사포닌의 농도의 증가에 따라 용혈 정도도 증가되었고 용혈의 최대치는 대조군에 비교하여 92.12%로써, 이때의 녹차 사포닌의 농도는 500 μg/mL이었다(그림 96).

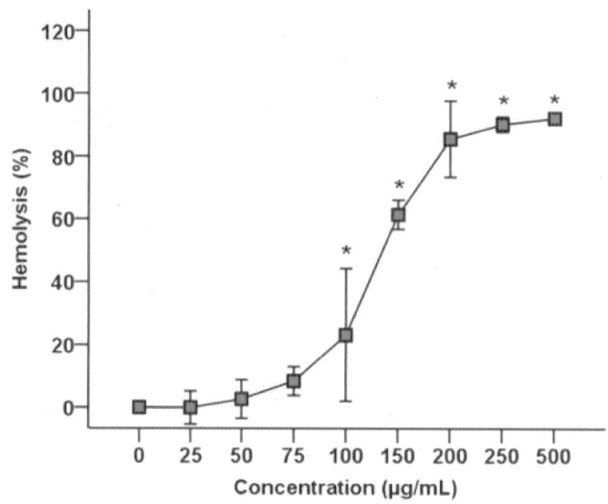

그림 96. 녹차 사포닌의 양(羊) 적혈구에 대한 용혈 효과

유리되는 헤모글로빈의 량은 650 nm 에서 측정하였으며, 25-500 mg/mL의 농도에서 용량 의존적으로 증가되었음. 수치는 평균±표준 편차(n=3)으로 나타내었고, 유의성(*)은 대조군에 비교하여 p 〈 0.05를 나타냄

(Jong-Deog Kim, Immunopharmacology and Immunotoxicology, 36(3), 202-210, 2014)

3.2. 세포의 활성도 및 분화 분석

EL4 세포 및 T-림포사이트를 대상으로 녹차 사포닌을 5-100 μg/mL로 24 시간 처리하였고, EL4 세포는 10 μg/mL에서는 별로 차이가 나지 않았으나, 100 μg/mL에서는 생존율이 6 배 정도로 감소하였다. 25 μg/mL과 50 μg/mL에서는 대조군에 비교하여 각각 75.05% 및 43.9%로 감소하였다(그림 97A). T-림포사이트는 5-15 μg/mL에서는 중요한 차이가 나지 않았으나, 25-100 μg/mL에서는 현저히 세포가 증가됨을 보였다(그림 97B).

3.3. 젖산 탈수소효소(LDH)의 활성 분석

LDH 활성 분석에서, LDH의 유리는 원형질 막의 투과성의 증대의 결과로 일어나며 세포사멸의 지표가 되는데, EL4 세포에서 15 μg/mL까지는 큰 변화가 없었으나, 녹차 사포닌의 농도가 25, 50 및 100 μg/mL로 증가함에 따라 32.20%, 62.77% 및 93.36%로 각각 현저히 증가하였다(그림 98A). T-림포사이트에서는 대조군과 비교하였을 때 LDH 의 유리는 그다지 크게 증가되지 않았으나, 25 μg/mL에서는 유의성 있게 감소된 것으로 나타났다(그림 98B).

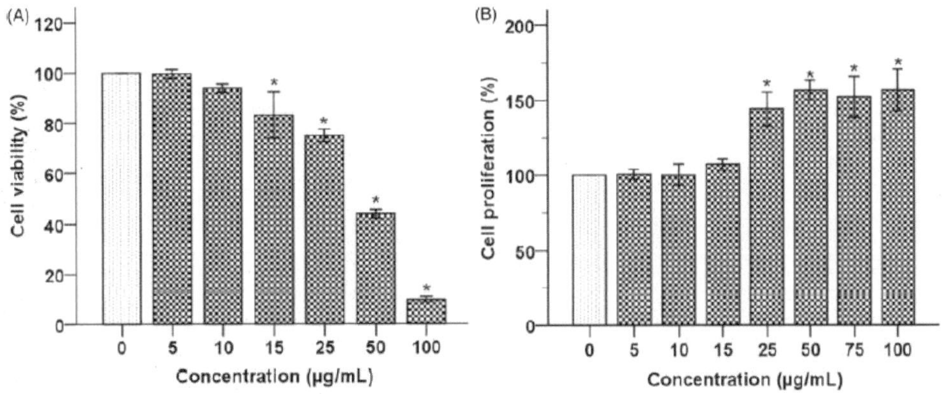

그림 97. 녹차 사포닌에 의한 세포의 활성도 및 분화 분석

(A) EL4 세포, (B) T-림포사이트.
EL4(4×10^4 cells/well) 및 T-세포(8×10^4 cells/well)를 녹차 사포닌의 다양한 농도로 처리후 24시간 배양함. LDH의 유리량은 대조군에 비교하여 %로 나타냄. 수치는 평균±표준 편차(n=3)으로 나타내었고, 유의성(*)은 대조군에 비교하여 $p < 0.05$를 나타냄.

(Jong-Deog Kim, Immunopharmacology and Immunotoxicology, 36(3), 202-210, 2014)

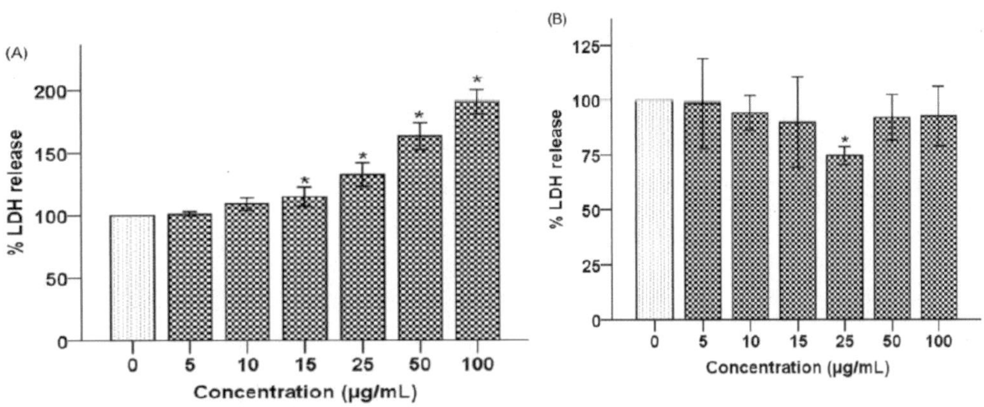

그림 98. 녹차 사포닌의 LDH 유리에 대한 효과

(A) EL4 세포, (B) T-림포사이트.
EL4(4×10^4 cells/well) 및 T-세포(8×10^4 cells/well)를 녹차 사포닌의 다양한 농도로 처리 후 24시간 배양함. LDH의 유리량은 대조군에 비교하여 %로 나타냄. EL4세포는 농도에 따른 LDH가 증가되나, T-세포는 별로 변화가 없음. 수치는 평균±표준편차(n=3)으로 나타내었고, 유의성(*)은 대조군에 비교하여 $p < 0.05$를 나타냄.

(Jong-Deog Kim, Immunopharmacology and Immunotoxicology, 36(3), 202-210, 2014)

3.4. DNA 분해 효과

EL4 세포 및 T-림포사이트에 대하여 녹차 사포닌이 세포 자살(apoptopsis) 유도 효과가 있는지를 확인하기 위하여 DNA 단편화 분석을 하였으며, 24 시간동안 녹차 사포닌을 5-25

μg/mL까지 5 μg/mL 간격으로 처리한 후 전개하였을 때 T-림포사이트에서는 사다리 형태가 보이지 않았으나(그림 99B), EL4 세포에서는 나타나 녹차 사포닌이 EL4 세포에서 세포 자살을 유도하는 것으로 나타났다(그림 99A).

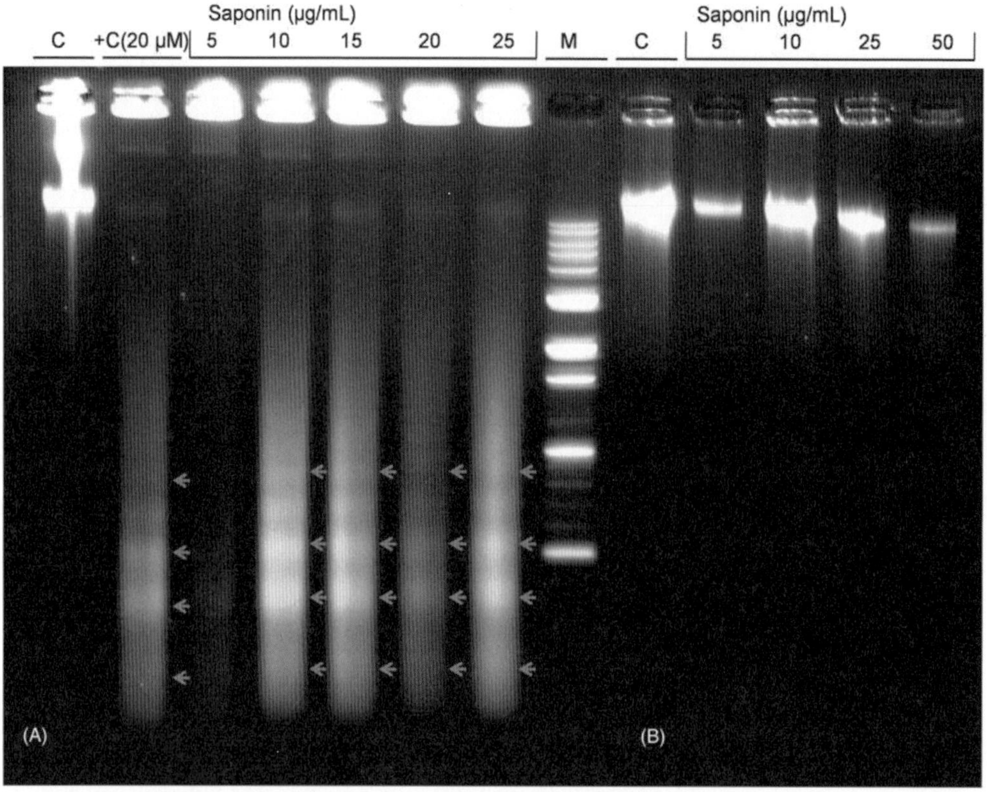

그림 99. 녹차 사포닌의 DNA 단편화 효과

(A) EL4 세포, (B) T-림포사이트.
EL4(4×10[4] cells/well) 및 T-세포(8×10[4] cells/well)를 녹차 사포닌의 다양한 농도로 처리후 24시간 배양함. EL4세포는 ethidium bromide첨가 겔에서 사포닌의 농도에 따라 사다리 현상이 보이나 T-세포는 보이지 않음.
(Jong-Deog Kim, Immunopharmacology and Immunotoxicology, 36(3), 202-210, 2014)

3.5. T-림포사이트에 대한 녹차 사포닌의 면역 중개 효과

비독성 안전 용량의 녹차 사포닌이 T-림포사이트의 면역 중개 효과가 있는지를 사포닌과 OVA의 조합, CFA(complete Freund's adjuvant), 녹차 사포닌 및 OVA 단독으로 투여하여 실험하였다.

사포닌과 OVA의 조합이 녹차 사포닌 및 OVA의 단독 성분에 비교하여 농도 의존적으로 Th1이 생산하는 사이토카인인 IL-1, IL-2, IL-12, IFN-γ 및 TNF-α의 발현을 현저히 증가시킨 것으로 나타났으며, Th2 사이토카인인 IL-8 및 IL-10의 발현을 감소시켰다(그림 100). 발현의 증가 정도는 사포닌과 OVA의 조합의 25 mg/mL농도에서 IL-1가 3.4-배(그림 100C),

IL-2(3.8-배) (그림 100D), IL-12(1.7-배) (그림 100E), IFN-ɣ(1.74-배) (그림 100F), 그리고, TNF-α(1.71-배) (그림 100G)로 나타났다. Th2 사이토카인 및 chemokine은 IL-10이 4.8배, IL-8이 2.4배로 감소하였다(그림 100H 및 그림 100I).

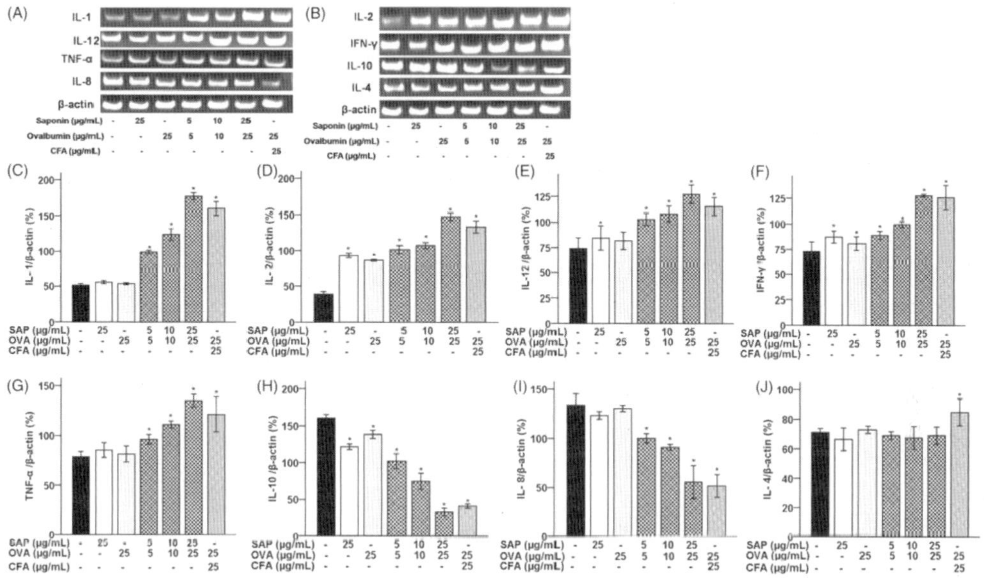

그림 100. T-림포사이트의 녹차 사포닌에 의한 사이토카인 관련 유전자의 발현

T-세포(8×10^4 cells/well)에 사포닌(SAP), ovalbumin(OVA), 사포닌+OVA의 조합, CFA (complete Freund's adjuvant) 등을 처리하여 24시간 배양함. IL-1, IL-2, IL-4, IL-8, IL-10, IL-12, IFN-ɣ 및 TNF-α의 mRNA 발현을 RT-PCR로 분석함, 밴드의 강도는 β-actin을 근간으로 함. 수치는 평균±표준 편차(n=3)으로 나타내었고, 유의성(*)은 대조군에 비교하여 $p < 0.05$를 나타냄.

(Jong-Deog Kim, Immunopharmacology and Immunotoxicology, 36(3), 202-210, 2014)

3.6. 녹차 사포닌의 EL4에 대한 p38MAPK 신호 전달 경로 조절에 의한 항원 보조제로서의 효과

녹차 사포닌의 EL4에 대한 항원 보조제 효과 시험하기 위해서 사포닌의 농도를 5-25 μg/mL로 하였다. 사포닌과 OVA의 조합이 TNF-α의 발현은 향상시켰으나(그림 101C), IL-4, IL-8 및 NF-kB의 발현은 억제시켰다(그림 101B, 그림 101F 및 그림 101D). 또한 녹차 사포닌 및 OVA 단독으로서는 중간 정도의 발현이 되었으나, 이 조합은 p38MAPK 및 ERK2의 발현을 농도 의존적으로 억제하였다(그림 101G 및 그림 101H). 이 조합은 대조군에 비교하여 세포 자살 억제 인자인 IL-4의 발현을 1.96배로 억제하였고, 세포 자살 인자인 TNF-α를 5.4 배로 향상시켰다. 그리고, 이 조합은 또한, 암세포 촉진 분자인 NF-kB를 1.8 배, IL-8을 3.78 배 억제시켰다(그림 101D 및 그림 101F). 사포닌 및 CFA 항원 보강제도 NF-kB를 억제 조절하였으며, ERK2(2.4배) 및 p38MAPK(2.38배)를 억제하였고(그림 101G 및 그림 101H), NF-kB, IL-4 및 IL-8들은 암을 촉진시키는 중요한 인자들이다.

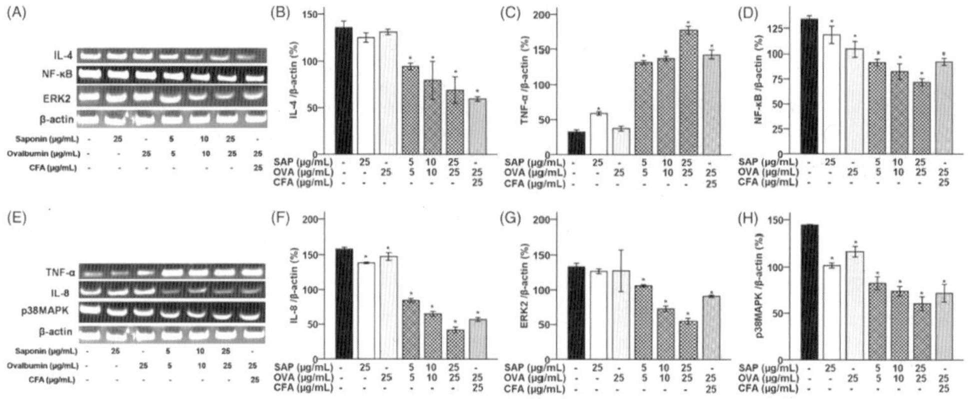

그림 101. EL4 세포의 녹차 사포닌에 의한 암 관련 유전자의 발현

EL4(4×10^4 cells/well)에 사포닌(SAP), ovalbumin(OVA), 사포닌+OVA의 조합, CFA(complete Freund's adjuvant)등을 처리하여 24시간 배양함. IL-4, IL-8, TNF-α, NF-kB, MAPK 및 ERK2의 mRNA 발현을 RT-PCR로 분석함, 밴드의 강도는 β-actin을 근간으로 함. 수치는 평균±표준 편차(n=3)으로 나타내었고, 유의성(*)은 대조군에 비교하여 $p < 0.05$를 나타냄.
(Jong-Deog Kim, Immunopharmacology and Immunotoxicology, 36(3), 202-210, 2014)

4. 녹차 사포닌과 면역 증가 작용

면역 반응을 증가 시킬 수 있는 항암제의 개발이 필요한 시점에서 녹차 사포닌의 기대는 클 수밖에 없다고 판단된다.

녹차 사포닌은 림프종 세포를 농도 의존적으로 억제하였으나, T-림포사이트는 농도 증가(25-100 mg/mL)에 따라 세포의 증식을 유도하였고, 녹차 사포닌은 림프종 세포에 대하여 10 mg/mL의 농도로 세포 자살 효과를 유도 및 세포 독성을 나타내었으며, 이는 덱사메타손의 20 mM에 해당되는 농도이다.

우리는 녹차 사포닌이 T-림포사이트에 대하여 면역 조절 작용이 있다는 것을 밝혔고, 사포닌 및 OVA 단독으로는 면역 향상 효과를 크게 일으키지 못하였으나, 녹차 사포닌과 OVA의 조합은 양성 대조군인 CFA 보다 훨씬 강한 면역 효과를 나타내었다. 녹차 사포닌 및 OVA의 조합은 Th1 사이토카인인 IL-1, IL-2, IL-12, IFN-γ 및 TNF-α의 분비를 유도하고, IL-8 및 IL-10의 분비를 억제하였으며, 그리고, 녹차 사포닌은 IL-2의 발현을 3.4배 증가시켰다. 사포닌을 OVA와 조합하였을 때 사포닌 자체만 사용하였을 때보다 면역 반응을 훨씬 증가시키는 사실을 발견했다. 따라서 녹차 사포닌은 Th1 및 Th2의 면역 반응을 조절함으로써 항원 보강제로서의 기능을 발휘하였다. MAPK의 활성은 ERK2의 인산화를 유도하고, NF-kB를 활성화함으로써 일반 세포들의 암세포로의 전환을 강화 시키는 역할을 하는데, 녹차 사포닌은 단독으로 또는 OVA와의 조합으로 MAPK 활성 및 ERK2 및 NF-kB를 억제하고, TNF-α를 향상시킴으로써 항암제의 기능을 보였다. 또한, 녹차 사포닌은 IL-4,

NF-kB 및 TNF-α를 조절함으로써 T-세포의 증식을 촉진하고 림프종 세포에 대하여 독작용을 나타냄으로써 암세포에 대한 백신으로서의 사용도 기대할 수 있다.

결론적으로 녹차 사포닌의 항원 보강제로서의 역할이 Th1의 면역 작용을 직접적으로 향상시키고 Th2 및 MAPK의 활성을 억제시킴으로써 항암 제제로서의 역할을 할 수 있다는 것을 규명하였다.

따라서, 녹차 사포닌의 항원 보강제로서의 기능을 활용한 항암제의 개발이 필수적이란 것을 제언한다.

제5장

유용 균주의 성장을 촉진하는 효과를 갖는 약용 자원

1. ROS제거 및 장내 유용 세균의 활성을 증가시키는 약용 자원군 탐색
2. 유용 세균의 활성을 증가시키는 약용 자원 조합의 항 산화력
3. 유용 균주의 성장 촉진 배합비

제5장

유용 균주의 성장을 촉진하는 효과를 갖는 약용 자원

1. ROS제거 및 장내 유용 세균의 활성을 증가시키는 약용 자원군 탐색

1.1. 한 종류의 약용 자원

장내의 유용 균주 *L. acidophilus, L. plantarum, B. adolescentis, B. bifidum, B. infantis, C. butyricum* 등의 세균의 성장을 향상시키는 약용 자원 추출물을 대조군 군과 비교하여 검색하였고, 각 균주의 성장은 세균의 특성에 맞는 배지에 3%의 약용 자원을 가하여 전 배양한 균주를 37℃에서 배양하면서 6 시간 간격으로 시료를 채취하여 660 nm에서 흡광도를 측정하였다.

가. *L. acidophilus* (MRS Medium)

이 균주를 MRS Medium 에 30 종류의 약용 자원을 첨가하여 배양하였을 때 백작약, 백출, 음양곽, 석창포, 진피, 당귀, 오가피, 구기자, 계피, 괴화, 황백, 연자육, 천문동 및 상백피 등을 첨가한 세균의 성장 정도가 대조군보다 성장이 좋은 것으로 나타나, 이들 약용 자원은 *L. acidophilus* 균주의 성장을 촉진하는 것으로 판단되었고, 그 결과를 그림 102에 나타내었다. *L. acidophilus* 균주의 성장을 촉진하는 각각의 약용 자원들을 장에 대한 기능은 백작약은 해독(解毒)작용과 통증 완화(止痛)작용을 하며, 백출은 소변이 잘 나오지 않는 것(小便難)을 치료하며, 음양곽은 정자의 생산(益精), 건망증의 해소, 소변이 잘나오지 않음을 치료하고, 석창포는 간(肝), 심장(心), 비장(脾), 폐(肺), 신장(腎)의 오장을 도우고(補五臟), 전간, 건망증을 치료하며, 진피는 음식을 먹은 후의 체한 것(導滯)과, 또한 위암을 치료하고, 당귀는 장에 활력(活腸)주며, 생리불순(生理不順)을 치료하고, 오가피는 사지불수 및 자보간신(滋補肝腎) 작용을, 구기자는 간과 신장, 그리고 익정(益精)을, 계피는 혈액을 잘 돌게 하며(活血), 괴화는 오장의 기생충을 죽이고(殺五臟蟲), 치혈(痔血)을 치료하며, 황백은 해독, 살충, 황달 및 여성의 대하를 치료하고, 연자육은 비장의 활성을 도우며(補卑), 장의 활성(澁腸)을, 천문동은 폐의 기능을 도우고(補肺氣), 소변이 잘 나오게 하며(利小便), 그리고, 상백피는 토하고 설사하며 위의 경련(癨亂吐瀉)에 각각 효과가 있는 것으로 알려져 있다.

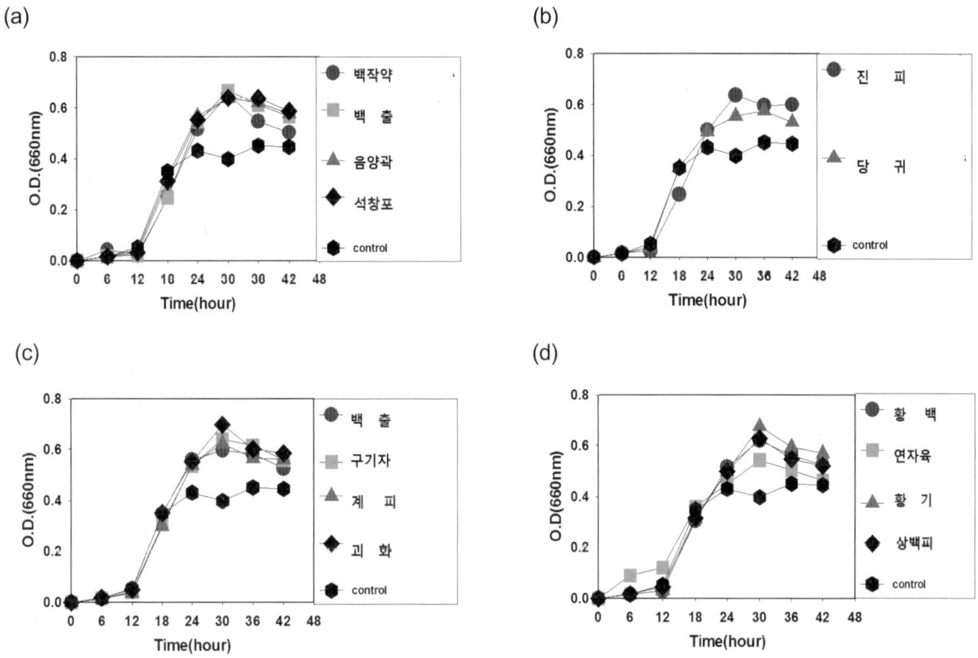

그림 102. *L. acidophilus* 의 성장을 촉진 시키는 약용 자원, 대조군과 약용 자원 (a), (b), (c) 및 (d)

(Jong-Deog Kim, Kor. J. Microbiol. Biotechnol., 30(3), 270-281, 2002, 한국 특허: 0503925호, 2005)

이들의 공통 작용은 신체의 간, 심장, 비장, 폐 신장의 오장에 작용하여 그 활력을 도우는 것이며 상승시키는 작용을 한다. 따라서, 이들 약용 자원들이 적어도 장내 유용 세균의 성장에 도움을 주며, 이에 따라 장의 활성화에도 기여하는 것으로 사료된다. 또한 이러한 약용 자원은 장내의 *L. acidophilus* 균주의 성장을 활성화하고, 이에 따라 오장의 기능을 상승시키는 것으로 보아도 무방할 것으로 판단된다.

나. *L. Plantarum* (MRS + 0.5% Lactose Medium)

이 균주를 MRS 배지에 약용 자원을 첨가하여 *L. plantarium*을 배양하였을 때, 황백, 연자육, 천문동, 상백피, 오가피, 구기자, 계피, 괴화, 산수유 및 현초 등은 대조군 군보다 성장이 좋은 것으로 나타났으며, 이들 약용 자원은 *L. plantarium* 균주의 성장을 촉진하는 것으로 판단되었고, 그 결과를 그림 103에 나타내었다. *L. plantarium* 균주의 성장을 촉진하는 각각의 약용 자원들을 장에 대한 기능을 살펴보면 황백, 연자육, 천문동, 상백피, 오가피, 구기자, 계피 및 괴화는 *L. acidophilus*의 효능에서 살펴보았으며, 산수유는 정액을 고이게 하고(澁精), 장과 위의 나쁜 기운을 제거(腸胃風邪)하는 역할을 하며, 현초는 설사와 이질을 치료하는 역할을 하는 것으로 알려져 있다. *L. acidophilus*의 활성을 증가시키는 약용 자원들과는 많은 부분이 중복되는 것을 볼 수 있으며, *Lactobacillus* sp.는 비슷한 종류의 약용 자원에 의하여 성장이 촉진되는 것는 흥미로운 일이며, 장내 세균의 조절에 유용하게 응용될 수 있을 것으로 사료된다.

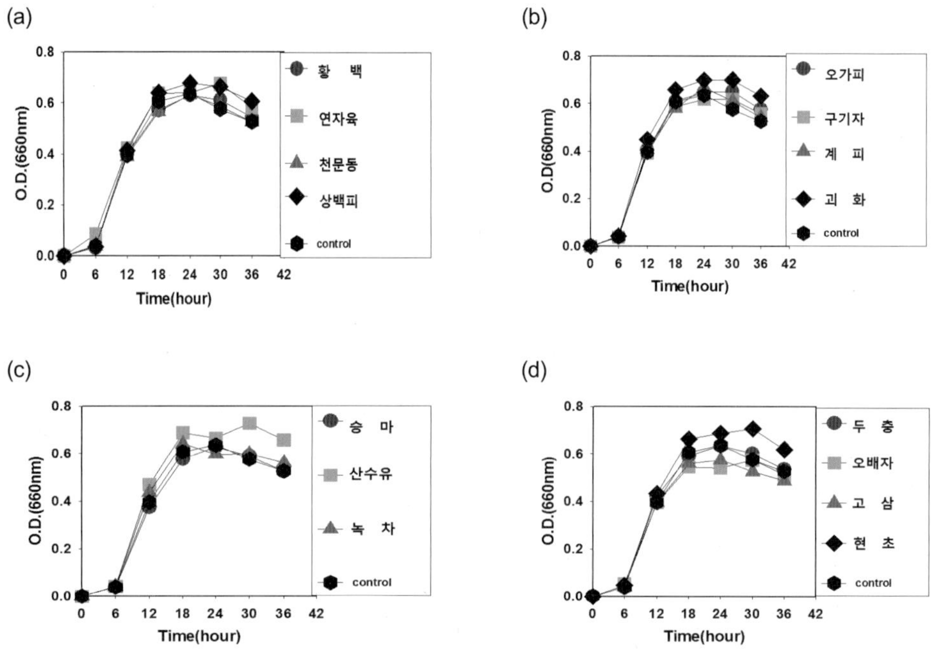

그림 103. *L. plantarium* 의 성장을 촉진 시키는 약용 자원, 대조군과 약용 자원 (a), (b), (c) 및 (d)

(Jong-Deog Kim, Kor. J. Microbiol. Biotechnol., 30(3), 270-281, 2002, 한국 특허: 0503925호, 2005)

다. *B. adolescentis*

B. adolescentis 균주를 Bifidobacterium 배지에 30 종류의 천연 산물을 첨가하여 배양하였을 때, 오가피(五加皮), 구기자(枸杞子), 괴화(槐花), 황백(黃柏), 상백피(桑白皮), 진피(陳皮) 및 당귀(當歸) 등의 약용 자원에 의하여 성장이 촉진되었으며, 대조군 군에 비교하여 이 균주의 성장 정도를 그림 104에 나타내었다. *B. adolescentis* 균주의 성장을 촉진하는 각각의 천연 산물들을 장에 대한 기능은 오가피(五加皮)는 간 및 신장의 기능을 도우는 (滋補肝腎) 작용을, 구기자(枸杞子)는 간과 신장 그리고 정력을 도우고(益精), 계피(桂皮)는 혈액을 잘 돌게 하며(活血), 괴화(槐花)는 오장의 기생충을 죽이고(殺五臟蟲), 혈루성 치질(痔血)을 치료하며, 황백(黃柏)은 해독(解毒), 살충(殺蟲), 황달(黃疸) 및 여성의 대하(帶下)를 치료하고, 진피(陳皮)는 음식을 먹고 체한 증상(導滯)을 내리며, 위암(反胃)에도 효과가 있으며, 당귀(當歸)는 장의 활성화(活腸)를 기하고, 여성들의 생리 불순(生理不順)을 치료하며, 상백피

(桑白皮)는 토하고 설사하며 위의 경련(癨亂吐瀉)에 각각 효과가 있는 것으로 알려져 있으며, 이 약용 자원들의 공통 작용은 신체의 간, 심장, 비장, 폐 신장의 오장(五臟)에 작용하여 그 활력을 도우는 것이며 기능을 상승시키는 작용을 한다. 따라서 이들 약용 자원들이 적어도 장내 유용 세균 *B. adolescentis* 의 성장에 도움을 주며 이에 따라 장의 활성화에도 기여하는 것으로 사료된다.

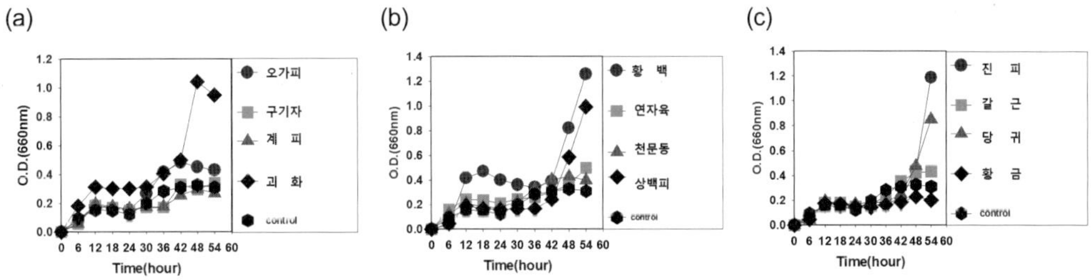

그림 104. *B. adolescentis* 의 성장을 촉진 시키는 약용 자원, 대조군과 약용 자원 (a), (b) 및 (c)

(Jong-Deog Kim, Korean J. Biotechnol. Bioeng., 17(4), 388-395, 2002, 한국 특허: 0503925호, 2005)

그림 104에서 볼 수 있는 바와 같이 대조군 보다 3배 이상 성장이 촉진된 것을 볼 수 있으며, 한가지의 약용 자원 중 괴화, 황백, 상백피, 진피 및 당귀 등은 아주 현저하게 촉진시키는 것을 볼 수 있는데, 사람에 있어 나쁜 열기를 없애주거나(淸熱), 혈액의 증진시키는 효과(養血)를 갖는 공통점이 있는 것을 볼 때, *B. adolescentis*에서도 환경에 빨리 적응하게 하여 분열을 촉진시키거나 필요한 영양분을 빨리 전달 할 수 있는 수송 시스템을 촉진하는 것으로 사료된다.

라. *B. bifidum*

B. bifidum 는 연자육(蓮子肉), 산수유(山茱萸), 사간(射干) 등에 의하여 성장이 촉진되었으며, 대조군 군에 비교하여 이 균주의 성장 정도를 그림 105에 나타내었다. 이들 약용 자원의 장에 대한 기능은 연자육(蓮子肉)은 비장을 보하고(補脾), 정액을 고이게 히며(澁精), 신수유(山茱萸)는 징액을 고이게 하고(澁精), 장과 위의 나쁜 기운을 제거(腸胃風邪)하는 역할을 하며, 사간(射干)은 위장 내의 뭉침(胃癰)를 풀어주며, 대소변을 잘 통하게(二便不通)하는 역할을 하는 것으로 알려져 있다. 그림 105에서 볼 수 있는 바와 같이 대조군 보다 1.5 배 이상 성장이

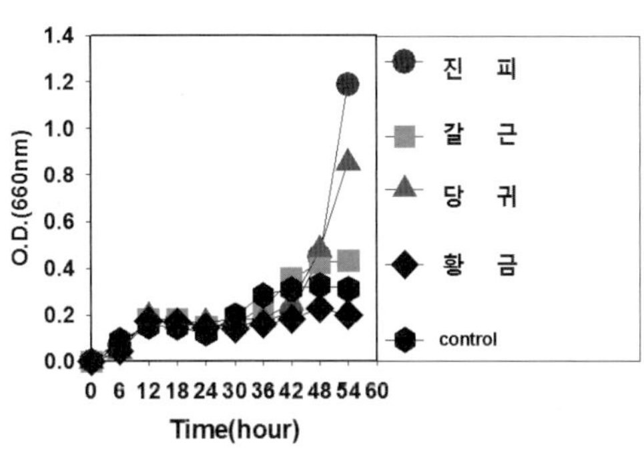

그림 105. *B. bifidum*의 성장을 촉진 시키는 약용 자원

(Jong-Deog Kim, Kor. J. Microbiol.Biotechnol., 30(4), 388-394, 2002, 한국 특허: 0503925호, 2005)

촉진된 것을 볼 수 있으며, 한가지의 약용 자원 중 연자육(蓮子肉), 산수유(山茱萸), 사간(射干) 등은 사람에 있어 하초(下焦)를 향상시키는 효과(利下焦)를 갖는 공통점이 있는 것을 볼 때 *B. bifidium* 에서도 분열을 촉진시키거나 막의 수송계을 촉진하는 것으로 사료된다.

마. *B. infants* (Bifidobacterium Medium)

B. infants 균주는 진피(陳皮), 오가피(五加皮), 산수유(山茱萸), 녹차(綠茶), 두충(杜冲), 오배자(五倍子), 현초(玄草), 백굴채(白屈菜) 및 황기(黃芪) 등의 약용 자원에 의하여 성장이 촉진되었으며, 나머지의 약용 자원은 이 균의 성장을 저해하여 약용 자원으로써 이 세균의 제어가 가능한 것으로 나타났으며, 대조군에 비교하여 이 균주의 성장 정도를 그림 106에 나타내었다.

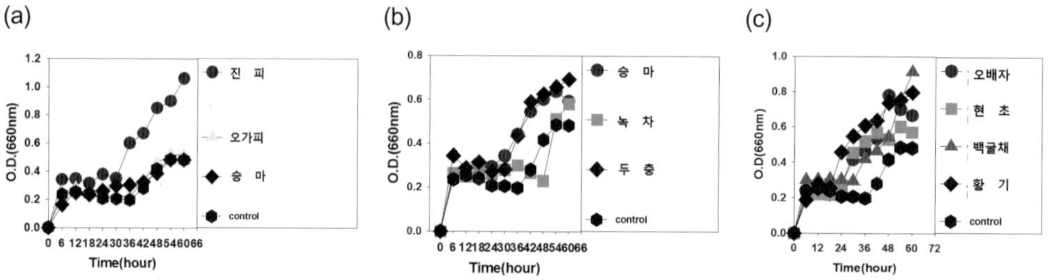

그림 106. *B. infantis* 의 성장을 촉진 시키는 약용 자원, 대조군과 약용 자원 (a), (b) 및 (c)

(Jong-Deog Kim, Kor. J. Korean Soc. Food Sci. Nutr. 31(5), 931-938, 2002, 한국 특허: 0503925호, 2005)

B. infants 균주의 성장을 촉진하는 각각의 약용 자원들을 장에 대한 기능을 살펴 보면 진피(陳皮)는 음식을 먹고 체한 증상(導滯)을 내리며, 위암(反胃)에도 효과가 있으며, 오가피(五加皮)는 간 및 신장의 기능을 도우는(滋補肝腎) 작용을, 산수유(山茱萸)는 정액을 고이게 하고(澁精), 장과 위의 나쁜 기운을 제거(腸胃風邪)하는 역할을 하며, 녹차(綠茶)는 열을 사하고 정신을 맑게 하며(瀉熱淸神), 소변이 잘 나오게 (利尿)하는 작용이 있고, 두충(杜冲)은 정력과 기를 왕성(益精氣)하게 하고, 오배자(五倍子)는 해독 작용을, 현초(玄草)는 이질을 치료하며, 백굴채(白屈菜)는 위암 및 궤양을 치료하고, 황기(黃芪)는 폐를 보하며(補肺), 여성의 대하 및 소변(閉塞)을 치료하는 것으로 알려져 있다. 그림 106에서 볼 수 있는 바와 같이 그래프(a)의 진피는 대조군 보다 2.5 배 이상, 그래프(c)의 백굴채, 황기는 2 배 이상 성장이 촉진된 것을 볼 수 있으며, 사람에 있어 기(氣)을 이행시키고, 해독(解毒)하는 공통점을 갖고 있다.

바. *C. butyricum ATCC 19398* 균주(Clostridium acetobutylicum Medium)

Clostridium acetobutylicum 배지를 사용하여 배양하였으며, 구기자, 괴화, 백굴채, 백작약, 백출, 음양곽, 석창포, 진피, 당귀, 황금 및 오가피 등은 대조군보다 성장이 좋은 것으로 나타났으며, 이 들의 생체에 대한 효과를 보면, 구기자(枸杞子)는 간과 신장, 그리고 정력을 도우고(益精), 괴화(槐花)는 오장의 기생충을 죽이고(殺五臟蟲), 혈루성 치질(痔血)을 치료하며, 백굴채 (白屈菜)는 위암 및 궤양을 치료하고, 백작약은 해독(解毒)작용과 통증 완화(止痛)작용을 하고, 백출은 소변이 잘 나오지 않는것(小便難)을 치료하며, 음양곽(淫羊藿)은 정자의 생산(益精), 건망증의 해소, 소변이 잘나오지 않음을 치료하고, 석창포는 간(肝), 심장(心), 비장(脾), 폐(肺), 신장(腎)의 오장을 도우고 (補五臟), 전간, 건망증을 치료하며, 진피(陳皮)는 음식을 먹고 체한 증상(導滯)을 내리고, 위암(反胃)에도 효과가 있으며, 당귀(當歸)는 장의 활성화(活腸)를 기하고, 여성들의 생리 불순(生理不順)을 치료하며, 황금(黃芩)은 해독 작용 및 방광을 튼튼하게 하고, 황달을 치료하며, 오가피(五加皮)는 사지불수, 간 및 신장의 기능을 도우는(滋補肝腎) 작용을 한다. 대조군에 비교하여 이 균주의 성장 정도를 아래의 그림 107에 나타내었다.

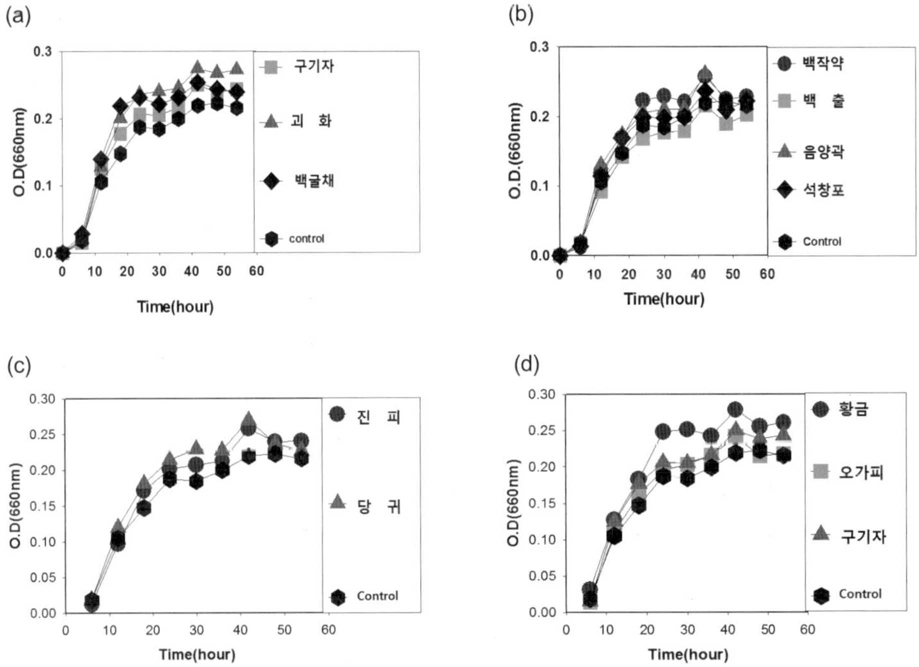

그림 107. *C. butyricum* 의 성장을 촉진 시키는 약용 자원, 대조군과 약용 자원 (a), (b), (c) 및 (d)
(Jong-Deog Kim, Kor. Korean Journal of Life Science, 12(5), 595-604, 2002, 한국 특허: 0503925호, 2005)

1.2. 두 종류의 약용 자원 조합

가. *L. acidophilus*

한 가지의 약용 자원으로써 성장의 촉진 효과가 있었던 약용 자원들을 두 종류씩 조합한 석창포+계피, 석창포+괴화, 석창포+황기, 석창포+승마, 진피+갈근, 진피+계피, 진피+녹차 및 갈근+계피 등의 두가지의 약용 자원의 조합에 의한 성장 촉진 효과는 뚜렷하지 않았으나, *L. acidophilus*의 성장이 촉진되었으며, 그 결과를 그림 108에 나타내었다. 각 약용 자원은 조합에 의하여 서로의 상승 효과 및 제어 효과로 작용하는 것으로 사료된다.

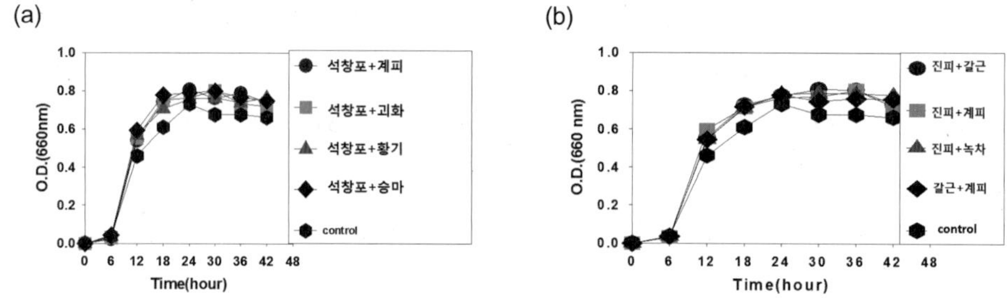

그림 108. *L. acidophilus* 의 성장을 촉진 시키는 2종류 약용 자원의 조합, 대조군과 약용 자원 (a) 및 (b)

(Jong-Deog Kim, Kor. J. Microbiol. Biotechnol., 30(3), 270-281, 2002, 한국 특허: 0503925호, 2005)

나. *L. Plantarum*

한가지의 약용 자원으로써 성장의 촉진 효과가 있었던 약용 자원들을 두 종류씩 조합한 백작약+산수유, 백작약+음양곽, 백작약+황련, 백작약+오미자, 오미자+감초, 오미자+녹차, 감초+녹차, 황련+오미자, 황련+감초, 황련+녹차, 현초+오미자, 현초+감초 및 현초+녹차 등은 대조군 군보다 성장이 좋은 것으로 나타났으며, 이 균주의 성장 정도를 그림 109에 나타내었다.

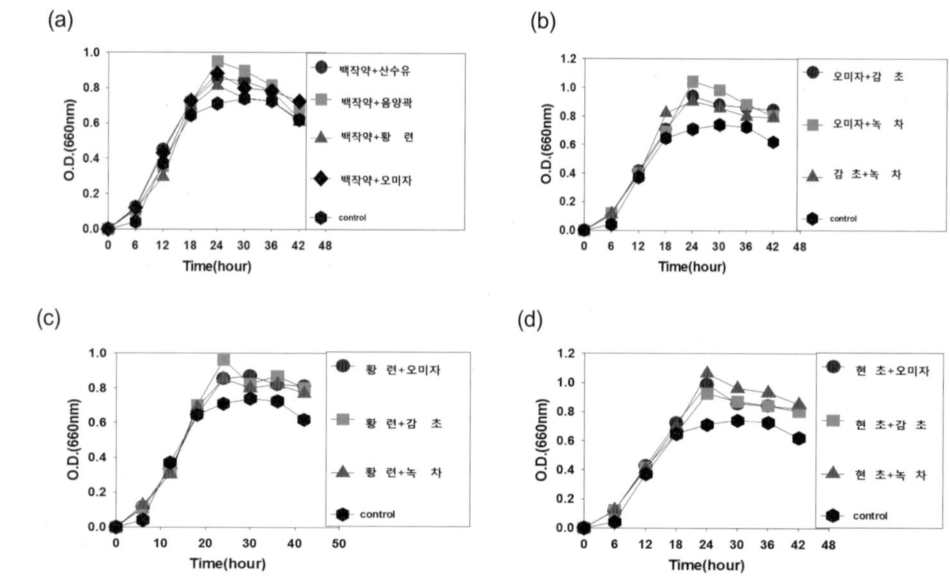

그림 109. *L. plantarium* 의 성장을 촉진 시키는 2종류 약용 자원의 조합, 대조군과 약용 자원 (a), (b), (c) 및 (d)

(Jong-Deog Kim, Kor. J. Microbiol. Biotechnol., 30(3), 270-281, 2002, 한국 특허: 0503925호, 2005)

다. *B. adolescentis*

B. adolescentis 는 두 가지의 배합 약용 자원인 백작약+녹차, 백작약+상백피, 백작약+음양곽, 음양곽+당귀, 백출+사간, 백출+당귀 등의 약용 자원에 의하여 성장이 촉진되었

으며, 대조군 군에 비교하여 이 균주의 성장 정도를 그림 110에 나타내었다.

B. adolescentis 의 성장을 촉진시켰던 한 종류의 약용 자원을 중심으로 2 종류 씩 조합을 하여 성장 촉진 효과를 검토한 결과, 조합되는 2 번째의 약용 자원에 의하여 성장 촉진 효과가 현저히 달라짐을 보였으며, 특히, 백작약+녹차의 조합은 대조군보다 2배의 성장 촉진 효과를 보였다. 한 종류를 사용하였을 때 현저히 촉진 효과를 보였던 괴화, 황백, 상백피, 진피, 당귀 등의 조합에서는 오히려 성장 저해의 효과를 나타내었고, 사람에 있어 조혈 작용을 하는 백작약을 중심으로 한 배합에서 좋은 성장 효과를 보였다. 이것은 약용 자원이 비슷한 효과를 가지고 있더라도 그 배합에 따라 성질이 달라짐을 나타내며, 배합의 조성에 따라 균체의 성장 제어가 가능한 것으로 판단된다.

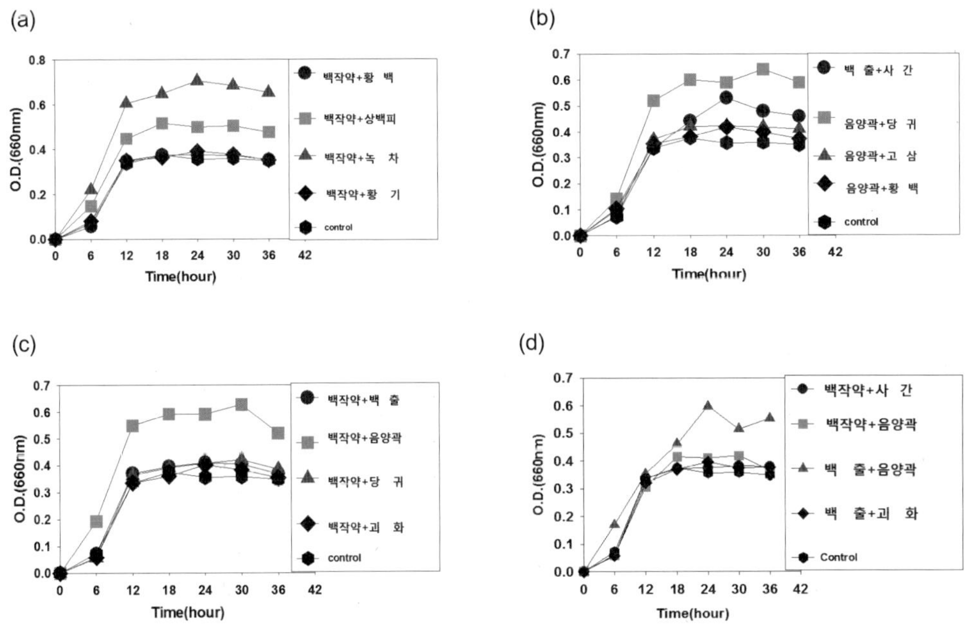

그림 110. *B. adolescentis* 의 성장을 촉진 시키는 2종류 약용 자원의 조합, 대조군과 약용 자원 (a), (b), (c) 및 (d)

(Jong-Deog Kim, Korean J. Biotechnol. Bioeng., 17(4), 388-395, 2002, 한국 특허: 0503925호, 2005)

라. *B. bifidum*

B. bifidum 는 연자육+산수유, 연자육+사간, 연자육+녹차 등에 의하여 대조군에 비교하여 3.5 배 성장이 촉진되었으며, 그 결과를 그림 111에 나타내었다. *B. bifidum* 의 성장을 촉진시켰던 한 종류의 약용 자원을 중심으로 2 종류씩 조합을 하여 성장 촉진 효과를 검토한 결과 조합되는 2 번째의 천연 산물에 의하여 성장 촉진 효과가 달라짐을 보였으며, 한 종류를 사용하였을 때 현저히 촉진 효과를 보였던 연자육(蓮子肉), 산수유(山茱萸), 사간(射干) 등의 조합에서는 오히려 성장 저해의 효과를 나타내는 조합도 있었으며, 사람에 있어 정액을 고이게 하는(澁精) 작용을 하는 연자육(蓮子肉)과 녹차의 배합에서 좋은 성장 효과

를 보였다. 이것은 군약(君藥: 한 처방에서 주된 역할을 하는 약)에 약용 자원의 배합에 따라 성질이 달라짐을 나타내며 배합의 조성에 따라 균체의 성장 제어가 가능한 것으로 판단된다.

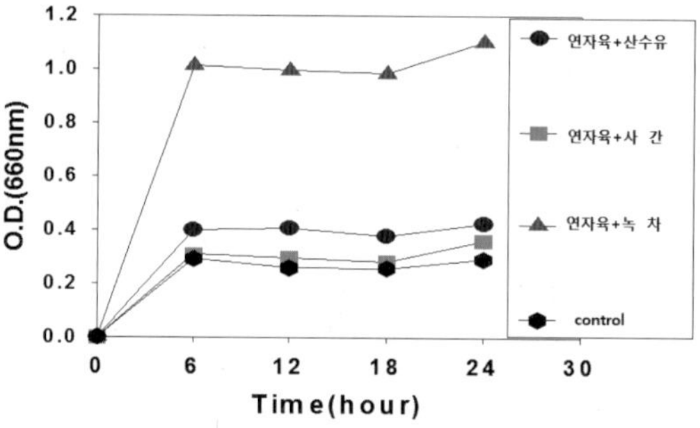

그림 111. *B. bifidum* 의 성장을 촉진 시키는 2종류 약용 자원의 조합, 대조군과 약용 자원

(Jong-Deog Kim, Kor. J. Microbiol. Biotechnol., 30(4), 388-394, 2002, 한국 특허: 0503925호, 2005)

마. *B. infants*

B. infants 균주는 음양곽+녹차, 음양곽+산사자, 음양곽+두충 등의 약용 자원에 의하여 성장이 촉진되었으며, 대조군에 비교하여 이 균주의 성장 정도를 아래의 그림 112에 나타내었다.

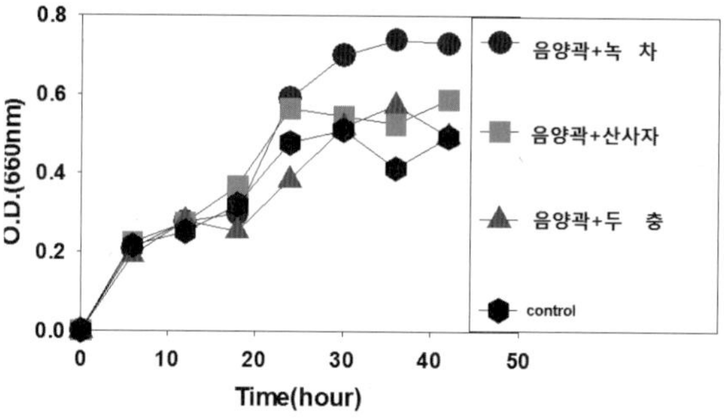

그림 112. *B. infantis* 의 성장을 촉진 시키는 2종류 약용 자원의 조합, 대조군과 약용 자원

(Jong-Deog Kim, Kor. J. Korean Soc. Food Sci. Nutr. 31(5), 931-938, 2002, 한국 특허: 0503925호, 2005)

B. infantis 의 성장을 촉진시켰던 한 종류의 약용 자원을 중심으로 2종류씩 조합을 하여 성장 촉진 효과를 검토한 결과 조합되는 2 번째의 약용 자원에 의하여 성장 촉진 효과가 현저히 달라짐을 보였으며, 한 종류를 사용하였을 때 현저히 촉진 효과를 보였던 진피, 백굴채 및 황기 등의 조합에서는 오히려 성장 저해의 효과를 나타내었고, 사람에 있어 기를 일으키게 하는(益氣) 작용을 지닌 음양곽 중심으로한 배합에서 대조군에 비교하여 1.5 배 이상의 좋은 성장 효과를 보였다. 이것은 약용 자원이 비슷한 효과를 가지고 있더라도 그

배합에 따라 성질이 달라짐을 나타내며 배합의 조성에 따라 균체의 성장 제어가 가능한 것으로 판단된다.

바. *C. butyricum*

C. butyricum 의 균주는 백작약+음양곽, 백작약+진피, 백작약+갈근, 백작약+당귀, 백작약+황금, 백작약+괴화, 백작약+연자육, 백작약+상백피, 백작약+녹차, 음양곽+진피, 음양곽+갈근, 음양곽+당귀, 음양곽+황금, 음양곽+괴화, 음양곽+연자육 및 음양곽+상백피 등은 대조군 균보다 성장이 좋은 것으로 나타났으며, 대조군 군에 비교하여 이 균주의 성장 정도를 그림 113에 나타내었다.

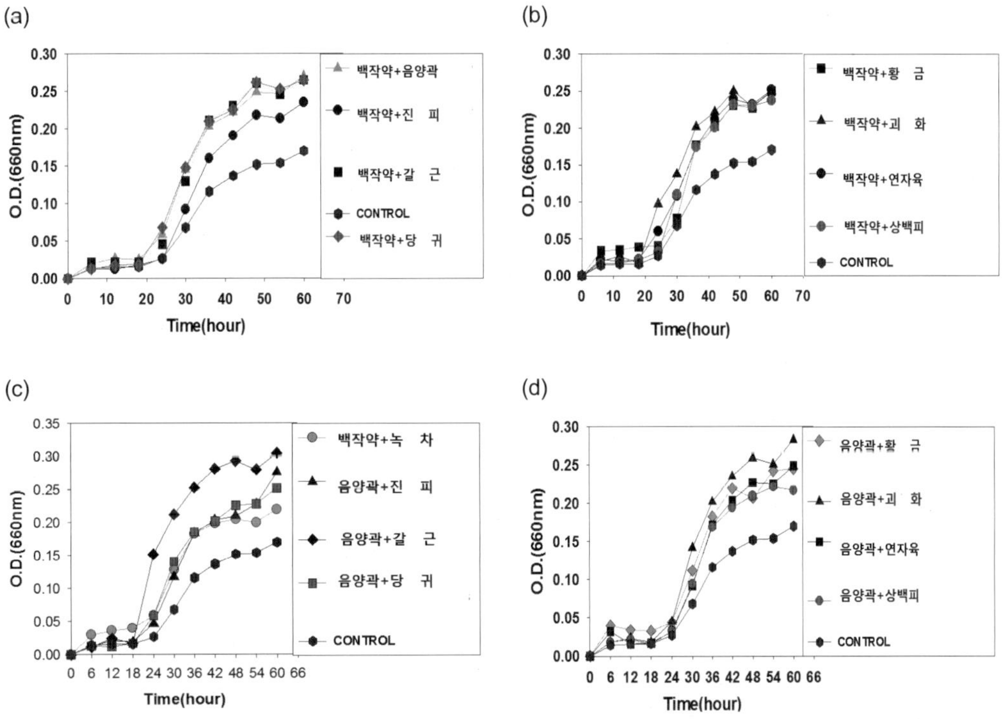

그림 113. *C. butyricum* 의 성장을 촉진시키는 2종류 약용 자원의 조합, 대조군과 약용 자원 (a), (b), (c) 및 (d)

(Jong-Deog Kim, Kor. Korean Journal of Life Science, 12(5), 595-604, 2002, 한국 특허: 0503925호, 2005)

1.3. 세 종류의 약용 자원 조합

2 차 선별된 여러 가지의 약용 자원을 3 가지 종류씩 혼합 구성하여 이들의 세균 성장 및 저해 효과를 살펴보았다.

가. *L. acidophilus*

2 종류의 약용 자원의 조합으로부터 성장 촉진 효과가 있는 조합을 근간으로 3 종류씩

조합한 승마+계피+녹차, 승마+계피+감초, 승마+황기+진피, 승마+진피+녹차, 승마+계피+황금 및 승마+석창포+진피 등의 세가지의 약용 자원의 배합에서 *L. acidophilus*의 성장이 촉진되었으며 결과를 그림 114에 나타내었다. 2 가지의 조합보다는 성장 촉진 효과가 나은 것은 약용 자원 각각의 고유의 약리 작용에 따라 상승 및 제어 효과에 기인되는 것으로 사료된다.

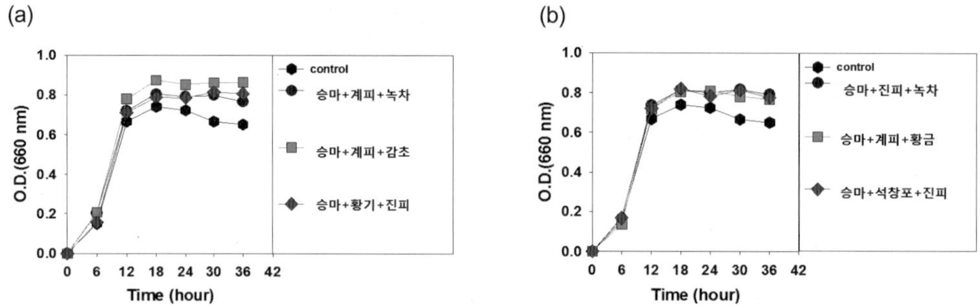

그림 114. *L. acidophilus* 의 성장을 촉진 시키는 3 종류 약용 자원의 조합, 대조군과 약용 자원 (a) 및 (b)

(Jong-Deog Kim, Kor. J. Microbiol. Biotechnol., 30(3), 270-281, 2002, 한국 특허: 0503925호, 2005)

나. *L. Plantarum*

두가지의 약용 자원 조합을 근간으로 세가지 종류의 약용 자원의 조합을 구성하였으며, 산수유+녹차+황련, 산수유+녹차+오미자, 산수유+녹차+백출, 산수유+녹차+백작약, 산수유+녹차+현초, 산수유+녹차+황금, 산수유+황련+오미자, 산수유+황련+백출, 산수유+황련+백작약, 산수유+황련+현초, 산수유+황련+황금, 산수유+오미자+백출, 산수유+오미자+백작약, 산수유+오미자+현초 및 산수유+백출+백작약 등은 대조군보다 성장이 좋은 것으로 나타났으며, 이 균주의 성장 정도를 그림 115에 나타내었다.

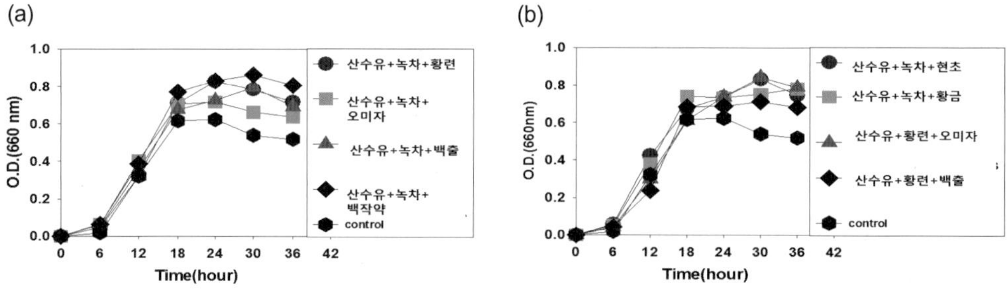

그림 115. *L. plantarum* 의 성장을 촉진 시키는 3 종류 약용 자원의 조합, 대조군과 약용 자원 (a) 및 (b)

(Jong-Deog Kim, Kor. J. Microbiol. Biotechnol., 30(3), 270-281, 2002, 한국 특허: 0503925호, 2005)

다. *B. adolescentis*

B. adolescentis 는 세가지의 배합 약용 자원인 녹차+사간+당귀, 녹차+사간+황기, 녹차+사간+상백피, 녹차+사간+백작약, 녹차+사간+괴화, 녹차+사간+음양곽, 녹차+사간+

상백피, 녹차+상백피+백작약, 녹차+상백피+괴화, 녹차+황기+상백피, 녹차+백작약+음양곽, 사간+당귀+황백 및 사간+당귀+상백피 등의 약용 자원에 의하여 성장이 촉진되었으며, 대조군에 비교하여 이 균주의 성장 정도를 그림 116에 나타내었다.

녹차+사간에 제3의 약용 자원이 조합된 것, 녹차+상백피에 제3의 약용 자원이 조합된 것이 사간+백작약에 제3의 약용 자원이 조합된 것보다 성장 촉진 효과가 좋은 것으로 나타났다. 조합된 그룹마다의 특징을 갖고 있으며 주된 역할을 하는 약용 자원(君藥)의 선택에 따라 성장 촉진 효과도 달라지며, 이에 따른 생체의 적용 가능성이 달라질 수 있을 것으로 사료된다.

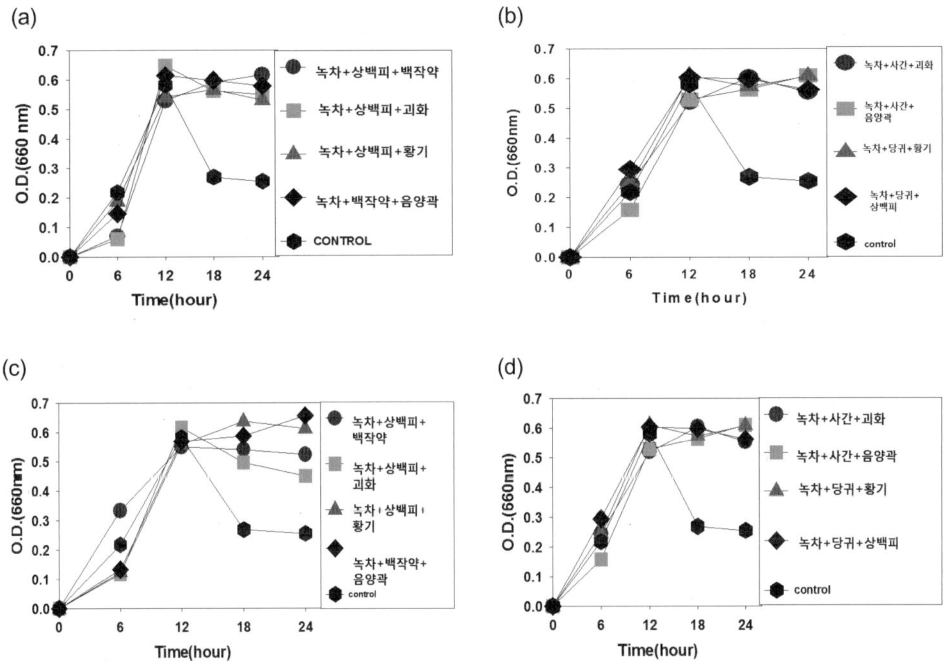

그림 116. *B. adolescentis* 의 성장을 촉진 시키는 3종류 약용 자원의 조합, 대조군과 약용 자원 (a), (b), (c) 및 (d)
(Jong-Deog Kim, Korean J. Biotechnol. Bioeng., 17(4), 388-395, 2002, 한국 특허: 0503925호, 2005)

라. *B. bifidum*

B. bifidum 는 연자육+산수유+녹차, 연자육+산수유+사간, 연자육+녹차+사간 및 산수유+녹차+사간 등의 세 가지의 약용 자원 배합에 의하여 성장이 촉진 되었으며, 이 균주의 성장 정도를 그림 117에 나타내었다.

삽정(澁情)의 효과를 공통적으로 가지는 연자육+산수유에 녹차가 조합된 것, 녹차+사간에 연자육이 조합된 것 모두 대조군 보다 1.8배 이상의 성장 촉진 효과가 나타나 공통 조합에 제3의 약용 자원의 조합에 따라 성장 촉진 효과도 달라지는 것을 볼 수 있으며, 약용 자원의 조합에 따라 다양하게 응용될 수 있을 것으로 사료된다.

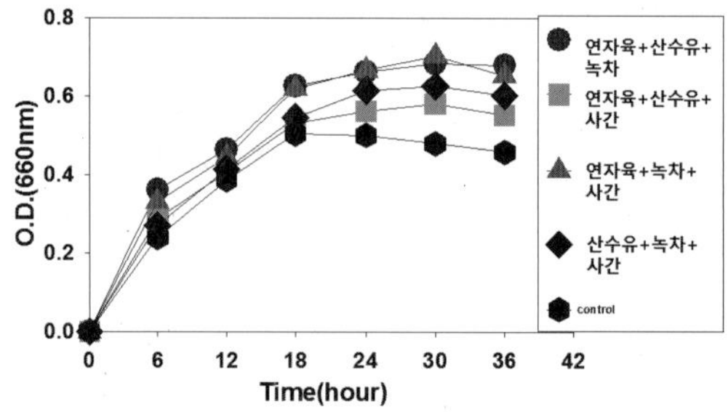

그림 117. *B. bifidum* 의 성장을 촉진 시키는 3종류 약용 자원의 조합, 대조군과 약용 자원 (a), (b), (c) 및 (d)
(Jong-Deog Kim, Kor. J. Microbiol. Biotechnol., 30(4), 388-394, 2002, 한국 특허: 0503925호, 2005)

마. *B. infants*

B. infants 균주는 녹차+음양곽+백굴채, 녹차+음양곽+진피, 녹차+음양곽+갈근, 녹차+음양곽+황기, 녹차+백굴채+진피, 녹차+백굴채+황기, 녹차+진피+갈근, 녹차+진피+황기, 녹차+갈근+황기, 음양곽+백굴채+진피, 음양곽+백굴채+갈근, 음양곽+백굴채+황기, 음양곽+진피+갈근, 음양곽+진피+황기, 음양곽+갈근+황기 및 백굴채+진피+갈근 등의 약용 자원에 의하여 대조군보다 성장이 촉진되었으며, 그 결과를 그림 118에 나타내었다.

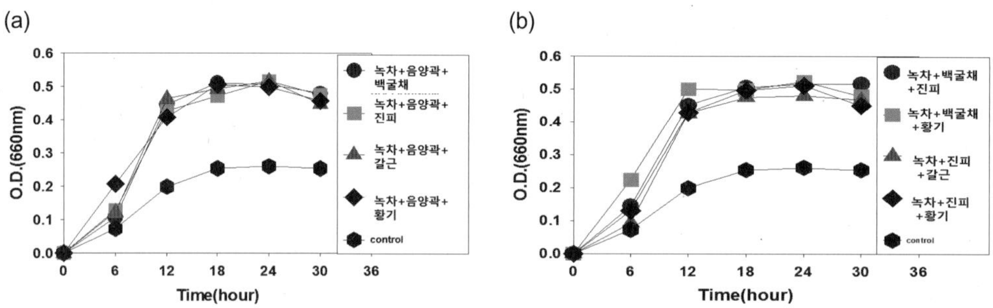

그림 118. *B. infantis* 의 성장을 촉진 시키는 3종류 약용 자원의 조합, 대조군과 약용 자원 (a) 및 (b)
(Jong-Deog Kim, Kor. J. Korean Soc. Food Sci. Nutr. 31(5), 931-938, 2002, 한국 특허: 0503925호, 2005)

녹차+음양곽, 녹차+백굴채, 녹차+진피, 음양곽+백굴채 및 음양곽+진피 등의 공통 조합에 제3의 약용 자원이 조합된 것이 대조군 보다 2 배 이상의 성장 촉진 효과를 보였다. 녹차 및 음양곽이 들어 있는 조합에서 성장의 촉진 효과가 좋은 것으로 나타나 녹차가 정장 작용의 기능이 있는 것을 뒷받침 할 수 있는 것으로 사료된다. 조합된 그룹마다의 특징을 갖고 있으며 주된 역할을 하는 약용 자원 (君藥)의 선택에 따라 성장 촉진 효과도 달라지며 이에 따른 생체의 적용 가능성이 달라질 수 있을 것으로 사료된다.

바. *C. butyricum*

C. butyricum 의 균주는 음양곽+갈근+괴화, 음양곽+갈근+백작약, 음양곽+갈근+당귀, 음양곽+갈근+연자육, 음양곽+갈근+황금, 음양곽+갈근+녹차, 음양곽+괴화+백작약, 음

양곽+괴화+당귀, 음양곽+괴화+괴화, 음양곽+괴화+황금, 음양곽+괴화+녹차, 음양곽+백작약+당귀, 음양곽+백작약+연자육, 음양곽+백작약+황금, 음양곽+백작약+녹차 및 음양곽+당귀+연자육 등에 의하여 성장이 촉진되었으며, 대조군에 비교하여 이 균주의 성장 정도를 그림 119에 나타내었다. 그림 119에 따르면 음양곽+갈근+연자육의 조합은 대조군보다 1.7 배의 성장 촉진 효과를 보였고, 다른 조합들도 이에 준하는 성장 촉진 효과를 나타내었다.

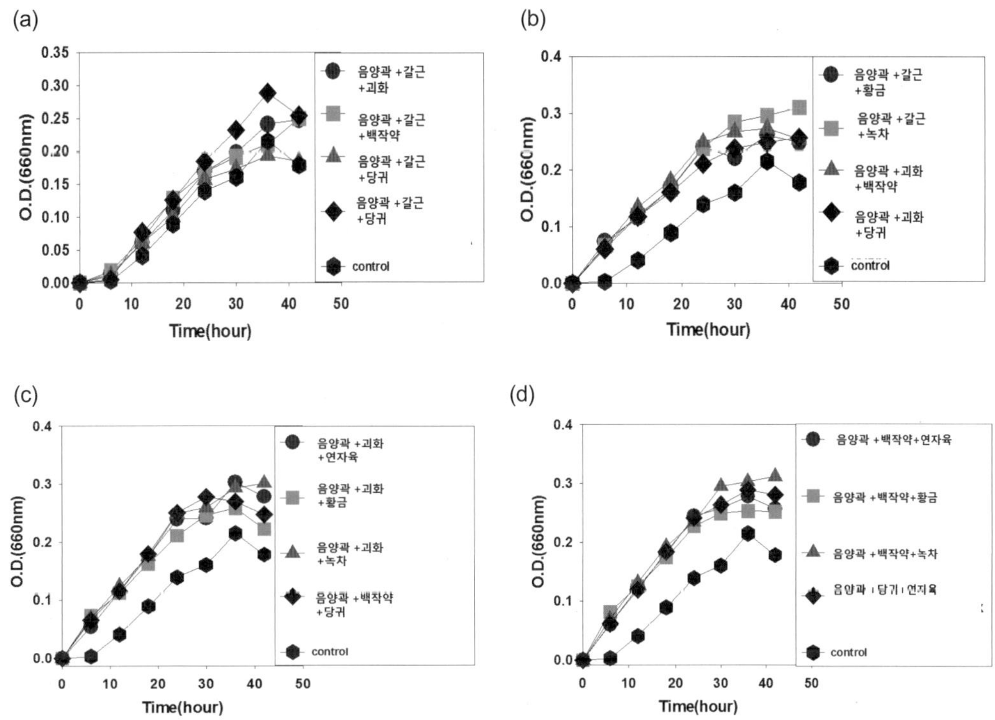

그림 119. *C. butyricum* 의 성장을 촉진 시키는 3 종류 약용 자원의 조합, 대조군과 약용 자원 (a), (b), (c) 및 (d)
(Jong-Deog Kim, Kor. Korean Journal of Life Science, 12(5), 595-604, 2002, 한국 특허: 0503925호, 2005)

1.4. 네 종류의 약용 자원 조합

3 차 선별된 여러 가지의 약용 자원을 4 가지 종류씩 혼합 구성하여 이들의 세균 성장 및 저해 효과를 검토하였다.

가. *L. acidophilus*

3 종류의 약용 자원의 조합으로부터 성장 촉진 효과가 있는 조합을 근간으로 4 종류씩 조합한 감초+녹차+황금+계피, 승마+감초+황금+계피, 승마+감초+석창포+녹차 및 감초+황금+진피+계피 등의 4 가지의 배합에서 *L. acidophilus* 의 성장이 현저히 촉진되었으며, 이중 감초+녹차+황금+계피의 조합 조성물이 대조군보다 1.3배의 성장 촉진 효과를

보였으며, 그 결과를 그림 120에 나타내었다. 생체의 기능을 향상시켜야 할 부위에 따라 약용 자원의 조합을 선택 할 수 있을 것으로 사료되며, 많은 다른 분야로의 응용을 기대할 수 있을 것으로 사료된다.

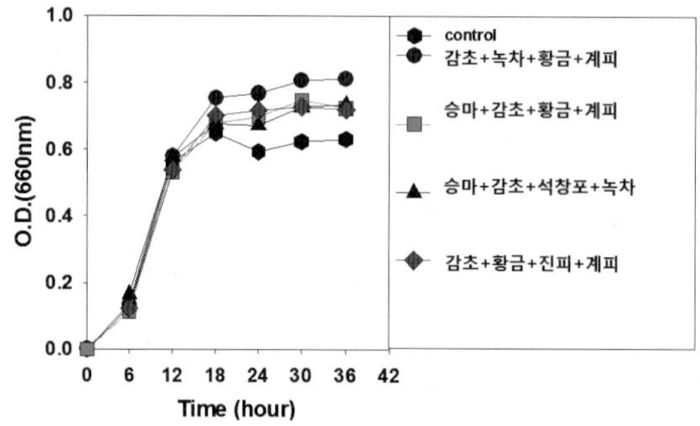

그림 120. *L. acidophilus* 의 성장을 촉진 시키는 4 종류 약용 자원의 조합, 대조군과 약용 자원

(Jong-Deog Kim, Kor. J. Microbiol. Biotechnol., 30(3), 270-281, 2002, 한국 특허: 0503925호, 2005)

나. *L. Plantarum*

세 가지의 약용 자원 조합을 근간으로 네 가지 종류의 약용 자원의 조합을 구성하였으며, 산수유+녹차+황련+백작약, 산수유+녹차+황련+오미자, 산수유+녹차+황련+백출, 산수유+녹차+백작약+오미자, 산수유+황련+백작약+황금, 산수유+백작약+현초+녹차, 산수유+백작약+현초+황련, 그리고 산수유+백작약+현초+오미자 등은 대조군 군보다 성장이 좋은 것으로 나타났으며, 이 균주의 성장 정도를 그림 121에 나타내었다. 성장의 촉진 효과가 좋은 산수유+백작약+현초+녹차의 조합은 대조군 군 보다 1.6 배의 성장 촉진 효과를 보였다. 정자를 고이게 하고 장과 위의 나쁜 기운을 치료하는 산수유, 불필요한 생체의 열을 식히며, 정신을 맑게 하는 녹차, 그리고 해독 및 통증을 가라 앉히고 혈액의 생성을 돕는 역할을 하는 백작약 등의 약용 자원 조합에서 성장 촉진 효과가 현저함을 보여 그 응용 가능성을 보인 것으로 사료된다.

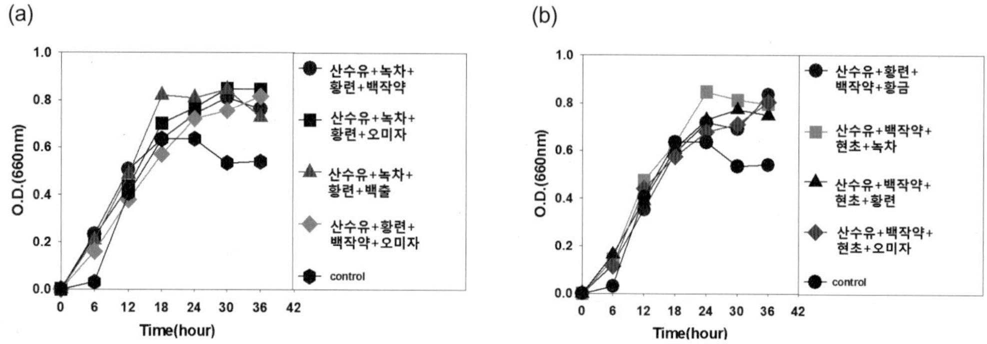

그림 121. *L. plantarum* 의 성장을 촉진 시키는 4 종류 약용 자원의 조합, 대조군과 약용 자원 (a) 및 (b)

(Jong-Deog Kim, Kor. J. Microbiol. Biotechnol., 30(3), 270-281, 2002, 한국 특허: 0503925호, 2005)

다. *B. adolescentis*

B. adolescentis 는 네 가지의 배합 약용 자원인 사간+당귀+음양곽+백작약, 사간+당귀+음양곽+괴화, 사간+당귀+음양곽+녹차, 사간+당귀+음양곽+황기, 사간+당귀+음양곽+상백피, 당귀+음양곽+백작약+괴화, 당귀+음양곽+백작약+녹차, 당귀+음양곽+백작약+황기, 당귀+음양곽+백작약+상백피, 음양곽+백작약+괴화+녹차, 음양곽+백작약+괴화+황기, 음양곽+백작약+괴화+상백피, 백작약+괴화+녹차+황기, 백작약+괴화+녹차+상백피 및 괴화+녹차+황기+상백피 등의 약용 자원에 의하여 성장이 촉진되었으며, 대조군에 비교하여 이 균주의 성장 정도를 그림 122에 나타내었다.

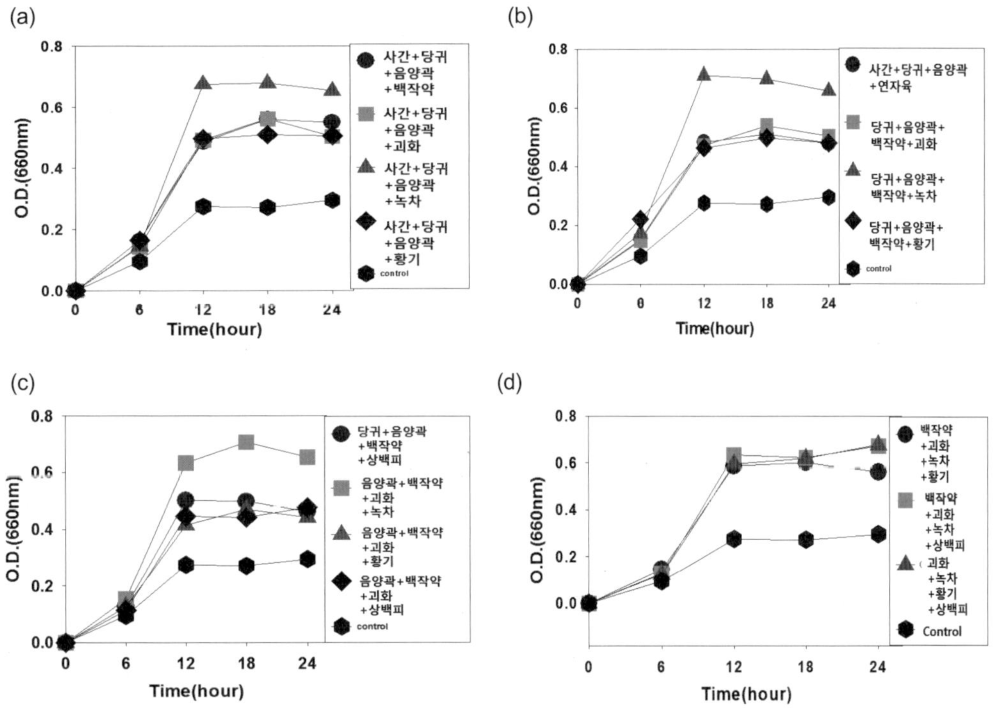

그림 122. *B. adolescentis* 의 성장을 촉진 시키는 4 종류 약용 자원의 조합, 대조군과 약용 자원 (a), (b), (c) 및 (d)

(Jong-Deog Kim, Korean J. Biotechnol. Bioeng., 17(4), 388-395, 2002, 한국 특허: 0503925호, 2005)

사간+당귀+음양곽에 제4의 약용 자원을 조합한 것, 당귀+음양곽+백작약에 제4의 약용 자원을 조합한 것, 음양곽+백작약+괴화에 제4의 약용 자원을 조합한 것 등으로 나누어 볼 수 있으며, 각 조합이 기능에 따라 성장을 촉진하는 효과도 다르게 나타나 이를 응용하고자 함에 따라 그 범위 및 약용 자원의 종류는 달라 질 수 있을 것으로 판단되며, 조합의 구성에 따라 *B. adolescentis* 의 성장을 촉진하는 조합 뿐만 아니라, 필요에 따라서 제어할 수 있는 방법의 개발도 가능하리라 사료된다. 유용 세균인 *B. adolescentis* 은 선택되어진 약용 자원의 한 가지 단독으로서도 촉진되었으며, 또한 두 가지, 세 가지, 네 가지의 배합에 의하여 특징적으로 성장이 촉진되었으며, 이것은 항 산화력이 강한 약용 자원들을 유해 산소의 제거와 동시에 *B. adolescentis* 의 성장 촉진 물질로 사용 할 수 있으며, 이를 이용하여 기능성 항 산화차의 제조가 가능함을 의미하며 이들 약용 자원의 배합 중에서 한 가지의 약용 자원으로서는 진피, 괴화, 황백 등이 좋은 효과를 보였고, 두 가지 약용 자원의 배합에서는 백작약+녹차, 음양곽+당귀, 백작약+음양곽, 백출+당귀 등의 배합이, 세 가지의 약용 자원 배합에서는 녹차+백작약+음양곽, 녹차+사간+백작약, 녹차+황기+상백피 등의 배합이 4 가지 약용 자원 배합에서는 사간+당귀+음양곽+녹차, 당귀+음양곽+백작약+녹차, 음양곽+백작약+괴화+녹차 등의 배합에서 *B. adolescentis* 가 잘 성장함을 보였다.

라. *B. bifidum*

B. bifidum 는 연자육+녹차+사간+산수유, 연자육+녹차+사간+감초, 녹차+사간+산수유+감초, 연자육+산수유+녹차+감초 및 연자육+산수유+사간+감초 등의 네 가지의 약용 자원 배합에 의하여 성장이 촉진되었으며, 대조군 군에 비교하여 2.6배 이상의 성장을 촉진 시켰으며, 그 결과를 그림 123에 나타내었다. 연자육+녹차+산수유의 공통 조합에 제4의 약용 자원, 사간 및 감초를 조합한 것과 사간+산수유+감초의 공통 조합에 제4의 약용 자원 녹차 및 연자육을 조합한 것, 연자육+녹차+사간+감초의 조합 모두 대조군에 비교하여 2.6 배 이상의 성장 촉진 효과를 보였다. 연자육 및 산수유가 *B. bifidum*의 성장 촉진에 중요한 역할을 하는 것으로 판단되며, 각 조합이 기능에 따라 성장을 촉진하는 효과도 다르게 나타나 이를 응용하고자 함에 따라 그 범위 및 약용 자원의 종류는 달라질 수 있을 것으로 사료된다.

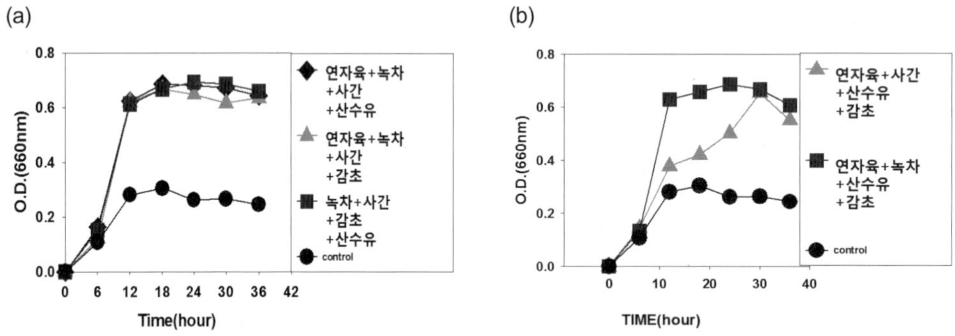

그림 123. *B. bifidum* 의 성장을 촉진 시키는 4 종류 약용 자원의 조합, 대조군과 약용 자원 (a) 및 (b)

(Jong-Deog Kim, Kor. J. Microbiol.Biotechnol., 30(4), 388-394, 2002, 한국 특허: 0503925호, 2005)

마. *B. infants*

B. infants 균주는 녹차+백굴채+황기+음양곽, 녹차+백굴채+황기+진피, 녹차+백굴채+황기+갈근, 백굴채+황기+음양곽+진피, 백굴채+황기+음양곽+갈근, 황기+음양곽+갈근+진피, 녹차+황기+음양곽+갈근, 녹차+음양곽+진피+갈근, 녹차+백굴채+음양곽

+진피, 녹차+백굴채+진피+갈근, 녹차+황기+음양곽+진피, 녹차+황기+진피+갈근 및 백굴채+음양곽+진피+갈근 등의 약용 자원에 의하여 성장이 촉진되었으며, 대조군에 비교하여 이 균주의 성장 정도를 그림 124에 나타내었다.

녹차+백굴채+황기, 백굴채+황기+음양곽, 녹차+백굴채+음양곽, 녹차+음양곽+진피, 녹차+황기+음양곽 등의 공통 조합에 제4의 약용 자원이 조합되어 대조군 보다 2.1 배의 성장 촉진 효과를 보였으며, 각 조합이 기능에 따라 성장을 촉진하는 효과도 다르게 나타나 이를 응용하고자 함에 따라 그 범위 및 약용 자원의 종류는 달라 질 수 있을 것으로 판단되며 조합의 구성에 따라 *B. infantis*의 성장을 촉진하는 조합뿐 만아니라 필요에 따라서 제어할 수 있는 방법의 개발도 가능하리라 사료된다.

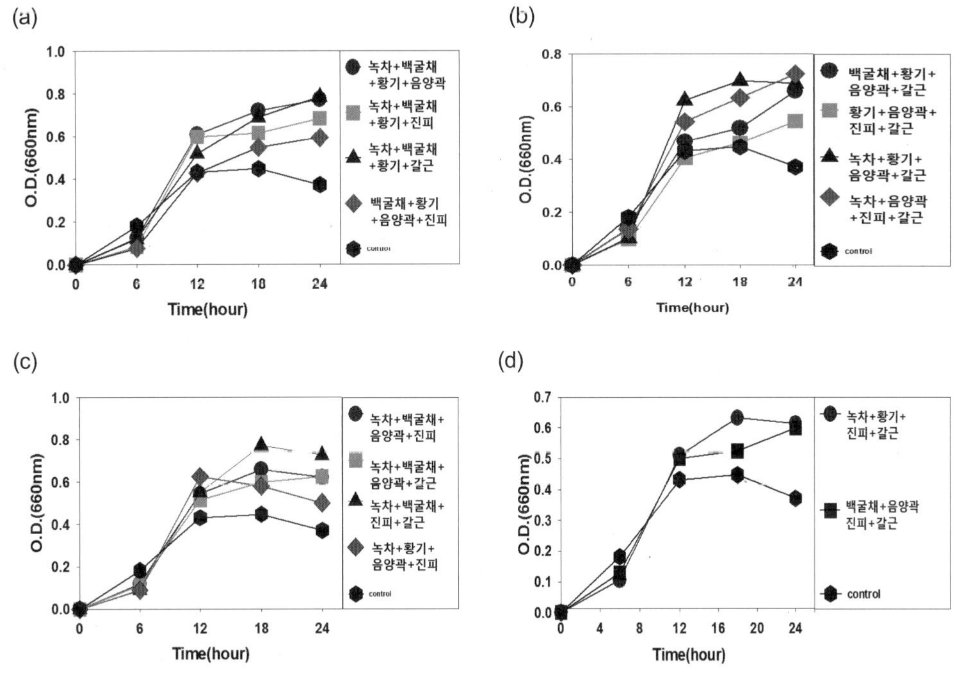

그림 124. *B. infantis* 의 성장을 촉진 시키는 4 종류 약용 자원의 조합, 대조군과 약용 자원 (a), (b), (c) 및 (d)
(Jong-Deog Kim, Kor. J. Korean Soc. Food Sci. Nutr. 31(5), 931-938, 2002, 한국 특허: 0503925호, 2005)

유용 세균인 *B. infantis* 은 선택되어진 약용 자원의 한 가지 단독으로서도 촉진되었으며, 또한, 두 가지, 세 가지, 네 가지의 배합에 의하여 특징적으로 성장이 촉진되었으며, 이것은 항 산화력이 강한 약용 자원들을 유해 산소의 제거와 동시에 *B. infantis* 의 성장 촉진 물질로 사용할 수 있으며, 이를 이용하여 기능성 항 산화차의 제조가 가능함을 의미한다. 이들 약용 자원의 배합 중에서 한 가지의 약용 자원으로서는 진피, 두충, 산수유, 황기 등이 좋은 효과를 보였고, 두 가지 약용 자원의 배합에서는 음양곽+녹차, 음양곽+산사자, 음양곽+두충 등의 배합이, 세 가지의 약용 자원 배합에서는 녹차+음양곽+백굴채, 녹차+음양곽+진피, 녹차+백굴채+황기 및 녹차+진피+갈근 등의 배합이 네 가지 약용 자원 배합에서는 녹차+황기+음양곽+갈근, 녹차+황기+진피+갈근 및 녹차+백굴채+황기+음양곽 등의 배합에서 *B. infantis* 가 잘 성장함을 보였다.

바. *C. butyricum*

C. butyricum 의 균주는 음양곽+갈근+연자육+백작약, 음양곽+갈근+연자육+녹차, 음양곽+갈근+연자육+괴화, 음양곽+갈근+연자육+당귀, 갈근+연자육+백작약+녹차, 갈근+연자육+백작약+괴화, 갈근+연자육+백작약+당귀, 연자육+백작약+녹차+괴화, 연자육+백작약+녹차+당귀, 연자육+백작약+괴화+당귀, 백작약+녹차+괴화+당귀 및 갈근+연자육+녹차+당귀, 음양곽+갈근+백작약+녹차, 갈근+백작약+괴화+당귀, 음양곽+연자육+백작약+당귀 등은 대조군보다 성장이 좋은 것으로 나타났으며, 대조군 군에 비교하여 이 균주의 성장 정도를 그림 125에 나타내었다. 유용 세균인 *C. butyricum* 은 선택되어진 약용 자원의 한가지 단독으로서도 촉진되었다. 또한 두가지, 세가지, 네가지의 배합에 의하여 특징적으로 성장이 촉진되었으며, 이것은 항 산화력이 강한 약용 자원들을 유해 산소의 제거와 동시에 *C. butyricum* 의 성장 촉진 물질로 사용 할 수 있으며, 이를 이용하여 기능성 항 산화차의 제조가 가능함을 의미하며 이들 약용 자원의 배합 중에서 한 가지의 약용 자원으로서는 구기자, 괴화, 백굴채, 백작약, 당귀, 진피 등이 좋은 효과를 보였고, 두 가지 약용 자원의 배합에서는 백작약+음양곽, 백작약+갈근, 백작약+당귀, 음양곽+갈근, 음양곽+괴화 등의 배합이, 세 가지의 약용 자원 배합에서는 음양곽+갈근+연자육, 음양곽+갈근+녹차, 음양곽+백작약+녹차, 음양곽+괴화+연자육 등의 배합이 네 가지 약용 자원 배합에서는 음양곽+갈근+연자육+당귀, 연자육+백작약+괴화+당귀, 갈근+백작약+괴화+당귀 및 갈근+연자육+백작약+괴화 등의 배합에서 *C. butyricum* 가 잘 성장함을 보였다.

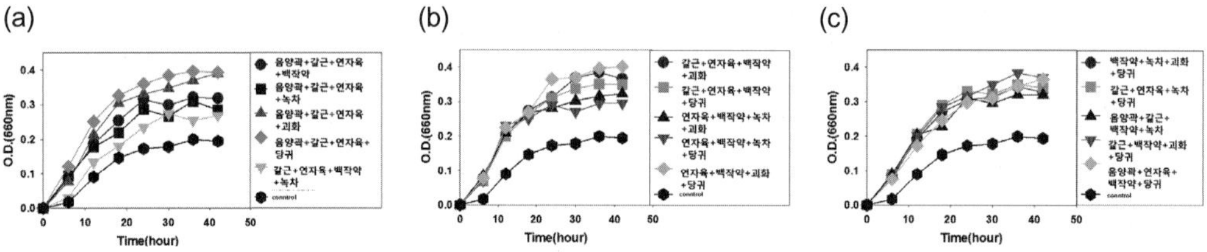

그림 125. *C. butyricum* 의 성장을 촉진 시키는 4 종류 약용 자원의 조합, 대조군과 약용 자원 (a), (b) 및 (c)
(Jong-Deog Kim, Kor. Korean Journal of Life Science, 12(5), 595-604, 2002, 한국 특허: 0503925호, 2005)

2. 유용 세균의 활성을 증가시키는 약용 자원 조합의 항 산화력

2.1. 용존 산소 측정법(AUC)에 의한 항 산화력

가. 각 균주를 제어하는 4 차 혼합의 항 산화력

약리적 활성을 목적으로 약용 자원을 4 종류를 배합하여 유용 균주의 성장 촉진 활성을 검토하였으며, 각 해당 균주별 성장 활성을 높이는 4 가지 조합에 대하여 용존 산소법에 의한 AUC(Area Under Curve)구하여 항 산화력을 비교하여 균주의 활성에 미치는 영향을 검토하였다.

① *L. acidophilus* 의 성장 촉진 효과를 갖는 4 가지 조합의 항 산화력

용존 산소 분석법에 의한 4 차 배합 조성물의 항 산화력은 승마+감초+석창포+녹차가 855.97로써 가장 강한 것으로 나타났고, 다음으로 승마+감초+황금+계피(518.76), 감초+황금+진피+계피(502.36), 감초+녹차+황금+계피(495.48)의 순서였으며(그림 126), *L. acidophilus* 의 성장 촉진 효과가 가장 나았던 조합은 감초+녹차+황금+계피의 조합으로 대조군의 AUC 116.61보다 4.2 배 정도 항 산화력이 강한 것으로 나타났다. 항 산화력이 큰 조합이라고해서 세균의 성장 성장 촉진 효과와 일치하는 것은 아닌 것으로 나타났으나, 조합의 약리적 효과에 따라 다양하게 사용될 수 있을 것으로 사료된다.

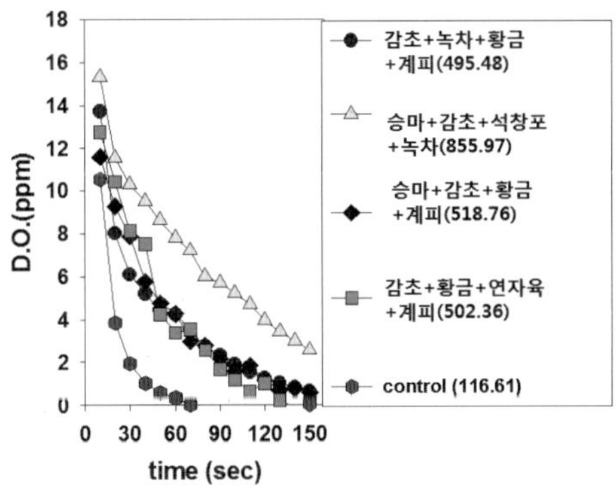

그림 126. 용존 산소 분석법에 의한 *L. acidophilus* 의 성장을 촉진하는 4 종류 조합의 항 산화력 (숫자 : AUC 값)

(Jong-Deog Kim, Kor. J. Microbiol. Biotechnol., 30(3), 270-281, 2002)

② *L. plantarium* 의 성장 촉진 효과를 갖는 4 가지 조합의 항 산화력

용존 산소 분석법에 의한 4차 배합 조성물의 항 산화력은 산수유+백작약+현초+황련의 조합이 650.2 로써 가장 높게 나타났고, 다음으로는 산수유+백작약+현초+녹차(620.19), 산수유+백작약+현초+오미자(600.70), 산수유+녹차+황련+백작약(553.3), 산수유+녹차+황련+백출(522.3), 산수유+황련+백작약+황금(521.15), 산수유+녹차+백작약+오미자(503.3) 및 산수유+녹차+황련+오미자(477.2)의 순서로 나타났으며(그림 127), 산수유+백작약+현초+녹차(620.19), 산수유+녹차+황련+오미자(477.2) 및 산수유+녹차+황련+백출(522.3)의 조합이 *L. plantarium* 의 성장을 현저하게 촉진시켰으며, 이들의 항 산화력은 대조군의 AUC 116.61 보다 4.1~5.3 배 정도 강한 것으로 나타났고, 항 산화력과 성장 촉진 효과는 일치하지는 않았으며, 세균에 대한 작용의 다양함을 보였다.

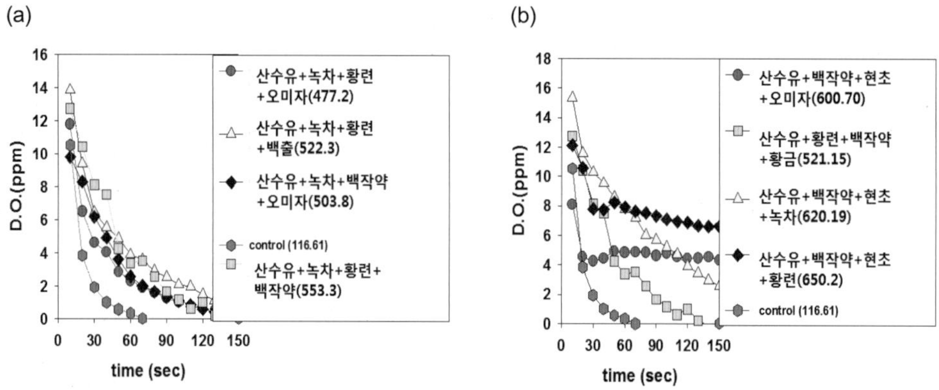

그림 127. 용존 산소 분석법에 의한 *L. plantarium* 의 성장을 촉진하는 4 종류 조합의 항 산화력 (숫자: AUC 값)

(Jong-Deog Kim, Kor. J. Microbiol. Biotechnol., 30(3), 270-281, 2002)

③ *B. adolescentis* 의 성장 촉진 효과를 갖는 4가지 조합의 항 산화력

B. adolescentis 의 성장을 촉진하는 4 차 배합 조성물의 항 산화력을 용존 산소 분석법(D.O. analysed method)에 의하여 측정하였을 때 당귀+음양곽+ 백작약+녹차가 665.55로써 가장 강한 것으로 나타났고, 이 조합의 성장 촉진 효과는 대조군 보다 2.1의 성장률을 보였고 대조군의 AUC(116.61)보다 5.7 배 정도 항 산화력이 강한 것으로 나타났다. 다음으로 음양곽+백작약+괴화+녹차(659.88), 작약+괴화+녹차+상백피 (644.90), 사간+당귀+음양곽+녹차(608.22)의 순서였으며(그림 128), *B. adolescentis* 의 성장 촉진 효과가 가장 나았던 조합은 음양곽+백작약+괴화+녹차의 조합으로 대조군 2.6 배의 성장 촉진 효과를 나타내었고, 대조군의 AUC 116.61보다 5.6 배 정도 항 산화력이 강한 것으로 나타났다. 항 산화력이 큰 조합이라고 해서 세균의 성장 성장 촉진 효과와 일치하는 것은 아닌 것으로 나타났으나 조합의 약리적 효과에 따라 사용될 수 있을 것으로 사료된다.

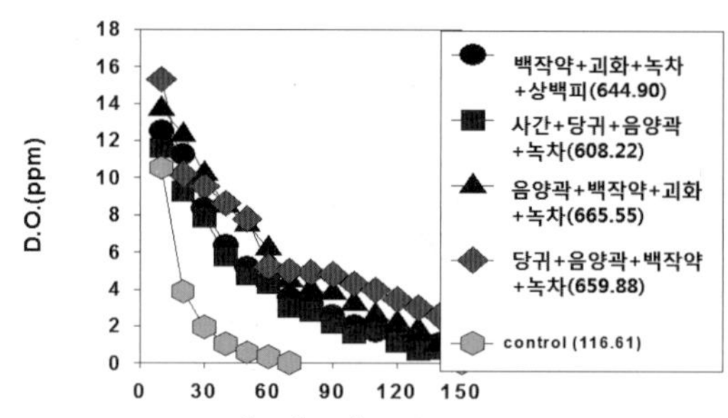

그림 128. 용존 산소 분석법에 의한 *B. adolescentis* 의 성장을 촉진하는 4 종류 조합의 항 산화력 (숫자: AUC 값)

(Jong-Deog Kim, Korean J. Biotechnol. Bioeng., 17(4), 388-395, 2002)

④ *B. bifidum* 의 성장 촉진 효과를 갖는 4가지 조합의 항 산화력

산소 분석법(D.O. analysed method)에 의하여 시험한 결과 연자육+녹차+사간+산수유의 조합이 694.43 로써 가장 높게 나타났고(그림 129), 이때의 *B. bifidum* 의 성장 촉진 효과는 2.6 배였다. 다음으로는 연자육+산수유+녹차+감초(672.14), 녹차+사간+산수유+감초(633.03), 연자육+녹차+사간+감초(560.87)의 순으로 나타났으며, 이들의 항 산화력은 대조군의 AUC 116.61보다 5~6 배 정도 강한 것으로 나타났으며, 항 산화력이 강한 조합에서 성장이 촉진된 것으로 나타났다.

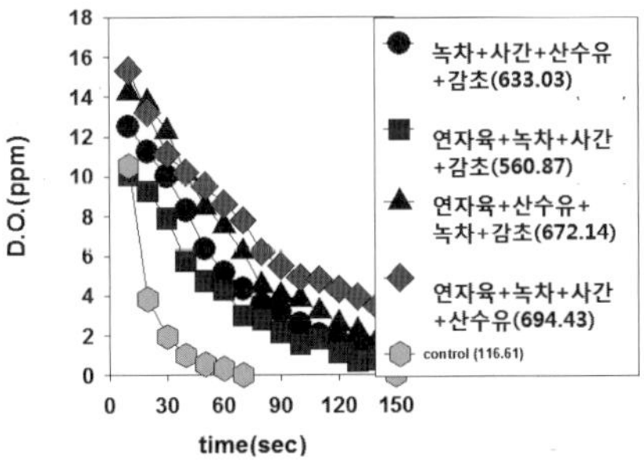

그림 129. 용존 산소 분석법에 의한 *B. bifidum* 의 성장을 촉진하는 4 종류 조합의 항 산화력 (숫자: AUC 값)

(Jong-Deog Kim, Kor. J. Microbiol. Biotechnol., 30(4), 388-394, 2002)

⑤ *B. infantis* 의 성장 촉진 효과를 갖는 4가지 조합의 항 산화력

B. infantis 의 성장을 현저하게 촉진시킨 4 종류의 약용 자원의 조합으로 이루어 진 4종류의 조합의 항 산화력을 용존 산소 분석법에 의하여 분석한 결과 녹차+백굴채+황기+음양곽의 조합의 AUC가 632.49로써 가장 높았으며, 이때의 성장 촉진 효과는 2.1 배로 나타났다. 다음으로 녹차+음양곽+진피+갈근(623.64), 녹차+백굴채+진피+갈근(601.81), 녹차+백굴채+황기+갈근(560.49)의 순서로 나타났다(그림 130). 이들의 항 산화력은 대조군의 AUC 116.61보다 5배 정도 강한 것으로 나타났다. *B. bifidum* 는 항 산화력이 강한 조합일 수록 성장의 효과가 좋은 것으로 나타나, 유해 산소의 소거와 동시에 장의 기능을 향상시킬 수 있을 것으로 사료된다.

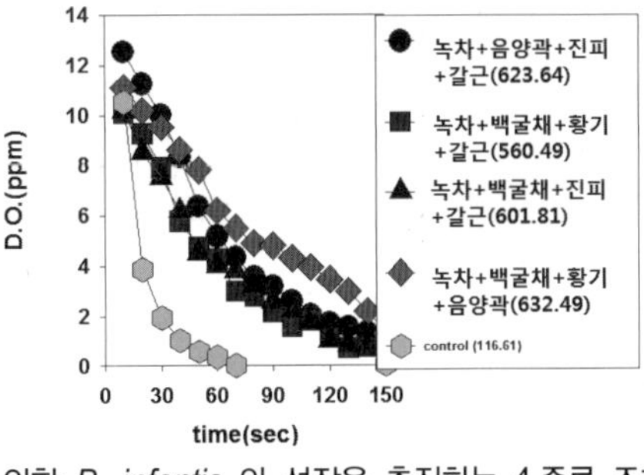

그림 130. 용존 산소 분석법에 의한 *B. infantis* 의 성장을 촉진하는 4 종류 조합의 항 산화력 (숫자: AUC 값)

(Jong-Deog Kim, Kor. J. Korean Soc. Food Sci. Nutr. 31(5), 931-938, 2002)

⑥ *C. butyricum* 의 성장 촉진 효과를 갖는 4 가지 조합의 항 산화력

*C. butyricum*의 성장을 현저하게 촉진시킨 4종 류의 약용 자원의 조합으로 이루어진 4 종류의 조합의 항 산화력을 용존 산소 분석법에 의하여 분석한 결과 연자육+백작약+괴화+당귀의 조합의 AUC가 631.45로써 가장 높았으며, 이때의 성장 촉진 효과는 2.1 배로 나타났다. 다음으로 음양곽+갈근+연자육+당귀(626.65), 갈근+연자육+백작약+괴화(622.36), 음양곽+갈근+연자육+괴화(620.99)의 순서로 나타났다(그림 131). 이들의 항 산화력은 대조군의 AUC 116.61보다 5배 정도 강한 것으로 나타났다.

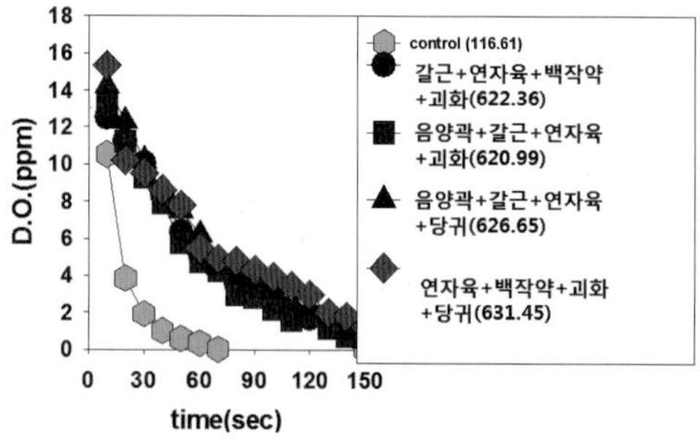

그림 131. 용존 산소 분석법에 의한 *C. butyricum* 의 성장을 촉진하는 4 종류 조합의 항 산화력 (숫자: AUC 값)

(Jong-Deog Kim, Kor. Korean Journal of Life Science, 12(5),595-604, 2002)

2.2. ORAC 법에 의한 항 산화력

각 균주를 제어하는 약용 자원의 4 차 조합의 항 산화력을 ORAC 법으로 측정하여 비교하였으며, 조합별 항 산화력은 표 31에 나타내었고, 각 균주별 4 종류의 조합도 ORAC법에 의한 높은 항 산화력을 나타내었다.

표 31. ORAC 방법으로 분석한 각 유용 균주의 성장을 촉진하는 4 종류 약용 자원 조합의 항 산화력 비교

약용 자원의 조합	ORAC 값	약용 자원의 조합	ORAC 값
L.acidophilus		*B.bifidum*	
승마+감초+석창포+녹차	79926.86	연자육+녹차+사간+산수유	64842.94
승마+감초+황금+계피	48439.62	연자육+녹차+사간+감초	52371.67
감초+황금+진피+계피	46908.26	녹차+사간+산수유+감초	59109.67
감초+녹차+황금+계피	46265.83	연자육+산수유+녹차+감초	62761.60
L.plantarium		*B.infantis*	
산수유+백작약+현초+황련	60712.93	녹차+백굴채+황기+음양곽	59059.25
산수유+백작약+현초+녹차	57910.73	녹차+백굴채+황기+갈근	52336.19
수유+백작약+현초+오미자	56090.83	녹차+음양곽+진피+갈근	58232.87
산수유+녹차+황련+백작약	51644.82	녹차+백굴채+진피+갈근	56194.48
B.adolescentis		*Clostridium butyricum*	
사간+당귀+음양곽+녹차	56793.01	음양곽+갈근+연자육+당귀	58513.93
당귀+음양곽+백작약+녹차	62146.25	음양곽+갈근+연자육+괴화	57984.95
음양곽+백작약+괴화+녹차	64978.34	연자육+백작약+괴화+당귀	58962.14
백작약+괴화+녹차+상백피	60218.04	갈근+연자육+백작약+괴화	58113.35

(김종덕, 농림부 최종 연구 보고서, 2002)

2.3. DPPH 방법에 의한 항 산화력

전자 공여에 의한 방법으로 DPPH(a,a-diphenyl-β-picyl-hydrazyl)를 사용한 전자 공여에 의한 방법으로 균주의 성장을 촉진하는 4 가지의 조합 구성에 대하여 528 nm에서 흡광도의 감소를 그림 132에 나타내었고, 기울기의 절대치는 표 32에 나타내었다.

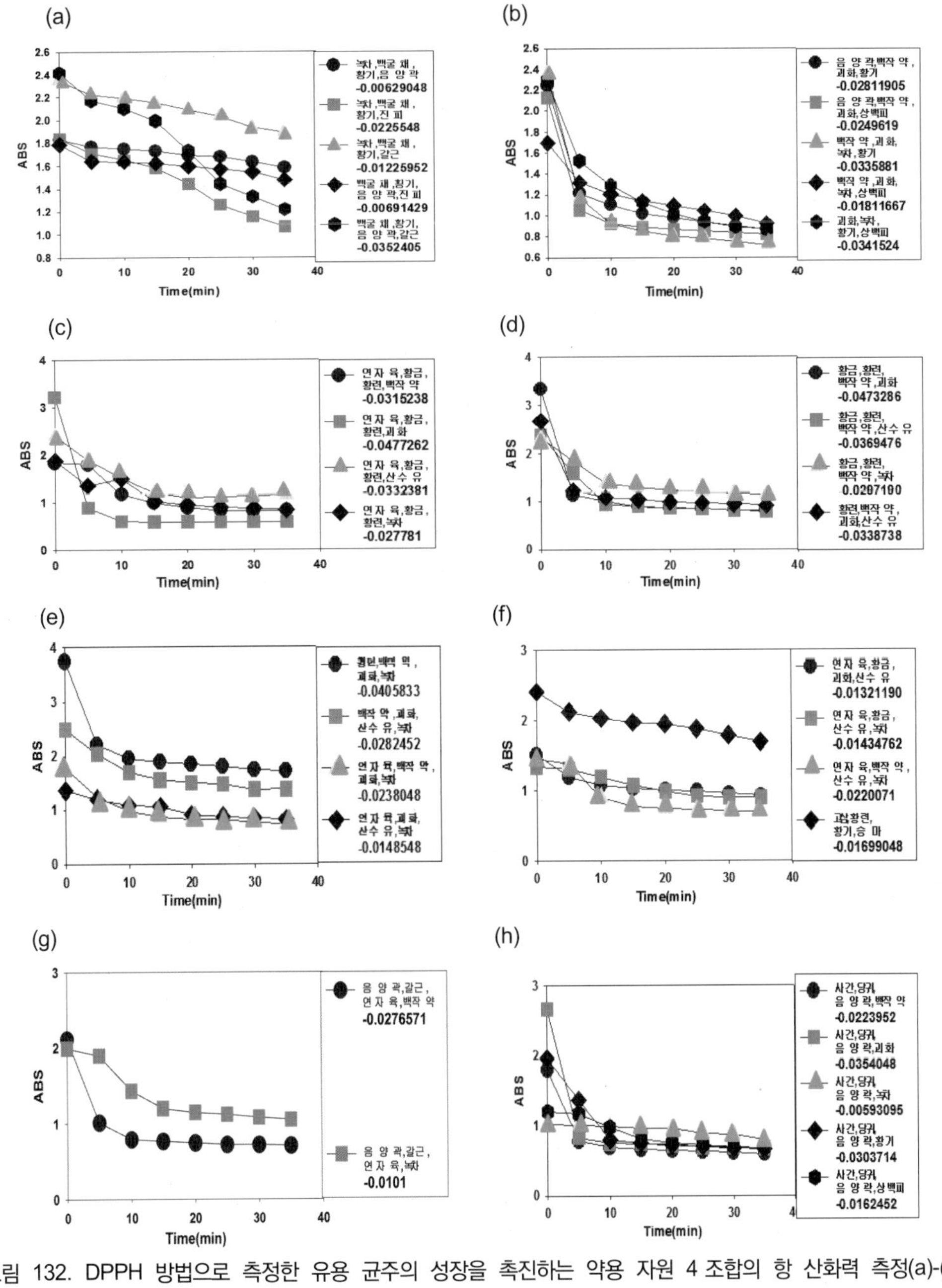

그림 132. DPPH 방법으로 측정한 유용 균주의 성장을 촉진하는 약용 자원 4 조합의 항 산화력 측정(a)-(h), (수치: 기울기의 절대값)

(김종덕, 농림부 최종 연구 보고서, 2002)

표 32. 유용 세균의 성장을 촉진하는 약용 자원 4 종류의 조합을 DPPH 방법으로 측정한 데이터로부터 회귀분석한 기울기의 절대값으로 항 산화력 비교

약용 자원의 조합	기울기의 절대값 (× 10^{-3})	약용 자원의 조합	기울기의 절대값 (× 10^{-3})
L.acidophilus		*B.bifidum*	
승마+감초+석창포+녹차	47.23	연자육+녹차+사간+산수유	22.25
승마+감초+황금+계피	15.56	연자육+녹차+사간+감초	12.30
감초+황금+진피+계피	8.24	녹차+사간+산수유+감초	16.52
감초+녹차+황금+계피	6.926	연자육+산수유+녹차+감초	21.23
L.plantarium		*B.infantis*	
산수유+백작약+현초+황련	40.93	녹차+백굴채+황기+음양곽	6.92
산수유+백작약+현초+녹차	12.34	녹차+백굴채+황기+갈근	12.26
산수유+백작약+현초+오미자	7.520	녹차+음양곽+진피+갈근	6.41
산수유+녹차+황련+백작약	4.257	녹차+백굴채+진피+갈근	5.33
B.adolescentis		*Clostridium butyricum*	
사간+당귀+음양곽+녹차	5.931	음양곽+갈근+연자육+당귀	10.27
당귀+음양곽+백작약+녹차	20.23	음양곽+갈근+연자육+괴화	11.45
음양곽+백작약+괴화+녹차	22.36	연자육+백작약+괴화+당귀	15.72
백작약+괴화+녹차+상백피	18.12	갈근+연자육+백작약+괴화	13.11

(김종덕, 농림부 최종 연구 보고서, 2002)

2.4. 방향족 및 총 페놀 함량

방향족 화합물의 함량 및 총 페놀 함량의 분석은 표 33에 나타내었다.

표 33. 280 nm에서 분광광도계로 측정한 약용 자원 방향족 화합물의 량

조합	흡광도 (280 nm)	총 페놀량 (%)	조합	흡광도 (280 nm)	총 페놀량 (%)
연자육,백작약,괴화,녹차	1.827	0.165	오미자,황기,황금,백작약	1.754	0.1603
연자육,괴화,산수유,녹차	1.74	0.1485	백작약,황금,현초,백굴채	1.75	0.16
연자육,황금,괴화,산수유	1.757	0.1511	백작약,황금,현초,녹차	1.827	0.1603
연자육,황금,산수유,녹차	1.742	0.1478	백작약,황금,현초,오미자	1.842	0.1604
연자육,백작약,산수유,녹차	1.826	0.1564	황금,현초,백굴채,녹차	1.745	0.1602
고삼,황련,황기,승마	1.75	0.1503	황금,현초,백굴채,오미자	1.838	0.1599
오미자,오가피,황기,황백	1.846	0.1593	현초,백굴채,녹차,오미자	1.743	0.1599
오미자,오가피,황기,황련	1.847	0.1596	백작약,현초,백굴채,녹차	1.742	0.16
오미자,오가피,황기,황금	1.745	0.1611	백작약,백굴채,녹차,오미자	1.791	0.1595
오미자,오가피,황기,백작약	1.981	0.1596	백작약,황금,백굴채,녹차	1.787	0.1598
백작약,황금,녹차,오미자	1.745	0.1597	백작약,괴화,녹차,상백피	1.72	0.1486
백작약,현초,녹차,오미자	1.347	0.1601	괴화,녹차,황기,상백피	1.745	0.1475
황금,백굴채,녹차,오미자	1.824	0.1592	녹차,백굴채,황기,음양곽	1.737	0.1503
백작약,황금,백굴채,오미자	1.836	0.1597	녹차,백굴채,황기,진피	1.732	0.1472

조합	흡광도 (280 nm)	총 페놀량 (%)	조합	흡광도 (280 nm)	총 페놀량 (%)
황금,현초,녹차,오미자	1.741	0.1593	녹차,백굴채,황기,갈근	1.733	0.1491
연자육,녹차,사간,산수유	1.787	0.1495	백굴채,황기,음양곽,진피	1.721	0.1472
연자육,녹차,사간,감초	1.792	0.1585	백굴채,황기,음양곽,갈근	1.72	0.1538
녹차,사간,산수유,감초	1.809	0.1499	황기,음양곽,진피,갈근	1.731	0.1466
연자육,사간,산수유,감초	1.803	0.1476	녹차,황기,음양곽,갈근	1.719	0.1547
연자육,녹차,산수유,감초	1.809	0.1477	녹차,음양곽,진피,갈근	1.723	0.1479
황금,산사,백작약,오미자	1.789	0.1162	녹차,백굴채,음양곽,진피	1.722	0.1474
황금,산사,백작약,산수유	1.796	0.0966	녹차,백굴채,음양곽,갈근	1.738	0.1469
황금,산사,백작약,녹차	1.784	0.1498	녹차,백굴채,진피,갈근	1.786	0.1474
산사,백작약,오미자,산수유	1.8	0.147	녹차,황기,음양곽,진피	1.725	0.1506
산사,백작약,오미자,녹차	1.791	0.1474	녹차,황기,진피,갈근	1.723	0.147
백작약,오미자,산수유,녹차	1.806	0.1479	백굴채,음양곽,진피,갈근	1.74	0.1479
황금,백작약,오미자,녹차	1.809	0.1468	황금,산사,오미자,산수유	1.813	0.1478
황금,오미자,산수유,녹차	1.819	0.1557	황금,산사,산수유,녹차	1.807	0.1478
감초,녹차,황금,계피	0.417	0.1684	산수유,백작약,현초,오미자	2.433	0.1786
감초,석창포,녹차,황기	0.417	0.168	산수유,녹차,황련,현초	2.444	0.1795
오미자,연자육,황백,진피	0.412	0.1687	산수유,오미자,백작약,녹차	2.429	0.1786
오미자,황금,백작약,녹차	0.415	0.1677	산수유,오미자,백작약,백출	2.44	0.1798
오미자,황금,황백,백작약	0.389	0.1689	산수유,녹차,백작약,백출	2.427	0.1788
오미자,연자육,황백,녹차	0.408	0.1697	산수유,녹차,백작약,황금	2.431	0.1745
오미자,연자육,백작약,진피	0.43	0.1676	산수유,녹차,황련,황금	2.426	0.1789
오미자,연자육,진피,녹차	0.397	0.1693	녹차,황련,오미자,백작약	2.424	0.1782
오미자,연자육,황금,황백	0.419	0.1682	승마,감초,황금,계피	0.38	0.1695
오미자,연자육,황금,백작약	0.376	0.1684	승마,감초,석창포,녹차	0.391	0.1709
연자육,황금,황백,백작약	0.38	0.1682	승마,녹차,황금,황기	0.397	0.1693
연자육,황백,진피,녹차	0.54	0.1684	감초,석창포,녹차,계피	0.474	0.1691

(김종덕, 농림부 최종 연구 보고서, 2002)

2.5. Hydroxyl radical 소거 기능

가. 4 차 조합의 hydroxyl radical 소거 기능

Hydroxyl radical의 강한 독성의 제거 능력은 TBA를 사용하여 측정하였다. 각 조합을 50, 100, 200 및 300 배로 희석하여 hydroxyl radical의 소거 활성을 검토하였으며, 균주별 각 조합의 특징에 따라 50 배, 100 배, 200 배의 희석액에서 특징있는 소거율을 보였으며, 각 균주별로 유용 세균의 성장 촉진 효과, 그리고 유해 세균의 성장 제어 효과를 나타내는 약용 자원의 4 차 조합에 대하여 검토하였다.

① *L. acidophilus*

승마+감초+석창포+녹차(A)의 조합은 다른 조합보다 전반적으로 낮은 소거율을 보였고, 50 배의 희석액에서 64.87%의 소거율을 보였다(그림 133). 다른 3 가지의 조합은 50, 100 및 200 배 등의 높은 희석액에서도 70% 이상의 높은 소거율을 보여 기능성 항산화차로서의 사용 가능성을 나타내었다. 승마+감초+황금+계피(B) 및 감초+황금+진피+계피(C)의 조합은 50 배의 희석액에서 각각 85.8% 및 83.5%의 높은 소거율을 나타내었고, 감초+녹차+황금+계피(D)의 조합은 200 배의 희석액에서 84.5%의 소거율을 보였다. 이것은 약용 자원의 추출액이 hydroxyl radical을 소거하는 데는 적당한 농도의 물이 존재하여야 소거 활성이 증가하는 것으로 사료된다. 이처럼 희석 배수가 높아 음료 등의 제품화에 적당할 것으로 판단된다.

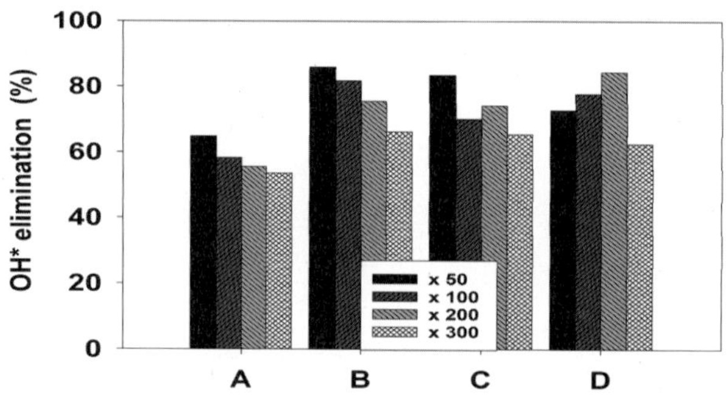

그림 133. *L. acidophilus* 의 성장을 촉진하는 약용 자원 4 종류 조합의 OH˙라디칼 제거율

승마+감초+석창포+녹차(A), 승마+감초+황금+계피(B), 감초+황금+진피+계피(C), 감초+녹차+황금+계피(D)
(Jong-Deog Kim, Kor. J. Microbiol. Biotechnol., 30(3), 270-281, 2002)

② *L. plantarium*

4 가지의 조합은 모두 50 배, 100 배 및 200 배의 희석액에서 75% 이상의 높은 소거율을 보였으며(그림 134), 산수유+백작약+현초+오미자(C)의 조합은 200 배의 희석액에서 91.62%의 소거율을 나타내어 아주 가능성있는 조합으로 보여진다. 산수유+백작약+현초+황련(A)의 조합과 산수유+작약+현초+녹차(B)의 조합은 50 배의 희석액에서 각각

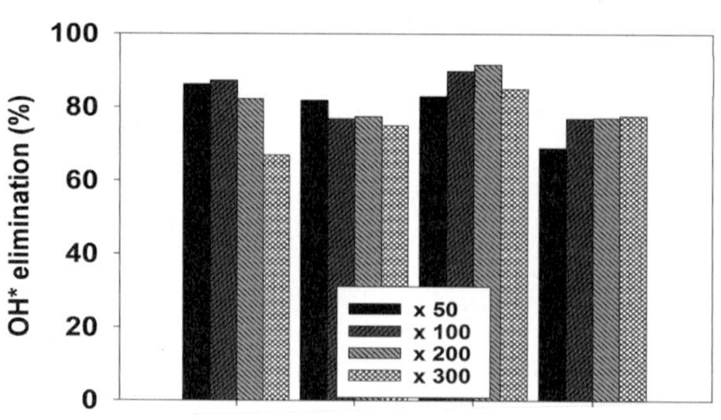

그림 134. *L. plantariumm* 의 성장을 촉진하는 약용 자원 4 종류 조합의 OH˙라디칼 제거율

산수유+백작약+현초+황련(A), 산수유+백작약+현초+녹차(B), 산수유+백작약+현초+오미자(C), 산수유+녹차+황련+백작약(D)
(Jong-Deog Kim, Kor. J. Microbiol. Biotechnol., 30(3), 270-281, 2002)

86.25% 및 81.87%의 높은 소거율을 보였고, 산수유+녹차+황련+백작약(D)의 조합은 100, 200 및 300 배의 희석액에서 다른 조합에서 보다는 비교적 낮은 소거율을 보였으나, 77% 이상의 제거 효율을 보여 *L. plantarium* 을 성장시키는 시킴과 동시에 유해 산소를 제거할 수 있는 좋은 조합으로 사료된다.

③ *B. adolescentis*

B. adolescentis 의 성장을 촉진 시키는 약용 자원의 hydroxyl radical의 소거 활성은 각 조합의 추출물을 50, 100, 200 및 300 배로 희석하여 측정 하였으며(그림 135), 항 산화 활성이 강하게 나타난 당귀+음양곽+백작약+녹차의 조합이 100 배의 희석액에서 87.99%의 소거 활성을 보였고, 사간+당귀+음양곽+녹차의 조합, 음양곽+백작약+괴화+녹차의 조합, 백작약+괴화+녹차+상백피의 조합 등도 희석 배수에 무관하게 모두 80% 이상의 hydroxyl radical의 소거 활성을 보여 이상의 4 가지 조합은 *B. adolescentis* 의 성장을 촉진할 뿐아니라 유해 산소의 소거 활성이 좋아 희석율이 필요한 음료 제제의 개발을 위한 좋은 적응성을 보였다.

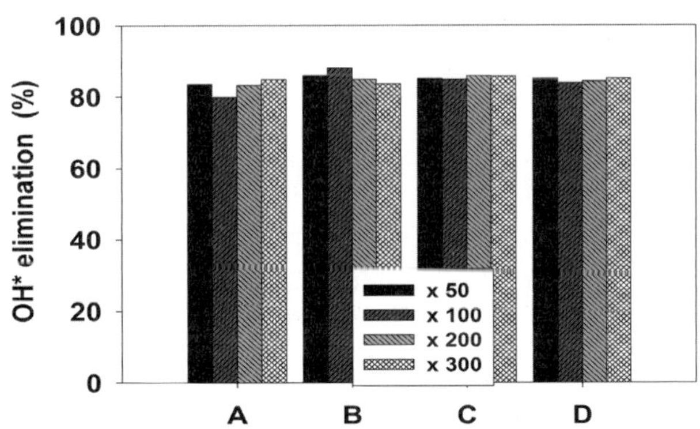

그림 135. *B. adolescentis* 의 성장을 촉진하는 약용 자원 4 종류 조합의 OH˙라디칼 제거율

사간+당귀+음양곽+녹차(A), 음양곽+백작약+괴화+녹차(B), 당귀+음양곽+백작약+녹차(C),백작약+괴화+녹차+상백피(D)

(Jong-Deog Kim, Korean J. Biotechnol. Bioeng., 17(4), 388-395, 2002)

④ *B. bifidum*

B. bifidum 의 성장을 촉진 시키는 약용 자원의 hydroxyl radical의 소거 활성은 항 산화 활성이 강하게 나타난 연자육+산수유+녹차+감초의 조합에서 84%의 소거 활성을 보였으며, 당귀+음양곽+백작약+녹차의 조합이 100 배의 희석액에서 87.99%의 소거 활성을 보였고, 연자육+녹차+사간+산수유, 녹차+사간+산수유+감초, 연자육+녹차+사간+감초 등의 조합에서도 희석 배수에 무관하게 모두 80% 이상의 hydroxyl radical의 소거 활성을 보여 이상의 4 가지 조합은 *B. bifidum* 의 성장 촉진 및 유해 산소의 소거 활성이 좋은 것으로 나타났다(그림 136).

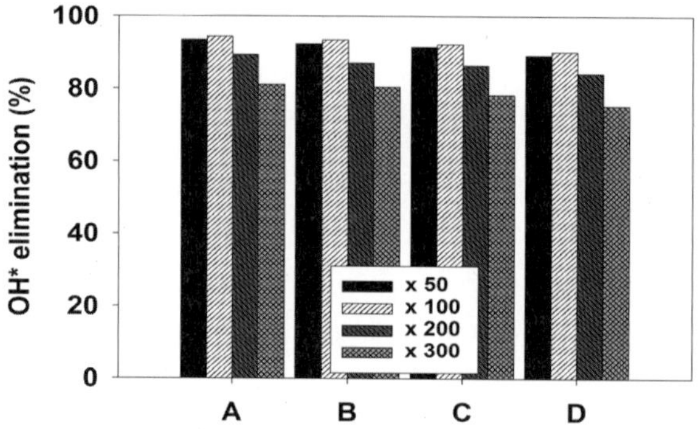

그림 136. *B. bifidum* 의 성장을 촉진하는 약용 자원 4 종류 조합의 OH˙라디칼 제거율

연자육+녹차+사간+산수유(A), 연자육+녹차+사간+감초(B), 녹차+사간+산수유+감초(C), 연자육+산수유+녹차+감초(D)
(Jong-Deog Kim, Kor. J. Microbiol. Biotechnol., 30(4), 388-394, 2002)

⑤ *B. infantis*

B. bifidum 의 성장을 촉진하는 4 종류의 조합에 녹차+백굴채+진피+갈근 조합의 100 배 희석의 소거율이 84.36%로 가장 높은 소거율을 보였으며, 녹차+음양곽+진피+갈근, 녹차+백굴채+진피+갈근, 녹차+백굴채+황기+갈근의 4 가지의 조합 모두 높은 희석율에도 80% 이상의 높은 소거율을 보여 *B. bifidum* 의 성장을 촉진할 뿐 아니라 유해 산소 소거 활성이 좋은 것으로 나타나 희석률이 높은 음료 제제로서의 사용 가능성을 보였다(그림 137).

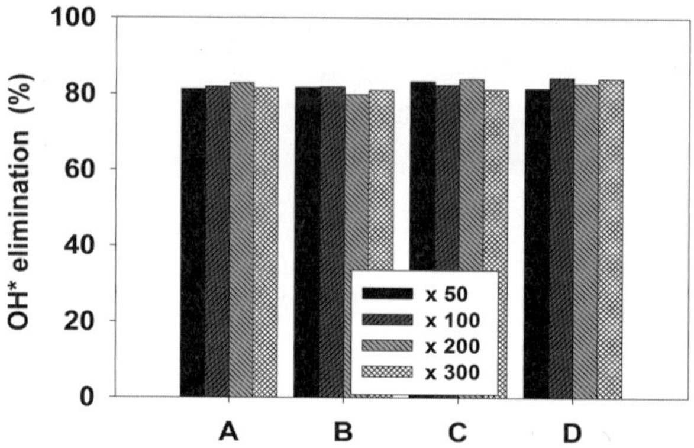

그림 137. *B. infantis* 의 성장을 촉진하는 약용 자원 4 종류 조합의 OH˙라디칼 제거율

녹차+백굴채+황기+음양곽(A), 녹차+백굴채+황기+갈근(B), T녹차+음양곽+진피+갈근(C), 녹차+백굴채+진피+갈근(D)
(Jong-Deog Kim, Kor. J. Korean Soc. Food Sci. Nutr. 31(5), 931-938, 2002)

⑥ *C. butyricum*

Clostridium butyricum 의 성장을 촉진시키는 4 종류의 4 차 조합은 모두 hydroxyl radical의 소거 기능이 좋은 것으로 나타났다. 음양곽+갈근+연자육+당귀(A), 음양곽+갈근+연자육+괴화(B), 연자육+백작약+괴화+당귀(C) 및 갈근+연자육+백작약+괴화(D)의 조합 등

모두 소거율이 90% 이상으로 나타났으며(그림 138), 음양곽+갈근+연자육+당귀(A)의 조합은 200 배의 희석율에서 94.63%의 소거율을 보였고 항 산화력도 좋아 희석이 필요한 제품의 원료로 사용 가능한 것으로 사료된다.

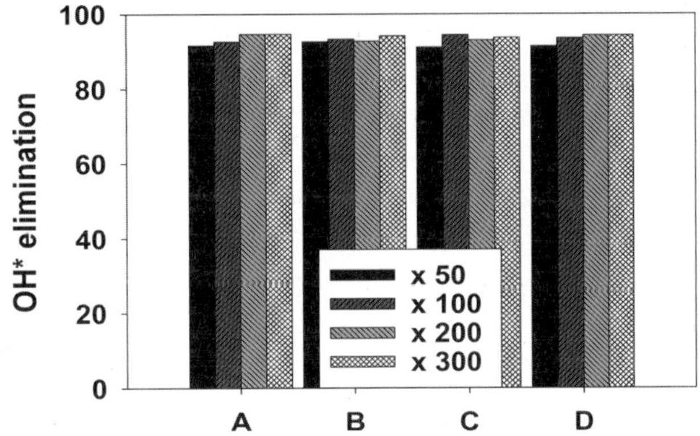

그림 138. *C. butyricum* 의 성장을 촉진하는 약용 자원 4 종류 조합의 OH˙라디칼 제거율

음양곽+갈근+연자육+당귀(A), 음양곽+갈근+연자육+괴화(B), 연자육+백작약+괴화+당귀(C), 갈근+연자육+백작약+괴화 (D)

(Jong-Deog Kim, Kor. Korean Journal of Life Science, 12(5), 595-604, 2002)

3. 유용 균주의 성장 촉진 배합비

4 차 배합에 따라 가장 효율이 좋은 4 자 조합을 선택하고, 이 배합의 이떠한 조성 비율에서 활성이 좋은가를 유용 균주를 대상으로 살펴보았다.

3.1. *L. acidophilus*

L. acidophilus 는 승마+감초+석창포+녹차, 승마+감초+황금+계피, 감초+황금+진피+계피, 감초+녹차+황금+계피의 조합에서 성장이 촉진되었으며, 이 조합 중에서 승마+감초+석창포+녹차의 조합에서 성장이 가장 많이 촉진되어 이 조합의 구성성분 비를 1:1:1:1, 2:1:1:1, 1:2:1:1, 1:1:2:1 및 1:1:1:2의 비율로 조절하여 이 균의 성장을 살펴본 결과, 1:1:1:1의 비율에서 성장이 잘 된 것으로 나타났다(그림 139).

3.2. *L. plantarium*

L.plantarium 는 산수유+백작약+현초+황련, 산수유+백작약+현초+녹차, 산수유+백작약+현초+오미자, 산수유+녹차+황련+백작약의 조합에서 성장이 촉진되었으며, 이 조합 중에서 산수유+백작약+현초+녹차의 조합에서 성장이 가장 많이 촉진되었고 또한, 이 조합의 구성 성분 비가 1:1:1:1의 비율에서 성장이 가장 잘 된 것으로 나타났다(그림 140).

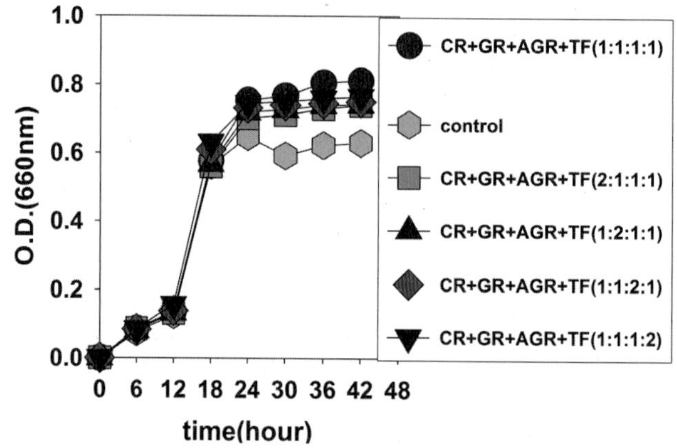

그림 139. *L.acidophilus* 의 성장을 촉진하는 4 종류 조합의 배합 비율

CR: 승마, GR: 감초, AGR: 석창포, TF: 녹차
(Jong-Deog Kim, Kor. J. Microbiol. Biotechnol., 30(3), 270-281, 2002)

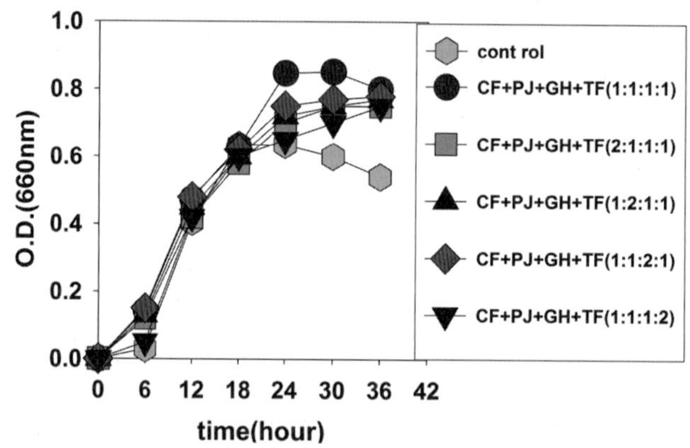

그림 140. *L.plantarium* 의 성장을 촉진하는 4 종류 조합의 배합 비율

CF: 산수유, PJ: 백작약, GH: 현초, TF: 녹차
(Jong-Deog Kim, Kor. J. Microbiol. Biotechnol., 30(3), 270-281, 2002)

3.3. *B. adolescentis*

B. adolescentis 는 사간+당귀+음양곽+녹차, 당귀+음양곽+백작약+녹차, 음양곽+백작약+괴화+녹차, 백작약+괴화+녹차+상백피의 조합에서 성장이 촉진 되었으며, 이 조합 중에서 사간+당귀+음양곽+녹차의 조합에서 성장이 가장 많이 촉진되었고 또한, 이 조합의 구성 성분 비가 1:1:1:1의 비율에서 성장이 가장 잘 된 것으로 나타났다(그림 141).

3.4. *B. bifidium*

B. bifidum 는 연자육+녹차+사간+산수유, 연자육+녹차+사간+감초, 녹차+사간+산수유+감초, 연자육+산수유+녹차+감초의 조합에서 성장이 촉진되었으며, 이 조합 중에

서 연자육+녹차+사간+산수유의 조합에서 성장이 가장 많이 촉진되었고, 또한, 이 조합의 구성 성분 비가 1:1:1:1의 비율에서 성장이 가장 잘 된 것으로 나타났다(그림 142).

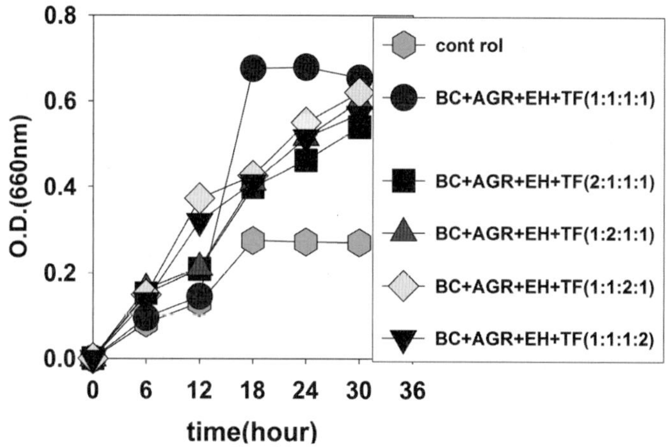

그림 141. *B.adolescentis* 의 성장을 촉진하는 4 종류 조합의 배합 비율

BC: 사간, AGR: 당귀, EH: 음양곽, TF: 녹차
(Jong-Deog Kim, Korean J. Biotechnol. Bioeng., 17(4), 388-395, 2002)

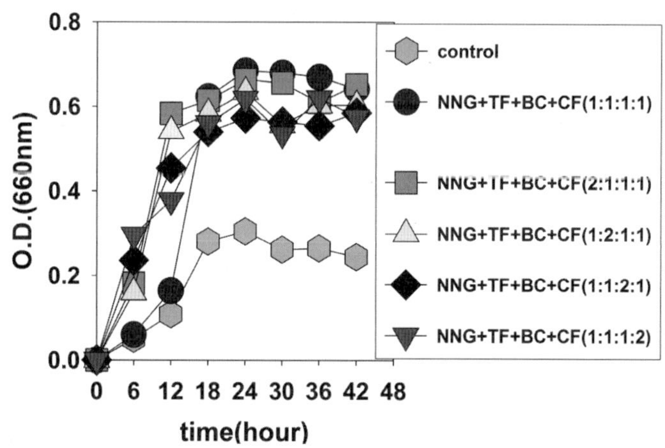

그림 142. *B.bifidum* 의 성장을 촉진하는 4 종류 조합의 배합 비율

NNG: 연자육, TF: 녹차, BC: 사간, CF: 산수유
(Jong-Deog Kim, Kor. J. Microbiol. Biotechnol., 30(4), 388-394, 2002)

3.5. *B. infantis*

B. infantis 는 녹차+백굴채+황기+음양곽, 녹차+백굴채+황기+갈근, 녹차+음양곽+진피+갈근, 녹차+백굴채+진피+갈근의 조합에서 성장이 촉진 되었으며, 이 조합 중에서 녹차+백굴채+황기+음양곽의 조합에서 성장이 가장 많이 촉진되었고 또한, 이 조합의 구성 성분 비가 2:1:1:1의 비율에서 성장이 가장 잘 된 것으로 나타났다(그림 143).

3.6. *C. butyricum*

Clostridium butyricum 는 음양곽+갈근+연자육+당귀, 음양곽+갈근+연자육+괴화, 연자육+백작약+괴화+당귀, 갈근+연자육+백작약+괴화의 조합에서 성장이 촉진되었으며, 이 조합 중에서 음양곽+갈근+연자육+당귀의 조합에서 성장이 가장 많이 촉진되었고 또한, 이 조합의 구성 성분 비가 1:1:1:1의 비율에서 성장이 가장 잘 된 것으로 나타났다(그림 144).

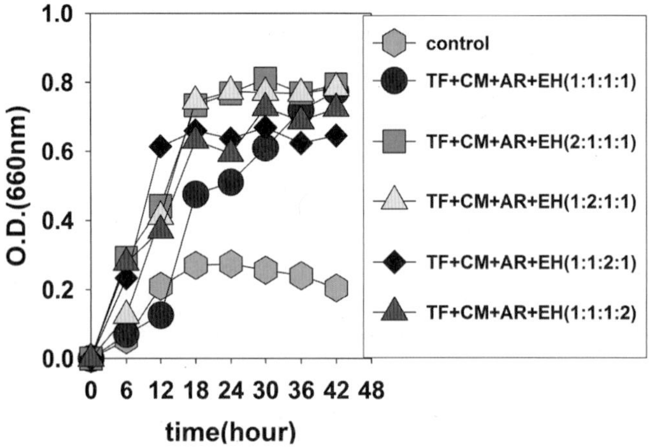

그림 143. *B.infantis* 의 성장을 촉진하는 4 종류 조합의 배합 비율

TF: 녹차, CM: 백굴채, AR: 황기, EH: 음양곽
(Jong-Deog Kim, Kor. J. Korean Soc. Food Sci. Nutr. 31(5), 931-938, 2002)

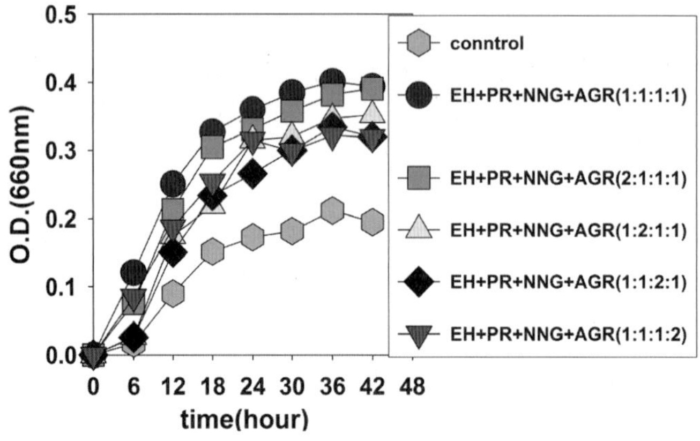

그림 144. *C. butyricum* 의 성장을 촉진하는 4 종류 조합의 배합 비율

EH: 음양곽, PR: 갈근, NNG: 연자육, AGR: 당귀
(Jong-Deog Kim, Kor. Korean Journal of Life Science, 12(5), 595-604, 2002)

제6장

유해 세균의 성장 억제 효과를 갖는 약용 자원

1. ROS제거 및 장내 유용 세균의 활성을 증가시키는 약용 자원군 탐색
2. 성장 저해 효과를 갖는 약용 자원 조합의 항 산화력
3. 유해 세균 성장 억제 배합비

제6장

유해 세균의 성장 억제 효과를 갖는 약용 자원

1. ROS제거 및 유해 세균의 활성을 제어하는 약용 자원군 탐색

1.1. 한 종류의 약용 자원

유해균, *Clostridium difficile, Clostridium perfringens* ATCC 13124, *Esherichia coli* ATCC 11775, *Listeria monocytogenes, Staphylococcus aureus* ATCC 12600, *Streptococcus mutans, Vibrio parahaemolyticus* 및 *Bacteriodes fragilis* KCTC 5013 등을 혐기 및 호기 배양하면서 검색된 ROS 제거 기능을 가지는 약용 자원 추출물을 첨가하여 이들 유해 세균의 성장을 저해시키는 약용 자원 추출물을 대조군과 비교하여 검색하였다. 각 균주의 성장은 세균의 특성에 맞는 배지에 5%의 약용 자원을 가하여 전 배양한 균주를 37℃에서 배양하면서 6 시간 간격으로 시료를 채취하여 660 nm에서 흡광도를 측정하였다.

가. *Clostridium difficile*

C. difficile 는 G(+)세균이며, 스포아를 형성하는 혐기성 간균으로서 장에서 A 및 B의 2 종류의 독소를 생산하여 대부분 설사와 결장염을 일으키며, 점막의 손상을 통하여 세포 내로 들어가 염증을 일으키기도 하는 유해균이다. 이 균주를 Reinforced Clostridial Medium 에 30 종류의 약용 자원을 첨가하여 배양하였을 때 백작약, 백출, 음양곽, 석창포, 오가피, 구기자, 계피, 괴화, 두충, 황백, 천문동, 고삼 등의 약용 자원에 의하여 성장이 저해되어 약용 자원으로써 이 세균의 제어가 가능한 것으로 나타났다. 이 들의 생체에 대한 효과를 보면 백작약(白灼藥)은 해독(解毒)작용과 통증 완화(止痛)작용을 하며, 백출(白朮)은 소변이 잘 나오지 않는 것(小便難)을 치료하며, 음양곽(淫羊藿)은 정자의 생산(益精), 건망증의 해소, 소변이 잘나오지 않음을 치료하고, 석창포는 간(肝), 심장(心), 비장(脾), 폐(肺), 신장(腎)의 오장을 도우고(補五臟), 전간, 건망증을 치료하며, 오가피(五加皮)는 사지불수, 간 및 신장의 기능을 도우는(滋補肝腎) 작용을, 구기자(枸杞子)는 간과 신장, 그리고 정력을 도우고

(益精), 계피는 혈액을 잘 돌게 하며(活血), 괴화(槐花)는 오장의 기생충을 죽이고(殺五臟蟲), 혈루성 치질(痔血)을 치료하며, 두충(杜冲)은 정력과 기를 왕성(益精氣)하게 하고, 천문동(天門冬)은 폐의 기능을 도우고(補肺氣), 소변이 잘 나오게 하며(利小便), 고삼(苦蔘)은 황달을 치료하며, 심장 및 복부에 쌓여 있는 기(心腹積氣)를 해소하는 기능을 가지고 있다. 여러 가지의 약용 자원에 의하여 *C. difficile* 의 성장이 대조군에 비교하여 제어되는 정도를 그림 145에 나타내었다.

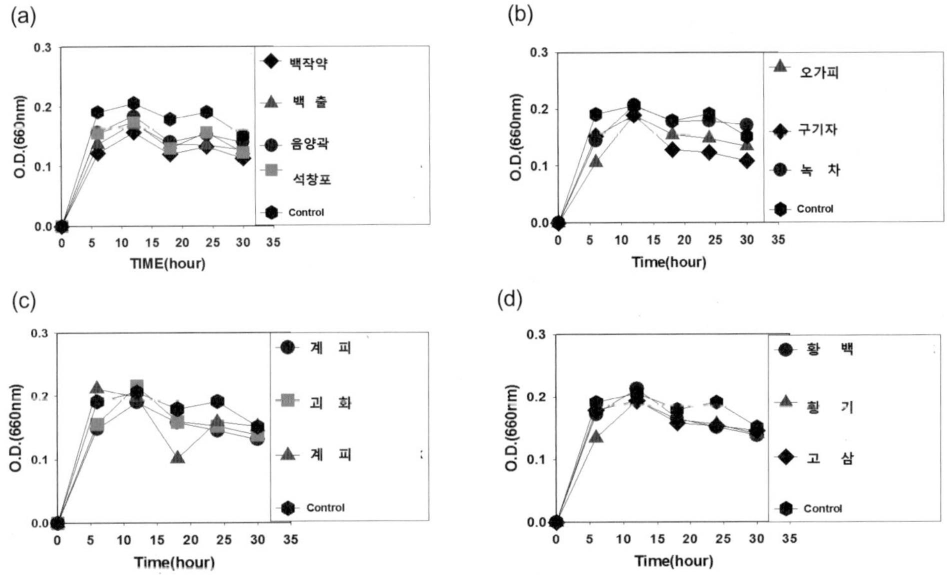

그림 145. *C. difficile* 의 성장을 제어하는 한 종류의 약용 자원, 대조군과 약용 자원 (a), (b), (c) 및 (d)

(김종덕, 농림부 최종 연구 보고서, 2002, 한국 특허: 0503925호, 2005)

그림 145에서 볼 수 있는 바와 같이 백작약 및 구기자는 대조군과 비교하여 30%의 제어율을 보였으며, 자음제로서의 공통점이 있고, 유해균주의 DNA의 복제를 억제하여 분열을 제어하거나 분열의 시기를 늦추는 역할에 의하여 대조군보다 성장이 억제 되는 것으로 사료된다.

나. *Clostridium perfringens*

C. perfringens 는 많은 종류의 식품, 특히 육고기, 가금류 및 이들의 가공품에 존재하며, 토양, 사람 및 동물의 장, 하수구, 동물의 배설물에도 존재하며, 설사, 복통, 구토 및 열을 동반하는 원인 균이다. *C. perfringens* 의 균주는 Reinforced Clostridial Medium에서 백작약, 백출, 음양곽, 석창포, 오미자, 구기자, 계피, 괴화, 황백, 연자육, 천문동, 상백피, 황기 및 황련 등의 약용 자원에 의하여 성장이 저해되어 천연 산물로써 이 세균의 제어가 가능한 것으로 나타났다. 이 약용 자원들의 생체에 대한 기능으로서는 백작약(白灼藥)은 해독(解毒)작용과 통증 완화(止痛)작용을 하며, 백출(白朮)은 소변이 잘 나오지 않는것(小便難)을

치료하며, 음양곽 (淫羊藿)은 정자의 생산(益精), 건망증의 해소, 소변이 잘나오지 않음을 치료하고, 석창포는 간(肝), 심장(心), 비장(脾), 폐(肺), 신장(腎)의 오장을 도우고(補五臟), 전간, 건망증을 치료하며, 구기자(枸杞子)는 간과 신장 그리고 정력을 도우고(益精), 계피는 혈액을 잘 돌게 하며(活血), 괴화(槐花)는 오장의 기생충을 죽이고(殺五臟蟲), 혈루성 치질(痔血)을 치료하며, 황백(黃柏)은 해독(解毒), 살충(殺蟲), 황달(黃疸) 및 여성의 대하(帶下)를 치료하고, 연자육(蓮子肉)은 비장을 보하고(補脾), 정액을 고이게 하며(澁精), 천문동은 폐의 기능을 도우고(補肺氣), 소변이 잘 나오게 하며(利小便), 상백피(桑白皮)는 토하고 설사하며 위의 경련(癨亂吐瀉)에 각각 효과가 있는 것으로 알려져 있고, 황기(黃芪)는 폐를 보하며(補肺), 여성의 대하 및 소변(閉塞)을 치료하며, 황련(黃蓮)은 장을 두텁게 하고, 황달을 치료하며 오장의 냉열을 조절하는 기능(五腸冷熱)을 가지고 있다. 대조군에 비교하여 *C. perfringens* 균주가 약용 자원에 의하여 제어되는 정도를 아래의 그림 146에 나타내었다.

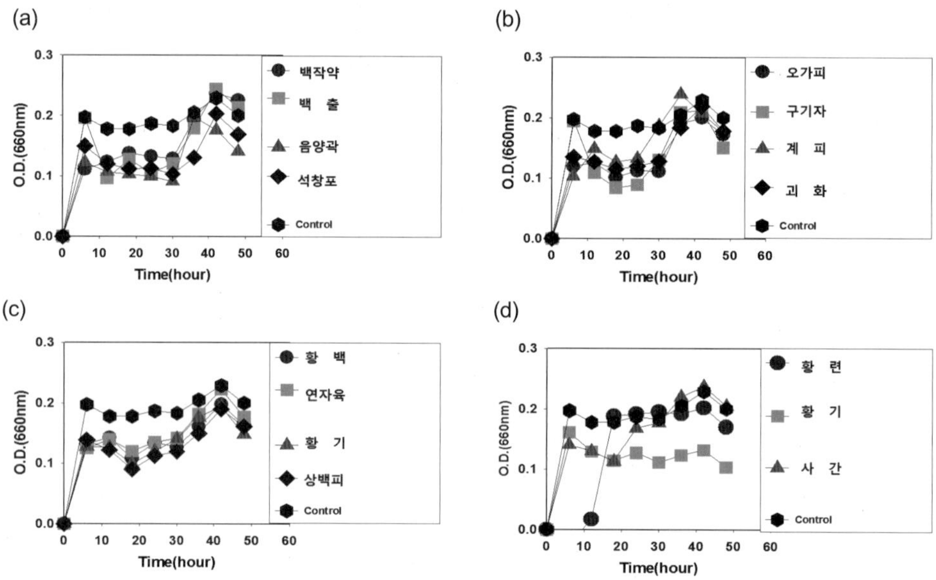

그림 146. *C. perfringens* 의 성장을 제어하는 한 종류의 약용 자원, 대조군과 약용 자원 (a), (b), (c) 및 (d)
(Jong-Deog Kim, J. Korean Soc. Food Sci. Nutr. 31(6), 1119-1125, 2002, 한국 특허: 0503925호, 2005)

음양곽, 구기자, 상백피 및 황기 등에 의하여 약 40% 정도로 제어됨을 보였으며, 제어 기전은 *C. difficile* 과 경우와 서로 공통되는 약용 자원이 많은 것으로 보아 장내에서 유해 효과를 나타내는 이 두 종류의 제어는 약용 자원의 선별에 따라 가능할 것으로 판단된다.

다. *Escherichia coli* ATCC 11775

E. coli 는 Nutrient Broth에 약용 자원을 첨가하여 배양하였을 때 황금, 오미자에 의하여 대조군 군 보다 성장이 저해되었으며, 이들의 생체에 대한 약리적 효과는 황금(黃芩)은 해독 작용을 가지며, 방광을 튼튼하게 하고, 황달을 치료하며, 오미자(五味子)는 정력을 도우

며(益精), 위암(反胃)에도 효과가 있다. 이 들 약용 자원이 의한 *E. coli* 의 제어 정도를 그림 147에 나타내었다. *E.coli* 는 85%이상 제어되는 것으로 나타났으며, 다양하게 이용할 수 있을 것으로 사료된다.

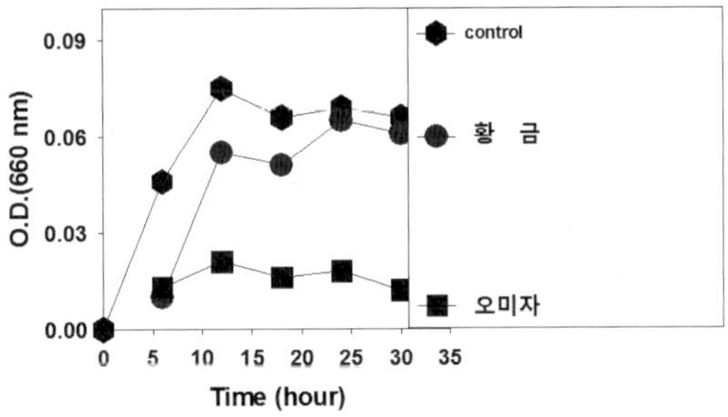

그림 147. *E. coli* 의 성장을 제어하는 한 종류의 약용 자원

(Jong-Deog Kim, Korean J. Biotechnol. Bioeng. 17(5), 490-496, 2002, 한국 특허: 0503925호, 2005)

라. *Listeria monocytogenes* KCTC 3569

Listeria monocytogenes 균주는 치명적일 수 있으며, 성인의 경우에는 감기와 같은 증상, 열, 한기, 두통, 요통, 복동 및 실사를 동반하며, 갓난 아이의 경우에는 순환기 질환, 구토, 뇌 주위의 조직에 감염을 일으켜 수막염, 패혈증 등을 동반하고, 유산이나 사산을 일으키기도 하며, Brain Heart infusion medium에서 잘 자라며, 백작약, 산수유, 녹차 등에 의하여 성장이 저해되었으며, 이 약용 자원들의 약리적 효과를 보면 백작약(白灼藥)은 해독(解毒) 작용과 통증 완화(止痛)작용을 하며, 산수유(山茱萸)는 정액을 고이게 하고(澁精), 상과 위의 나쁜 기운을 제거(腸胃風邪)하는 역할을 하며, 녹차(綠茶)는 열을 사하고 정신을 맑게 하며(瀉熱淸神), 소변이 잘 나오게(利尿)하는 작용이 있다. 이 약용 자원에 의하여 *Listeria monocytogenes* 가 제어되는 정도를 그림 148에 나타내었다. *Listeria monocytogenes* 는 이 들 약용 자원에 의하여 60% 정도 제어되었으며 식품의 첨가물로써 사용 가치가 높을 것으로 사료된다.

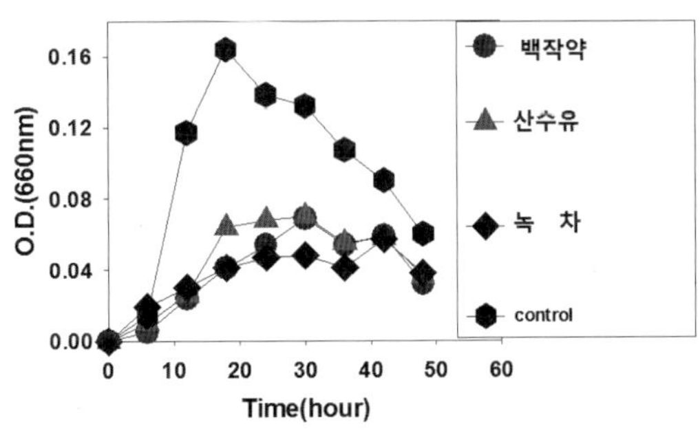

그림 148. *Listeria monocytogenes* 의 성장을 제어하는 한 종류의 약용 자원

(김종덕, 농림부 최종 연구 보고서, 2002, 한국 특허: 0503925호, 2005)

마. *Staphylococcus aureus* KCTC 1916

Staphylococcus aureus 균주는 구토 및 설사를 동반하며 식후 30분부터 8시간 이내의 빠른 시간 내에 증상을 나타내고, Micrococcus Medium에 잘 자라며, 백작약, 오배자, 현초등에 의하여 제어되었고, 이 약용 자원의 약리적 효과로서는 백작약(白灼藥)은 해독(解毒)작용과 통증 완화(止痛)작용을 하며, 오배자(五倍子)는 해독 작용을, 현초(玄草)는 설사와 이질을 치료하는 역할을 하는 것으로 알려져 있다. 이 약용 자원에 의한 *Staphylococcus aureus* 의 제어 정도를 아래의 그림 149에 나타내었다. *Staphylococcus aureus* 는 백작약에 의하여 90% 제어되었고, 현초에 의하여 80% 제어 되었으며, 오배자에 의하여 60% 제어되어 이 약용 자원에 의한 이균주의 제어 효율이 좋아 의약품의 원료로서도 사용이 가능할 것으로 사료된다.

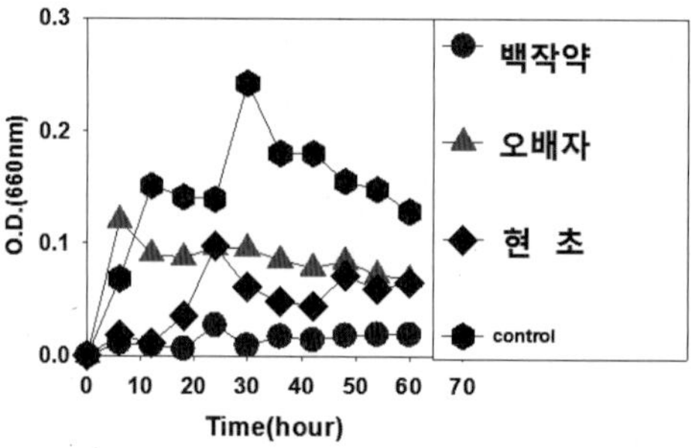

그림 149. *Staphylococcus aureus* 의 성장을 제어하는 한 종류의 약용 자원

(김종덕, 농림부 최종 연구 보고서, 2002, 한국 특허: 0503925호, 2005)

바. *Streptococcus mutans* KCTC 3283

Streptococcus mutans 균주는 Brain Heart infusion medium을 사용하여 배양하였으며, 승마, 고삼, 황련 등에 의하여 대조군보다 성장이 저해되었으며, 이들의 약리 효과로서는 승마(升摩)는 해독(解毒)작용과 복통(腹痛)을 소거하며, 산후의 나쁜 피를 정화시키는 기능(産后惡血)을 가지며, 고삼(苦蔘)은 황달을 치료하고, 심장 및 복부에 쌓여 있는 기(心腹積氣)를 해소하며, 황련(黃蓮)은 장을 두텁게 하고, 황달을 치료하며 오장의 냉열을 조절하는 기능

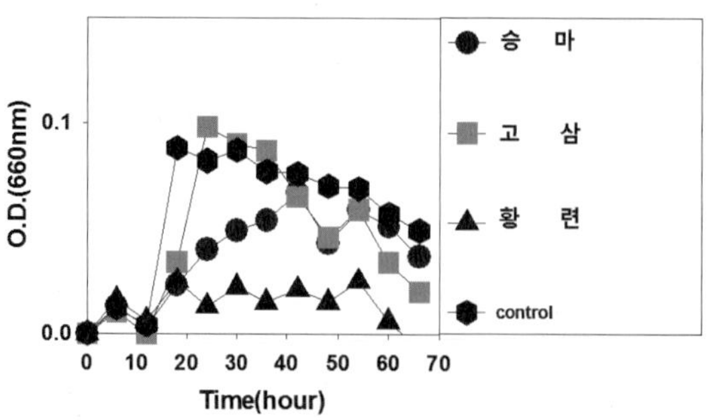

그림 150. *Streptococcus mutans* 의 성장을 제어하는 한 종류의 약용 자원

(김종덕, 농림부 최종 연구 보고서, 2002, 한국 특허: 0503925호, 2005)

(五腸冷熱)을 가지고 있다. 이 약용 자원에 의한 *Streptococcus mutans* 의 제어 정도를 그림 150에 나타내었다. *Streptococcus mutans* 는 황련에 의하여 75% 정도 제어 되었으며, 고삼에 60% 제어되어, 의약 부외품의 원료로 사용이 기대되었다.

사. *Vibrio parahaemolyticus* KCTC 2471

해양에 거주하는 미생물로 구토, 열을 수반하는 식중독을 일으키며, *Vibrio parahaemolyticus* 균주는 marine medium을 사용하였고, 백작약, 오가피,황백, 상백피, 녹차, 오배자, 황련, 황기 등에 의하여 대조군 보다 성장이 저해되었으며, 이 약용 자원들의 약리 효과를 보면, 백작약(白灼藥)은 해독(解毒)작용과 통증 완화(止痛)작용을 하며, 오가피(五加皮)는 사지불수, 간 및 신장의 기능을 도우는(滋補肝腎) 작용을, 황백(黃柏)은 해독(解毒), 살충(殺蟲), 황달(黃疸) 및 여성의 대하(帶下)를 치료하고, 상백피(桑白皮)는 토하고 설사하며 위의 경련(癨亂吐瀉)에 각각 효과가 있으며, 녹차(綠茶)는 열을 사하고 정신을 맑게 하며(瀉熱清神), 소변이 잘 나오게(利尿)하는 작용이 있고, 오배자(五倍子)는 해독 작용을, 황련(黃蓮)은 장을 두텁게 하고, 황달을 치료하며 오장의 냉열을 조절하는 기능(五腸冷熱)이 있으며, 황기(黃芪)는 폐를 보하며(補肺), 여성의 대하 및 소변 폐색(閉塞)을 치료하는 것으로 알려져 있다. 이 약용 자원에 의한 *Vibrio parahaemolyticus* 의 제어 정도를 아래의 그림 151에 나타내었다.

Vibrio parahaemolyticus 는 황백 및 황련에 의하여 100% 제어됨을 보이고 있으며, 녹차는 90%, 오배자는 75%, 백작약은 52%의 제어 효과를 보여 여름철의 횟감에 자주 감염되는 *Vibrio parahaemolyticus* 에 인한 식중독을 줄 일수 있을 것으로 판단된다.

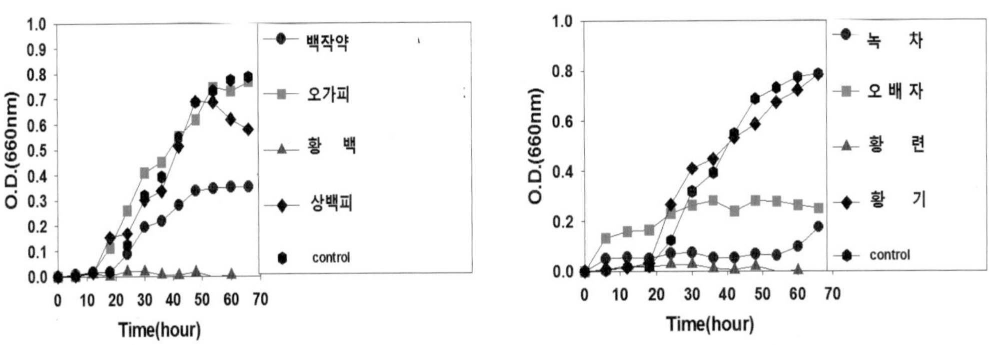

그림 151. *Vibrio parahaemolyticus* 의 성장을 제어하는 한 종류의 약용 자원

(Jong-Deog Kim, Korean Journal of Life Science, 12(6), 731-739, 2002, 한국 특허: 0503925호, 2005)

아. *Bacteroides fragilis*

Bacteroides fragilis 는 위장에 거주하면서 위의 점막을 파괴하고, 생체의 어느 부위로도 이동이 가능하며 통성혐기성균과 공조하여 조직에 감염되며 polysaccharide의 캡슐이 독성을 발휘하는 유해 균주이다.

GYP배지를 사용하여 배양하였고, 백작약, 산수유, 녹차, 황련 등에 의하여 대조군보다 성장이 저해되었으며, 이 약용 자원들의 약리 효과를 보면, 백작약(白灼藥)은 해독(解毒)작용과 통증 완화(止痛)작용을 하며, 산수유(山茱萸)는 정액을 고이게 하고(澁精), 장과 위의 나쁜 기운을 제거(腸胃風邪)하는 역할을 하며, 녹차(綠茶)는 열을 사하고 정신을 맑게 하며(瀉熱淸神), 소변이 잘 나오게(利尿)하는 작용이 있고, 황련(黃蓮)은 장을 두텁게 하고, 황달을 치료하며 오장의 냉열을 조절하는 기능(五腸冷熱)을 가지고 있다. 이 약용 자원에 의한 *Bacteroides fragilis* 의 성장 제어 정도를 아래의 그림 152에 나타내었다. *Bacteroides fragilis* 는 백작약, 산수유에 의하여 50% 제어 되었으며, 황련에 의하여 40% 제어 되었으며, 위장예통의 치료제로서 사용할 수 있을 것으로 사료된다.

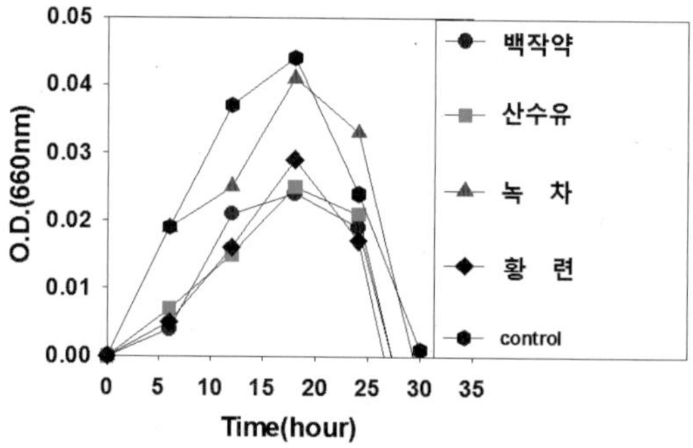

그림 152. *Bacteroides fragilis* 의 성장을 제어하는 한 종류의 약용 자원

(김종덕, 농림부 최종 연구 보고서, 2002, 한국 특허: 0503925호, 2005)

1.2. 두 종류의 약용 자원 조합

가. *Clostridium difficile*

C. difficile 균주는 황련+오미자, 황련+구기자, 황금+구기자, 백작약+황금, 백작약+황련 등의 조합에 의하여 저해되었으며, 그 결과를 그림 153에 나타내었다. 백작약, 백출, 음양곽, 석창포, 오가피, 구기자, 계피, 괴화, 두충, 황백, 천문동 및 고삼 등의 한 가지의 약용 자원보다 조합을 두 가지의 약용 자원으로 조합을 구성한 것이 더 강력하게 제어 되었고, 특히 황련+오미자, 황련+구기자 및 백작약+황련의 조합에서 80%의 제어율을 보여 장내에서의 균주의 조절이 가능할 것으로 사료되었다.

나. *Clostridium perfringens*

C. perfringens 는 황금+감초, 황금+천문동, 황금+상백피, 황금+구기자, 황백+감초, 황백+상백피, 황백+구기자 그리고 황금+황기 등에 의해서 저해되었고, 대조군에 대한 제어 정도를 그림 154에 나타내었다. 수렴 효과가 있는 황금 및 황백을 중심으로 한 조합에서 제어가 잘되는 것으로 나타났으며, 특히, 황백+감초의 조합에서 64%의 제어 효과를 보여 그 응용 가능성을 찾을 수 있었다.

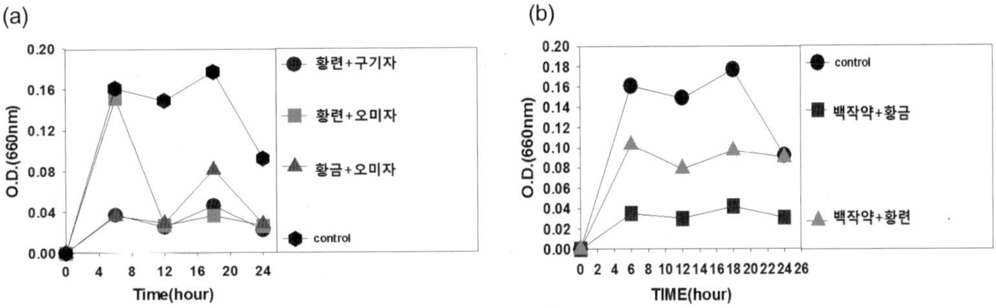

그림 153. *C. difficile* 의 성장을 제어하는 두 종류의 약용 자원의 조합, 대조군과 약용 자원 (a) 및 (b)

(김종덕, 농림부 최종 연구 보고서, 2002, 한국 특허: 0503925호, 2005)

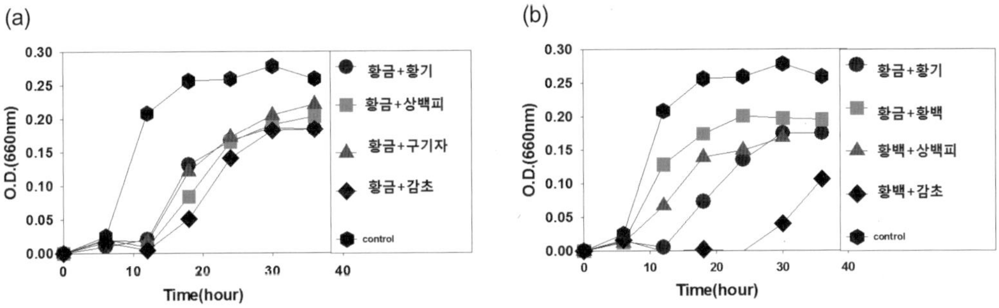

그림 154. *C. perfringens* 의 성장을 제어하는 두 종류의 약용 자원의 조합, 대조군과 약용 자원 (a) 및 (b)

(Jong-Deog Kim, J. Korean Soc. Food Sci. Nutr. 31(6), 1119-1125, 2002, 한국 특허: 0503925호, 2005)

다. *Escherichia coli*

한 가지 종류의 약용 자원, 황금, 오미자에 의하여 제어가 잘 되었던 *E. coli* 는 조합에 의하여 그 제어 정도는 낮았으나 기능성을 부여하기 위하여 조합을 구성하였고, 그 제어 정도를 그림 155에 나타내었다. 황금+오미자의 조합은 대조군에 비교하여 그 제어 정도가 충분하지 못하였으나, 오미자+황백의 조합에서는 60%의 제어 효과를 나타내어 조합의 구성에 따라 제어할 수 있는 분야도 달라짐을 알 수 있었다.

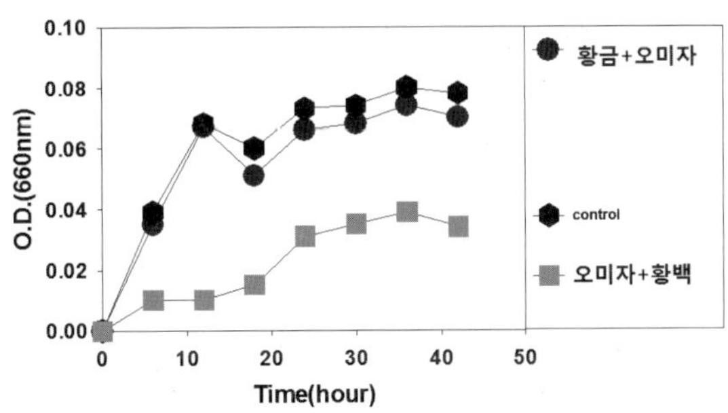

그림 155. *E. coli* 의 성장을 제어하는 두 종류의 약용 자원의 조합, 대조군과 약용 자원

(Jong-Deog Kim, Korean J. Biotechnol. Bioeng. 17(5), 490-496, 2002, 한국 특허: 0503925호, 2005)

라. *Listeria monocytogenes*

L. monocytogenes 는 백작약+산수유, 백작약+황련, 백작약+연자육, 백작약+괴화, 황금+산수유, 황금+연자육, 황금+괴화, 황금+황련 등의 두 번째 조합에서 제어가 잘 되는 것으로 나타났으며, 그 제어 정도를 그림 156에 나타내었다. *L. monocytogenes* 는 백작약 및 황금을 기본으로 하는 2 차 조합에 의하여 제어의 효율이 좋았으며, 백작약+연자육, 백작약+황련, 황금+괴화 및 황금+연자육의 조합은 75%의 제어 효율을 나타내어 식중독을 제어할 수 있는 첨가물로서의 가능성을 보였다.

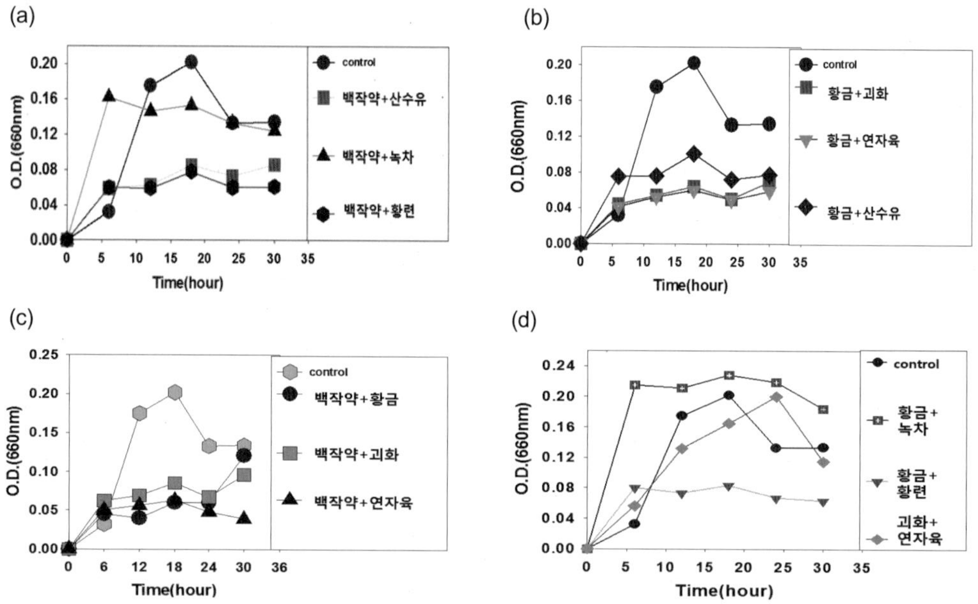

그림 156. *L. monocytogenes* 의 성장을 제어하는 두 종류의 약용 자원의 조합, 대조군과 약용 자원 (a), (b), (c) 및 (d)

(김종덕, 농림부 최종 연구 보고서, 2002, 한국 특허: 0503925호, 2005)

마. *Staphylococcus aureus*

S. aureus 는 백작약+황금, 백작약+녹차, 백작약+백굴채, 백작약+현초, 백작약+오미자, 황금+현초, 황금+녹차, 황금+백굴채, 황금+오미자, 백작약+오배자, 녹차+오배자 등에 의하여 제어되었으며, 그 제어 정도를 그림 157에 나타내었다. 조혈 기능을 가진 백작약과 해독 작용을 가지고 있는 황금을 기본으로 하는 조합, 즉 백작약+황금, 백작약+백굴채, 백작약+현초, 황금+백굴채 등은 85%의 저해율을 보였고, 백작약+녹차, 황금+오미자 등은 80%의 저해율을, 백작약+오미자, 황금+녹차 등은 75%의 저해율을 보여, 세균을 제어 할 수 있는 새로운 제제로서의 가능성을 보였다.

바. *Streptococcus mutans*

S. mutans 는 승마+황기, 승마+황련, 승마+고삼, 고삼+황련, 고삼+황기, 황련+황기,

승마+고삼, 승마+황기 등에 의하여 제어 되었고, 그 제어 정도를 그림 158에 나타내었다. 그림 25에서 보듯이 고삼+황련, 황련+황기는 65%의 제어율을 보였고, 고삼+황기의 조합은 80%의 제어율을 보여 새로운 제제의 개발을 위한 소재로서의 가능성을 보였다.

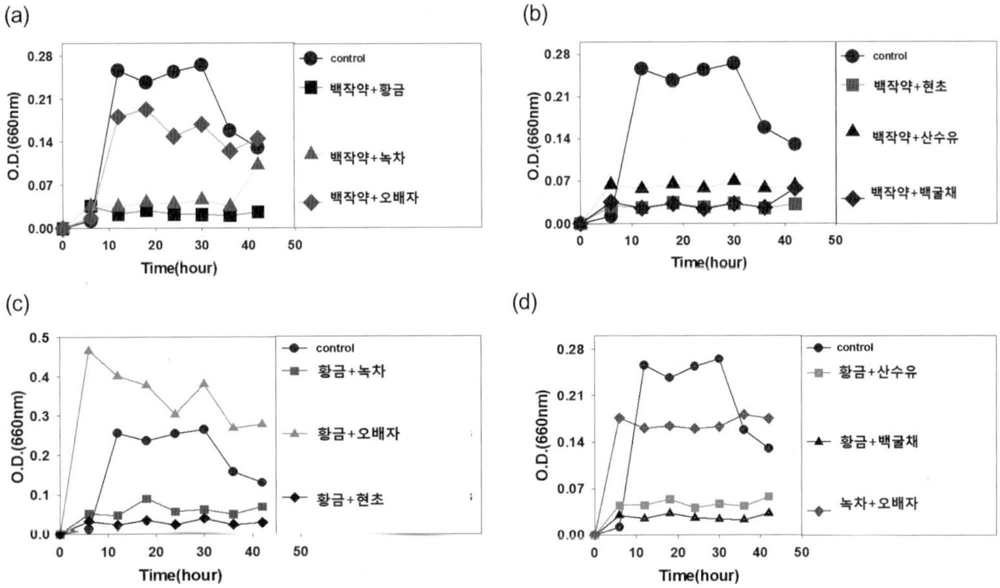

그림 157. *S. aureus* 의 성장을 제어하는 두 종류의 약용 자원의 조합, 대조군과 약용 자원 (a), (b), (c) 및 (d)

(김종덕, 농림부 최종 연구 보고서, 2002, 한국 특허: 0503925호, 2005)

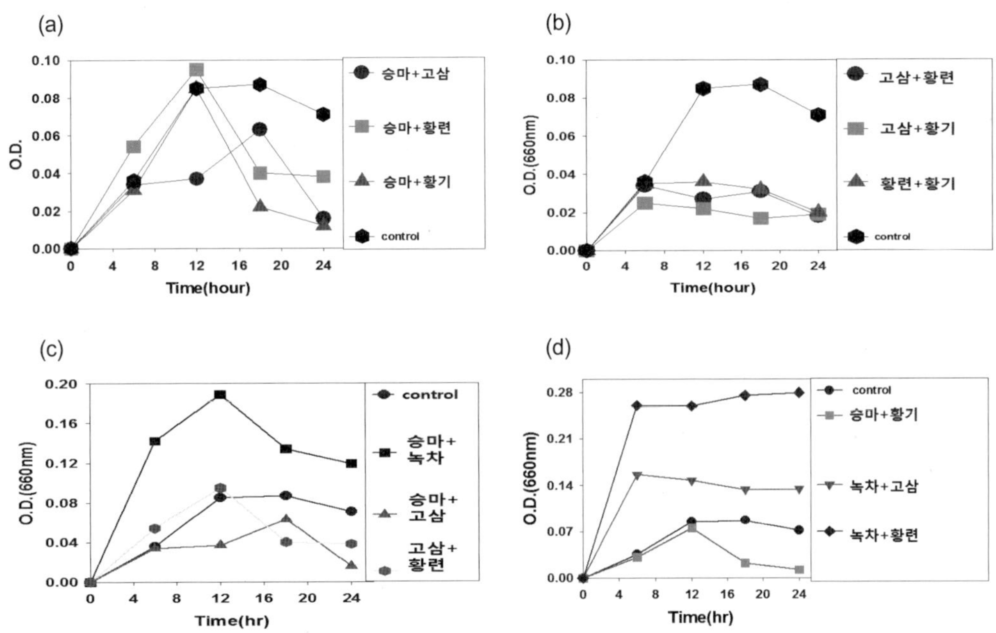

그림 158. *S. mutants* 의 성장을 제어하는 두 종류의 약용 자원의 조합, 대조군과 약용 자원 (a), (b), (c) 및 (d)

(김종덕, 농림부 최종 연구 보고서, 2002, 한국 특허: 0503925호, 2005)

사. *Vibrio parahaemolyticus*

V. parahaemolyticus 는 황백+오미자, 오가피+오미자, 오가피+상백피, 황금+황기 등에 의하여 제어되었으며, 그 정도를 그림 159에 나타내었다. 황백+오미자의 조합은 68.7%의 제어율을, 오가피+오미자 (상백피) 및 황금+황기의 조합은 53%의 제어율을 보였다.

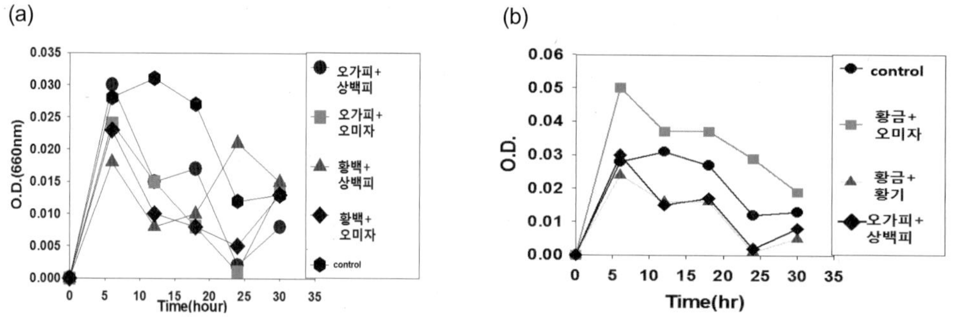

그림 159. *V. parahaemolyticus* 의 성장을 제어하는 두 종류의 약용 자원의 조합, 대조군과 약용 자원 (a) 및 (b)
(Jong-Deog Kim, Korean Journal of Life Science, 12(6), 731-739, 2002, 한국 특허: 0503925호, 2005)

아. *Bacteroides fragilis*

Bacteroides fragilis 는 백작약+황금, 백작약+산수유, 백작약+녹차, 백작약+산사자, 백작약+오미자, 백작약+황련, 황금+산수유, 황금+녹차, 황금+산사자, 황금+황련, 황금+오미자, 산수유+녹차, 산수유+산사자, 산수유+황련, 산수유+오미자, 녹차+산사자, 산사자+오미자, 황련+오미자, 녹차+오미자, 산사자+황련 등에 의하여 제어되었고 그 제어 정도를 그림 160에 나타내었다.

그림 160을 보면 조혈 기능을 갖는 백작약과 이기 작용을 갖는 산수유를 근간으로 하는 조합, 즉, 백작약+황금, 백작약+산수유, 백작약+녹차, 백작약+산사자 및 산수유+산사자, 산수유+황련, 산수유+오미자, 녹차+산사자등에서 80%의 제어율을 보여 항생제를 대신할 수 있는 신소재로의 개발도 가능할 것으로 판단된다.

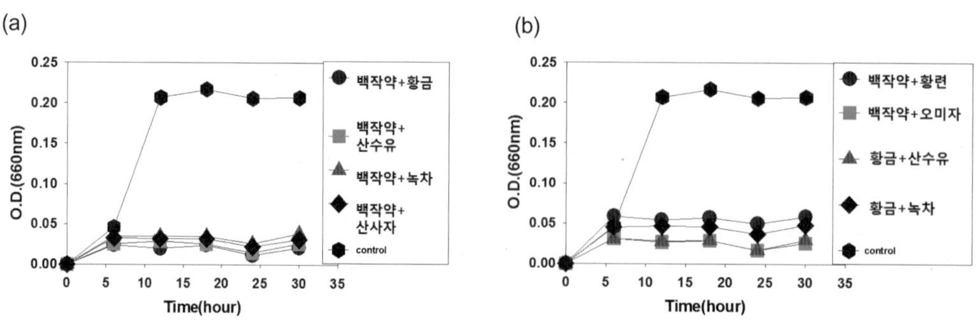

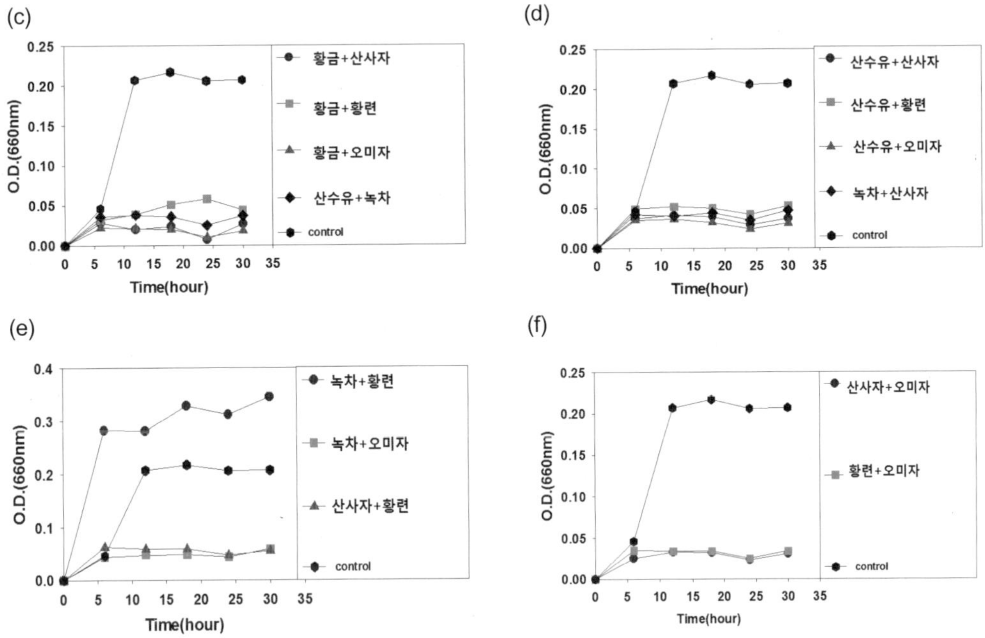

그림 160. *Bacteroides fragilis* 의 성장을 제어하는 두 종류의 약용 자원의 조합, 대조군과 약용 자원 (a)-(h)

(김종덕, 농림부 최종 연구 보고서, 2002, 한국 특허: 0503925호, 2005)

1.3. 세 종류의 약용 자원 조합

가. *Clostridium difficile*

C. difficile 균주는 황련+오미자+구기자, 황련+오미자+음양곽, 황련+오미자+황금, 황금+구기자+오미자, 황금+구기자+백작약, 황금+구기자+황련, 황련+황금+구기자, 황련+황금+음양곽 등의 3 차 조합에 의하여 제어되었으며, 그 제어 정도를 그림 161에 타내었다. *C. difficile* 균주는 수렴작용을 나타내는 황금 및 황련의 공통 조합에 오미자 및 구기자 등으로 조합된 배합에서 평균 60%이상의 제어의 효과가 나타나, 그 응용도의 가능성을 엿볼 수 있었다.

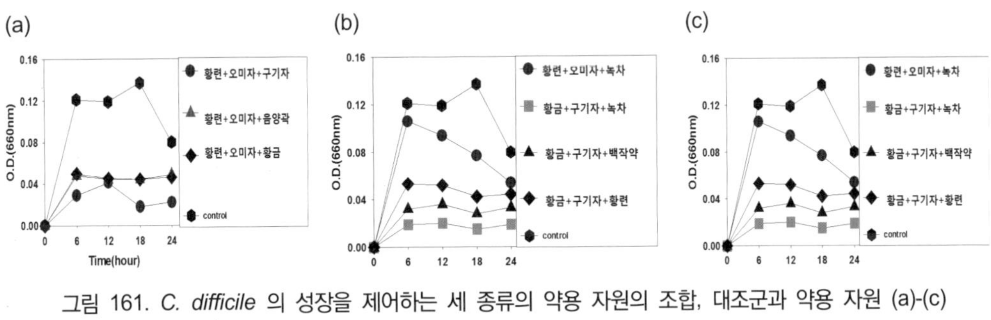

그림 161. *C. difficile* 의 성장을 제어하는 세 종류의 약용 자원의 조합, 대조군과 약용 자원 (a)-(c)

(김종덕, 농림부 최종 연구 보고서, 2002, 한국 특허: 0503925호, 2005)

나. *Clostridium perfringens*

C. perfringens 균주는 황금+음양곽+황기, 황금+황백+구기자, 황금+황백+음양곽의 배합에 의하여 저해되었으며, 그 제어의 정도를 그림 162에 나타내었다.

황금+황백+구기자, 황금+황백+음양곽 등의 3 차 조합은 수렴 작용을 가지는 황금, 황백의 공통 조합에 구기자, 음양곽이 배합되어 70%의 제어율을 보였고, 황금+음양곽+황기의 조합은 60%의 저해율을 보였다.

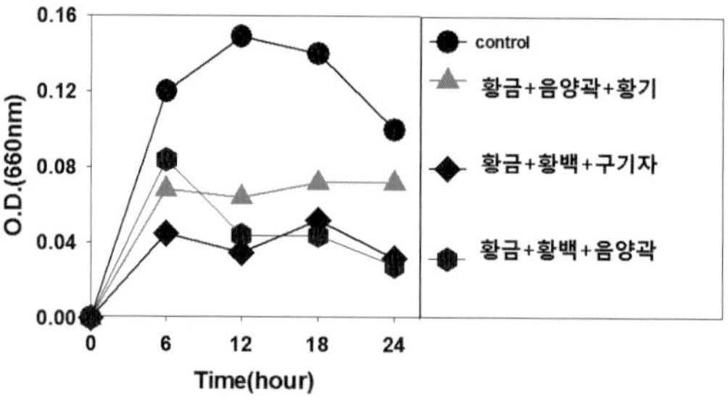

그림 162. *C. perfringens* 의 성장을 제어하는 세 종류의 약용 자원의 조합, 대조군과 약용 자원

(Jong-Deog Kim, J. Korean Soc. Food Sci. Nutr. 31(6), 1119-1125, 2002, 한국 특허: 0503925호, 2005)

다. *Escherichia coli*

E. coli 균주는 황금+황백+오미자, 황금+오미자+진피, 황금+황백+백작약, 황금+오미자+연자육 등의 3 차 조합에 의하여 제어되었으며, 그 정도를 그림 163에 나타내었다. 황금, 오미자를 근간으로 하는 조합에서 50-70%의 저해 효과를 보였으며, *E. coli* 균주가

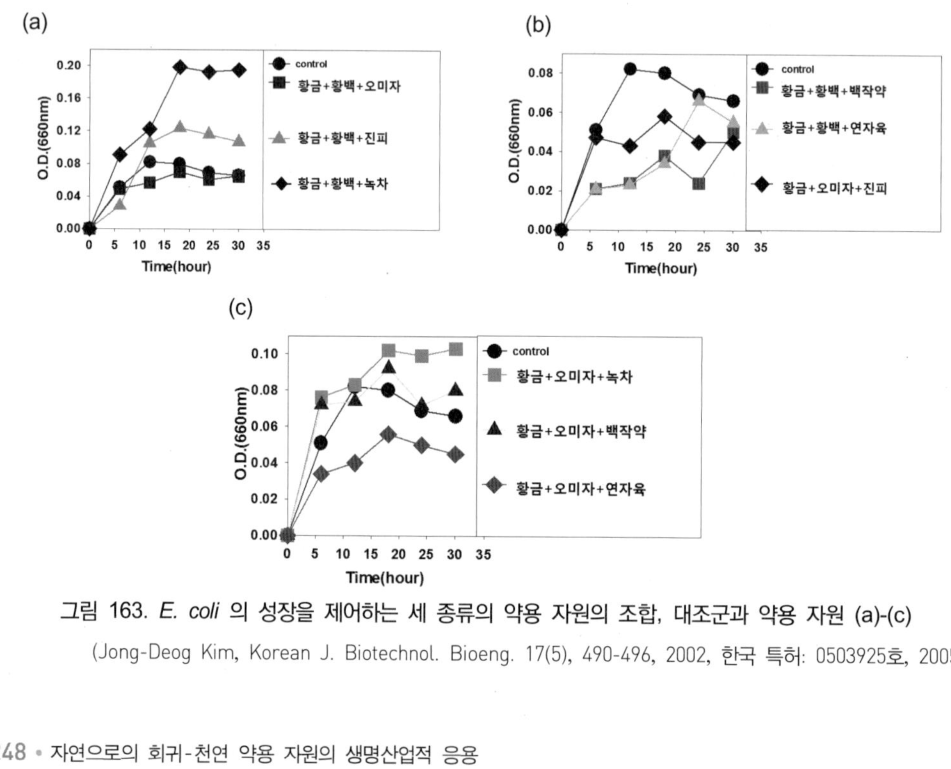

그림 163. *E. coli* 의 성장을 제어하는 세 종류의 약용 자원의 조합, 대조군과 약용 자원 (a)-(c)

(Jong-Deog Kim, Korean J. Biotechnol. Bioeng. 17(5), 490-496, 2002, 한국 특허: 0503925호, 2005)

오염원을 나타내는 중요한 균주이므로 이 균주의 제어는 수출품의 세균 제어에 역할을 할 수 있을 것으로 사료된다.

라. *Listeria monocytogenes*

Listeria monocytogenes 는 백작약+연자육+황백, 백작약+연자육+산수유, 백작약+황백+연자육, 백작약+황금+산수유, 백작약+황금+괴화, 백작약+황금+황련, 백작약+괴화+산수유 등의 3 차 조합으로 제어 되었고 그 제어 정도를 그림 164에 나타내었다. 백작약+연자육+황백, 백작약+연자육+산수유 및 백작약+황금+괴화의 3 차 조합은 65% 이상의 제어율을 보여 이 제제의 응용 가능성을 보였다.

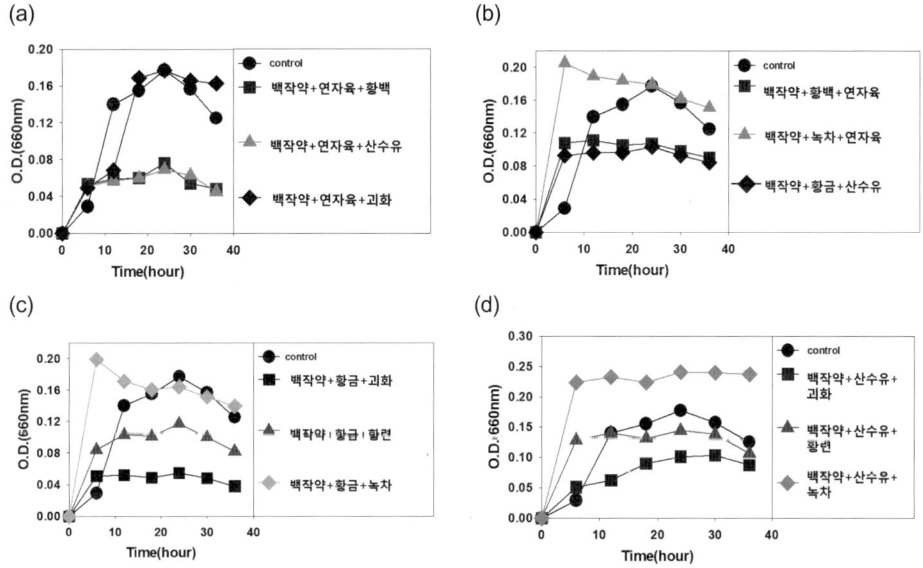

그림 164. *Listeria monocytogenes* 의 성장을 제어하는 세 종류의 약용 자원의 조합, 대조군과 약용 자원 (a)-(d)

(김종덕, 농림부 최종 연구 보고서, 2002, 한국 특허: 0503925호, 2005)

마. *Staphylococcus aureus*

Staphylococcus aureus 균주는 백작약+황금+현초, 백작약+황금+백굴채, 백작약+황금+녹차, 백작약+백굴채+현초, 백작약+황금+오미자, 백작약+백굴채+녹차, 백작약+현초+오미자, 백작약+백굴채+오미자, 백작약+현초+녹차, 황금+백굴채+현초, 황금+백굴채+녹차, 백작약+녹차+오미자 등의 3 차 조합에 의하여 제어 되었으며, 그 제어의 정도를 그림 165에 나타내었다. 조혈기능을 갖는 백작약과 수렴 효과를 갖는 황금의 조합이 높은 제어율을 나타내었고, 백작약+황금+현초, 백작약+황금+백굴채, 백작약+백굴채+현초, 황금+백굴채+현초의 3 차 조합은 90%의 제어율을 나타내었고, 백작약+황금+녹차, 백작약+황금+오미자, 백작약+현초+오미자 등의 조합은 75%의 제어 효율을 보였다.

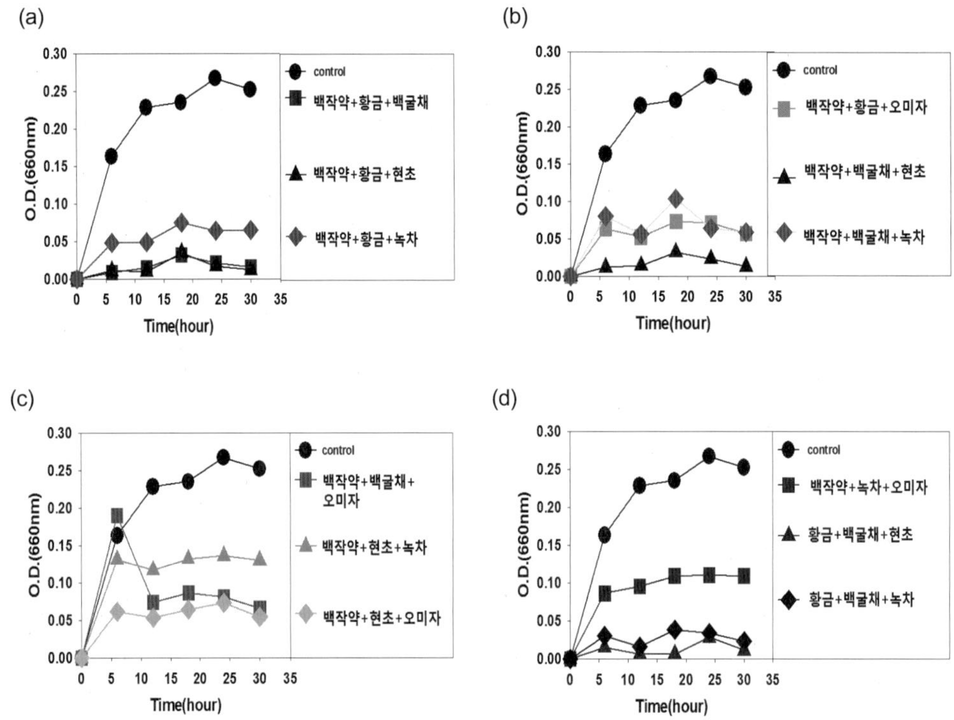

그림 165. *Staphylococcus aureus* 의 성장을 제어하는 세 종류의 약용 자원의 조합, 대조군과 약용 자원 (a)-(d)

(김종덕, 농림부 최종 연구 보고서, 2002, 한국 특허: 0503925호, 2005)

바. *Streptococcus mutans*

Streptococcus mutans 균주는 승마+고삼+황기, 승마+고삼+황련, 고삼+황련+황기, 승마+황련+황기 등의 3 차 배합에 의하여 제어 되었으며, 그 제어 정도를 그림 166에 나타내었다. 승마+고삼+황기, 고삼+황련+황기의 3 차 조합에서 75%의 제어율을 보여, 응용의 가능성을 보였다.

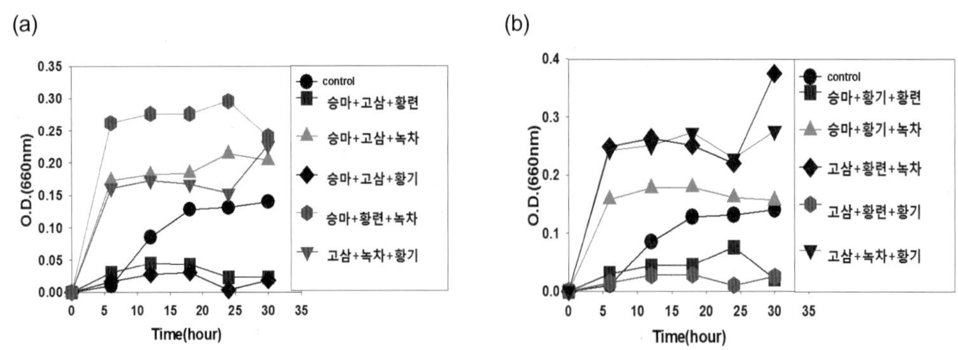

그림 166. *Streptococcus mutans* 의 성장을 제어하는 세 종류의 약용 자원의 조합, 대조군과 약용 자원 (a)-(b)

(김종덕, 농림부 최종 연구 보고서, 2002, 한국 특허: 0503925호, 2005)

사. *Vibrio parahaemolyticus*

Vibrio parahaemolyticus 균주는 황백+오미자+오가피, 황백+오미자+황금, 황백+오미자+황기, 황백+오미자+황련, 황백+오미자+백작약, 황백+오가피+황금, 황백+오가피+황기, 황백+오가피+황련, 황백+오가피+백작약, 황백+황금+황기, 황백+황금+황련, 황백+황금+백작약, 황백+황기+황련, 황백+황기+백작약, 황백+황련+백작약, 오미자+오가피+황금 등의 3 차 조합에서 매우 잘 제어 되었으며, 그 제어 정도를 그림 167에 나타내었다. *Vibrio parahaemolyticus* 균주는 황백, 오가피 등을 공통 조합으로 한 배합에서 모두 95%의 제어율을 보여 여름철 횟감의 식중독 제어에 큰 희망을 모이고 있다.

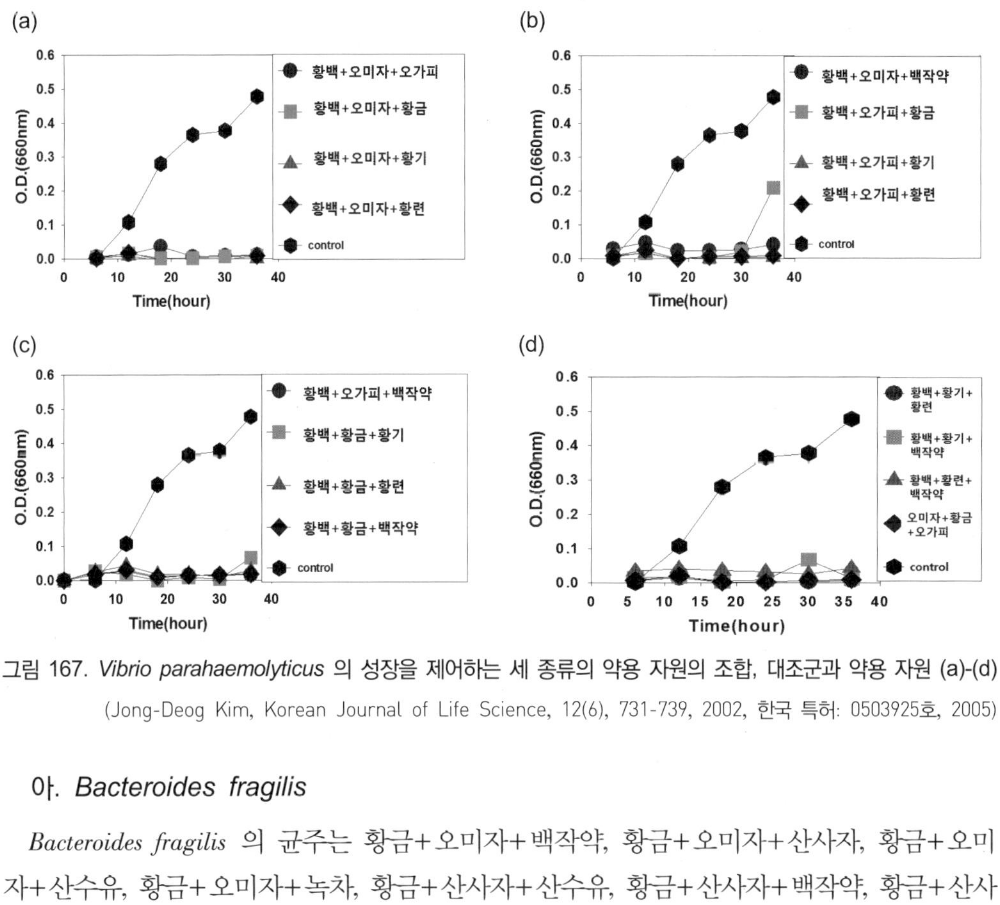

그림 167. *Vibrio parahaemolyticus* 의 성장을 제어하는 세 종류의 약용 자원의 조합, 대조군과 약용 자원 (a)-(d)
(Jong-Deog Kim, Korean Journal of Life Science, 12(6), 731-739, 2002, 한국 특허: 0503925호, 2005)

아. *Bacteroides fragilis*

Bacteroides fragilis 의 균주는 황금+오미자+백작약, 황금+오미자+산사자, 황금+오미자+산수유, 황금+오미자+녹차, 황금+산사자+산수유, 황금+산사자+백작약, 황금+산사자+녹차, 황금+산수유+백작약 등의 3 차 조합에서 제어 되었으며, 그 제어의 정도를 그림 165에 나타내었다. 그림 168로부터 *Bacteroides fragilis* 의 균주는 65%-75%의 제어 효율을 보여, 그 응용 가능성을 보였다.

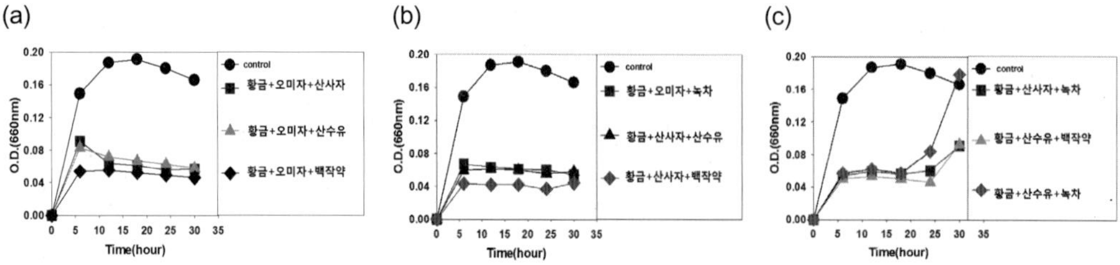

그림 168. *Bacteroides fragilis* 의 성장을 제어하는 세 종류의 약용 자원의 조합, 대조군과 약용 자원 (a)-(c)

(김종덕, 농림부 최종 연구 보고서, 2002, 한국 특허: 0503925호, 2005)

1.4. 네 종류의 약용 자원 조합

가. *Clostridium difficile*

Clostridium difficile 균주는 황금+구기자+오미자+황련, 오미자+음양곽+백작약+황련, 황금+음양곽+백작약+황련, 황금+구기자+백작약+황련 등의 4 가지 조합에 의하여 저해 되었으며, 이 내용은 그림 169에서 확인 할 수 있다. 황금+구기자+오미자+황련, 황금+음양곽+백작약+황련 및 황금+구기자+백작약+황련의 조합은 75%의 제어율을 보여 장내 세균의 균형을 유지 할 수 있는 제제의 개발에 이용될 수 있을 것으로 사료된다.

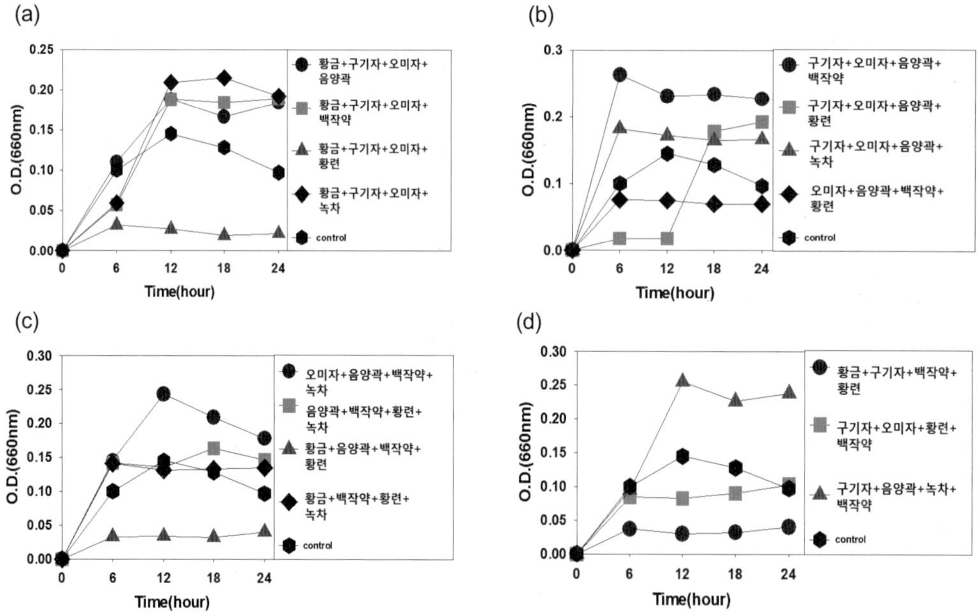

그림 169. *Clostridium difficile* 의 성장을 제어하는 네 종류의 약용 자원의 조합, 대조군과 약용 자원 (a)-(d)

(김종덕, 농림부 최종 연구 보고서, 2002, 한국 특허: 0503925호, 2005)

나. *Clostridium perfringens*

Clostridium perfringens 의 균주는 황금+구기자+황기+감초, 황금+구기자+음양곽+황기, 황금+황백+음양곽+황기, 황백+음양곽+황기+감초 등의 약용 자원의 배합에 의하여

성장이 저해되었고, 그 제어 정도를 그림 170에 나타내었다. 황백+음양곽+황기+감초의 조합이 75%의 제어율을 보였고, 황금+황백+음양곽+황기, 황금+구기자+음양곽+황기 및 황금+구기자+황기+감초의 조합은 50%의 제어 효율을 보여 장내 세균의 균형 유지에 응용될 수 있을 것으로 사료된다.

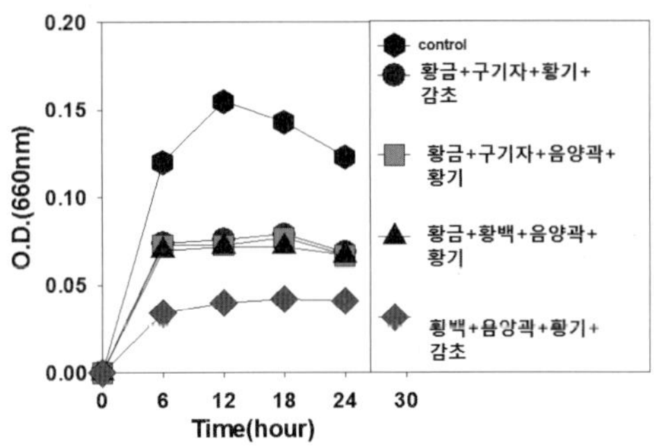

그림 170. *Clostridium perfringens* 의 성장을 제어하는 네 종류의 약용 자원의 조합, 대조군과 약용 자원

(Jong-Deog Kim, J. Korean Soc. Food Sci. Nutr. 31(6), 1119-1125, 2002, 한국 특허: 0503925호, 2005)

다. *Escherichia coli*

E. coli 는 오미자+연자육+황백+진피, 오미자+황금+백작약+녹차, 오미자+황금+황백+백작약, 오미자+연자육+백작약+진피, 오미자+연자육+진피+녹차, 오미자+연자육+황금+황백, 오미자+연자육+황금+백작약, 연자육+황금+백작약+녹차, 오미자+황금+백작약+진피, 연자육+황백+백작약+녹차, 오미자+연자육+황금+녹차 등의 조합에 의

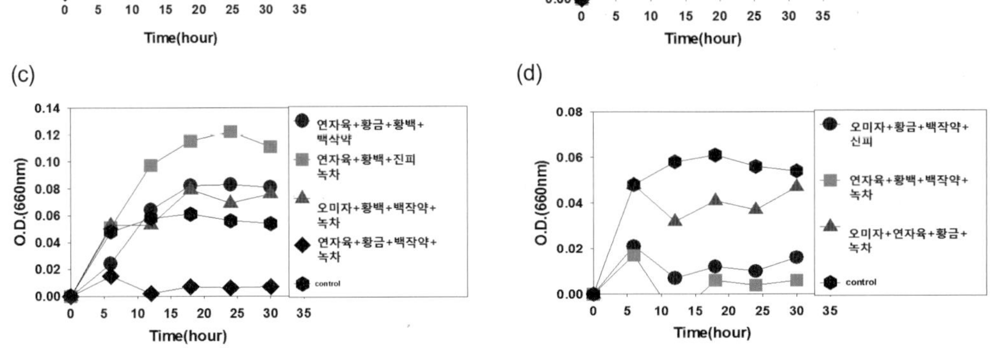

그림 171. *E. coli* 의 성장을 제어하는 네 종류의 약용 자원의 조합, 대조군과 약용 자원 (a)-(d)

(Jong-Deog Kim, Korean J. Biotechnol. Bioeng. 17(5), 490-496, 2002, 한국 특허: 0503925호, 2005)

하여 대조군보다 성장이 저해되었으며, 이 균주의 성장 정도를 아래의 그림 171에 나타내었다. 연자육+황금+백작약+녹차의 조합과 연자육+황백+백작약+녹차의 조합에서 80%의 제어효율을 보여 *E. coli* 의 제어에 새로운 방향을 제시할 수 있을 것으로 사료된다.

라. *Listeria monocytogenes*

Listeria monocytogenes 균주는 연자육+황금+황련+괴화, 연자육+황금+황련+백작약, 연자육+황금+황련+산수유, 연자육+황금+황련+녹차, 황금+황련+백작약+괴화, 황금+황련+백작약+산수유, 황금+황련+백작약+녹차, 황련+백작약+괴화+산수유, 황련+백작약+괴화+녹차, 백작약+괴화+산수유+녹차, 연자육+백작약+괴화+녹차, 연자육+괴화+산수유+녹차, 연자육+황금+괴화+산수유, 연자육+황금+산수유+녹차, 연자육+백작약+산수유+녹차 등의 약용 자원의 배합에 의하여 대조군 보다 성장이 저해되었으며, 이 균주의 성장 정도를 아래의 그림 172에 나타내었다. 연자육+황금+황련+백작약, 연자육+황금+황련+산수유, 황금+황련+백작약+괴화, 황금+황련+백작약+산수유 및 연자육+황금+괴화+산수유의 조합은 80%의 제어율을 보여 식중독의 제어에 다양한 방법을 제시하였다.

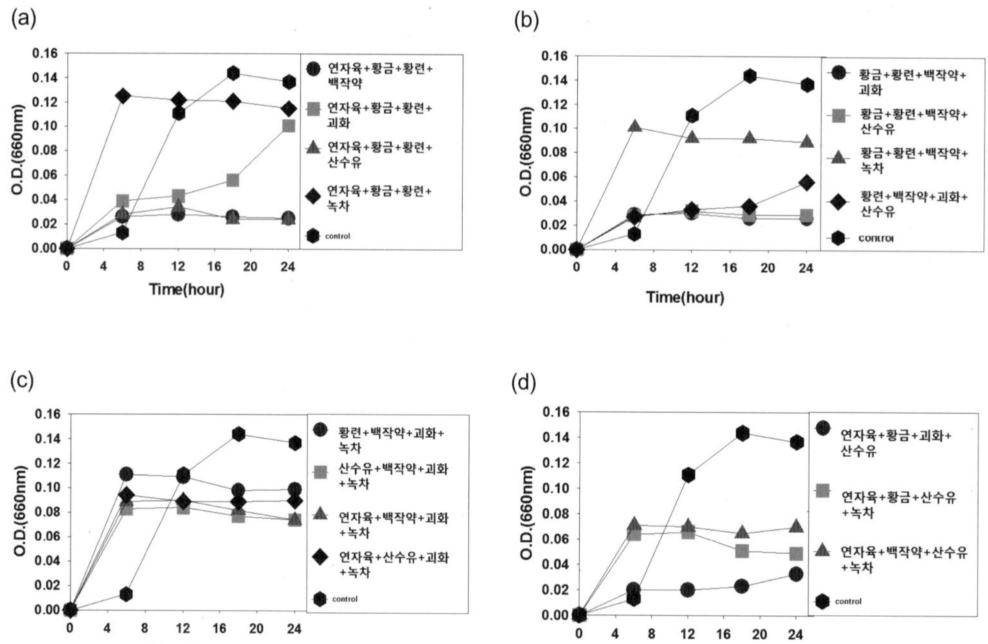

그림 172. *Listeria monocytogenes* 의 성장을 제어하는 네 종류의 약용 자원의 조합, 대조군과 약용 자원 (a)-(d)

(김종덕, 농림부 최종 연구 보고서, 2002, 한국 특허: 0503925호, 2005)

마. *Staphylococcus aureus*

Staphylococcus aureus 균주는 황금+백굴채+녹차+오미자, 백작약+황금+백굴채+오미자, 황금+현초+녹차+오미자, 백작약+황금+현초+백굴채, 백작약+황금+현초+녹차, 백작약+황금+현초+오미자, 황금+현초+백굴채+녹차, 황금+현초+백굴채+오미자, 현초+백굴채+녹차+오미자, 백작약+현초+백굴채+녹차, 백작약+백굴채+녹차+오미자, 백작약+황금+백굴채+녹차, 백작약+황금+녹차+오미자, 백작약+현초+녹차+오미자 등의 배합에 의하여 제어되었으며, 이 균주의 성장 정도를 아래의 그림 173에 나타내었다. *Staphylococcus aureus* 균주는 백작약+황금+현초+백굴채의 조합에 의하여 92%의 제어 효과를 보였고, 백작약+황금+현초+녹차, 백작약+황금+현초+오미자, 백작약+현초+백굴채+녹차, 백작약+황금+백굴채+녹차 등의 조합에 의하여 90%의 제어 효과를, 백작약+황금+백굴채+오미자의 조합에 의하여 85%의 제어 효과를 보여 이 균주의 제어에 새로운 소재로서의 작용 가능성을 보였다.

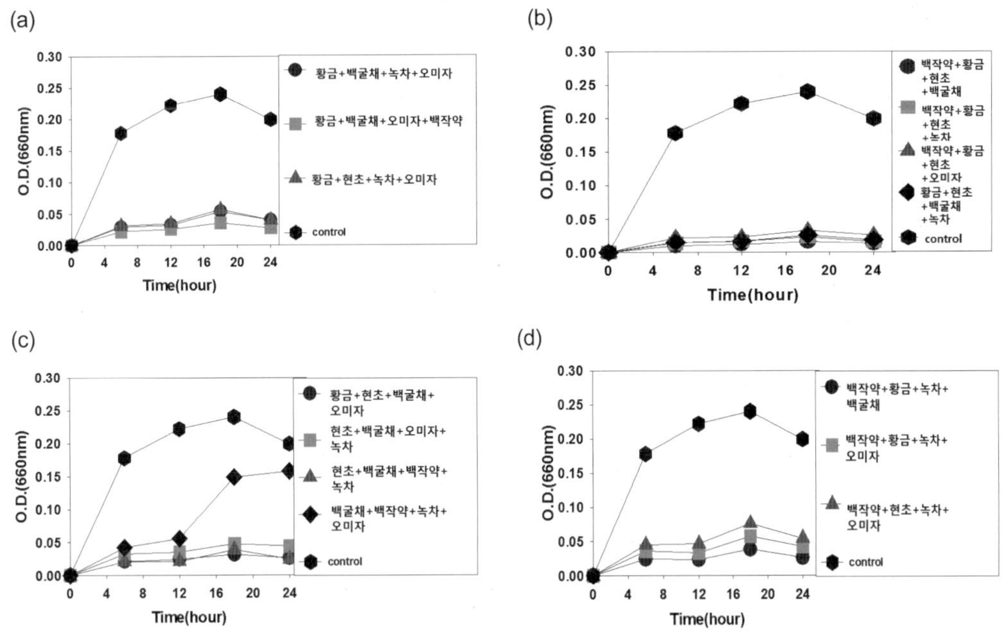

그림 173. *Staphylococcus aureus* 의 성장을 제어하는 네 종류의 약용 자원의 조합, 대조군과 약용 자원 (a)-(d)

(김종덕, 농림부 최종 연구 보고서, 2002, 한국 특허: 0503925호, 2005)

바. *Streptococcus mutans*

Streptococcus mutans 균주는 고삼+황련+황기+승마 등의 조합에 의하여 대조군 균보다 성장이 저해되었으며, 이 균주의 제어 정도를 아래의 그림 174에 나타내었다.

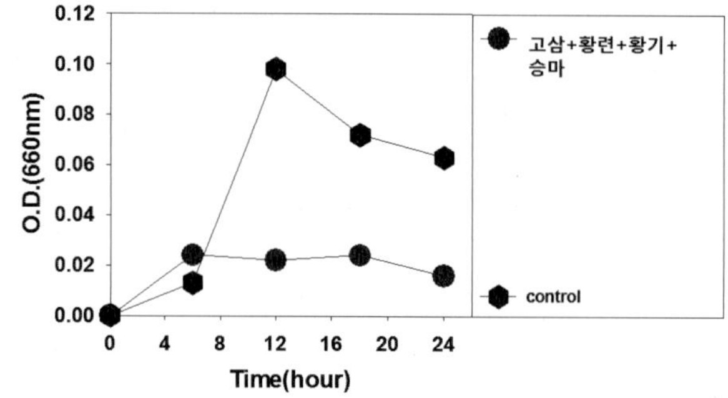

그림 174. *Streptococcus mutans* 의 성장을 제어하는 네 종류의 약용 자원의 조합, 대조군과 약용 자원

(김종덕, 농림부 최종 연구 보고서, 2002, 한국 특허: 0503925호, 2005)

사. *Vibrio parahaemolyticus*

Vibrio parahaemolyticus 균주는 오가피+황기+황백+황련, 오가피+황기+황백+백작약, 황기+황백+황련+황금, 오미자+오가피+황기+황련, 황백+황련+황금+백작약, 황기+황백+황련+백작약 등의 조합에 의하여 대조군 보다 성장이 저해되었으며, 이 균주의 성장 정도를 아래의 그림 175에 나타내었다. 오가피+황기+황백+황련, 황기+황백+황련+백작약 등의 조합이 95%의 저해율을 보여 *Vibrio parahaemolyticus* 의 균주는 거의 완벽하게 제어 될 수 있음을 보였다.

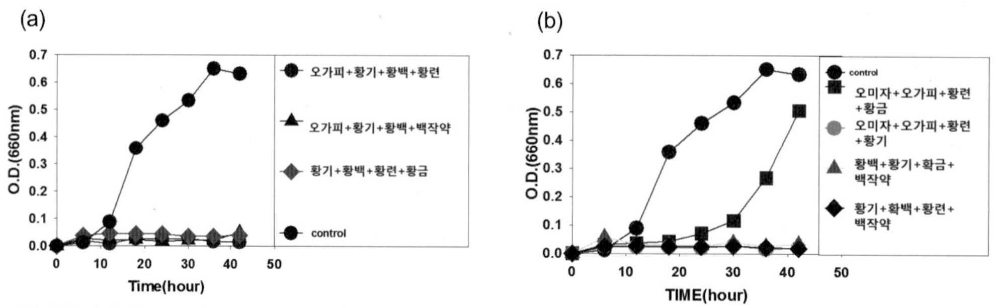

그림 175. *Vibrio parahaemolyticus* 의 성장을 제어하는 네 종류의 약용 자원의 조합, 대조군과 약용 자원 (a)-(b)

(Jong-Deog Kim, Korean Journal of Life Science, 12(6), 731-739, 2002, 한국 특허: 0503925호, 2005)

아. *Bacteroides fragilis*

Bacteroides fragilis 균주는 황금+산사자+백작약+오미자, 황금+산사자+백작약+산수유, 황금+산사자+백작약+녹차, 산사자+백작약+오미자+산수유, 산사자+백작약+오미자+녹차, 백작약+오미자+산수유+녹차, 황금+산사자+백작약+오미자, 황금+산사자+백작약+산수유, 황금+산사자+백작약+녹차, 산사자+백작약+오미자+산수유, 산사자+백작약+오미자+녹차, 백작약+오미자+산수유+녹차, 황금+백작약+오미자+녹차, 황금+오미자+산수유+녹차, 황금+산사자+오미자+산수유, 황금+산사자+산수유+녹차, 산

사자+오미자+산수유+녹차 등의 조합에 의하여 대조군 군보다 성장이 저해되었으며, 이 균주의 성장 제어 정도를 아래의 그림 176에 나타내었다. 황금+산사자+백작약+산수유, 산사자+백작약+오미자+녹차, 황금+산사자+오미자+산수유, 황금+ 산사자+산수유+녹차의 조합들은 85%의 제어 효율을 보여 이 균주의 제어 방법에 좋은 소재가 될 수 있을 것으로 사료된다.

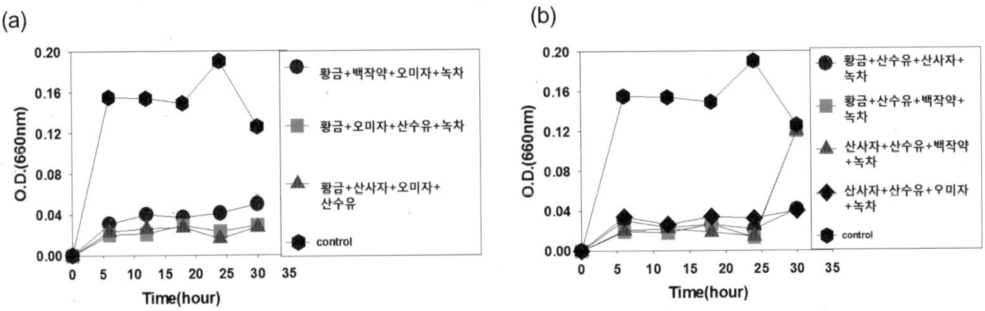

그림 176. *Bacteroides fragilis* 의 성장을 제어하는 네 종류의 약용 자원의 조합, 대조군과 약용 자원 (a)-(b)

(김종덕, 농림부 최종 연구 보고서, 2002, 한국 특허: 0503925호, 2005)

2. 성장 저해 효과를 갖는 약용 자원 조합의 항 산화력

2.1. 용존 산소 측정법 의한 항 산화력

가. *C. difficile* 의 성장 저해 효과를 갖는 4 가지 조합의 항 산화력

C. difficile 의 성장을 현저하게 저해하는 4 종류의 약용 자원의 조합으로 이루어진 4 종류의 조합의 항 산화력을 용존 산소 분석법에 의하여 분석한 결과 오미자+음양곽+백작약+황련 조합의 AUC가 684.59로써 가장 높았으며, 다음으로 황금+구기자+백작약+황련 (678.84), 황금+음양곽+백작약+황련(678.84), 황금+구기자+오미자+황련(541.17)의 순서로 나타났다(그림 177). 이들의 항 산화력은 대조군의 AUC 116.61보다 5.5 배 정도 강한 것으로 나타났으며, 황금+구기자+오미자+황련, 황금+음양곽+백작약+황련 및 황금+구기자+백작약+황련의 조합은 75%의 제어율을 나타내었다.

나. *C. perprigins* 의 성장 저해 효과를 갖는 4 가지 조합의 항 산화력

C. perprigins 의 성장을 현저하게 저해하는 4 종류의 약용 자원의 조합으로 이루어 진 4종류의 조합의 항 산화력을 용존 산소 분석법에 의하여 분석한 결과 황백+음양곽+황기+감초 조합의 AUC가 581.89로써 가장 높았으며, 다음으로 황금+황백+음양곽+황기(576.67), 황금+구기자+음양곽+황기(568.75), 황금+구기자+오미자+감초(483.22)의 순서로 나타났다(그림 178) 이들의 항 산화력은 대조군의 AUC 116.61보다 4.4 배 정도 강한 것으로 나타났으며, 황백+음양곽+황기+감초의 조합에 의하여 75%의 제어율을 나타내었다.

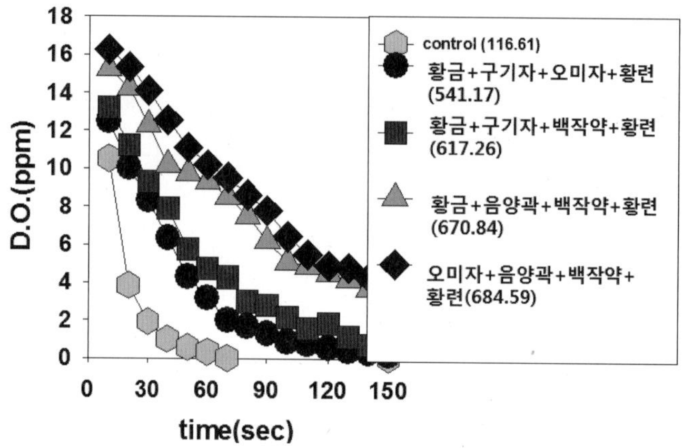

그림 177. 용존 산소 분석법에 의한 *C.difficile* 의 성장을 제어하는 4 종류 조합의 항 산화력 (숫자: AUC 값)

(김종덕, 농림부 최종 연구 보고서, 2002, 한국 특허: 0503925호, 2005)

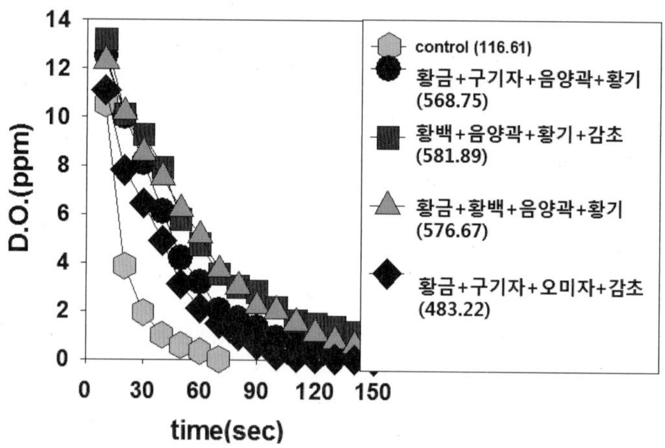

그림 178. 용존 산소 분석법에 의한 *C. perprigins* 의 성장을 제어하는 4 종류 조합의 항 산화력 (숫자: AUC 값)

(Jong-Deog Kim, J. Korean Soc. Food Sci. Nutr. 31(6), 1119-1125, 2002, 한국 특허: 0503925호, 2005)

다. *E. coli* 의 성장 저해 효과를 갖는 4 가지 조합의 항 산화력

E. coli 의 성장을 현저하게 저해하는 4 종류의 약용 자원의 조합으로 이루어 진 4 종류의 조합의 항 산화력을 용존 산소 분석법에 의하여 분석한 결과 연자육+황백+백작약+녹차 조합의 AUC가 660.91로써 가장 높았으며, 다음으로 연자육+황금+백작약+녹차(617.89), 오미자+연자육+황백+진피(587.39), 오미자+황금+황백+백작약(575.91)의 순서로 나타났다(그림 179). 이들의 항 산화력은 대조군의 AUC 116.61보다 5.7 배 정도 강한 것으로 나타났으며, 연자육+황금+백작약+녹차의 조합과 연자육+황백+백작약+녹차의 조합에서 80%의 제어효율을 나타내었다.

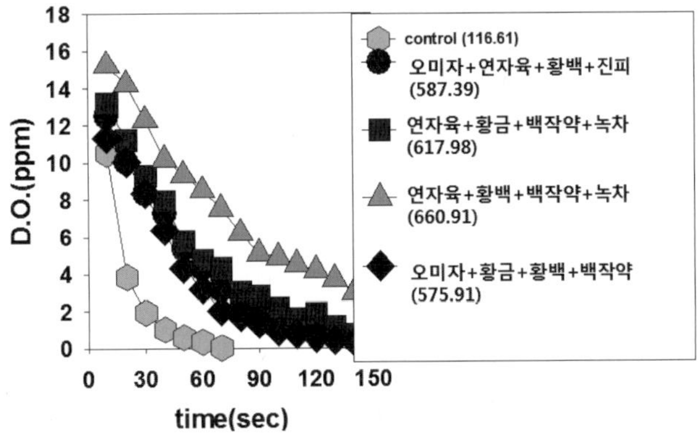

그림 179. 용존 산소 분석법에 의한 *E.coli* 의 성장을 제어하는 4 종류 조합의 항 산화력 (숫자: AUC 값)

(Jong-Deog Kim, Korean J. Biotechnol. Bioeng. 17(5), 490-496, 2002, 한국 특허: 0503925호, 2005)

라. *L. monocytogenes* 의 성장 저해 효과를 갖는 4 가지 조합의 항 산화력

Listeria monocytogenes 의 성장을 현저하게 저해하는 4 종류의 약용 자원의 조합으로 이루어 진 4종류의 조합의 항 산화력을 용존 산소 분석법에 의하여 분석한 결과 황금+황련+백작약+산수유 조합의 AUC가 721.17로써 가장 높았으며, 다음으로 연자육+황금+황련+산수유(697.95), 연자육+황금+황련+백작약(649.01), 황금+황련+백작약+괴화(602.47)의 순서로 나타났다(그림 180) 이들의 항 산화력은 대조군의 AUC 116.61보다 6.2 배 정도 강한 것으로 나타났으며, 황금+황련+백작약+산수유 및 연자육+황금+괴화+산수유의 조합은 80%의 제어 효율을 나타내었다.

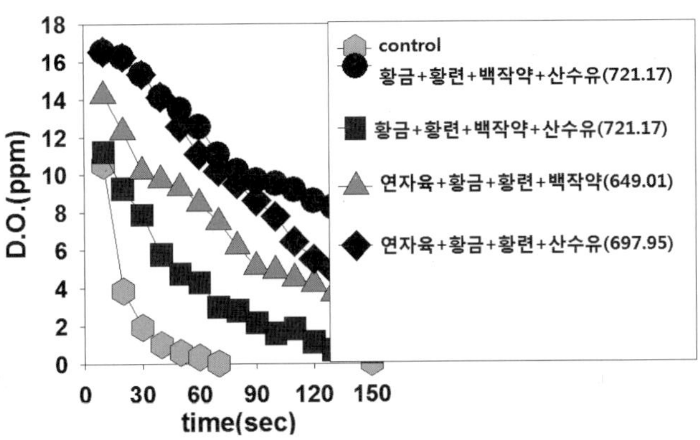

그림 180. 용존 산소 분석법에 의한 *L.monocytogenes* 의 성장을 제어하는 4 종류 조합의 항 산화력 (숫자: AUC 값)

(김종덕, 농림부 최종 연구 보고서, 2002, 한국 특허: 0503925호, 2005)

마. *S. aureus* 의 성장 저해 효과를 갖는 4 가지 조합의 항 산화력

Staphylococcus aureus 의 성장을 현저하게 저해하는 4 종류의 약용 자원의 조합으로 이루어진 4 종류의 조합의 항 산화력을 용존 산소 분석법에 의하여 분석한 결과 백작약+현초+

백굴채+녹차 조합의 AUC가 746.03로써 가장 높았으며, 다음으로 백작약+황금+현초+백굴채(713.90), 백작약+황금+현초+녹차(679.41), 백작약+황금+현초+오미자(661.02)의 순서로 나타났다(그림 181). 이들의 항 산화력은 대조군의 AUC 116.61보다 6.4 배 정도 강한 것으로 나타났으며, 백작약+황금+현초+백굴채의 조합에 의하여 92%의 제어 효과를 보였다.

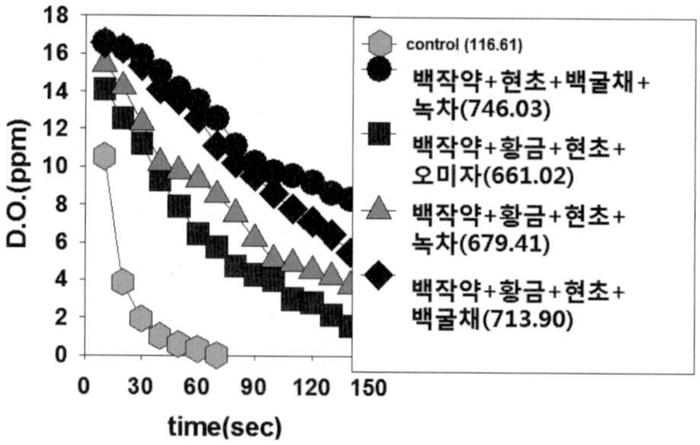

그림 181. 용존 산소 분석법에 의한 *S. aureus* 의 성장을 제어하는 4 종류 조합의 항 산화력 (숫자: AUC 값)

(김종덕, 농림부 최종 연구 보고서, 2002, 한국 특허: 0503925호, 2005)

바. *S. mutans* 의 성장 저해 효과를 갖는 4 가지 조합의 항 산화력

Streptococcus mutans 의 성장을 현저하게 저해하는 4 종류의 약용 자원의 조합으로 이루어진 조합의 항 산화력을 용존 산소 분석법에 의하여 분석한 결과, 고삼+황련+황기+승마 조합의 AUC가 689.44이었으며 이 한 가지의 조합에서 80%의 제어 효과를 보였다(그림 182).

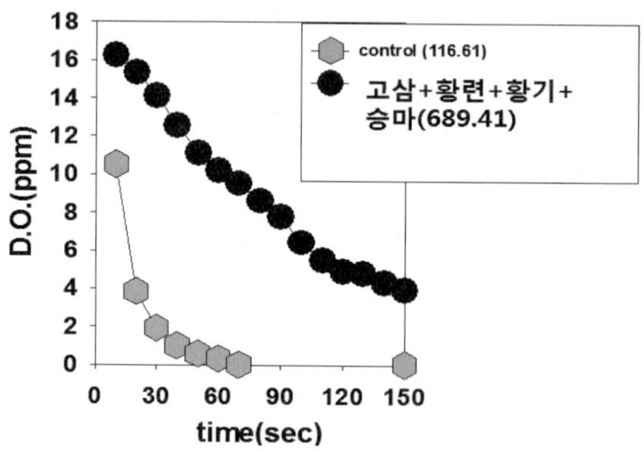

그림 182. 용존 산소 분석법에 의한 *S. mutans* 의 성장을 제어하는 4종류 조합의 항 산화력 (숫자: AUC 값)

(김종덕, 농림부 최종 연구 보고서, 2002, 한국 특허: 0503925호, 2005)

사. *V. parahaemolyticus* 의 성장 저해 효과를 갖는 4 가지 조합의 항 산화력

Vibrio parahaemolyticus 의 성장을 현저하게 저해하는 4 종류의 약용 자원의 조합으로 이루어진 4 종류의 조합의 항 산화력을 용존 산소 분석법에 의하여 분석한 결과, 황기+황백

+황련+백작약 조합의 AUC가 625.46으로써 가장 높았으며, 다음으로 오가피+황기+황백+백작약(609.68), 오가피+황기+황백+황련(583.01), 황기+황백+황련+황금(551.38)의 순서로 나타났다(그림 183). 이들의 항 산화력은 대조군의 AUC 116.61보다 5.4 배 정도 강한 것으로 나타났으며, 오가피+황기+황백+황련, 황기+황백+황련+백작약 등의 조합이 95%의 저해율을 보였다.

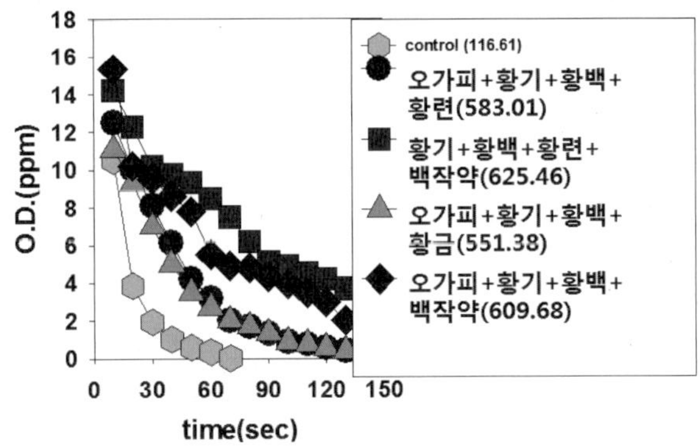

그림 183. 용존 산소 분석법에 의한 *V.parahaemolyticus* 의 성장을 제어하는 4 종류 조합의 항 산화력 (숫자: AUC 값)

(Jong-Deog Kim, Korean Journal of Life Science, 12(6), 731-739, 2002, 한국 특허: 0503925호, 2005)

야. *B. fragilis* 의 성장 저해 효과를 갖는 4 가지 조합의 항 산화력

Bacteroides fragilis 의 성장을 현저하게 저해하는 4 종류의 약용 자원의 조합으로 이루어진 4 종류의 조합의 항 산화력을 용존 산소 분석법에 의하여 분석한 결과, 산사자+백작약+오미자+산수유 조합의 AUC가 655.25으로써 가장 높았으며, 다음으로 황금+산사자+백작약+산수유(641.58), 황금+산사자+백작약+녹차(534.87), 황금+산사자+백작약+오미자(516.48)의 순서로 나타났다(그림 184). 이들의 항 산화력은 대조군의 AUC 116.61보다 5.6 배 정도 강한 것으로 나타났으며, 황금+산사자+백작약+산수유의 조합은 85%의 제어 효율을 보였다.

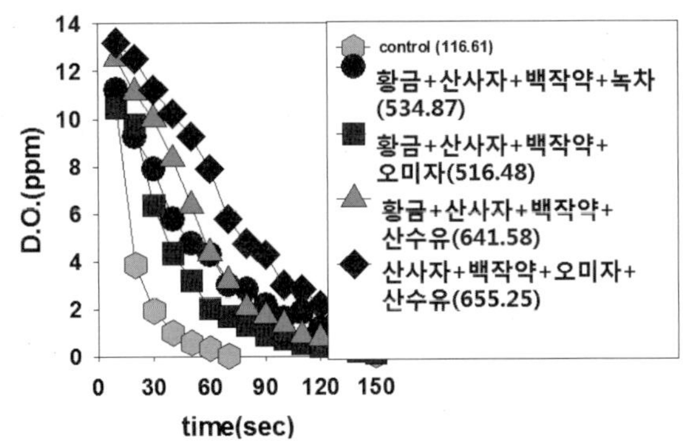

그림 184. 용존 산소 분석법에 의한 *B.fragilis* 의 성장을 제어하는 4 종류 조합의 항 산화력 (숫자: AUC 값)

(김종덕, 농림부 최종 연구 보고서, 2002, 한국 특허: 0503925호, 2005)

2.2. ORAC 법에 의한 항 산화력

각 균주를 제어하는 약용 자원의 4 차 조합의 항 산화력을 ORAC 법으로 측정하여 비교하였으며, 조합별 항 산화력은 표 34에 나타내었으며, 각 균주별 4 종류의 조합도 ORAC법에 의한 높은 항 산화력을 나타내었다.

표 34. ORAC방법으로 분석한 각 유해 균주의 성장을 제어하는 4 종류 약용 자원 조합의 항 산화력 비교

약용 자원의 조합	ORAC 값	약용 자원의 조합	ORAC 값
Clostridium difficle		*Staphylococcus aureus*	
황금+구기자+오미자+황련	50532.17	백작약+황금+현초+백굴채	66660.50
황금+음양곽+백작약+황련	62640.21	백작약+황금+현초+녹차	63440.44
황금+구기자+백작약+황련	57637.13	백작약+황금+현초+오미자	61723.26
오미자+음양곽+백작약+황련	63924.12	백작약+현초+백굴채+녹차	69661.13
Clostridium perfringens		*Streptococcus mutans*	
황백+음양곽+황기+감초	54333.96	고삼+황련+황기+승마	64376.99
황금+황백+음양곽+황기	53847.01	백작약+황금+현초+녹차	63440.44
황기+구기자+음양곽+황기	53107.48	백작약+황금+현초+오미자	61723.26
황금+구기자+오미자+감초	45121.05	백작약+현초+백굴채+녹차	69661.13
E. coli		*Vibrio parahaemolyticus*	
연자육+황금+백작약+녹차	57704.36	오가피+황기+황백+황련	54439.01
연자육+황백+백작약+녹차	61712.52	오가피+황기+황백+백작약	56929.34
오미자+연자육+황백+진피	54848.00	황기+황백+황련+황금	51485.54
오미자+황금+황백+백작약	53775.11	황기+황백+황련+백작약	58402.81
Listeria monocytogenes		*Bacteroides fragilis*	
연자육+황금+황련+백작약	60601.82	황금+산사자+백작약+산수유	59908.03
연자육+황금+황련+산수유	65171.62	황금+산사자+백작약+오미자	48226.72
황금+황련+백작약+괴화,	56256.10	황금+산사자+백작약+녹차	49943.90
황금+황련+백작약+산수유	67399.81	산사자+백작약+오미자+산수유	61184.48

(김종덕, 농림부 최종 연구 보고서, 2002)

2.3. DPPH 방법에 의한 항 산화력

전자 공여에 의한 방법으로 DPPH(a,a-diphenyl-β-picyl-hydrazyl)를 사용한 전자 공여에 의한 방법으로 4 가지의 조합 구성에 대하여 528 nm에서 흡광도의 감소를 그림 185에 나타내었고, 기울기의 절대치는 표 35에 나타내었다.

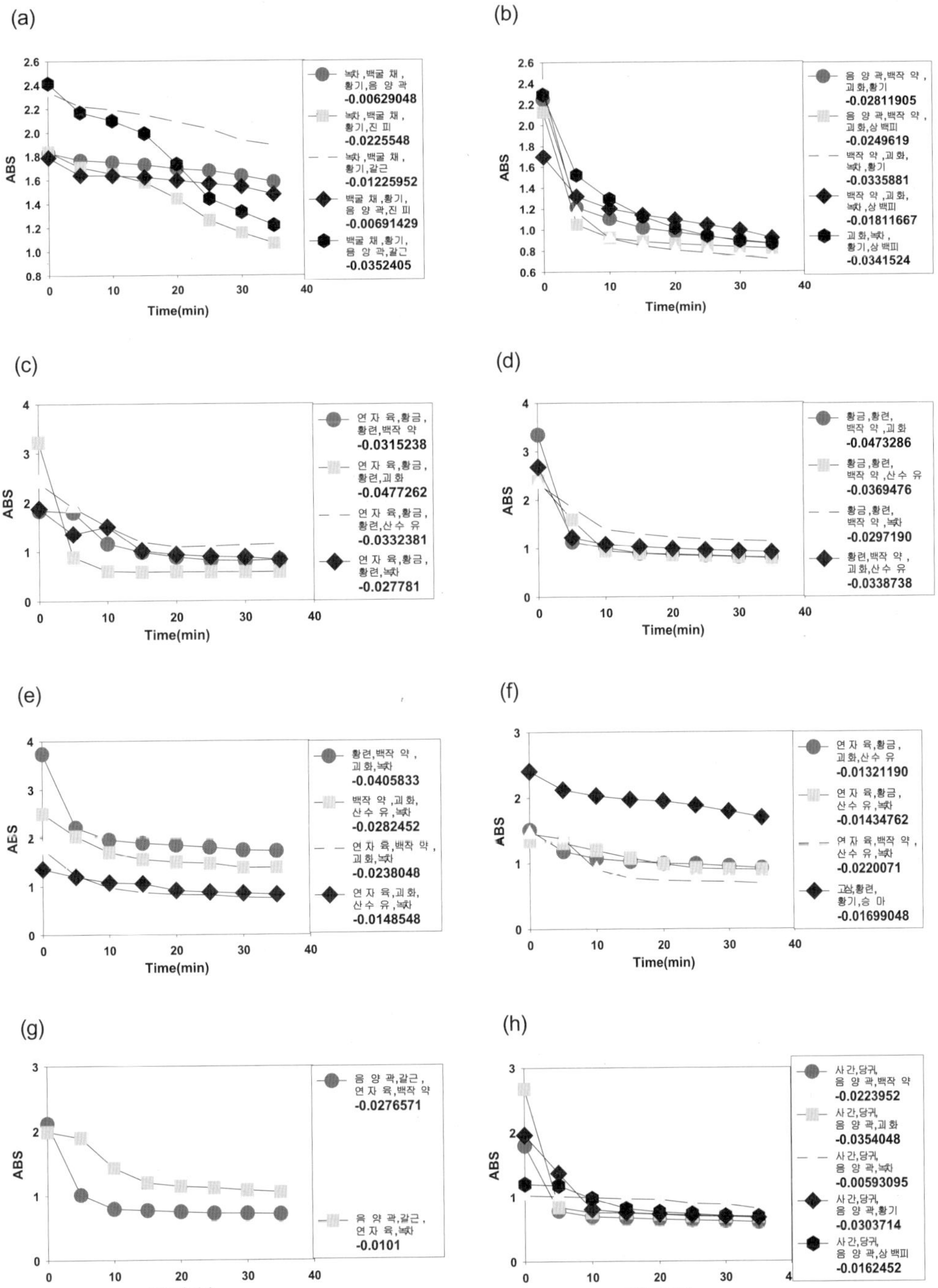

그림 185. DPPH 방법으로 측정한 유해 균주 성장을 제어하는 약용 자원 4조합의 항 산화력 측정(a)-(h)
(수치: 기울기의 절대값)

(김종덕, 농림부 최종 연구 보고서, 2002)

표 35. 유해 세균의 성장을 제어하는 약용 자원 4 종류의 조합을 DPPH 방법으로 측정한 데이터로부터 회귀분석한 기울기의 절대값으로 항 산화력 비교

약용 자원의 조합	기울기의 절대값 (× 10^{-3})	약용 자원의 조합	기울기의 절대값 (× 10^{-3})
Clostridium difficle		*Staphylococcus aureus*	
황금+구기자+오미자+황련	28.62	백작약+황금+현초+백굴채	40.93
황금+음양곽+백작약+황련	33.81	백작약+황금+현초+녹차	17.25
황금+구기자+백작약+황련	39.04	백작약+황금+현초+오미자	15.31
오미자+음양곽+백작약+황련	5.23	백작약+현초+백굴채+녹차	45.24
Clostridium perfringens		*Streptococcus mutans*	
황백+음양곽+황기+감초	37.69	고삼+황련+황기+승마	16.99
황금+황백+음양곽+황기	11.45	Vibrio parahaemolyticus	
황기+구기자+음양곽+황기	16.71	오가피+황기+황백+황련	37.69
황금+구기자+오미자+감초	17.69	오가피+황기+황백+백작약	39.12
E. coli		황기+황백+황련+황금	28.61
연자육+황금+백작약+녹차	12.57	황기+황백+황련+백작약	47.13
연자육+황백+백작약+녹차	17.81	Bacteroides fragilis	
오미자+연자육+황백+진피	5.17	황금+산사자+백작약+산수유	31.30
오미자+황금+황백+백작약	4.31	황금+산사자+백작약+오미자	25.24
Listeria monocytogenes		황금+산사자+백작약+녹차	27.32
연자육+황금+황련+백작약	31.523	산사자+백작약+오미자+산수유	33.51
연자육+황금+황련+산수유	32.48		
황금+황련+백작약+괴화	47.239		
황금+황련+백작약+산수유	36.948		

(김종덕, 농림부 최종 연구 보고서, 2002)

2.4. Hydroxyl radical 소거 기능

가. *Clostridium difficile*

오미자+음양곽+백작약+황련(D)의 조합이 황금+구기자+오미자+황련(A), 황금+음양곽+백작약+황련(B), 황금+구기자+백작약+황련(C)등의 다른 조합보다 높은 소거율을 보였고(92.7%) 300배의 희석액에서 최상의 소거율(93.24%)을 나타내었고(그림 186), 대부분의 조합과 희석액에서 80% 이상의 소거율을 보여 그 응용 가능성이 많을 것으로 사료된다.

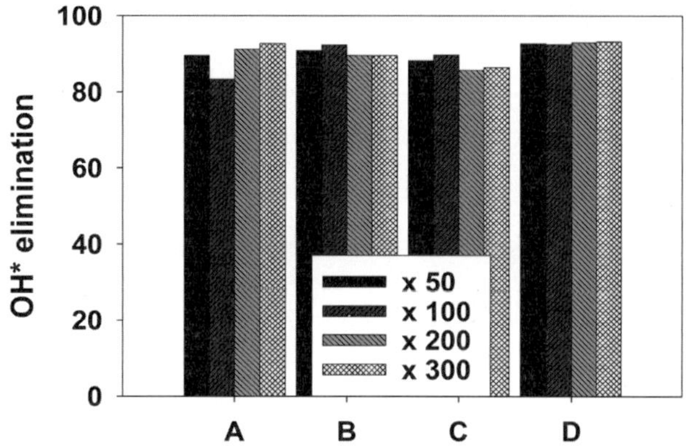

그림 186. *C. difficile* 의 성장을 제어하는 약용 자원 4 종류 조합의 OH˙라디칼 제거율

황금+구기자+오미자+황련(A), 황금+음양곽+백작약+황련(B), 황금+구기자+백작약+황련(C), 오미자+음양곽+백작약+황련(D)
(김종덕, 농림부 최종 연구 보고서, 2002)

나. *Clostridium perfringens*

황백+음양곽+황기+감초(A)의 조합이 다른 조합보다 나은 소거율을 보였으며 300배의 희석액에서 93.49%로서 최상의 소서율을 보였다. 그리고 황금+황백+음양곽+황기(B) 조합은 50배의 희석액에서 90.0%의 소서율을, 황기+구기자+음양곽+황기(C)의 조합은 300배의 희석액에서 87.5%의 소거율을, 황금+구기자+오미자+감초(D)의 조합은 300배의 희석액에서 92.5%의 소거율을 보였다(그림 187). *Clostridium perfringens* 의 성장을 저해하는 조합으로써 항 산화력이 강하여 장내의 균형 유지에 응용 될 수 있을 것으로 사료된다.

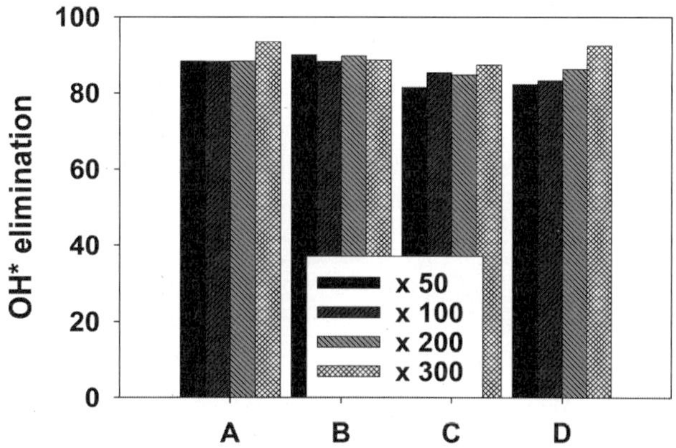

그림 187. *C. perfringens* 의 성장을 제어하는 약용 자원 4 종류 조합의 OH˙라디칼 제거율

황백+음양곽+황기+감초(A), 황금+황백+음양곽+황기(B), 황기+구기자+음양곽+황기(C), 황금+구기자+오미자+감초(D)
(Jong-Deog Kim, J. Korean Soc. Food Sci. Nutr. 31(6), 1119-1125, 2002)

다. *Escherichia coli*

E. coli 의 성장을 저해하는 이 조합의 구성은 85% 이상의 제거 수율을 보였고, 연자육+황금+백작약+녹차(A), 연자육+황백+백작약+녹차(B), 오미자+연자육+황백+진피(C) 및

오미자+황금+황백+백작약(D)는 모두 고배율의 희석액에서 소거능이 좋게 나타나(그림 188), 저해 능력과 더불어 *E. coli* 의 또 다른 제어 방향을 제시하였다

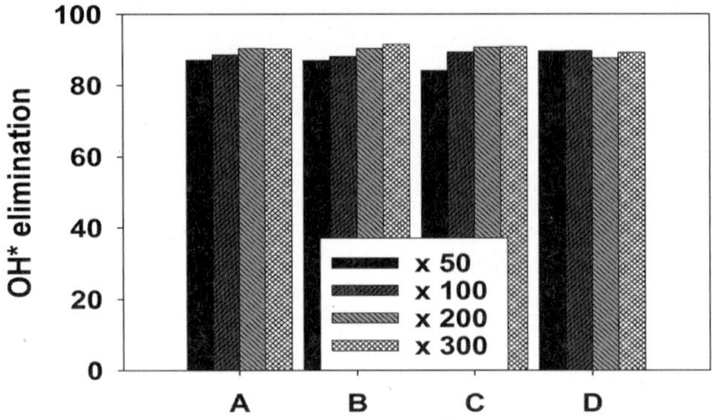

그림 188. *E. coli* 의 성장을 제어하는 약용 자원 4 종류 조합의 OH˙라디칼 제거율

연자육+황금+백작약+녹차(A), 연자육+황백+백작약+녹차(B), 오미자+연자육+황백+진피(C), 오미자+황금+황백+백작약(D)
(Jong-Deog Kim, Korean J. Biotechnol. Bioeng. 17(5), 490-496, 2002)

라. *Listeria monocytogenes*

소염 작용을 가지는 황금, 황련을 기본 배합으로 하고 백작약 및 산수유로 배합된 조합으로 구성되어 90% 이상의 소거율을 보였으며, 황금+황련+백작약+괴화(C) 및 황금+황련+백작약+산수유(D)의 100 배 이상의 고배율 희석액에서 소거율이 좋은 것으로 나타나(그림 189), 식중독의 예방 가능성을 한층 높여주고 있는 것으로 사료된다.

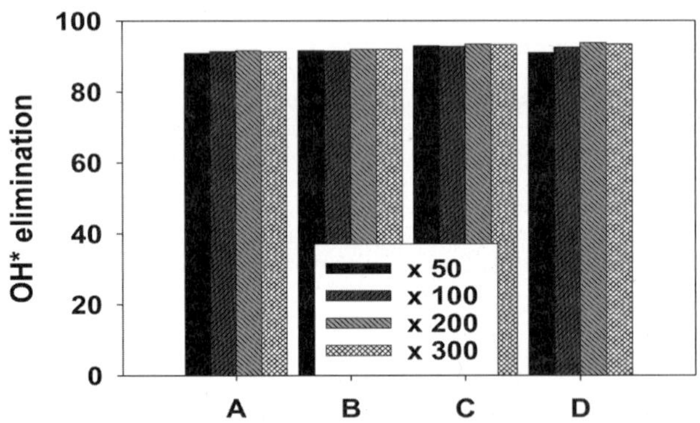

그림 189. *Listeria monocytogenes* 의 성장을 제어하는 약용 자원 4 종류 조합의 OH˙라디칼 제거율

연자육+황금+황련+백작약(A), 연자육+황금+황련+산수유(B), 황금+황련+백작약+괴화(C), 황금+황련+백작약+산수유(D)
(김종덕, 농림부 최종 연구 보고서, 2002)

마. *Staphylococcus aureus*

Staphylococcus aureus 의 제어는 백작약, 황금, 현초를 기본 배합으로 한 조합이 구성되었으며, 백작약+황금+현초+백굴채(A), 백작약+황금+현초+녹차(B), 백작약+황금+현초+오미자(C) 및 백작약+현초+백굴채+녹차(D)의 조합 모두가 85% 이상의 소거 효율을 나

타내었고(그림 190). 백작약+황금+현초+오미자(C) 조합의 100, 200 및 300배의 희석액에서 95.0%의 높은 소거율을 보였다.

바. *Streptococcus mutans*

Streptococcus mutans 의 제어는 소염 작용을 지니는 황련, 승마 등을 기본 배합으로 제조된 고삼+황련+황기+승마의 조합에서 90% 이상의 hydroxyl radical의 소거 활성을 나타내었다(그림 191).

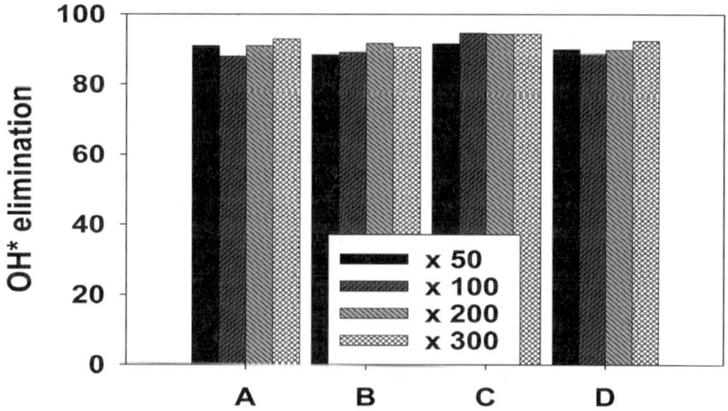

그림 190. *Staphylococcus aureus* 의 성장을 제어하는 약용 자원 4 종류 조합의 OH˙라디칼 제거율

백작약+황금+현초+백굴채(A), 백작약+황금+현초+녹차(B), 백작약+황금+현초+오미자(C), 백작약+현초+백굴채+녹차(D)

(김종덕, 농림부 최종 연구 보고서, 2002)

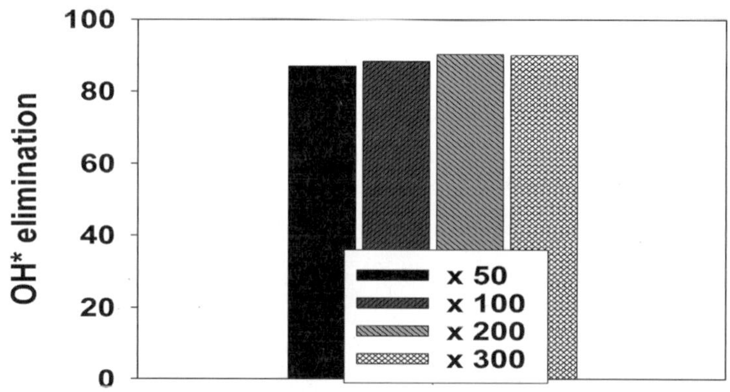

그림 191. *Streptococcus mutans* 의 성장을 제어하는 약용 자원 4 종류 조합의 OH˙라디칼 제거율

고삼+황련+황기+승마

(김종덕, 농림부 최종 연구 보고서, 2002)

사. *Vibrio parahaemolyticus*

Vibrio parahaemolyticus 의 제어는 황기 및 황백을 공통 배합으로 하고 백작약이나 오가피가 배합된 조합에서 소거능이 좋은 것으로 나타났으며, 황기+황백+황련+백작약 (D)조

합은 높은 희석 배수에서 95% 이상의 소거율을 보였고, 오가피+황기+황백+황련(A) 및 오가피+황기+황백+백작약(B)의 조합에서 90% 이상의 소거율을, 그리고, 황기+황백+황련+황금(C)의 조합에서 80% 이상의 소거율을 보였다(그림 192). 이 조합의 응용도에 따라 어패류의 식중독은 예방 가능할 것으로 사료된다.

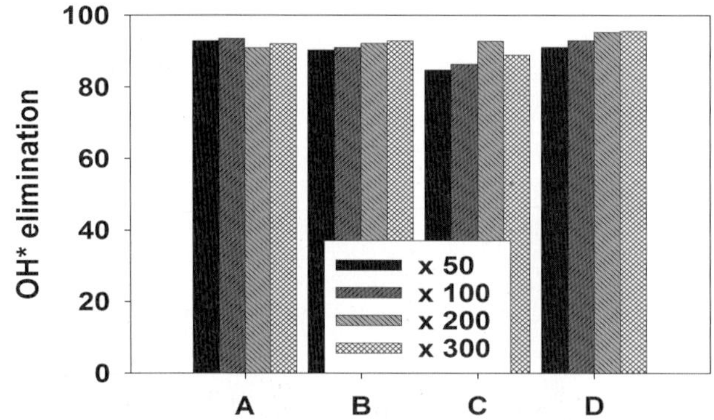

그림 192. *Vibrio parahaemolyticus* 의 성장을 제어하는 약용 자원 4 종류 조합의 OH˙라디칼 제거율

오가피+황기+황백+황련(A), 오가피+황기+황백+백작약(B), 황기+황백+황련+황금(C), 황기+황백+황련+백작약(D)

(Jong-Deog Kim, Korean Journal of Life Science, 12(6), 731-739, 2002)

아. *Bacteroides fragilis*

Bacteroides fragilis 의 성장을 억제하는 조합의 구성은 황금, 산사자, 백작약 등을 기본 배합으로 하며 황금+산사자+백작약+산수유(A), 황금+산사자+백작약+오미자 (B), 황금+산사자+백작약+녹차(C) 및 산사자+백작약+오미자+산수유(D)의 조합은 모두 90% 이상의 hydroxyl radical의 소거 기능을 보였다(그림 193). 이 중의 산사자+백작약+오미자+산수유(D)조합은 300 배의 희석액에서 96.87%의 소거 기능을 보였고, 항 산화력 및 이 균주의 제어 효과 등을 고려할 때 그 응용 가능성은 넓을 것으로 사료된다.

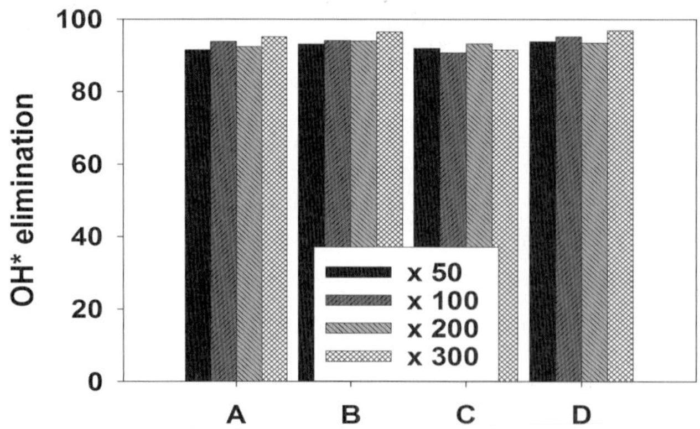

그림 193. *Bacteroides fragilis* 의 성장을 제어하는 약용 자원 4 종류 조합의 OH˙라디칼 제거율

황금+산사자+백작약+산수유(A), 황금+산사자+백작약+오미자(B), 황금+산사자+백작약+녹차(C), 산사자+백작약+오미자+산수유(D)

(김종덕, 농림부 최종 연구 보고서, 2002)

3. 유해 세균 성장 억제 배합비

3.1. *Clostridium difficile*

Clostridium difficile 는 황금+구기자+오미자+황련, 황금+음양곽+백작약+황련, 황금+구기자+백작약+황련, 오미자+음양곽+백작약+황련의 조합에서 성장이 저해되었으며, 이 조합 중에서 황금+구기자+오미자+황련의 조합에서 성장이 가장 저해되었고, 또한, 이 조합의 구성 성분 비가 1:1:1:1의 비율에서 성장이 가장 잘 저해된 것으로 나타났다(그림 194).

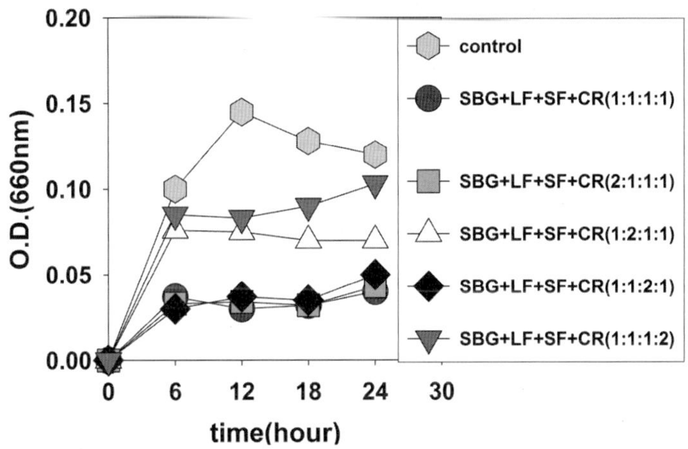

그림 194. *Clostridium difficile* 의 성장을 제어하는 4 종류 약용 자원 조합의 배합 비율

SBG: 황금, LF:구기자, SF: 오미자, CR: 황련

(김종덕, 농림부 최종 연구 보고서, 2002)

3.2. *Clostridium perfringens*

Clostridium perfringens 는 황백+음양곽+황기+감초, 황금+황백+음양곽+황기, 황금+구기자+음양곽+황기, 황금+구기자+오미자+감초의 조합에서 성장이 저해되었으며, 이 조합 중에서 황백+음양곽+황기+감초의 조합에서 성장이 가장 저해되었고, 또한, 이 조합의 구성 성분 비가 1:1:1:1의 비율에서 성장이 가장 잘 저해된 것으로 나타났다(그림 195).

3.3. *Escherichia coli*

E. coli 는 연자육+황금+백작약+녹차, 연자육+황백+백작약+녹차, 오미자+연자육+황백+진피, 오미자+황금+황백+백작약의 조합에서 성장이 저해되었으며, 이 조합 중에서 연자육+황금+백작약+녹차의 조합에서 성장이 가장 저해되었고, 또한, 이 조합의 구성 성분비가 1:2:1:1의 비율에서 성장이 가장 잘 저해된 것으로 나타났다(그림 196).

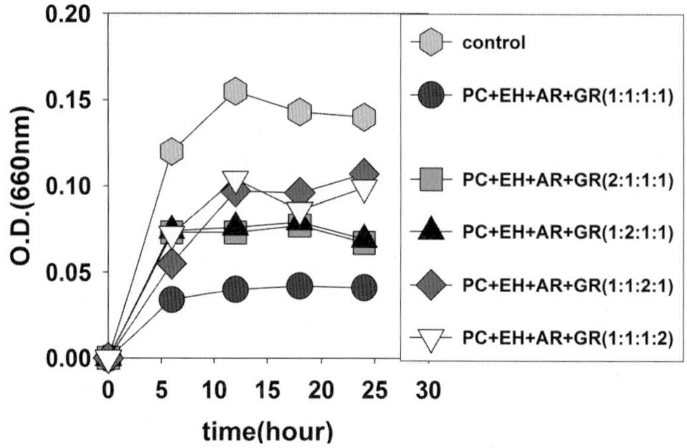

그림 195. *Clostridium perfringens* 의 성장을 제어하는 4 종류 약용 자원 조합의 배합 비율

PC: 황백, EH: 음양곽, AR: 황기, GR: 감초

(김종덕, 농림부 최종 연구 보고서, 2002)

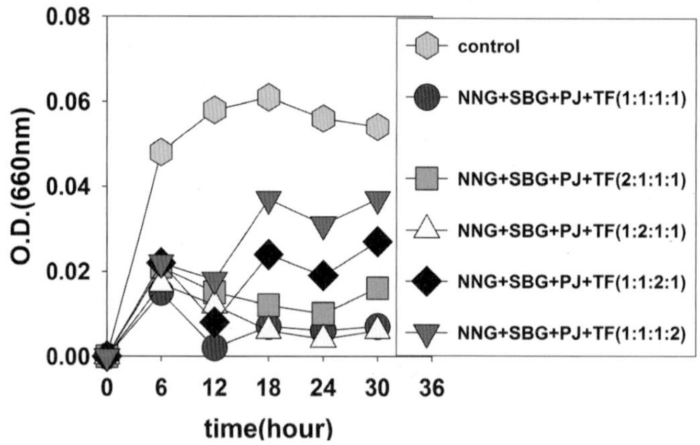

그림 196. *E. coli* 의 성장을 제어하는 4 종류 약용 자원 조합의 배합 비율

NNG: 연자육, SBG : 황금, PJ: 백작약, TF: 녹차

(김종덕, 농림부 최종 연구 보고서, 2002)

3.4. *Listeria monocytogenes*

Listeria monocytogenes 는 연자육+황금+황련+백작약, 연자육+황금+황련+산수유, 황금+황련+백작약+괴화, 황금+황련+백작약+산수유의 조합에서 성장이 저해되었으며, 이 조합 중에서 연자육+황금+황련+백작약의 조합에서 성장이 가장 저해되었고, 또한, 이 조합의 구성 성분 비가 1:1:1:2의 비율에서 성장이 가장 잘 저해된 것으로 나타났다(그림 197).

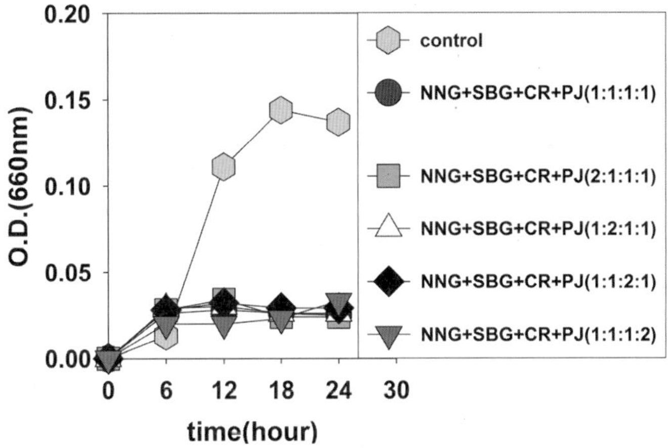

그림 197. *Listeria monocytogenes* 의 성장을 제어하는 4 종류 약용 자원 조합의 배합 비율

NNG: 연자육, SBG: 황금, CR: 황련, PJ: 백작약

(김종덕, 농림부 최종 연구 보고서, 2002)

3.5. *Staphylococcus aureus*

Staphylococcus aureus 는 백작약+황금+현초+백굴채, 백작약+황금+현초+녹차, 백작약+황금+현초+오미자, 백작약+현초+백굴채+녹차의 조합에서 성장이 저해되었으며, 이 조합 중에서 백작약+황금+현초+백굴채의 조합에서 성장이 가장 저해되었고, 또한, 이 조합의 구성 성분 비가 1:1:1:2의 비율에서 성장이 가장 잘 저해된 것으로 나타났다(그림 198)

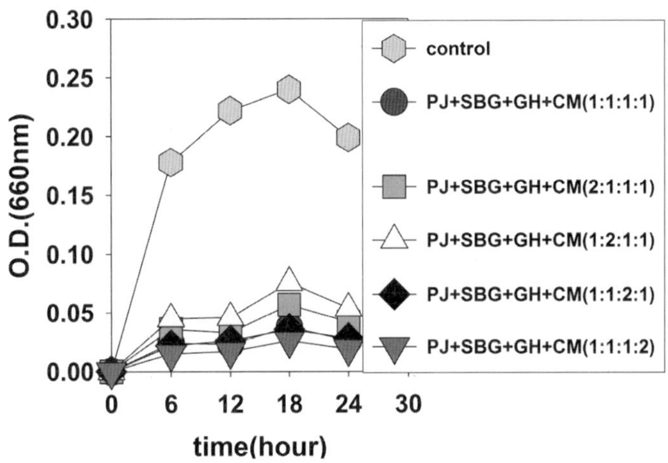

그림 198. *Staphylococcus aureus* 의 성장을 제어하는 4 종류 약용 자원 조합의 배합 비율

PJ: 백작약, SBG: 황금, GH: 현초, CM: 백굴채

(김종덕, 농림부 최종 연구 보고서, 2002)

3.6. *Streptococcus mutans*

Streptococcus mutans 는 고삼+황련+황기+승마의 조합에서 성장이 저해되었으며, 이 조합의 구성 성분 비가 1:1:1:2의 비율에서 성장이 가장 잘 저해된 것으로 나타났다(그림 199).

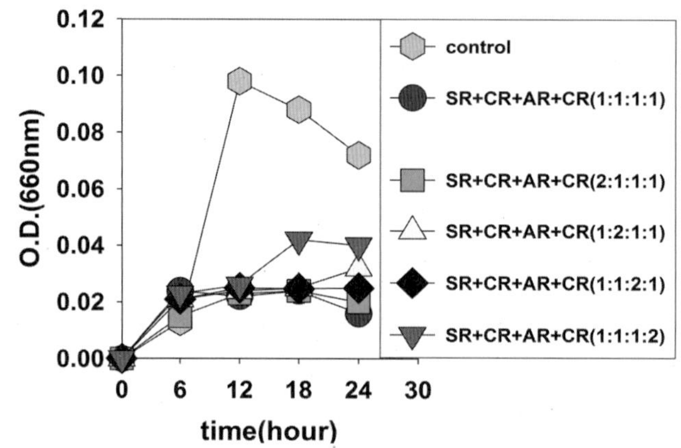

그림 199. *Streptococcus mutans* 의 성장을 제어하는 4 종류 약용 자원 조합의 배합 비율

SR: 고삼, CR: 황련, AR: 황기, CR:승마

(김종덕, 농림부 최종 연구 보고서, 2002)

3.7. *Vibrio parahaemolyticus*

Vibrio parahaemolyticus 는 오가피+황기+황백+황련, 오가피+황기+황백+백작약, 황기+황백+황련+황금, 황기+황백+황련+백작약의 조합에서 성장이 저해되었으며, 이 조합 중에서 오가피+황기+황백+황련의 조합에서 성장이 가장 저해되었고, 또한, 이 조합의 구성 성분 비가 1:1:1:2의 비율에서 성장이 가장 잘 저해된 것으로 나타났다(그림 200).

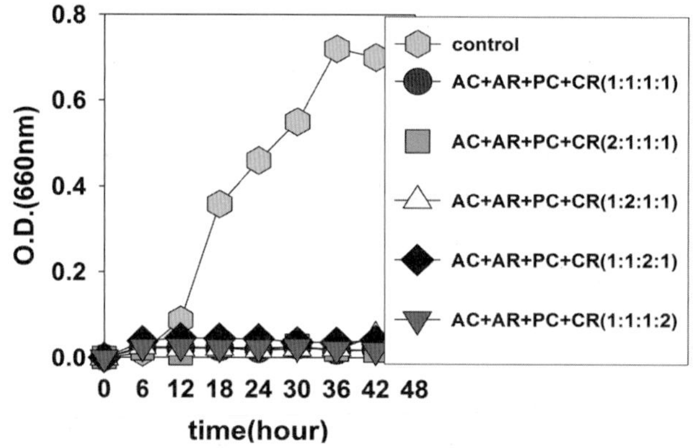

그림 200. *Vibrio parahaemolyticus* 의 성장을 제어하는 4 종류 약용 자원 조합의 배합 비율

AC: 오가피, AR: 황기, PC: 황백, CR: 황련

(김종덕, 농림부 최종 연구 보고서, 2002)

3.8. *Bacteroides fragilis*

Bacteroides fragilis 는 황금+산사자+백작약+산수유, 황금+산사자+백작약+오미자, 황금+산사자+백작약+녹차, 산사자+백작약+오미자+산수유의 조합에서 성장이 저해되었으며, 이 조합 중에서 황금+산사자+백작약+산수유의 조합에서 성장이 가장 저해되었고, 또한, 이 조합의 구성 성분 비가 1:1:2:1의 비율에서 성장이 가장 잘 저해된 것으로 나타났다(그림 201).

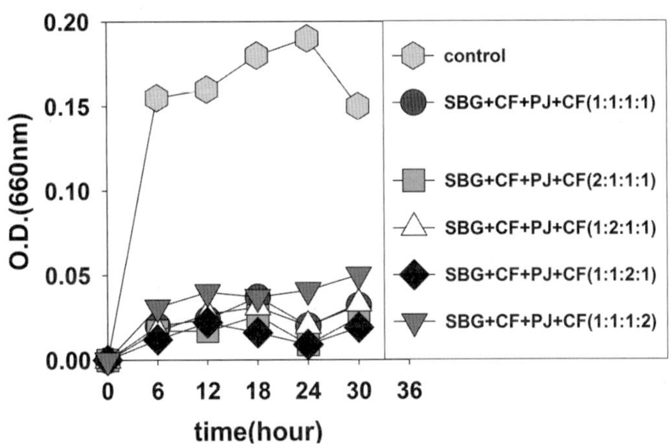

그림 201. *Bacteroides fragilis* 의 성장을 제어하는 4 종류 약용 자원 조합의 배합 비율

SBG: 황금, CF: 산사자, PJ: 백작약, CF: 산수유

(김종덕, 농림부 최종 연구 보고서, 2002)

제7장

항생제의 대체를 위한 약용 자원

1. 항생제 대체제 개발의 필요성
2. 제어 대상 균주
3. 유해 세균주들의 싱장을 억제시키는 약용 자원군의 탐색
4. 제어 효과

제7장

항생제의 대체를 위한 약용 자원

1. 항생제 대체제 개발의 필요성

식용육(食用肉)은 국민들의 생활 수준의 향상과 더불어 그 수요가 크게 늘어나고 있음에 따라 그 공급도 늘어나고 있다. 또한, 웰빙 시대에 맞추어 가족의 건강에 모두가 심혈을 기울이고 있다. 이러한 시점에 중요한 것을 육류의 질이 문제가 될 것이다. 특히, 항생제의 남용에 따른 문제는 심각하며, 이러한 합성 항생제는 사람의 생체에 들어와 세균에 대한 내성을 증가시키는 큰 원인이 되고 있으며, 수출용 해산어나 육류는 항생제의 남용 때문에 그 공급선이 안정되지 못하여 생산자인 농민이나 어민에게 큰 피해가 돌아가고 있다. 그리고, 생산 단가를 낮추기 위하여 단위 면적당 동물의 마리 수가 너무 많아 생존을 위한 스트레스가 증가되고 배설물 등에 의하여 병원 미생물에 항상 노출되어 있으며, 다양한 질병의 감염에 노출되어 있다. 이러한 질병을 예방하거나 치료하기 위하여 각종 화학 요법제가 널리 사용되고 있으며, 이때에 약제를 적정하게 선정하지 못하였거나, 상용하거나 또는 장기간 투여함으로써 치료 효과가 없이 질병을 악화시키고 있다. 또한, 세균 자체가 약제에 대한 내성이 증가되어, 치료제의 농도를 날로 높게 사용하여야함은 물론, 여러 종류의 약제를 병행하여 사용하게 되어 경우에 따라서는 새롭게 사용한 약제에 의하여서도 뚜렷한 치료 효과를 보지 못하고 있는 실정이다(Aoki, 1988; Kim,1993). 최근에는 질병에 대한 식용동물의 자체 방어능력을 향상시키기 위한 사료 및 사료,첨가제의 개발, 면역 증강제의 개발(Itami, 1996; Aoki, 1984; Nakagawa, 1982; Satoh, 1987; Yone, 1986)에 관한 연구를 진행하고 있다(Chevassus, 1990; Grinde, 1989; Grinde, 1988), 이들이 약제 사용을 규제하기에 충분할 정도로 실용화 및 보편화되기 위해서는 많은 연구와 시간이 필요할 것으로 보인다. 더구나, 최근에는 육류의 조직에 항생 물질의 잔류로 소비자의 불신이 증가되어 가고 있고, 환경 호르몬의 문제와 더불어 예민하게 떠오르고 있다. 그리고, 먹이 연쇄 사슬에 따른 항생 물질의 축적은 생체에는 무해하다고 하더라도 직접적인 항생 물질의 투입은 모든 세균들의 내성을 갖게 하며, 이러한 내성이 강한 세균들이 생체내에 투여 되었을 때는 최근의 슈퍼박테리아와 같은 어떠한 강력한 약제로서도 제어되지 않는 균체들이 생겨나 인류의 건강을 위협하게 될 수도 있을 것이다. 이와 같이 식용육의 질병 치료를 위하여 과량의 항생제 투여는 식품으로써의 안정성을 위협할 수 있고, 이는 곧 상품 저하를 가져오므로 축산가에 큰 경제적 손실을 초래할 수밖에 없을 것으로 보인다. 그러므로 사용한 치료약이 육류 내에 잔존하고 있다 할지라도, 이를 섭취한 사람에게 피해가 없고, 또한, 생태계로 노출되었을 때 자연 분해가 쉽게 빨리 될 수 있어서 약제에 의한 2 차적인 문제를 일으키지 않는 약제의 개발이 필요하다.

이러한 시점에서, 식물 추출물에 대한 천연 항생제제의 개발은 시기적절하며, 많은 천연식물 추출물 중에는 상당한 정도의 항균성 물질이 존재하고 있고, 이들을 식품의 부패 방지를 위하여 적용하고자 하는 많은 연구가 진행되어 왔다 (강성구, 1994; 김미정, 1996). 특히 한약재로 쓰이고 있는 식물 중에는 항균 능력이 뛰어난 종류들이 상당량 있는 것으로 보고되어 있다(여생규, 1995; 황미혜, 1997). 이에 본 연구자는 약사로서 한방취급의 경험이 많아 안전성이 확보된 천연물로부터 가축의 질병 치료제 및 예방 제제로 사용될 수 있는 자원을 탐색하여 차세대의 질병 치료제로 이용될 수 있는 천연 항생제제의 개발이 가능하다고 판단한다.

식물의 추출물은 항생제가 출현하기 이전에도 중국, 우리 나라 등에서 한방으로서 인류의 병들을 치료해왔다. 물론, 식용 동물의 병들도 수많은 종류일 것이고, 또한 병태도 다름에 틀림없으나, 사람들과 같은 척추 동물이며, 혈액으로 영양분을 수송하며, 사람이 가지고 있는 오장 육부를 모두 가지고 있음에 식물 추출물로서의 치료 효과도 충분히 높으리라고 사료된다. 뿐만 아니라, 식물 추출물은 병을 없애주는 역할도 할 수 있지만 병의 발생을 저지하는 효과도 동시에 가지고 있으며, 또한 인간에게 있어 보약과 마찬가지로 생체를 튼튼하게 함으로써 병의 발생 빈도를 줄일 수 있는 효과도 가지고 있다. 그리고, 치료의 방법은 고대로부터 발달해 온 고방, 즉, 병을 탕제의 이름으로 다스리던 처방과 후세방 즉, 약품의 성질을 이용한 처방으로 사용한다면, 좋은 효과가 있을 것으로 사료된다. 이 치료 방법은 원인균의 종류에 관계없이 병의 증상으로써 치료가 가능하지만, 치료의 효율을 향상시키기 위하여 병원균을 제어하는 식물을 탐색하고, 인위적으로 투여된 병원균에 의하여 발병된 질병을 치료할 수 있다면, 질병에 대한 방어력을 향상시켜 건강한 동물을 생산 할 수 있을 것이다.

즉, 식물로부터 추출된 시료를 이용하여 혈액의 적혈구를 파괴시키는 질병의 원인균인 *Streptococcus* 속(*S. pyogenes, S. zooepidemicus*)과 독소를 분비하며 다양한 화농성 질환을 일으키는 *Staphylococci* 속(*S. aureus, S. epidermidis*), 그리고, 여러 가지의 장 질환을 일으키는 *Clostridium* 속(*C. difficile, C. perfringens*)의 균주 등에 대한 *in vitro* 항균 효과를 조사하여

항균력이 우수한 시료를 결정하고, 질병 상태에 있는 동물에게 투여하였을 때 치료 효과를 나타내는 처방을 결정함으로써 생약 성분의 질병 치료제를 개발하고자 한다.

더구나, 동물용 의약품 중 항생제와 항균제를 배합 사료에 혼합하는 것은 2011년까지만 허용, 2012년부터 전면 금지되고, 농림부는 안전 축산물 생산을 위해 배합 사료 내 항생·항균제 혼합을 점차 줄이기로 하고, 현행 25종의 항생·항균제 중 테트라싸이클린계 항생제 2종과 인수공용 항생제 5종 등 7종을 오는 2009년부터 배합 사료에 첨가할 수 없도록 했다.

외국에서도 세계보건기구(WHO)가 가축 사료용 항생제 사용의 위험을 경고하고, 유럽연합(EU)이 치료 목적 외에는 항생제를 투여하지 못하도록 규제하고 있다. 미국 식품의약국(FDA)은 새로 나온 항생제에 한해 치료 목적 외에 사용 금지 조치를 내렸다. 그리고, EU위원회도 항생 물질의 성장 촉진용 사료 첨가물로서의 사용 금지 등을 제안하였으며, 현재 사료용 성장 촉진제로 승인 받은 4개의 항생제(monensin sodium, salinomycin sodium, avilamycin, flavophspholipol)가 2006년 1월까지 단계적으로 폐지될 전망이다. 유럽 가축 위생 연맹의 연구 결과에 따르면, 1999년에 농장의 가축들은 EU에서 승인한 전체 항생제의 35%인 4천7백톤을 소비한 반면, 인간은 65%인 8천5백톤을 소비하였다. 가축이 소비한 항생제 중 3천9백톤(전체 사용량의 29%)이 가축의 질병치료에 사용된 반면, 사료를 통해 성장 촉진제로 사용된 항생제는 786톤(6%)이라고 보고하였다.

따라서, 현재에 내성을 갖지 않는 약용 자원으로부터 합성 항생제를 대용할 수 있는 천연 항생제제는 축산 농가에 필수적인 사항이 되어 가고 있어 이 천연 항생제제는 아주 시급하게 개발되어야 할 것으로 판단된다.

2. 제어 대상 균주

45 종류의 약용 자원으로부터 *Streptococcus* 속(*S. pyogenes, S. zooepidemicus*)과 독소를 분비하며 다양한 화농성 질환을 일으키는 *Staphylococci* 속(*S. aureus, S. epidermidis*), 그리고, 여러 가지의 장질환을 일으키는 *Clostridium* 속(*C. difficile, C. perfringens*)의 균주 등에 대한 *in vitro* 항균 효과를 disk method로 선별하였다.

3. 유해 세균주들의 성장을 억제시키는 약용 자원군의 탐색

각각의 유해 세균주의 배양은 그 특징에 따라 250 mL 삼각 플라스크에 한 가지, 두 가지, 세 가지 및 네 가지 종류의 약용 자원의 조합 시료 3 mL와 RCM(Reinforced clostridial medium)을 97 mL 첨가하여 전체량을 100 mL로 하여 멸균한 후 사용한다. 장내 세균의 경우 질소 가스로 충진된 glove box(Jisco, J-926)내에서, 제균 필터가 부착된 needle로 배양액 내로 질소를 불어 넣어 탈기시키고, 전 배양한 균주를 0.1% 접종하여 37℃에서 혐기 배양하면서 6 시간 간격으로 질소 가스가 충진된 glove box 내에서 시료를 채취한 후 20배 희석하여 spectrophotometer (Shimadzu, UV-2101PC)를 이용하여 660 nm에서 흡광도를 측정하여, 세균의 성장 정도가 약용 자원을 넣지 않은 대조군보다 낮은 약용 자원을 선택한다.

3.1. 한 종류의 약용 자원으로부터 균주의 제어

항균 효과는 Disk 법으로 확인하였으며, 양성 대조군(테트라싸이클린 항생제 50 μg/㎖)을 디스크의 가운데에 두었다. 이후, 세균이 자라지 못하는 디스크(Clear zone)의 직경(mm)을 측정하였다. 직경이 클수록 세균이 잘 자라지 못하는 것을 의미한다.

클로스트리디움 디피실레(*Clostridium difficile*) 및 클로스트리디움 펄프린젠스(*Clostridium perfringens*)는 오미자 및 황련에 의하여, 스타필로코스 아우레우스(*Staphylococcus aureus*) 및 스타필로코스 에피더미디스(*Staphylococcus epidermidis*)는 황련에 의하여, 스트렙토코쿠스 피오게네스(*Streptococcus pyogenes*) 및 스트렙토코쿠스 주에피데미쿠스(*Streptococcus zooepidemicus*)는 천문동, 황련 및 오미자에 의하여 성장이 억제되는 것을 확인하였다(그림 202).

3.2. 두 종류의 약용 자원으로부터 균주의 제어

클로스트리디움 펄프린젠스는 황련+오미자, 황련+천문동 및 황련+황백 추출 혼합물에 의하여, 스타필로코스 아우레우스는 황련+오미자, 황련+천문동 및 황련+황백 추출 혼합물에 의하여, 스타필로코스 에피더미디스는 오미자+천문동 및 오미자+황백 추출 혼합물에 의하여, 스트렙토코쿠스 피오게네스는 황련+오미자, 황련+천문동 및 황련+황백 추출 혼합물에 의하여, 스트렙토코쿠스 주에피데미쿠스는 황련+오미자 및 황련+천문동 추출 혼합물에 의하여 성장이 억제되는 것을 확인하였다(그림 203).

3.3. 세 종류의 약용 자원으로부터 균주의 제어

클로스트리디움 펄프린젠스는 황련+천문동+황백 추출 혼합물에 의하여, 스타필로코스 아우레우스는 황련+천문동+황백 추출 혼합물에 의하여, 스타필로코스 에피더미디스는 오미자+천문동+황백 추출 혼합물에 의하여, 스트렙토코쿠스 피오게네스는 황련+천문동+황백 및 오미자+천문동+황백 추출 혼합물에 의하여, 스트렙토코쿠스 주에피데미쿠스는 황련+천문동+황백 및 오미자+천문동+황백 추출 혼합물에 의하여 성장이 억제되는 것을 확인하였다(그림 204).

1. *Clostridium diffilcite*

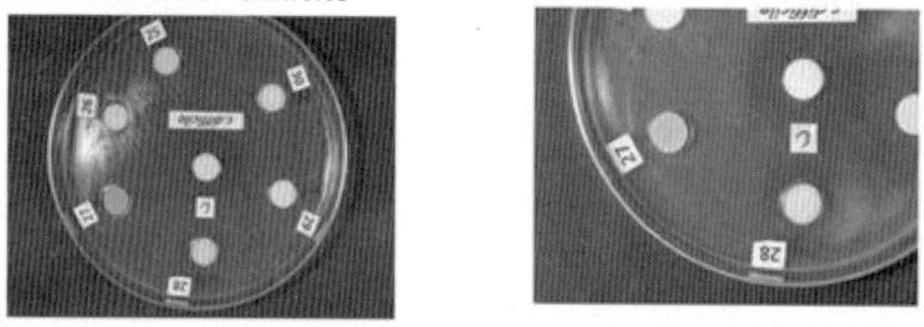

2. *Clostridium perfrignens*

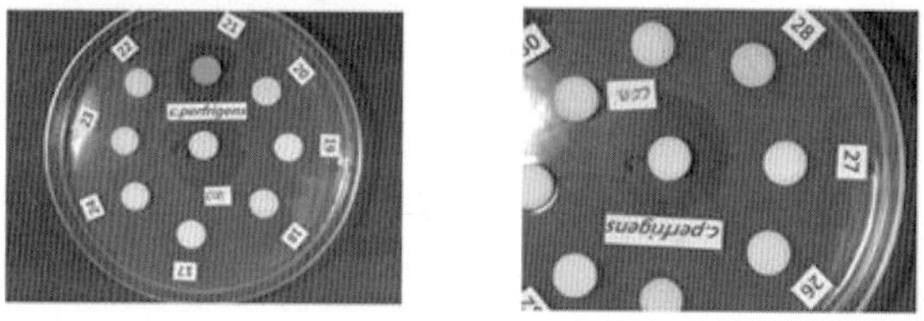

3. *Staphylococcus epidermidis*

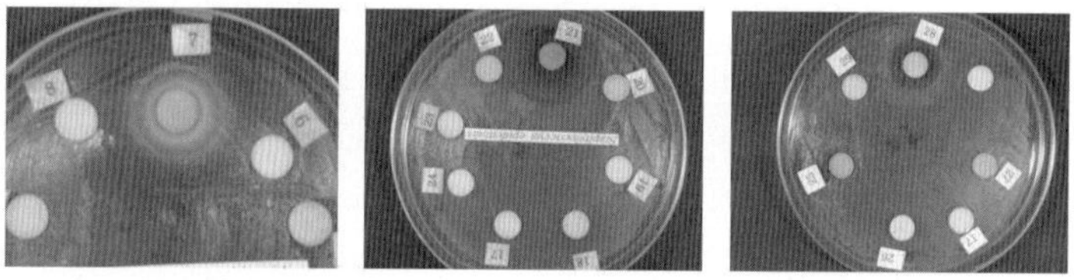

4. *Staphylococcus aureus*

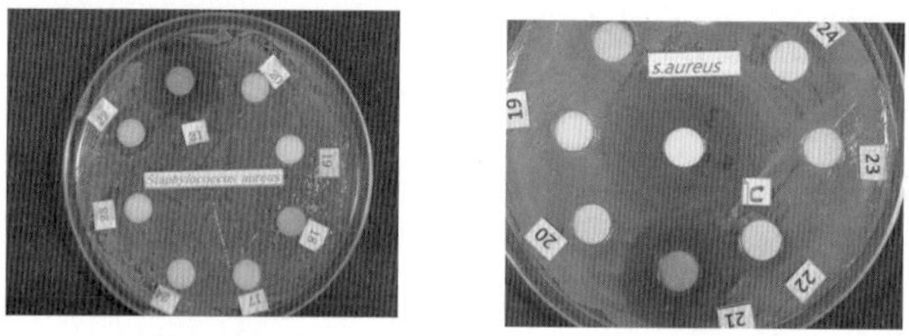

5. *Streptococcus zooepidemicus*

6. *Streptococcus pyogenes*

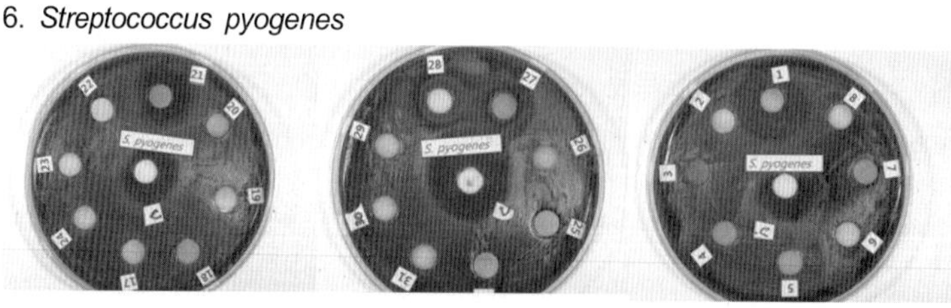

그림 202. 각 균주의 한 종류의 약용 자원에 의한 제어 형상

(한국 특허: 10-1079711호, 2011)

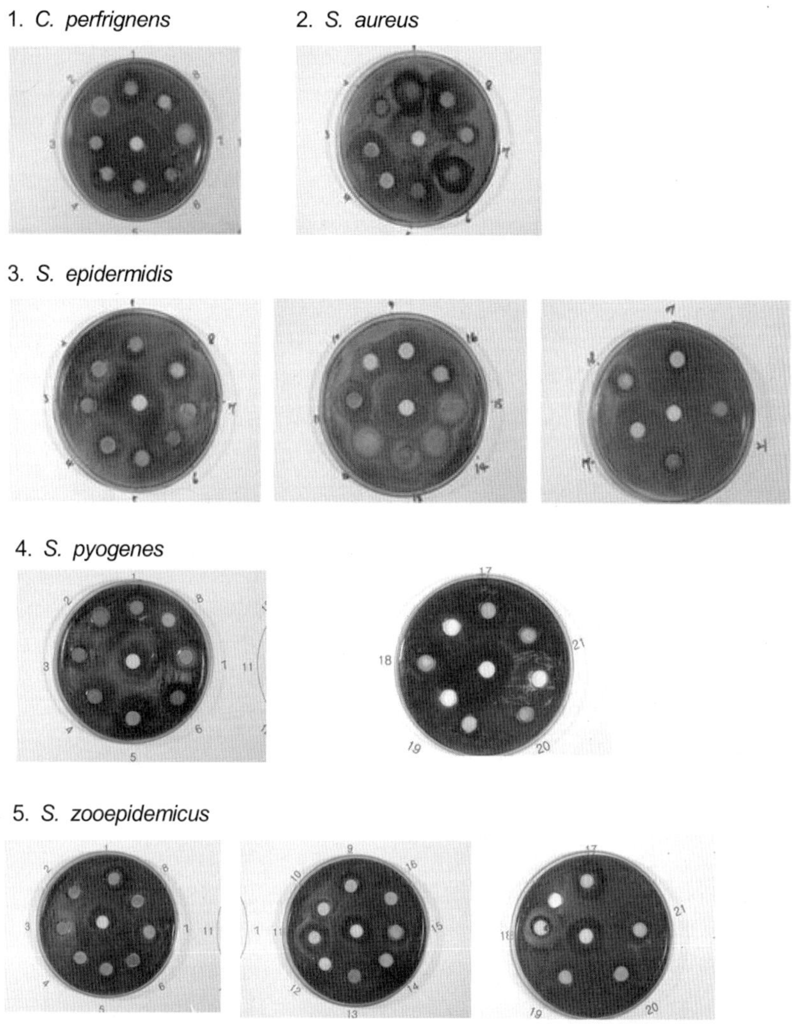

그림 203. 각 균주의 두 종류의 약용 자원에 의한 제어 형상

(한국 특허: 10-1079711호, 2011)

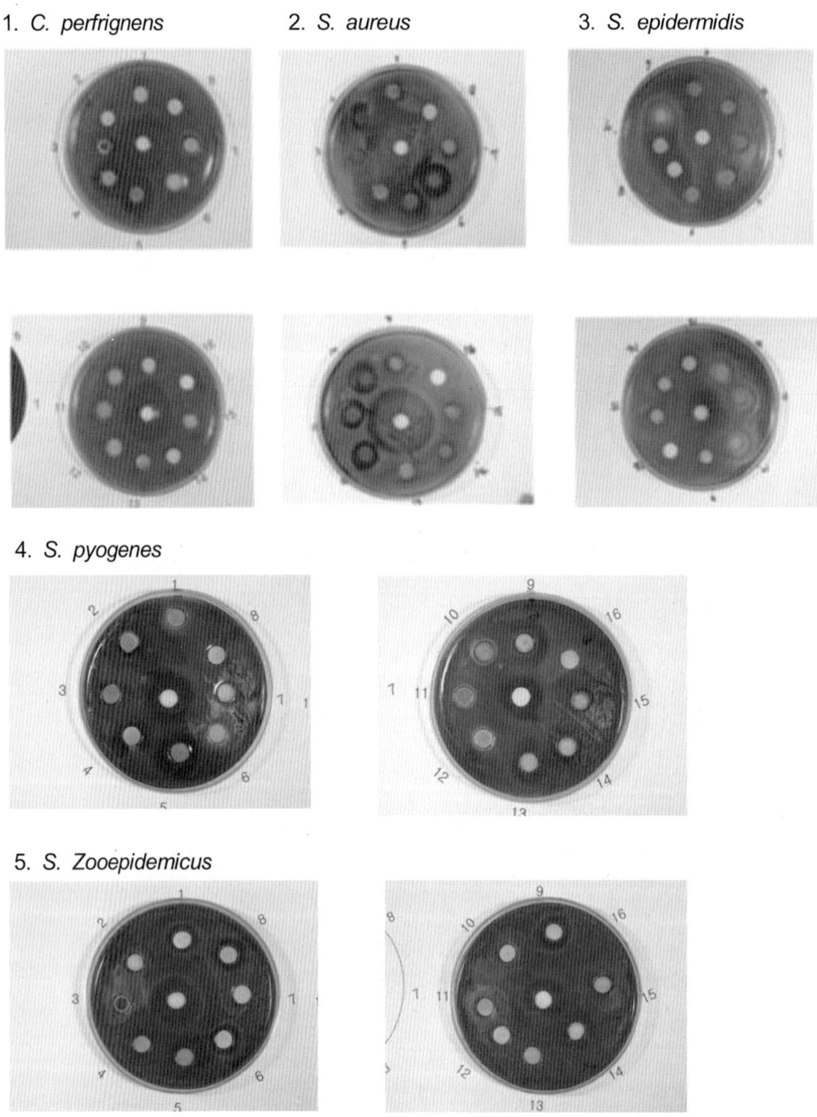

그림 204. 각 균주의 세 종류의 약용 자원에 의한 제어 형상

(한국 특허: 10-1079711호, 2011)

3.4. 네 종류의 약용 자원으로부터 균주의 제어

클로스트리디움 펄프린젠스는 황련+천문동+황백+산수유 추출 혼합물에 의하여, 스타필로코스 아우레우스는 오미자+황금+천문동+황백 추출 혼합물에 의하여, 스타필로코스 에피더미디스는 황련+오미자+오배자+황금 추출 혼합물에 의하여, 스트렙토코쿠스 피오게네스는 황련+황금+천문동+황백 추출 혼합물에 의하여, 스트렙토코쿠스 주에피데미쿠스는 황련+오미자+오배자+황금 추출 혼합물에 의하여 성장이 억제되는 것을 확인하였다(그림 205).

1. *C. perfrignens* 2. *S. aureus* 3. *S. epidermidis*

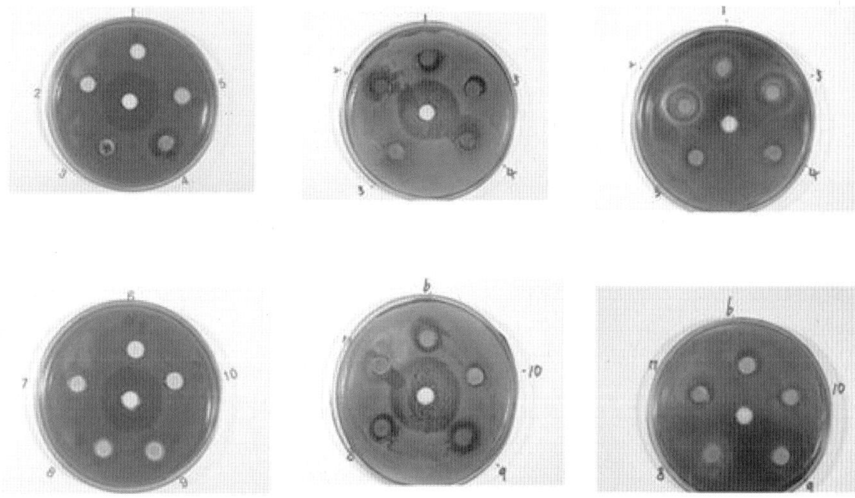

4. *S. pyogenes*

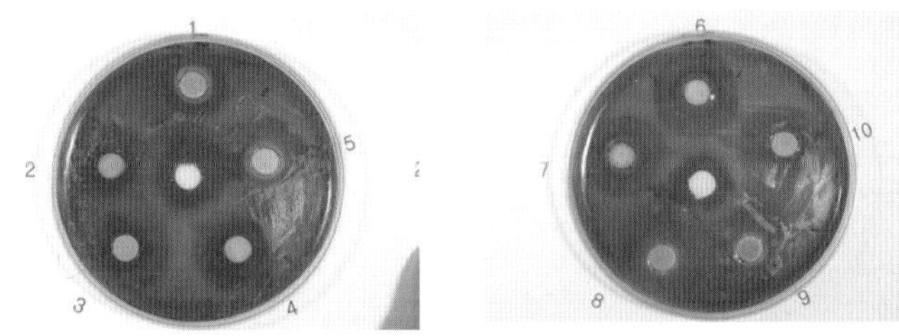

5. *S. zooepidemicus*

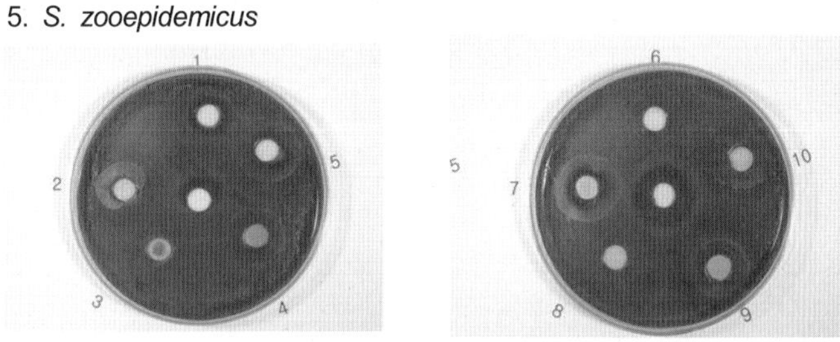

그림 205. 각 균주의 네 종류의 약용 자원에 의한 제어 형상

(한국 특허: 10-1079711호, 2011)

3.5. 통합 제어 약용 자원 조합

6 가지 균주에 대하여 황련+천문동+황백+오미자 추출 혼합물에 의하여 성장이 억제되는 것을 확인하였다(그림 206).

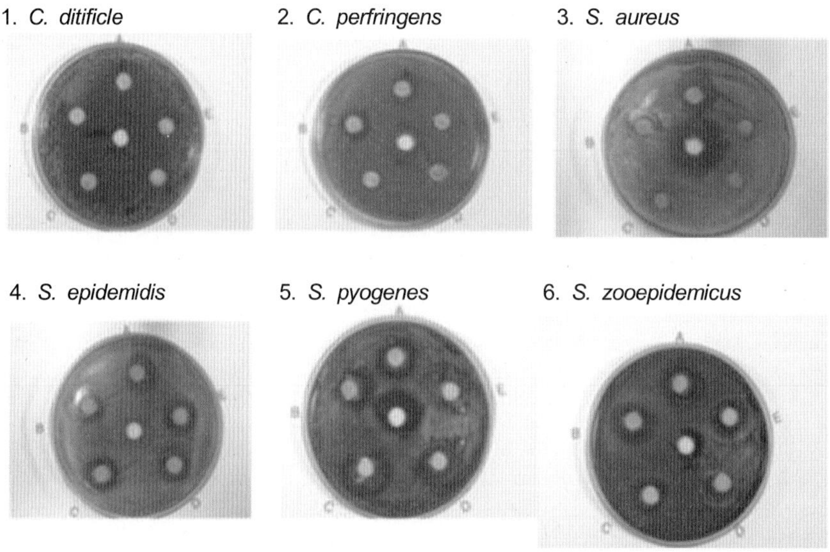

그림 206. 약용 자원 조합에 의한 각 균주의 동시 제어 형상
(한국 특허: 10-1079711호, 2011)

4. 제어 효과

4.1. 장내 균총 변화 관찰

Clostridium sp.의 장내에서의 균총 변화는 Ribo Technologies의 FISH(Fluorescence in situ hybidization) kits을 사용하여 형광 현미경으로써 *Clostridium* sp. 정량하여 제어 정도를 판단하였다.

가. 수컷

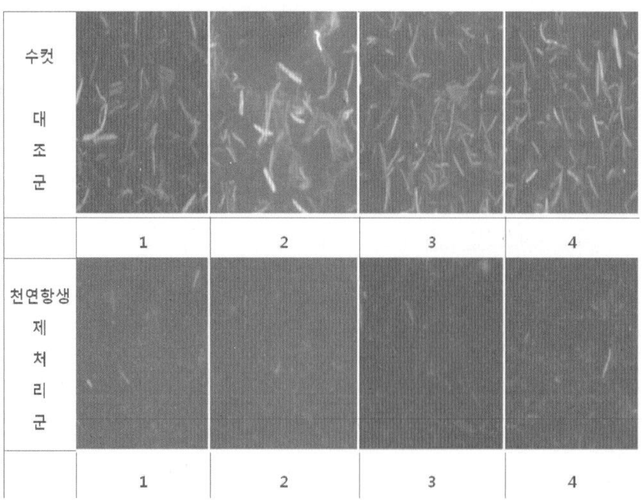

그림 207. 통합 제어 약용 자원 조합에 의한 S.D. 계열의 수컷 쥐의 장내 *Clostridium* sp 제어 형상
(한국 특허: 10-1079711호, 2011)

나. 암컷

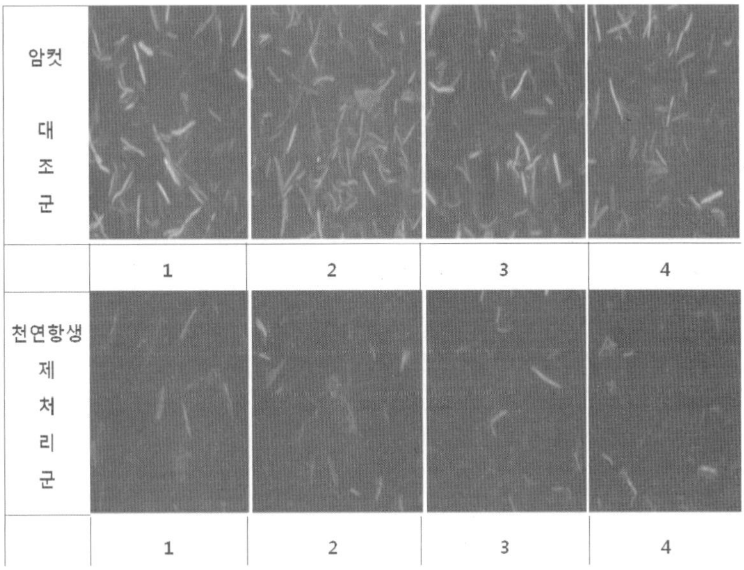

그림 208. 통합 제어 약용 자원 조합에 의한 S.D. 계열의 암컷 쥐의 장내 *Clostridium* sp 제어 형상
(한국 특허: 10-1079711호, 2011)

수컷(그림 207), 암컷(그림 208) 모두 장내 염증성 군인 *Clostridium* sp이 현저히 감소되는 것으로 나타나 개발된 천연 항생제제는 사료 첨가물로서의 가능성을 보였다.

4.2. 염증 균총 변화 관찰

S.D. 계열의 rat에 상처를 내고 개발된 항생제제 처리군과 대조군을 비교하여 보았다.

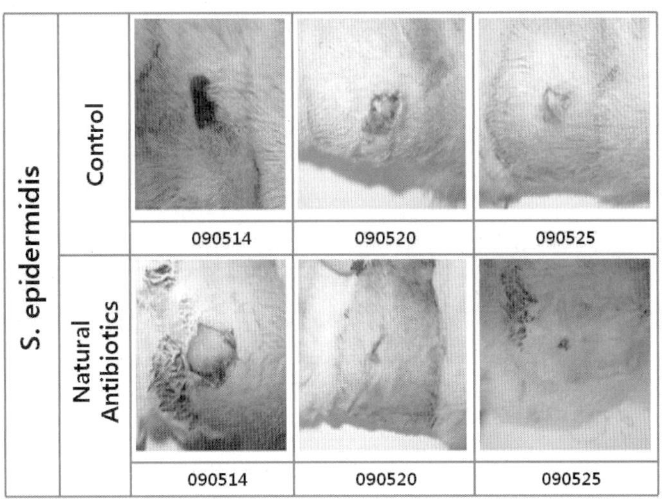

그림 209. 통합 제어 약용 자원 조합에 의한 *S. epidermidis* 감염으로부터 회복 형상
(한국 특허: 10-1079711호, 2011)

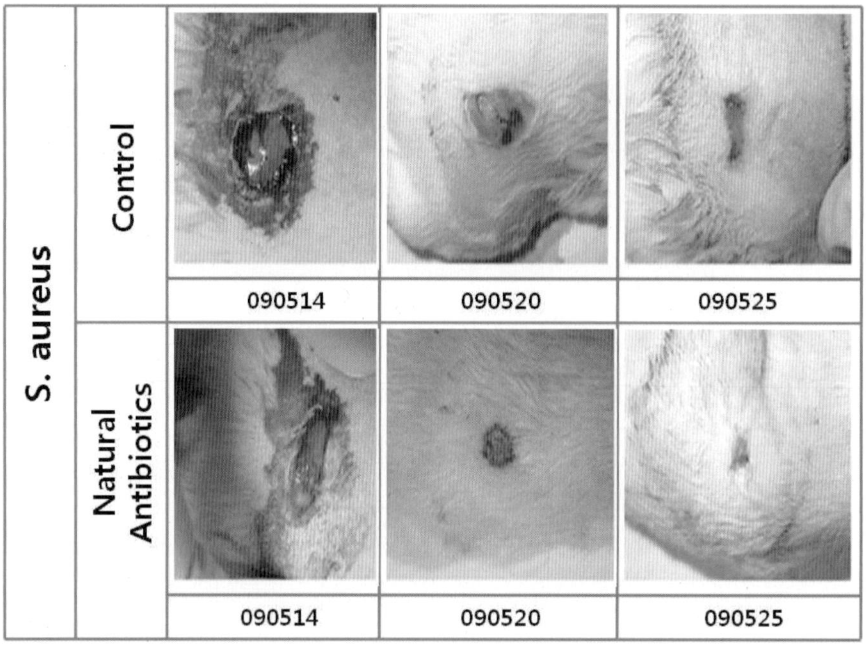

그림 210. 통합 제어 약용 자원 조합에 의한 *S. aureus* 감염으로부터 회복 형상
(한국 특허: 10-1079711호, 2011)

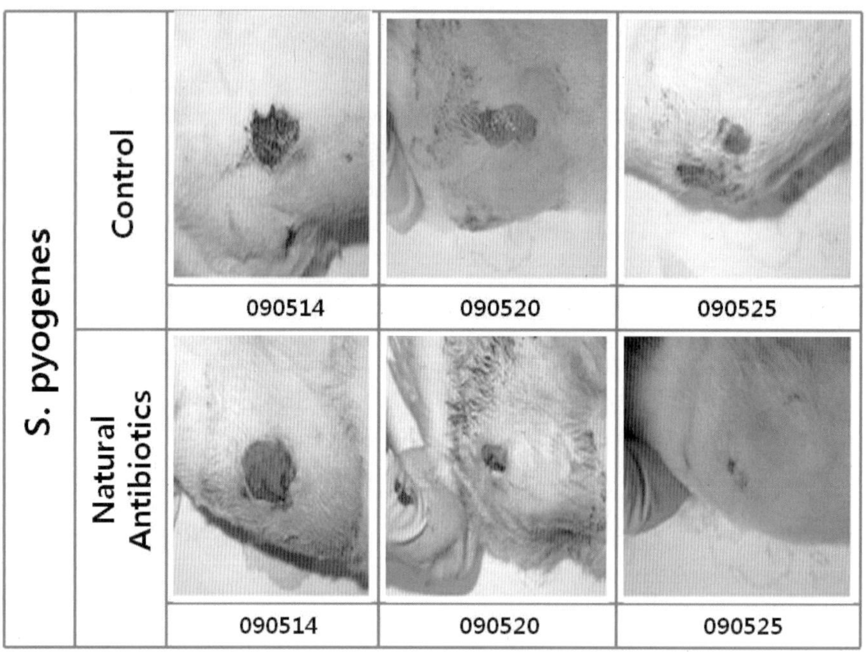

그림 211. 통합 제어 약용 자원 조합에 의한 *S. pyogenes* 감염으로부터 회복 형상
(한국 특허: 10-1079711호, 2011)

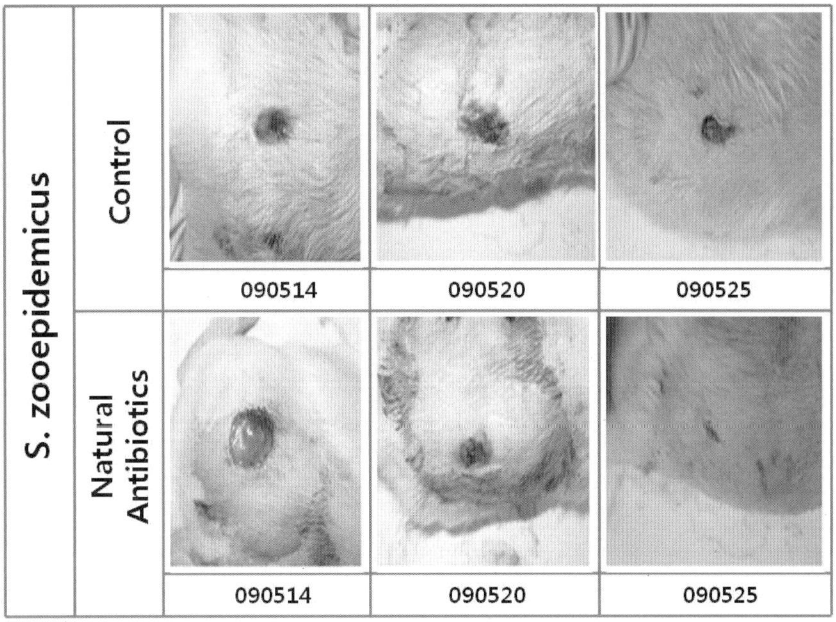

그림 212. 통합 제어 약용 자원 조합에 의한 *S. zooepidemicus* 감염으로부터 회복 형상
(한국 특허: 10-1079711호, 2011)

45 종류의 약용 자원으로부터 *Streptococcus* 속(*S. pyogenes, S. zooepidemicus*)과 독소를 분비하며 다양한 화농성 질환을 일으키는 *Staphylococci* 속(*S. aureus, S. epidermidis*), 그리고, 여러 가지의 장 질환을 일으키는 *Clostridium* 속(*C. difficile, C. perfringens*)의 균주 등에 대한 *in vitro* 항균 효과를 조사하여 제품을 개발하였다. 이상의 균주는 선택된 약용 자원의 조합에 의하여 현저하게 저해되는 것으로 나타나 약용 자원 항생제제로서의 강한 효능을 나타내었다.

Clostridium sp.의 장내에서의 균총 변화는 Ribo Technologies의 FISH(Fluorescence in situ hybidization) kits을 사용하여 형광현미경으로써 *Clostridium* sp. 정량한 결과 현저히 감소됨을 알 수 있었다. 또한, 화농성 균주를 이용하여 동물 실험을 한 결과 대조군보다 훨씬 빠르게 치유되는 것으로 나타났다(그림 209, 그림 210, 그림 211 및 그림 212).

제8장

세포 부착 억제 작용을 갖는 약용 자원

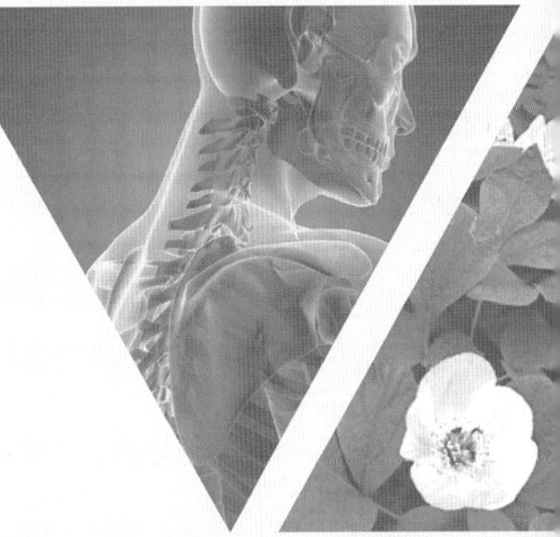

1. HUVECs 및 U937 cell의 배양
2. U937 세포를 이용한 부착 억제 실험
3. 전호, 파고지, 희첨 및 산수유의 세포 부착 억제 효과
4. ELISA법에 의한 세포 부착 활성 측정
5. 플라보노이드의 세포 부착 억제 효과

제8장

세포 부착 억제 작용을 갖는 약용 자원

신생 혈관 형성(angiogenesis)은 기존의 혈관에서 새로운 혈관이 생성되는 일련의 과정을 일컫는 용어로서, 태아의 발생, 여성의 월경, 상처 치유과정 등의 정상적인 상황 뿐 아니라 암세포의 성장과 전이, 류머티즘 관절염, 당뇨병성 실명증 등의 여러 질병에서도 필수적으로 요구되는 것으로 알려져 있다(Altavilla, 2005; Sheikh, 2005; Shen, 2005; Yancopoulos, 1998).

신생 혈관 형성을 매개하는 요소들로서 암세포와 혈관 내피 세포와의 결합에 중요한 역할을 하는 부착 분자는 크게 selectin, cadherin 및 immunoglobulin superfamily(IGSF)로 분류된다. 특히 혈관 내피 세포와 종양 전이에 중요하며 이 과정에 작용하는 부착 분자가 IGSF 군으로 intercellular adhesion molecule-1(ICAM-1; CD54)과 vascular cell adhesion molecule-1 (VCAM-1; CD106)이 여기에 포함된다. Selectin은 E-selectin, P-selectin, L-selectin 을 포함하는 막전위 세포 부착 글리코단백질의 또 다른 그룹이며, E-selectin과 P-selectin은 ICAM-1과 VCAM-1 처럼 두 가지 형태로 존재한다. 하나는 세포간 상호 작용을 매개하는 막전위 형태이며, 하나는 가용성의 분비물 형태이다. 가용성 형태의 E-selectin은 쥐의 각막을 이용한 *in vivo* 에서 신생 혈관을 형성할 뿐만 아니라, 인간 내피 세포를 이용한 *in vitro* 에서도 세포 이동의 강력한 자극자로서 역할을 한다.

또한 VE-cadherin에 의한 세포-ECM 상호 작용, 세포간 부착 조절은 신생 혈관을 형성하는 동안에도 중요하다. VE-cadhrin은 내피 세포의 방벽의 기능인 신생 혈관 형성을 매개한다. ICAM-1은 사이토카인에 의해 유도되는 부착 분자로 분자량이 70-110 kD인 당단백질이다. 이는 종양세포 뿐 아니라 혈관 내피 세포, 조직 거대 세포, 단핵구, B세포, 활성화된 T세포 및 임파절 배중심의 수지상 세포와 흉선의 상피 세포, 섬유 모세포 등에서 광범위하게 표현된다(Smith, 1990; Springer 1990; Rice, 1991). 세포 외막의 기질로의 세포 부착은 integrins에 의해 매개되며, 세포 부착동안에 ECM-integrin의 범위에서 생물학적 중요성은 잘 알려져 있지 않다. 비록, integin이 내피 세포 부착과 이동에 특이한 세포-ECM 상호 작용을 지원하지만, integrin의 특이한 부분적 집합에 의한 근원적인 작용 기작은 상처 치유 및 신생 혈관 형성의 발달을 매개한다. β_2 integrin군인 leukocyte function associated antigen-1(LFA-1, CD11a /CD18)과 comolement receptor type-3 (CR-3, MAC-1, CD11b/CD18)가 주요 ligand로 작용하며(Marlin, 1987), interleular-1β, tumor necrosis factor-α, interferon-γ (INF-γ)와 세균의 lipopolysaccharide, phorbol myristate acetate(PMA), retinoic acid 등이 ICAM-1의 표현을 유도 또는 증가 시킨다(Ohh, 1994). 종양에서는 악성 림프종과 대장암, 신장암, 췌장암, 간암과 같은 선암 조직 뿐만 아니라, 암세포 주위의 간질과 종양 침윤 림프구에서도 ICAM-1의 발현이 관찰된다. 현재까지 ICAM-1과 종양병리와의 뚜렷한 관계는 아직 확립되어 있지 않으며, 악성 흑색종에서 ICAM-1의 발현 증가와 종양의 전이 위험도 증가가 무병 생존율 감소와 연관이 있음이 보고되었다(Johnson, 1994; Harming, 1991). VCAM-1은 분자량이 90kD의 당단백질로 7개의 immunoglobulin domain을 가지고 있고 integrin β_1 군인 very late antigen(VLA)-4에 의해 인식된다. 주로 혈관 내피 세포에서 발현되어 림프구와 단핵구의 결합을 매개하며 림프선의 수지상 세포, 신장의 벽측 상피, 조직 대식 세포에서도 관찰된다(Norris, 1991). 림프구와 Jy 세포에서 배양시에 ICAM-1이 용해된 형태로 세포외로 유리됨이 관찰되었으며(Pigott, 1992), enzyme-linked immunosorbert assay(ELISA)를 이용해 염증성 질환과 암환자의 혈청에서 circulating ICAM-1(cICAM-1)을 정량할 수 있으며(Rothlein, 1991; Seth, 1991), 임상적으로 cICAM-1의 발현도가 악성 흑색종(Banks, 1993)과 간암(Hyodo, 1993)에서 암의 진행과 상관관계가 있고 생존율의 감소와 연관되어 예후 판정의 표지자로 사용할 수 있음이 보고되었다. 또한 위암, 췌장암, 내장암, 담낭암 등의 선암에서 cICAM의 발현과 간전이 사이에 상관 관계가 있음도 보고되었다(Tsujisaki, 1991). Circulating VCAM-1(cVCAM-1)은 배양 시 사이트카인에 의해 활성화된 혈관 내피 세포에서 주로 분비된다. 혈청 내의 cVCAM-1 수치는 난소암, 대장암, 신장암, 방광암 등에서 정상에 비해 측정치가 증가하며, 악성 흑생종과 신세포암에서 VLA-4와 혈관 내피 세포에서 발현된 VCAM-1과의 상호 작용이 혈행성 전이와 관계 있는 것으로 보고되었다(Tomita, 1990). 이렇듯 신생 혈관을 형성하는 인자들은 암의 형성과 전이에 깊이 관여하고 있다. 세포간 부착은 내피 세포의 생활사에서 중요하며, 세포 부착 분자는 암의 형성에 중요한 역할을 하는 것을 볼 수 있으며, 신생 혈관의 생성에 직접, 간접적으로 관련되는 분자들 임을 알 수 있다.

따라서, 세포 부착 분자들을 억제함으로써 신생 혈관 형성을 제어할 수 있을 것으로 판단되고, 신생 혈관의 형성을 저해함으로써 항암제로서의 사용이 가능하며, 또한, 최근에는 신생 혈관의 형성이 비만 세포의 분화 및 성장에 중요한 역할을 한다는 보(Poissonnet, 1983; Friedman, 1991; Halaas, 1997; Nishimura, 2007)고가 많이 있어 항 비만 제제로서의 사용 가능성을 가지고 있다.

1. HUVECs 및 U937 cell의 배양

HUVECs(Human umbilical vein endotherial cells)은 Young Science(Seoul)로부터 3~5세대의 세포를 분양받아 신생 혈관 제어, 세포 부착 억제 효과 규명을 위하여 사용하였고, 세포의 성장을 위해 EBM-2(Lonza) medium에 Hydrocortisone, hFGF-B, VEGF, R3-I, GF-1, Ascorbic acid, hEGF, GA-1000, Heparin의 8 가지 첨가물을 함유하였으며, 배지에 FBS(Lonza)가 2% 되게 첨가하여 T-75 flask(Nunc)에 세포의 부착을 쉽게 하고 matrix 형성을 위해 2% gelatin(Sigma)을 코팅한 후, 세포를 분주 후 37℃, 5% CO_2 Incubator(Forma Scientific)에서 배양하였다. 배지는 이틀 간격으로 교환하였으며, 세포가 80% 이상 최적 성장에 도달하였을 때 본 실험에 사용하였다.

U937 cells(Human leukemic monocyte lymphoma cell line, American Type Culture Collection, Rockville, MD)은 cell의 부착 시험을 위하여 사용하고, 2 mM lL-glutamine/L(Life Technology), 1 × 10^5 U penicillin/L 및 100 mg streptomycin/L을 함유하는 RPMI-1640 medium(Life Technologies, Grand Island)에 FBS가 10% 되게 첨가하여 배양하였다.

2. U937 세포를 이용한 부착 억제 실험

2.1. IL-1β 및 약용 자원 추출물로 자극된 HUVECs 에 U937 세포 부착

HUVECs를 24well plate에 최적 성장이 되게 배양한 후, 10 ng/ml의 IL-1β(Gibco)를 처리한 후, 6 시간 배양하였다. 배양 후, HUVECs 에 각 시료를 농도 별로 처리 후 하룻밤 동안 배양 한 다음, 배양된 U937 cells(2.5 × 10^5 cell/well)을 HUVECs에 첨가 후, 37℃에서 30 분간 배양하고, 과잉의 U937 세포를 1% FBS - PBS 로 3 회 세척 후, 각 well 당 5 분야로 나누어 디지털 카메라 (Nikon, Coolpix)로 촬영하여 Scion Image program를 이용하여 실제 세포의 수를 헤아린 후 5 영역의 세포의 평균값을 부착된 세포의 수로 계산하였다.

2.2. PMA 및 약용 자원 추출물로 자극된 U937 세포의 HUVECs에 부착 실험

U937 cells를 24well plate에 최적 성장이 되게 배양한 후, PMA(phorbol myristyl atetate, Sigma)를 100 ug/L 처리 후, 2 시간 배양하였다. 활성화된 U937 cells에 각 시료를 농도 별로 처리 후, 하룻밤 동안 배양하였다. 그리고, 최적으로 배양된 HUVECs에 U937 cells를 첨가 후, 37℃에서 30 분간 배양하고, 1% FBS-PBS 로 3회 세척 후, 상기와 같은 방법으로 계산하였다.

2.3. IL-1β 및 약용 자원 추출물로 자극된 HUVECs에 약용 자원 추출물로 자극한 U937 세포의 부착 실험

HUVECs과 U937 cells를 24well plate에 최적의 성장으로 배양 후, HUVECs의 경우, 10

ng/ml의 IL-1β를 처리한 후, 6 시간 배양하고, HUVECs과 U937 세포에 각 시료를 농도별로 처리 후, 하룻밤 동안 배양하였다. 이후, 약용 자원 추출물로 처리된 U937 세포를 IL-Iβ 및 약용 자원 추출물로 처리한 HUVECs에 첨가한 후, 37℃에서 30 분간 배양하고, 1% FBS-PBS로 3 회 세척 후, 상기와 같은 방법으로 계산하였다.

3. 전호, 파고지, 희첨 및 산수유의 세포 부착 억제 효과

3.1. IL-1β 및 약용 자원 추출물로 자극된 HUVECs 에 U937 세포 부착

4가지 약용 자원에 대하여 세포 부착 억제 정도를 확인하기 위해 먼저 24well plate에 최적의 성장으로 배양된 HUVECs에 IL-1β를 자극한 후, 각각의 약용 자원 추출물을 농도별로 투여한 후, 나중에 배양된 U937 세포를 부착하였다. 그 결과, 전호(*Anthrisci radix*)를 0.05, 0.1, 0.15, 0.2 ppm 처리시 204%, 239%, 252%, 276%의 저해율을 나타내었으며, 파고지(*Psoraleae semen*)를 0.1 ppm, 1 ppm, 2.5 ppm, 5 ppm 처리한 결과 각각 186%, 190%, 204%, 220%의 저해율을 보였으며, 희첨(*Siegesbechiae herba*)을 1 ppm, 2.5 ppm, 5 ppm, 10 ppm 처리한 결과 28%, 61%, 70%, 158%의 저해율을 보였으며, 산수유(*Corni fructus*)를 1 ppm, 5 ppm, 10 ppm, 20 ppm 처리했을 때는 12%, 57%, 115%, 132%의 저해효과가 있음을 보였다(그림 213).

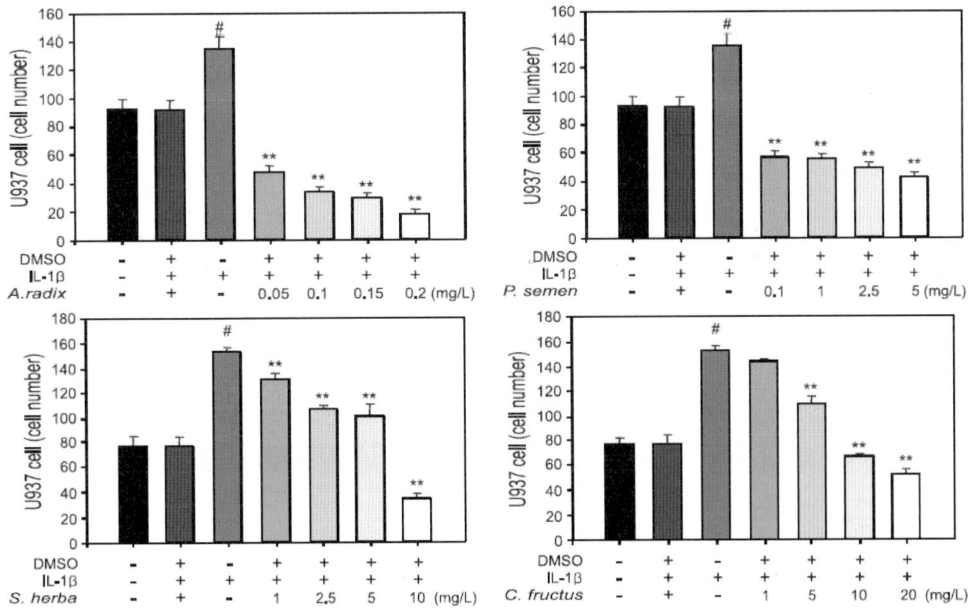

그림 213. IL-1β로 자극된 HUVECs에 대한 U937 세포의 약용 자원(전호, 파고지, 희첨 및 산수유)에 의한 세포 부착 억제 작용

(Jong-Deog Kim, KSBB Journal, 24, 541-548, 2009)

3.2. PMA 및 약용 자원 추출물로 자극된 U937 세포의 HUVECs에 부착 실험

약용 자원의 세포 부착 억제 정도를 확인하기 위해 최적의 성장으로 배양된 U937세포에 세포 부착 촉진 인자인 PMA(phorbol myristate acetate)를 자극한 후, 각각의 약용 자원 추출물을 농도별로 투여하고, 일정 시간 배양된 U937 cells를 배양된 HUVECs에 부착시킨 결과, 전호에서는 0.05, 0.1, 0.15, 0.2 ppm 처리 시, 12%, 79%, 79%, 139%의 저해효과를 보였으며, 파고지의 농도를 1, 2.5, 5 ppm처리 시 163%, 216%, 442%의 저해효과를 보였다. 희첨의 농도를 1 ppm, 2.5 ppm, 5 ppm, 10 ppm 처리 시에는 372%, 613%, 633%, 720%의 저해율을 나타내었고, 산수유의 경우 희첨과 같은 농도 처리 시 379%, 504%, 567%, 664%의 저해율로 희첨과 비슷한 정도의 세포 부착 억제력을 보였다(그림 214).

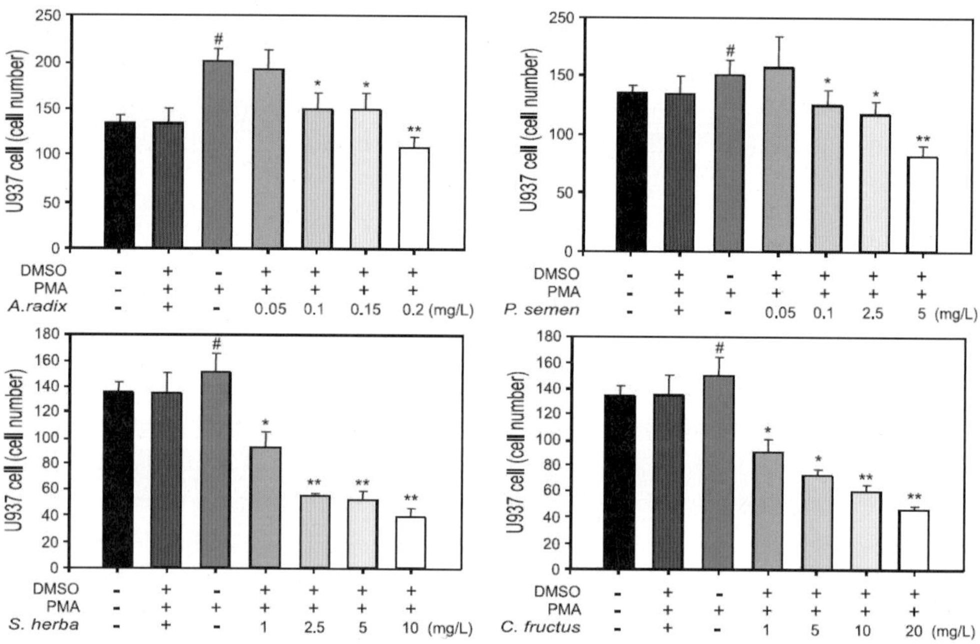

그림 214. PMA 및 약용 자원(전호, 파고지, 희첨 및 산수유)로 자극된 U937세포의 HUVECs에 대한 세포 부착 억제 작용

(Jong-Deog Kim, KSBB Journal, 24, 541-548, 2009)

3.3. IL-1β 및 약용 자원 추출물로 자극된 HUVECs에 약용 자원 추출물로 자극한 U937 세포의 부착 실험

4 가지 약용 자원의 세포 부착 억제 정도를 확인하기 위해 HUVECs 의 경우 IL-1β 및 약용 자원을 투여하고, U937 cell의 경우 약용 자원을 투여한 후, 일정시간 배양 후 세포 부착 실험을 한 결과, 전호에서는 0.05 ppm, 0.1 ppm, 0.15 ppm, 2 ppm 처리시 115%, 131%, 239%, 286%의 저해 효과를 보였으며, 파고지의 경우 0.1 ppm, 1 ppm, 2.5 ppm, 5

ppm 처리한 결과 10%, 52%, 59%, 146%의 저해율을 보였다. 희첨 처리군에서는 1 ppm, 2.5 ppm, 5 ppm, 10 ppm 처리시 93%, 95%, 375%, 436%의 저해율을 보였으며, 같은 농도의 산수유 처리군에서는 50%, 112%, 231%, 297%의 저해효과가 있음을 보였다(그림 215).

그러나, U937 세포를 HUVECs에 부착시킨 결과는 그 처리 방법에 따라 각각 약용 자원의 효능이 다른 것으로 나타났다. 즉, IL-1β 및 약용 자원의 추출물로 자극된 HUVECs 에 U937 세포 부착에서는 전호(*Anthrisci radix*)는 0.2 ppm 처리하였을 때 276%의 저해율을 나타내었으며, PMA 및 약용 자원의 추출물로 자극된 U937 세포의 HUVECs에 부착에서는 희첨의 농도를 5 ppm 처리하였을 때 633%의 저해율을 나타내었고, IL-1β 및 약용 자원 추출물로 자극된 HUVECs에 약용 자원 추출물로 자극한 U937 세포의 부착 실험에서는 희첨을 5ppm 처리하였을 때 375%의 저해율을, 그리고, 같은 농도의 산수유를 처리하였을 경우에는 231%의 저해율을 보였다.

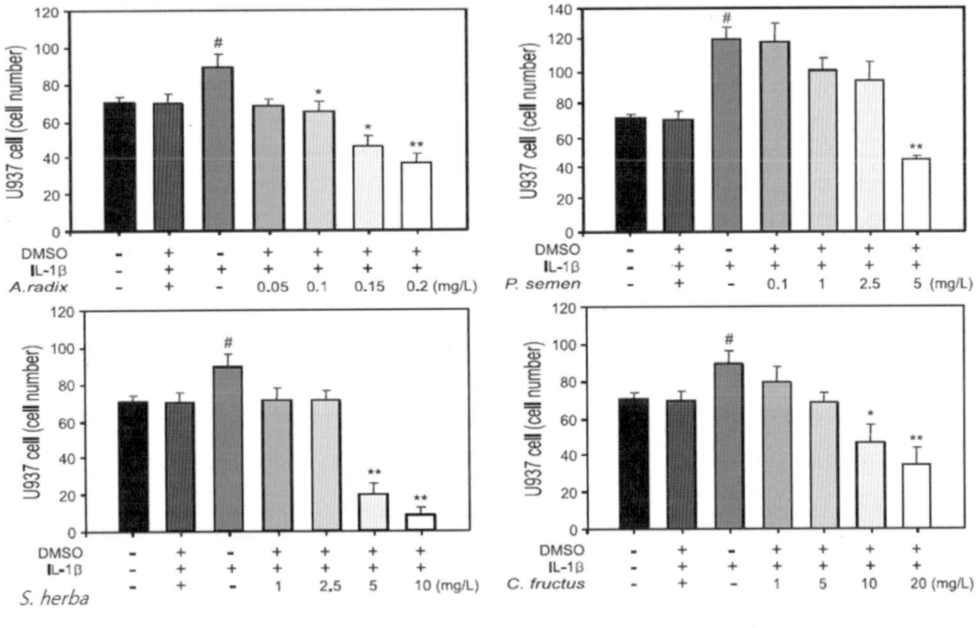

그림 215. PMA 및 약용 자원(전호: *A. radix*, 파고지: *P. semen*, 희첨: *S. herba* 및 산수유: *C. fructus*)로 자극된 U937세포의 약용 자원 및 IL-1β으로 자극된 HUVECs에 대한 세포 부착 억제 작용

(Jong-Deog Kim, KSBB Journal, 24, 541-548, 2009)

따라서, 3 가지의 방법에 의하여 세포 부착 인자를 활성화 시키고, 약용 자원을 처리하였을 때 ELISA법에 의한 시험과 마찬가지로 세포 부착 억제 효과가 뛰어난 것으로 사료된다. 또한, 전반적으로 낮은 농도에서 세포 부착 인자의 발현을 억제함으로써 신생 혈관 형성 억제 작용을 갖는 제제로써 항암 및 항 비만제제로서의 가능성을 보였다.

4. ELISA법에 의한 세포 부착 활성 측정

HUVECs을 96well에 well당 5×10^3개의 세포가 되도록 분주하여 2% FBS가 첨가된 EBM-2배지를 사용하여 37℃, 5% CO_2-incubator에서 배양하여 최적의 성장에 도달하도록 배양하였다. 동백잎 추출물의 농도를 200, 100, 50 및 25 ㎍/well이 되게 첨가하고 20 시간 배양한 후, PBS(phosphate buffered saline)로 세척 후 세포 부착 인자를 유도하기 위하여 IL-1β(Endogen,Woburn, MA, U.S.A)를 5 ng/mL의 농도로 첨가하여 6 시간 동안 반응시켰다. 배지를 제거한 후 1% paraformaldehyde를 첨가하고 실온에서 30분간 반응시켜 세포를 고정 시켰다. 30 분 뒤 PBS+0.5% Tween 20으로 두 번 세척하고, 10% FBS로 1 시간 동안 blocking 한 다음, 단일 클론 항체(ICAM-1, VCAM-1 및 E-Selectin : BD Bioscience, Bedford, MA, U.S.A)를 10%의 FBS가 참가된 PBS에 각각 2, 5, 5 ㎍/mL 씩 녹여 2 시간 동안 37℃에서 배양 후 PBS+0.5% Tween 20 으로 세척하고, secondary anti-body(Donkey anti-mouse IgG-HRP: Bio-Rad, Hercules, CA, U.S.A)를 10% FBS의 PBS에 1,000배 희석하여 실온에서 1 시간 동안 반응 시키고, 발색시약(western blotting luminol reagent: Bio-Rad, Hercules, CA, U.S.A)을 첨가하고 1 시간 동안 반응 시킨 후 플레이트 리더(UVM 340, ASYS, Austria)를 사용하여 405 nm에서 측정하였다.

4.1. 전호, 파고지, 희첨 및 산수유

각각의 약용 자원에 대하여 세포 부착 분자인 VCAM-1에 대하여 살펴보면, 전호(0.2 ppm, 125%)>희첨(5.0 ppm, 114%)>산수유(5.0 ppm, 111.8%)>파고지(0.5 ppm, 100%)의 순으로 저해의 강도가 높은 것으로 나타났고(그림 216), ICAM-1의 저해 정도를 보면, 전호(0.25 ppm, 130%)>희첨(5.0 ppm, 138%)>파고지(0.5 ppm, 100%)>산수유(5.0 ppm, 66.7%)의 순으로 저해의 강도가 높은 것으로 나타났으며(그림 217), E-Selectin의 저해 정도는, 파고지(1.0 ppm, 128%)>희첨(5.0 ppm, 120%)>산수유(5.0 ppm, 100.7%)>전호(0.25 ppm, 100%)의 순으로 저해의 강도가 높은 것으로 나타나(그림 218), 전반적으로 전호가 세포 부착 억제 효과가 좋은 것으로 보였다.

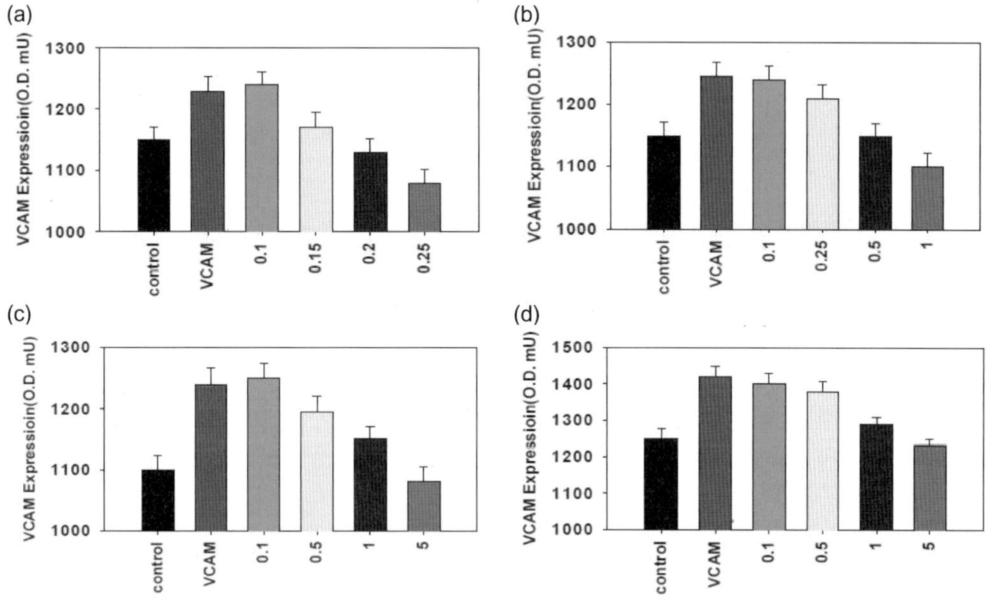

그림 216. 약용 자원의 농도에 따른 내피 세포 부착 인자 VCAM-1의 발현 억제 효과

(a) 전호, (b) 파고지, (c) 희첨, (d) 산수유

(Jong-Deog Kim, KSBB Journal, 24, 541-548, 2009)

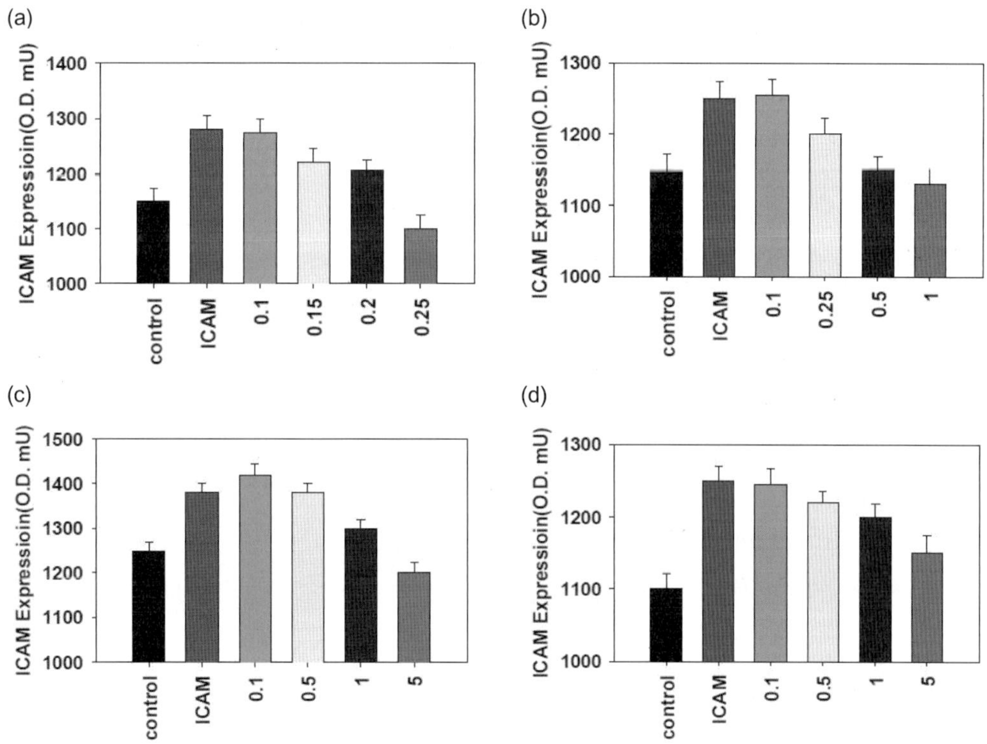

그림 217. 약용 자원의 농도에 따른 내피 세포 부착 인자 ICAM-1의 발현 억제 효과

(a) 전호, (b) 파고지, (c) 희첨, (d) 산수유

(Jong-Deog Kim, KSBB Journal, 24, 541-548, 2009)

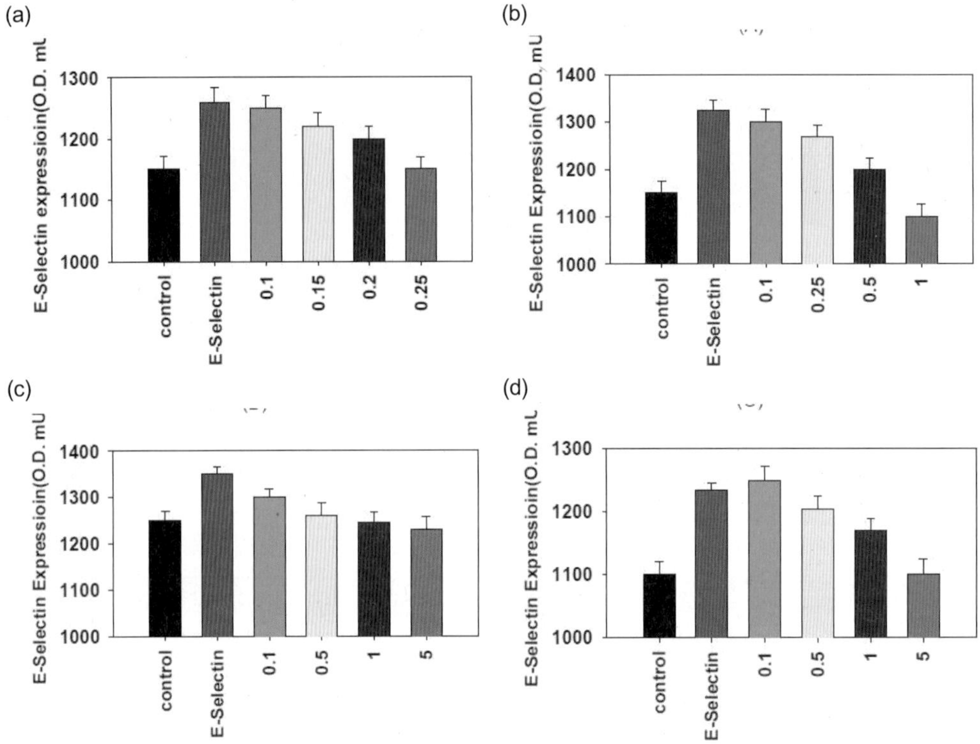

그림 218. 약용 자원의 농도에 따른 내피 세포 부착 인자 E-Selectin의 발현 억제 효과

(a) 전호, (b) 파고지, (c) 희첨, (d) 산수유

(Jong-Deog Kim, KSBB Journal, 24, 541-548, 2009)

4.2. 동백잎 추출물

세포 부착 분자인 E-selectin, VCAM-1 및 ICAM-1들은 *Camelliae japonica folium* leaf(CJL)의 성분 증가에 따라 발현이 감소되는 것으로 보아 세포 부착의 저해 효과가 높아짐을 알 수 있었다(그림 219). E-selectin은 농도가 200 μg/well(86.76%)일 때 가장 높은 제해 효과를 나타내었고, 100 μg/well(66.7%), 50 μg/well(46.7%)일 때 순차적으로 저해효과를 나타내었다. 그리고, 세포 부착 분자인 VCAM-1도 성분 증가에 따라 발현이 감소되는 것으로 보아, 농도가 증가함에 따라 세포 부착의 저해 효과가 높아짐을 알 수 있었다. 농도가 200 μg/well (84.6%)일 때 가장 높은 제해 효과를 나타내었고, 100 μg/well(61.5%), 50 μg/well (23%)일 때 순차적으로 저해 효과를 나타내었다. 또한, cell adhesion 분자인 ICAM-1, 성분의 증가에 따라 발현이 감소되는 것으로 보아 농도가 증가함에 따라 세포 부착의 저해 효과가 높아짐을 알 수 있었다. 추출물의 농도가 200 μg/well(88.8%)일 때 가장 높은 제해 효과를 나타내었고, 100 μg/well(55.5%), 50 μg/well(11%)일 때 순차적으로 저해효과를 나타내었다.

따라서, *Camelliae japonica folium* leaf은 세포 부착을 저해시키는 물질로 판단되어, 항암 작용, 암전이 억제 등에 유용하게 사용할 수 있을 것으로 생각된다.

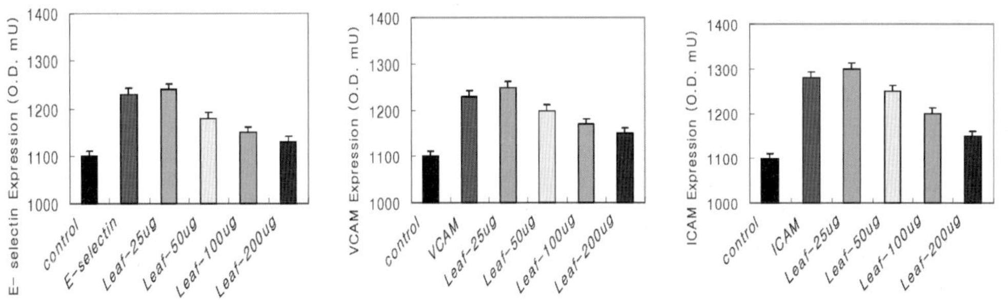

그림 219. 내피 세포 부착 인자 E-selectin(a), VCAM-1(b) 및 ICAM-1(c)의 동백잎 추출물(*Camelliae japonica folium*)의 농도에 따른 발현 억제

(Jong-Deog Kim, Koean J. Biotechnol. Bioeng. 22(4), 249-254, 2007)

5. 플라보노이드의 세포 부착 억제 효과

5.1. 형광 라벨링

U937에 세포 부착의 정도를 분석하기 위하여 2V, 7V-bis-(2-carboxyethyl)-5-(and-6)-carboxy-fluorescein acetoxymethyl ester (BCECF-AM; Molecular Probes, Eugene, OR)으로 부착한다 (Vaporciyan A, 1993). 비 형광인 BCECF-AM은 지질 친화성으로서 세포 내에서 분해되어 아주 강한 형광을 나타내는 BCECF가 되어, 살아 있는 세포내에 잔류하게 된다. BCECF-AM은 1 g/L의 저장 용액으로 제조하여 -80℃에 보관한다. 5 uM의 BCECF/L를 RPMI-1640 배지에 녹여 U937 세포(1 × 10^7 cells/5 ml)를 부착한 후 PBS로 3 회 세척하여 과잉의 색소를 제거한다. 최종적으로 EBM-2배지에 5 × 10^5 cells로 재 현탁시켜 사용한다.

5.2. U937 cell을 이용한 세포 부착 분석

HUVEC 세포를 24-well에 충분히 키운 뒤, 여러 가지 플라보노이드(그림 39)들의 서로 다른 농도로써 37℃에서 20 시간 처리한 뒤 10 ng/ml의 재조합 human IL-1β를 6 시간 처리한다. 그 후 형광이 부착된 U937세포(2.5 × 10^5 cell/well)를 HUVEC의 층 위에 분주한 후 30 분간 배양한다. 부착된 cell을 0.1% SDS가 함유된 50 uM/L의 Tris 완충액 0.5 mL을 첨가하여 용해시킨다. 각각의 well에 들어 있는 세포의 형광광도를 485 nm의 여기 파장 및 530의 발광 파장에서 Cytofluor를 사용하여 측정한다.

또한, 세포 부착은 각각의 well에서 불규칙적으로 5 부분을 역상 현미경으로 촬영하고 부착 세포를 NIH 프로그램으로써 분석한다.

플라보놀에 대한 모노사이트의 HUVEC에 부착 효과를 시험하기 위하여, U937 세포를 먼저 플라보놀에 20 시간 반응시킨 후, phorbol myristyl acetate [PMA, 100 (g/L)]에 2 시간 처리한 후 HUVEC의 단층 위에 도포하여 30 분간 반응 시켰다. 형광이 부착된 U937 세포의 강도를 위와 같은 방법으로 측정한다.

또한, 플라보놀의 효과를 더 파악하기 위하여 2 종류의 세포(HUVECs 및 U937) 모두를 위의 방법대로 같은 농도로 flavonol을 각각의 세포에 처리하고 또 위와 같은 방법으로 다양한 농도로 처리한 후 HUVECs만 IL-1β를 처리하여 부착된 모노사이트를 위의 방법으로 측정하였다.

가. U937세포를 IL-1β로 자극한 HUVEC에 부착

U937 세포는 자극되지 않은 HUVEC에는 부착되지 않는다(그림 220). 그러나, IL-1β로 자극되었을 때는 현저히 세포 부착이 증가된다(그림 220A). 이렇게 자극된 세포 부착은 myricetin에 의하여 농도 의존적으로 억제됨을 볼 수 있다. 10, 20 및 25의 uM의 농도에서 현저히 세포 부착을 억제하였으며, 각각 27%, 56% 및 87%의 저해율을 보였다. Quercetin은 독성을 나타내지 않는 용량인 5, 10 및 15 uM의 농도에서 39%, 47% 및 51% 의 비율로 억제 효과를 나타내었다(그림 220B). Myricetin 및 quercetin은 kaempferol 및 galangin 과 비교해 볼 때 세포 부착 억제 효과가 강하게 나타났다. Kaempferol은 5 및 10 uM에서 세포 부착 억제 효과가 각각 24% 및 42%으로 강하게 저해되었으며(그림 220C), 한편, galangin은 단지 5 uM에서 31%의 저해율을 보였다(그림 220D). 플라보놀의 안전 최고 농도에서 세포 부착의 억제를 수행할 수 있으며, 4가지의 플라보놀을 같은 농도인 5 uM에서 억제 효과는 조금 다르게 나타났으며, B-링에 3개의 -OH기를 갖는 myricetin은 다른 플라보놀보다 억제력이 약한 것으로 나타났다.

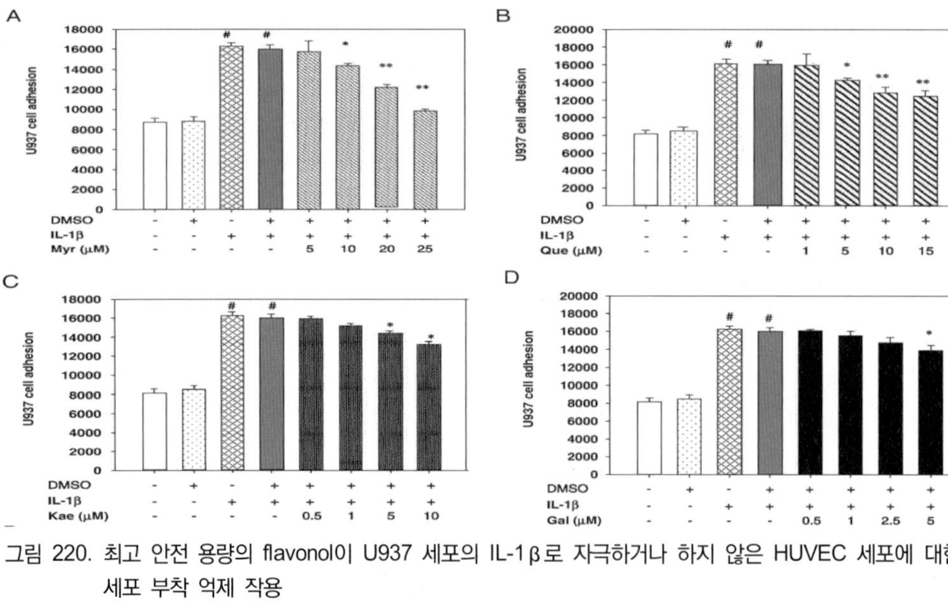

그림 220. 최고 안전 용량의 flavonol이 U937 세포의 IL-1β로 자극하거나 하지 않은 HUVEC 세포에 대한 세포 부착 억제 작용

(A) myricetin, (B) quercetin, (C) kaempferol, (D) galangin.
전처리한 HUVECs는 IL-1β(10 ng/ml)로 37℃에서 6시간 자극함. 형광으로 라벨링된 U937세포를 HUVECs위에 첨가하고 37℃에서 30분간 배양함. 부착 세포의 양은 형광 플레이트 리더로 측정함. 데이터는 평균±표준 편차(n=3), **p 〈 0.01, *p 〈 0.05(활성화된 대조군 대비), #p 〈 0.01(활성화지 않은 대조군 대비)

(Jong-Deog Kim, Journal of Nutritional Biochemistry, 17, 165-176, 2006)

나. PMA로 자극된 U937세포의 HUVEC에 부착 효과

U937세포를 4 종류의 플라보놀을 각각 다른 농도로 처리한 후 PMA(100uM/L)로 2 시간 처리하고 자극되지 않은 HUVEC에 세포 부착을 시험하였다(그림 221).

플라보놀은 용량 의존적으로 HUVEC에 대한 부착을 억제하였는데, U937를 플라보놀로 처리한 것이 HUVEC에 플라보놀을 처리한 것보다 더 현저하게 억제하는 것으로 나타났다(그림 220 vs. 그림 221).

Myricetin의 경우 U937을 5, 10, 20 및 25 uM 로 처리하였을 때, 각각 36%, 64%, 78% 및 92%의 억제효과를 나타내었고(그림 221A), quercetin은 안전 용량인 10 및 15 uM에서 45% 및 58%의 제어 효과를(그림 221B), kaempferol은 안전 용량 10 uM에서 33%의 제어 효과를(그림 221C), galangin은 5 uM의 비독성 용량에서 유의성 있는 효능을 나타내지 못하였다(그림 221D).

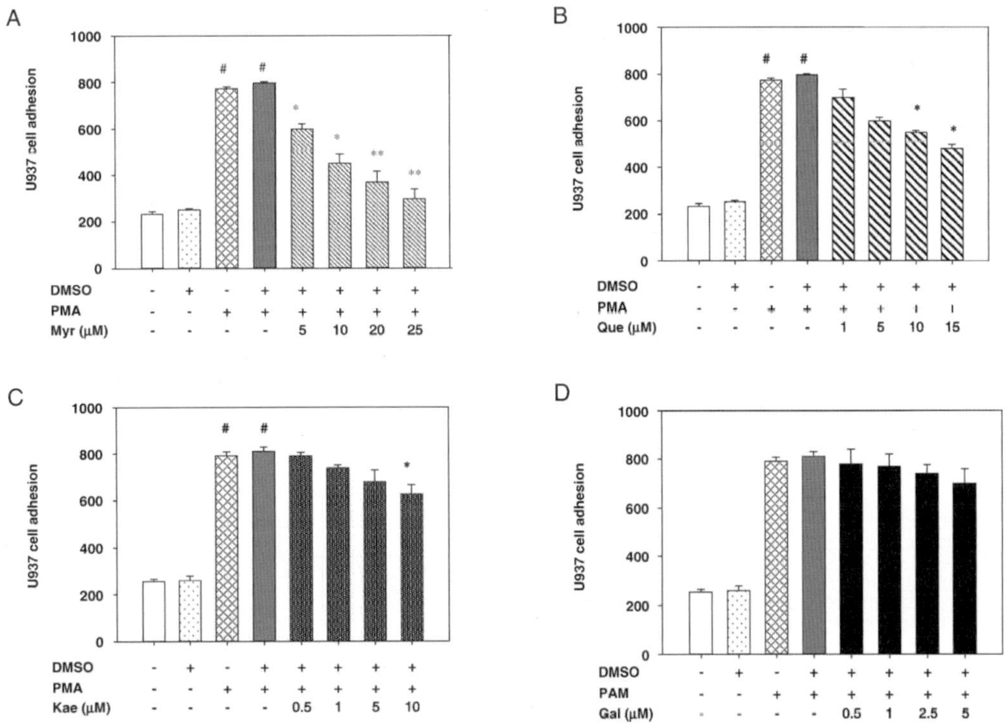

그림 221. 최고 안전 용량인 flavonol이 U937 세포의 PMA로 자극한 HUVEC 세포에 대한 세포 부착 억제 작용.

(A) myricetin, (B) quercetin, (C) kaempferol, (D) galangin.
U937세포는 flavonol의 다른 농도로써 20시간 전처리하고, PMA (100 ug/L)로 37℃에서 2시간 자극함. 형광으로 라벨링된 U937세포를 HUVECs위에 첨가하고 37℃에서 30분간 배양함. 부착 세포의 양은 형광 플레이트 리더로 측정함. 데이터는 평균±표준편차(n=3), **p 〈 0.01, *p 〈 0.05(활성화된 대조군 대비), #p 〈 0.01(활성화지 않은 대조군 대비)
(Jong-Deog Kim, Journal of Nutritional Biochemistry, 17, 165-176, 2006)

이것은 10 uM의 myricetin을 U937에 처치하였을 때 HUVEC에 대한 부착 억제 효과가 64%로 가장 강하게 제어되었으며, 다른 플라보놀, 즉 quercetin 또는 kaempferol을 같은 농도에서 처치한 각각의 결과인 45% 및 33%의 것 보다 강하게 나타났다.

다. U937 및 HUVEC 모두를 flavonol로 처치한 뒤 U937의 HUVEC에 부착 효과

U937의 IL-1β로 자극된 HUVEC에 대한 세포 부착은 두 세포에 대하여 모두 플라보놀을 처리하였을 때 현저히 감소되는 것으로 나타났다(그림 222). Myricetin은 5, 10, 20 및 25 uM의 용량으로 전 처리하였을 때, U937의 HUVEC에 대한 세포 부착 효과는 각각 46%, 71%, 95% 및 100%으로 현저히 저해되는 것으로 나타났다(그림 222A). 또한, quercetin도 5, 10 및 15 uM의 농도에서 44%, 62% 및 77%의 제어율을 보였고 (그림 222B), kaempferol은 5 및 10 uM의 농도에서 33% 및 53%의 저해율(그림 222C)을, 그리고, galangin은 2.5 및 5 uM의 농도에서 28% 및 35%의 저해율을 보였다(그림 222D).

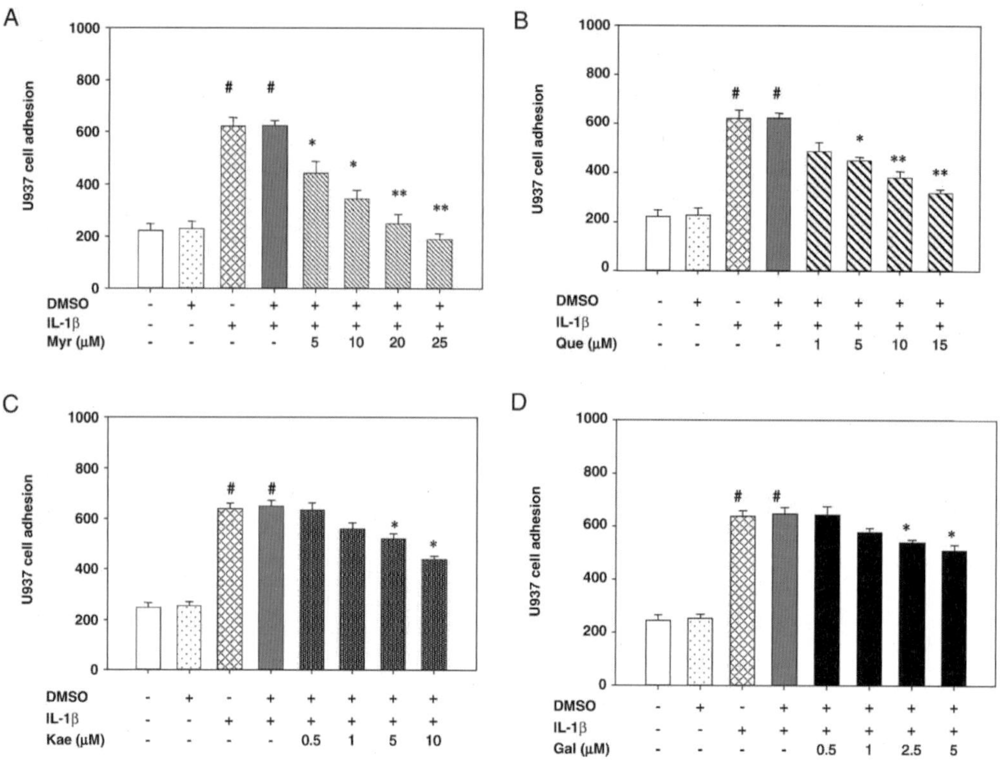

그림 222. 최고 안전 용량인 flavonol이 U937 세포의 IL-1β로 자극한 HUVEC 세포에 대한 세포 부착 억제 작용.

(A) myricetin, (B) quercetin, (C) kaempferol, (D) galangin.
HUVEC 및 U937세포는 flavonol의 다른 농도로써 24시간 배양함, HUVECs는 IL-1β(10 ng/ml)로 37℃에서 6시간 자극함. 형광으로 라벨링된 U937세포를 HUVECs 위에 첨가하고 37℃에서 30분간 배양함. 부착 세포의 양은 형광 플레이트 리더로 측정함. 데이터는 평균±표준 편차(n=3), **p 〈 0.01, *p 〈 0.05(활성화된 대조군 대비), #p 〈 0.01(활성화지 않은 대조군 대비)
(Jong-Deog Kim, Journal of Nutritional Biochemistry, 17, 165-176, 2006)

용량 의존적인 반응에서 플라보놀의 세포 부착 억제 효과는 myricetin이 가장 좋은 효과를 나타내었으며, galangin이 낮은 효과를 보였다.

또한, 각각의 플라보놀을 같은 농도인 5 uM로 처리하였을 때 세포 부착 억제 효과를 살펴보면, myricetin 및 quercetin은 각각 46% 및 44%로서 거의 동일한 효능을 나타내었고, kaempferol 및 galangin은 각각 33% 및 35%의 저해율을 보여 B-링의 OH 기의 개수가 많은 쪽이 세포 부착 억제 효능을 강하게 나타내었다.

5.3. HUVEC에 의한 세포 부착 인자의 발현

Myricetin 및 quercetin은 IL-1β로 자극된 HUVEC에서 플라보놀의 농도와 무관하게 세포 부착 인지인 VCAM-1, ICAM-1 및 E-sclcctin의 발현을 억제하였다. Myricetin은 안전 용량인 25 uM에서 3 종류의 세포 부착 인자의 발현을 29% 억제하였다(그림 220A-B). Quercetin은 최대의 안전 용량인 15 uM에서 세포 부착 인자의 발현을 24%-27% 억제하였고, kaempferol과 galangin은 최대의 안전 용량 및 비 독성 용량인 각각 15 및 5 uM에서 부착 인자의 발현을 유의성 있게 제어하지 못하였다.

따라서, 안전 용량 내에서 세포 사이의 상호 작용을 매개하는 OH 기의 갯수가 myricetin 및 quercetin은 B-링의 OH 기의 수가 각각 3 개 및 2 개로 이루어져 있고, kaempferol 및 galangin 은 1 개 및 가지고 있지 않은 것에 비교하여 세포 부착 인자 발현을 현저히 억제하는 효과를 나타내었다.

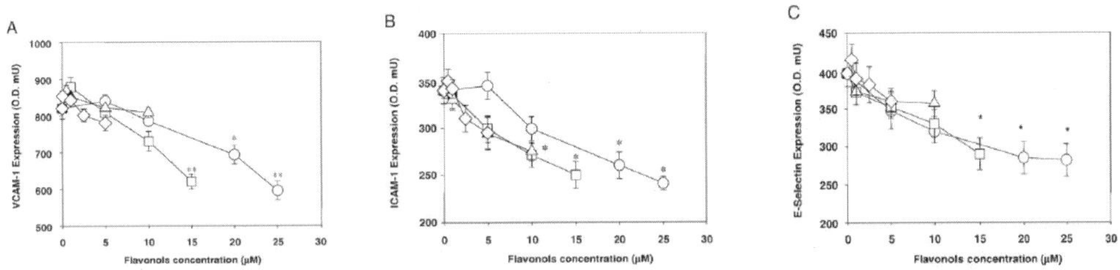

그림 223. 안전 용량의 플라보놀들의 내피 세포의 세포 부착 인자 발현 억제 작용

○, Myricetin; □, quercetin; △, kaempferol; ◇, galangin.
HUVECs를 96-well plate에 myricetin, quercetin, kaempferol 및 galangin 이 있거나 없이 37℃에서 20 시간 배양한 후, 5 ng/mL의 IL-1β 로써 37℃에서 6시간 자극함. VCAM-1, ICAM-1 및 E-selectin 의 발현은 ELISA로 분석함. 데이터는 평균±표준 편차(n=3), 각 3중 실험, **p 〈 0.01, *p 〈 0.05(활성화된 대조군 대비).
(Jong-Deog Kim, Journal of Nutritional Biochemistry, 17, 165-176, 2006)

제9장

약용 자원의 기능성

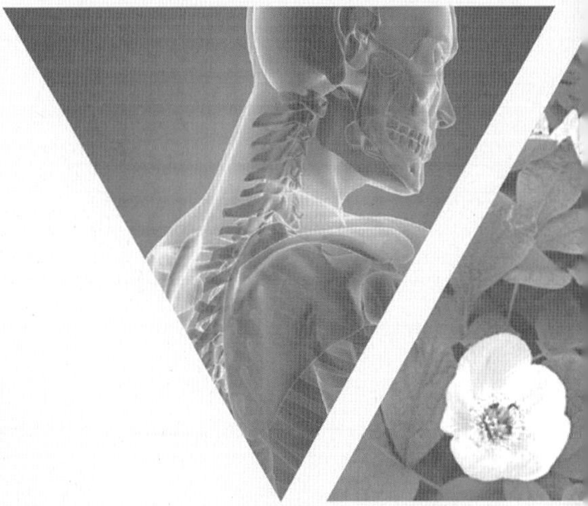

1. 항 아토피 효과
2. 면역 향상 효과
3. 보습 효과
4. 세포 독성 억제 효과
5. 자외선 차단 효과
6. 항 혈전 효과
7. 동물 생리 시험
8. 테스토스테론 유도 효과
9. 항 알러지 효과
10. 항 당뇨 효과
11. tyrosinase 억제 효과
12. 항 비만 시험

제9장

약용 자원의 기능성

1. 항 아토피 효과

1.1. 긁기 횟수 측정

Compound 48/80은 가려움을 유도하는 물질이며, 이 물질을 목 뒤의 어깨 부분에 이 물질을 0.5%의 농도로 주사하여 시간당 얼마나 뒷다리가 등을 긁는가하는 실험을 행하였다. 시료는 0.5% 용액으로 제조하여 compound48/80을 주사하기 한 시간 전에 경구 투여하였고, 긁는 횟수를 비교하였다.

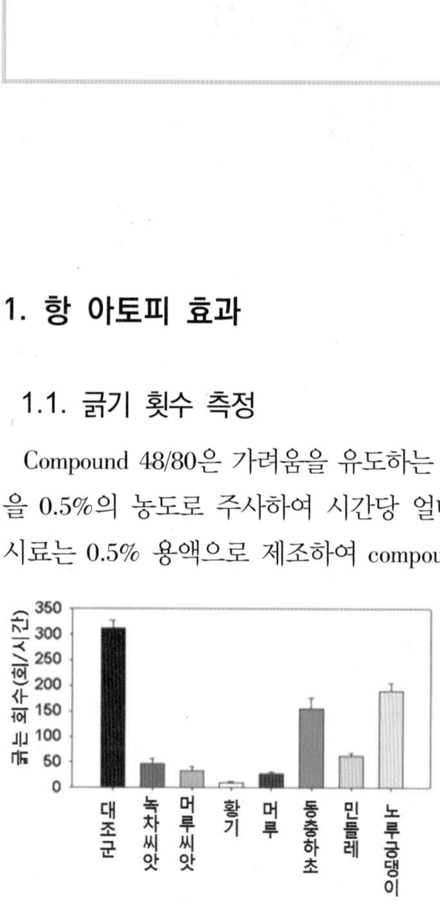

그림 224. 약용 자원의 가려움 억제 효과
(김종덕, 농림부 최종 연구 보고서, 2008)

아토피는 피부의 건조나 면역 시스템의 문제로 일어난다고 생각되며, 위의 결과에서 보듯이 머루씨앗(WGS), 황기(HWG), 머루(WG) 및 민들레(DAD)등은 가려움의 횟수를 현저히 감소시켜(그림 224), 아토피 치료에 좋은 효과를 나타낼 수 있을 것으로 생각되며, 또한, 이들의 응용은 또 다른 피부의 치료제를 개발할 수 있을 것으로 사료된다.

1.2. 부종 두께 측정

시료를 희석하여 쥐의 귀를 중심으로 등쪽 면과 안쪽 면을 약간 흘러 내릴 정도로 충분히 바르고, 도포 40 분 후 ether 로 마취한 생쥐의 양쪽 귀 및 등면을 주사기를 사용하여 희석한 compound 48/80을 20 ul(100 ug/site)씩 각각 피부 내에 주사하였다. 대조군 군은 compound 48/80 대신 생리 식염수 20 ul 피부 내에 주사하였다. 40 분 후 다시 ether로 마취하여 귀의 부종 부분의 두께를 측정하였다. 머루씨앗(WGS), 황기(HWG) 및 과피(KAP)

등이 부종을 억제 시키는데 좋은 효과를 보였다(그림 225).

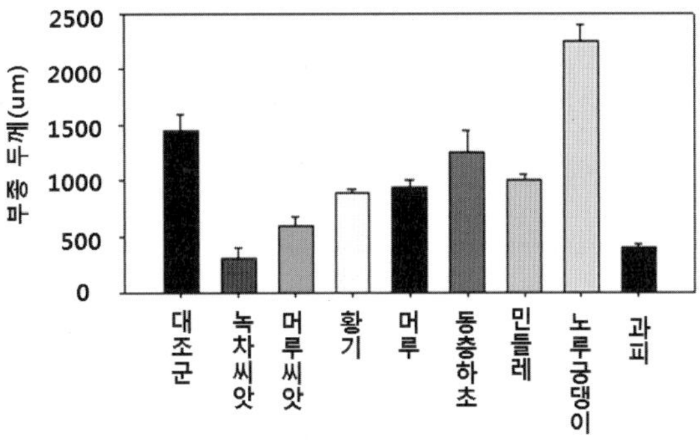

그림 225. Compound 48/80에 대한 약용 자원의 부종 억제 효과

(김종덕, 농림부 최종 연구 보고서, 2008)

2. 면역 향상 효과

면역 세포 T 세포를 10% FBS를 함유하는 RPMI 1640 배지에서 5% CO_2, 37℃에서 배양하여 생육증진효과를 측정한다. 즉, T 세포를 5 × 10^5 cells/ml의 농도로 조절한 후, 24 well plate에 900 ul 씩 첨가하여 24시간 배양하고, 시료를 100 μl 첨가하여 48 시간 동안 다시 배양하여 혈구 계수기를 사용하여 세포수를 세어 대조군과 비교하였다.

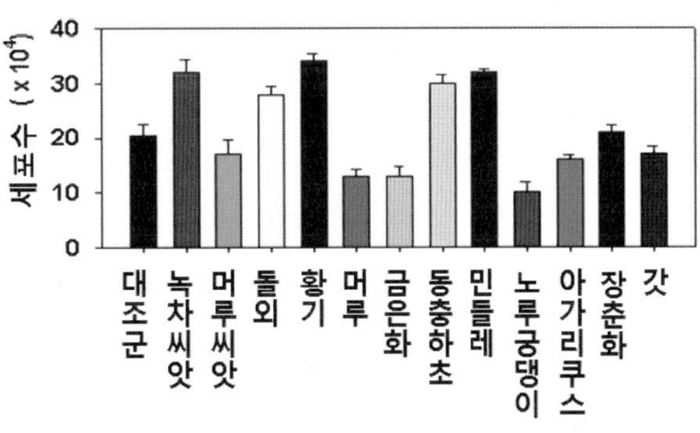

그림 226. 약용 자원의 T-세포 성장 촉진 작용

(김종덕, 농림부 최종 연구 보고서, 2008)

녹차, 돌외(DOL), 황기(HWG), 동충하초(DCHC), 민들레(DAD)등의 약용 자원에서 면역 세포의 증식을 활성화 시켰으며(그림 226), 이들은 기능성 차, 화장품, 발효주 이외에도 다양한 방면으로 응용될 수 있을 것으로 사료된다.

3. 보습 효과

250 ml 비이커에 NaCl, $(NH_4)_2SO_4$, KNO_3을 각각 5 g씩 넣고, 항량이 된 50 ml 비이커 5 개의 무게를 측정하여 각각의 비이커에 각각의 시료를 1 g 넣었다. 그리고, 250 ml 비이커에 증류수 5 ml을 넣어 시약을 녹인 다음, 시료가 든 50 ml 비이커를 250 ml 비이커에 하나씩 넣고, 이 250 ml의 비이커를 데시케이터에 넣어 진공 펌프를 사용하여 데시케이터를 진공으로 한 후, 25 ℃, 배양기에 2 시간 동안 반응 시키고 무게를 측정하여 다음의 식으로 구하였다.

$$\text{흡습성}(\%) = \frac{\text{반응 후 (비커+시료)무게 - (항량한 비커+시료)무게}}{\text{시료 무게}} \times 100$$

녹차와 비슷한 보습 효과를 갖는 약용 자원들을 검색하여 보습 효과를 측정하였는데, 과피(KAP), 머루씨앗(WGS), 돌외(DOL), 동충하초(DCHC), 아가리쿠스(AGA), 장춘화(JCW) 및 갈대(*P. rhizoma*) 등이 좋은 효과를 나타내었고(그림 227), 그 응용도를 높일 수 있을 것으로 본다.

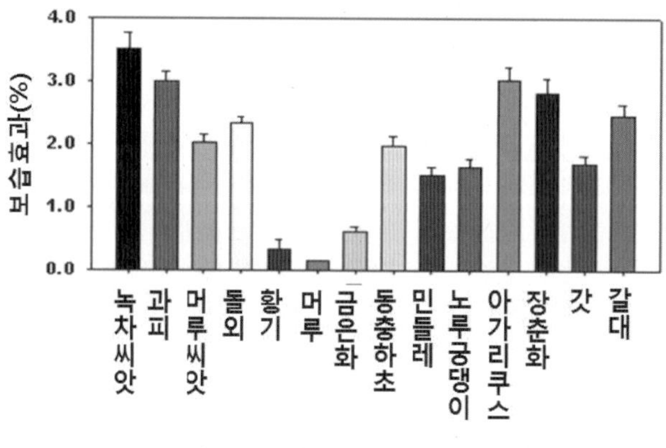

그림 227. 약용 자원의 보습 효과

(김종덕, 농림부 최종 연구 보고서, 2008)

4. 세포 독성 억제 효과

과산화수소(H_2O_2)로 유도된 세포 독성에 대한 조성물의 독성 억제 효과를 시험하였다. 과산화수소는 세포 내에서 유해 산소를 생성하여 세포에 치명상을 입히므로, 첨가하는 조성물이 제어할 수 있는가를 다음과 같이 실험하였다. 마우스 유래 섬유아세포(fibroblast, NIH/3T3)를 DMEM(Dulbecco's Modified Eagle Medium)배지에 배양하여 24 well에 2 × 10^5 되게 분주하고 24시간 배양한 후 배지 중의 과산화수소의 최종 농도가 50 uM이 되게 첨가한다. 동시에 조성물의 최종 농도가 0.05%가 되도록 가하고, 24 시간 배양 후에 혈구 계수기를 사용하여 세포 수를 세어 대조군과 비교하였다(그림 228). 과피(KAP), 금은화(KEW), 동충하초(DCHC), 민들레(DAD), 돌외(DOL), 황기(HWG) 및 갓(BRAS)등에서 세포 독성 억제 효과가 좋은 것으로 나타났다.

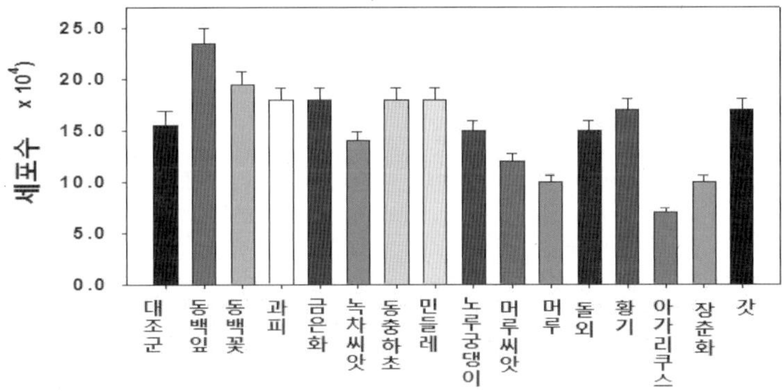

그림 228. 약용 자원의 과산화수소(H_2O_2) 유도된 세포 독성 회복 효과

(김종덕, 농림부 최종 연구 보고서, 2008)

5. 자외선 차단 효과

5.1. UV-scanning에 의한 차단 효과 선별

태양 광선은 자외선(UV: Ultraviolet ray), 가시 광선(Visible light), 적외선(Infra red)로 구분되며, 도달되는 양은 자외선 10, 가시 광선 40, 적외선 50 정도이다. 태양 광선에 의한 피부의 손상은 200-400 nm인 자외선에 의하여 일어나며, UVA(320-400 nm)는 피부의 진피층까지 침투하여 선탠 현상을 일으키며, 피부의 탄력을 감소시키고 주름 및 노화를 촉진시킨다. 그리고, UVB(280-320nm)는 표피층에 침투하여 선번(sunburn)현상을 일으키고 기미와 피부 건조, 홍반 및 물집의 생성 원인이 된다. UVB에 의한 표피 세포 비 정상적인 활성화에 따른 피부의 염증은 phosphorylase A2의 활성화로 인한 prostaglandin E2의 생성에 기인되며, 이를 위해서도 자외선의 차단이 중요한 것을 알 수 있다. 자외선을 차단하는 방법은 자외선을 차단하는 물질을 피부에 도포하거나, 자외선에 의하여 생성된 유해 산소를 제거하는 것이며, 유해 산소에 의하여 공격받아 변화된 피부 세포를 정상적으로 회복시키는 방법 등을 들 수 있다. 따라서, 유해 산소를 제거할 수 있는 항 산화 기능을 가져야 하고, 자외선을 차단할 수 있는 효과를 가져야 한다. 조성물의 자외선 흡수 효과를 관찰하기 위하여 자외선 영역의 스캔하여, UVB와 UVA영역에서 흡광도를 비교하였다. UVB는 피부의 염증을 유발하는 영역으로 308 nm에서 최대치를 나타내므로 이 파장에서 차단 효과를 분석하며, UVA(320-400)에서는 350 nm에서 흡광도로 분석한다.

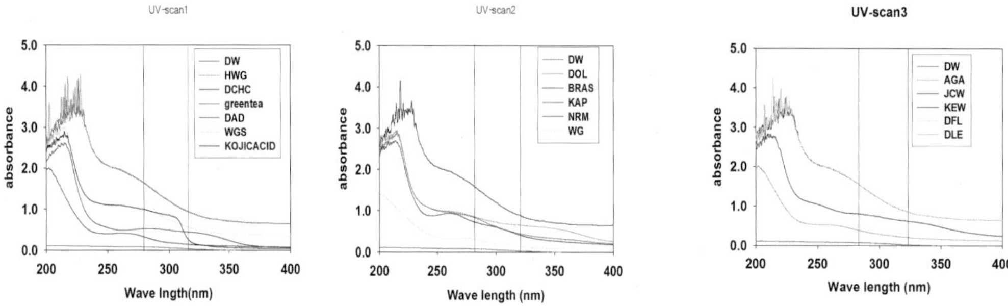

그림 229. 약용 자원의 U.V. 흡수 스캐닝 챠트

(김종덕, 농림부 최종 연구 보고서, 2008)

약용 자원들을 UV 영역에서 스캐닝하여 280-320 nm, 320-400 nm영역에서 흡수대가 높은 약용 자원을 찾았다. scan1에서는 녹차와 황기(HWG), 민들레(DAD)가, scan2에서는 갓(BRAS), 돌외(DOL), 노루궁댕이 버섯(NRM)이, scan3에서는 장춘화(JCW), 금은화(KEW) 등이 DW(증류수)에 비교하여 자외선 영역에서 차단 효과가 큰 것으로 나타나(그림 229), 스킨케어의 용도로 사용할 수 있는 좋은 재료가 될 수 있음을 보였다.

5.2. UV 노출 후 약용 자원에 의한 회복 효과

마우스 유래 섬유아세포(fibroblast, NIH/3T3)을 DMEM 배지에 배양하여 24 well에 2 × 10^6 되게 분주하고 24 시간 배양한 후, 배지 중의 조성물의 농도가 0.05% 되도록 시료를 첨가하고 UVA(365 nm)를 0-5.0 J/cm^2의 강도로 조사한 후, 24 시간 추가 배양 후에 세포수를 측정하여, 대조군과 비교하였을 때 생존율을 구하여 시료별 회복 효과를 보았다.

UV를 조사 후 회복 율을 보면, 녹차 씨앗, 머루 씨앗(WGS), 머루(WG), 황기(HWG), 동충하초(DCHC) 및 아가리쿠스 버섯(AGA) 등이 좋은 효과를 나타내어(그림 230), 스킨 케어의 중요한 재료로 사용이 가능함을 보였다.

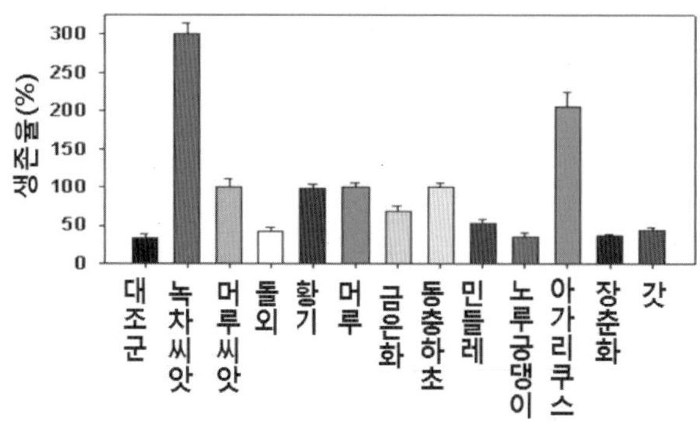

그림 230. NIH/3T3의 U.V. 조사 후 약용 자원에 의한 회복 효과

(김종덕, 농림부 최종 연구 보고서, 2008)

6. 항 혈전 효과

식품 의약품 안전청 독성 연구소의 혈전 용해제의 효능 검색 프로토콜을 따라 실험하였다. 직경 90 mm petridish에 50 unit/ml thrombin 용액 200 ㎕를 파이펫으로 먼저 방울방울 찍어 흩어 놓는다. 0.5% fibrinogen 용액 10 ml을 thrombin이 들어있는 petridish상에 5 ml 파이펫을 이용하여 넣는다. 이때, 거품이 생기지 않도록 조심하며 만약 거품이 생겼을 경우에는 petridish 가장자리로 보낸다. 0.5% fibrinogen 용액을 넣고 잘 흔들어 thrombin 과 잘 섞이게 하며 평평한 플레이트가 형성 되도록 한다. 잠시 후 (10 분-30 분 경과) thrombin에 의해 fibrinogen이 fibrin으로 되면서 겔상의 fibrin plate가 형성된다. 각 plate 에 시료 점적 위치를 표시한다.

위에서 제조한 농도별 시료를 20㎕씩 각 표시한 위치에 점적한다.

위 plate를 37℃에서 17 시간 반응시킨 후 fibrin이 용해된 면적을 측정하여 IZD values로 나타내었다.

항 혈전의 효과가 녹차보다도 나은 약용 자원으로는, 머루 씨앗(WGS), 돌외(DOL), 금은화(KEW) 등을 선택할 수 있었으며, 황기(HWG), 동충하초(DCHC), 노루궁댕이 버섯(NRM)등도 좋은 효과를 보여 (그림 231), 항 혈전의 재제로서 다양한 분야에 응용할 수 있을 것으로 판단된다.

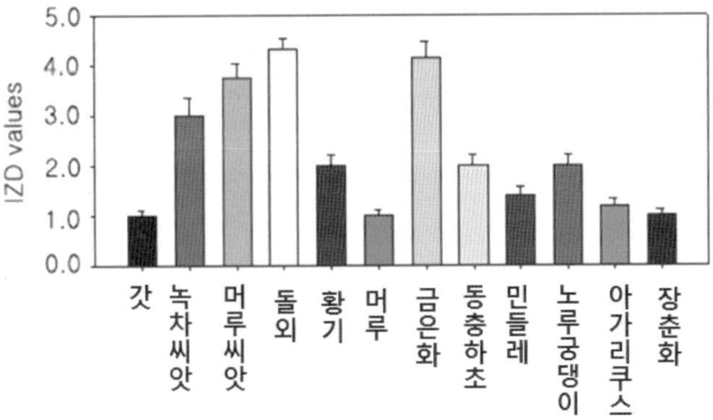

그림 231. 약용 자원의 항혈전 효과

(김종덕, 농림부 최종 연구 보고서, 2008)

7. 동물 생리 시험

7.1. 실험동물 및 식이

실험동물은 체중이 121.4±4.5 g인 male Sprague-Dawley rat를 난괴법(randomized complete block design)으로 각 군당 8 마리씩 9 개 군으로 나누어 3 주간 케이지에 한 마리씩 넣어 사육하였다. 즉, 고지방 식이(DIO Series Diets, D12451, Research Diets Inc, USA)에 총 콜레

스테롤 함량이 0.5%가 되도록 실험 식이를 배합하였다(표 36). 1 주간 고형 배합 사료로 적응시키고, 민들레, 노루, 머루, 황기, 동충하초, 녹차, 머루씨, 과피 추출물 100 mg/kg을 2 주 동안 매일 경구 투여 하였다. 사육실의 온도는 21±1.5℃, 습도는 50±10%, 명암은 12 시간 주기로 일정하게 유지시켰다.

표 36. 동물 실험 식이의 조성

Ingredient	Weight%	Kcal
Casein, 80 Mesh	23.3	19.7
L-Cystine	0.3	0.3
Corn Starch	8.5	7.2
Maltodextrin 10	11.6	0.0
Sucrose	20.1	17.0
Cellulose, BW200	5.8	0.0
Soybean oil	2.9	5.5
Lard	20.4	39.4
Cholesterol	0.5	0.0
MIneral Mix S100026	1.2	0.0
Dicalcium phosphate	1.5	0.0
Calcium carbonate	0.6	0.0
Photassium citrate.1H_2O	1.9	0.0
Vitamin Mix V10001	1.2	1.0
Choline Bitartrate	0.2	0.0
FD&C Red Dye #40	0.0	0.0
Total	100.0	100.0
Protein	24.0	20.0
Carbohydrate	41.0	35.0
Fat	24.0	45.0
Total	100.0	100.0

(김종덕, 농림부 최종 연구 보고서, 2008)

7.2. 통계 처리

본 실험에서 얻어진 결과는 평균치와 표준 오차로 계산하였고 각 실험군의 평균치 간의 유의성은 α=0.05 수준에서 SAS 통계프로그램 (v. 8.2, SAS Institute Inc., Cary, NC)을 이용하여 Duncan's multiple range test로 검증하였다.

7.3. 식이 섭취량, 체중 증가량 및 식이 효율

사료 섭취량과 체중은 격일로 오전 중에 측정하였고, 물과 식이는 자유로이 섭취시켰다. 식이 효율(feeding efficiency ratio, FER)은 3 주간의 총 체중 증가량을 같은 기간 동안의 총 섭취량으로 나누어 계산하였다.

7.4. 혈액 분석

실험 식이를 3 주간 급여하고, 실험 마지막 전 날에 16 시간 절식시킨 후 diethyl ether로 마취하여 심장에서 채혈하고 채취한 혈액은 실온에서 30 분간 방치한 후 4℃, 3,000 rpm에서 20 분간 원심 분리하여 혈청을 분리하였다. 분리된 혈청은 시료로 사용 전까지 액체 질소에 급속 냉동시켜 -80℃에서 보관하였다. 혈액은 혈액 자동 분석기(Automatic Chemistry Analyzer, CHIRON EXPRESS PLUS, CHIRON, USA)를 이용하여 AST(U/L, GOT), ALT(U/L, GPT), cholesterol(mg/dL), glucose (mg/dL), LDH(U/L), Triglyceride(mg/dL), LDL-cholesterol(mg/dL)을 측정하였다(표 37). 간은 채혈 후 즉시 적출하여 0.9% 생리 식염수로 씻은 후 여과지로 수분을 제거하고 무게를 측정하였다.

표 37. 약용 자원을 투여한 쥐의 혈청 내의 ALT, AST 및 LDH의 활성도

	control	DAD	NRM	WG	HWG	DCHC	Green tea	WGS	KAP
AST(U/L) [GOT]	169.4± 9.8$^{bc2)}$	156.9± 9.1^{ab}	177.4± 13.2^{ab}	163.3± 14.5^{cd}	143.9± 9.2^{abc}	151.7± 8.5^{e}	156.1± 9.1^{d}	153.2± 9.6^{abc}	155.6± 10.0^{d}
ALT(U/L) [GPT]	42.4± 3.2^{c}	30.4± 3.4^{c}	41.3± 3.8^{cd}	37.8± 2.7^{abc}	38.0± 2.6^{d}	38.0± 4.6^{a}	49.3± 4.0^{ab}	35.6± 4.0^{ab}	35.8± 4.1^{b}
LDH(U/L)	334.5± 32.1^{c}	294.8± 45.7^{a}	489.9± 54.0^{a}	307.5± 39.6^{b}	321.0± 36.0^{c}	324.6± 42.6^{b}	284.2± 26.6^{d}	325.8± 29.9^{c}	256.7± 24.3^{d}

1. AST, asparate aminotransferase: ALT, alanine aminotransferase: LDH, lactate ehydrogenase
2. 수치는 평균±표준 편차(n=3), 첨자 : p 〈 0.05(Duncan's multiple range test)

(김종덕, 농림부 최종 연구 보고서, 2008)

민들레(DAD), 황기(HWG), 녹차(greentea), 과피(KAP)등이 탁월하게 GOT, GPT를 낮게하는 효과를 보였으며, 머루(WG), 동충하초(DCHC), 머루씨앗(WGS)등도 좋은 간기능 향상 효과를 보였다(표 37).

중성지방의 저해 효과는 민들레(DAD), 노루궁댕이 버섯(NRM), 머루(WG), 황기(HWG), 동충하초(DCHC), 과피(KAP)에서 상당히 좋은 효과를 나타내었으며, cholesterol 저해 효과는 민들레(DAD), 머루(WG), 황기(HWG), 과피(KAP)에서 나은 효과를 보였다(표 38).

체중 감소 효과는 민들레(DAD), 노루궁댕이 버섯(NRM), 머루(WG), 황기(HWG), 과피(KAP)에서 좋은 효과가 나타났다(표 39).

표 38. 고콜레스테롤 및 지방 식이를 한 쥐에서 glucose, triglyceride, cholesterol, LDL-cholesterol에 대한 약용 자원의 효과

	control	DAD	NRM	WG	HWG	DCHC	Green tea	WGS	KAP
Glucose (mg/dL)	122.1±9.2$^{cd1)}$	126.7±8.9^{c}	160.8±15.6^{b}	188.8±12.8^{a}	190.7±18.4^{a}	121.3±8.9^{cd}	129.5±8.4^{c}	131.0±11.7^{c}	111.9±9.4^{d}
Triglyceride (mg/dL)	69.9±6.0^{b}	30.2±2.8^{e}	24.1±2.0^{f}	29.3±2.8^{e}	39.4±2.2^{d}	57.9±4.1^{c}	93.2±6.5^{a}	90.7±7.1^{a}	56.5±6.2^{b}
Cholesterol (mg/dL)	103.9±6.2^{cd}	93.4±5.4^{e}	102.5±7.9^{cd}	97.6±8.0^{de}	94.7±5.2^{bc}	122.8±8.5^{a}	112.5±9.6^{b}	112.9±9.4^{b}	93.9±9.6^{de}
LDL-Cholesterol (mg/dL)	36.9±2.6^{d}	35.7±3.0^{d}	42.1±2.8^{c}	38.0±1.9^{d}	37.8±3.0^{d}	44.3±2.8^{bc}	46.5±2.6^{b}	52.4±2.7^{a}	34.5±3.2^{bc}

수치는 평균±표준 편차(n=3), 첨자 : $p < 0.05$(Duncan's multiple range test)

(김종덕, 농림부 최종 연구 보고서, 2008)

표 39. 고콜레스테롤 식이를 한 쥐에서 체중 증가, 섭취 및 식이 효율에 대한 약용 자원 추출물의 효과

	control	DAD	NRM	WG	HWG	DCHC	Green tea	WGS	KAP
Initial Body weight (g)	119.9 ±4.5$^{a1)}$	123.3 ±4.8^{a}	120.2 ±5.9^{a}	121.2 ±4.7^{a}	123.4 ±5.6^{a}	122.4 ±4.5^{a}	120.4 ±3.8^{a}	121.6 ±3.6^{a}	120.4 ±3.9^{a}
Final Body weight (g)	266.7 ±12.3^{b}	239.0 ±16.5^{d}	253.2 ±18.3^{bcd}	250.6 ±16.4^{cd}	255.7 ±11.4^{bc}	288.9 ±12.8^{a}	283.7 ±13.1^{a}	297.6 ±10.0^{a}	256.3 ±12.1^{a}
Weight gain(g)	146.9 ±17.2^{b}	109.7 ±13.6^{d}	132.6 ±15.1^{c}	128.8 ±17.7^{c}	131.8 ±11.2^{c}	166.5 ±12.5^{a}	163.4 ±13.0^{a}	176.1 ±10.8^{a}	135.9 ±13.4^{a}
Intake (g)	658.7 ±77.2^{b}	506.3 ±62.5^{d}	576.4 ±65.8^{c}	562.3 ±77.2^{cd}	572.8 ±48.6^{c}	690.8 ±52.0^{ab}	682.4 ±54.3^{ab}	733.2 ±45.2^{a}	715.1 ±57.6^{ab}
FER[2)]	0.23 ±0.04^{a}	0.22 ±0.05^{a}	0.23 ±0.04^{a}	0.23 ±0.04^{a}	0.23 ±0.03^{a}	0.24 ±0.02^{a}	0.24 ±0.02^{a}	0.24 ±0.03^{a}	0.20 ±0.03^{a}
Liver weight (g)	8.7 ±0.9^{a}	9.0 ±0.9^{a}	9.4 ±0.8^{a}	8.8 ±0.7^{a}	8.7 ±1.0^{a}	9.4 ±0.8^{a}	9.2 ±0.5^{a}	9.3 ±0.7^{a}	9.6 ±0.7^{a}

*수치는 평균±표준 편차(n=3), 첨자 : $p < 0.05$(Duncan's multiple range test)

*Feed efficiency ratio(FER): 총 체중 증가/총 섭취량

(김종덕, 농림부 최종 연구 보고서, 2008)

8. 테스토스테론 유도 효과

8.1. 약용 자원의 효과

K-28세포(Leydig cell)를 10%의 FBS를 첨가한 DMEM 배지에 2 × 10^5 의 세포를 24 well plate에서 24 시간 배양하여 최적의 성장에 도달했을 때 각각의 시료를 처리한 후 48 시간 더 배양하고 1,000 rpm에서 5 분간 원심분리하여 그 상등액을 RIA로 테스토스테론 생합성량을 측정하였다(그림 232). 대조군 보다 특징있게 증가시키는 물질을 발견하였으며 이의 응용도도 많을 곳으로 보인다.

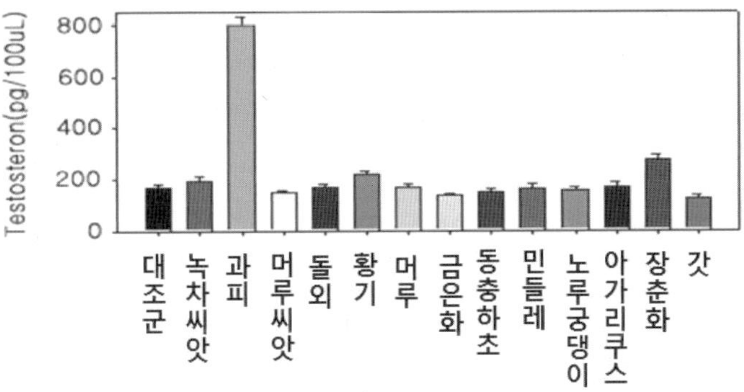

그림 232. 약용 자원의 테스토스테론 유도 효과

(김종덕, 농림부 최종 연구 보고서, 2008)

남성 호르몬을 유도하는 효과는 과피(KAP)가 탁월한 효과를 보였고, 황기(HWG), 장춘화(JCW)도 대조군에 비교하여 유도 효과를 보여, 기능성 차 및 발효주 제조에 좋은 재료가 될 수 있을 것으로 판단된다.

8.2. KAP의 효과

K-28세포(Leydig cell)를 KAP의 추출물로써 배양하였을 때 남성호르몬을 유도하는 효과가 탁월하여 쥐의 생식기를 해부하여 생리식염수, KAP의 동결건조물을 0.0005%, 0.025%, 0.05%의 용액에 1분간 침지하고 그 차이를 전자 캘리퍼스로 측정하였다(그림 233).

대조군보다는 생식기의 팽창 효과가 있는 것으로 판단되어 좀 더 세세한 연구가 필요할 것으로 본다(그림 234).

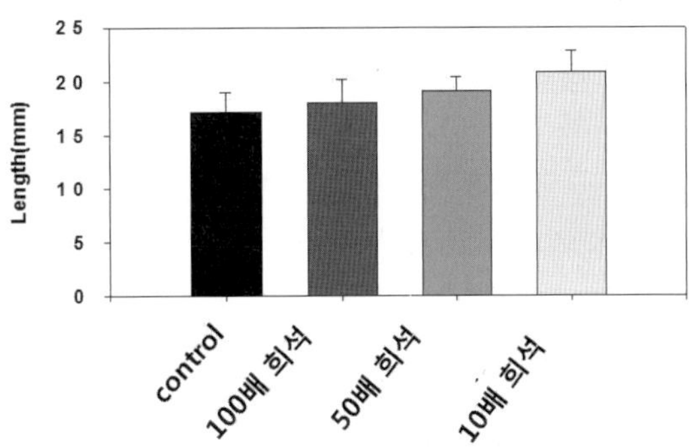

그림 233. KAP 추출물에 의한 쥐의 생식기 팽창 정도

(김종덕, 농림부 최종 연구 보고서, 2008)

Rat	대조군	100배 희석액 (0.0005%)	50배 희석액 (0.025%)	10배 희석액 (0.05%)
1	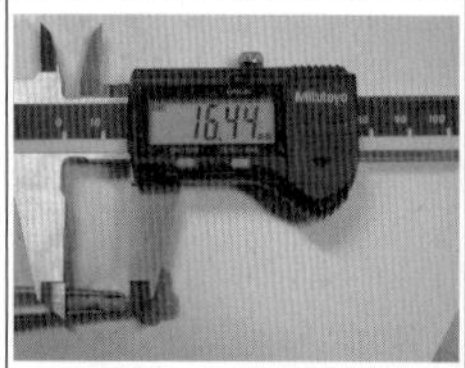	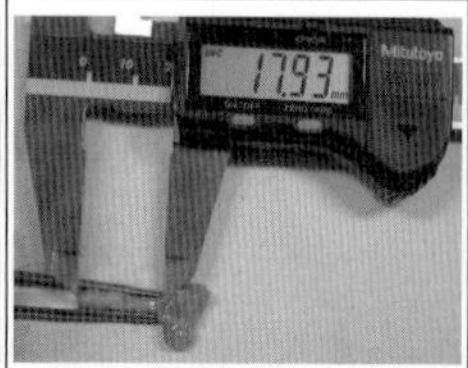	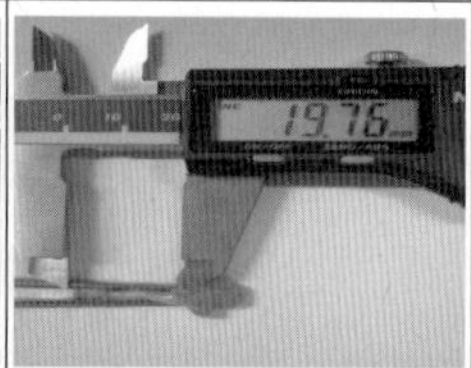	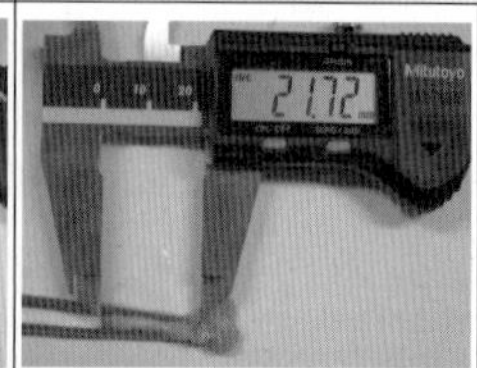
2	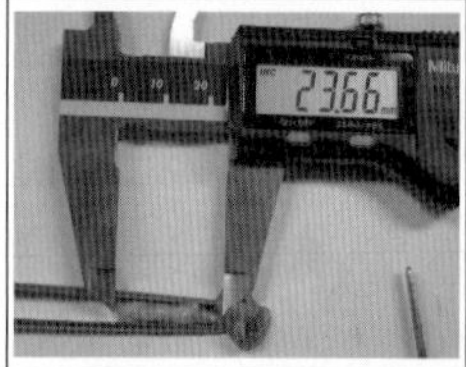	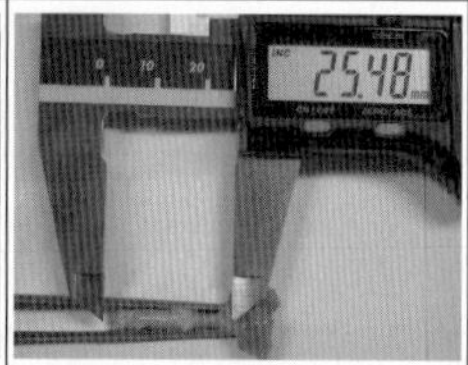	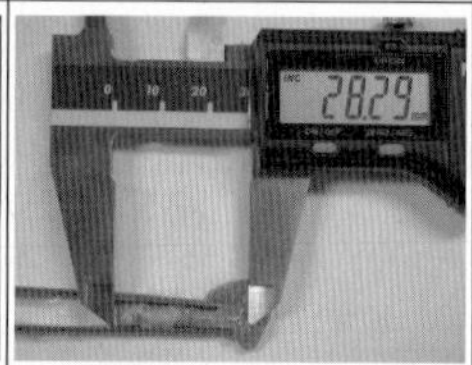	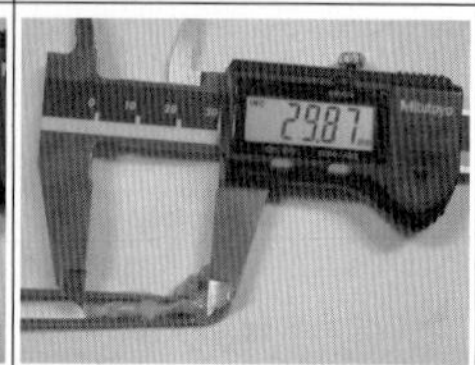
3	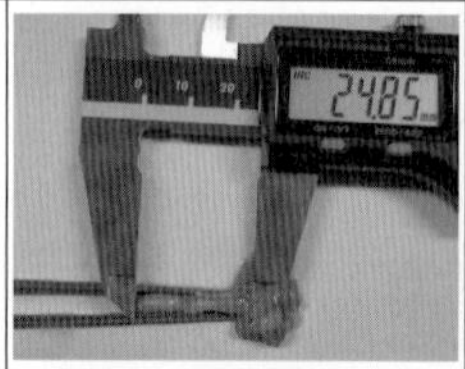		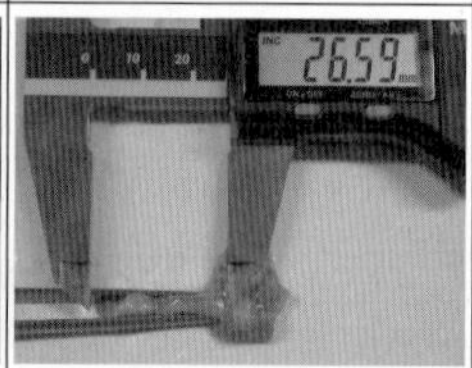	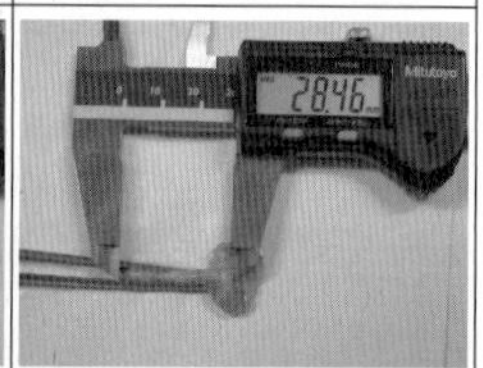
4	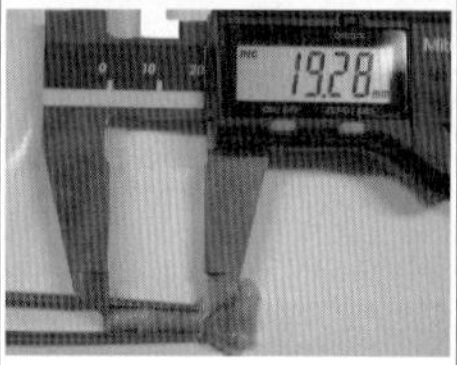	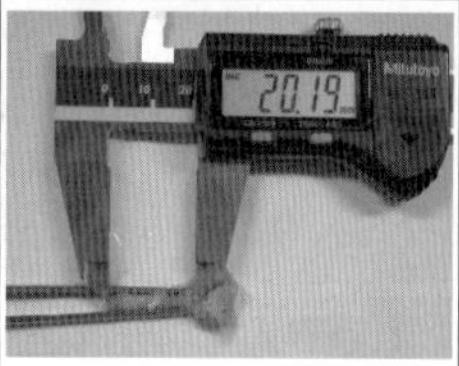	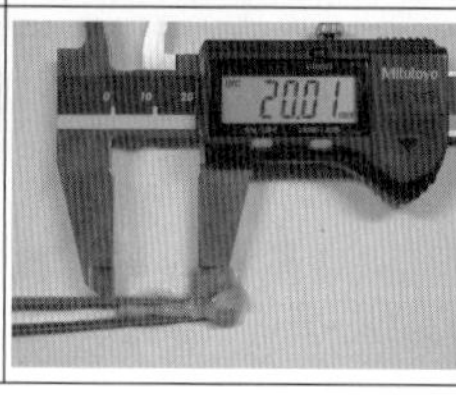	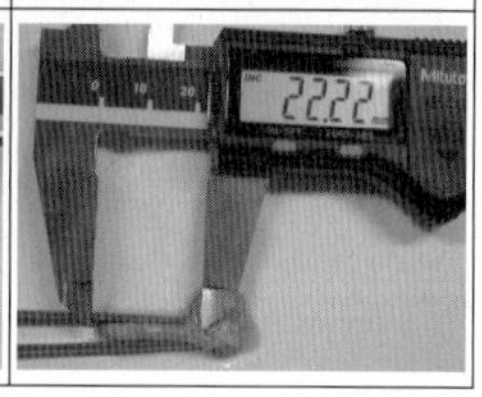

그림 234. KAP에 의한 쥐의 생식기 팽창 정도 측정.

(김종덕, 농림부 최종 연구 보고서, 2008)

9. 항 알러지 효과

비만 세포(mast cell, RBL-2H$_3$, ATCC No. CRL-2256, 미국)는 면역 반응에 의해 활성화되고 알러지의 주요 원인으로 작용하는 히스타민을 분비하는데, 활성화된 비만 세포에서 탈과립이 발생하면 히스타민과 함께 β-hexosaminidase(이하 'β-HEX'로 약칭함)를 함께 방출하게 되며, 이때 방출되는 β-HEX는 탈과립의 지표로 사용할 수 있다(Cheong H, 1998). 항 allergy 시험은 β-HEX의 유리량으로 측정하였으며, Dastych의 방법으로 하였다. 즉, RBL-2H$_3$세포를 10% FBS를 포함한 DMEM에 현탁시킨 후 24 well plate에 각 well당 2 × 10^{5}개의 세포가 들어가도록 한 다음 37℃ 5% CO_2 배양기에서 하룻밤 배양하였다. 각 well의 세포들을 extracellular buffer(5 mM KCl, 12.5 mM NaCl, 20 mM HEPES, 1.5 mM MgCl, 1.5 mM $CaCl_2$, 1mM dextrose, pH 7.4) 로 2 번 세척한 다음 각 well 당 extracellular buffer와 시료(0, 10, 100, 200 ppm)를 처리한 후 1 시간 동안 반응시켰다. 이후 PMA(50 nM)와 A23187(1 mM)을 사용하여 세포를 37℃, 5% CO_2 배양기에서 1 시간 반응시키고 얼음조에

서 10 분 동안 배양한 후 반응을 종결시켰다. 상등액 20㎕를 96-well plate에 옮기고, 침전은 Triton X-100(0.1%) 1㎖를 24 well에 넣고 녹인 후 96 well에 20 ㎕ 넣었다. 상등액과 침전이 담긴 96 well에 substrate buffer(4-p-Nitrophenyl-N-acetyl-β-D-glucosaminide 1 mM, sodium citrate 0.05 M, pH 4.5) 100 ㎕를 넣고 37℃에서 1 시간 배양시킨 다음, 각 well 당 반응 종결 용액 200㎕를 첨가하여 반응을 종결시켰다. 플레이트 리더(Molecular Devices, USA)를 사용하여 405 nm에서 흡광도를 측정하였다. 시료와 대조군의 흡광도 값으로 다음 식에 의해 알짜 유리량(%)를 산출하였다.

알짜 유리량(%) = [S/(S+P)-S대조군/(S대조군+P대조군)]×100

S : 상등액, P : 침전

S대조군/(S대조군+P대조군)(%): 자극없이 중개자에서 자발적으로 유리되는 비율(%)

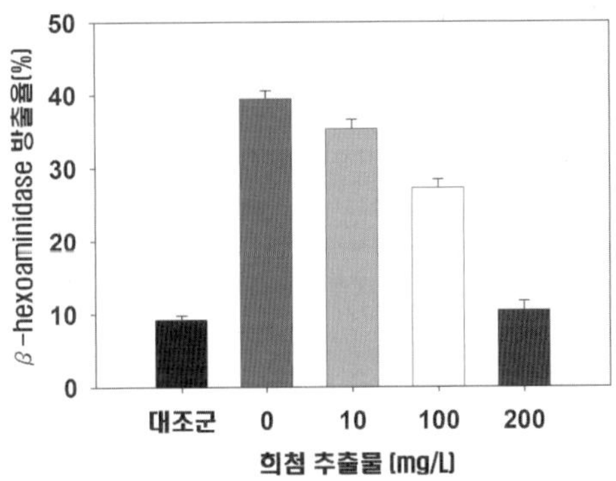

그림 235. 약용 자원의 농도에 따른 항 알러지 효과
(한국 특허: 10-1268460호, 2013)

RBL-2H$_3$ 세포에서 누출된 β-HEX의 양은 아무런 처리를 하지 않은 세포에서 9.20±0.60%이었으며, PMA와 A23187로 자극한 세포에서 39.45±1.12%로 아무런 처리를 하지 않은 세포에 비해 유의한($p<0.05$) 증가를 나타내었다. 반면 PMA와 A23187 자극 30 분 전 희첨 추출물(0, 10, 100, 200 ppm)의 농도로 처리한 세포에서 각각 35.33±1.31%, 27.24±1.22, 10.42±1.33%로 모든 농도에서 PMA와 A23187로 자극한 세포에 비해 유의한($p<0.05$) 감소를 보였다(그림 235).

10. 항 당뇨 효과

10.1 당뇨 쥐의 제조

실험 동물은 12시간 절식시킨 후 신선한 0.05M citrate buffer(pH 4.5)에 용해시킨 streptozotocin(STZ, Sigma Chemical Co., St. Louis)를 1 회(55 mg/kg body weight) 실험 동물의 복강에 주사하여 당뇨를 유발하였다. 그리고, 당뇨 유발 여부의 확인은 당뇨 유발 48 시간 후에 실험 동물을 12 시간 절식시킨 후 꼬리 정맥에서 혈액을 채취하여 혈당기(Accu-Check Active, Roche Diagnostics, Germany)로 측정하였으며, 혈당 농도가 300 mg/mL 이상인 쥐들만 당뇨 쥐로 사용하였다.

10.2 실험 동물의 사육 및 식이

실험 동물은 7 주령의 200~230 g의 Spraque-Dawley 계열의 수컷 흰쥐를 실험 동물로부터 구입하여 실험 식이 시작 전 2 주일 동안 고형 사료와 물을 공급하여 먹이면서 사육 환경에 적응시켜 사용하였다. 실험 동물의 사육 조건은 실내 온도 20±2℃, 습도는 50% 전후로 하였고, 명암은 12 시간(낮 : 06:00~18:00)을 주기로 조절하였다. 본 연구는 실험 동물의 사육에 대한 윤리 위원회의 가이드 라인을 토대로 진행하였다.

10.3. 혈당 변화 측정

실험 동물은 정상 대조군(NC), 당뇨 대조군(DC), 희첨 추출물(PHS)군, 그리고, 양성 대조군(P-C)의 네 군으로 나누고, 한 그룹당 5 마리를 사용하였다. 실험 동물 식이는 일반 배합 고형 사료를 공급하였고 정상 및 당뇨 대조군은 생리 식염수를, PHS군은 추출물 200 ppm을, 양성 대조군(P-C)은 Glibenclamide 6.25 mg/kg(Sigma)을 매일 50 ml 씩 음료로 제공하였다. 일주일마다 12 시간 절식 후 공복 혈당과 체중을 측정하였다.

10.4. 항 당뇨 효과

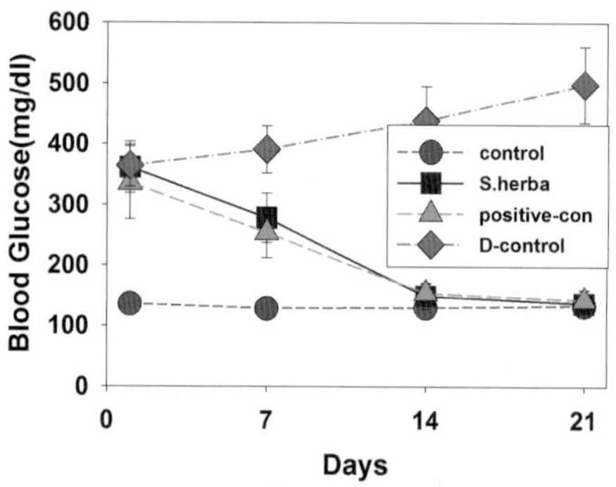

그림 236. 약용 자원(희첨 : *S. herba*)의 항 당뇨 효과
(김종덕, 지역 혁신 인력 양성 사업 최종 보고서, 2011)

그 결과, 희첨 추출물을 50 mg/kg/day 투여한 실험군은 양성 대조군인 Glibenclamide 6.25 mg/kg/day와 버금가는 혈당 강하 효과를 나타내었다. 본 발명의 유효 성분이 천연 식물 추출물인 점을 감안하면 매우 현저한 효과라고 할 수 있다(그림 236).

11. tyrosinase 억제 시험

색소는 멜라닌 세포의 melanosome에서 합성되어 아미노산과 L-tyrosine이 3,4-dihydroxyphenylalalanine(L-dopa)으로 전환됨으로써 이 기전이 시작된다. tyrosin은 멜라닌 세포 내에서 tyrosinase에 의해 DOPA, DOPA-quinone으로 산화된다. 그 후 DOPA-quinone이 DOPA chrome, 5,6-dihydroxyindole, indole-5,6-quinone이 되고, 이어서 indole-5,6-quinone으로의 중합에 의해 melanin을 생성하는 것으로 알려져 있다. Tyrosinase의 저해 활성의 측정은 Takagi 등의 방법을 이용하여 측정하였다. 1.66 mM의 L-Tyrosine용액 1ml과 조성물 용액 1 ml, 그리고, 30 mM의 sodium phosphate 1 ml을 넣은 후, 37℃ 항온 수조에서 10 분간 반응시키고, 37℃가 된 혼합액에 0.01 ml의 tyrosinase를 넣어 mix한 후 37℃ 항온 수조에서 정확히 10 분간 반응

시킨 후 꺼내어 즉시 얼음에 넣어 반응을 멈추고 475 nm에서 흡광도를 측정하였다. 시료 용액 1 ml 대신 증류수 1 ml을 넣은 시료를 A, 시료 용액도 넣고 효소도 넣은 시료를 B, 효소 0.01 ml 대신 증류수 0.01 ml을 넣은 시료를 C로 하여 계산을 해서 결과 값을 구하였다.

$$\text{Tyrosinase inhibition}(\%) = \frac{A-(B-C)}{A} \times 100$$

0.1%의 kojic acid를 양성 대조군으로 하여 비교해 볼 때 본 연구에서 큰 성과를 얻은 것은 녹차를 대신할 좋은 재료를 얻었다는 것이다. kojic acid가 발암의 경향이 있어 대체 물질이 있어야 하는데 이에 대한 좋은 물질이 될 수 있을 것으로 본다. 머루 씨앗(WGS), 금은화(KEW), 동충하초(DCHC), 노루궁댕이 버섯(NRM), 갈대(*P. rhizoma*) 등을 정제하면 좋은 미백제가 될 수 있을 것으로 사료(그림 237)되며, 또한 다른 특성과 더불어 필요한 제제로 이용할 수 있을 것으로 본다.

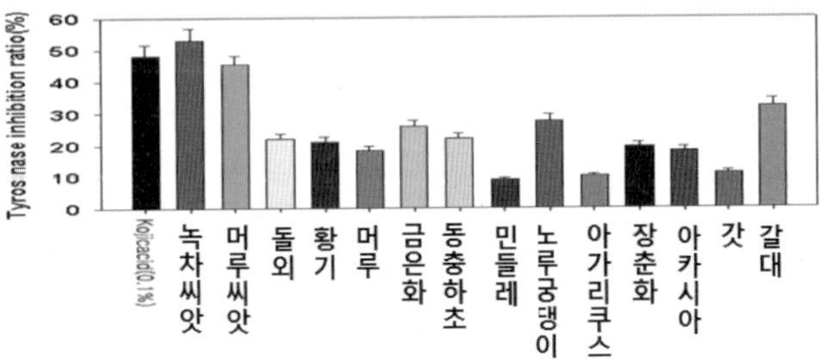

그림 237. 약용 자원의 Tyrosinase 억제 효과

(김종덕, 농림부 최종 연구 보고서, 2008)

12. 항 비만 시험(3T3-L1 세포)

12.1. 항 비만 시험

가. 세포의 배양

① DMEM으로 배양 + 10% FBS, 페니실린 105 U/L, 스트렙토마이신 100 mg/L

② trypsinize : 계대 배양

나. 세포 증식의 측정

① trypsinize : cell counting

② 5 × 10^5 cell/ml로 조정하여 96 well plate에 200 uL씩 분주, 37℃, 5% CO_2배양

③ 24 시간 후 medium을 교체하고 시료를 넣고 37℃, 5% CO_2에서 48 시간 배양

④ 배양 후 차가운 trichloroactic acid(TCA)의 최종 농도가 10%가 되도록 50% TCA를

50 uL 씩 well에 분주하여 단백질을 침전시켜 세포를 고정한 후, 4℃에서 1 hr 방치한다. 증류수로 5 회 세척한 후 건조시킨다.

⑤ 건조된 각 well에 1%의 acetic acid에 용해시킨 0.4% SRB(sulforhodamine B)에서 용액 50 uL씩을 가하여 상온에서 20 분 동안 염색한 후 1%의 acetic acid로 4 회 세척하여 세포에 부착하지 않은 SRB를 제거한다.

⑥ plate를 잘 건조하여 150 uL의 10 mM/L의 unbuffered Tris base [(Tris(hydroxy-methyl) aminoethan]을 가하여 bounded protein stain을 녹여 낸다.

⑦ 각 well의 O.D. 는 510 nm에서 측정한다.

⑧ 검액의 효과는 대조군의 흡광도에 대한 실시군의 백분율로 환산한다.

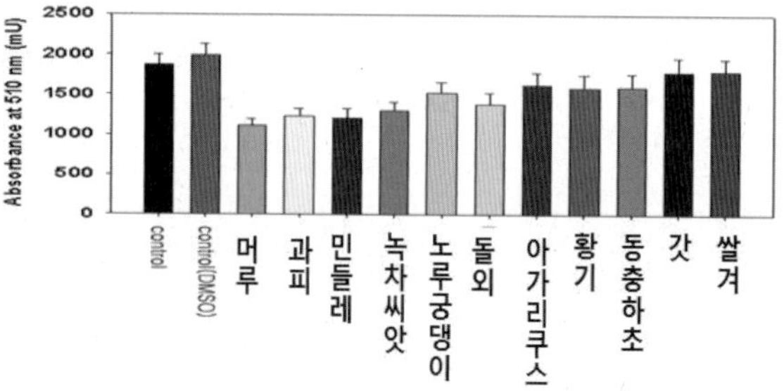

그림 238. 3T3-L1를 이용한 약용 자원의 항 비만 효과

(김종덕, 농림부 최종 연구 보고서, 2008)

비만 세포의 성장을 억제하는 약용 자원으로서는 머루(WG), 과피(KAP), 민들레(DAD) 및 녹차 등이 좋은 효과를 보여(그림 238), 기능성 차를 제조하는 좋은 원료가 될 것으로 판단된다.

12.2. 3T3-L1 세포의 분화 측정

머루(WG), 민들레(DAD), 녹차, 돌외(DOL)의 약용 자원에서 비만 세포의 분화를 억제 하는 능력이 뛰어나 항 비만의 제제로서 사용할 수 있음을 보였다(그림 239).

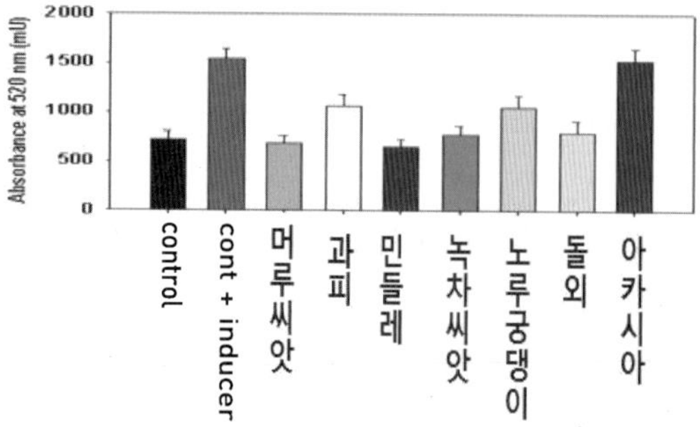

그림 239. 3T3-L1세포의 분화를 억제하는 약용 자원

(김종덕, 농림부 최종 연구 보고서, 2008)

제10장

약용 자원으로부터 웰빙 발효주의 개발

1. 웰빙 발효주 개발을 위한 약용 자원의 선발
2. 생체 기능 향상을 위한 원료의 배합
3. 발효주의 성분 분석
4. 기초 담금의 방향 성분 비교
5. 개선한 담금의 방향 성분

제10장

약용 자원으로부터 웰빙 발효주의 개발

사용한 약용 자원은 자연의 어느 곳에서나 채취할 수 있는 민들레를 사용한다. 민들레는 생약명으로는 포공영(浦公英, *Taraxam coreanum, Compositae*)으로 국화과의 다년생 초본이다. 일반명으로는 dandelion라고 하며 백수의 왕이라는 뜻으로부터 효과를 알 수 있고, 뿌리, 잎, 꽃, 꽃줄기 등 식물의 전체를 약용으로 사용하며, 학명에서 보듯이 *Taraxacum* 은 taraxis(불안)과 aceomi(치료)의 합성으로 되어 있어 간, 담낭, 신장에 효과가 있는 것으로 알려져 있다(Grieve M, 1994). 국내에는 좀민들레(*T. hallaisanense*), 산민들레(*T. ohwianum*), 흰민들레(*T. coreanum*), 서양민들레(*T. officinale*)와 키가 작은 우리나라의 토종 등으로 구분된다. 우리나라의 토종 민들레는 성장 후 꽃이 피기까지 몇 년이 걸리고 꽃도 봄에 피며, 자가 수정이 되지 않기 때문에 이용하기에 어려운 점이 많다. 우리 주변에서 많이 보는 민들레는 대부분이 귀화 식물로 서양민들레(*T. officinale*)가 많으며, 강한 생명력과 번식력을 갖고 있어 연중 채집 및 재배가 가능하며, 뿌리가 직근성이고 굵고 10-15 일이면 재 수확할 수 있어 매우 경제적인 식물이며, 특히, 김치를 담그는 데는 아주 효과적이다. 그리고, 독성에 있어서도 미국에서 GRAS(generally recognized as safe) 10 등급(Duke J, 1992)으로 인정받고 있어 그 사용에 한계가 없다. 주요 성분으로는 비타민과 무기질이 풍부하고, 지방 함량과 칼로리가 낮아(Racz-Kotilla, 1974) 웰빙 식품으로 적당하며, 고미 성분인 taraxin, inulin이 많고, carotenoid 성분인 taraxathin, triterpene인 taraxerol, taraxasterol, β-sitisterol, 그리고, caffeic acid, taraxacine 등과 vitamin A, vitamin C, tocopherol, Ca, Fe, K 등이 풍부하다(Williams, 1996; Kang, 2000). 잎의 성분은 저 칼륨 혈증을 일으키지 않는 이뇨제 성분을 갖고 있으며, 고미 성분은 소화선을 자극하여 소화를 도우며, 타우린의 간기능 향상(解毒), 담즙 분비를 촉진시켜 지방의 소화를 증진시킨다. 그리고, 한방에서는 열을 내리고(淸熱), 해독(解毒), 이뇨(利尿), 최유(젖이 잘나오게 함, 催乳), 울결을 풀어주고(散結) 염증을 삭히며(消腫), 간염(肝炎)에 사용된다고 하였고(黃度淵原, 1989), 구미 유럽에서는 잎을 샐러드

로 이용하며, 꽃은 술을 담그는 데도 사용하였다. 그리고, 민들레의 생리활성은 민들레의 열수 및 에탄올 추출물이 항 산화 활성(Shahidi, 1992), hydroxyl radical 소거 활성(Kang, 2001)을 가지고 있고, 또한, 식중독 균에 대한 항균 활성(Lee, 1991), 염증을 일으키는 포도상 구균에 대한 항균 활성, 피부 진균에 대한 억제 작용(생약학교재편찬위원회, 2001)은 있으나, 김치 발효 균주에 대해서는 그 영향력이 없다(Kim, 2000)고 보고된 바 있다. 그리고, 열수 추출물이 항 종양 효과(Baba K, 1981)가 뛰어나며, sarcoma 180 고형암에 대해서도 강력한 항암 활성을 지닌다(Kim, 1995)고 알려져 있다. 또한, 체내 지질 대사의 개선 효과(Cho, 2000), 항 염증 효과(Kim, 1991)도 아울러 가지고 있는 것으로 알려져, 민들레를 이용하여 간기능 개선을 위한 발효주 등을 개발 하는데 중요한 원료로 사용함에 부족함이 없는 것을 알 수 있다.

다음으로는 전남의 특산물로써 녹차를 들 수 있다. 녹차는 플라보노이드를 다량 함유한 식품으로 퓨린 염기, 카테킨, 그 외 다양한 성분을 함유하고 있으므로 암세포의 증식억제, 혈압 강하 효과, 콜레스테롤 상승 억제 효과, 혈소판 응집 억제 효과, 혈당 상승 억제 효과, 지방간 억제 효과, 항균 작용, 장내 유용 세균 성장 촉진 작용, 그리고, 신생 혈관 억제 작용 및 미백 효과를 지니고 있다. 그리고, 다음으로는 갓을 사용한다. 갓(*Brassica juncea*)은 십자화과에 속하는 채소로써 전남의 돌산의 특산물로써 많이 재배되며 대부분은 김치의 재료로 사용되고 있다. 그리고, 함황 성분인 allylisothiocynate(AIT)를 가지고 있어 특유한 향기를 발하기도 한다. 갓에 대하여는 항균 활성, 항암 활성 및 일반 성분에 대하여 연구되어 있다. 뿐만 아니라, 갓은 isoquercetin, isorhamnetin, quercetin, kaempferol 등의 플라보노이드와 카로테노이드 등의 성분을 함유하며, 통폐(通肺), 이격(利膈), 개위(開胃), 안중(安中), 하기(下氣), 이구규(利九竅), 명이목(明耳目), 거냉기(去冷氣)의 효능을 가지고 있어 다양하게 사용되어질 수 있는 식물이다. 그리고, 다음은 황기(*Astragali radix*)를 사용한다. 황기는 기를 보하며 양을 올리고, 방어력을 더해주며 피부를 든든하게 하고, 부스럼을 없애며 새살을 돋게 하고 종기를 다스린다고 한다. 기를 보하는 약중에 가장 으뜸이 황기라고 하였다. 그래서 황기는 백혈구의 생성을 향상시켜 면역을 증강시키는 역할을 하며, 망상내피계의 대식세포의 탐식 작용을 증가시킨다. 또한, 인터페론의 유도를 증가시키고, c-AMP 및 c-GMP의 조절 작용을 가져 면역을 조절하기도 한다. 신장에 작용하여 결핵성 신장염과 단백뇨를 회복시키며 B형 간염을 억제시키고, 위축성 위염을 호전시키며, 감기를 호전시키는 다양한 효과를 가지고 있다.

다음으로는 필요에 따라 지방 특산물인 표고 버섯, 느타리 버섯, 새송이, 신령 버섯, 노루궁뎅이 버섯, 동충하초 등의 자실체나 그 균사체(mycellium)를 사용한다. 표고버섯은 단백 다당체(protein bound polysaccharide, PBP), β-glucan(lentinan)이 항암효과를 가지며, 체내의 보체계 활성화, 마크로파지 활성화, 인터페론 생성 촉진 등과 같이 면역 활성화 효과가 있는 것으로 알려져 있다(Park, 2004). 느타리 버섯은 육질이 백색이고 유연하며 영양학적으로도 우수하며, 면역 조절기능, 항 산화 활성 및 항암 효과를 지니고 있으며 우리나라에서 많이 생산되고 있는 버섯 중의 한가지이다(Han, 2002). 운지버섯은 건강 보조 식품, 민간 치료약으로 이용되어 왔고, 핵산, 아미노산, 다당류, 스테로이드 등의 성분을 지니며, 항암 작용, 항 바이러스, 항 박테리아, 항 종양, 항 응고작용을 지니고 있어 성인병 예방 등에 많이 사용되고 있는 버섯이다(Koh, 2004). 새송이 및 양송이 버섯에는 비환원당인 트레할로즈, 만니티톨 등을 함유하며 항 종양 활성을 지니고 있다(Hong, 1988). 아가리쿠스는 겉모양은 양송이 버섯과 비슷하나 버섯대가 두텁고 길며 향기가 강한 것이 특징이고, 혈당, 혈압 강하 효과와 콜레스테롤 저하, 항 종양, 암 예방 및 제 암 효과가 있고, 함유되어 있는 단백 다당체는 인터페론을 활성화하여 암세포를 제어하는 것으로 알려져 있다(Hong, 2004). 또한, 노루궁뎅이 버섯은 항암 및 면역 기능을 증대시키며, 치매 억제에 관한 기능성 성분이 밝혀져 다양하게 생체의 건강 유지 및 면역 활성 증가의 웰빙 제제로 사용이 가능함을 알 수 있다.

녹차가 유명한 보성의 회천면은 보성주에서 지대가 가장 낮은 곳으로 연평균 3℃내외로 따뜻하며, 주위의 일림산을 타고 내려온 물이 회천으로 집결하며, 물이 모인다는 뜻의 회천(會泉)이 있다. 이 지역의 물맛은 독특하며 200 여 년의 전통주인 강하주가 제조되었던 곳이며, 지금은 그 비법을 전수 받아 전라남도로부터 전통민속주의 전수자로 지정받아 강하주의 맥을 잇고 있는 도화자(여, 66) 씨가 강하주를 재현하며 제조하고 있다. 강하주는 용안육, 강활, 대추, 생강, 계피 등이 들어 있어 노르스름한 암갈색의 톡 쏘는 듯한 맛의 특징을 가지고 있다. 생강의 매콤한 맛, 강활의 쓴맛, 용안육의 단맛 등이 어우러져 톡특한 맛을 낸다. 특히, 보성 지방은 녹차가 많이 생산되므로 녹차의 맛과 강하주의 특성, 그리고, 생체의 기능을 향상시키며 면역을 증강시킬 수 있는 특징있는 발효주를 개발하기로 하였다. 강하주의 원료로는 국내에서는 생산되지 않는 용안육, 독성이 강한 강활 등을 사용함으로써 현대의 웰빙 제품으로서는 적합하지 않는 부분이 많다. 따라서, 현대적인 감각에 맞고, 웰빙의 효력을 가지는 재료를 선별하여 제조한다면 더욱 현대 생활에 가깝게 접근할 수 있을 것으로 판단된다. 즉, 민들레, 녹차, 황기, 갓, 동충하초, 버섯의 균사체, 그리고, 현대인의 건강 증진을 위하여 필요로 하는 제제를 첨가하여 발효시킴으로써 향, 맛, 색 등을 현대에 맞게 제조할 수 있을 것으로 생각한다.

1. 웰빙 발효주 개발을 위한 약용 자원의 선발

발효주의 원료를 선발하기 위하여 약용 식물의 기능성을 실험을 통하여 그 순위에 따라 필요한 원료를 사용하였다(표 40).

표 40. 약용 자원의 다양한 효과의 순위

효과 \ 순위	1	2	3	4	5	6	7
FRAP	WGS	Greentea	KEW	KAP	DAD	DOL	JCW
Anti-angiogenesis	JCW	KAP	DAD	KEW	DCHC	BRAS	
Moisture	KAP	AGA	JCW	P.rhizoma	DOL	WGS	DCHC
Tyrosine	Greentea	WGS	P.rhizoma	NRM	KEW	DOL	
Atophy(1)	HWG	WG	WGS	Greentea	DAD		
(ear)	Greentea	WGS	HWG	WG	DAD		
Immunity	Greentea	HWG	DAD	DCHC	DOL		
Toxicity	KAP	KEW	DCHC	DAD	HWG	BRAS	
UV-recovery	Greentea	AGA	WGS	HWG	DCHC	WG	
UV-blocking	Greentea	HWG	BRAS	WGS	KAP	NRM	
Obesity	WG	KAP	DAD	Greentea	DOL	NRM	
Anti-differenciate	WG	DAD	Greentea	DOL	KAP	NRM	
Anti-coagulating	DOL	KEW	WGS	Greentea	HWG		
Testosteron	KAP	JCW	HWG	DOL			
Anti-cell adhesion	KAP	WG	DAD				
AST[GOT]	HWG	DCHC	WGS	KAP	Greentea	DAD	WG
ALT[GPT]	DAD	WGS	KAP	WG	HWG	DCHC	NRM
LDH	KAP	Greentea	DAD	WG	HWG	DCHC	WGS
Glucose	KAP	DCHC					
Triglyceride	NRM	WG	DAD	HWG	KAP	DCHC	
Cholesterol	DAD	KAP	HWG	WG	NRM		
LDL-Ch	KAP	DAD					
Anti-Weight gain	DAD	WG	HWG	NRM	KAP		

AGA: 아가리쿠스, BRAS: 갓, DAD: 민들레, DCHC: 동충하초, DOL: 돌외, GREENTEA: 녹차, HWG: 황기, JCW: 장춘화, KAP: 과피, KEW: 금은화, NRM: 노루궁뎅이, P.rhozoma: 갈대, WG: 머루, WGS: 머루씨앗

(김종덕, 농림부 최종 연구 보고서, 2008)

선별된 원료(DCHC, DAD, HWG, KAP, DOL, WGS 및 NRM)로부터 배합 재료의 결정 및 발효 조건 찾아 원료로 사용하였다.

2. 생체 기능 향상을 위한 원료의 배합

2.1. 예비 담금

- 담금 3일째에 특별한 향이 없었다. 동충하초의 향이 다른 약용 자원에 의하여 상쇄됨.
- 찹쌀을 너무 많이 사용하여 향과 색에 이상이 생김.

- 단맛이 나지 않았음. 누룩의 기능 저하, 약용 자원이 해당을 억제하는 것 같음.
- 주정을 첨가하고 20 일 동안 밀봉하여 발효시킴.
- 60 일 후에 세작차 80 g을 첨가하였더니 모든 향이 사라져 녹차의 넣는 시기가 중요함.
- 약용 자원의 배합 조정이 중요한 포인트임.

표 41. 예비 담금을 위한 약용 자원의 구성

찹쌀	누룩	효모	물	증류주	DCHC	DAD	WGS	HWG	WG	DOL	KAP	GT	비고
10kg	1kg	10g	10L	최종 30%	5.7Kg	250g	120g	350g	400g	250g	150g	80g	

(김종덕, 농림부 최종 연구 보고서, 2008)

2.2. 1차 담금

다양한 기능성을 이용하여 발효주를 제조하기 위하여 재료별 배합을 구성하였다.

표 42. 1 차 담금을 위한 약용 자원의 구성

No	찹쌀	누룩	효모	물	증류주	DCHC	DAD	WGS	HWG	DOL	KAP	GT	비고
1		150g	10.7g	7.5L	최종 30%	1.5	50	10	35	10	10	5	
2		150g	11.0g	7.5L	최종 30%	1.5	100	50	50	10	50	1	
3		150g	11.5g	7.5L	최종 30%	1.5	200	100	50	20	30	-	
4		150g	11.0	7.5L	최종 30%	1.5	100	50	100	20	20	1	
5		150g	12.0	7.5L	최종 30%	1.5	100	50	50	20	10	2	
6	2.7kg	200g	1.7g	7.5L	최종 30%	1.5	50	10	35	10	10	5	
7	2.0kg	150g	11.0g	7.5L	최종 30%	1.5	100	50	50	10	50	1	
8	1.3kg	100g	11.0g	7.5L	최종 30%	1.5	200	100	50	20	30	-	
9	1.3kg	100g	11.0g	7.5L	최종 30%	1.5	100	50	100	20	20	1	
10	2.7kg	200	12.0g	7.5L	최종 30%	1.5	100	50	50	20	10	2	

(김종덕, 농림부 최종 연구 보고서, 2008)

- 누룩은 증미의 10%를 사용하였고, 증미를 사용하지 않은 담금은 의이인을 동충하초의 배지로 사용하였기 때문에 의이인을 원료로 하여 10%의 누룩을 사용하였음.
- 5일간 발효시 발효가 진행되었고 증미가 수면위로 떠올라 증류주를 최종 농도가 30%가 되도록 첨가하고 밀봉하여 후 발효를 시작하였음.
- 10 일 째에 3, 6, 10번의 맛이 좋은 것 같았음.
- 20 일 째에 여과하여 후숙성 시킴(6, 7 번의 맛이 향상됨).
- 35 일 째 1에 약용 자원의 향이 나기 시작하며 10 번의 맛이 향상됨.
- 65 일 째에 맛을 점검함.

표 43. 1 차 담금의 특징 분석

담금 번호	맛	향	색	비고
1	++	++	+++	쓴맛, 생취
2	+	++	++	쓴맛
3	++	++	++	
4	+++	+	+++	
5	+++	+	++	
6	+++++	+++++	+++++	부드러움
7	++++	++++	++++	맛이 강함
8	++++	+++	+++	맛이 강함
9	++++	++++	+++	맛이 강함
10	+++++	+++++	+++++	부드러움

(김종덕, 농림부 최종 연구 보고서, 2008)

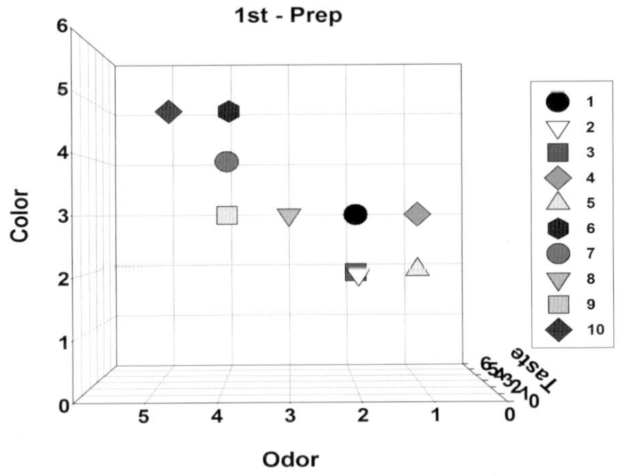

그림 240. 1 차 담금주의 색, 향 및 맛 시험

(김종덕, 농림부 최종 연구 보고서, 2008)

- 70 일 째 6,7,8,9,10 번의 500 mL에 녹차(곡우차)를 0.125%, 0.25%, 0.5%되게 첨가함.
- 77 일 째 맛을 점검하였을 때 0.5%는 너무 강한 녹차 맛을 나타내었고, 0.125%는 너무 엷은 맛을 0.25%가 아주 좋은 맛을 나타냄. 특히 6,10 번의 담금주가 좋은 맛을 나타냄 (그림 240).
- 이후 4℃에서 후숙시킴.
- 255일 째 성분 분석을 시작함.

2.3. 2 차 담금

1 차 담금을 바탕으로 맛이 좋은 것으로 나타났던 10 번 담금주의 비율을 중심으로 비율을 변화시켜 담금을 하였다(그림 241).

표 44. 2 차 담금을 위한 약용 자원의 구성

No	찹쌀	누룩	효모	물	증류주	DCHC	DAD	WGS	HWG	DOL	KAP	GT	비고
1	2.0kg	150g	30g	10L	최종 30%로 맞춤	1.0kg	50g	10g	35g	10g	10g		
2	2.0kg	150g	30g	10L	최종 30%로 맞춤	1.0	60	10	60	20	20		
3	2.0kg	150g	30g	10L	최종 30%로 맞춤	1.0	40	10	50	30	30		

(김종덕, 농림부 최종 연구 보고서, 2008)

- 찹쌀은 2 kg으로 함. 처음 실험 때 율무에 동충하초 균사를 배양한 그 자체로서 원료(전분)으로 하려고 하였으나, 찹쌀을 쓴 것보다 맛이 좋지 않아서 찹쌀을 사용하기로 하였음.
- 그리고, 동충하초 배양근 1 kg을 합하여 원료량은 찹쌀과 함께 3 kg으로 하기로 하였음.
- 전 실험에서 원료 3.5 kg(쌀 2 kg+동충하초 배양율무 1.5 kg)에 효모 10 을 사용하였으나 적은 양으로 판단되어 효모의 양을 늘리기로 함.

  원료(3 kg): 누룩(신곡-황국균: 150 g): 효모(30 g)으로 함.
- 물은 전 실험에서 약용 자원이 물을 흡수하기 때문에 10 L로 하는 것이 적당한 것으로 판단됨.
- 녹차는 후 발효 때 넣으며 0.25%가 되도록 넣음.
- 구연산을 넣어 pH 4.0 이하로 맞추어 발효 시행.

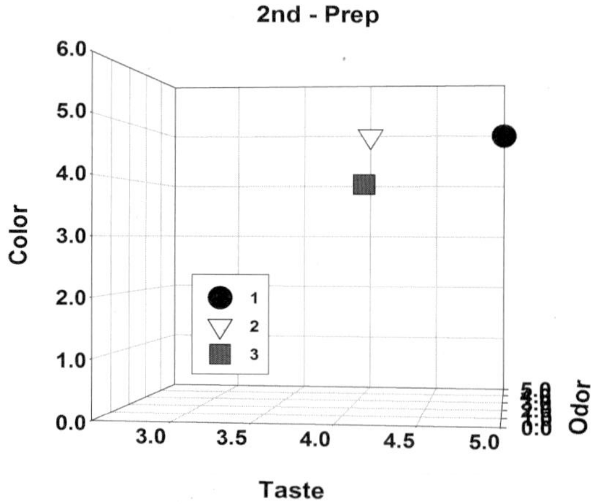

그림 241. 2 차 담금주의 색, 향 및 맛 시험

(김종덕, 농림부 최종 연구 보고서, 2008)

- 3 일 째 주정을 첨가하여 30%로 맞춤.
- 20 일 째 약용 자원을 걸러내고 4℃에 후숙시킴(Stainless 담금조).
- 50 일 째 술덧을 여과하여 1,000 mL의 병에 넣고 계속 4℃에 후숙시킴, No1의 담금주가 좋은 맛을 나타냄.
- 170 일 째 성분 분석 함.

2.4. 3 차 담금

표 45. 3 차 담금을 위한 약용 자원의 구성

No	찹쌀	누룩	효모	물	증류주	DCHC	DAD	WGS	HWG	DOL	KAP	GT	비고
1	2.0kg	150g	30g	10L	최종 30%로 맞춤	1.0kg	50g	20g	50g	20g	30g		
2	2.0kg	150g	30g	10L	최종 30%로 맞춤	1.0	50	40	30	30	50		

(김종덕, 농림부 최종 연구 보고서, 2008)

- 2 차 담금을 바탕으로 2 차 담금의 1 번 담금을 기준으로 하여 약용 자원의 기능을 향상시키기 위하여 DAD, WGS, HWG, DOL 및 KAP의 양을 변화시켜 배합함.
- 나머시 과정은 2 차 담금에 준하였음.
- 7 일 째 약용 자원을 제거하고 주정을 넣어 30%로 조절하였음.
- 21 일 째 여과하여 1,000 mL의 병에 넣고 4℃에 후숙성하였음.
- 90 일 째 관능 검사 및 성분 분석을 실시함.
- No2의 담금조가 No1의 담금조보다 좋은 결과를 나타내었다(그림 242).

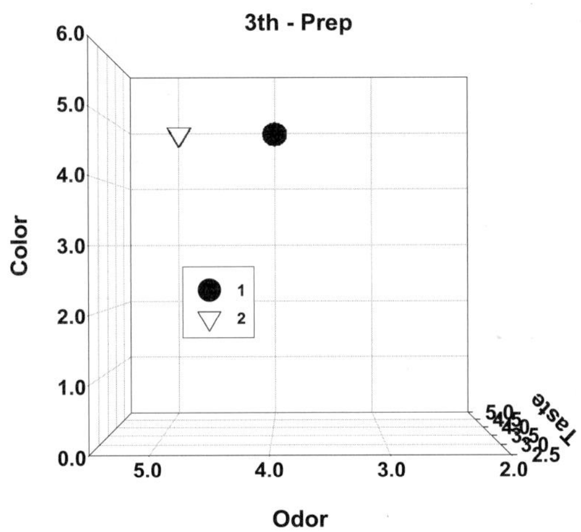

그림 242. 3 차 담금주의 색, 향 및 맛 시험

(김종덕, 농림부 최종 연구 보고서, 2008)

3. 발효주의 성분 분석

3.1. 휘발성 물질 추출

시료 100 mL을 분액 깔때기에 넣고 10% NaCl 50 mL과 혼합한 다음 혼합 추출용매 (pentane: diethyl ether=1:1, v/v) 50 mL을 가하여 격렬하게 흔든 다음 10 분 정치 후 pasture pipette을 이용하여 3 회 반복 추출하였다. 추출물은 혼합하고 질소 가스를 이용하여 5 mL로 농축한 다음 무수 Na_2SO_4를 이용하여 물을 제거하였다. 다시 질소 가스를 이용하여 0.5 mL로 농축하여 GC/MS의 시료로 사용하였다.

3.2. GC/MS분석 조건

술의 휘발성 추출물의 성분 확인을 위한 GC/MS조건은 Supelcowax-10 capillary column (50 m x 0.25 mm x 0.25 ㎛)을 이용하여 칼럼 유속을 0.8 ml/min, 직선 속도는 21.6, 칼럼 압력을 46.9 kPa로 설정하고, 오븐 온도는 35℃에서 5 분간 머무른 후, 220℃까지 2℃/min로 승온하고 60 분간 유지시켰다. MS 분석조건은 capillary direct interface 온도는 230℃, ion source 온도는 230℃, mass range는 35~350 a.m.u., electron multiplier voltage는 1.00V, 그리고, scan rate는 1/sec로 하였다.

3.3. 분석 결과

처음 담근 시료인 No7, No8, No9, No10, 그리고, No8 및 No10에 0.25%의 녹차를 가하여 발효 시킨 것과 No10을 더욱 향상시킨 S-No(2)와 이를 더 발전시킨 SS-No(2)시료의 공통적인 향기 성분을 분석 성분을 분석하였다. 그리고 이 peak들의 특성을 규명하였다.

8 종의 술에서 공통적으로 확인된 총 86 성분으로 종류들은 다음과 같다. acid류: 8, aldehyde류: 3, alcohol류: 15, hydrocarbon류: 36, ketone류: 1, ester류: 15, 그 외 다른 화합물: 14 종이 확인되었다. 술의 휘발성분으로 가장 많이 포함하고 있는 화학 종은 hydrocarbon이었다. 그러나, 일반적으로 hydrocarbon은 solvent 냄새를 내며 또는 무취로서 술의 향미에 크게 기여하지 않는다. aldehyde와 ketone류는 적게 확인된 성분으로 일반적으로 와인, 위스키 등 발효주에서도 다른 성분들에 비해 적게 포함되어 있다고 발표된 바 있다. 알콜은 역치가 높아 많은 양을 포함하지 않으면 향에 적게 영향을 주는 것으로 보고되고 있으며, 술의 향에 가장 많이 영향을 미치는 성분은 과일향, 달콤한 향 및 꽃향 등을 내는 에스테르류이다.

다음의 성분은 와인, 증류주 등에서 흔히 발견되며 좋은 영향을 주는 향기 성분을 보면 아래과 같다.

1) acetaldehyde: 사과향, 톡 쏘는 향.

2) ethyl formate: 럼 주의 술에서 향미 성분.

3) ethyl acetate: 파인애플 향.
4) 3-Pentanone: 지방산, 버터 향(좋지 않은 향).
5) butyl acetate: 달콤한 과일 향-술의 향미 성분으로 아주 중요한 성분으로 밝혀짐.
6) hexanal: 풀 냄새를 내는 성분으로 일반적으로 나쁜 영향을 줌.
7) 3-Pentanol: 특징적인 향이 없어 술의 향에 별로 영향을 주지는 않음.
8) 2-Pentanol: 약한 와인의 좋은 향기.
9) 1-Butanol: 약품 냄새가 나며 대분분의 술에 함유되어 있고 좋지 않은 영향을 줌.
10) 3-Methyl-1-butanol: 일반적으로 술에 많이 포함되어 있으나, 본 연구 술에는 거의 함유되지 않음.
11) ethyl lactate: buttery, scotch향, 술에서 아주 주요한 향 성부으로 작용됨.
12) 1-Hexanol: 허브향으로 대부분의 술에서 주요한 향미 성분.
13) 3-Octanol: 다른 술에서는 잘 발견되지 않는 성분.
14) Acetic acid: 발효주에서 일반적으로 함유하면서 신맛을 주는 성분.
15) Furfural: 딸기나 꽃의 향을 주는 성분으로 일반적으로 술에 많이 함유함.
16) Propanoic acid: 많이 함유 될 때는 과일 향을 주지만, 적을 때는 향에 영향을 주지 못함.
17) Isobutanoic acid: 산패 버터향으로 술의 향에 나쁜 영향을 줌.
18) 2,3-butanediol: 일반적으로 술에 많이 함유된 성분으로 과일 향을 냄.
19) 2-Furanmethanol: caramel, woody, sweet 등의 다양한 향을 내며 술에 좋은 영향을 줌
20) 3-Methylbutanoic acid: 많은 술에서 발견되며 달콤한 향을 냄.
21) Hexanoic acid: 산패된 지방 냄새로 술의 품실에 악영향을 줌.
22) Benzenemethanol: 술에서 거의 발견되지 않았으며 풀냄새를 냄.
23) Benzothiazole: 황을 함유하는 성분으로 드물게 술에서 발견되는 화합물로 차 잎에서 추출된 좋은 향기임.
24) 1-Octadecanol: 멜론에서 확인된 휘발성 성분이나 분자량이 크기 때문에 향에는 영향이 거의 없음.
25) Tetradecanoic acid: 장미 와인에서 확인되었으나 향이 영향력이 적음.
26) Hexadecanoic acid: 많은 술에서 발견되었으나 향보다는 맛에 영향력이 높음.

Peak 번호로 74 번 이상은 휘발성이 약해서 향에는 영향이 적음.

① 발효주 No-10의 크로마토그램의 특징

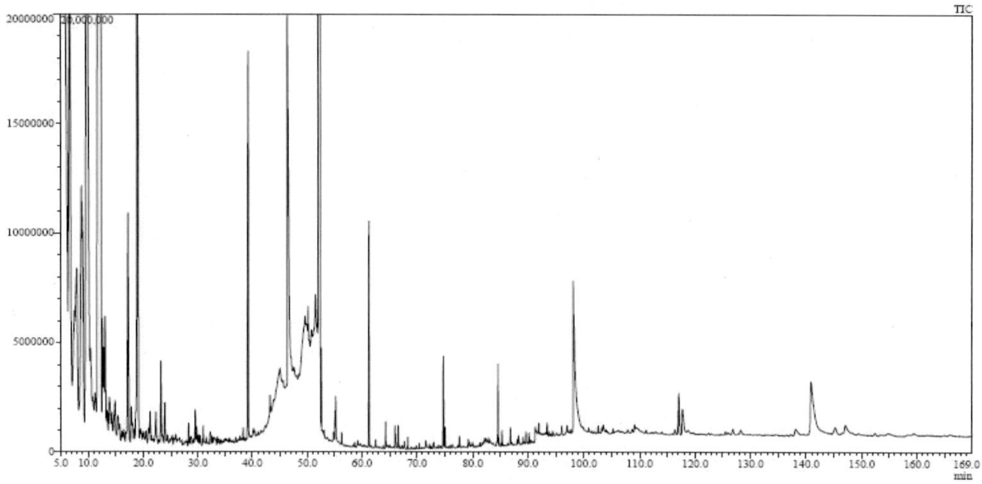

그림 243. No-10 발효주에 대한 이온 크로마토그램

(김종덕, 농림부 최종 연구 보고서, 2008)

표 46. No-10 발효주에 대한 주된 휘발성 성분

Peak NO	Retention Time	Compounds	Peak area (1.0 × 10^6)	Identification method
1	5.94	Acetaldehyde	12.82	MS, RI
2	6.67	2,2,5-Trimethylpentane	777.72	MS, RI
3	7.34	Ethoxybutane	140.40	MS, RI
4	7.71	2,3,4-Trimethyl-2-pentene	183.75	MS, RI
5	7.94	Ethyl formate	81.92	MS, RI
6	8.77	2,2,4-Trimethylhexane	547.72	MS, RI
7	9.53	1,3,5-Trimethylcyclohexane	21.15	MS, RI
8	9.86	Ethyl acetate	317.22	MS, RI
9	10.06	1,1-Diethoxyethane	233.89	MS
10	10.61	3-Methyloctane	100.77	MS, RI
11	11.49	cis-1,1,3,5-Tetramethylcyclohexane	29.48	MS
12	12.77	Ethanol	2596.16	MS, RI
13	12.84	2,3-Dimethyloctane	88.31	MS, RI
14	12.95	2,5-Dimethyloctane	160.36	MS, RI
15	13.21	2,2,3,-Trimethylheptane	8.07	MS, RI
16	13.53	1,2-Diethylcyclohexane	22.99	MS, RI
17	13.87	3-Pentanone	102.62	MS, RI
18	14.31	2,6-Dimethyloctane	26.07	MS, RI
19	14.71	1-Ethyl-2,3-dimethylcyclohexane	10.38	MS
20	14.87	5-Methyldecane	32.11	MS, RI
21	15.08	4-Methyldecane	5.54	MS, RI
22	15.29	1-Ethyl-1,3-dimethylcyclohexane	33.99	MS
23	15.40	3-Methyldecane	5.31	MS, RI

Peak NO	Retention Time	Compounds	Peak area (1.0 × 10^6)	Identification method
24	15.69	4,6-Dimethylnonane	16.05	MS, RI
25	16.44	n-Butyl acetate	4.16	MS, RI
26	16.57	3,8-Dimethylnonane	15.77	MS, RI
27	17.27	Toluene	43.06	MS, RI
28	17.79	2-Methyldecane	25.44	MS, RI
29	18.05	1-Ethyl-1,4-dimethylcyclohexane	20.75	MS
30	18.38	5-Ethyl-2-methyloctane	12.58	MS, RI
31	18.99	1,2-Dichloroethane	1099.12	MS, RI
32	19.65	1-Ethyl-2-propylcyclohexane	7.84	MS
33	20.10	Hexanal	4.59	MS, RI
34	20.31	(1,2-Dimethylpropyl)cyclohexane	8.37	MS
35	22.02	3,7-Dimethylnonane	15.74	MS, RI
36	22.30	3-Pentanol	6.55	MS, RI
37	22.48	2,8-Dimethyldecane	3.55	MS, RI
38	23.14	5-propylnonane	61.06	MS, RI
39	23.24	2-Pentanol	10.31	MS, RI
40	24.14	o-Xylene	2.91	MS, RI
41	24.91	1-Butanol	2.01	MS, RI
42	25.48	3,8-Dimethyldecane	5.03	MS, RI
43	26.73	1-Penten-3-ol	2.55	MS, RI
44	26.94	3-Methylundecane	2.96	MS, RI
45	28.23	2,2,6-Trimethydecane	1.04	MS
46	28.69	2,2,3,4,6,6-Hexamethylheptane	46.47	MS
47	28.91	3-Methyl-1-butanol	7.18	MS, RI
48	29.52	5-(2-Methylpropyl)nonane	6.73	MS
49	30.09	5-Methyl-5-propylnonane	12.77	MS
50	30.36	2,2,5-Trimethyldecane	5.75	MS, RI
51	30.99	1-Pentanol	3.00	MS, RI
52	32.67	3,9-Dimethylundecane	1.76	MS
53	34.21	3-Methyldodecane	4.20	MS, RI
54	37.36	Methyl lactate	1.46	MS, RI
55	39.25	Ethyl lactane	389.00	MS
56	40.14	1-Hexanol	10.90	MS, RI
57	43.07	3-Octanol	18.37	MS
58	46.28	Acetic acid	569.75	MS, RI
59	47.44	Furfural	9.85	MS, RI
60	49.56	3-Pentyl hydroperoxide	3.04	MS
61	50.15	2-Hydroperoxypentane	1.04	MS
62	52.47	2-Ethoxy-3-chlorobutane	3.08	MS
63	52.79	Propanoic acid	7.51	MS, RI
64	53.05	Ethyl 2-hydroxy-4-methylpropanoate	6.26	MS
65	54.78	Isobutanoic acid	14.54	MS, RI
66	55.20	2,3-butanediol	64.78	MS, RI

Peak NO	Retention Time	Compounds	Peak area (1.0×10^6)	Identification method
67	56.31	Hexadecane	1.48	MS, RI
68	60.55	2-Furanmethanol	1.91	MS, RI
69	61.23	3-Methylbutanoic acid	205.80	MS, RI
70	71.51	Hexanoic acid	9.10	MS, RI
71	74.74	Butylated Hydroxytoluene	17.76	MS
72	75.01	Benzenemethanol	20.38	MS, RI
73	77.60	Benzothiazole	3.09	MS, RI
74	88.12	Ethyl 4-ethoxybenzoate	1.16	MS
75	91.33	4-Methyloctanoic acid	35.75	MS, RI
76	91.97	Ethyl hexadecanoate	7.04	MS, RI
77	93.47	Ethyl 2-hydroxy-3-phenylpropanoate	13.31	MS
78	94.58	2,4-Di-tert-butylphenol	9.90	MS
79	97.69	n-Pentadecanol	7.57	MS, RI
80	98.19	Ethyl hydrogen succinate	7.31	MS
81	105.33	Bis(2-ethylhexyl) phthalate	3.97	MS
82	108.67	1-Octadecanol	345.09	MS, RI
83	116.40	Hexadecanamide	0.07	MS
84	117.06	Dibutyl phthalate	1.89	MS
85	117.58	Tetradecanoic acid	2.16	MS, RI
86	140.78	Hexadecanoic acid	2.34	MS, RI

(김종덕, 농림부 최종 연구 보고서, 2008)

MS, RI was identified with mass spectral data and retention indices (RI) of an authentic compound; MS, LRI was identified with mass spectral data and retention indices of published literatures; MS was identified with only mass spectral data of published literatures.

② 약용 자원의 구성비를 향상 시킨 발효주 S-NO2(1)의 크로마토그램의 특징

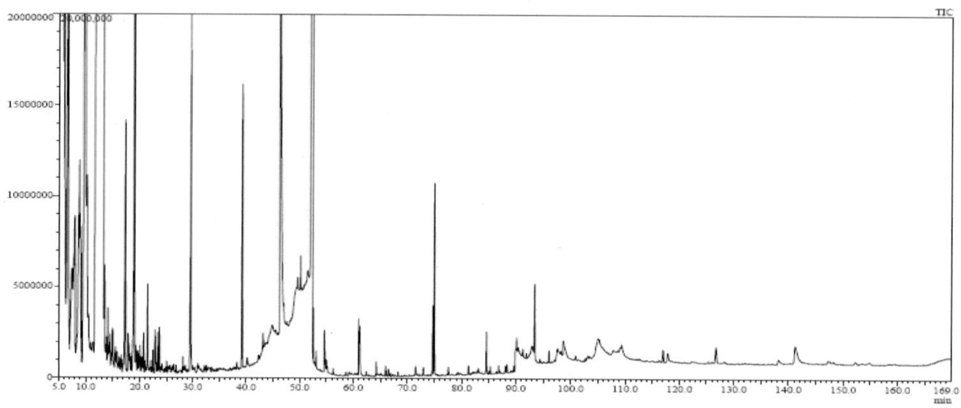

그림 244. S-NO2(1) 발효주에 대한 이온 크로마토그램

(김종덕, 농림부 최종 연구 보고서, 2008)

표 47. S-NO2(1) 발효주에 대한 주된 휘발성 성분

Peak NO	Retention Time	Compounds	Peak area (1.0 × 10^6)	Identification method
1	5.94	Acetaldehyde	52.31	MS, RI
2	6.67	2,2,5-Trimethylpentane	379.57	MS, RI
3	7.34	Ethoxybutane	72.59	MS, RI
4	7.71	2,3,4-Trimethyl-2-pentene	51.68	MS, RI
5	7.94	Ethyl formate	93.19	MS, RI
6	8.77	2,2,4-Trimethylhexane	193.63	MS, RI
7	9.53	1,3,5-Trimethylcyclohexane	317.82	MS, RI
8	9.86	Ethyl acetate	373.39	MS, RI
9	10.06	1,1-Diethoxyethane	163.53	MS
10	10.61	3-Methyloctane	16.00	MS, RI
11	11.49	cis-1,1,3,5-Tetramethylcyclohexane	5.87	MS
12	12.77	Ethanol	3223.07	MS, RI
13	12.84	2,3-Dimethyloctane	41.10	MS, RI
14	12.95	2,5-Dimethyloctane	2.44	MS, RI
15	13.21	2,2,3,-Trimethylheptane	4.88	MS, RI
16	13.53	1,2-Diethylcyclohexane	16.07	MS, RI
17	13.87	3-Pentanone	9.98	MS, RI
18	14.31	2,6-Dimethyloctane	3.26	MS, RI
19	14.71	1-Ethyl-2,3-dimethylcyclohexane	13.26	MS
20	14.87	5-Methyldecane	12.74	MS, RI
21	15.08	4-Methyldecane	1.64	MS, RI
22	15.29	1-Ethyl-1,3-dimethylcyclohexane	13.61	MS
23	15.40	3-Methyldecane	2.51	MS, RI
24	15.69	4,6-Dimethylnonane	4.88	MS, RI
25	16.44	n-Butyl acetate	5.72	MS, RI
26	16.57	3,8-Dimethylnonane	1.97	MS, RI
27	17.27	Toluene	137.72	MS, RI
28	17.79	2-Methyldecane	12.36	MS, RI
29	18.05	1-Ethyl-1,4-dimethylcyclohexane	5.43	MS
30	18.38	5-Ethyl-2-methyloctane	4.27	MS, RI
31	18.99	1,2-Dichloroethane	509.55	MS, RI
32	19.65	1-Ethyl-2-propylcyclohexane	6.47	MS
33	20.10	Hexanal	6.76	MS, RI
34	20.31	(1,2-Dimethylpropyl)cyclohexane	8.76	MS
35	22.02	3,7-Dimethylnonane	1.40	MS, RI
36	22.30	3-Pentanol	3.84	MS, RI
37	22.48	2,8-Dimethyldecane	6.36	MS, RI
38	23.14	5-propylnonane	13.31	MS, RI
39	23.24	2-Pentanol	3.09	MS, RI
40	24.14	o-Xylene	1.47	MS, RI
41	24.91	1-Butanol	3.35	MS, RI
42	25.48	3,8-Dimethyldecane	1.25	MS, RI
43	26.73	1-Penten-3-ol	1.86	MS, RI
44	26.94	3-Methylundecane	0.69	MS, RI

Peak NO	Retention Time	Compounds	Peak area (1.0 × 10^6)	Identification method
45	28.23	2,2,6-Trimethydecane	2.95	MS
46	28.69	2,2,3,4,6,6-Hexamethylheptane	2.08	MS
47	28.91	3-Methyl-1-butanol	165.15	MS, RI
48	29.52	5-(2-Methylpropyl)nonane	0.79	MS
49	30.09	5-Methyl-5-propylnonane	0.52	MS
50	30.36	2,2,5-Trimethyldecane	1.67	MS, RI
51	30.99	1-Pentanol	1.16	MS, RI
52	32.67	3,9-Dimethylundecane	1.04	MS
53	34.21	3-Methyldodecane	2.26	MS, RI
54	37.36	Methyl lactate	1.20	MS, RI
55	39.25	Ethyl lactane	2.95	MS
56	40.14	1-Hexanol	6.08	MS, RI
57	43.07	3-Octanol	5.88	MS
58	46.28	Acetic acid	416.03	MS, RI
59	47.44	Furfural	1.14	MS, RI
60	49.56	3-Pentyl hydroperoxide	6.73	MS
61	50.15	2-Hydroperoxypentane	10.78	MS
62	52.47	2-Ethoxy-3-chlorobutane	9.39	MS
63	52.79	Propanoic acid	0.56	MS, RI
64	53.05	Ethyl 2-hydroxy-4-methylpropanoate	4.57	MS
65	54.78	Isobutanoic acid	22.76	MS, RI
66	55.20	2,3-butanediol	2.03	MS, RI
67	56.31	Hexadecane	1.51	MS, RI
68	60.55	2-Furanmethanol	0.72	MS, RI
69	61.23	3-Methylbutanoic acid	22.14	MS, RI
70	71.51	Hexanoic acid	4.66	MS, RI
71	74.74	Butylated Hydroxytoluene	2.72	MS
72	75.01	Benzenemethanol	22.18	MS, RI
73	77.60	Benzothiazole	75.16	MS, RI
74	88.12	Ethyl 4-ethoxybenzoate	3.24	MS
75	91.33	4-Methyloctanoic acid	2.61	MS, RI
76	91.97	Ethyl hexadecanoate	1.63	MS, RI
77	93.47	Ethyl 2-hydroxy-3-phenylpropanoate	27.69	MS
78	94.58	2,4-Di-tert-butylphenol	0.94	MS
79	97.69	n-Pentadecanol	5.51	MS, RI
80	98.19	Ethyl hydrogen succinate	10.48	MS
81	105.33	Bis(2-ethylhexyl) phthalate	1.60	MS
82	108.67	1-Octadecanol	2.56	MS, RI
83	116.40	Hexadecanamide	1.15	MS
84	117.06	Dibutyl phthalate	8.05	MS
85	117.58	Tetradecanoic acid	6.56	MS, RI
86	140.78	Hexadecanoic acid	24.43	MS, RI

(김종덕, 농림부 최종 연구 보고서, 2008)

③ 약용 자원의 구성비를 최적화 한 발효주 SS-NO2(1)의 크로마토그램의 특징

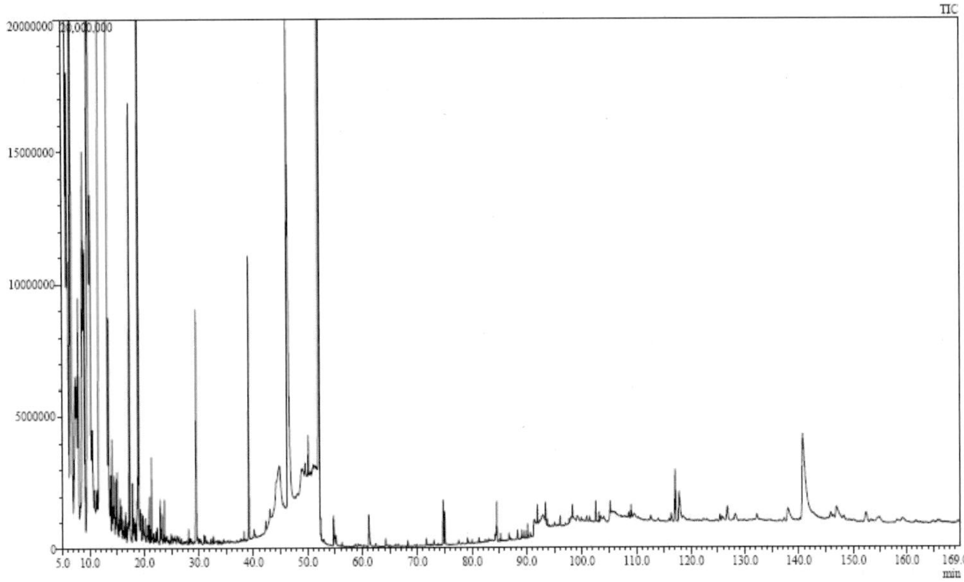

그림 245. SS-NO2(1) 발효주에 대한 이온 크로마토그램

(김종덕, 농림부 최종 연구 보고서, 2008)

표 48. SS-NO2(1) 발효주에 대한 주된 휘발성 성분

Peak NO	Retention Time	Compounds	Peak area (1.0 × 10^6)	Identification method
1	5.94	Acetaldehyde	167.60	MS, RI
2	6.67	2,2,5-Trimethylpentane	435.68	MS, RI
3	7.34	Ethoxybutane	72.32	MS, RI
4	7.71	2,3,4-Trimethyl-2-pentene	34.64	MS, RI
5	7.94	Ethyl formate	84.53	MS, RI
6	8.77	2,2,4-Trimethylhexane	207.78	MS, RI
7	9.53	1,3,5-Trimethylcyclohexane	263.86	MS, RI
8	9.86	Ethyl acetate	277.89	MS, RI
9	10.06	1,1-Diethoxyethane	191.32	MS
10	10.61	3-Methyloctane	55.11	MS, RI
11	11.49	cis-1,1,3,5-Tetramethylcyclohexane	25.09	MS
12	12.77	Ethanol	3181.75	MS, RI
13	12.84	2,3-Dimethyloctane	69.43	MS, RI
14	12.95	2,5-Dimethyloctane	6.15	MS, RI
15	13.21	2,2,3,-Trimethylheptane	9.94	MS, RI
16	13.53	1,2-Diethylcyclohexane	18.29	MS, RI
17	13.87	3-Pentanone	5.33	MS, RI
18	14.31	2,6-Dimethyloctane	5.93	MS, RI

Peak NO	Retention Time	Compounds	Peak area (1.0 × 10^6)	Identification method
19	14.71	1-Ethyl-2,3-dimethylcyclohexane	12.33	MS
20	14.87	5-Methyldecane	11.46	MS, RI
21	15.08	4-Methyldecane	1.94	MS, RI
22	15.29	1-Ethyl-1,3-dimethylcyclohexane	4.19	MS
23	15.40	3-Methyldecane	6.84	MS, RI
24	15.69	4,6-Dimethylnonane	6.35	MS, RI
25	16.44	n-Butyl acetate	5.57	MS, RI
26	16.57	3,8-Dimethylnonane	2.47	MS, RI
27	17.27	Toluene	133.45	MS, RI
28	17.79	2-Methyldecane	10.97	MS, RI
29	18.05	1-Ethyl-1,4-dimethylcyclohexane	4.11	MS
30	18.38	5-Ethyl-2-methyloctane	2.92	MS, RI
31	18.99	1,2-Dichloroethane	440.09	MS, RI
32	19.65	1-Ethyl-2-propylcyclohexane	4.72	MS
33	20.10	Hexanal	1.45	MS, RI
34	20.31	(1,2-Dimethylpropyl)cyclohexane	3.66	MS
35	22.02	3,7-Dimethylnonane	2.66	MS, RI
36	22.30	3-Pentanol	1.08	MS, RI
37	22.48	2,8-Dimethyldecane	3.33	MS, RI
38	23.14	5-propylnonane	2.52	MS, RI
39	23.24	2-Pentanol	6.27	MS, RI
40	24.14	o-Xylene	1.61	MS, RI
41	24.91	1-Butanol	2.68	MS, RI
42	25.48	3,8-Dimethyldecane	0.78	MS, RI
43	26.73	1-Penten-3-ol	0.61	MS, RI
44	26.94	3-Methylundecane	1.01	MS, RI
45	28.23	2,2,6-Trimethydecane	1.38	MS
46	28.69	2,2,3,4,6,6-Hexamethylheptane	1.20	MS
47	28.91	3-Methyl-1-butanol	59.51	MS, RI
48	29.52	5-(2-Methylpropyl)nonane	1.16	MS
49	30.09	5-Methyl-5-propylnonane	1.93	MS
50	30.36	2,2,5-Trimethyldecane	2.16	MS, RI
51	30.99	1-Pentanol	1.19	MS, RI
52	32.67	3,9-Dimethylundecane	0.98	MS
53	34.21	3-Methyldodecane	0.62	MS, RI
54	37.36	Methyl lactate	1.99	MS, RI
55	39.25	Ethyl lactane	1.65	MS
56	40.14	1-Hexanol	2.43	MS, RI
57	43.07	3-Octanol	332.48	MS
58	46.28	Acetic acid	1.72	MS, RI

Peak NO	Retention Time	Compounds	Peak area (1.0 × 10^6)	Identification method
59	47.44	Furfural	2.13	MS, RI
60	49.56	3-Pentyl hydroperoxide	8.51	MS
61	50.15	2-Hydroperoxypentane	2.61	MS
62	52.47	2-Ethoxy-3-chlorobutane	0.54	MS
63	52.79	Propanoic acid	0.48	MS, RI
64	53.05	Ethyl 2-hydroxy-4-methylpropanoate	11.94	MS
65	54.78	Isobutanoic acid	2.40	MS, RI
66	55.20	2,3-butanediol	0.64	MS, RI
67	56.31	Hexadecane	0.39	MS, RI
68	60.55	2-Furanmethanol	13.20	MS, RI
69	61.23	3-Methylbutanoic acid	1.97	MS, RI
70	71.51	Hexanoic acid	1.03	MS, RI
71	74.74	Butylated Hydroxytoluene	10.21	MS
72	75.01	Benzenemethanol	9.08	MS, RI
73	77.60	Benzothiazole	1.18	MS, RI
74	88.12	Ethyl 4-ethoxybenzoate	2.59	MS
75	91.33	4-Methyloctanoic acid	0.57	MS, RI
76	91.97	Ethyl hexadecanoate	4.27	MS, RI
77	93.47	Ethyl 2-hydroxy-3-phenylpropanoate	5.63	MS
78	94.58	2,4-Di-tert-butylphenol	0.92	MS
79	97.69	n-Pentadecanol	0.99	MS, RI
80	98.19	Ethyl hydrogen succinate	2.88	MS
81	105.33	Bis(2-ethylhexyl) phthalate	6.29	MS
82	108.67	1-Octadecanol	1.85	MS, RI
83	116.40	Hexadecanamide	3.06	MS
84	117.06	Dibutyl phthalate	24.47	MS
85	117.58	Tetradecanoic acid	20.13	MS, RI
86	140.78	Hexadecanoic acid	113.32	MS, RI

(김종덕, 농림부 최종 연구 보고서, 2008)

4. 기초 담금의 방향 성분 비교

Acetic acid: 신맛, Acetaldehyde: 사과향, Benzothazole: 함황성분, 녹차향, 2,3-butandiol: 과일향, Butyl acetate: 중요한 달콤한 과일향, Ethyl acetate: 파인애플 향, Furfural: 딸기꽃향, 3-methylbutanoic acid: 달콤한 향, Pentanone: butter향 등의 특징 있는 성분들이 함유되어 있었다(그림 246).

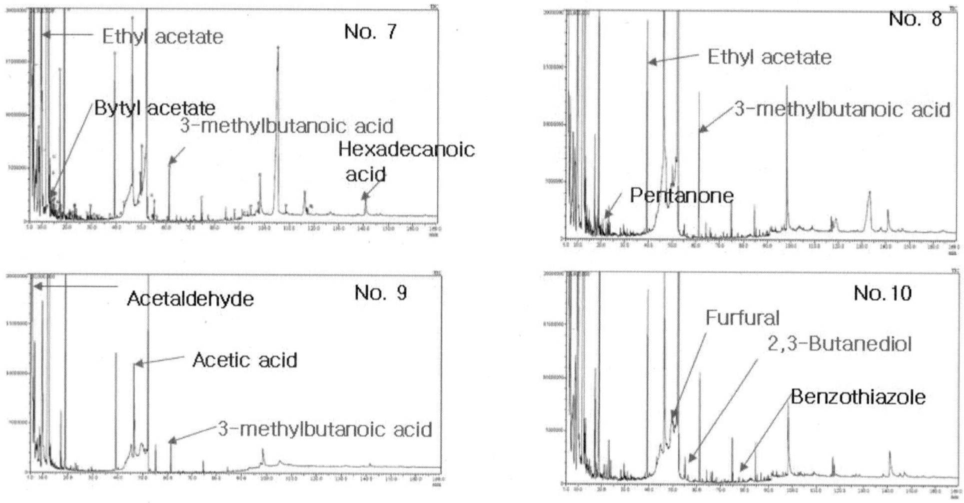

그림 246. 기초 담금 발효주의 향미 성분 비교

(김종덕, 농림부 최종 연구 보고서, 2008)

5. 개선한 담금의 방향 성분

Acetic acid: 신맛, Acetaldehyde: 사과향, Benzothazole 함황성분, 녹차향, Butyl acetate: 달콤한 과일향, 2,3-butandiol: 과일향, Ethyl acetate: 파인애플 향, Ethyl formate: 럼주의 주성분, Ethyl lactate: 술의 주된 성분, Furfural: 딸기꽃 향, 3-methyl-1-butanol: 술의 주성분, Pentanone: butter향 등이 함유 되어 있어 담그는 방법에 따라 방향성분의 특성이 달라지는 것을 알 수 있었다(그림 247).

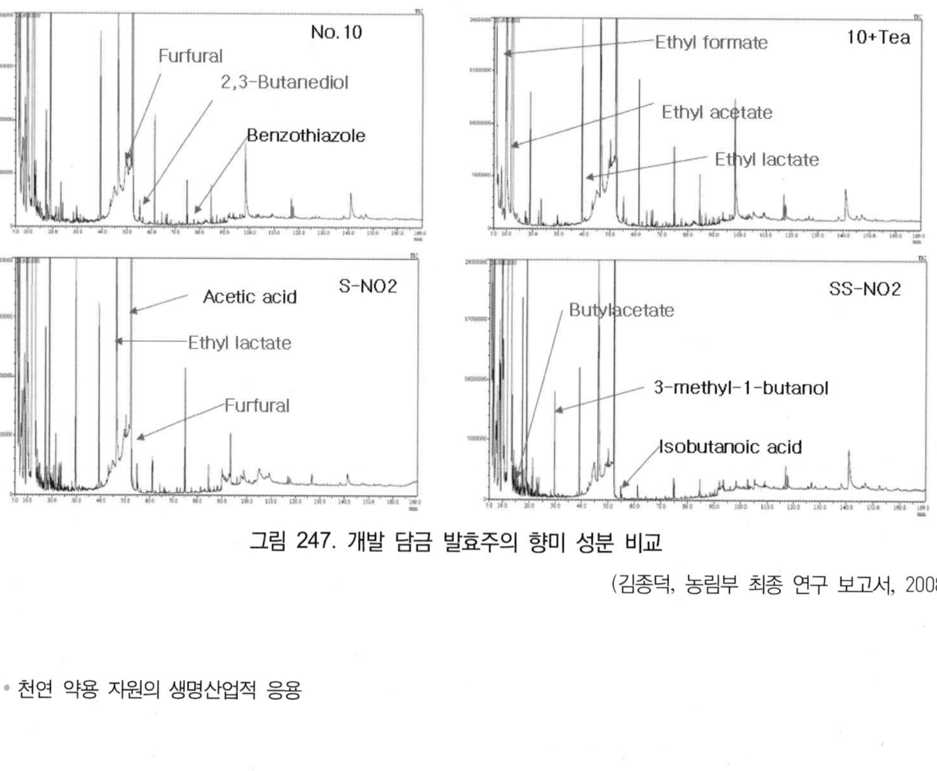

그림 247. 개발 담금 발효주의 향미 성분 비교

(김종덕, 농림부 최종 연구 보고서, 2008)

제11장

약용 자원으로부터 항 산화 면의 개발

1. 녹차의 첨가량 및 질감의 특성
2. 전분 배합의 적정성(관능시험)
3. 항 산화액의 제조
4. 원료 배합을 위한 수분의 적정성
5. 최적 수분함량에 의한 원료 배합의 적정성
6. 효소 반응에 의한 호화도의 비교
7. DSC(시차주사형열량분석계)에 의한 gel화 열량의 비교

제11장

약용 자원으로부터 항 산화 면의 개발

기존의 면 식품류(국수, 우동, 칼국수, 수제비 등의 반죽)등이 밀가루에만 의존하여 제품을 제조함으로써 제품의 물리적 특성(조직감, 저작감, 탄력성 등), 맛, 그리고, 향 등에서 한계점이 있었다. 따라서, 물리적 특성을 변화시키기 위하여 기존의 밀가루에 전분 및 녹차를 첨가하여 그 물리적 특성 및 맛, 그리고, 향을 변화시켰다. 그리고, 기존의 제품들이 물로만 반죽하여 제품을 만들어 그 기능성을 기대하기 어려워 녹차 및 약용 자원의 추출액인 항 산화액을 이용함으로써 항 산화력 및 향과 맛을 가미하여 물리적 특성을 변화시켜 기능이 다른 면 식품류를 개발하고자 하였다.

1. 녹차의 첨가량 및 질감의 특성

밀가루에 녹차 분말을 각각 1%, 3%, 5% 및 8%가 되게 첨가하고 수돗물 및 약용 자원의 항 산화 추출액으로 각각 반죽하여 Texture meter로써 반죽의 gel strength 시험을 하였을 때의 결과를 그림 248에 나타내었다. 대조군 군에 비교하여 녹차 분말을 1% 첨가한 시료

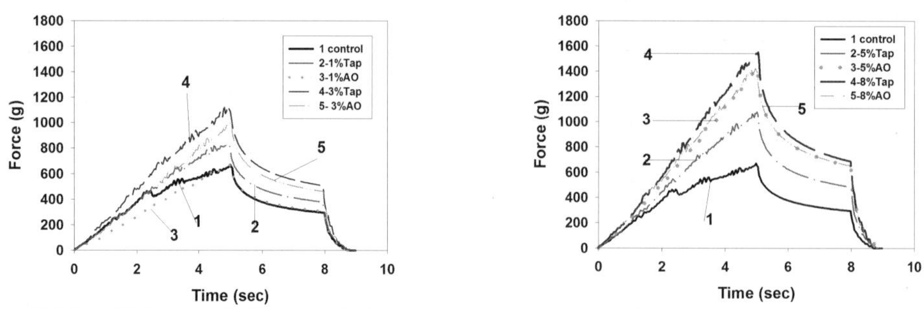

그림 248. 밀가루에 녹차 분말을 각각 1%, 3%, 5% 및 8%가 되게 첨가하고 수돗물(Tap) 및 약용 자원의 항 산화 추출액(AO)으로 혼합하여 texture meter로써 gel strength 의 시험 결과

(한국 특허: 0414016호, 2001)

는 뚜렷한 차이가 없고, 3%의 녹차 첨가량에서 적당한 강도를 나타내었으며, 5% 및 8%에서는 강도가 너무 강함을 나타내어 3%의 녹차 분말을 첨가하고 항 산화 추출액으로 반죽하였을 때 적당한 강도를 나타내어, 최적의 녹차 분말 첨가량을 3%로 하였다.

그리고, 3%의 녹차를 첨가한 시료에 대하여 저작 시험을 한 결과를 그림 249에 나타내었으며, 그림 249로 부터 녹차를 넣지 않은 대조군(384887.75 dyne/cm^2)보다 3%의 녹차 분말을 넣은 쪽(521924.03 dyne/cm^2)이 강도가 큰 것으로 나타났으며, 수돗물로 반죽한 것(426716.59 dyne/cm^2)보다 항 산화액으로 반죽을 한 것(496639.43 dyne/cm^2)이 더 강도가 큰 것으로 나타났다. 그리고, gumminess(껌성 : 반고체 식품을 삼킬 수 있는 상태까지 씹는데 필요한 에너지)는 항 산화액으로 반죽한 것(656.1 g)이 수돗물로 반죽한 것(725.9 g)보다 낮아 저작성이 좋은 것으로 나타나 항 산화액으로 반죽하는 것이 좋은 것으로 판단되었다.

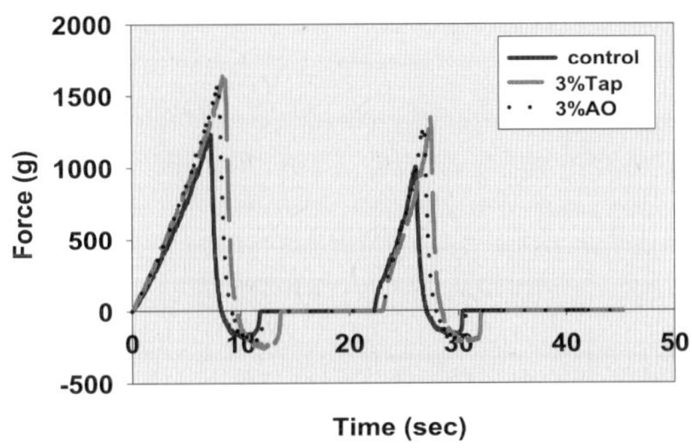

그림 249. 3%의 녹차를 첨가한 시료의 저작 시험을 한 결과

(한국 특허: 0414016호, 2001)

2. 전분 배합의 적정성(관능시험)

밀가루, 쌀가루, 전분, 녹차 분말의 비율을 표 49와 같이 12 종류의 원료를 배합한 후 관능 시험을 행하여 상위의 4 그룹을 선택하였고, 상위 4 그룹을 다시 관능 시험을 행하였을 때의 결과는 표 50과 같았다.

표 50에서 보는 바와 같이 밀가루+쌀가루에 대해서는 호응도가 낮았으며, 밀가루(85%)+전분(12%)+녹차(3%)가 12 종류의 시료에 비교하여 가장 좋은 것으로 나타났다. 따라서, 밀가루+전분+녹차 분말의 시료들에 대해서는 수돗물 및 항 산화액으로 혼합하여 DSC에 의한 호화도 및 질감 시험을 하였다.

표 49. 밀가루, 쌀가루, 전분의 여러 가지 배합 비율에 3%의 녹차 분말을 첨가하여 제조한 시료의 종류

구분	밀가루(%)	쌀가루(%)	전분(%)	녹차(%)
Sample①	65	32	0	3
Sample②	81	16	0	3
Sample③	89	8	0	3
Sample④	93	4	0	3
Sample⑤	93	0	4	3
Sample⑥	89	0	8	3
Sample⑦	85	0	12	3
Sample⑧	81	0	16	3
Sample⑨	49	24	24	3
Sample⑩	65	26	6	3
Sample⑪	65	19	13	3
Sample⑫	75	15	7	3

(한국 특허: 0414016호, 2001)

표 50. 밀가루 및 전분의 배합비에 따라 제조된 4종류의 국수에 대한 관능 검사

attribute	group				
	대조군	sample ⑤	sample ⑥	sample ⑦	sample ⑧
color	5.2	7.0	6.5	6.7	6.5
elasticity	6.0	6.3	7.0	6.5	6.3
taste	5.1	6.7	6.4	7.0	6.4
perfume	4.4	6.7	6.8	6.9	6.7

(한국 특허: 0414016호, 2001)

3. 항 산화액의 제조

3.1. 항 산화액의 구성 성분 및 항 산화 효과

항 산화액을 구성하는 약용 자원들의 항 산화력의 정도를 용존산소법(D.O. analysis)으로 시간에 따른 용존 산소의 감소 곡선에 따라 AUC(area under curve: 곡선아래의 면적)로 나타내면 감초는 450.27, 계피는 592.23, 오가피는 555.90, 백작약은 788.73, 산수유는 984.50, 녹차는 557.93, 솔잎은 491.2이고, AUC가 클수록 항 산화력이 강한 것이 된다(그림 250(가)). 그리고, 대조군인 수돗물의 AUC(그림 244(나-B)는 223.17이었고, 항 산화 추출물의 AUC(그림 250(나-A))은 669.03이었다. 항 산화액을 구성하는 구성성분의 AUC는 모두 대조군보다 높게 나타났으며, 추출한 항 산화액의 항 산화력도 대조군보다 3 배정 도의 항 산화력을 증가시킬 수 있어 이 항 산화 추출액을 혼합액으로 한다.

(가)

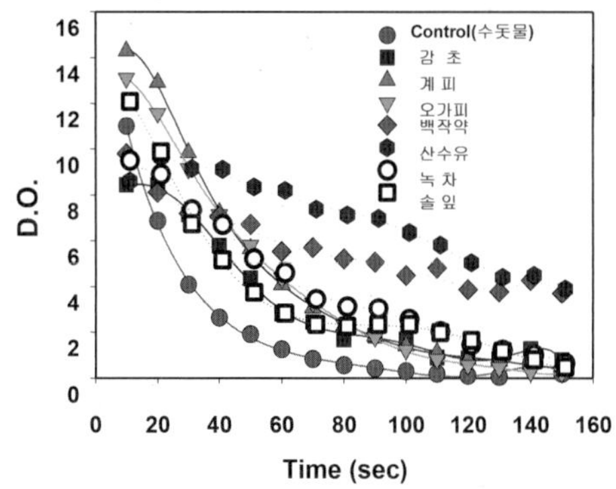

(나)

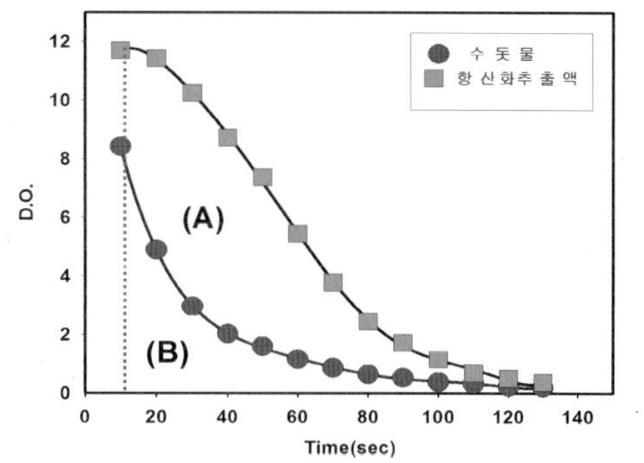

그림 250. 항 산화액을 구성하는 각 약용 자원의 AUC 비교(가) 및 항 산화 추출액의 AUC(나)

(한국 특허: 0414016호, 2001)

3.2. 항 산화액의 구성 성분의 약효

항 산화액의 구성 성분은 앞에서 언급한 효과를 가지고 있어, 약용 자원 자체의 약효와 항 산화력에 의한 유해 산소 제거 작용으로 생체의 노화 지연 및 질병 예방의 기대를 할 수 있다.

3.3. 항 산화액의 조성비

증류수 150㎖에 산수유 2.5g(1.6%), 백작약 2.5g(1.6%), 황기 2.5g(1.6%), 감초3 g(2.0%), 계피 3g(2.0%), 오가피 1g(0.7%)과 솔잎을 각각 1g(0.7%), 2g(1.4%), 3g(2.1%), 5g(3.5%), 7g(4.9%), 10g(7%)를 넣고 120℃에서 60분간 열수 추출하였다. 각각의 열수 추출물에 대하여 솔잎의 성향을 분석한 결과는 표 51과 같다. 표 51에서 알 수 있듯이 산수유 1.6%, 백작약 1.6%, 황기 1.6%, 감초 2.0%, 계피 2.0%, 오가피 0.7% 및 솔잎 0.7%으로 구성된 항 산화액이 가장 맛과 향이 좋았다(표 51).

표 51. 항 산화 추출물 및 솔잎에 대한 성향 분석

항 산화 약용 자원의 구성(%)	남자	여자	평균
산수유 1.6, 백작약 2.5, 황기 2.5, 감초 3, 계피 3, 오가피 1	5.0	5.0	5.0
산수유 1.6, 백작약 2.5, 황기 2.5, 감초 3, 계피 3, 오가피 1, 솔잎 1g	5.2	5.2	5.2
산수유 1.6, 백작약 2.5, 황기 2.5, 감초 3, 계피 3, 오가피 1, 솔잎 2g	4.8	3.6	4.2
산수유 1.6, 백작약 2.5, 황기 2.5, 감초 3, 계피 3, 오가피 1, 솔잎 3g	4.8	3.4	4.1
산수유 1.6, 백작약 2.5, 황기 2.5, 감초 3, 계피 3, 오가피 1, 솔잎 5g	4.2	2.8	3.5
산수유 1.6, 백작약 2.5, 황기 2.5, 감초 3, 계피 3, 오가피 1, 솔잎 7g	4.0	2.2	3.1
산수유 1.6, 백작약 2.5, 황기 2.5, 감초 3, 계피 3, 오가피 1, 솔잎 10g	3.0	1.8	2.4

(한국 특허: 0414016호, 2001)

4. 원료 배합을 위한 수분의 적정성

밀가루(100%)와 밀가루(85%)+전분(12%)+녹차 분말(3%)를 시료로 하여 수분 함량에 따른 물리적 특성을 비교한 바를 표 52에 나타내었다.

표 52. 원료의 배합비와 시료의 함수율에 따른 물리적 특성(T: 수돗물, H: 항 산화 액)

No	원료(%)	함수(%)	MaxG (강도 : g)	Hardness (경도 : dyne/cm^2)	Cohesiv-ness (응집성 : %)	Spring-ness (탄력성 : %)	Gummi-ness (껌성 : g)
1	밀가루(100)	30 T	1517.3	327643.1	32.7	39.7	506.3
2	"	30 H	1370	291231.7	36.7	43.3	508.3
3	"	33 T	682.7	143909.3	67.7	86.3	465.3
4	"	33 H	559	174494.7	81.7	97.7	464.0
5	"	35 T	323.7	76467.7	101	113	327.3
6	"	35 H	329.7	77837.7	91.7	97.3	301.7
7	밀가루(85)+전분(12)+ 녹차 분말(3)	30 T	2242.3	589346.3	29.3	37.3	667
8	"	30 H	2501.3	563577.1	25.7	32.7	652.7
9	"	33 T	1074	231893.7	38	43	413.7
10	"	33 H	1291	287466.3	28.7	27.3	326
11	"	35 T	652.3	162567.2	50.7	58.3	332
12	"	35 H	707.7	183115.7	52	58.7	372.7

(한국 특허: 0414016호, 2001)

표 52에서 알 수 있듯이 원료에 관계없이 수돗물과 항 산화액 모두 35%의 함수량에서는 응집성이 너무 커서 형태를 만들 수 없을 정도로 수분이 많았다. 30%의 함수량에서는 수분이 적어 보통 사람의 힘으로써는 반죽하기 힘든 경우를 보였다. 그리고, Gumminess(껌성: 반고체 식품을 삼킬 수 있는 상태까지 씹는데 필요한 에너지 (g))는 함수량 30%에서서는 너무 높은 것을, 35%에서는 너무 낮은 것을 볼 수 있으며, 33%의 함수량이 적당한 것으로 판단하였다. 밀가루 자체의 원료보다 전분 및 녹차 분말이 첨가된 원료를 동일한 함수량에서 볼 때 강도가 강한 것을 볼 수 있었다.

5. 최적 수분함량(33%)에 의한 원료 배합의 적정성

밀가루(100)를 대조군으로 하여 표 52에서 선택한 원료 5 종류에 대하여 33%의 최적 수분 함량으로 제조된 시료의 물리적 특성을 조사한 바를 표 53에 제시하였으며, 전반적으로 동일한 원료를 수돗물(33T)로 혼합한 것보다 항 산화액(33H)으로 혼합한 것이 강도가 높은 것으로 나타나 항 산화액이 면의 조직감을 강하게 하는 것으로 판단되었고, 원료의 배합에 따른 5 종류의 시료 중에서 밀가루(85%)+전분(12%)+녹차(3%)로 이루어진 원료를 항 산화액으로 반죽한 것이 강도나 경도면에서도 강함을 보였고, 또한 Gumminess에서 가장 낮은 에너지를 보여 면의 쫄깃한 특성을 나타내었다. 따라서 원료의 배합은 밀가루(85%)+전분(12%)+녹차(3%)으로 하며, 항 산화 액으로 반죽한 것을 기능성 항 산화 면식품으로 가공한다.

표 53. 최적 수분 함량(33%)으로 제조된 시료들의 물리적 특성(T: 수돗물, H : 항 산화 액)

No	원료(%)	T/H (%)	MaxG (강도 : g)	Hardness (경도 : dyne/cm^2)	Cohesiv-ness (응집성 : %)	Spring-ness (탄력성 : %)	Gummi-ness (껌성 : g)
1	밀가루(100)	33 T	408.7	163008.3	79.7	87.7	313.3
2	밀가루(100)	33 H	492	131639	56.3	61.3	277.7
3	밀가루(93)+전분(4)+녹차(3)	33 T	820	195161.2	36.7	42.7	296.3
4	밀가루(93)+전분(4)+녹차(3)	33 H	749.7	197462	57	65.3	432.3
5	밀가루(89)+전분(8)+녹차(3)	33 T	699	226135.3	61.7	72	427.0
6	밀가루(89)+전분(8)+녹차(3)	33 H	705	226108.3	55.3	65.3	392.3
7	밀가루(85)+전분(12)+녹차(3)	33 T	741.7	266871.4	49.3	57	361.3
8	밀가루(85)+전분(12)+녹차(3)	33 H	917	301364.4	26.7	31	253.3
9	밀가루(81)+전분(16)+녹차(3)	33 T	778.7	299322.1	42	50.3	328.3
10	밀가루(81)+전분(16)+녹차(3)	33 H	773.3	269464.7	41.3	50.3	326.3

MaxG : 최대하중 값 (g)
Hardness : 물질을 변형 시키는데 필요한힘 (dyne/cm^2)
Cohesivness : 응집성 : 형태를 구성하는 내부적 결합에 필요한 힘 (%)
Springness : 탄력성 : 원상태로 회복되는 성질(%)
Gumminess : 껌성 : 반고체 식품을 삼킬 수 있는 상태까지 씹는데 필요한 에너지 (g)

(한국 특허: 0414016호, 2001)

6. 효소 반응에 의한 호화도의 비교

식품 분석 핸드북의 방법에 따라 6 개의 100 ml 삼각 플라스크에 blank(b)와 a_d는 50 ml의 증류수만, 시료용 a_1, a_2, a_3, a_4 에는 각각 1 g의 시료를 넣고 잘 풀어 준 다음 blank(b), a1, a_4를 30 분간 열탕 후 실온으로 냉각시켰다. 그 후 blank(b), ad, a_1, a_3을 5% α-amylase 5 ml을 첨가하고 37℃에서 90 분간 효소 반응시키고, 효소 반응이 끝난 후 blank(b), a_d, a1, a2, a3, a_4에 1N HCl 2 ml을 넣고 증류수로 100 ml 정용시킨 후 여과지로 여과시켰다. 그 후 각 여과액 10 ml과 0.1N iodine 용액 10 ml, 0.1N의 NaOH 18 ml을 혼합하고, 15 분간 방치 후 10% H_2SO_4 용액 2 ml을 넣었다. 이어서 0.1N의 $Na_2S_2O_3$ 용액으로 적정한 다음 계산식에 의해 호화도를 측정하였다.

$$호화도(\%) = \frac{(b - a_3) - (b - a_4) - (b - a_d)}{(b - a_1) - (b - a_2) - (b - a_d)} \times 100$$

여기서 적정치는 ml이고 a_1은 시료 전분을 호화시키고 α-amylase를 작용시켜 글루코즈화 한 것의 적정치이고, a_2는 호화시키지도 않고 α-amylase의 작용도 받지 않으면서 이미 존재하는 글루코즈의 적정치이며, a_3는 시료 중 이미 호화된 전분에 α-amylase를 작용시켜 글루코즈화한 것의 적정치이다. a_4는 호화시킨 시료 중에 α-amylase의 작용을 받지 않고도 이미 존재하는 글루코즈의 적정치이며, a_d는 30 분간 열탕처리하지 않고 α-amylase를 작용시켜 글루코즈화 한 것의 적정치이다.

시료는 표 52, 표 53에서 선택된 4 종류의 배합에 대하여 호화도를 측정하였으며, 그 결과를 그림 251에 나타내었다. 수돗물로써 제조한 것보다 항 산화액으로 제조한 것이 호화도가 낮아 항 산화액이 전분의 노화를 지연시키는 효과가 있는 것으로 나타났다. 그리고, 전분의 첨가 비율에 따른 호화도도 수돗물로 제조한 것보다 낮은 것으로 나타나 항 산화액의 효과가 큰 것으로 판단된다.

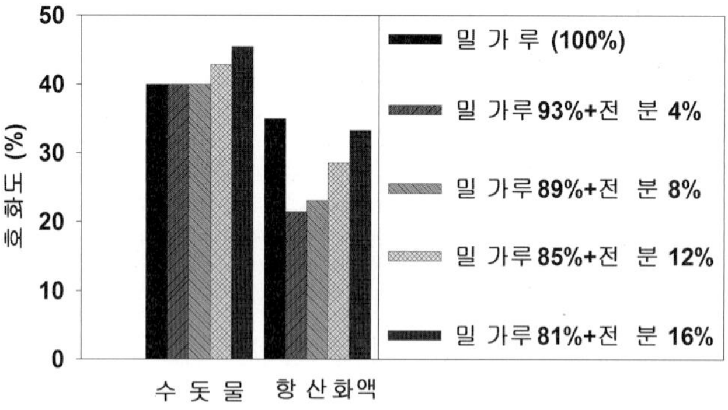

그림 251. 밀가루 및 전분의 혼합비에 따른 호화도

(한국 특허: 0414016호, 2001)

7. DSC(시차주사형열량분석계)에 의한 gel화 열량의 비교

원료 배합에 따른 각각의 시료에 대하여 DSC에 의한 To(겔화 시작온도), Tp(겔화 속도 최대 온도), Tc(겔화 종료 온도) 및 △Hg(겔화 소요 열량) 등의 값을 표 53에 나타내었으며, 면류의 조리 시간인 8~15 분 정도로 가열할 수 있는 조건인 10 ℃/min의 가열 속도로 가열하였다. 이 표 54와 그림 252로부터 전분의 함량이 높아질수록 gel 화의 시작 온도가 낮아 짐을 볼 수 있고, 또, 소요 열량도 감소됨을 보아 대조군보다 적은 열량으로 gel 화 시킬 수 있는 것으로 나타났다. 그리고, 전체적으로는 밀가루(85%)+전분(12%)+

녹차(3%)를 항 산화 액으로 반죽한 것이 겔화가 가장 낮은 온도에서 끝나고, 소요 열량이 다른 시료들에 비교하여 낮고, 대조군 군에 비교하여 5 배 정도 낮아 원료의 최적 배합비로 판단되었다.

표 54. 주사형열량분석계로 분석한 시료의 gel 화 온도 및 겔화 열량의 비교

No	원료(%)	T/H	To (℃)	Tp (℃)	Tc (℃)	△Hg (mJ/mg)	peak No. (그림 5)
1	밀가루(100)	33 T	109.9	122.4	142.2	559.3	(A)-1
2	밀가루(100)	33 H	100.5	112.3	144.5	525.1	(B)-1
3	밀가루(93)+전분(4)+녹차(3)	33 T	108.8	116.6	144.6	503.8	(A)-2
4	밀가루(93)+전분(4)+녹차(3)	33 H	102.7	111.3	144.2	431.5	(B) 2
5	밀가루(89)+전분(8)+녹차(3)	33 T	94.5	113.4	144.6	489.5	(A)-3
6	밀가루(89)+전분(8)+녹차(3)	33 H	102.3	114.9	144.5	433.6	(B)-3
7	밀가루(85)+전분(12)+녹차(3)	33 T	106.1	109.6	144.2	369.1	(A)-4
8	밀가루(85)+전분(12)+녹차(3)	33 H	92.7	115.9	132.4	126.3	(B)-4
9	밀가루(81)+전분(16)+녹차(3)	33 T	81.6	111.3	141.4	495.1	(A)-5
10	밀가루(81)+전분(16)+녹차(3)	33 H	86.6	152.0	165.1	622.5	(B)-5

(한국 특허: 0414016호, 2001)

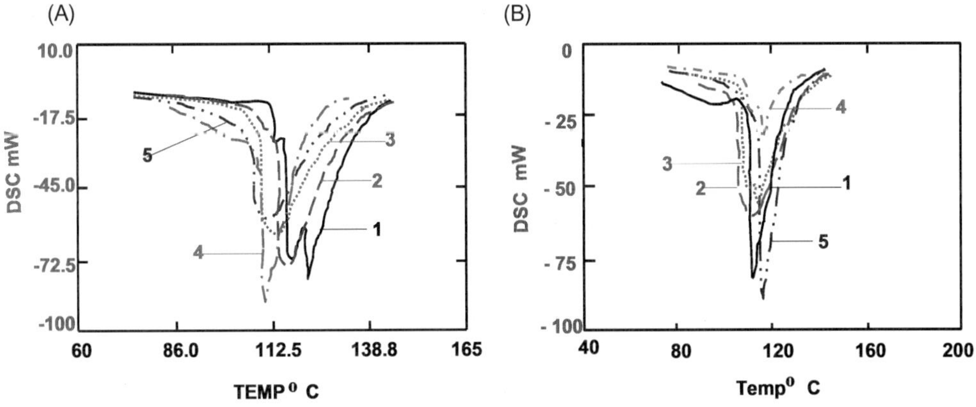

그림 252. 주사형열량분석계로 분석한 시료의 gel 화 열량의 비교

(A) : 증류수로 혼합한 시료, (B) : 항 산화액으로 혼합한 시료
1:밀가루(100%), 2:밀가루(93%)+전분(4%)+녹차(3%), 3:밀가루(89%)+전분(8%)+녹차(3%), 4:밀가루(85%)+전분(12%)+녹차(3%), 5: 밀가루(81%)+전분(16%)+녹차(3%)

(한국 특허: 0414016호, 2001)

7.1. 녹차의 적정 첨가량

밀가루에 녹차 분말을 각각 1%, 3%, 5% 및 8%가 되게 첨가하고 수돗물 및 약용 자원의 항 산화 추출액으로 각각 반죽하여 texture meter로써 반죽의 겔 강도 시험을 하였을 때의 대조군 군에 비교하여 녹차 분말 1%는 별로 차이가 없고, 3%의 녹차 첨가량에서 적당

한 강도를 나타내었으며, 5% 및 8%에서는 강도가 너무 강함을 나타내어 3%의 녹차 분말을 첨가하고 항 산화 추출액으로 반죽하였을 때 적당한 강도를 나타내어, 최적의 녹차 분말 첨가량을 3%로 하였다.

7.2. 전분 배합의 적정성

밀가루, 쌀가루, 전분을 밀가루+쌀가루+녹차 분말(3%), 밀가루+전분+녹차 분말(3%), 밀가루+쌀가루+전분+녹차 분말(3%)등으로 배합의 비율을 다르게 하여 배합의 적정성을 관능 시험을 한 결과 밀가루+쌀가루+녹차 분말(3%) 및 밀가루+쌀가루+전분+녹차 분말(3%)에 대해서는 호응도가 낮았으며, 밀가루(85%)+전분(12%)+녹차(3%)가 12 종류의 시료에 대하여 가장 좋은 것으로 나타났다.

7.3. 항 산화액의 구성 성분

항 산화액을 구성하는 각각의 성분에 대하여 용존산소법(D.O. analysis)으로 AUC를 구하여 항 산화력을 측정하였으며, 각 성분의 AUC는 감초가 450.27, 계피는 592.23, 오가피는 555.90, 백작약은 788.73, 산수유는 984.50, 녹차는 557.93, 솔잎은 491.2이었다. 그리고 대조군인 수돗물의 AUC는 223.17이었으며, 항 산화 추출물의 AUC는 669.03이었다. 항 산화액을 구성하는 구성 성분의 AUC는 모두 대조군보다 높게 나타났으며, 추출한 항 산화액의 항 산화력도 대조군보다 3 배 정도의 항 산화력을 증가시킬 수 있어 이 항 산화 추출액을 혼합액으로 한다.

7.4. 항 산화액의 조성비

증류수 150 ml에 산수유 1.6%, 백작약 2.5 g(1.6%), 황기 2.5 g(1.6%), 감초 3 g(2.0%), 계피 3 g(2.0%), 오가피 1 g(0.7%)과 솔잎을 각각 1 g(0.7%), 2 g(1.4%), 3 g(2.1%), 5 g(3.5%), 7 g(4.9%), 10 g(7%)를 넣고 120℃에서 60 분간 열수 추출하였다. 각각의 열수 추출물에 대하여 솔잎의 성향을 분석한 결과 산수유 1.6%, 백작약 1.6%, 황기 1.6%, 감초 2.0%, 계피 2.0%, 오가피 0.7% 및 솔잎 0.7%으로 구성된 항 산화액이 가장 맛과 향이 좋았다.

7.5. 원료 배합을 위한 수분의 적정성

밀가루(100%)와 밀가루(85%)+전분(12%)+녹차 분말(3%)를 시료로하여 수분 함량에 따른 물리적 특성을 비교한 결과, 원료에 관계없이 수돗물과 항 산화액 모두 35%의 함수량에서는 응집성이 너무 커서 형태를 만들 수 없을 정도로 수분이 많았다. 30%의 함수량에서는 수분이 적어 보통 사람의 힘으로써는 반죽하기 힘든 경우를 보였다. 그리고,

Gumminess(껌성: 반고체 식품을 삼킬 수 있는 상태까지 씹는데 필요한 에너지 (g))는 함수량 30%에서는 너무 높은 것을, 35%에서는 너무 낮은 것을 볼 수 있으며, 33%의 함수량이 적당한 것으로 판단하였다.

7.6. 효소 반응에 의한 호화도의 비교

식품 분석 핸드북의 방법에 따라 선택된 4 종류의 배합에 대하여 호화도를 측정하였으며 수돗물에서보다 항 산화액으로 제조한 것이 호화도가 낮아, 항 산화액이 전분의 노화를 지연시키는 효과가 있는 것으로 나타났다. 그리고, 전분의 첨가 비율에 따른 호화도도 수돗물로 제조한 것보다 낮은 깃으로 나타나 항 산화액의 효과가 큰 것으로 판단된다.

7.7. DSC(시차주사형열량분석계)에 의한 gel화 열량의 비교

원료 배합에 따른 각각의 sample에 대하여 DSC에 의한 물리적 특성변화는 전분의 함량이 높아질수록 겔화의 시작 온도가 낮아짐을 볼 수 있고, 또, 소요 열량도 감소됨을 보아 대조군보다 적은 열량으로 겔화시킬 수 있는 것으로 나타났다. 그리고, 전체적으로는 밀가루(85%)+전분(12%)+녹차(3%)를 항 산화 액으로 반죽한 것이 겔화가 가장 낮은 온도에서 끝나고, 소요 열량이 다른 시료들에 비교하여 낮고, 대조군에 비교하여 5 배 정도 낮아 원료의 최적 배합비로 판단되었다.

제12장

약용 자원으로부터 김치 균주의 제어

1. 연구 배경 및 목적
2. 김치 발효 균주를 제어하는 약용 자원의 선별
3. 처방 구성에 따른 제조 김치의 특성
4. 요약

제12장

약용 자원으로부터 김치 균주의 제어

이 연구는 녹차 및 약용 자원의 배합 조건에 따른 김치 발효 균주의 제어 방법에 관한 것으로서, 녹차, 동충하초 및 민들레의 기능성 원액 추출물을 이용하여 김치의 신맛을 내게하는 *Lactobacillus* 균주의 성장을 억제하고, 김치의 발효를 주도하면서 풍부한 맛을 내게 하는 *Leuconostoc* 균주의 성장을 촉진하며, 산막을 형성하여 김치의 풍미를 감소시키는 *Pichia* 균주의 성장을 억제함으로써 김치의 보존성 연장과 더불어 3년 이상 묵힌 묵은지와 같은 아삭하면서도 저작감이 좋은 김치를 제조할 수 있다. 녹차, 동충하초 및 민들레가 지니고 있는 기능성이 부여된 김치를 제공할 수 있도록 하는 것이다. 동충하초는 겨울철에 여러 종의 곤충에 기생하였다가 여름이 되어 온도와 습도가 높아지면 곤충을 기주로 하여 자실체를 발생하거나 충체상에 포자를 형성하는 버섯의 일종으로 전 세계적으로 약 100속 750여종이 분포되어 있으며, 우리 나라 식품 공전 상 “식품원재료분류표”에 제시되어 있는 동충하초의 종류로는 눈꽃동충하초와 밀리타리스 동충하초가 있다. 동충하초의 유용성 성분으로는 cordycepin, cordycepic acid, 아미노산, 다당류, 비타민 등으로 보고된 바 있고, 항균, 항암, 면역 기능 증강 및 마약에 대한 해독 기능, 종양 성장의 억제 및 면역 조절 기능 등이 알려지고 있다.

한편, 김치의 소비가 증가됨으로써 다양한 요구도 더불어 증가하고 있고, 김치도 그 숙성 정도에 따라서 생김치, 적당한 시간을 숙성시킨 김치, 그리고, 몇 년 동안 묵힌 묵은 김치로 나눌 수 있다. 사람의 입맛에 따라 다를 수 있지만 오랫동안 발효시켜 깊은 발효미가 나는 김치가 나름대로의 김치의 의미와 더불어 맛을 더할 수 있을 것이다. 이러한 묵힌 김치의 소비가 증가되어가고 있으나, 김치의 발효 기간이 3 년 정도로 묵혀야 하기 때문에 시간과 공간적인 발효실의 제한에 따른 문제가 발생하고 있어 발효 시간을 단축하되 맛은 그대로의 묵힌 김치(묵은지)의 특징을 나타낼 수 있는 발효 방법의 개발이 필요하게 되었다. 뿐만 아니라, 묵은지의 개발은 김치의 보존의 기술을 포함하기 때문에 어려운 부분이 아닐 수 없다. 현재까지의 김치의 보존기간 연장을 위하여는 염 및 염혼합물의 첨가(Jang, 1991), 보존료 첨가(Jang, 1988), 완충제의 첨가(Kim, 1985; Kim, 1995), bacteriocin을 이용하는 방법(Choi, 1997), pH 및 산도의 조정제(Jang, 1988) 솔잎 첨가(Choi, 1996), chitosan 등의 항균제재(Son, 1996)를 사용하는 법, 그리고, 한방 제제를 사용 하는법(Lee, 1999)등의 방법으로 연구되어 왔다. 이 방법들의 기술적인 방법으로 나누어 보면, 김치가 산성화, 산도가 높아져 감에 따라 이를 중성화 시킴으로써 김치의 시어져가는 것을 막아보자는 연구, 또 다른 한 가지는 김치의 발효에 관여하는 세균의 증식을 제어하여 발효가 천천히 진행되도록 하는 방법이었다. 산도의 중화 방법은 발효 중의 생산되는 유기산을 중화시킴으로써 신맛을 제거하는 방법인데, 이것은 생산되는 유기산에 대한 중화 작용이므로 중화 제제가 충분히 김치 속에 들어 있어야 한다는 점과 buffering capacity가 문제가 되며, 또한, 계속 생산되는 유기산의 생산을 중단시키지 못한다는 점에서 그 효과가 크지 못할 것으로 판단된다. 그리고, 다른 방법인 발효 균주를 제어하는 방법 중 bacteriocin을 이용하는 방법인데 역할로 볼 때 발효 균주의 제어는 가능하리라고 판단이 되나, 발효에 관여하는 모든 세균에 대하여 제어가 가능한 bacteriocin의 개발은 힘들 것으로 판단된다. 그리고 다른 한 가지의 방법으로 발효에 관여하는 모든 세균을 제어하는 방법인데 김치의 숙성에 관여하는 다양한 발효 균주를 제어 할 수 있는 처방을 구성하여 이를 이용한 김치의 보존 기간 연장에 대한 기술을 수립하고자 한다.

1. 연구 배경 및 목적

묵은 김치가 김치로서의 깊은 맛을 내며, 발효에 의한 생체 유용성분을 이용하기에도 좋은 식품이다. 묵은 김치는 3 년 정도 발효시켜 맛을 내는데 시간적, 공간적 제한이 따르기 때문에 짧은 시간에 묵은 김치의 맛을 내는 발효 방법의 개발이 중요하다. 김치의 발효에 영향을 미치는 세균을 천연 산물로 제어함으로써 묵은 김치의 조기 발효를 이루고자 한다.

1) 녹차 및 약용 자원의 세균 성장 촉진 효과를 이용한 속성 묵은 김치의 개발
2) 녹차 성분의 김치내로의 침투력 강화 방법 개발
3) 녹차 성분의 떫은 맛의 감소 방법 개발

1.1. 시료의 제조

호남 지방에서 맛이 있다고 판단되는 5 종류의 묵은 지를 구하여 지역에 따라 A, B, C, D, E로 명칭을 부여하고 각각의 김치를 500 g을 믹서로 갈아 4,500 RPM에서 5 분간 원심분리한 상등액을 시료로 사용하였다.

1.2. 묵은 지의 data 분석

지역에서 채취한 묵은 지로부터 가장 좋은 맛을 내고 있는 특징을 조사하였다.

가. pH 측정

pH는 김치가 숙성되어 가는 system의 변화를 가장 간단한 방법으로 측정하여 숙성의 정도를 알 수 있는 방법이다. pH는 각 온도에서 숙성시키면서 김치를 압착하여 얻어지는 김치 액즙을 취하여 pH meter로 측정하였다(그림 253).

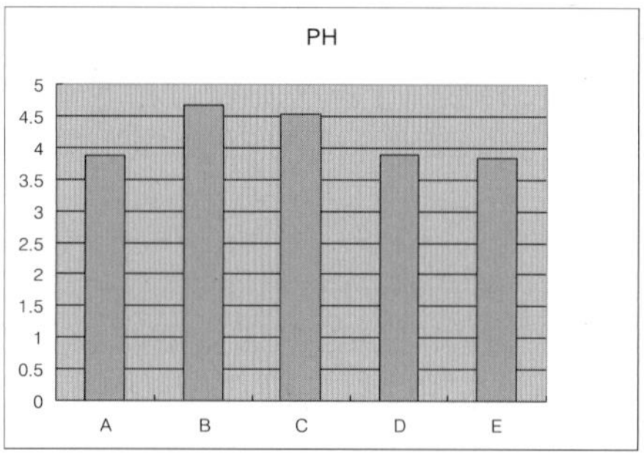

그림 253. 여러 가지의 숙성 김치의 pH.

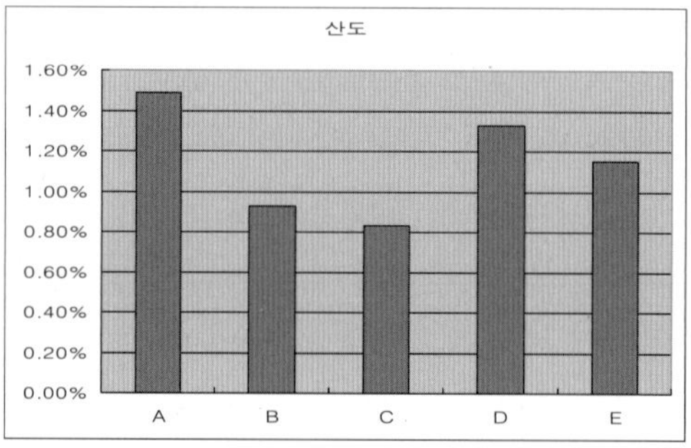

그림 254. 여러 가지의 숙성 김치의 산도.

(한국 특허: 10-0824035호, 2008)

나. 산도의 측정

산도는 김치가 숙성되어 감에 따라 시간에 따른 시어지는 과정을 측정하기 위하여 제조된 시료 20 ml를 취하여 pH 전극을 꽂아 0.1 N-NaOH로 pH 8.1±0.05가 될 때까지 적정하고 소모된 NaOH 량을 latic acid 양으로 환산하여 %로 시하였다(그림 254)

산도[젖산%] = [(V x f x 0.009)/W] x 100

여기에서, V : 시료액을 적정하는 데 소요된 0.1N 수산화나트륨 용액의 양(mL)

W : 적정에 사용된 시료액의 양(mL)

f : 0.1N 수산화나트륨 용액의 농도 계수

다. 염도의 측정

염도와 균주의 성장, pH와의 관계를 규명하기 위하여 염도를 측정하였다(그림 255).

라. 총 균수의 비교

발효 과정중의 총 균수 변화는 김치 발효의 동적 상태를 잘 알 수 있기 때문에 시간에 따른 총 균수의 비교는 중요한 의미를 가진다. 총 균수의 측정은(8) 슬라이드 glass 위에 지름 2 cm 의 원을 그리고 채취한 김치액즙을 50 ul를 취하여 펼친 후 공기 중에 건조시켜 Gram 염색을 한 후 현미경의 대안렌즈 면적(지름 120 um)에 나타난 균체를 직접 현미경계수법으로 서로 다른 5 지역의 균수를 세어 평균을 내고, 다음의 식에 의하여 총균수를 계산하였다(그림 256).

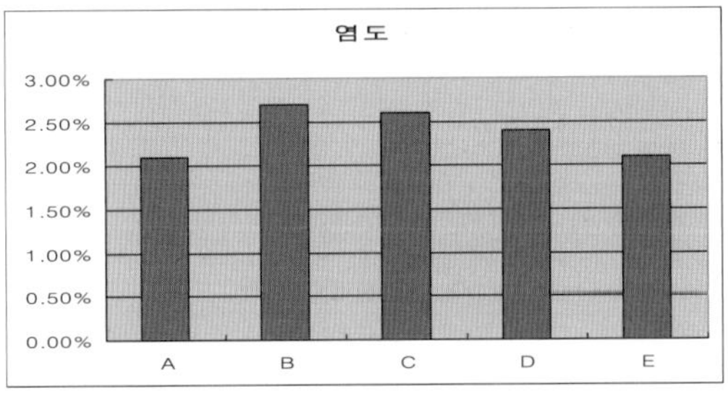

그림 255. 여러 가지의 숙성 김치의 염도.

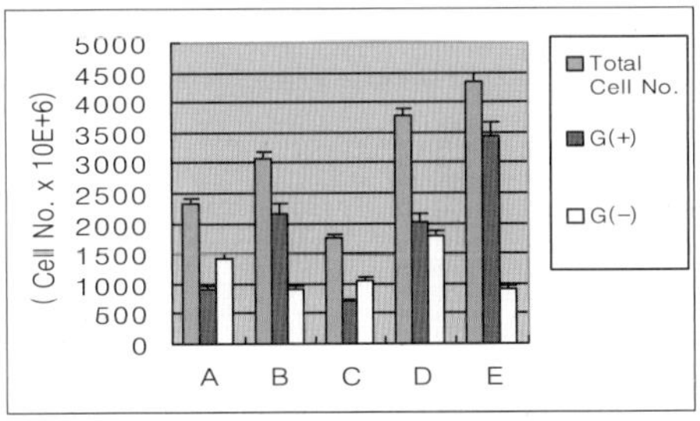

그림 256. 여러 가지의 숙성 김치의 총 세균수, G(+), G(-).

(한국 특허: 10-0824035호, 2008)

$$총세균수/ml = 평균세균수 \times 5.6 \times 10^5$$

$$= 평균세균수 \times \frac{slide\ 원의\ 면적}{현미경의\ 대안렌즈\ 면적} \times \frac{1\ ml}{시료량}$$

그리고, 총세균수는 G(+) 및 G(-)의 합으로 하였다.

마. G(+), G(-) 균총의 비교

김치의 발효에 관여하는 세균은 대부분이 유기산을 생성하는 균주이며, *Lactobacillus brevis, Lactobacillus plantarum, Lactococcus latis, Leuconostoc mesentroides, Pediococcus cerevisiae* (Park, 1991), *Streptococcus faeculis, Enterococcus faecalis* 등을 들 수 있고, 이들은 대부분이 G(+)에 속한다. 그리고, 호기성 균주인 *Pseudomonas nigrifaciens, Bacillus macerans, Zygosaccharomyces* 등은 G(-)에 속한다. 따라서, 시간 경과에 대한 G(+) 및 G(-)의 균주의 동태 변화는 김치 발효에 중요한 지표가 될 수 있다.

바. *Lactobacillus* 속 및 *Leuconostoc* 속의 세균의 양태 비교

Lcatobacillus 속 및 *Leuconostoc* 속의 세균은 김치 발효에 중요한 역할을 하는 세균 군이며, 이들은 발효의 조건에 따라 다른 양상을 나타내므로, 이 균주들의 성장과 세균수의 측정은 발효의 동태 파악을 위하여 절대적으로 필요하다. *Leuconostoc* 속의 세균은 발효의 초기에 많이 나타나며(민태익, 1988), *Lcatobacillus* 속의 세균은 발효의 중기이후에 나타나므로 이들의 역할 비교를 위하여 두 균주의 구별된 파악이 필요하다. 0.1%의 BPB

(Bromophenol blue) 0.1 ml와 김치 액즙을 0.1% peptone 수로 희석한 시료를 0.1 ml 취하여 pouring culture method로 *Lactobacilli* MRS agar 배지(10 ml)에 접종 하여, 30℃에서 2~3 일간 배양하고 전체적으로 흰색의 colony는 *Lcatobacillus* 속으로, 암청색은 *Leuconostoc* 속의 세균(Kim, 1995)으로 계수하였다(그림 257).

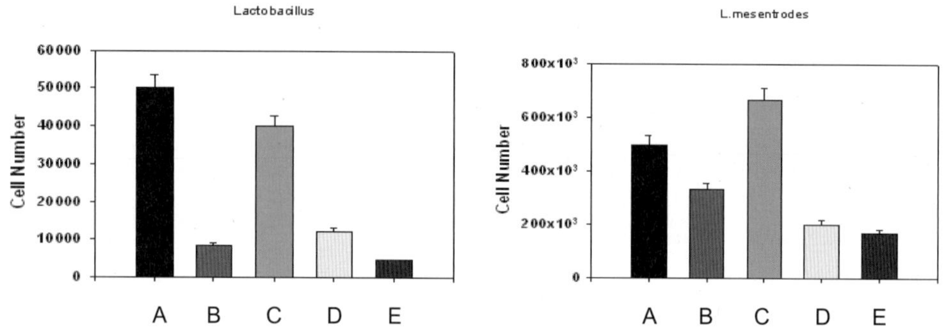

그림 257. 다양한 숙성 김치에서 *Lactobacillus* sp. 및 *Leuconostoc* sp. 의 균수 비교

(한국 특허: 10-0824035호, 2008)

사. *Pediococcus* 속 및 *Streptococcus* 속의 세균의 양태비교

Pediococcus 속의 세균은 발효의 중기 이후에 출현하여 *E. coli*, *Staphylococcus aureus*, *Bacillus cereus* 에 대한 생육 저해 작용(Park, 1991)을 나타내며, *Streptococcus* 속의 세균은 발효의 초기에 나타나 김치의 발효에 관여한다. 이들 세균의 구별 계수는 m-Enterococcus Agar(Difco) 배지에 김치 액즙을 0.1% peptone 수로 희석한 시료를 0.1 ml 취하여 pouring culture method로 접종하여 4 일간 배양하고 colony를 계수한다. *Pediococcus* 속의 세균은 2,3,5-triphenyl tetrazolium chloride를 환원하지 못하므로 전체적으로는 흰색의 colony를 나타낼 것이며, *Streptococcus* 속의 세균은 환원을 시킴으로써 전체적으로 붉은 색의 colony를 나타내었다(그림 258).

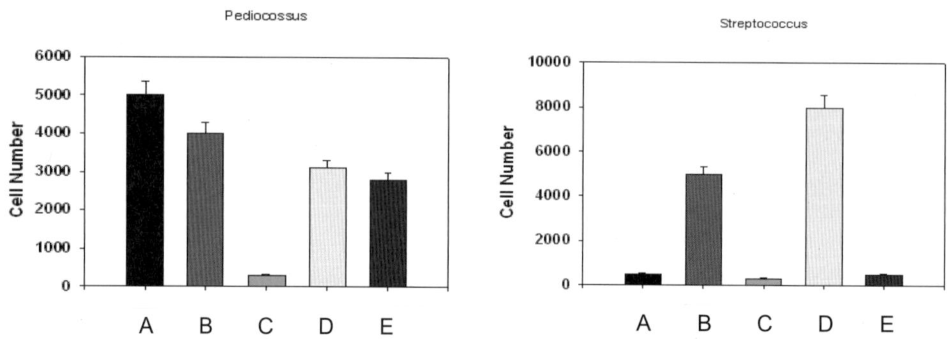

그림 258. 다양한 숙성 김치에서 *Pediococcus* sp. 및 *Streptococcus* sp. 의 균수 비교

(한국 특허: 10-0824035호, 2008)

아. *Enterococcus* 속 및 *Lactococcus* 속의 세균의 양태 비교

Enterococcus 속의 균주의 계수는 KF Streptococcus 배지로 하며 *Lactococcus* 속의 세균의 계수(Lee, 1996; Park, 1986)는 M17배지에 0.002%의 bromocresol purple(BCP)를 첨가한 배지를 사용하여 배양하였을 때 노란색과 초록색의 colony가 나타내며, *Lcatobacillus* 속, *Pediococcus* 속, *Leuconostoc* 속의 세균은 회색과 흰색을 나타내며 천천히 성장하기 때문에 구별 계수가 가능하다고 판단된다.

자. 효모의 양태 비교

효모는 발효 말기의 펙틴 분해 효소의 분비로 김치의 연화와 부패 여건을 조성하기 때문에 그 수를 파악해 볼 필요가 있으며, tartaric acid(10%)로 pH 3.5로 조정된 Patato dextrose agar(Difco)에 김치액즙을 0.1% peptone 수로 희석한 시료를 0.1 ml 취하여 pouring culture method로 접종하고 30℃에서 3일간 배양한후 colony를 계수하여 비교하였다(그림 259).

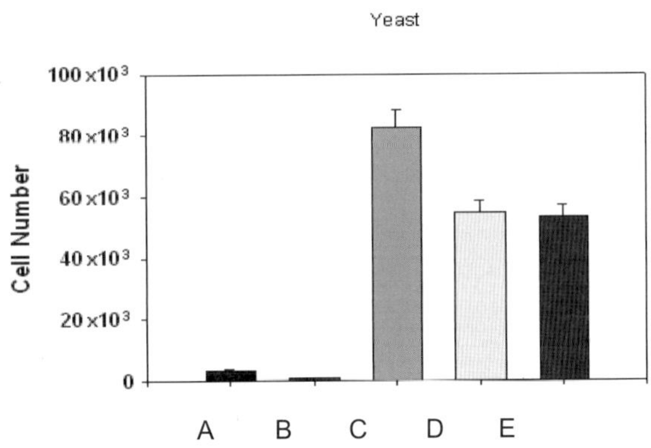

그림 259. 다양한 숙성 김치에서 yeasts의 균수 비교

(한국 특허: 10-0824035호, 2008)

2. 김치 발효 균주를 제어하는 약용 자원의 선별

항 산화력을 가지는 녹차 및 약용 자원을 김치 발효 균주의 제어 및 촉진 여부를 250 ml의 flask에 배양하면서 6 시간 간격으로 시료를 채취하여 대조군 균보다 성장 또는 저해시키는 약용 자원을 선별하였다. 김치의 신맛을 내는 *L. plantarium* 을 저해하는 약용 자원(그림 260)과 김치의 깊은 맛을 내는 *L. mesentroides* 의 성장을 촉진하는 약용 자원(그림 261), 그리고 김치에 산막을 형성하는 *Pichia* 균주를 제어하는 약용 자원을 선별하였다(그림 262).

2.1. *L. plantarium* 을 저해하는 약용 자원

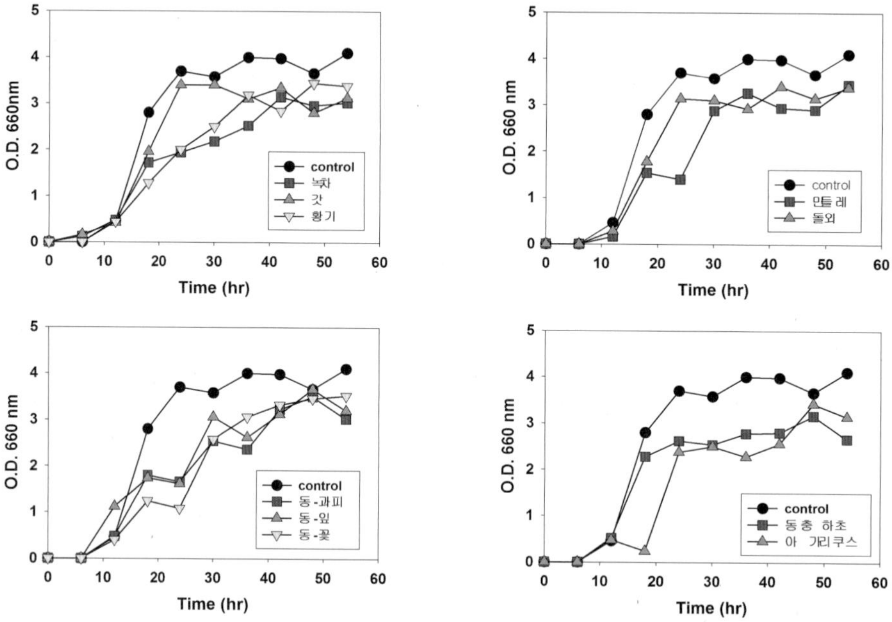

그림 260. *L. plantarium* 의 성장을 억제하는 약용 자원

(Jong-Deog Kim, Korean J. Biotechnol. Bioeng., 23(2), 118-124, 2008; 한국 특허: 10-0824035호, 2008)

2.2. *L. mesentroides* 의 성장을 촉진하는 약용 자원

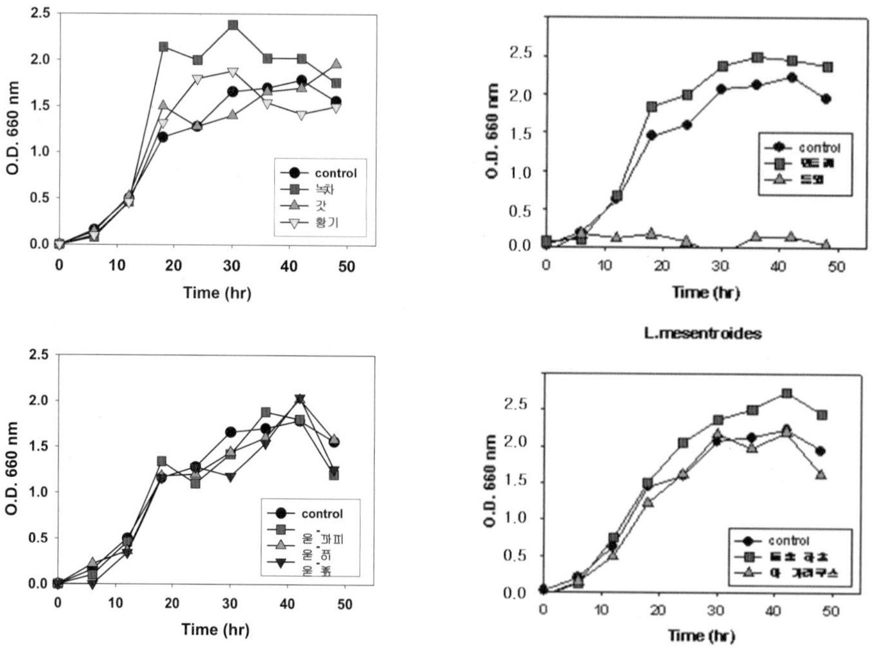

그림 261. *L. mesentroides* 의 성장을 촉진하는 약용 자원

(Jong-Deog Kim, Korean J. Biotechnol. Bioeng., 23(2), 118-124, 2008; 한국 특허: 10-0824035호, 2008)

2.3. *Pichia* 균주를 제어하는 약용 자원

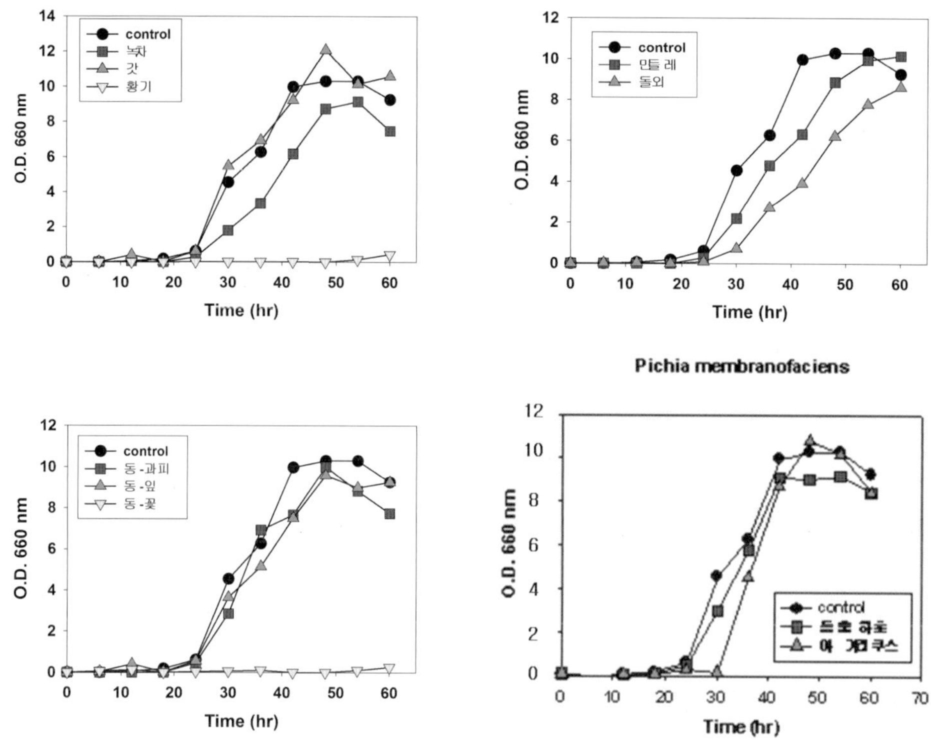

그림 262. *Pichia* sp. 의 성장을 억제하는 약용 자원

(Jong-Deog Kim, Korean J. Biotcchnol.Bioeng., 23(2), 118-124, 2008; 한국 특허: 10-0824035호, 2008)

2.4. 김치 연화, 산패 및 부패 촉진 균주들의 제어를 위한 공통 처방의 구성

김치 발효에 영향을 미치는 균주들의 공통제어를 위한 처방을 구성하였다(그림 263).

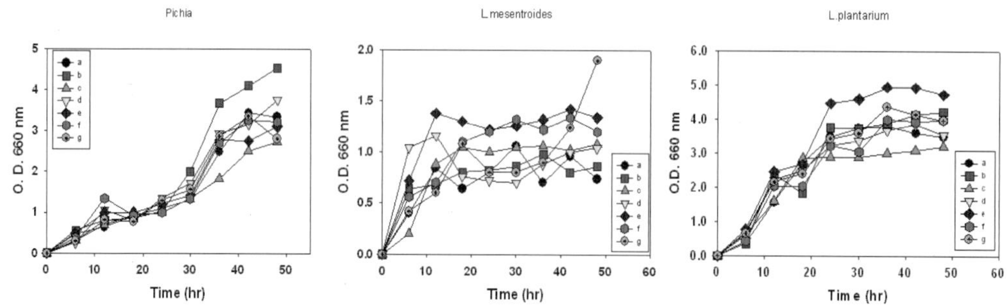

그림 263. 김치 발효에 영향을 미치는 3 종류 세균의 조절 위한 약용 자원의 처방.

A: 대조군, B: 녹차+황기+동충하초, C: 녹차+민들레+동충하초, D: 녹차+민들레+황기, E: 녹차+민들레+황기+동충하초, F: 녹차+동충하초, G: 녹차+민들레

(Jong-Deog Kim, Korean J. Biotechnol. Bioeng., 23(2), 118-124, 2008; 한국 특허: 10-0824035호, 2008)

C의 처방이 공통적으로 3가지의 세균에 대하여 *Pchia* 및 *Lactobacillus* 균주의 성장 억제, 그리고, *Leuconostoc* 균주에 대하여 성장을 촉진하는 효과를 나타내었다.

2.5. 공통 처방에 따른 약용 자원의 구성 비율 완성

공통 처방의 구성 성분을 달리한 비율에서 1:2:1 및 3:2:1의 비율에서 *Lactobacillus* sp.의 성장이 억제되는 것으로 나타났다(그림 264).

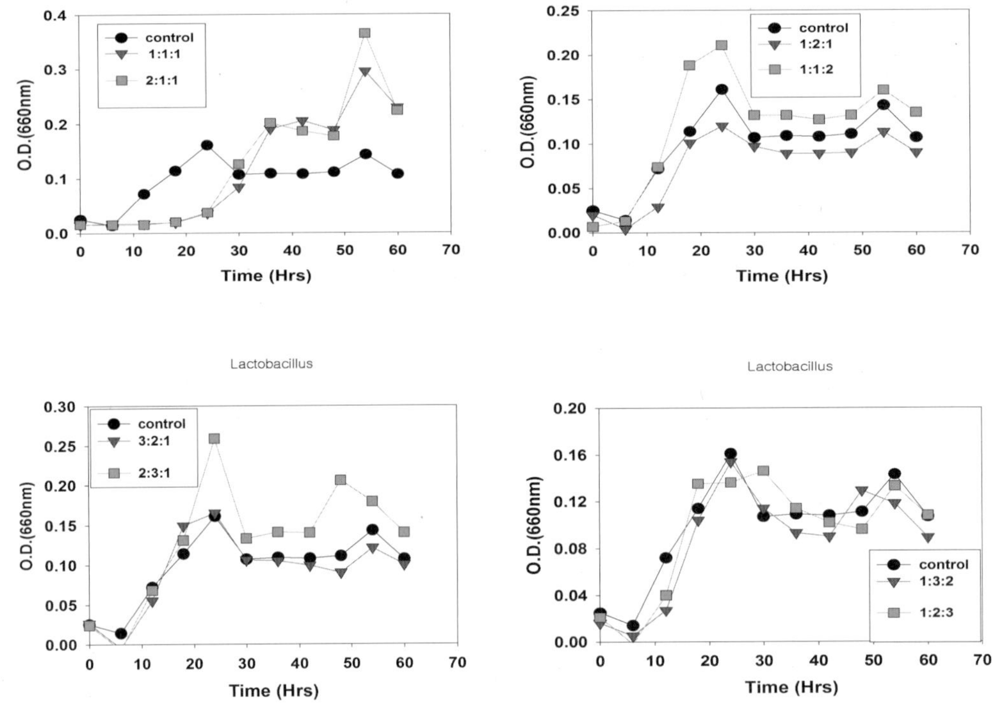

그림 264. *Lactobacillus* sp. 을 제어 할 수 있는 공통 처방의 구성 비율
(Jong-Deog Kim, Korean J. Biotechnol. Bioeng., 23(2), 118-124, 2008; 한국 특허: 10-0824035호, 2008).

공통 처방의 구성 성분을 달리한 비율에서 1:1:1 및 3:2:1의 비율에서 *Leuconostoc* sp. 의 성장이 촉진되는 것으로 나타났다(그림 265).

공통 처방의 구성 성분을 달리한 비율에서 3:2:1의 비율에서 *Pichia* sp. 의 성장이 억제되는 것으로 나타났다(그림 266).

상기의 data로부터 공통 처방의 구성 성분의 비율이 3:2:1의 구성에서 *Lactobacillus* 및 *Pichia* 균주의 성장 억제, *Leuconostoc* 의 성장 촉진을 동시에 제어 할 수 있는 처방을 구하였다.

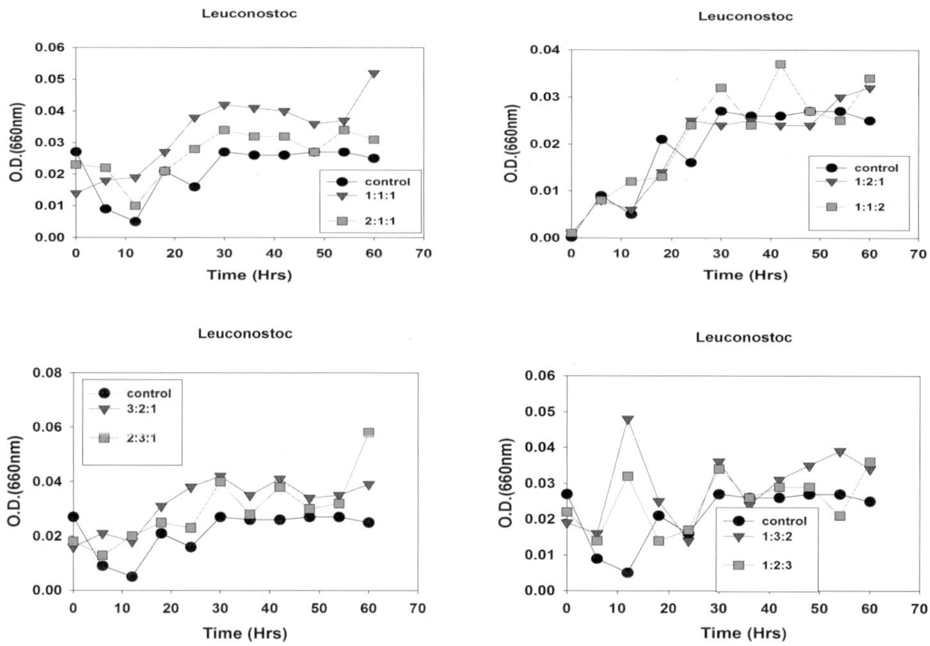

그림 265. *Leuconostoc* sp.를 활성화 할 수 있는 공통 처방의 구성 비율

(Jong-Deog Kim, Korean J. Biotechnol. Bioeng., 23(2), 118-124, 2008; 한국 특허: 10-0824035호, 2008)

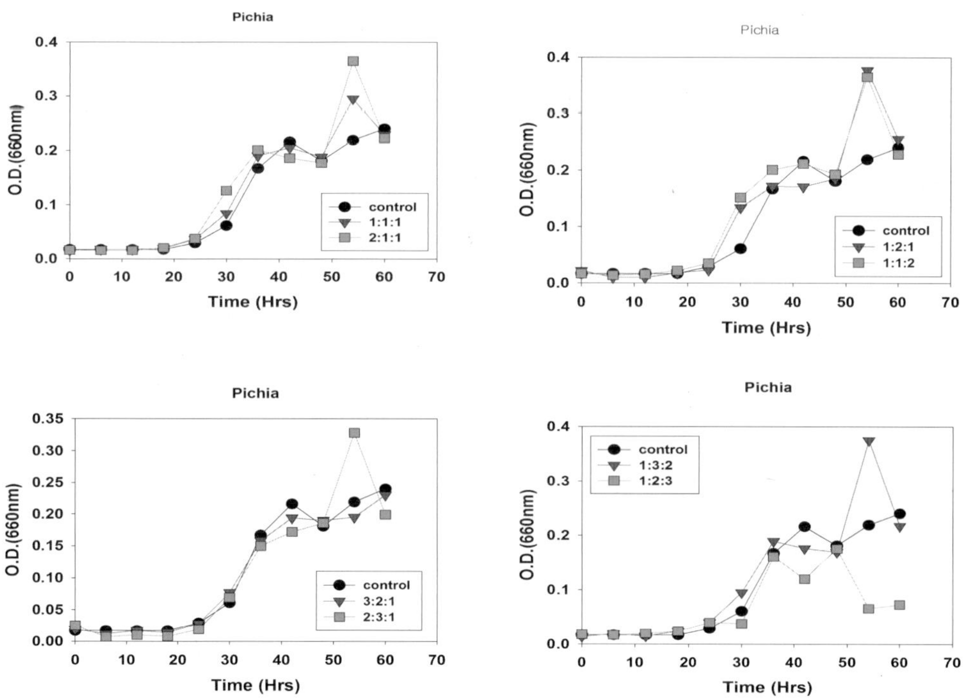

그림 266. *Pichia* sp.를 제어 할 수 있는 공통 처방의 구성 비율

(Jong-Deog Kim, Korean J. Biotechnol. Bioeng., 23(2), 118-124, 2008; 한국 특허: 10-0824035호, 2008)

3. 처방 구성에 따른 제조 김치의 특성

공통의 처방을 이용하여 김치를 제조하고 4, 10, 및 20℃에서 보존하면서 각 인자의 변화를 살펴보았다.

3.1. pH의 변화

새롭게 처방된 김치의 처방에 따라 제조 되어진 김치의 온도 및 시간변화에 따른 pH 변화를 살펴보았다.

각각의 보온온도에 따른 pH의 변화는 대조군에 비교하여 pH가 낮아지는 것이 둔화됨을 보여, 새로운 처방이 김치가 시어지는 것을 어느 정도 막을 수 있을 것으로 판단된다(그림 267).

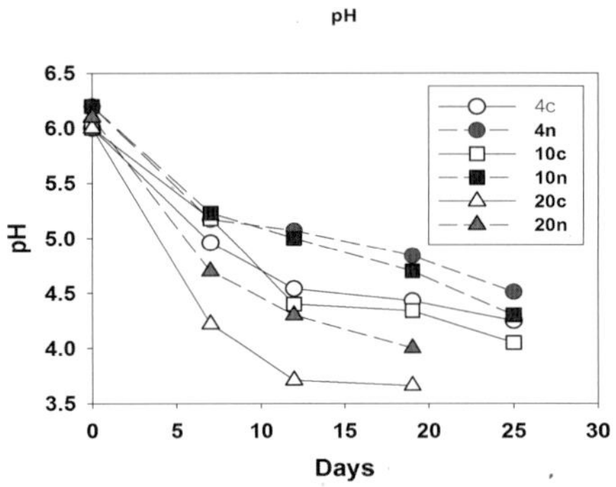

그림 267. 새로운 처방의 온도에 따른 저장 시기 중의 pH 변화

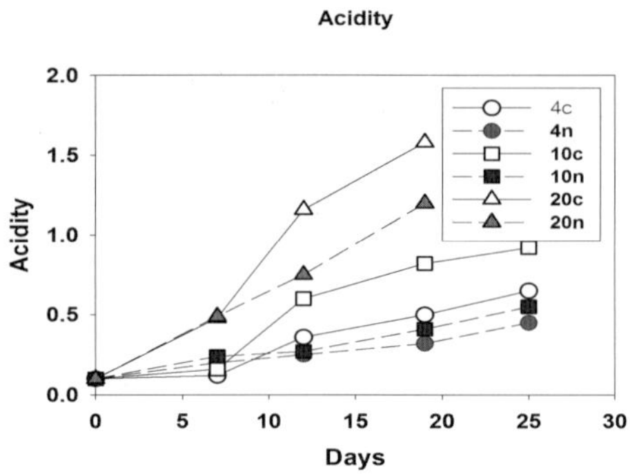

그림 268. 새로운 처방의 온도에 따른 저장 시기 중의 산도 변화

(Jong-Deog Kim, Korean J. Biotechnol. Bioeng., 23(2), 118-124, 2008; 한국 특허: 10-0824035호, 2008)

3.2. 산도의 변화

처방된 김치의 처방에 따라 제조되어진 김치의 온도 및 시간 변화에 따른 산도의 변화를 살펴보았다.

각각의 보온 온도에 따른 산도의 변화는 대조군에 비교하여 산도의 증가가 훨씬 낮은 것을 볼수 있었고, 새로운 처방이 김치가 시어지는 것을 막고 보존 기간의 연장에도 큰 효과가 있을 것으로 판단된다(그림 268).

3.3. 염도의 변화

새로운 처방에 따라 제조된 김치는 시간의 경과에 따라 염도가 낮아지는 경향을 보이고 있으며, 대조군보다 빨리 염도가 낮아지는 것을 보아 저염의 김치를 제조하는데 도움이 될 것으로 사료된다(그림 269).

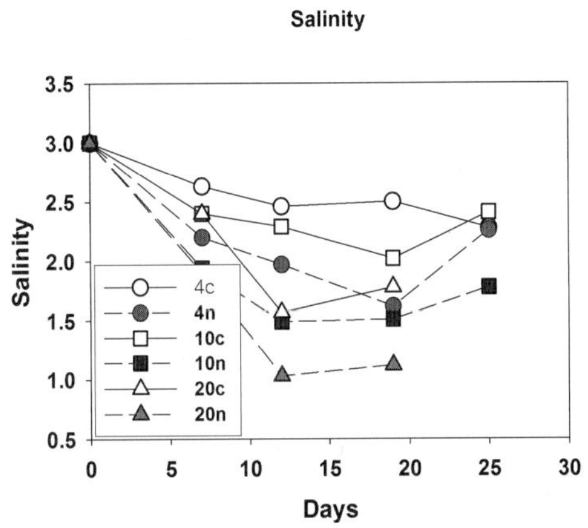

그림 269. 새로운 처방의 온도에 따른 저장 시기 중의 염도 변화

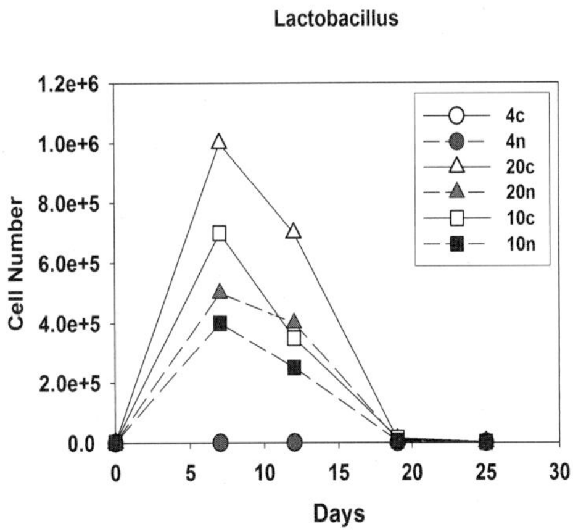

그림 270. 새로운 처방의 온도에 따른 저장 시기 중의 *Lactobacillus* sp. 의 제어

(Jong-Deog Kim, Korean J. Biotechnol. Bioeng., 23(2), 118-124, 2008; 한국 특허: 10-0824035호, 2008)

3.4. *Lactobacillus* 의 변화

Lactobacillus sp.는 4℃에서는 나타나지 않았으며, 10℃ 보존에서는 7 일 째 나타났으며 대조군에서의 균수가 새로운 처방에 따라 제조한 김치에서보다 3 × 10^5 정도 적게 나타났다. 또한, 20℃에서의 보존의 경우에는 5 × 10^5 정도 적게 나타났다. 이로써 새로운 처방에 의한 김치는 대조군의 김치에 비교하여 월등하게 균주의 제어에 성공하고 있음을 보여 준다. 이는 김치의 신맛을 제어하고 장기 보존할 수 있음을 보여주는 중요한 자료임에 틀림 없다(그림 270).

3.5. *Leuconostoc* 의 변화

Leuconostoc sp.는 4℃ 보존 시에는 20 일이 경과한 후에 나타나기 시작하였고 대조군에 비교하여 5 × 10^5 정도의 균수가 증가하였다. 10℃ 보존에서는 12 일 째 나타났으며 대조군에서의 균수보다 새로운 처방에 따라 제조한 김치에서보다 1 × 10^6 정도 많이 나타났음을 볼 수 있었다. 또한, 20℃에서의 보존의 경우에는 다른 온도에 비교하여 50 배 이상의 세균이 나타났으며 대조군에 비교하였을 때도 1 × 10^6 정도 많이 나타났음을 볼 수 있었다. 이로써 새로운 처방에 의한 김치는 대조군의 김치에 비교하여 균주의 성장이 현저히 증가됨을 볼 수 있었고, 이는 김치의 풍미를 내게 하는 결정적인 요인이 됨을 알 수 있다(그림 271).

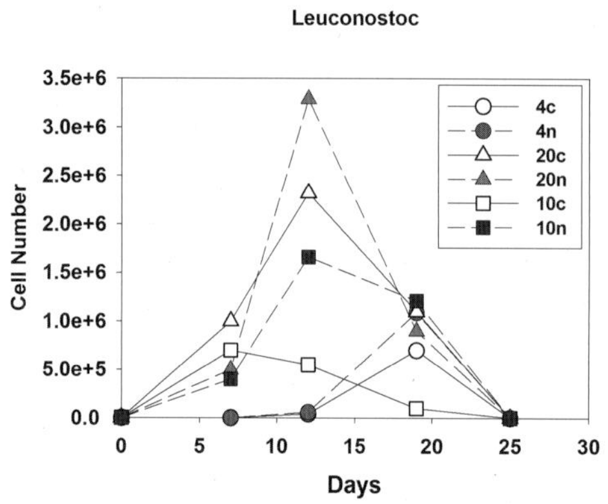

그림 271. 새로운 처방의 온도에 따른 저장 시기 중의 *Leuconostoc* sp. 의 활성화

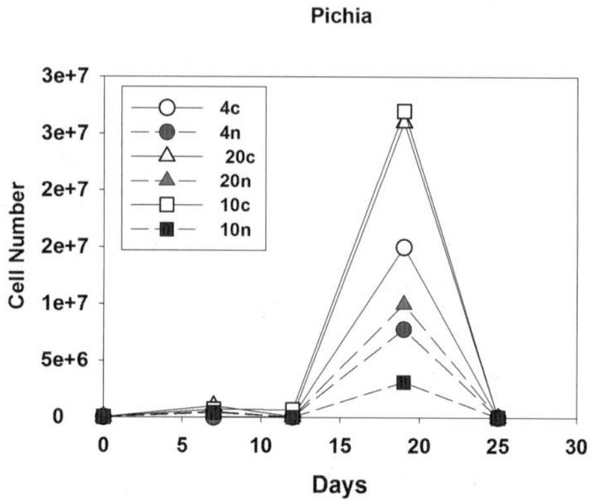

그림 272. 새로운 처방의 온도에 따른 저장 시기 중의 *Pichia* sp. 의 제어

(Jong-Deog Kim, Korean J. Biotechnol. Bioeng., 23(2), 118-124, 2008; 한국 특허: 10-0824035호, 2008)

3.6. *Pichia* 의 변화

Pichia sp. 는 김치 발효의 마지막 부분에서 나타났으며, 2 x 10^7 정도 이상으로 많은 수가 나타났다. 이는 대조군에 흰 피막이 생겨 김치의 부패에 관여하는 것으로 보이며, 온도에 별 차이 없이 많은 균수가 증가하는 것을 볼 수 있었다. 그러나 개발된 처방에 따라 제조된 김치에서는 그 수가 현저히 줄어드는 것을 볼 수 있었다. 이 또한 김치의 맛을 변화 시키거나 보존 기간에 영향을 미치는 균주로써 이 균주의 제어는 풍미 넘치는 김치를 보존 기간을 연장할 수 있는 방법이 될 것으로 본다(그림 272).

4. 요약

본 연구는 약용 자원을 이용하여 김치 발효에 결정적 영향을 미칠수 있는 3 종류의 김치 발효 균주 중 김치가 시어 지게 하는 *Lactobacillus* 균주, 그리고, 김치에 흰 피막을 형성하여 보기 좋지 않을 뿐 아니라 김치의 부패에 관여하는 *Pichia* 균주 등은 성장을 억제하고, 김치에 풍미를 나게 하는 *Leuconostoc* 균주는 성장을 촉진함으로써 김치에 깊은 맛을 내게 하며 발효 기간을 단축하고, 또한, 보존 기간을 연장할 수 있는 기술을 개발하는 것이다. 본 실험에서 3 가지의 균주를 동시에 제어 할 수 있는 처방을 개발하였으며, 또한, 이 처방의 구성 성분들의 구성 비율을 다르게 실험하여 최적의 구성 비율을 밝혀내어 실제의 김치를 제조하고, 그 성능을 실험한 결과 좋은 월등한 결과를 낼 수 있었다.

제13장

약용 자원으로부터 장염 비브리오균의 제어를 위한 고추장의 개발

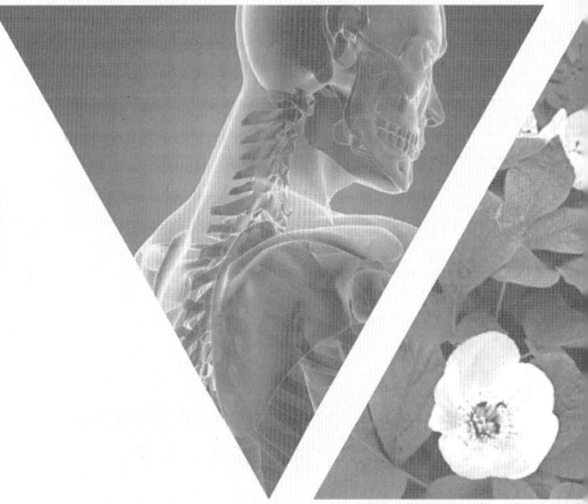

1. 연구 배경 및 목적
2. 재료 및 방법
3. 결과 및 고찰
4. 요약

제13장

약용 자원으로부터 장염 비브리오균의 제어를 위한 고추장의 개발

1. 연구 배경 및 목적

고추장은 우리나라 식생활에서 빼놓을 수 없는 고유의 전통 발효 식품으로서, 세계에서 그 유래를 찾아보기 어려운 독특한 복합 향신 발효 조미료이다(Cui, 2002). 고추장은 코오지의 종류 이외에도 담금 방법이나 원료의 배합 비율에 따라 품질이 다르며(Shin, 1997; Shin, 1999), 담금 시 전분질 대신 과즙, 감, 호박, 사과, 홍삼 등을 첨가하여 고추장의 풍미와 기능성을 향상시키려는 연구들이 시도되었다(Park, 1993; Lee, 1998; Jeong, 2000; Shin, 1999). 또한, 약용 자원을 이용하여 고추장의 발효 및 숙성에 미치는 영향에 대해 연구하고 기능성 고추장을 제조하는 연구가 활발히 진행되고 있다(Kim, 2003; Kim, 2003; Bang, 2004; An, 2003) 이는 약용 자원이 다양한 유용 성분을 함유하고 있기 때문인데, 특히, 녹차의 경우 녹차 성분 중에 하나인 Polyphenol이 건조 중량의 30%를 차지하며, 플라보놀, 플라반다이올, 플라보노이드, 그리고, 페놀릭 산 등으로 구성되어 있고, 이중 플라보놀은 녹차의 주요 구성 성분으로 epigallocatechin-3-gallate(EGCG), epicatechin-3-gallate (ECG), epigallocatechin, epicatechin, gallocatechin, 그리고 catechin 등으로 구성되어 있으며, 이 중에서 EGCG는 암세포에서 세포사를 유도할 뿐 아니라 암세포 성장을 억제하는 특징적인 인자이며, 여러 장기에서 항 암, 항 당뇨, 항 고혈압 작용을 하는 것으로 보고되고 있다(Ji, 1997). 그리고 황금은 해열, 진통, 소염에 효능이 있으며 특히 세균성 이질에 특효라고 알려져 있고(Yook, 1989), 약리 작용으로는 담즙 배설 촉진 작용(Abe, 1990), 항균 작용(Moon, 1997), 소염 작용(Kubo, 1984), 항 알러지 작용(Kubo, 1984), 진정 작용(Jung, 2004), 항 산화 작용(Okawa, 2001) 및 지질 대사 개선 작용(Kimura, 1981) 등이 보고되고 있다. 오가피는 한방에서 자양, 강장, 강정, 신경통, 음위, 진경, 근골동통, 산기복통, 요슬동통 등의 효능이 있어 주로 강장약으로 신경통, 중풍, 고혈압, 당뇨병 및 류마티스성 관절염 등의 치료에 이용되고 있으며

(Kim, 2000), 항 피로 효과(Davydov, 2000), 운동성 증진(Dowling, 1996), 항 스트레스, 항 알러지 효과(Gaffney, 2001), 항 산화 작용(Lin, 2000), 항 알러지(Umeyama, 1992) 및 독성에 의한 항암 작용(Hacker, 1984; Hibasami, 2000) 등에 효과가 있는 활성 물질 등이 보고되고 있다(Davydov, 2000). 황기는 콩과(*Leguminosae*)에 속하는 다년생 초본으로 우리 나라의 중북부 지역 및 유럽에 분포하여 강장 작용(Hikino, 1976), 면역 증강 작용(Tomoda, 1992), 이뇨 작용(Sinclair, 1998), 혈압 강하 작용(Sinclair, 1998), 항염 작용(Zang, 1984) 등이 보고되고 있다. 백작약은 한방에서 진통, 해열, 조혈, 지한 등의 효능을 가지고 있는 것으로 알려져 있고(Hwang, 2000), 항염증 작용(Egger, 1969) 및 스트레스성 궤양 예방 효과(Egger, 1969), 항 스트레스 효과(Hong, 1986) 및 항 경련 효과(Hong, 1986), 항균 작용(Hwang, 2000), 그리고 면역 증진 효과(Pack, 2001) 등이 보고되고 있다. 그리고, 황련은 한방에서 설사나 위열로 인한 구토에 유효하며 해열과 해독 작용이 뛰어난 것으로 알려져 있고(Sin, 1997), 주성분인 berberine이 강한 항균 작용을 나타내는데, 이는 위장 내의 세균과 진균 및 대장내의 감염에 대하여 항균력이 강하여 위염과 위장 및 대장 내 발효를 개선하고, 소화관에 정체된 내용물에 대장균이 작용하여 가스 생성을 방지하는 것으로 알려져 있다(Sin, 1997). 또한 항 염증 작용(Sin, 1997), 혈압 강하 작용(Fuijimura, 1970), 지혈 작용(Bova, 1992), 고미 건위 작용(Akhter, 1979), 정장 지사 작용(Creasey, 1979) 및 항암 작용((Creasey, 1979) 등이 있는 것으로 보고되고 있다. 본 연구는 저자(Kim, 2002)가 발표한 "*Vibrio parahaemolyticus* KCTC 2471에 대한 항 산화 약용 자원의 성장 억제 효과"에 대해 보고한 내용을 바탕으로 *V. parahaemolyticus*를 저해하는 약용 자원 조합을 찾아 항 산화력을 알아보고 약용 자원 조합의 추출물을 이용하여 고추장을 제조하였다.

고추장의 재료인 고추에 함유되어 있는 매운맛 성분인 capsaicin(trans-8-methyl-N-vanillyl-6-nonenamide)은 생화학적 및 신경 생리학적으로 다양한 효과를 나타내고, 아울러 자극성이 있어 식욕을 증진시키는 작용이 있는 것으로 알려져 있다(Kim, 2003). 단맛, 신맛, 구수한 맛은 짠 맛이나 매운 맛과는 달리 미생물의 발효 작용에 의하여 생성되는 대사 산물과 연관이 되어 있는데 단 맛은 전분으로부터 분해된 유리당, 신 맛은 당을 발효하는 미생물의 대사 산물인 유기산, 구수한 맛은 단백질로부터 분해된 유리 아미노산에 의하여 생성되어 고추장 특유의 맛을 생성한다(Kimura, 1981). 또한, 고추장은 vitamin B_1, B_2, C 및 folic acid 등이 풍부하게 함유되어 있어 중요한 비타민 급원식품이라고도 할 수 있다.

이렇게 여러 가지 기능성을 가지고 있는 고추장을 우리는 약용 자원 조합 추출물을 이용하여 제조하는 것을 기본으로 하여 다양한 재료를 사용하여 제조한 것과 그 고추장을 토대로 초고추장을 제조한 후 Disk 법을 이용하여 clear zone의 크기를 비교함으로서 장염 비브리오(*V. parahaemolyticus*)를 가장 잘 저해할 수 있는 조건을 알아보았다.

2. 재료 및 방법

2.1. 사용 균주

생체 유해 균주 *V. parahaemolyticus* KCTC 2471를 KTCC로부터 분양 받아 사용하였다. 플라스크에 100 mL의 배양액을 넣고 37℃에서 150 rpm으로 교반하면서 배양하여 Disk 법에 사용하였다.

2.2. 약용 자원의 추출 및 조합

시료를 각각의 약용 자원 300 g에 3 차 증류수 1,500 mL를 넣어 1 시간 동안 열수 추출한 여액을 500 mL로 농축하여 사용하고, 각각의 약용 자원은 여러 가지 혼합 비율로 조합하여 혼합액을 실험의 시료로 사용하였다.

2.3. 고추장 제조

전라남도 전통 재래식 방법을 바탕으로 물엿 대신 약용 자원 조합 추출물을 70 중량%, 찹쌀가루는 6.6 중량%, 고춧가루 16.8 중량%, 정제염 6.5 중량%, 아스파탐 0.1 중량%에 준하여 제조한 후 소독된 옹기에 담아 햇빛과 공기가 잘 통하는 곳에 뚜껑으로 입구를 봉하여 30 일 동안 숙성시킨 후 실험에 임하였다.

2.4. ORP system value에 의한 항 산화력 측정

pH에 따른 ORP(Oxidation-Reduction Potential)값을 측정하여 이를 linear regression 한 후 기울기를 절편으로 나누어 ORP system value라 명하고, V-C 혹은 BHA등의 표준 물질과 항 산화력을 비교하였다.

2.5. Disk법에 의한 비브리오의 저해력 측정

Clear zone에 의한 제어력을 상호 비교하기 위하여 clear zone을 disk의 직경으로 나눈 값을 제어력(inhibition zone divided by the disk diameter: IZD)으로 정의하여 사용하기로 한다.

3. 결과 및 고찰

3.1. ORP system value에 의한 항 산화력의 측정

비브리오를 저해하는 약용 자원 조합 중에 저해능이 높게 나타났던 황백과 오미자와 녹차, 그리고, 감초의 조합과 황백과 오미자와 녹차와 감초 그리고 계피의 조합을 ORP system value로 측정한 결과 표 55에서 보는 바와 같이 약용 자원 조합 모두 ascorbic acid 10mM 보다 높은 항 산화력을 보였다.

표 55. 약용 자원 조합의 ORP 시스템 수치에 의한 항 산화력

Natural products and Combinations of natural product	ORP system value
Phellodendri cortex+Schizandrae fructus +Theae folium+Glycyrrhizae radix	0.1978
Phellodendri cortex+Schizandrae fructus +Theae folium+Glycyrrhizae radix +Cinnamomi cortex	0.1845
Ascorbic acid 10mM	0.1728
Ascorbic acid 5mM	0.1380
Ascorbic acid 1mM	0.1100
Ascorbic acid 0.5mM	0.1050

(Jong-Deog Kim, Journal of Life Science, 15(5), 783-789, 2005)

3.2. Disk법을 이용한 약용 자원 조합의 비브리오 균주의 저해

가. 약용 자원에 의한 저해

황백+오미자+녹차의 비율에 따라 IZD를 측정한 결과 표 56에서 보는 바와 같이 2:2:1과 1:2:1의 비율이 효과가 좋은 것으로 나타났으며(그림 273), 약용 자원의 배합 비에 의해서도 제어력이 달라지는 것을 알 수 있으며, 따라서, 표 57와 같이 1:2:1의 배합에 감초을 첨가하고, 그 비율에 따라 제어 정도를 시험하여 그림 274에 나타내었다.

그림 274의 다양한 배합비의 실험으로부터 황백+오미자+녹차+감초 = 1 : 2 : 1 : 1의 배합이 제어력이 좋은 것으로 나타나 이 비율로 고추장을 제조하여 그 제어력을 시험하였다.

표 56. 3 종류의 약용 자원 조합의 IZD 비교

Combination of Natural product	Rate	IZD (inhibition zone divided by the disk diameter)
Phellodendri cortex +Schizandrae fructus +Theae folium	2 : 2 : 1	1.34
	1 : 1 : 1	1.22
	2 : 1 : 1	1.25
	1 : 2 : 1	1.42
	1 : 1 : 2	1.30

(Jong-Deog Kim, Journal of Life Science, 15(5), 783-789, 2005)

그림 273. *V. parahaemolyticus* 균주의 약용 자원 3 종류 성분의 비율에 의한 균주의 억제

Phellodendri cortex+Schizandrae fructus+Theae folium, (왼쪽) 2 : 2 : 1 및 (오른쪽) 1 : 2 : 1

(Jong-Deog Kim, Journal of Life Science, 15(5), 783-789, 2005)

표 57. 4 종류의 약용 자원 조합의 IZD 비교

Combination of Natural product	Rate	IZD (inhibition zone divided by the disk diameter)
Phellodendri cortex +Schizandrae fructus +Theae folium +Glycyrrhizae radix	1 : 2 : 1 : 1	1.34
	2 : 2 : 1 : 1	1.22
	2 : 2 : 1 : 0.5	1.25
	2 : 2 : 0.5 : 0.1	1.22
	1 : 2 : 0.5 : 0.1	1.30

(Jong-Deog Kim, Journal of Life Science, 15(5), 783-789, 2005)

1) 2) 3) 4) 5)

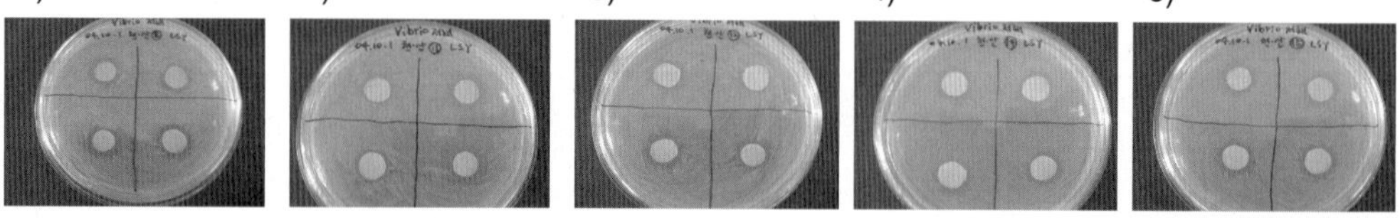

그림 274. *V. parahaemolyticus* 균주의 약용 자원 4 종류 성분의 비율에 의한 균주의 억제

(Jong-Deog Kim, Journal of Life Science, 15(5), 783-789, 2005)

나. 고추장 의한 저해

① 약용 자원 배합에 따라 제조한 고추장의 제어력

비브리오 균주에 대한 황백+오미자+녹차+감초=1 : 2 : 1 : 1 약용 자원 배합의 제어력(IZD: 1.57)을 바탕으로 제조한 고추장의 제어력(IZD: 1.67)과 그 고추장에 식초를 넣어 제조한 초고추장의 제어력(IZD: 2.15)을 그림 275에 나타내었다. 그 결과 약용 자원 자체의 제어력보다 고추장으로 제조한 것의 제어력이 향상되는 것을 볼 수 있었고, 식초의 첨가에 의하여 제어력이 아주 강하게 증가함을 볼 수 있었다. 또한, 여기에 또 다른 약용 자원을 첨가하여 맛과 제어력을 향상시키기 위하여 황백+오미자+녹차+감초+계피 = 1 : 2 : 1 : 1 : 1의 약용 자원 배합에 의한 약용 자원의 제어력(IZD: 1.56)과 이것으로 제조한 고추장의 제어력(IZD: 1.79), 그리고, 식초를 첨가한 제어력(IZD: 1.85)을 그림 276에 나타내었다. 그 결과 황백+오미자+녹차+감초+계피 = 1 : 2 : 1 : 1 : 1의 약용 자원 배합의 제어력이 황백+오미자+녹차+감초=1 : 2 : 1 : 1 약용 자원 배합보다 나은 것으로 판단되어지며

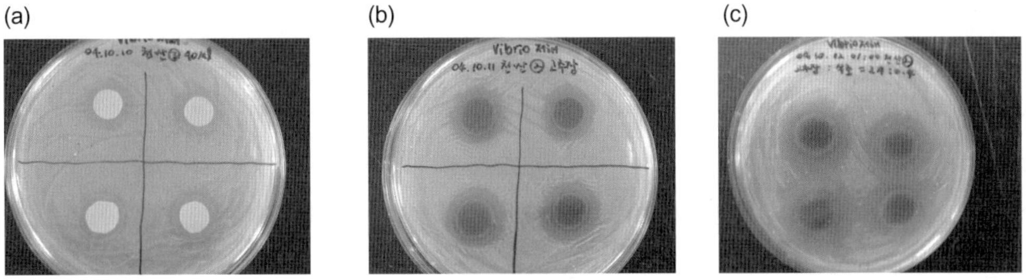

그림 275. 4 종류의 약용 자원 조합(a), 제조한 고추장(b) 및 식초 고추장(c)의 균주 억제, IZD

(Jong-Deog Kim, Journal of Life Science, 15(5), 783-789, 2005)

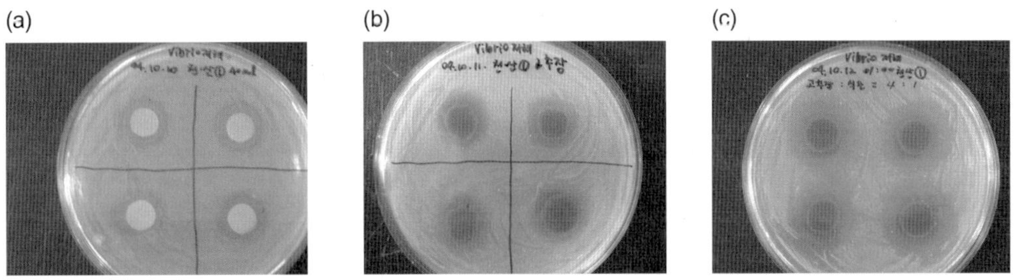

그림 276. 5 종류의 약용 자원 조합(a), 제조한 고추장(b) 및 식초 고추장(c)의 균주 억제, IZD

(Jong-Deog Kim, Journal of Life Science, 15(5), 783-789, 2005)

약용 자원의 첨가가 제어에 중요한 인자임을 알 수 있었다.

② 식초 및 chitosan 첨가에 의한 제어력

식초를 첨가한 초고추장의 제어력이 월등히 나은 결과를 보였으므로, 식초가 어느 정도의 제어력을 갖는지를 살펴보았으며. 그리고, chitosan을 농도별로 첨가하여 그 제어 기능을 살펴보았다. 그림 277의 결과로부터 식초의 제어력은 고추장 자체의 제어력(IZD:1.79)과 비슷하게 나타났고, chitosan의 첨가가 제어력에 큰 영향을 미치지 못하는 것으로 나타났다. 그리고, 제어 효과가 좋은 것으로 나타난 황백+오미자+녹차+감초 = 1 : 2 : 1 : 1 배합(A배합)과 황백+오미자+녹차+감초+계피 = 1 : 2 : 1 : 1 : 1의 배합(B배합)의 성분조성비를 달리한 황백+오미자+녹차+감초+계피 = 1 : 2 : 1 : 2 : 2의 배합(C배합) 및 황백+오미자+녹차+감초+계피 = 1 : 3 : 1 : 3 : 3(D배합)에 대하여 식초 및 chitosan을 첨가한 고추장의 제어력을 그림 278에 나타내었다. 배합비에 따라 제어력이 달라져 처방의 구성이 중요함을 알 수 있다.

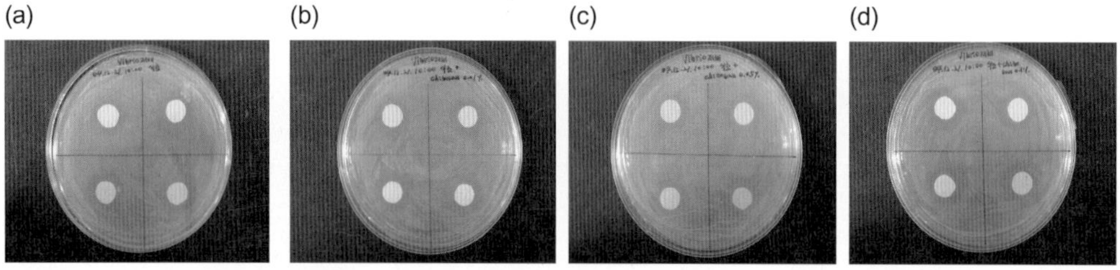

그림 277. 식초(a: IZD=1.71), 0.01% 키토산을 함유한 식초(b: 1.73), 0.05% 키토산을 함유한 식초(c: 1.56) 및 0.1% 키토산을 함유한 식초(d: 1.83)의 항균 효과

(Jong-Deog Kim, Journal of Life Science, 15(5), 783-789, 2005)

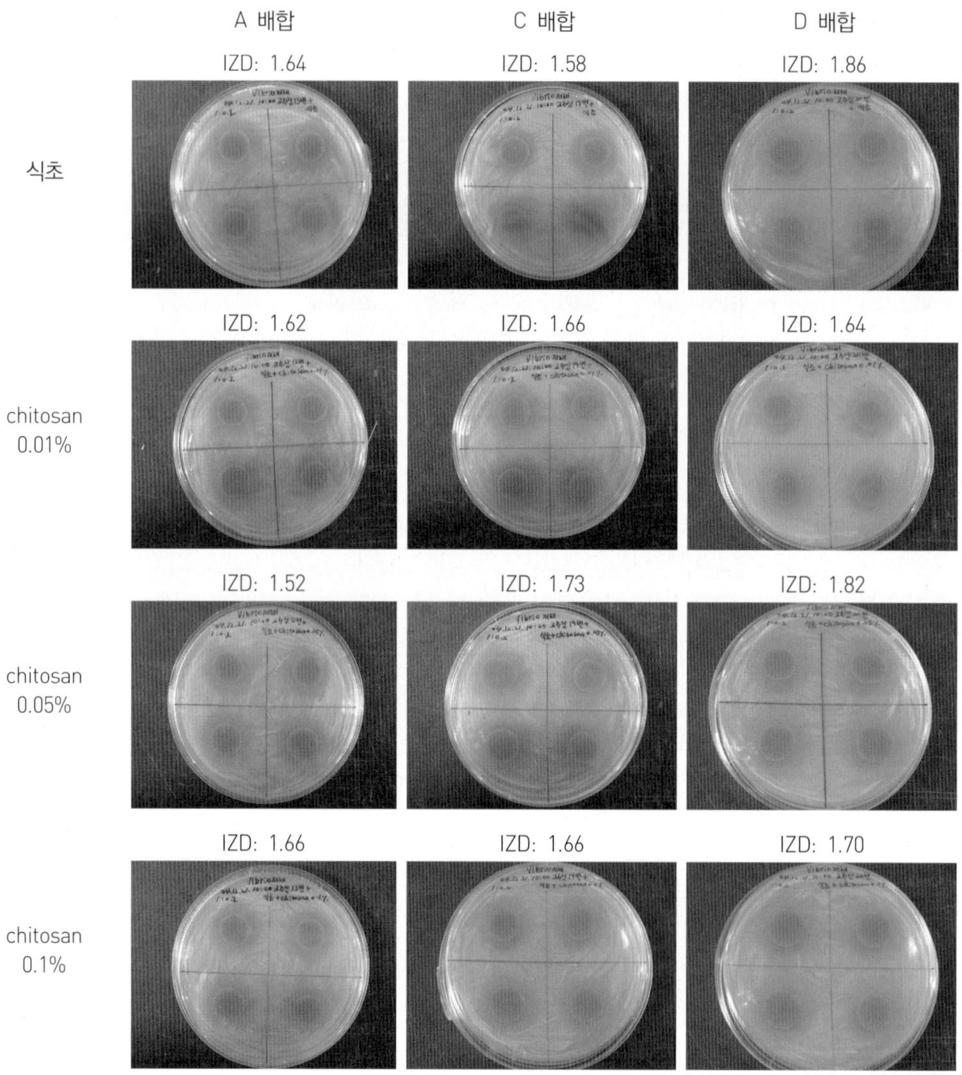

그림 278. 약용 자원 조합+식초를 함유한 고추장, 약용 자원 조합+식초+농도별 키토산을 함유한 고주장의 IZD

(Jong-Deog Kim, Journal of Life Science, 15(5), 783-789, 2005)

③ 마늘 및 식초, chitosan 첨가에 의한 제어력(A 및 B배합)

항균력의 증가를 위하여 A 및 B배합에 마늘을 첨가하여 제어력의 정도를 디스크 방법을 사용하여 시험하였다. 고추장 자체의 배합은 A배합보다 B배합에 나은 것으로 나타났고(그림 279), 마늘의 첨가가 뚜렷한 제어력의 향상을 나타내지 못하였다.

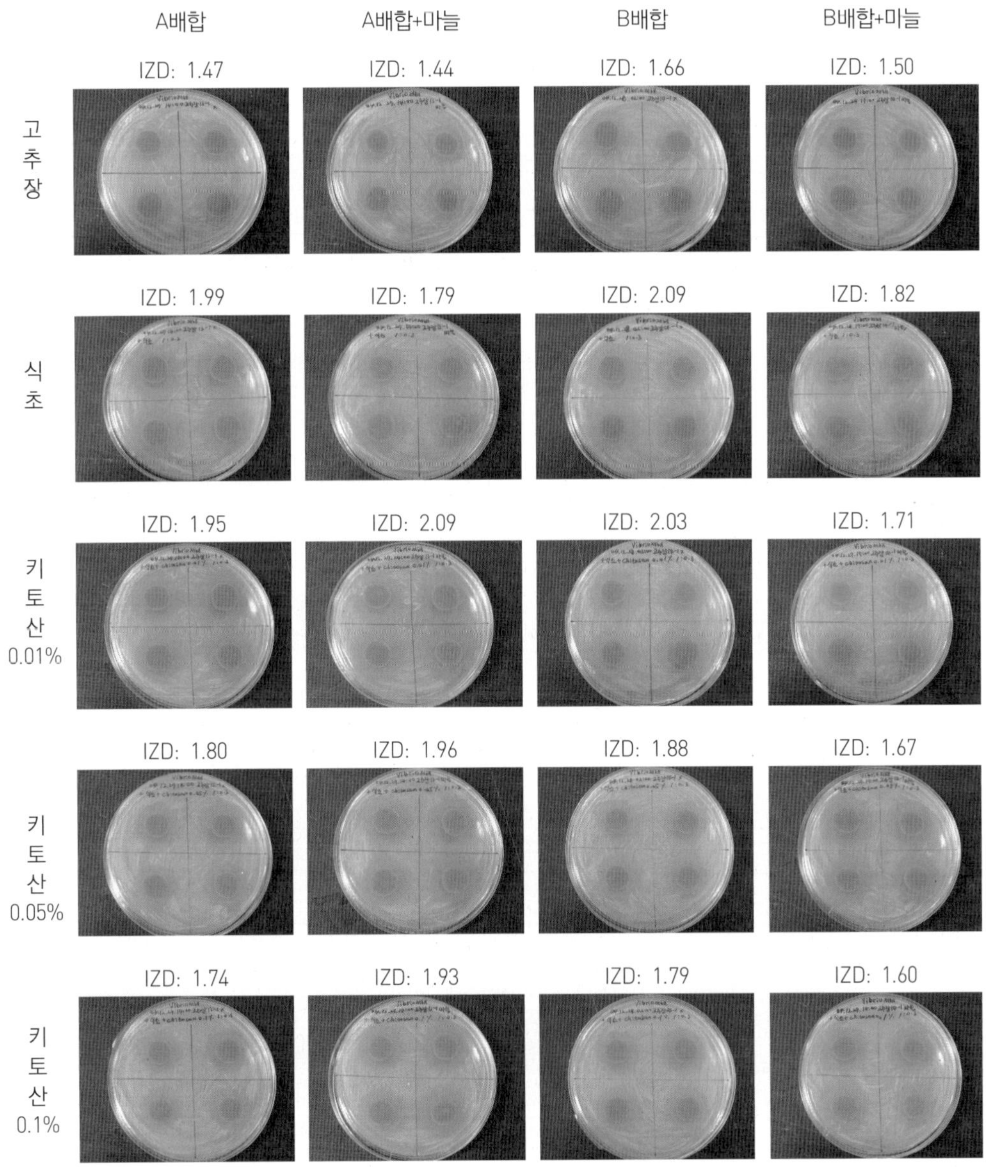

그림 279. (A)배합 조합 및 (B) 배합 조합에 마늘을 첨가한 것, 첨가하지 않은 것, 식초를 첨가한 것, 식초를 첨가하고 키토산을 농도별로 첨가한 고추장의 IZD

(Jong-Deog Kim, Journal of Life Science, 15(5), 783-789, 2005)

④ 메주의 첨가에 의한 제어력(C 및 D배합)

맛을 내기 위한 방법의 하나로 메주의 첨가가 제어력에 어떠한 영향을 미치는 가를 시험하여 그림 280에 나타내었다. 메주의 첨가가 고추장 자체의 제어력에서는 어떠한 영향을 미치지는 않는 것으로 나타났으나, 식초가 가미된 군에서는 그 효과가 나은 것으로 나타났다.

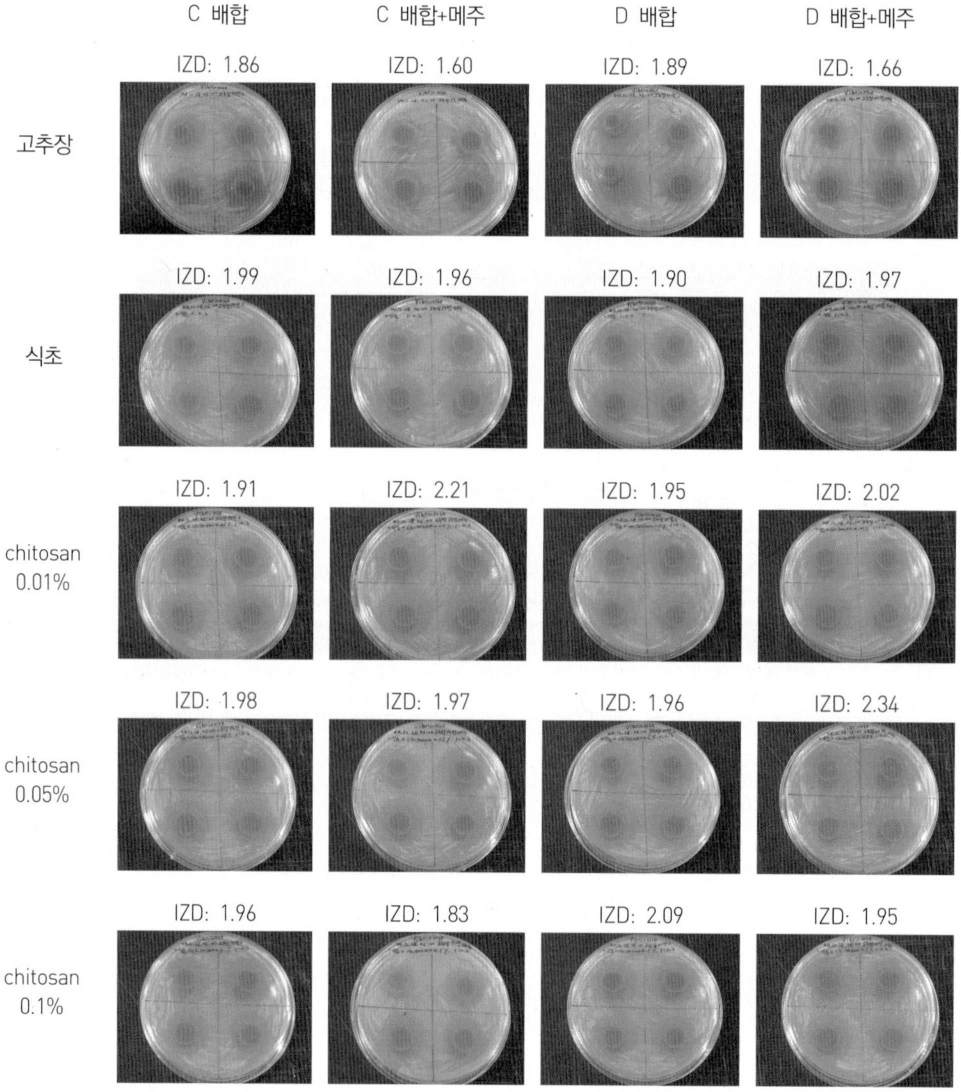

그림 280. 약용 자원 조합(C 및 D 조합)에 메주를 혼합하거나 하지않은 고추장에 식초 첨가, 식초에 키토산을 농도별로 첨가한 고추장의 IZD

(Jong-Deog Kim, Journal of Life Science, 15(5), 783-789, 2005)

⑤ 겨자 및 고추냉이의 제어력

회를 먹을 때 겨자나 고추냉이를 곁들여 먹기 때문에 이들이 비브리오 균주를 제어 할 수 있는가에 대하여 살펴보았다. 시판되고 있는 겨자와 물의 비율을 달리하여 제어 정도를 본 결과 겨자 및 와사비 모두 비브리오 균주를 제어하지 못하였다(그림 281).

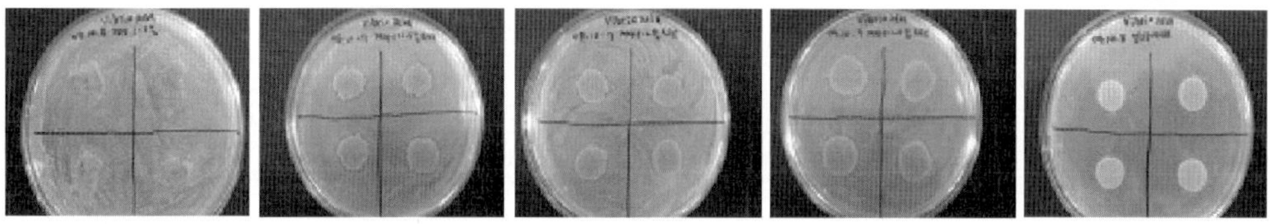

그림 281. *V. parahaemolyticus* 에 고추냉이 및 겨자를 첨가한 항균력의 비교

m : mustard, w : water.

(Jong-Deog Kim, Journal of Life Science, 15(5), 783-789, 2005)

상기의 자료들로부터 최적 배합의 조건은 그림 282에서 보는 바와 같이 황백+오미자+녹차+감초+계피 = 1 : 2 : 1 : 1 : 1의 약용 자원 배합으로 고추장을 제조하고 식초를 첨가하여 초고추장을 제조한 것이 제어력이 높게 나타났다. 메주, Chitosan, 그리고, 마늘의 첨가는 그 효과에 유의성을 발견할 수 없었다.

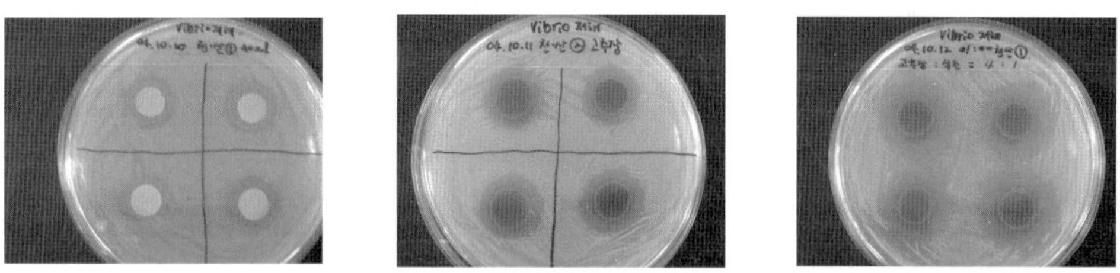

그림 282. 비브리오 제어 고추장의 최적 조건

(Jong-Deog Kim, Journal of Life Science, 15(5), 783-789, 2005)

4. 요약

V. parahaemolyticus 를 배양하면서 약용 자원을 넣어 대조군보다 성장을 저해하는 약용 자원군을 선별하고, 이를 2 차, 3 차 및 4 차 배합을 통하여 가장 효율적으로 제어 할 수 있는 조합을 찾아 ORP system value, ORAC method, FRAP method로 항 산화력을 측정하였으며, paper disk 법으로 Inhibition Zone Disk(Inhibition zone divided by diameter of disk)를 측정하여 제어의 정도를 비교하였다. 그 결과 황백, 오미자, 녹차 그리고 감초의 조합과

황백, 오미자, 녹차, 감초 그리고 계피 조합이 Ascorbic acid 10 mM보다 높은 항 산화력을 보였고, IZD가 1.57로써 제어력이 뛰어나, 이 배합으로 고추장을 제조하였을 때 IZD가 1.77로 좋게 나타났고, 이 고추장으로 식초를 첨가하여 초고추장을 제조하였을 때 IZD는 2.44로써 실험 중의 최대의 제어력을 보였다. 여기에 chitosan, 마늘, 메주의 첨가는 유의성 있는 결과를 얻지 못하였다.

제14장

톳의 기능성 연구

1. 톳의 기능적 특성
2. 톳의 응용 제품의 개발

제14장

톳의 기능성 연구

1. 톳의 기능적 특성

오래 전부터 해조류는 식용, 약용, 공업 원료, 가축 사료, 비료 등으로 이용되어 왔으며, 알칼리성 식품으로 각종 미네랄(K, Ca, Mg, Fe, P, I, Zn 등)의 보고일 뿐만 아니라 각종 비타민 군을 포함하고 있으며, 식이 섬유를 다량 함유하고 있어서 장의 연동 운동을 도와 배변을 원활하게 해준다(Kim, 1988; Mori, 1981). 또 해조류는 피를 맑게 해주고 과산화 지질의 생성을 억제하며 활성 산소의 생성 억제력도 가지고 있어서 결과적으로 노화를 방지하는 등의 많은 이점을 가지고 있다(Choi, 1999). 특히, 이 중 60~70여 종은 영양, 생리 효과가 뛰어난 것으로 밝혀졌다(Lee, 1980). 이러한 많은 기능을 가지고 있는 해조류 중에 특히 대표적인 갈조류인 톳에는 칼슘, 요오드, 철 등의 무기 염류를 많이 포함하고 있어서 예로부터 주목을 받아온 기호 식품의 하나이다(이남호, 2001). 이러한 기능을 가지고 있는 톳의 항 산화력을 측정해서 같은 갈조류인 미역, 다시마와 비교해 보고 천연 및 합성 항 산화제와도 비교해서 그 이용 가치를 높이고자 한다.

일반적으로 해조류에는 유해 산소 소거능이 있어 항 산화력을 가지는 천연 물질로 밝혀지고 있는데 항 산화는 프리라디칼을 억제시키려는 작용으로, 필요 이상으로 많은 산소가 체내에 들어왔을 경우, 잔여 산소 중 일부는 활성 산소(Free Radical)가 되는데 반응성이 큰 유해 산소는 체내의 세포를 공격하게 되고, 공격으로 인해 손상된 세포는 유전자의 복구 명령에 따라 복구를 시작한다. 이 복구 과정에서 간혹 비 정상적인 복구가 일어나는데 적당히 복구하는 수준을 넘어서서 과다하게 증식하는 세포가 발생하게 되며, 이것이 하나의 암이 되고, 각종 질병의 원인으로 작용하게 되는 것이다(Barber, 1994).

산소 섭취량을 조절하는 것은 현실적으로 어렵기 때문에 몸에서 불필요한 산소로 인한 유해 산소를 없애주는 것이 실질적인 해결책으로 우리가 어떤 물질을 섭취했을 경우

이 유해 산소가 세포를 공격하기 전에 반응을 일으켜 유해 산소를 소모시켜줄 수 있다(Kenneth, 1996; Mauro, 1996). 항 산화 작용을 하는 대표적인 천연 물질로는 비타민 C, E, α-tocopherol, β-carotene 등이 있는데 이 물질들은 체내에서 유해 산소와 직접 반응하여 세포 파괴를 예방하는 효과를 지니고 있다(Crow, 1994). 이번 항 산화능 측정 실험을 수행하기 위해 ORP-pH system 측정법(Okouchi, 2002)을 사용했다. 결과 산출이 용이하고, 다른 측정법보다 간편하게 항 산화력을 측정 할 수 있기에 일반적으로 사용하는 항 산화 측정 방법인 D.O analysis method, ORAC method, hydroxy radical 소거법, DPPH법, 방향족 화합물 및 총 phenol함량 측정법보다(김종덕, 2002; Robert, 1989) 신속하고 편리한 측정법이라 하겠다.

일반적으로 ORP(산화환원전위, Oxidation Reduction Potential)란 어떤 화합물이나 원소로부터 전자를 다른 원소나 화합물로 이동시키는데 필요한 전기적 에너지 준위로 어떤 물질이 전자를 잃고 산화되거나, 또는 전자를 받고 환원되려는 경향의 정도를 나타내는데 전자교환이 따르는 모든 화학 반응은 산화 · 환원 반응이며, 산화 · 환원력의 강도는 ORP를 측정함으로써 알 수 있다. 그 원리를 보면 전지의 두 전극 중에 이온화 경향이 큰(표준 환원 전위 값이 보다 작은)금속이 (-)극으로서 산화 반응이 일어나며, 이온화 경향이 작은(표준 환원 전위 값이 보다 큰) 금속이 (+) 극으로 환원 반응이 일어난다. 이 때 두 전극의 금속 사이에서 일어나는 전위차의 정량적 척도를 전압(Volte)으로 나타낸다(서준석, 2000).

본 연구는 갈조류인 톳, 미역, 다시마의 항 산화력을 비교하여 톳의 우수성을 밝히고, 대표적인 항 산화제인(BHT, BHA, Ascorbic acid, α-tocopherol, β-carotene)와 비교해서 항 산화력의 정도를 파악하고자 한다.

1.1. ORP-pH system을 이용한 톳의 항 산화력 측정

가. 실험 도구

ORP 측정은 Istek사의 ORP meter(ph/ISE 750P)를 이용하여 측정하였다.

나. 재료 및 시약

pH를 조절하기 위해 사용한 산-알칼리 시약은 각각 0.001~5 M까지 각 농도별로 제조한 HCl, NaOH을 사용했으며, 시료인 톳, 미역, 다시마와 증류수의 비율을 1:3으로 추출하여 실험에 사용하였다.

다. 실험 방법

ORP meter의 pH와 ORP sensor를 용액에 담구고 천천히 교반시키면서 HCl, NaOH를 떨어뜨려 pH변화가 거의 없는 지점까지 ORP 값을 5 초 간격으로 측정했으며, 측정된 data를 그래프로 나타낸 후 회귀 분석하여 산출된 기울기의 절대치에 절편을 나누어 수치화 하여 ORP System value를 구하였다(그림 283).

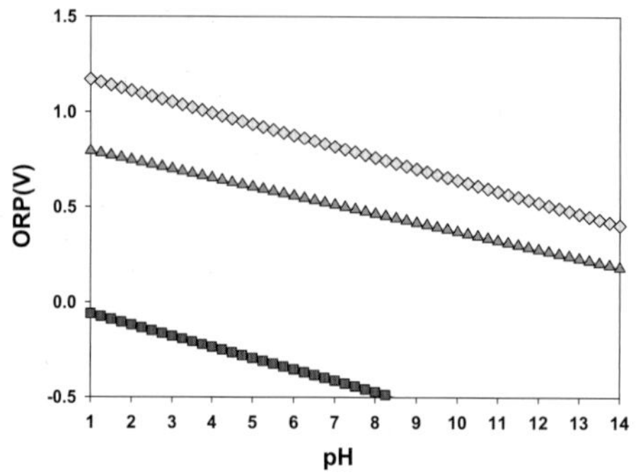

그림 283. ORP value와 pH와의 관계

◆: boundary of oxidizing decompositions of water (ORP=1.23-0.059 pH)
■: boundary of reducing decompositions of water (ORP= -0.059 pH)
▲: pure water

(Journal of food science.67, 1594~1598, 2002)

라. 결과 및 고찰

① 톳의 ORP System value

표 57에서 보는 바와 같이 톳이 미역이나 다시마에 항 산화력이 높게 나타났으며, 보길도 산 톳이 완도 산 톳에 비해 항 산화력이 다소 높게 나타났다.

표 58. 각 해조류의 ORP System value 비교

장소	시료	ORP System value
완도	톳	0.128
	미역	0.071
	다시마	0.108
보길도	톳	0.146

(해양수산부 최종 연구 보고서, 2004)

표 59. 각 표준 물질의 ORP System value

	Ascorbic acid	BHT	BHA	α -tocopherol
100mM	0.282	0.1344	0.1429	0.1344
50mM	0.2202	0.1278	0.1317	0.1284
25mM	0.1882	0.1244	0.1259	0.1253
10mM	0.17	0.1224	0.1226	0.1236
5mM	0.1634	0.1217	0.1214	0.1229
1mM	0.1585	0.1212	0.1205	0.1225

(해양수산부 최종 연구 보고서, 2004)

표 59에는 표준 물질의 ORP System value를 나타낸 것으로서, 완도 및 보길도 톳의 항 산화력은 각각 BHA의 33.4mM, 113.4mM에 해당되는 것으로 나타났다.

1.2. FRAP assay를 이용한 톳의 항 산화력 측정

FRAP(ferric reducing ability of plasma)은 sample 과 FRAP solution을 이용하여 항 산화능력을 측정하는 방법으로 시료가 FRAP 용액과 반응하여 환원되면서 ferric tripyridyltriazine (Fe(III)-TPTZ) 을 ferrous tripyridyltriazine (Fe(II)-TPTZ) 으로 바꾸어 발색하므로 이를 고감도 분광 광도계를 이용하여 593nm에서 측정한 후, 흡광도 값을 Ferrous sulfate 표준 곡선에 적용하여 항 산화 능력이 얼마나 되는지 측정하는 방법이다(Iris, 1996). 완성된 FRAP 용액 1 ml와 시료를 30 µl씩 첨가 후, 37℃에서 30 분 가량 안성화를 시키고, 593 nm에서 측정한다.

가. FRAP solution 제조

시약은 sodium acetate 와 glacial acetic acid 는 YAKURI PURE chem. 사의 시약을, HCL은 DCC chem. 사, TPTZ(2,4,6-tri[2-pyridyl]-s-triazine)는 Aldirch chem. 사, Ferric chloride ($FeCl_3 \cdot 6H_2O$)는 AJAX chem. 사에서 구입하였다. Standards material를 위한 Ferrous sulfate ($FeSO_4 \cdot 7H_2O$)은 JUNSEI chem. 사에서 구입하였다. 시약 제조 방법은 300 mM Acetate buffer의 제조(100 ml)시 sodium acetate-0.31 g과 glacial acetic acid-1.6ml을 증류수와 같이 100 ml이 되게 첨가하고 제조 후 4℃에 냉장 보관하였다. 40 mM 염산 희석의 제조(100 ml)는 0.15 ml의 HCl에 100ml이 되게 증류수를 첨가하여 제조한다. 10 mM TPTZ 제조(10 ml)는 40 mM HCl 10 ml에 0.031g의 TPTZ를 넣고 녹일 때는 50℃ 중탕에서 녹이고 20 mM Ferric chloride 제조(10 ml)는 Ferric chloride($FeCl_3 \cdot 6H_2O$)-0.054 g을 10 ml의 증류수에 용해시켜 사용하였다. TPTZ 와 Ferric chloride 는 측정 시에 제조하여 사용하였다(Réka, 2002).

나. 톳의 FRAP value

그림 284에서는 산지 별 톳과 미역, 다시마를 비교하였다. 톳이 미역과 다시마에 비해 높은 항 산화력을 보였고 보길도 산 톳이 완도 산에 비하여 다소 높은 항 산화력을 보였다. FRAP value는 보길도 산 96.94, 완도 산 76.5로 나타났다.

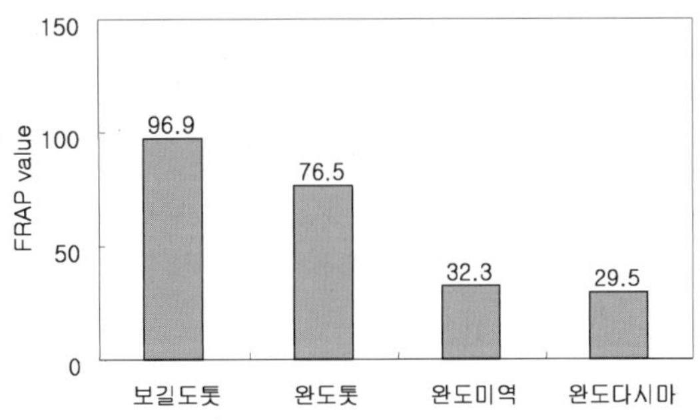

그림 284. 해조류의 FRAP법에 따른 항 산화력

(해양수산부 최종 연구 보고서, 2004)

표 60. 각 표준 물질의 농도별 FRAP법에 의한 항 산화력

	Ascorbic acid	BHT	BHA	α -tocopherol
100mM	6306.3	4836.5	11422.7	8710.5
50mM	2315	2649.3	6208.3	4099.8
25mM	1764.7	1270.4	2791.9	2056.9
10mM	721.3	464.8	1207.4	861
5mM	235.8	247.9	598.5	418.3
1mM	64.9	43.3	114	84.6

(해양수산부 최종 연구 보고서, 2004)

표 60의 표준 물질들을 FRAP value와 비교해 보았을 때, 보길도 산 톳은 α-tocopherol의 1 mM 정도에 해당되며, 완도 산 톳의 경우 ascorbic acid의 1 mM 정도에 해당되는 것으로 나타났다.

1.3. 톳의 흡습성

흡습성은 수분을 흡수하는 성질이며 피부 노화에 영향을 미친다. 노화는 세포를 구성하는 지질, 단백질, 핵산, 효소 등이 유해 산소에 이해 산화적 손상을 받으며, 이러한 산화반응 산물들이 나이와 더불어 축적됨으로서 노화의 원인으로 작용하며, 산화적 대사과정 중에 생체 내에서는 항상 유해 산소가 생성되고 있으며, 이들 대부분은 생체 내의 항 산화제(항 산화 효소 및 항 산화물질)에 의하여 소거된다. 약용 자원 중의 하나인 톳에는 이러한 항 산화 물질을 많이 함유하고 있어 유해 산소의 소거능을 가지고 있기 때문에 노화작용을 제어 할 수 있다(김진아, 2004).

피부 노화를 억제하기 위한 방법으로 사람들은 화장품을 바른다. 이러한 화장품을 기능성 화장품이라 하며, 기능성 화장품(Korea Function Cosmetics Codex, KFCC)은 화장품으로서 크게 피부의 미백에 도움을 주는 기능을 가진 화장품, 피부에 탄력을 주어 피부의 주름을 완화 또는 개선하는 기능을 가진 화장품, 자외선을 차단 또는 산란시켜 피부를 보호하는 기능을 가진 화장품들이 있다(이진태, 2002).

화장품 중에 노화를 방지하는 것 중의 하나가 보습제이다. 보습 시스템은 거칠어지기 쉬운 피부에 보습, 영양을 부여하여 촉촉한 화장 상태를 유지시키는 작용을 하며, 현재 약용 자원인 미역, 다시마를 이용하여 기능성 화장품의 보습제로 많이 쓰이고 있다. 이와 같이 보습제는 흡습성과 밀접한 관계가 있다.

본 연구는 완도 산, 보길도 산, 제주도 산, 고흥 산 톳을 이용하여 동일한 조건의 진공상태, 온도, 보관 장소 따라 얼마나 많은 수분을 흡습하고, 지역에 따른 흡습성의 차이가 얼마나 차이가 발생하는가를 알 수 있으며, 대조군인 완도 산 다시마와 미역과의 흡습성을 비교하고자 한다. 톳의 흡습성이 미역, 다시마의 흡습성 보다 높을 경우 현재 기능성 화장품 보습제로 쓰이고 있는 미역, 다시마 대신에 톳을 이용할 수 있을 것이라 사료된다.

가. 재료 및 시약

톳의 흡습성을 실험하기 위해 완도 산, 보길도 산, 제주도 산, 고흥 산 톳을 2~3 일 동결건조된 것을 사용하였으며, 대조군으로는 완도 산 미역, 완도 산 다시마를 사용하였고, 완도와 보길도 산은 7월 달에 동결 건조된 것을 사용하였고, 제주도와 고흥 산은 5월 달에 동결건조된 것을 사용하였으며, 미역과 다시마는 8 월 달에 동결 보존된 것을 사용한 것이며, 시약으로는 습기를 방출하는 NaCl, $(NH_4)_2SO_4$, KNO_3을 사용하였다.

나. 실험

시약을 담을 250 ml 비이커 5개와 톳을 담을 50 ml 비이커 5개, 시약과 톳의 무게를 측정하는 진자 천평, 진공상태 공간을 위해 데시케이터, 진공상태를 만드는 진공 펌프, 25℃ 배양기를 사용하였다.

250 ml 비이커에 NaCl, $(NH_4)_2SO_4$, KNO_3을 각각 5 g씩 넣고, 항량된 50 ml 비이커 5개의 무게를 측정하고 각 각의 비이커에 완도, 보길도, 제주도, 고흥산 톳과 대조군으로써 미역과 다시마를 1 g씩 넣은 후, 250 ml 비이커에 증류수 5 ml을 넣어 시약을 녹인 다음, 톳을 넣은 50 ml 비이커를 250 ml 비이커에 하나씩 넣고, 데시케이터에 넣어 진공 펌프를 사용하여 데시케이터를 진공으로 만들어 25℃ 배양기에 2 시간 동안 넣어 두고, 2 시간 후에 50 ml 비이커의 무게를 측정하며, 이 과정을 3 차에 걸쳐 실시하여, 식에 의하여 흡습성을 계산하였다.

$$\text{흡습성(\%)} = \frac{\text{반응 후 시료의 중량 - 반응 전의 시료의 중량}}{\text{반응 전의 시료의 중량}} \times 100$$

다. 결과 및 고찰

실험한 결과를 표 61에 나타내었으며 3 차례에 걸쳐서 실험을 하여 평균으로 나타내었다. 완도 산, 보길도 산, 제주도 산, 고흥 산 톳의 흡습성이 대조군인 미역, 다시마 보다 흡습성이 더 나은 것으로 나타났으며, 이중 완도 산 톳이 흡습성이 6.31(%)로 다른 3 곳의 톳보다 높았으며, 화장품의 보습제로 사용 가능성이 높은 것으로 나타났다.

표 61. 각 해조류의 흡습성 비교

	first	second	third	average (%)
완도 톳	6.44	6.37	6.11	6.31
보길도 톳	5.61	4.95	3.86	4.81
제주 톳	5.97	5.60	5.15	5.57
고흥 톳	4.08	3.94	3.82	3.95
미역	3.82	3.97	3.95	3.90
다시마	1.37	1.24	1.37	1.32

(해양수산부 최종 연구 보고서, 2004)

1.4. 톳의 조섬유

식이 섬유는 인체 내의 소화 효소로 가수 분해 되지 않는다(Gordon, 1989). 수용성 식이 섬유소에는 헤미셀롤로오스, 펙틴, 껌, 점질물질이 있으며, 불용성 식이 섬유소에는 셀룰로즈, 리그닌, 비 셀룰로즈 계열의 불용성 중합 다당 등이 있다(Lanza, 1986). 식이 섬유소는 배설물의 보수성을 향상 시켜 정장 작용을 도와주고 혈청 콜레스테롤을 감소시키며 당뇨병, 비만 등의 성인병 예방과 치료에 효과가 있다고 보고되고 있다(Trowell, 1972; Mercurio, 1981). 또한, 식이 섬유소의 구성 성분인 5탄당 분액, 셀룰로즈, 비 전분성 중합다당, 우론산 등에 의해 결장암이 방지된다고 보고되고 있다(Jacobs, 1986). 해조류는 다당류를 주로 하는 탄수화물을 많이 함유하고 있으나, 사람의 소화 기관에 존재하고 있는 소화 효소에 의한 소화율이 매우 낮아 영양가는 그리 높지 않은 것으로 평가 되어 왔다. 그러나, 해조류 중의 탄수화물은 일반 야채류에 함유되어 있는 섬유소와는 달리 식이 섬유가 인체에 미치는 효과가 매우 높다는 것이 밝혀졌고, 최근에는 해조류의 당류 성분에 항암 작용이 있다는 사실이 연구자들에 의해 밝혀졌다(Lee, 1992; Cho, 1990). 해조류의 식이 섬유에 관한 최근의 연구에 의하면 해조류 내에는 인체 내에서 생리 활성이 큰 수용성 식이 섬유소가 다량 함유되어 있으며(Lahaye, 1991; Kim, 1988) 종류에 따라 장내 세균이 분비하는 효소에 의해 일부가 분해되어 생리적 작용을 나타낸다는 것이 밝혀졌다(Sachie, 1993). 시료로 사용한 톳(*Hizikia fusiforme*), 미역(*Undaria pinnatifida*), 다시마(*Laminaria japonica*)는 모두 갈조식물로 해조 다당류로는 알긴산, 라미나린, 만니톨 및 푸코이단 등이 알려져 있다.

본 연구는 국내산 톳의 산지별 섬유소의 함량을 조사하여 톳의 생리 기능성을 밝히려 한다.

가. 재료 및 시약

본 실험에서 사용한 톳은 완도, 보길도, 고흥, 제주도에서 양식 산을 5~7월 사이에 채취하고, 동결 건조시켜서 사용하였으며, 대조군으로서는 같은 시기에 채취한 완도 산의 다시마와 미역을 사용하였다.

조섬유 분석 장치로는 Fibertec으로, 마쇄기는 IKA사의 Labortechnik MF 10basic을 이용하여 마쇄하였고, 데시케이터로 방냉시켰다. 드라이오븐은 Venticell사의 KW-1 200D, 111L을 사용하여 건조하였고, 회분 장치, 사용된 시약으로는 Junsei chemical co., Ltd의 純正一級인 황산과 수산화나트륨을 사용하였고 Mallinckrodt사의 99.5%의 아세톤을 사용하였다.

나. 실험

시료는 세척, 동결 과정을 거처 마쇄기를 이용하여 잘게 마쇄한 후, 시료를 약 4 g 정도를 칭량(W0)하여 도가니에 넣고, 예열된 1.25% 황산을 약 150-160 ml을 넣고 자비시켰다. 약 30 분 정도 끓인 후 황산을 모두 배수 시킨 다음 예열된 증류수로 칼럼 약 3 회 정도 씻어 준 다음, 예열된 1.25%의 수산화칼륨을 약 150-160 ml 정도 넣고 자비시킨 후 황산과 같이 배수 시킨 후 예열된 증류수로 칼럼을 약 3 회 정도 끓인 다음 도가니를 꺼내서 차가운 추출 장치로 옮긴 후, 아세톤으로 약 3 ml씩 2-3 회 씻어낸 다음 데시케이터에서 1 시간 정도 방랭 후 135℃ 드라이오븐에서 2시간 동안 건조 시킨 후 다시 데시케이터에서 1 시간 방랭 후 칭량 하였다(W1). 회화로에서 600℃, 6 시간 정도 회화시킨 후 데시케이터에서 약 1 시간 정도 방랭하여 중량을 칭량하였다(W2). 위와 같은 실험을 시료 당 3 반복하여 그 평균을 계산하였다.

시료를 묽은 산과 묽은 알칼리, 그리고, 아세톤으로 차례로 처리하면 섬유질이 침전 으로 남는다. 이 침전이 섬유소의 주 성분이지만 그 외에도 소량의 리그닌, 펜토잔 및 무기염류를 포함하고 있다. 이 섬유질의 수분을 제외한 무게에서(W1) 그 회분의 무게를 뺀 값(W2)을 섬유소, 리그닌, 펜토잔의 함량에 해당한다. 이 값을 조섬유(Crude Fiber)로 나타낸다. 결과는 다음 식에 의거 산출하였다.

$$조섬유\ 함량(\%) = [(W1 - W2) \div W0] \times 100$$

다. 결과 및 고찰

산지별 톳의 조섬유 함량을 분석한 결과는 그림 285와 같다. 톳의 조섬유 함량은 다른 해조류인 미역이나 다시마에 비해서 높은 수준을 보였다. 산지별 톳의 조섬유의 함량은 완도 산 톳은 4.91%, 보길도 산 톳은 4.0%, 고흥 산 톳은 4.6% 그리고, 제주도 산 톳은 8.5%로 가장 높은 조섬유 함량을 보였다. 그리고, 미역과 다시마의 경우에는 각각 3.6%와 3.7%로 톳의 조섬유 함량에 비해 낮은 수치를 보였다.

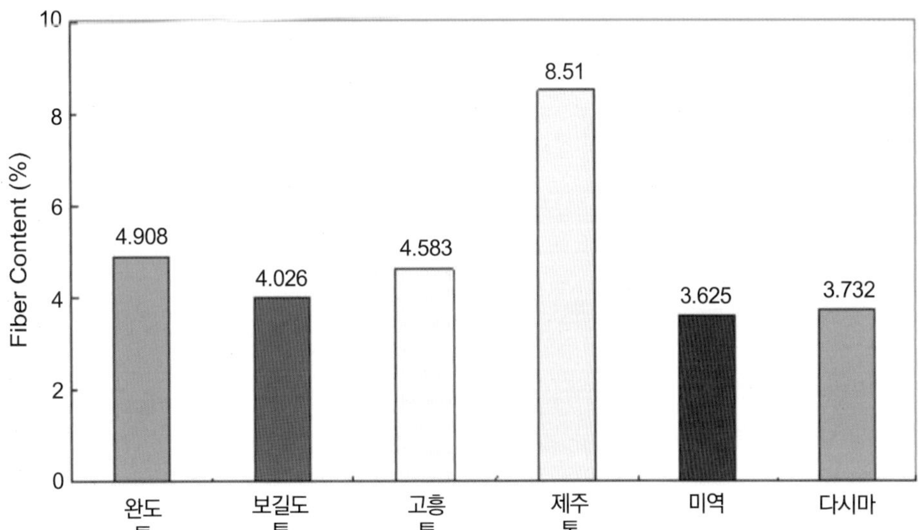

그림 285. 톳의 재배 영역 및 다른 해조류의 조섬유 함유량

(해양수산부 최종 연구 보고서, 2004)

1.5. 톳의 Tyrosinase 저해능

멜라닌은 동물, 식물 및 미생물에 널리 존재하는 페놀류의 고분자 물질로 검은 색소와 단백질로 이루어져 있다. 자외선, 건조, 극한 온도 등에 대한 생존능력을 높여주고, 커피, 차, 담배등의 질을 향상시키기도 하지만(Bell, 1986; Lerner, 1950), 과도한 멜라닌 합성은 채소, 과일 생선 등의 갈변화 현상으로 품질을 저하시키는 문제점이 있다(Chen, 1991). 생물에 따라 다양한 종류가 알려져 있으며, Tyrosinase(EC 1.14.18.1)에 의해 생합성 된다. 피부는 자외선에 노출되면서 tyrosinase의 작용으로 표피 기저층에 존재하는 melanocyte라고 하는 색소 세포 내의 melanosome에서 생합성되어 피부 노화가 촉진되며(Yang, 1999; Chun, 2001), 이때 생성된 활성 산소는 지질, 단백질, 당 및 핵산을 손상시키고 세포막의 파괴에 관여함으로써 돌연 변이 유발, 피부암을 포함한 발암, 성인병 및 노화 등을 촉진시키는 원인 요소로 알려져 있다. 이런 피부 색소 침착과 피부 흑화 현상의 원인인 멜라닌 전구물질들에 의한 독성으로 세포 사멸 촉진 등의 부정적인 기능을 하고 있다(Kawfman, 1991; Kaneyama, 1993). 기전은 그림 286과 같으며, 이 색소는 멜라닌 세포의 melanosome에서 합성되어 아미노산과 L-tyrosine이 3,4-dihydroxyphenylalanine(L-dopa)으로 전환됨으로써 이 기전이 시작 된다(Ando, 1991; Tadahiko, 2007). tyrosin은 멜라닌 세포 내에서 tyrosinase에 의해 DOPA, DOPAquinone으로 산화된다. 그 후 DOPA quinone이 DOPA chrome, 5,6-dihydroxyindole, indole-5,6-quinone이 되고, 이어서 indole-5,6-quinone으로의 중합에 의해 melanin을 생성하는 것으로 알려져 있다(Prota, 1980; Pavel, 1983). 이 반응의 유일한 율속 단계는 tyrosinase가 촉매하는 단계로, 그 후의 반응은 자동 산화에 의해 진행된다고 생각되고 있다.

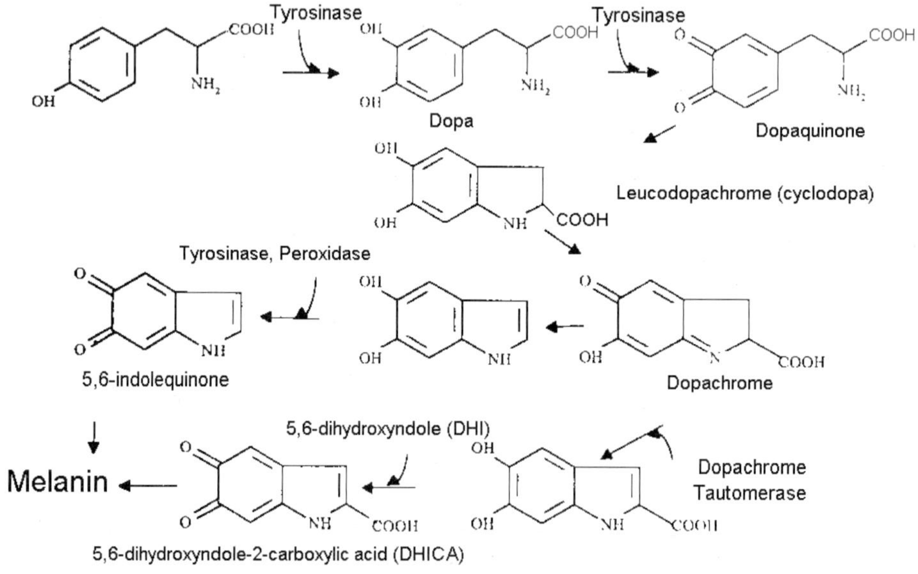

그림 286. 타이로신으로부터 멜라닌의 형성 과정

(Journal of Applied Phycology, 18(3), 187-196, 2007)

Tyrosinase는 피부 멜라닌 생성에 있어서 매우 중요한 역할을 하고 있으며, melanosome 내에서 tyrosine을 산화시켜 DOPA를 만드는 tyrosine hydroxylase로, DOPA를 산화시켜 DOPAquinone을 만드는 DOPA oxidase로서 작용하여 멜라닌 중합체를 합성하는데 중요한 효소이다(Hearing, 1987). 그러므로, 이 효소, tyrosinase 활성을 억제 한다면 멜라닌의 생성을 저해 할 수 있을 것으로 기대되어진다. 천연물에서 분리된 tyrosinase 활성 억제 물질로는 누룩곰팡이의 2 차 대사물질인 kojic acid와 우바우루시葉으로부터 분리된 arbutin, 상백피의 oxyresveratrol 등이 있으며, 그 외에도 α-viniferin과 같은 stilbene계 화합물, ferulic acid와 같은 vinilyl 계통의 화합물, isoflavonoid류 등이 알려져 있다. 이 중 arbutin과 kojic acid는 미백제의 첨가제로 상용화되어 있다. 그러나, kojic acid는 그 독성(Choi, 1966)이 알려지면서 우리 나라의 화장품 회사에서도 간암 발병 위험을 이유로 사용을 중지하기로 하였다. 그러므로, 독성이 없는 천연 물질 내에서 tyrosinase 활성 억제 물질을 개발하는 것이 필요로 하며, 따라서, 톳이 함유하고 있는 tyrosinase 활성저해 물질을 탐색하고 이를 제품에 활용하기 위해 본 연구를 실시하였다.

가. 재료 및 시약

본 실험에서 사용한 톳은 전라남도 완도와 보길도에서 생산되어진 양식산을 5~6 월에 채취한 것을 세척한 후에 마쇄하여 8,000 rpm에 10 분간 원심 분리한 후 상등액을 채취하여 사용하였다. 대조군으로는 멜라닌 색소를 억제하며 미백작용을 지닌 미백제인 kojic acid (Romero G, 1997)를 Sigma 사의 것을 구입하여 사용하였다.

본 실험에서 사용되어진 시약으로는 Junsei chemical 사의 Disodium hydrogen-phosphate (Na_2HPO_4), Potassium dihydrogenphosphate(KH_2PO_4)를 사용하여 Potassium Phosphate Buffer를 만들어 사용하였다. Fluka사의 L-Tyrosine을 사용하였고, sigma사의 Tyrosinase를 사용하여 반응시켰다. 측정은 SHIMADZU사의 UV-분광광도계인 UV-2101 PC를 사용하여 흡광도 값을 측정하였다.

나. 실험

Tyrosinase 의 저해 활성의 측정은 Takagi(Takagi, 1999) 등의 방법을 이용하여 측정하였다. 먼저 산지에 따른 톳, 다시마와 미역을 1:3의 비율로 물과 혼합하여 분쇄한 후 원심분리(8,000 rpm, 10 분)를 한 후 상등액을 취하여 이 용액을 다시 1:10의 비율로 희석시킨 후 시료 용액으로 사용하였다. 1.66 mM의 L-Tyrosine용액 1 ml과 시료용액 1 ml, 그리고 30 mM의 sodium phosphate 1 ml를 넣은 후, 37℃ 항온수조에서 10 분간 반응 시키고, 37℃가 된 혼합액에 0.01 ml의 tyrosinase를 넣어 혼합한 후 다시 37℃ 항온 수조에서 정확히 10 분간 반응 시킨 후 꺼내어 즉시 얼음에 넣어 반응을 정지시킨 후 분광광도계를 이용하여 475 nm에서 흡광도를 측정하였다.

A: L-Tyrosine solution + sodium phosphate + tyrosinase

B: L-Tyrosine solution + sample + sodium phosphate + tyrosinase

C: L-Tyrosine solution + sample + sodium phosphate

$$\text{Tyrosinase inhibition(\%)} = \frac{A-(B-C)}{A} \times 100$$

표준 물질로써 kojic acid를 농도별(1, 3, 5, 7, 10μg/ml)로 사용하여 표준 곡선을 만들어 사용하였다.

다. 결과 및 고찰

본 연구에서는 톳의 생 추출물의 성분이 멜라닌 합성 억제에 미치는 영향을 조사하기 위하여 tyrosinase의 활성 억제 효과를 *in vitro* 방법으로 측정해 보았다.

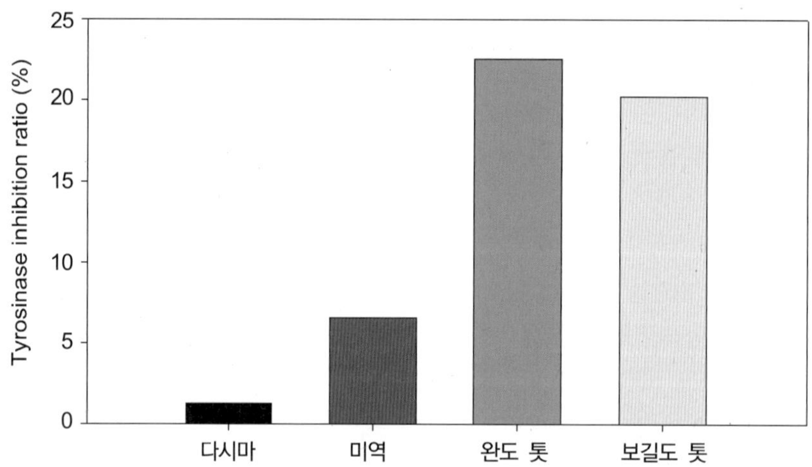

그림 287. 해조류의 타이로신에이스 억제 활성

(해양수산부 최종 연구 보고서, 2004)

산지별 톳과 미역, 다시마의 Tyrosinase의 억제 활성은 그림 287서 보는 것과 같이 40배로 희석된 완도 산 톳과 보길도 산 톳이 각각 22.6%, 20.2%의 저해 활성율을 보였는데, 이는 다시마와 미역의 저해 활성율인 1.3%, 6.5%보다 높은 활성율을 보였다. 완도 산 톳과 보길도 산 톳의 tyrosinae 의 억제 활성을 kojic acid의 농도와 비교를 해보면 완도 산 톳은 4.19 μg/ml (29µM)이고 보길도 산 톳은 3.86 μg/ml(27µM)의 저해율과 같은 것으로 나타났으며, 미역 및 다시마와 비교하여 tyrosinase 저해 활성이 높은 것으로 나타나 그 응용 범위를 넓힐 수 있는 가능성을 보였다.

1.6. 톳의 점도 특성

최근 식생활 수준이 향상됨에 따라 식품의 안정성에 대한 의식이 고조되고, 보존료를 비롯한 식품 첨가물들을 화학 합성 물질에서 천연물로 대체하려는 경향이 높아지고 있다. 천연물에 존재하는 항균성 물질을 식품 보존에 이용하고자 하는 연구는 오래 전부터 활발히 수행되어 오고 있다(Beuchat, 1989). 일반적으로 사람이 오랫동안 섭취해 왔던 천연물 그 자체 또는 이들의 추출물에 존재하는 천연 항균성 물질로는 단백질(Ashton, 1968), 유기산(Freese, 1973; Cox, 1974; Yamamoto, 1984), 탄소수가 12~18개인 지방산(Kabara, 1983; Neiman, 1985), 향신료(Shelef, 1980; Conner, 1984; Sahika, 1986), 생약제류(이병완, 1991; 박욱연, 1992)등이 있다. 최근 톳, 미역, 다시마 등 해조류의 다당류들이 여러 가지 생리활성이 있다는 연구들이 발표되면서 식이 섬유소로서 콜레스테롤 저하 효과와 고지혈증, 심장병, 고혈압, 비만, 암, 장 질환, 당뇨병 등을 예방하는 것으로 알려졌다(Anderson, 1990; 1983; 1986; David, 1992; Kiehm, 1976) 특히 수용성 식이 섬유소에는 펙틴, β-글루칸, 점질물, 껌 등이 있고, 이들은 구성 성분, 결합 구조, 점도, 분자량 등이 각각 다르다. 또한 종류와 농도에 따라 점도가 달라지며 이에 따라 혈당 강하 효과도 달라진다고 보고되고 있다(Morris, 1992; Ellis, 1991). 그러므로, 식이 섬유소 함량 측정 뿐 만 아니라 점도와 같은 물리적 성질에 대한 연구(Edwards, 1987)는 생리활성을 밝히는데 중요한 부분이다. 그리고, 물성을 밝혀냄에 따라 식품으로 다양하게 이용함으로서 톳 생산량을 증가시켜 어업인들의 생활 안정 뿐만 아니라, 가공업을 발달시켜 경제적 이익을 산출하고 국민 건강에 이바지 할 수 있을 것으로 사료된다. 따라서, 톳의 물성학적 특성을 조사하기 위해서 톳 용액의 점도를 심도 있게 조사힐 필요가 있나. 수출소선에 따라 점도에 대한 전단 속도, 온도, 그리고, pH에 따른 영향을 조사하여 물성 특성을 실험하였다.

가. 재료 및 시약

실험에 사용한 국내 연안 산 톳은(*Hizikia fusiformis*) 2004년 6월 전라남도 완도군 정도리와 보길도에서 직접 채취하여 실험에 사용하였다. 깨끗이 세척된 톳 200 g 에 0.2 N H_2SO_4 200 ml과 1% Na_2CO_3 200 ml을 각각 가하여 100 ℃에서 필요시간에 따라 환류하여 산과 염용액을 추출하였고, 열수 추출은 톳 200 g와 물 200 ml을 취하여 1시간 환류하여 얻었다.

나. 실험

추출방법에 따라 추출된 보길도 산과 완도 산의 톳 용액을 회전 점도계(Brookfield DV-Ⅲ, spindle No. SC4-34)를 사용하여 측정하였다. 이 때 전단 속도, 온도, pH에 따른 영향을 알아보기 위하여 전단속도는 13.2에서 330sec-1까지 연속적으로 변화시켰으며, 온도는 15℃에서 40℃까지 5℃ 간격으로 측정하였다. pH의 영향을 알아보기 위해 열수 추출된 보길도 산과 완도 산의 톳 용액을 pH 3.0, 5.0, 7.0, 9.0, 11.0로 제조하여 점도를 측정하였다.

다. 결과 및 고찰

① 전단 속도의 영향

톳으로부터 산과 알카리, 그리고, 열수 추출의 유동 특성을 조사하기 위해 전단 속도에 따른 전단 응력의 변화를 측정하였다(그림 288, 그림 289 및 그림 290). 그림에서 보여주는 바와 같이 산 추출에서 얻은 보길도 산과 완도 산 톳 용액의 경우 각각 -0.82(σ_0, dyne/cm^2)와 -0.85(σ_0, dyne/cm^2)의 항복치와 점조도 지수(K) 1.24(cP), 1.28(cP)를 Herschel-Bulkley 식 ($\sigma=\sigma_0+Kg^n$)에 대입하여 $\sigma=1.24g-0.82(r^2=0.98)$와 $\sigma=1.28g-0.85(r^2=0.99)$라는 유동방정식을 구하였고, 열수추출의 경우 유동방정식이 보길도 산은 $\sigma=12.6g+0.94(r^2=0.99)$, 완도 산은 $\sigma=4.08g+0.07(r^2=0.99)$을 나타냄으로서 Bingham 유체임을 알 수 있었다. 알카리 추출에서 얻은 보길도 산 톳 용액의 경우 점조도 지수 0.98, 유동 지수가 $n<1$ 값인 0.88를 보였고($r^2=0.98$), 완도 산의 톳 용액의 경우도 마찬가지로 점조도 지수 4.65, 유동 지수가 $n<1$ 값인 0.80을 보임($r^2=0.99$)으로서 Pseudoplasticity 특성을 나타내었다.

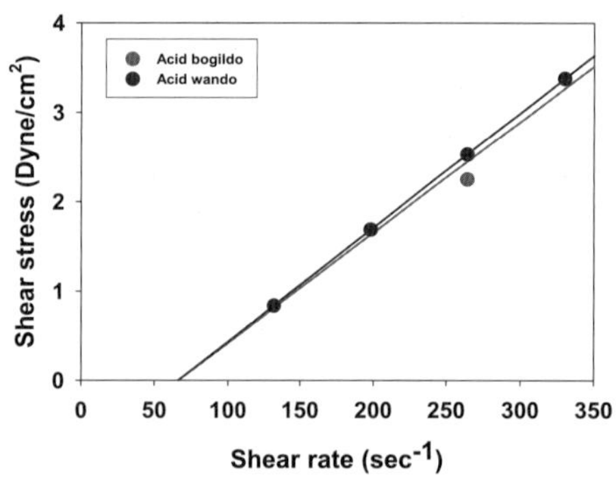

그림 288. 완도 및 보길도 톳의 산성 추출물의 shear stress 및 shear rate의 상관 관계

(한국생물공학회, 2004, 해양수산부 최종 연구 보고서, 2004)

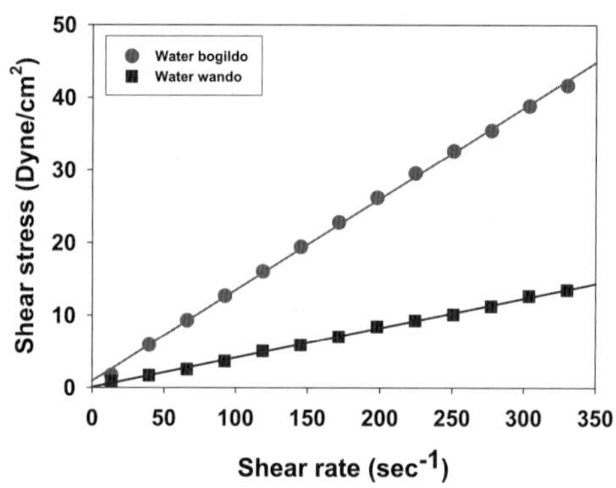

그림 289. 완도 및 보길도 톳의 열수 환류 추출물의 shear stress 및 shear rate의 상관 관계

(한국생물공학회, 2004, 해양수산부 최종 연구 보고서, 2004)

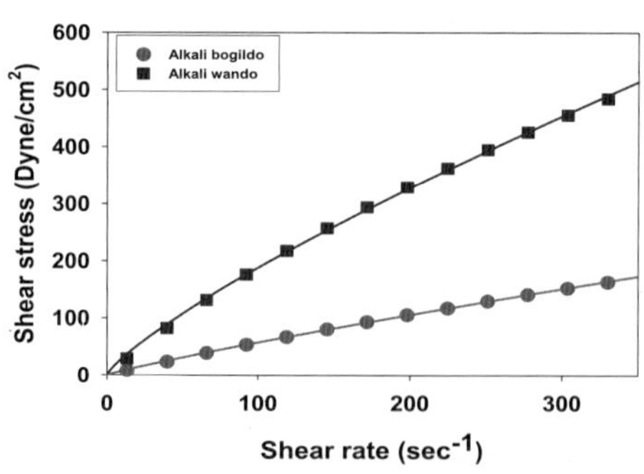

그림 290. 완도 및 보길도 톳의 알카리 추출물의 shear stress 및 shear rate의 상관 관계

(한국생물공학회, 2004, 해양수산부 최종 연구 보고서, 2004)

② 온도의 영향

온도 변화에 따른 톳 용액의 점도 변화를 측정한 결과를 그림 291에 나타내었다. 온도가 상승됨에 따라 점도는 저하 되었다. 용액의 경우 온도가 상승 할수록 분자 활동이 활발하게 일어나므로 알긴산과 laminaran 및 fucoidan과 같은 점성율이 높은 다당류가 단당류로 변화하고 동시에 용해도가 증가하여 점도가 감소되는 것으로 사료된다. 그러나, 산 추출물의 경우 H_2SO_4가 알긴산 등 다당류의 분자 내 carboxyl기를 유리시켜 다당류 체인의 변형과 절단을 일으켜 분자 크기를 감소시키므로 상온(15-40℃)에서는 점도의 유의적 변화를 없을 것이라 생각된다. 이러한 물성을 볼 때 다당류를 많이 함유한 톳 용액은 가역 용액으로 식품산업 중 젤리 및 푸딩 등의 가공에 대단히 유용하게 이용될 것으로 생각된다.

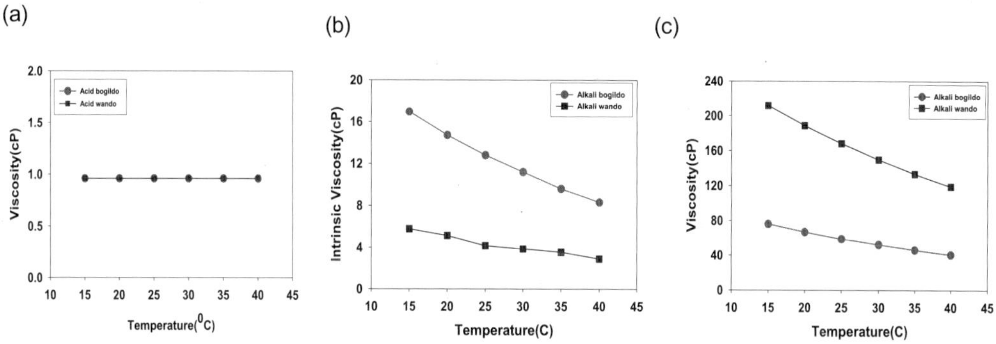

그림 291. 완도 및 보길도 톳의 산성 추출물(a), 열수 환류 추출물(b), 알카리 추출물(c)의 온도에 따른 고유 속도의 변화

(한국생물공학회, 2004, 해양수산부 최종 연구 보고서, 2004)

③ pH의 영향

열수 추출된 톳 용액의 pH 의존성을 조사하기 위하여 pH를 5단계(3.0, 5.0, 7.0, 9.0, 11.0)로 조절하여 고유 점도를 측정하였다(그림 292). 그 결과 pH 가 낮아짐에 따라 고유점도는 증가하는 경향을 보였다. pH가 낮아짐에 따라 나타나는 고유 점도의 증가는 알긴산, laminaran 및 fucoidan과 같은 다당류가 낮은 pH에서는 H 이온과 결합함으로서 겔을 형성하기 때문으로 사료된다.

④ 알칼리 추출 시간에 따른 영향

톳의 알카리 추출물은 추출 시간에 따라 점도가 줄어드는 경향을 보였으며(그림 293), 이는 장시간의 반응에 의하여 점성 성분의 중합도가 단쇄되는 것으로 판단되며, 사용도에 따라 반응 시간이 중요한 역할을 하는 것으로 사료된다.

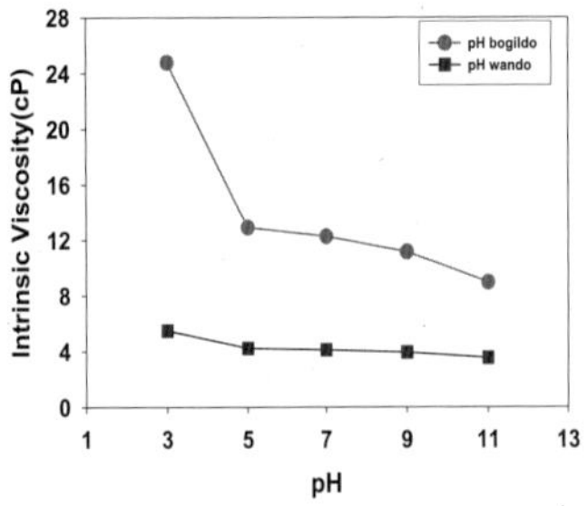

그림 292. 완도 및 보길도 톳의 환류 추출물의 pH에 따른 고유 속도 변화

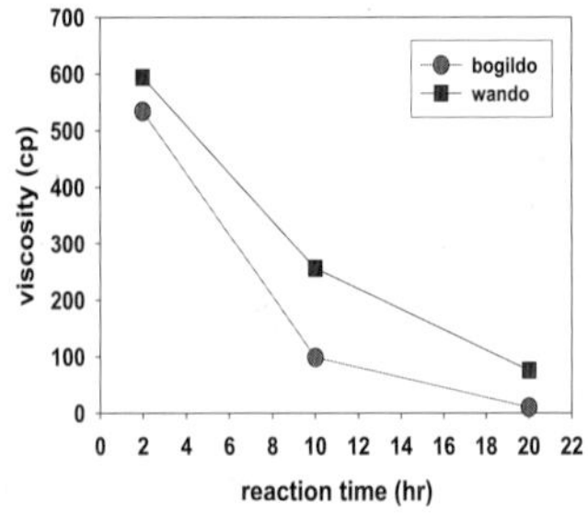

그림 293. 완도 및 보길도 톳의 알카리 추출물의 시간에 따른 고유 속도의 변화

(한국생물공학회, 2004, 해양수산부 최종 연구 보고서, 2004)

라. 요약

온도와 pH에 따른 영향에서 온도가 올라갈수록, pH가 높을수록 점도가 감소하는 경향을 보였으며, 보길도의 톳의 열수 추출물의 평균 점도는 12.84였고, 완도의 톳의 열수 추출물의 평균점도는 4.71로 나타났고, 보길도 톳의 점도가 높은 것은 해류에 의한 영양분의 공급의 차이에 의한 것으로 판단된다. 톳 용액의 전단 속도에 따른 영향에서 산 추출물과 열수 추출물은 Bingham 유체의 특성을 나타내었으므로 초코릿, 버터와 같은 식품에 응용 가능하며, 알카리 추출물은 Pseudoplastic 유체의 특성을 나타내었으므로 겔용 후식 재료인 puddings, Chiffons, Pie, 패스트리 등과 같은 식품에 응용 가능하리라 생각한다. pH에 따른 점도의 일률성은 식품의 보존 제로서도 사용이 가능하리라 판단된다.

1.7. 톳의 혈관 신생 저해 효과

신생 혈관 형성(angiosenesis)은 기존의 혈관에서 새로운 혈관이 만들어지는 일련의 과정으로, 혈관을 구성하고 있는 내피 세포의 이동(migration)과 세포간 장벽인 extracellular matrix (ECM)를 통과하는 침윤(invasion), 증식(proliferation), 혈관으로의 분화화(tube-like structures), 새로운 ECM의 형성, 평활근 세포의 관여 등 복잡하게 이루어지며, 이에 대한 유도 물질과 억제물질 간의 균형에 의하여 정교하게 조절되는 것으로 알려져 있다(Folkman, 1992).

여기에는 다양한 촉진 및 억제 인자들이 관여한다. 주된 혈관 생성 촉진 물질로는 angiotropin, epidermal growth factor(EGF), fibrin, heparin-binding growth factor(HBGF), lipid-derived angiogenic factor, nicotininamide, platelet-derived endothelial cell growth factor (PD-ECGF), basic fibroblast growth factor(bFGF), TGF-α, angiogenin, transforming growth factor α and β(TNF-α, TNF-β), endothelial mitogen 등이 있고(Folkman, 1992; Klagsbrun, 1988; Leung, 1989; Keck, 1989; Dvorak, 1979; Takahaushi, 1995), 기타 저분자 물질로서 butyryl glycerol(Dobson, 1990), prostaglandin E1과 prostaglandin E2(Form, 1983; Ben, 1978;

Graeber, 1990), nicotinamide(Kull, 1987), adenosine(Dusseau, 1986), hyaluronic acid의 분해 산물(West, 1985), (12R)-hydroxyeicosatrienoic acid(Masferrer, 1991), okadaic acid(Oikawa, 1992) 등이 발견되었다. 그 중에서 특히 VEGF는 24-42 kDa으로 혈관 투과성 인자(vascular permeability factor)로도 불리며, 혈관 내피 세포의 강력한 분열 유발 인자로서 신생 혈관 형성에 가장 중요한 역할을 하며(Senger, 1983), 여러 종양 세포에서 생성, 분비되며, 내피 세포의 이주를 촉진시키고, 세포외 기질을 분해시키는 효소를 발현하는 작용을 한다(Unemori, 1992). 또 내피 세포의 수명을 연장시켜 혈관 활성을 나타낸다고 한다(Jacques, 1999). 따라서, 촉진 인자의 제어는 을 막을 수 있는 중요한 방법이 될 수 있다. 신생 혈관 형성이 과다한 경우는 고형암, 당뇨병성 망막증, 류마티스성 관절염, 건선, 화농성 육아종, 신혈관 녹내장 등의 질환과 관련되어 있고(Breier, 1997), 그 반대로 부족한 경우는 만성궤양, 지연성 상처 치유, 선천성 기형, 허혈성 뇌졸중과 동맥 경화성 치매 등의 노인성 질환의 발생과 관련이 있다(Sussanne, 1998). 그리고, 혈관 억제 인자로는 Angiostatin, Endostatin, Interferon-α, β 및 γ, Tissue inhibitor of metalloproteinase(TIMP), Interleukin-12, Retinoic acid, Thalidomide 등이 있는데, 이들은 신생 혈관 형성 유도 인자의 생산을 억제, 신생 혈관 형성 유도 인자가 수용체에 결합하는 것을 저해, 기저막이 가수분해 되는 것을 저해, 내피 세포의 이동을 저해, 내피 세포의 증식을 저해, 모세관의 형성을 저해, 기저막의 합성을 저해, 전이를 억제하는 것 등을 들 수 있다. 정상 상태에서 생체는 신생 혈관 형성을 유도하는 인자들과 억제하는 인자들이 평형을 이루고 있으나, 질환이 유발되는 상황에서는 혈관 성장을 촉진하는 인자들이 증가하거나, 억제 인자가 제대로 작용을 하지 못하여, 신생 혈관 형성이 자율적으로 조절되지 못하여 계속 성장함으로써 질환으로 발전된다. 1998년에는 NCI에서 공식적으로 angiostatin과 endostatin을 동시에 투여하여 쥐에 유발된 종양의 성장이 억제됨을 발표함으로써, 신생 혈관 형성 억제제가 악성 종양의 새로운 치료 방법으로 부각되었다. 악성 종양의 신생 혈관 형성에는 응집이 관련되어 있는데(Shoji, 1998; Zucher, 1998), 톳에 함유되어 있는 다당류 중 후코이단이 혈액 중에 존재하는 함황 산성 다당인 헤파린과 생리적 특성이 유사하여 항 혈액응고 작용을 나타낼 뿐 아니라, 항암 작용 등 다양한 생리적 기능이 밝혀지고 있다(Yamamoto, 1981; Church, 1989). 그리고, 톳으로부터 열수 추출한 단백다당체를 쥐에 100 mg/kg/day씩 10 일간 투여하였을 때 56.6%의 종양 저지율을 보였고, 수명 연장율은 9%를 나타내어 톳이 항암 활성을 지니고 있음을 보고하였다(김수현, 1994).

따라서, 본 연구에서는 완도 산과 보길도 산의 톳으로부터 신생 혈관 형성 억제 효과를 확인하고 농도별 후코이단과 비교함으로서, 톳이 신생 혈관 억제제로서의 가능성을 살펴보았다.

가. 재료 및 시약

후코이단은 Sigma(USA)로부터 구입하였으며, Dimethyl Sulfoxide(DMSO)에 녹여 사용하였다.

HUVECs은 EBM-2(Clonetics) 배지에 2% fetal bovine serum (FBS)를 첨가하고 37℃, 5% CO_2 환경에서 배양하여 실험에 사용하였다.

나. 실험

배양한 HUVECs를 matrigel plate 당 20,000 cells/well 이 되도록 재 현탁 시킨 후 37℃에서 1 시간 30 분간 배양한 후, 추출한 완도 산과 보길도 산 톳 용액과 1.0% DMSO 1 ml에 농도별 후코이단(100 mg, 50 mg, 20 mg)을 녹인 용액 200 ㎕씩을 투여하여 37℃의 5% CO_2환경에서 4 시간 동안 배양하였다(그림 294).

다. 결과 및 고찰

① 튜브 형성에 의한 신생 혈관 저해 효과

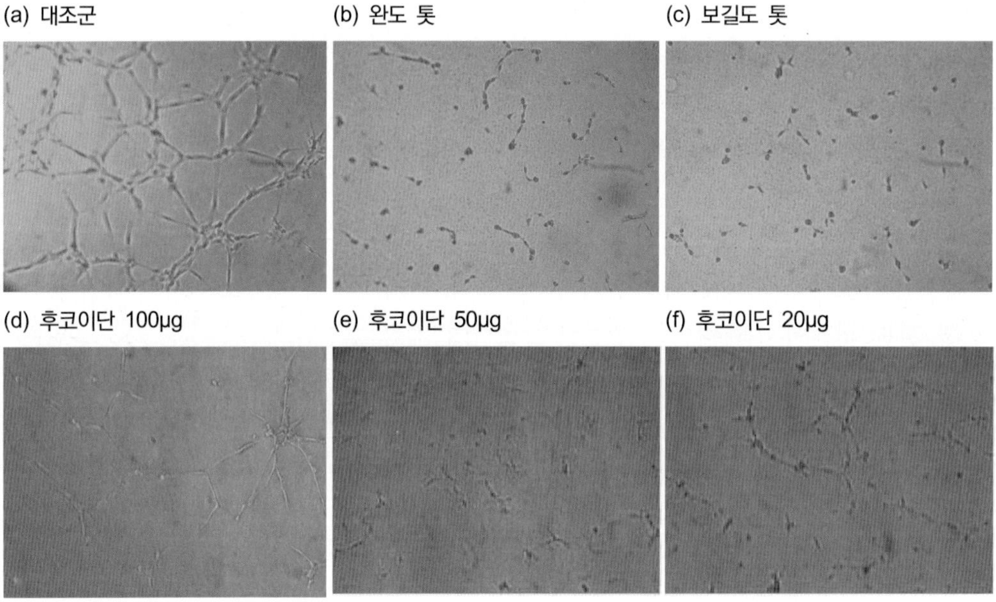

그림 294. 푸코이단, 완도 및 보길도 톳 추출물의 HUVEC 세포에 대한 신생 혈관 형성 억제 효과

(해양수산부 최종 연구 보고서, 2004)

완도 톳과 보길도 톳 모두 신생 혈관 억제 효과를 보였으나(그림 295), 보길도 톳이 좀 더 뛰어난 효과가 있음을 알 수 있었다. 후코이단이 함암 효과가 있다는 보고에 의해 농도별로 실험을 해보았으나, 농도에 따른 유의적 차이가 없는 것으로 나타났다. 이는 푸코이단의 실험을 통하여 좀 더 체계적인 결과를 산출해야 할 것으로 생각된다.

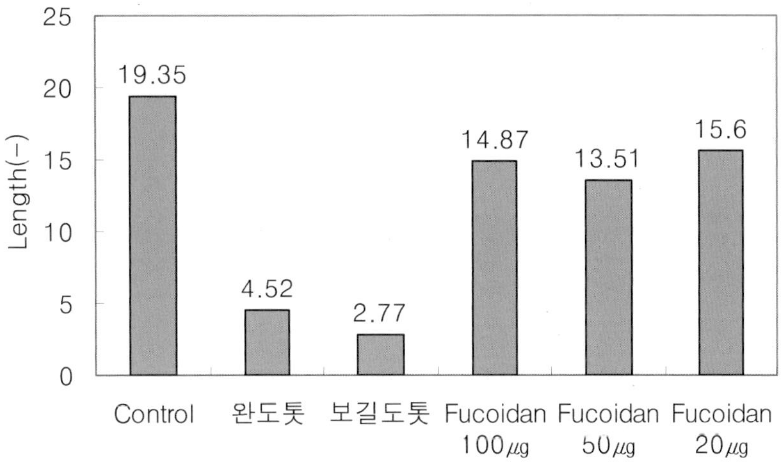

그림 295. NIH 영상 분석에 의한 푸코이단의 농도별, 완도 및 보길도 톳 추출물의 HUVEC 세포에 대한 신생 혈관 형성 억제 효과

(해양수산부 최종 연구 보고서, 2004)

2. 톳의 응용 제품의 개발

2.1. 톳을 이용한 건강 음료 개발

해조류는 육상 식물에 비하여 비타민 및 미네랄의 함량이 높고 그 중에서 마그네슘, 칼슘, 요오드, 철 및 미량 인소가 힘유되어 건강 식품으로 많이 이용되고 있으며, 특히, 해조류의 다당류는 그 특성이 독특하여 생리 활성이 강한 물질로 알려져 있다(Aleem, 1970). 식용 해조류는 영양학적인 효과 뿐 아니라 면역 신경 및 내분비계에 생리적 효과가 있으며, 해조류는 다당체를 다양하게 함유하고 있어 이들 중 알긴산, 후코이단(Cho, 1990), 카라기난 및 아가로즈(Dcheuer, 1978) 등이 식품 첨가물로 이용되고 있다. 중성 다당인 라미나린과 황산기를 함유한 산성 다당이 다량 함유되어 있는데, 그 대표적인 함황 산성 다당이 후코이단이다(Hurch, 1989). 후코이단은 헤파린과 같은 항혈액응고 활성 이외에 항암 및 항 AIDS 등의 활성이 있다는 보고가 있다(Llier, 1991).

톳(Hijikia fusiforme)은 갈조 식물(Phaeophyta)로 모자반과에 속하며 우리 나라 남해안 및 제주도에 특히 많이 자생하는 식물이다. 식물체는 섬유상의 뿌리로 직립하며, 줄기는 원주상이고 1 회 우상으로 가지가 갈라지는 해조류이다. 톳의 일반 성분을 보면, 생톳 100 g 당 열량은 26 kcal, 탄수화물 5.0 g, 단백질 1.9 g, 그리고, 지질 0.4 g 이며, 특히, 식이 섬유소나 칼슘 함량이 생톳 100 g당 1.0 g, 157 mg으로 같은 갈조식물인 미역(0.3 g, 149 mg), 다시마(0.6 g, 103 mg)보다 높은 것으로 나타났다. 과거에는 영양적으로 각광을 받지 못했으나 해조 다당류가 장의 활동을 원활하게 하고, 식염, 중금속의 흡착 배출, 콜레스테롤의 혈관 내 침착 방지 등의 효과가 높다는 것이 밝혀졌고, 최근에는 당류 성분에 항 돌연변이 및 항암작용이 있다고 보고되고 있다(Cho, 1998; Kim, 1995; Noda, 1989; Park, 1998).

톳은 미국의 고급 슈퍼마켓에서 팔리고 있는데, 이는 모두 일본에서 채취한 자연산이라고 한다. 아일랜드에서는 Thong-weed라 하여 톳 모양과 흡사한 것을 야채 샐러드와 섞어 먹는다고 한다. 일본에서는 대중적으로 톳을 소비하고 있는데, 일반 가정이나 음식점에서는 소고기와 볶아서 조림 형태의 반찬으로 대부분 이용하고 있다. 우리 나라에서는 생 톳을 초무침 형태로 가정에서 반찬으로 이용하고 있다. 그런데, 톳에 대한 국내의 소비자들의 마음속에 인식되지 않고, 소비되지 않음에 따라 생산량의 90%이상을 단순 가공하여 일본에 수출하고 있는 것으로 알려지고 있다.

위에서 보는 바와 같이 톳은 낮은 칼로리와 높은 기능성을 가지고 있으면서도 대중화되지 못하고 있다. 이는 섭취 형태의 종류가 단순하고 그 기호도가 낮기 때문이라고 사료된다. 그러므로, 이전과는 다른 섭취 형태로 섭취가 간단하고 기호도가 높은 음료수 형태의 식이가 적당하다고 사료된다.

가. 재료 및 시약

톳은 완도의 양식산을 구입하여 세척 후 자연건조 후 4℃넣어 냉장 보관하여 사용하였다. 톳은 물과 톳의 비율을 10:1로 하여 열수 추출하여 사용하였다.

약용 자원은 물과 약용 자원의 비율을 1600:300의 비율로 열수 추출하여 사용하였다. 구연산은 CSF corporation에서 구입한 것을 1%수용액 상태로 만들어서 사용하였다. Aspartame (Larson-Powers N, 1978)은 설탕의 비해 감미도가 150~200배인(Clonigner, M, 1970) 것을 크레마 코리아에서 구입하여 0.2%의 수용액을 만들어 사용하였다. geraniol, citronellol, linallol, eucalyptol, menthol은 Fluka사의 것을 사용하였다. 솔싹 추출물과 솔잎 추출물은 1600:300의 비율로 열수 추출하여 그 원액 만을 사용하였다.

나. 실험

① 톳 음료의 톳 농도 결정

톳 음료의 톳의 농도를 결정하기 위해서 톳과 물의 비율을 1:1, 1:2, 1:3, 1:5, 1:10, 1:20, 1:30의 비율로 열수 추출하여 그 추출물로 기호도를 조사 하였다.

② 톳 성취(腥臭)의 제거

성취를 제거하기 위해서 46가지의 약용 자원과 생선 성취의 효과가 있다는 마늘 등으로 성취의 제거 효과를 시험해 보았다. 약용 자원은 물과 약용 자원의 비율을 1600:300의 비율로 하여 열수 추출해서 100㎕/ml을 넣었다.

③ 첨가물

톳 음료수의 풍미와 맛을 더하기 위하여 각종 첨가물을 첨가해서 그 기호도를 조사하여 최적의 맛을 찾아냈다.

다. 결과 및 고찰

① 톳 음료의 톳 농도 결정

톳과 물의 비율을 1:1, 1:2, 1:3, 1:5, 1:10, 1:20, 1:30으로 하여 열수 추출하였을 때의 기호도는 표 62와 같다.

표 62. 톳의 열수 추출물에 대한 기호도 조사

	1:1	1:2	1:3	1:5	1:10	1:20	1:30
맛	1.6±0.69	1.8±0.79	1.9±0.57	2.1±0.73	2.9±0.99	1.6±0.7	1.8±0.42
향	1.3±0.48	1.7±0.67	1.6±0.51	2.0±0.47	2.5±0.7	1.3±0.48	1.6±0.52
색	3.6±8.4	3.8±0.95	3.7±0.95	3.7±0.95	3.5±0.97	2.8±1.03	2.8±0.63
전체적인 맛	1.7±0.67	1.7±0.67	1.9±0.57	2.4±0.70	2.8±0.63	1.6±0.52	1.6±0.52

(해양수산부 최종 연구 보고서, 2004)

표 62에서 보는 것과 같이 전체적으로 기호도는 낮게 나왔지만 아직 첨가물이 전혀 들어가지 않은 상태이기 때문에 낮게 나타난 것이라고 사료 된다. 그 중에서 맛과 냄새 전체 기호 부분에서 가장 높은 기호도가 나온 1:10의 비율로 열수 추출한 것을 사용하여 다음 실험을 실시하였다. 다음 실험을 실시하던 중 1:10의 비율로 열수 추출액을 다시 물과 1:1로 섞었을 때 기호도가 더 좋았기 때문에 이후의 실험부터는 물과 1:1로 혼합된 시료를 사용하였다.

② 톳의 성취(腥臭) 제거

톳을 열수 추출하여 관능검사를 실시하였을 때 패널들이 심한 거부감을 느꼈으므로 열수 추출한 46 가지의 약용 자원(황백, 황기, 녹차, 곽향, 건지황, 오가피, 오미자, 구기자, 단삼, 백출, 파고자, 오배자, 복령, 당귀, 황금, 삼능, 백작약, 동규자, 천궁, 사간, 감초, 천문동, 황정, 괴화, 저령, 두충, 인동초, 산수유, 현초, 계피, 석창포, 인진호, 음양곽, 갈근, 어성초, 황련, 진피, 왕불유행, 인삼, 계지, 도인, 희첨, 하고초, 국화, 백굴채 및 산사자)을 100 ㎕/ml첨가 하여 다시 한 번 관능 검사를 실시한 결과, 이중 인진호를 첨가하였을 때 기호도가 가장 좋았다. 그러나, 인진호의 쓴맛이 강하여 맛에서는 좋은 점수를 받지 못하였다. 이를 보완하기 위해 톳과 인진호의 비율을 4:1로 하여 열수 추출함으로서 맛을 개선할 수 있었다.

③ 첨가물

톳의 열수 추출물의 기호도를 높이기 위해서 구연산(1%의 수용액), 아스파탐(0.2% 수용액), 시트로네놀, 제라니올, 유카립톨, 리나룰, 멘톨, 솔싹 추출물, 솔잎 추출물, 레몬 추출물, 카라멜 등을 넣어 그 기호도를 측정해 보았다. 시트로네놀, 제라니올, 리나룰, 레몬 추출물, 카라멜 등은 음료수와 어울리지 않는 맛이 나서 제외하였고, 솔싹 추출물과 솔잎 추출물의 첨가한 것은 떫은맛이 강하여 제외시키고, 나머지 첨가물을 이용해 그 농도별로 기호도를 측정하였다. 구연산을 첨가 시에는 신맛이 나는데 이는 입맛을 돋우어 주지만 과량 첨가 시에는 신맛이 강해서 기호도가 떨어졌다. 아스파탐은 단맛을 내기 때문에 음료수의 풍미를 늘려주고, 유카립톨의 경우 은은한 향이 좋은 첨가물이고 멘톨의 경우 상쾌한 청량감이 들어 사용하였다.

표 63. 톳의 열수 추출물에 첨가제를 첨가한 후 기호도 조사

	톳 추출물	1% citrate	0.2% aspartam	eucarptol	menthol	기호도
1	20ml					2.4±0.84
2	20ml	0.5ml				3.4±0.97
3	20ml	1ml				4.0±1.15
4	20ml	1ml	0.5ml			3.8±1.13
5	20ml	1ml	1ml			4.2±1.13
6	20ml	1ml	2ml			3.7±0.95
7	20ml	1ml	1ml	25μl		5.0±1.05
8	20ml	1ml	1ml	50μl		5.5±1.27
9	20ml	1ml	1ml	100μl		5.3±1.25
10	20ml	1ml	1ml	50μl	25μl	5.2±1.48
11	20ml	1ml	1ml	50μl	50μl	5.3±0.95
12	20ml	1ml	1ml	50μl	100μl	5.8±1.03
13	20ml	1ml	1ml	50μl	200μl	4.9±0.73

(해양수산부 최종 연구 보고서, 2004)

표 63에서 보는 것과 같이 최적의 톳 음료수는 12 번이 가장 좋은 점수를 보였다.

라. 요약

톳은 낮은 칼로리와 영양소와 높은 기능성을 가지고 있음에도 그 섭취형태가 간단하고 소비자의 취향에 맞지 않아 외면 받아온 식품 중 하나이다. 톳의 국내 소비량을 높이기 위해 지금까지 섭취하던 형태와는 다른 형태의 섭취를 위해 톳을 이용한 기능성 음료의 개발이 필요로 하게 되었다. 톳 음료를 개발하기 위해 톳을 비율별로 열수 추출을 하였을 때 가장 좋은 기호도를 보인 비율은 물과 톳의 비율이 1:10인 것이었고, 이를 냉각하여 다시 물과 톳 열수 추출액을 1:1로 섞은 것이 기호도가 좋았다. 하지만, 단순히 물과 톳만으로 열수 추출하였을 때는 심한 성취로 인해서 거부감이 들었다. 이를 해결하기 위해서 46 가지의 약용 자원을 이용하여 성취제거 를 실험해 보았는데 인진초가 성취를 제거 하는 효과가 뛰어남을 알 수 있었다. 그러나 인진초 특유의 쓴맛을 제거해야 했다. 이를 해결하기 위해서 톳과 인진초의 비율을 4:1로 하여 열수 추출하였을 때 쓴맛이 제거되고 관능

검사 시 패널들의 호응도 좋았다. 음료의 풍미와 맛을 가미하기 위해 톳액(20 ml), 1% 구연산(1ml), 0.2% 아스파탐(1ml), 유카립톨(0.05ml), 멘톨(0.1ml)을 섞었을 때 가장 좋은 기호도를 보였다. 따라서, 톳을 이용한 건강 음료의 개발은 암의 예방, 고혈압, 변비, 빈혈, 노화, 비만방지 등 건강 유지에 효과 및 효용이 대단히 크고, 비 칼로리의 미네랄 식품이므로 다이어트식품으로의 이용 가능하며 기능성 건강 음료로서 국민 건강 증대에 이바지하리라 생각된다.

2.2. 톳을 이용한 조미료의 개발

우리가 어떤 식품을 섭취한 후 '맛이 있다, 없다'를 판단하는 것은 그 식품에 대한 소비자들의 기호도를 결정짓게 된다. 요즘은 갖가지 여러 요리들이 가공되어져서 나오며, 그러한 여러 요리들에는 더욱 맛있는 요리 맛을 내기 위해 수 종류의 가공된 물질들이 들어있으며, 심지어 가정에서 쓰는 여러 요리들에 들어가는 첨가제 중에서도 여러 종류의 가공처리된 물질들을 사용하고 있다. 그 중 특히 조미료의 경우는 주재료인 식품에 첨가해서 음식의 맛을 돋우며 조절하는 첨가제로 소량이지만 수많은 음식들에 들어가는 물질이다. 이것은 물질 가공 식품이나 조리 식품의 맛을 향상시키기 위한 것으로서 역할에 따라 두 가지로 분류할 수 있다. 첫 번째는 MSG(글루타민산 나트륨)나 핵산 조미료 등과 같이 자체의 맛은 특이하지 않으나, 식품에 첨가했을 때 식품 고유의 맛을 증진시켜 주는 효과를 가진 인공 조미료이며, 둘째로 어패류나 육류 등의 농축액, 간장이나 고추장 같은 특유의 맛과 향을 가지고 있는 천연 조미료로 나눌 수 가 있다. 전자의 경우 식품 고유의 맛을 향상시켜주는 효괴민이 주요 품질이라고 할 수 있으나, 후자는 맛뿐만 아니라 향, 그리고, 첨가된 식품의 점성과 색에 미치는 영향도 대단히 크다.

인공 조미료는 일반적으로 단맛, 짠맛, 신맛, 쓴맛의 4대 기본 맛에 속하지 않는 감칠맛 성분을 주로 한다. 최초의 화학조미료는 1908년 일본인이 다시마의 달고 구수한 맛을 밀의 글루텐으로부터 인공적으로 제조한 것으로, 이 후로 인공 조미료에 대한 연구가 진행되어 1960년 조개류의 감칠 맛과 표고버섯의 구수한 맛을 내는 핵산 계열의 화학 조미료가 만들어지게 됐다. 이런 화학 조미료는 1960년대 최전성기를 맞아 전 세계적으로 사용되었으나, 화학 조미료의 주종을 이루는 글루타민산을 식품에서 많이 섭취했을 경우 두통, 경련, 무력증을 나타내며, 장기간 섭취했을 때는 간 경련, 지방간, 여성 생식기 발육 부진, 대사 이상, 체중 감소 등이 일어나며 건강을 해친다는 堀口博(1987) 보고와 신경 쇠약, 호흡 마비 등을 동반하는 소위 '중국 요리 증후군'이라는 부작용이 알려지면서 사용량이 감소되고 있다(Bae, 2000). 1972년 세계보건기구는 화학 조미료를 12 주 이내의 유아에게는 사용할 수 없으며, 성인도 6 g 이상 초과 섭취하지 않도록 하는 규제 조치를 내렸으며, 국제소비자기구는 화학조 미료의 1일 허용량을 3 g 으로 내렸을 뿐만 아니라, 더 이상 안전한 식품 첨가물이 아니라고 주장하고 있다. 우리 나라의 조미료에 대한 소비자의 선호 경향은 1960년대 초반 발효에 의한 글루타민산의 제조 방법이 산업화되어 식품의 맛을 크게 증진시켜 주는 MSG나 핵산조미료의 소비가 급성장 하였었지만, 최근엔 국민의 경제적 수준이 향상되고 식품의 안정성과 영양적인 면에 대한 소비자의 인식이 높아져 조리 식품의 고유한 맛을 향상시키기 위한 천연 조미료 이용 움직임이 높아졌다. 이러한 천연조미료에 대한 관심은 우리 나라 뿐만 아니라 경제적 여유가 있는 서구 여러 나라에서도 일어나고 있어, 천연 조미료에 대한 전망은 매우 밝다고 하겠다. 우 리나라 연안에는 해조류 자원이 풍부하며 특히 양식 기술의 발달로 미역, 다시마, 김, 톳 등이 대량 생산되고 있으나, 전체 해조류 생산량의 약 16% 정도만 가공되고 있는 실정으로 가공 이용률이 매우 낮은 편이다. 그 중 톳은 연간 생산량이 6,000~7,000 톤 정도로써 전라남도 완도군이 전체 생산량의 52.5%, 진도 17.1%, 제주도 10.3%의 순이다. 생산량 중에서 약 4,000~5,000 톤은 일본으로 수출하며, 국내 소비량은 1,000~ 2,000 톤 정도에 불과하다. 연도별 톳의 생산량은 해마다 감소하고 있는 추세인데, 그 원인은 국내에서의 톳의 소비는 原草의 형태 조리용으로 일부 사용될 뿐이며, 동일한 해조류인 미역이나, 다시마와 같이 가공식품이나 제품의 개발이 거의 되지 않았으며, 구황 식품이라는 이미지로 인하여 원초의 소비량이 줄어들었기 때문으로 분석된다. 그러므로, 어민 소득의 증대를 위해서는 톳을 원료로 한 제품의 개발이 필요하리라 생각된다. 또한 일본에의 수출도 원초의 형태로 수출되고 있으므로 단가가 낮으며, 이를 극복하기 위해서는 톳을 가공 처리하여 가공제품의 형태로 수출함으로써 부가가치를 높일 수 있도록 하기 위해서라도 톳을 원료로 한 제품의 개발이 필요하다.

톳을 이용한 천연조미료 제품을 개발하여 인체에 보다 안정적인 식품 첨가 제품을 개발하는 것을 목표로 한다. 현대인에게 부족하기 쉬운 다양한 미네랄 성분이 풍부하게 들어있어, 조미료이긴 하나 건강 보조 기능까지 가능한 제품이 될 것으로 기대 되어진다.

가. 재료 및 시약

① 분말 조미료

㉮ 구성성분

톳 분말(동결건조), 굴 분말(동결건조), 멸치 분말(자연건조), 소금(천연식염), 마늘 분말(동결건조), 양파(동결건조), 백설탕, 무 분말(동결 건조), 고춧가루(자연 건조)

㉯ 실험 방법

톳 분말, 굴 분말, 마늘 분말, 양파 분말, 무 분말 등은 동결 건조 후 파쇄기를 이용해 파쇄한 후 500 ㎛ 채로 거른 후 사용했고, 멸치는 자연 건조 후, 위와 같은 방법으로 실험에 사용하였고, 생체에 필요한 전해질 및 필요 성분들을 첨가하여 다양한 방법으로 개발하였다. 혼합 조건은 각각의 시료들의 량을 기준으로 하여 향미가 강하지 않은 범위 내에서 각각의 혼합물을 자체 식음 또는 따뜻한 물에 타서 그 맛과 향이 조미료로서 사용할 가치가 있는 것들만을 추려내었다. 그리고 관능적 특성을 평가하기 위하여 10 여명의 훈련된 관능 검사원을 통하여 조성비가 다른 조미료의 전반적인 기호도를 9 점 기호 척도법을 사용하여 9 점 평점으로 2 회 반복 실시하였다. 기호도는 9 점 -"극도로 좋음", 1 점 -"극도로 싫음"으로 평가하였다(Moon, 2003; Meilgaard, 1991).

② 액상 조미료

㉮ 구성 성분

톳 분말, 차조기 분말, 멸치, 굴 분말, 깨소금, 설탕, 다진 파, 마늘, 고추장, 양조 간장, 참기름, 액상 과당, 양파즙

㉯ 실험 방법

톳, 굴, 차조기 등의 분말들은 동결 건조하여 파쇄기를 이용 파쇄하였고, 멸치는 자연 건조시켜 사용하였다. 고추장은 일반 시중에서 유통되고 있는 고추장 태양초고추장(-H 사)을 사용하였고, 마늘, 양파 등은 일반 시중에서 파는 제품들을 다져 사용하였다. 양조간장(S 사), 진한 찬기름(B 사), 옛날 물엿(O 사)은 시중의 유통 제품을 사용하였다. 재료 혼합비는 더덕구이 만드는 법(김영수, 1999)을 기본으로 하여 각 시료의 혼합비를 바꾸어 가면서 최적이라 생각되는 시료를 선정하여 관능 검사법 중 9점 기호 척도법을 이용해 각 패널 요원들의 평가를 바탕으로 결과를 도출하였다. 또한 색차계(CT-210.MINOLTA)를 이용한 색차 측정을 병행하여 관능검사를 이용해 최적이라 생각되는 조미료의 색차가 어떠한지를 수치로 나타내어 사람들의 기호도를 확인하였다.

③ 주 사용 원료의 기능

㉮ 톳(*Hizikia fusiformis*)

Ca+2 풍부, 빈혈 예방, 고혈압 예방, 노화 방지, 비만 방지, 변비 예방 및 아름다움을 유지하게 하며 식이 섬유를 함유하고 있다. 식이 섬유는 생체 내에서 소화되기 어려운 성분으로 수용성 식이 섬유와 불용성 식이 섬유로 나눌 수 있으며, 수용성 식이 섬유는 점성이 있었고, 보수성이 높은 특징이 있으며, 당분 흡수 속도를 완만하게 하기 때문에 식후 혈당치의 급격한 상승을 억제하고, 인슐린의 분비가 일어나 당뇨 예방과 치료에 큰 효과가 있으며, 혈중 콜레스테롤을 감소시켜 동맥 경화 및 담석증을 예방한다. 불용성 식이 섬유는 발암성을 갖는 장내 유해 물질을 체외로 배설시키는 기능을 가지고 있다. 따라서, 식이 섬유가 부족할 경우 변비가 되기 쉬우며 대장 질환이 일어날 가능성이 있다. 식이 섬유는 당, 단백질, 지방, 비타민, 미네랄 다음의 제6의 영양소로 불린다. 톳의 독특한 맛과 향은 조미료의 개발에 주된 원료로 사용이 가능하다.

㉯ 석화(Oyster)

굴은 영양소의 보고로서, '바다의 우유'라 하여 우수한 영양식 품으로 호평을 받고 있다. 굴의 단백질 함량은 10% 정도로 어류의 평균 20%에 비하면 절반 수준이나 우유의 3%에

비하면 2 배 정도 많다. 굴은 우유와 같이 영양분을 균형 있게 함유하기 때문에 영양적인 면에서 닮은 점이 많다. 또한, 굴은 다른 패류와는 달리 조직이 부드럽고, 소화 흡수가 잘되므로 일반인은 말할 것도 없이 유아나 어린이, 노인 및 병약자에 이르기까지 이용이 가능하므로 우유에 비유하였다고 볼 수 있다. 보통의 동물성 식품은 개체를 구성하는 몸의 특정 부분만을 이용하고 나머지는 버려지고 있으나, 굴의 경우는 개체의 구성 성분 전체를 이용할 수 있는 장점을 가지고 있다. 굴의 성분은 수분이 84%, 단백질이 11%, 지방이 2%, 당이 5%, 회분이 2% 함유되어 있으며, 유리 아미노산은 굴의 맛에 관여를 많이 한다. 굴의 아미노산 조성을 살펴보면 타우린이 가장 많고, 글루탐산, 알라닌, 글라이신, 프롤린 등이 양적으로 비교적 많이 함유되어 있다. 굴에는 다른 수산물에서 보다 타우린의 함량이 많은 것이 특징이다. 타우린에는 유아의 두뇌 발달을 비롯하여 뇌졸중, 동맥경화, 담석증, 담낭염, 간장병 등의 예방 효과가 있다고 알려지고 있다. 그리고, 굴에는 발린, 로이신, 아이소로이신, 쓰레오닌, 메치오닌, 라이신, 페닐알라닌, 트립토판 등의 필수 아미노산이 비교적 많이 함유되어 있어 분말로서의 조미료 개발은 그 맛이나 향, 유용 성분을 이용할 수 있을 것이다.

㉰ 차조기(*Perilla folium*)

잎을 [소엽], 줄기를 [소경], 씨앗을 [소자]라 하며 한 방에서 많이 활용되는 약제 중의 하나이다. 한 해 살이 풀로 우리 나라의 여러 지방에서 자생하며 밭에서 재배되기도 한다. 생김새가 들깨와 유사한데 줄기와 잎이 보랏빛이 나는 점이 들 깨와 다르다. 차조기는 약성이 따뜻하고 매운 맛을 지니고 있다. 향기가 좋아서 입맛을 돋우고 혈액 순환을 좋게 하며 땀을 잘나게 하여 염증을 없앤다. 기침을 멈추고 소화를 잘되게 하며, 몸을 따뜻하게 하는 효능을 갖고 있고, 어류의 독을 풀어주는 특성도 가지고 있다. 감기, 해소, 인후염, 소화 불량, 부스럼, 무좀, 신경 쇠약, 불면증, 당뇨병, 요통 등 다양한 질환에 효과가 있어 사용 범위가 매우 넓다. 동의보감에서는 찬 기운을 없애며(散寒), 기운을 움직이게 하며(行氣), 담을 없애고(化痰), 통증을 없애며(止痛), 물고기의 독을 풀어주며(解魚蟹毒), 심장의 기능을 향상시키며(通心藏), 방부(防腐)의 기능이 있다고 되어있다.

㉱ 멸치(*Engraulis japonicus*)

청정해역에서 어획되는 무공해 자연 식품으로서 성인병을 예방하는 회분, 핵산, 특히, 타우린 및 칼슘의 함유량이 월등하여 성장기의 어린이, 임산부, 노약자는 물론 건강 생활을 지향하는 현대인에게 꼭 필요한 칼슘의 보고이다. 이러한 멸치의 우수성을 주요 영양소별로 분류해 보면 100 g을 기준으로 단백질 69.9 g, 수분 16.5 g, 회분 1.3 g, 당질 4.8 g, 지방 2.9 g, 칼슘 19.64 g, 인 14.29 g, 철 0.162 등으로 되어 있으며, 타우린도 많이 들어있어 성인병의 예방에 좋은 효과를 가질 수 있다.

㉲ 소금

음식의 간을 맞추는 기본 조미료이다. 염화나트륨이 주성분인 짠맛이 나는 흰 결정체로 동물체에는 생리적으로 필수적이다. 식용 이외에 공업용으로도 식용의 약 5배가 사용된다.

그 밖에 의약용으로도 사용되고 있다. 식용으로는 조미료 이외에 소금이 지닌 부패 방지, 발효 조절, 탈수 작용 등의 성질을 이용한 용도로 쓰이며, 육류나 생선 등의 부패하기 쉬운 식품을 소금에 절여 보관(염장)하기도 한다. 특히 식용으로 사용할 수 있는 것을 식염(食鹽)이라고 한다. 공업용으로는 수산화나트륨, 염소, 염산 등의 제조에 쓰이는 것 외에, 화학 공업의 여러 분야에서 중요한 원료가 되고 있다. 그 밖에 요업에서 유약(食鹽釉), 비누, 염료 제조 때의 염석제(鹽析劑) 등 여러 가지 용도가 있다. 혈액과 삼투압이 같아지도록 식염을 용해시킨 수용액이 생리적 식염수로서 의료용으로 사용되고 있다.

㉶ 간장

음식의 간을 맞추는 기본 조미료의 하나인 간장은 청장과 진간장으로 구분된다. 집에 담근 비교적 짠맛의 빛깔이 엷은 청장은 국을 끓일 때, 진한 빛깔을 띠는 단맛의 상품화된 진간장은 조림 등에 쓴다. 한국을 비롯하여 중국 ·일본 등지에서 사용한다. 25% 정도의 염분을 함유하며, 아미노산을 주로 한 독특한 맛이 난다. 옛날부터 간장 맛이 좋아야 음식 맛을 낼 수 있다고 하여 간장은 식생활에 중요한 조미료였다.

㉷ 고추장

고추장은 찹쌀가루풀이나 보리밥, 밀가루에 엿기름과 메주가루, 고춧가루를 넣고 버무려 익힌 것으로 찌개, 구이 등의 양념으로 쓴다. 고추장의 원료로는 녹말과 대두국(大豆麴), 즉, 메줏가루, 소금, 고춧가루, 물 등을 사용한다. 녹말로는 찹쌀가루, 멥쌀가루, 보릿가루, 밀가루 등을 사용해 왔는데, 과학적으로 규명되지는 않았으나, 찹쌀가루를 사용한 고추장이 가장 맛과 질이 좋다고 평가되고 있다.

㉸ 참기름

한국 음식에 없어서는 안 될 조미료로 참깨를 볶아서 짜낸 기름이다. 독특하고 강한 향기를 가지고 있으며 나물 무칠 때에 많이 사용한다. 한국, 중국, 일본, 동(東)인도, 북(北)아메리카 등지에서 많이 생산된다. 채유하는 방법에는 온압법과 냉압법의 2가지가 있다. 전자는 참깨를 볶은 후 쪄서 압착하는 방법으로, 짠 기름은 빛깔이 짙고 특유의 향미를 가진다. 참기름은 향미가 중시되므로 정제는 거의 하지 않는다. 후자는 냉압하여 채유하는 방법인데, 주로 다른 나라에서는 이 방법을 쓰며, 기름은 빛깔이 엷고 향미도 덜하다. 참기름은 다른 식물유에 비하여 선광성(旋光性)이 있는 것이 특징인데, 이것은 선광도가 높은 세자민이 함유되어 있기 때문이다. 한국 요리는 물론, 중국 요리, 일본 요리 등에도 널리 쓰인다.

나. 결과 및 고찰

① 분말 조미료 관능 검사 결과

다음 표 64는 톳 비율을 1로 하였을 때, 나머지 성분들의 차이를 달리하여 기본 비율을 맞추기 위한 과정으로 (a)번 비율에선 단지 소금에 의해 짠 맛만 날뿐 조미료로서의 기능을 할 수 없으리라 판단되었고, (b)번에선 굴의 비율을 높게 함으로써 굴 향이 너무 강하여 톳 향이 묻혀버리고 자극성이 있었다. 멸치의 비율을 약간 높게 하여 만든 시료에서는 멸치의 향미성이 너무 강하기 때문에 복합 천연 조미료로 쓰기엔 무리가 있다고 판단되었고, 전체 시료에서의 자료 산출 결과, 차조기가 너무 많이 들어가면 조미료색이 너무 진하게 우러나므로 불쾌감을 준다. 차조기가 소량 들어가게 되면 톳 특유의 향이 더욱 살아난다는 것을 알 수 있었다.

표 64. 톳의 조미 성분 조합 구성

	톳	차조기	굴	멸치	소금	새우	설탕	다시마	총량
(a)	1	0.5		0.3	0.6				2.4
(b)	1	1	1	1	0.7				4.7
(c)	1	1	0.5	1	0.7				4.2
(d)	1	1	0.5	0.7	0.7				3.9
(e)	1	1	0.5	0.5	0.7				3.7
(f)	1	0.1	0.3	2	0.5				3.9
(g)	1	0.1	0.4	1.5	1.2				4.2
(h)	1	0.1	0.4	2	0.7				4.2
(i)	1	0.1	0.4	2	1.1				4.6
(j)	1	0.1	0.4	2	1				4.5
(k)	1	0.1	0.5	2	0.9				4.5
(l)	1	0.1	0.7	2	1				4.8

(해양수산부 최종 연구 보고서, 2004)

표 65를 바탕으로 해서 톳의 양과 굴의 양을 변화시키면서 단맛을 내는 설탕을 넣지 않고 새우 분말과 다시마 분말을 첨가하여 보았으나, 맛의 변화는 크게 변하지 않았다.

표 65. 맛의 향상을 위한 비율을 변화 시킨 톳의 조미 성분 조합

	톳	차조기	굴	멸치	소금	새우	다시마	총량
(a)	1	0.1	0.5	2	1	0.3	0.1	4.9
(b)	1	0.1	1	0.8	0.7	0.4		4
(c)	1.1	0.1	0.5	0.5	1	0.5	0.3	3.7
(d)	1.2	0.1	0.7	2	1.2	0.8		6
(e)	1.3	0.1	0.9	1.5	1.4	0.8		6
(f)	1.5	0.1	1	1.5	1	0.9		6
(g)	1.8	0.2	1	1.3	1.2	0.5		6

(해양수산부 최종 연구 보고서, 2004)

표 66는 표 65 및 표 64의 데이터를 바탕으로 톳의 양을 변화시키면서 무와 고춧가루를 새로이 첨가하여 만든 조합들로서 무와 고춧가루를 소량씩 첨가함으로써 좀더 시원한 맛을 내는 조미료 조합을 완성할 수 있었다. 위의 조합 중 특히 (g)번 데이터가 관능 검사 결과 가장 높은 기호도를 나타내었다.

표 66. 표 65를 기준으로 맛을 향상 시키기 위한 각 구성물의 함량 조절

	톳	차조기	굴	멸치	소금	마늘	양파	백설탕	무	고춧가루	다시마	옥수수	총량
(a)	1		0.5	0.3	1	0.7	0.6	0.4	0.1	0.3			4.9
(b)	1		0.6		0.7	0.7	1	0.8	0.3				5.1
(c)	1	0.1	0.6		0.7	0.7	0.5	0.3				1	4.9
(d)	1.1		0.5		1.2	0.6		0.5	0.1	0.5	0.1		4.6
(e)	1.2		0.5	0.2	0.7	0.5	0.9	0.5					4.5
(f)	1.3		0.6		0.5	0.4	0.8	0.2					3.8
(g)	1.2		0.6		1	0.7	1.2	0.8	0.2				5.7
(h)	1.2		0.6		1	0.7	1	0.5	0.2	1			6.2
(i)	1.2		0.6		1	0.7	1.2	0.8	0.2	0.6			6.3

(해양수산부 최종 연구 보고서, 2004)

표 67. 표 66을 근간으로 쇠고기 분말을 첨가한 조합

	톳	차조기	굴	멸치	소금	마늘	양파	백설탕	쇠고기맛 분말	옥수수	총량
(a)	1.1	0.1	0.5		0.7	0.7	0.5	0.4	0.3	1	5.3
(b)	1.2	0.1	0.6		0.5	0.4	0.5	0.4	0.3	1	5
(c)	1.4		0.6	0.2	0.5	0.5	1	0.2	0.4		4.8

(해양수산부 최종 연구 보고서, 2004)

또한, 표 67은 위의 표 66를 바탕으로 무와 고춧가루를 첨가하지 않고 쇠 고기 맛 분말을 대신 첨가하여 보다 감칠맛 나는 조미료 조합을 얻은 데이터로서 특히 (c)데이터가 가장 기호도가 좋게 나타났다.

② 액상조미료 관능검사 결과

양념이란 아주 간이 없는 식품에 간을 하고 맛을 줌으로써 맛있게 먹을 수 있게 하는 역할을 하는 것이니 만큼 '음식을 조리한다 함'은 양념을 잘 쓴다는 것과 같다.

액상 조미료 중 일반 시중엔 돼지 불고기 양념, 소고기 양념 등과 같이 육고기에 쓰이는 양념이 많이 유통이 되고 있기에 시제품이 많이 유통되지 않는 채소류 요리에 적합한 양념장을 만들었다. 채소류를 이용한 구이 음식 중엔 가지 구이, 더덕 구이, 송이 구이, 죽순 구이, 표고 구이, 고구마 산적, 고비적, 김치적, 달래적, 두릅적, 주부적, 승검초적, 동아적, 연근적, 파산적, 송이산적, 김치느름적, 느타리느름적, 도라지산적, 파산적, 움파산적, 송이누름적, 박누름적 등이 있는데 이중 더덕 구이를 선택하여 액상 조미료를 제조하였다.

기본 더덕 구이 만드는 방법에 톳, 차조기, 굴, 멸치 분말을 넣었더니 뻑뻑해져 액체를 넣을 필요성이 들어 처음에 액상과당과 물을 소량 넣었다. 이중 물을 첨가한 것은 짠맛이 강하였고, 간장 향이 많이 났다.

전체 중량은 50 g을 기준으로 톳, 차조기, 굴, 멸치, 액상 과당을 중심으로 하여 만들었다. 그러나 톳, 차조기, 굴, 멸치 분말로 인하여 액상 조미료로서 가져야 할 점성이 많이 떨어지고 참기름을 다량 첨가할시 향이 너무 진해 거부감을 나타내었다. 멸치 분말을 일정 비율 이상 혼합할 시 특유의 향으로 인해 톳과 굴의 향이 반감되었다.

그래서 멸치 분말과 참기름 량을 조금 줄이고, 양파는 즙을 내어 사용해 톳과 굴에 의한 바다 향이 가득하고 고기류에 쓰일 경우 비린내를 줄이며, 채소류에 쓰였을 때에도 재료의 향을 그대로 내면서 톳 향을 곁들여 은은한 바다 향이 나는 구이를 맛볼 수 있게 하였다.

표 68. 액상 조미료의 혼합 비율

	톳	차조기	멸치	굴	소금	설탕	액상과당	마늘	양파즙	고추장	양조간장	참기름	총량
(a)	3	0.1	0.9	3	3	5	15	3		15	5	7	50
(b)	2				3	5	5	3	5	15	5	7	50
(c)	2				3	5	5	3	5	15	4	6	50
(d)	1.6	0.1	0.3	1	3	5	5	3	5	20	4	6	50
(e)	1.7	0.1	0.2	1	3	5		3	10	15	4	7	50
(f)	1.3	0.1	0.2	0.4	3	5	5	3	5	15	5	7	50
(g)	1.3	0.1	0.2	0.4	3	7		4	5	16	5	8	50
(h)	1	0.1	0.4	0.5	3	7	5	3	5	15	3	7	50
(i)	1	0.1	0.3	0.6	1	5		3	5	20	3	7	50

(해양수산부 최종 연구 보고서, 2004)

표 68은 톳 량을 점차 줄이면서 액상 조미료로서 사용하기에 적합한 조합비를 내타낸 것이다. 이 비를 이용해 검사요원들을 대상으로 관능검사를 실시한 결과를 아래 표 69에 나타내었다.

표 69는 표 68에 나타내어져 있는 시료들을 이용해 관능 검사원(A~J)들을 대상으로 기호도 조사를 실시한 결과로 (a)번 시료 및 (i)번 시료의 기호도가 가장 좋은 것으로 나타났다.

표 69. 시료별 액상 조미료의 관능 시험

	(a)	(b)	(c)	(d)	(e)	(f)	(g)	(h)	(i)
A	8	7	6	5	6	7	8	7	7
B	8	7	5	5	5	6	7	5	7
C	7	8	5	6	6	6	7	5	8
D	8	8	6	5	5	5	6	5	7
E	8	7	7	5	4	7	8	6	9
F	7	8	7	7	7	6	6	8	8
G	7	8	7	6	5	6	8	7	7
H	8	7	5	6	5	7	7	7	5
I	7	8	6	5	5	6	6	7	8
J	7	8	7	7	5	7	7	8	9
총합	75	76	61	57	53	63	70	65	75
평균	7.5	7.6	6.1	5.7	5.3	6.3	7	6.5	7.5

(해양수산부 최종 연구 보고서, 2004)

다. 요약

위에서 제시된 결과에서 톳을 이용한 천연 분말 조미료의 최적 혼합 비율은 톳 21.05%, 굴 10.5%, 소금 17.54%, 마늘 12.28%, 양파 21.05%, 설탕 14.04%, 무 3.5%일 때 기호성이 가장 좋은 것으로 나타났다. 또한 쇠고기맛 분말이 첨가된 분말 조미료의 경우 톳분말 29.17%, 굴 12.5%, 멸치 4.17%, 소금 10.42%, 마늘 10.42%, 양파 20.83%, 설탕 4.17%, 쇠고기맛 분말 8.3%일 때 가장 이상적인 분말 조미료 배합으로 결정되었으며, 이러한 비율의 분말 조미료를 사용하여 음식을 조리할 경우 일반적으로 시중에 출시되고 있는 화학 조미료보다도 영양적인 측면이나 조리 시 향이 더욱 풍부하여 소비자의 구매 욕구를 더욱 더 만족스럽게 충족시켜 줄 것으로 생각된다.

또한, 액상 천연 조미료의 경우 톳 6%, 차조기 0.2%, 멸치 1.8%, 굴 6%, 소금 6%, 설탕 10%, 액상 과당 30%, 마늘 6%, 고추장 30%, 양조 간장 10%, 참기름 14%일 때의 조합과 톳 2%, 차조기 0.2%, 멸치 0.6%, 굴 1.2%, 소금 2%, 설탕 10%, 마늘 6%, 양파즙 10%, 고추장 40%, 양조간장 6%, 참기름 14%의 혼합비를 가졌을 때의 기호도가 가장 높게 나타났으며, 조기 양념장 구이, 더덕 구이, 북어 고추장 구이, 대구포 짠지, 돼지 갈비 구이, 장어 양념 구이 등의 구이 양념용이나 고기 양념용 액체 소스로서 제품화 시킬 수 있을 것으로 사료된다. 앞으로 천연 조미료에 대한 소비자의 요구는 계속 증가되리라 예상되므로 이에 대한 제조 방법의 개선, 제품의 다양화, 그리고 제품의 안정성을 위한 연구가 계속적으로 필요하다 하겠다. 우리 나라의 천연 조미료의 제품 형태에 있어선 분말 조미료에 대한 선호경향이 크게 나타나지만, 변질에 대한 안정성이 높은 액상 조미료를 제조한다면 건조시킨 조미료보다 고유의 풍미를 더 유지하며 또, 우수한 물리적 성질을 가진 제품을 제조할 수 있을 것으로 생각된다. 영양적인 면에서도 천연 조미료는 양질의 단백질 공급원으로서 우리의 식생활에 중요한 위치를 차지할 수 있으며 비타민이나 무기질 또는 식이 섬유 등의 섭취를 강화시켜 국민 생활 건강의 발전에도 크게 이바지 하게 될 것으로 사료된다.

2.3. 장내 기능 개선을 위한 건강 톳 죽 개발

현대인들의 건강에 대한 관심이 높아지면서 어떻게 하면 몸에 좋은 식품을 손쉽게 일상 생활에서 이용할 것인가에 대한 인식이 높아졌다. 하지만, 이러한 가공품들이 드링크제나 유제품, 그리고 일부 김치나 녹차 제품이 주류를 이루고 있다. 따라서, 일반 합성 화학 조미료가 아닌 기능성 천연 조미료를 첨가하고 항암 효과 및 장내 세균 안정화에 뛰어난 효과가 있는 약용 자원 조합(김종덕, 2002) 추출물과, 식이 섬유 및 각종 미네랄이 다량 함유되어 있는 톳을 이용하여 항 산화능이 뛰어난 장내 기능 개선 톳 죽을 개발함으로써 환경 오염과 활성 산소에 의해 인해 각종 질병에 시달리고 있는 현대인들에게 건강 증진과 질병 예방의 효과를 줄 수 있을 것으로 생각된다.

가. 재료

① 톳, ② 녹차, ③ 백작약, ④ 오미자, ⑤ 산수유, ⑥ 석화(굴), ⑦ 차조기, ⑧ 멸치 분말

나. 실험

① 항 산화능 실험을 위한 톳, 미역, 다시마, 톳은 2004년 7월 완도 정도리와 보길도에서 직접 채취하였고, 미역과 다시마도 완도에서 채취하였다. 이들은 채취하자마자 시료와 물의 비율을 1:3으로 하고 믹서를 이용하여 마쇄한 후 원심 분리하여 상등액만 취하여 실험에 사용하였다.

② 장내 기능 개선을 위한 약용 자원 조합 추출 조건은 약용 자원과 물의 비율을 300:1600으로 하여 열수 추출하였다. 이후 원심분리하고 상등액을 취하여 실험에 이용하였다.

다. 결과

① 장내 유용균 활성 능력

그림 120에서 보는 바와 같이 감초+녹차+황금+계피, 승마+감초+황금+계피, 승마+감초+석창포+녹차 및 감초+황금+진피+계피등의 4 가지의 배합에서 *L. acidophilus*의 성장이 현저히 촉진되었으며, 이 중에서 감초+녹차+황금+계피의 조합 조성물이 대조군보다 1.3 배의 성장 촉진 효과를 보였다. 이는 생체의 기능을 향상시켜야 할 부위에 따라 약용 자원의 조합을 선택 할 수 있을 것으로 사료되며 많은 다른 분야로의 응 용을 기대할 수 있을 것으로 사료된다. 또한 그림 121의 (a) 및 (b)에서는 산수유+녹차+황련+백작약, 산수유+녹차+황련+오미자, 산수유+녹차+황련+백출, 산수유+녹차+ 백작약+오미자, 산수유+황련+백작약+황금, 산수유+백작약+현초+녹차, 산수유+백작약+현초+황련, 그

리고, 산수유+백작약+현초+오미자 등은 대조군보다 성장이 좋은 것으로 나타났으며, 성장의 촉진효과가 좋은 산수유+백작약+현초+녹차의 조합은 대조군 보다 1.6 배의 성장 촉진 효과를 보였다.

정자를 고이게 하고 장과 위의 나쁜 기운을 치료하는 산수유, 불필요한 생체의 열을 식히며, 정신을 맑게 하는 녹차, 그리고, 해독 및 통증을 가라앉히고 혈액의 생성을 돕는 역할을 하는 백작약 등의 약용 자원 조합에서 성장 촉진 효과가 현저함을 보였다. 위의 약용 자원조합 중 맛과 향을 고려하여 산수유+녹차+오미자+백작약의 조합을 톳죽에 이용함으로써 장내 기능 개선에 탁월한 효과가 있을 뿐 만 아니라 여러 질병 예방 효과에도 탁월한 효과를 나타낼 것이다.

② 관능 검사

㉮ 톳과 천연 조미료 배합

쌀 100 g당 톳의 비율은 10~30 g이 전체적 기호도나 텍스트(씹힘성)면에서 좋은 것으로 나타났고, 그 이상 톳이 첨가되면 오히려 맛을 반감시킬 뿐 아니라, 톳 죽의 색자체도 더 진해져 먹는 이로 하여금 거부감을 생기게 했다(표 70).

표 70. 톳 죽 구성을 위한 조성물

No.	물(ml)	쌀(g)	톳(g)	천연 조미료(g)							
				톳	굴	멸치	차조기	생강	새우	참기름 (스푼)	소금
1	1000	100	20	1.0	0.5	0.4	0.03	0.2	0.1	×	4.0
2		100	20	1.0	0.5	0.2	0.02	0.2	0.1	1/2	2.0
3		100	20	1.0	0.5	0.2	0.01	0.3	0.2	1/2	2.0
4		100	30	1.0	0.5	0.2	0.01	0.2	0.3	×	2.0
5		100	30	1.0	0.5	0.2	0.01	0.2	0.3	1/2	2.5
6		100	50	×	0.5	0.2	0.01	0.2	0.3	×	2.5
7		100	30	×	0.5	0.2	0.01	0.2	0.3	1/2	2.7
8		100	20	×	0.5	0.2	0.01	0.2	0.3	1/2	2.7
9		100	10	×	0.5	0.2	0.01	0.2	0.3	1/2	2.2
10	500	100	30	×	0.5	0.2	0.1	0.2	0.3	1/2	1.5

(해양수산부 최종 연구 보고서, 2004)

㉯ 약용 자원 함유량에 따른 톳 배합

위의 예비실험 7, 8, 9 번을 중심으로 하여 약용 자원 10%함유 육수에 톳의 비율별 관능검사를 실시하였다. 관능검사는 훈련된 패널요원 10 명을 대상으로 맛, 냄새, 색, 텍스처, 전체적 기호도에 대하여 검사를 실시한 후 1(매우나쁨)에서 9(매우좋음)까지의 점수를 사용하여 통계처리 하였다. 죽 시료는 표 71에서 보는 바와 같이 톳의 량만 달리하여 제조하였고, 대조군으로서는 B사 제품인 전복죽, 참치죽, 야채죽을 사용하였다.

표 71. 톳 죽 구성을 위한 천연 조성물의 비율

No.	육수(10% 약용 자원)ml	쌀(g)	톳(g)	마늘 (g)	양파 (g)	당근 (g)	천연조미료(g)						
							굴	멸치	차조기	생강	새우	참기름 (스푼)	소금
1	1000ml	100g	10	5	8	8	0.5	0.4	0.01	0.2	0.1	1/2	5
2	〃	〃	15	〃	〃	〃	〃	〃	〃	〃	〃	〃	〃
3	〃	〃	20	〃	〃	〃	〃	〃	〃	〃	〃	〃	〃
4	〃	〃	30	〃	〃	〃	〃	〃	〃	〃	〃	〃	〃

(해양수산부 최종 연구 보고서, 2004)

대조구와 톳 첨가량에 따라 만든 죽의 관능 검사 결과는 표 72와 같다.

맛에 있어서 대조구와 톳 이 첨가된 죽 중에서 참치 죽과 톳 10% 첨가된 죽의 평가가 좋았고, 냄새와 색에서 톳이 첨가된 죽이 대조군 보다 월등히 높았고, 텍스쳐와 전체적인 기호도에서 대조구 중 B사의 참치죽을 제외한 나머지는 톳이 첨가된 죽보다 낮으며 참치 죽 또한 톳 10% 첨가된 죽보다는 낮게 나타났다.

이상의 결과에서 톳을 첨가한 죽이 맛, 냄새, 색, 그리고 텍스쳐, 전체적 기호도에서 대조구보다 높은 평가를 받았다. 톳 10% 첨가된 죽이 제일 높은 평가를 받았다.

표 72. 톳 죽 및 판매중의 죽과의 관능시험 비교

	B사 전복죽	B사 야채 죽	B사 참치 죽	톳 10% 죽	톳 15% 죽	톳 20% 죽	톳 30% 죽
맛	4.8±1.032	4.1±1.101	6.2±0.78	6.1±1.1	6.1±1.15	6.0±1.054	5.0±0.94
냄새	3.9±0.876	3.7±0.89	3.7±0.823	6.1±1.12	6.0±0.94	5.1±0.876	4.8±0.79
색	5.0±0.816	4.2±0.8	5.3±0.957	6.0±0.82	7.2±0.92	6.1±1.198	6.2±1.4
텍스쳐	6.1±0.875	5.1±0.88	6.0±0.817	6.9±0.874	6.2±0.79	5.8±0.92	5.1±0.875
전체적 기호도	4.1±0.876	5.0±0.943	6.2±0.7	7.0±0.817	6.1±0.876	5.0±0.943	4.8±0.919

(해양수산부 최종 연구 보고서, 2004)

㉰ 적절한 약용 자원 함유량

산수유+녹차+오미자+백작약의 약용 자원 조합에 장내 기능 개선 효과가 있으면서 맛에도 영향을 미칠 수 있는 감초와 계피를 첨가한 약용 자원 조합도 관능검사를 실시해 보았다. 전체적으로 약용 자원 5% 함유량이 높은 기호도를 보였으며, 산수유+녹차+오미자+백작약의 조합보다는 산수유+녹차+오미자+백작약+감초+계피의 조합에서 더욱 좋은 반응을 얻었다(표 73).

표 73. 약용 자원 종류 및 첨가 농도에 따른 관능 검사

	약용 자원 4종 5%	약용 자원 4종 10%	약용 자원 4종 20%	약용 자원 6종 5%	약용 자원 6종 10%	약용 자원 6종 20%
맛	7.0±1.247	4.1±0.876	3.1±0.876	6.1±1.197	3.1±0.994	3.1±0.876
냄새	6.2±1.229	6.0±1.247	4.8±1.032	6.8±1.033	5.9±0738	6.2±0.793
색	6.8±1.220	5.2±1.247	4.8±1.032	6.2±1.032	4.1±0.876	4.9±1.197
텍스쳐	6.0±1.247	6.0±1.247	5.8±1.031	6.4±1.265	6.1±0.738	5.3±0.949
전체적 기호도	5.9±1.449	4.2±1.032	3.2±1.030	7.0±0.943	4.3±0.947	3.1±0.876

(해양수산부 최종 연구 보고서, 2004)

라. 요약

해조류 중에서는 보길도 톳이 ORP System value가 0.146, FRAP value가 96.9로 가장 높았으며, 산수유+녹차+오미자+백작약의 약용 자원조합에서 ORP System value가 0.153, FRAP value가 7314.8로 높은 항 산화력을 보였다. 관능검사 결과도 시중에 판매되고 있는 여러 죽 보다도 약용 자원 조합을 5%로 함유한 비율에 톳을 10% 함유한 죽이 높은 선호도를 보였다. 위의 결과로 알 수 있듯이 항 산화력이 높고, 장내 기능 개선 효과가 좋은 톳과 약용 자원 조합을 이용하여 죽을 개발한다면 질병 예방 뿐만 아니라, 항암 효과, 면역 기능 강화, 장내 기능 개선 등의 건강 증진에 탁월한 효과가 있을 것이라 생각된다.

부 록

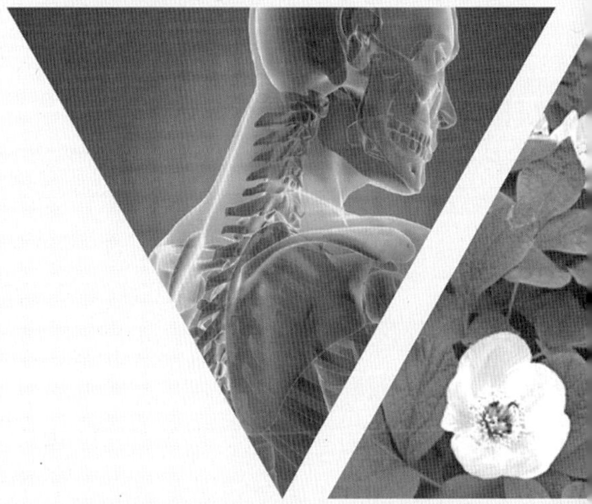

- 맺 음 말
- 약　　어
- 참고문헌
- 찾아보기
- 용어해설

▪ 맺음말

이 책은 "우리의 농촌은 왜 부자가 되지 않을까?"라는 마음으로 출발하였다. 실제로 많은 노력과 땀을 투자해서 거두어들이는 결과가 자신의 인건비에도 미치지 못하는 어려움을 보아왔다. 그 이유를 부가가치에 두었다. 생산되는 1차 산업의 결과는 대부분 원료로 또는 가공되지 않고 시장에 바로 거래하게 됨으로써 투자에 대한 보상을 받기 어렵다고 생각했다. 따라서, 어떻게 하면 농촌을 도울 수 있을까의 생각을 갖게 되면서, 농촌에서 생산되는 것들을 가공할 수 있는 방법을 찾아보았는데, 이것이 개인의 힘과 능력으로는 많이 어렵다는 것도 현실적으로 다가왔다. 그래서 현지의 가공 공장을 이용하여 부가 가치를 낼 수 있는 갈을 찾고자 하였으며, 그것은 농민이 이용할 수 있는 기술의 개발이었고, 이를 전수하면 가능성이 있을 것으로 판단했다. 실제로 녹차는 한계점이 도달한 것을 볼 수 있었는데, 녹차를 재배하는 농장이 많이 늘어난 것에 비하여 이를 수매를 해주는 제도도 없어지고, 심어둔 녹차를 없애기도 어려운 실정에 접해있고, 녹차의 가격도 재대로 받지 못하면서 그 어려움은 커져가고 있다. 녹차 잎은 곡우를 중심으로 상품화하고, 그 다음에는 녹차를 가공하여 수익을 올릴 수 있는 방법이 어렵다. 그래서 버려져가고 있는 녹차 씨앗을 활용할 수 있는 방법을 찾고자 하였고, 녹차 사포닌 E_1이 항 암 및 항 비만에 좋은 효과가 있는 것을 바탕으로 상품화 할 수 있는 길을 모색하였다. 또한, 지역의 생산품들을 보다 나은 제품화를 위하여 기능성을 찾기로 하였다. 신생 혈관의 형성 억제, 항산화 작용, 항생제 대체제, 유용 균주 성장 촉진, 유해 균주 성장 억제, 면역 향상 등을 밝히고 이를 이용할 수 있는 방향을 찾고자 하였다. 김치 균주의 제어, 비브리오 균주의 제어, 항 산화면의 개발, 발효주의 개발, 톳의 기능성 응용 등을 바탕으로 제품화를 할 수 있는 방법을 제시하였다. 식품 및 생명 관련 회사들이 1차 산업으로 생산되는 원료를 근간으로 부가 가치가 높은 제품을 생산하여 그 수익이 농민들에게 되돌아 갈 수 있으면 하는 기대감을 가져본다.

아울러 원고의 편집에 많은 애를 써주신 전남대학교출판부 여러분에게 감사함을 전하며, 본 유용 물질 생산 개발 연구실의 실원들에게도 고마움을 전한다.

약어

AAPH	2,2'-azobis(2-amidinopropane)dihydrochloride
ACC-1	Acetyl-CoA Carboxylase
ACK	Ammonium-Chloride-Potassium
ALT	Alanine aminotransferase
AMPK	Adenosine monophosphate (AMP)-activated protein kinase
aP2	adipocyte protein 2
APC	Antigen presenting cell
AST	Aspartate aminotransferase
AUC	Area Under Curve
BCECF-AM	2V,7V-bis-(2-carboxyethyl)-5-(and-6)-carboxy-fluorescein acetoxymethyl ester
BCP	Bromocresol purple
BHA	Butylated hydroxyanisole
BHT	Butylated hydroxytoluene
BMI	Body Mass Index
β-PE	β-phycoerythrine
C/EBPα	CCAAT/enhancer-binding protein α
CAD	Coronary artery disease
CFA	Complete Freund's adjuvant
cICAM-1	circulating ICAM-1
CPT-1	Carnitine palmitoyltransferase-1
CR-3, MAC-1, CD11b/CD18	Comolement receptor type-3
cVCAM-1	circulating VCAM-1
DCF	2',7'-dichlorofluorescein
DMEM	Dulbecco's Modified Eagle's medium
DMSO	Dimethyl sulfoxide
DPPH	α,α-diphenyl-β-picyl-hydrazyl
DSC	Differential Scanning Calorimetry
EC	(-)-Epicatechin
ECM	Extracellular matrix
ECs	Endothelial cells
EGC	(-)-Epigallocatechin
EGCG	(-)-Epigallocatechin gallate
ELISA	Enzyme-linked immunosorbert assay
ERK-2	Activation of extracellular signal-related kinase
FAS	Fatty acid synthetase
FBS	Fetal Bovine Serum
FFA	Free fatty acid
FISH	Fluorescence in situ hybidization
FRAP	Ferric-reducing ability assay of plasma
GPAT-1	Glycerol-3-phosphate acyl transferase-1
GTE	Green tea seed cake extract
HBSS	Hank's Balanced Salt Solution
HC	Hicarbohydrate diet with greentea seed cake extract
HCC	High-carbohydrate diet control
HDL	High-density lipoprotein
HF	Hifat diet with greentea seed cake extract
HF-O	Orlistat diet
HFC	High-fat diet control
HIV-1	Human immunodeficiency virus-1

HUVECs	Human Umbilical Vein Endothelial Cells
IACUC	Institutional Animal Care and Use Committees
ICAM-1; CD54	Intercellular adhesion molecule-1
IGSF	Immunoglobulin superfamily
IL	Interleukin
INF-γ	Interferon-γ
IZD	Inhibition zone divided by the disk diameter
KFCC	Korea Function Cosmetics Codex
L-dopa	3,4-dihydroxyphenylalal-anine
LDH	Lactate dehydrogenase
LDL	Low-density lipoprotein
LFA-1, CD11a /CD18	Leukocyte function associated antigen-1
LPL	Lipoprotein lipase
MAPK	Mitogen-activated protein kinases
MDI	Dexamethasone, 3-isobutyl-1-methylxanthine, insulin
MLYCD	Malonyl-CoA decarboxylase
MTT	3-(4,5-dimethylthiazol-2-yl)-2,5-diphenyltetrazolium bromide
NC	Normal diet
ORAC	Oxygen Radical Absorbance Capacity
ORP	Oxidation Reduction Potential
OVA	Ovalbumin
PBP	Protein bound polysaccharide
PBS	Phosphate buffered saline
PC	Pericyte
PDGFB	Platelet-derived growth factor B
PE	Greentea Seed Peel Extract
PHF	Pre-inducing obesity after treat HF diet
PI3K	Phosphatidylinositol 3'-kinase
PMA	Phorbol myristate acetate
PNP-NAG	4-p-Nitrophenyl-N-acetyl-β-D-glucosaminide
PPARγ	Peroxisome proliferator-activated receptor γ
RCM	Reinforced clostridial medium
ROS	Reactive Oxygen Species
RT-PCR	Reverse Transcriptase-Polymerase Chain Reactor
SD	Sprague-Dawley
SGOT	Serum Glutamic Oxaloacetic Transaminase
SGPT	Serum Glutamic Pyruvate Transaminase
RCM	Reinforced clostridial medium
SRB	Sulforhodamine B
SREBP	Sterol regulatory element binding proteins
STZ	Streptozotocin
TBS	Tris-buffered Saline (TBS)-Tween 20
TC	Total cholesterol
TG	Triacylglycerol
TIMP	Tissue inhibitor of metalloproteinase
TNF-α	Tumor necrosis factor-α
TPTZ	2,4,6-tri[2-pyridyl]-s-triazine
Trolox	6-hydroxy-2,5,7,8-tetramethyl chloroman-2-carboxylic acid
U937 cells	Human leukemic monocyte lymphoma cell line
VCAM-1; CD106	Vascular cell adhesion molecule-1
VEGF	Vascular endothelial growth factor
VLA-4	Very late antigen
WAT	White adipose tissue

참고문헌

堀口博, 危險食品, 三共出版, 212-213, 1987

駱和生, 면역과 한방, 도서출판 열린책들, 1992

山田光胤, 代田文彦, 図說 東洋医學, 1979

石館守, 印度藥用植物誌解說, 1944

顔焜熒, 圖解 常用韓方處方, 藥業時報社(日本), 1982

廉泰煥, 朴盛洙. 現代韓方講座, 杏林書院, 1975

森雄材, 韓方處方의 構成과 適用, 博物書館, 1986

増尾清, 活性酸素に負けない法, 健康双書, 農文協, 1998

黃度淵原. 證脈・方藥合編, 南山堂, 1989

강성구, 성낙계, 김용두, 신수철, 서재진, 최갑성, 박석규, 갓(*Brassica juncea*) 추출물의 항균활성 검색. *한국영양식량학회지*, **23**(6), 1008-1013, 1994

김미정, 변명우, 장명숙, 대나무(신의대)잎의 생리활성 및 항균성 효과. *한국영양식량학회지*, **25**(1): 135-142, 1996

김민용, 김종덕, *해양수산부 최종연구보고서*, 톳을 이용한 동결 응용 제품의 개발, 2004

김수현, 추출용매에 따른 톳 추출물의 수율 및 항균성 검정, *한국수산학회지*, 7(5), 462-468, 1994

김영수, 14권의 요리책이 들어있는 주제별 요리백과, *주부생활사*, p58, 1999

김종덕, 녹차씨앗 과피 추출물을 유효성분으로 함유하는 비만 예방 및 치료용 약학적 조성물, *한국 특허, 10-1492092호*, 2015

김종덕, ROS 제거 기능을 갖는 천연산물로부터 기능성 항산화차의 개발, *농림부 최종연구보고서*, 2002

김종덕, 민들레, 녹차, 갓, 황기 및 버섯 등의 특성을 이용한 wellbeing 제품의 개발, *농림부 최종연구보고서*, 2008

김종덕, 지역특산물로부터 신생 혈관형성억제효과를 이용한 항비만 기능성 소재 개발, *지역혁신인력양성사업 최종보고서*, 2011

김종덕, 녹차 및 천연산물을 이용한 기능성 항산화 면식품류의 제조 방법, *한국 특허, 0414016호*, 2001

김종덕, 녹차 씨앗으로부터 사포닌의 추출방법, *한국 특허, 10-1289077호*, 2013

김종덕, 녹차, 민들레 및 동충하초의 혼합물을 이용하여 김치발효 균주를 제어하는 방법, *한국 특허, 10-0824035호*, 2008

김종덕, 녹차씨앗 과피 추출물을 유효성분으로 함유하는 비만 예방 및 치료용 약학적 조성물, *한국 특허, 10-1492092호*, 2015

김종덕, 생체내 유해세균 성장억제용 조성물, *한국 특허, 0503926호*, 2005

김종덕, 신생 혈관 형성억제제 및 이를 이용한 천연산물 항비만제, *한국 특허, 10-1144197호*, 2012

김종덕, 천연산물을 기반으로 하는 천연항생제 및 그 조성과 기능, *한국 특허, 10-1079711호*, 2011

김종덕, 티-사포닌 E1을 유효성분으로 하는 함유하는 신생 혈관억제용 조성물, *한국 특허, 10-1132739호*, 2012

김종덕, 항산화성을 갖는, 장내세균 성장 촉진용 조성물, *한국 특허, 0503925호*, 2005

김종덕, 항알러지용 조성물, *한국 특허, 10-1268460호*, 2013

김종덕, 프리라디칼의 생성 및 소거기전, *전남대학교 출판부*, 2013

김진아, 이종미, 건조방법에 따른 해조류(톳)의 생리활성 성분 및 항산화 활성의 변화, *Kor. J. food culture*, 19(2), 200-208, 2004

대한약사회, 韓藥學, 1986

신동의약보감(전통동양약물데이터베이스), *동방미디어주식회사*, 1999

박욱연, 장동석, 조학래, 자초추출물의 항균 특성, *한국영양식량학회지*, 21(1). 97, 1992

박욱연, 장동석, 조학래, 한약제 추출물의 항균효과 검색. *한국영양식량학회지*, 21(1). 91, 1992

생약학교재편찬위원회, 생약학, *동명사*, pp.503-505, 2001

생약학연구회. 現代生藥學, *학창사*, 1999

서준석, ORP와 pH 측정에 의한 간헐포기 공정에서의 질소 및 인 거동의 예측, *연세대학교 대학원*, pp.28-29, 2000

여생규, 안철우, 김인수, 박영범, 박영호, 김선봉, 녹차, 오룡차 및 홍차 추출물의 항균효과. *한국영양식량학회지*, **24**(2): 293-298, 1995

이남호, 오송렬, 2001. 제주산 톳(*Hizikia fusiformis*)의 라디칼 저해활성에 관한 연구, *Cheju Journal of life Science*, 4(4). 11-116, 2001

이병완, 신동화, 식품 부패 미생물의 증식을 억제하는 천연 항균성 물질의 검색, *한국식품과학회지*, 23(2). 200, 1991

이병완, 신동화, 식품 부패미생물에 대한 천연 항균성 물질의 농도별 및 분획별 항균 특성, *한국식품과학회지*, 23(2), 205, 1991

이진태, 정연숙, 안봉전, 함초의 생리활성기능과 화장품 소재로서의 응용, *Kor. J. Herbology*, 17(2), 51-60, 2002

허 준, 동의보감(동의문헌연구실편역), *법인문화사*, 2007

황미혜, 1997. 나일 틸라피아, *Oreochromis niloticus*의 면역반응에 대한 생약제의 투여 효과, *부경대학교 이학석사 학위논문*, 1997

A.O.A.C : Official methods of analysis.15th ed., Association of official analytical chemists. Washington,D.C., p.703, 1990

Abe, K., O. Inoue and E. Yumioka., Biliary excretion of metabolites of baicalin and baicalein in rats, *Chem. Pharm. Bull.*, 38, 209-211, 1990

Ahmad, N., D. K. Feyes, R. Agarwal, H. Mukhtar, and A. L. Nieminen, Green Tea Constituent Epigallocatechin-3-Gallate and Induction of Apoptosis and Cell Cycle Arrest in Human Carcinoma Cells. *JNCI J. Natl. Cancer Inst.*, 89, 1881-1886, 1997

Akhter, M. H., M. Sabir and W. K. Bhide, Possible mechanism of antidiarrheal effect of berberine, *Indian J. Med. Res.*, 70, 233-241, 1979

Aleem, A. A., Potential bioassay of natural seawaters and influence of certain trace elements on the growth of the phytoplankton organisms, *Helgolander Wiss. Meeresunters.*, 20, 229, 1970

Alessi, M. C., H. R. Lijnen, D. Bastelica, and I. Juhan-Vague, Adipose tissue and atherothrombosis, *Pathophysiol. Haemost. Thromb.*, 33, 290-297, 2003

Ali G. and Neda G., Flavonoids and phenolic acids: Role and biochemical activity in plants and human, *Journal of Medicinal Plants Research*, 5(31), 6697-6703, 2011

Almajano, M. P., R. Carbó, J. A. L. Jiménez, and M. H. Gordon, Antioxidant and antimicrobial activities of tea infusions, *Food Chem.*, 108, 55-63, 2008

Altavilla, D., M. Galeano, A. Bitto, L. Minutoli, G. Squadrito, P. Seminara, F. S. Venuti, V. Torre, M. Calo, M. Colonna, P. L. Cascio, G. Giugliano, N. Scuderi, C. Mioni, S. Leone, and F. Squadrito, Lipid peroxidation inhibition by raxofelast improves angiogenesis and wound healing in experimental burn wounds, *Shock*, 24, 85-91, 2005

An, M. R., D. Y. Jeong, S. P. Hong, G. S. Song and Y. S. Kim, Quality of Traditional *Kochujang* Supplemented with Mushrooms, *J. Korean Soc. Agric. Chem. Biotechnol.*, 46, 229-234, 2003

Anderson, J. W., Bryant, C. A., Dietary fiber : Diabetes and obesity, *Am. J. Gastroenterol*, 81, 898-906, 1986

Anderson, J. W., Deakins, D. A., Floor T. L., Smith, B. M. and Whitis, S. E., Dietary fiber and coronary heart disease, *Crit. Rev. Food Sci. Nutr.*, 29, 95-147, 1990

Anderson, J. W., Plant fiber and blood pressure, *Ann. Intern. Med.*, 98, 843-846, 1983

Ando, H., Horikawa, T., Oka, M., Linoleic acid can induce depigmentation in cultured normal human melanocytes during activity proliferating sate. *J. Dermatol. Sci.*, 2, 248-256, 1991

Aoki, T., Drug-resistant plasmids from fish pathogens. *Microbiol. Sci.*, 5, 219-223, 1988

Aoki, T., Kitao, T., Watanabe, S., and Takeshita, S., Drug resistance and R plasmids in *Vibrio anguillarum* isolated in cultured ayu *Plecoglossus altivelis*. *Microbiol. Immunol.*, 28, 1-9, 1984

Arend, W. P., Dayer, J-M., Cytokines and cytokine inhibitors or antagonists in rheumatoid arthritis, *Arthritis Rheum.*, 33, 305-315, 1990

Ashton, D. H. and Busta, F. F., Milk components inhibitory to *Bacillus stearothermophilus* by iron, calcium and magnesium, *Appl. microbiol.*, 16, 628, 1968

Baba, K., Abe, S., and Mizuno, D., Antitumor activity of hot water extract of dandelion, *Taraxacum officinale* corelation between antitumor activity and timing of administration, *Yakugaku Zasshi*, 101, 538-543, 1981

Bae, T. J., Kang, D. S., Processing of Powdered Seasoning Material from Sea Tangle. *Korean J. Food. Nutr.*, 13(6),

521-528, 2000

Bang, H. Y., M. H. Park and G. H. Kim, Quality characteristics of *kochujang* prepared with *paecilomyces japonica* from Silkworm, *Korean J. Food Sci. Technol.*, 36, 44-49, 2004

Banks, R. E., A. J. H. Gearing, I. K. Hemingway, D. R. Norfolk, T. J. Perren and P. J. Selby, Circulating intercellular adhesion molecule-1(ICAM-1), E-selectin and vascular cell adhesion molecule-1(VCAM-1) in human malignancies, *Br. J. Cancer,* 68, 122-124, 1993

Barber, D. A. and Harris, S. R., Oxygen free radicals and antioxidants, *A review, American Pharmacy NS,* 34(9), 26-25, 1994

Bell, A. A and Weeler, M. H., Biosynthesis and function of fungal melanin, *Ann. Rev. Phytophathol.*, 24, 411-451, 1986

Ben, E. D., Neovasculogenic ability of prostaglandins, growth factors, and synthetic chemoattractants, *Am. J. Ophthal.,* 86. 455, 1978

Bergers, G. and Benjamin, L. E. Tumorigenesis and the angiogenic switch, *Nature Reviews. Cancer,* 3, 401-410, 2003

Beuchat, L. R. and Golden, D. A., Antimicrobials occurring naturally in foods, *Food Technol.*, 43, 134-142, 1989

Bomford, R., Will adjuvants be needed for vaccines of the future? *Dev. Biol. Stand.*, 92, 13-17, 1998

Bova, S., R. Padrini, W. F. Goldman, D. M. Berman and G. Cargnelli, On the mechanism of vasodilating action of berberine:possible inositol liquid signaling system, *J. Pharmacol. Exp. Ther. Apr.,* 261, 318-323, 1992

Bowersock, T. and Martin, S. Vaccine delivery to animals, *Adv. Drug Deliv. Rev.*, 38, 167-194, 1999

Boxin, O., Maureen, H-W., Ronald, L. P., Development and Validatio of an Improved Oxygen Radical Absorbance Capacity Assay Using Flurrescein as the Fluorescent Prove, *Journal of Agriculture and Food*, 49, 4619-4626, 2001.

Bravo, L., Polyphenols: chemistry, dietary sources, metabolism, and nutritional significance, *Nutrition reviews,* 56(11), 317-333, 1998.

Breier, G., Damert A, Plate, K. H. and Risau W., Angiogenesis in embryos and ischemic diseases, *Thromb. Haemost.,* 78, 678-683, 1997

Bruno, B., Alberto, V., Pilar, M., Domenico M. and Giuliano, D. M., Prenylated Flavonoids: Pharmacology and Biotechnology, *Current Medicinal Chemistry*, 12, 713-739, 2005

Cabrera, C., Gimenez, R., Lopez M. C., Determination of tea components with antioxidant activity, *J. Agric. Food Chem.*, 51, 4427-4435, 2003

Cabrera, C., R. Artacho, and R. Giménez, Beneficial effects of green tea-a review, *J. Am. Coll. Nutr.*, 25, 79-99, 2006

Cabrera, C., R. Giménez, and M. C. López, Determination of tea components with antioxidant activity, *J. Agric. Food Chem.,* 51, 4427-4435, 2003

Cao, Y. and R. Cao, Angiogenesis inhibited by drinking tea, *Nature*, 398, 381, 1997, 1999

Chen, J. S., Wei, C. and Marshall, M. R., Inhibition mechanism of kojic acid on polyphenol oxidase, *J. Agric. Food chem.,* 39, 1897-1901, 1991

Chen, Z. P., J. B. Schell, C. T. Ho, and K. Y. Chen, Greentea epigallocatechin gallate shows a pronounced growth inhibitory effect on cancerous cells but not on their normal counterparts, *Cancer Lett.*, 129, 173-179,1998

Cheong, H., E. J. Choi, G. S. Yoo, K. M. Kim, S. Y. Ryu, Desacetylmatricarin, an Anti-Allergic Component from Taraxacum platycarpum, *Planta Med.*, 64(6), 577-578, 1998

Chevassus, B., and M. Dorson, Genetics of resistance to disease in fishes. *Aquaculture*, 85, 83-107, 1990

Cho, E. J., Rhee, S. H., Park, K. Y., Antimutagenic and anticarcinogenic effects of alginic acid extracted from soporophyll of sea mustard, *J. Food Sci. Nutr.,* 3(2), 169-174, 1998

Cho, K. J., Lee, Y. S., Ryu, B. H., Lee, S. H., Antitumor effect and immunology activity of seaweed toward Sarcoma-180, *Bull. Korea Fish. Soc.*, 24(5), 345-352, 1990

Cho, K. J., Lee, Y. S. and Ryu, B. H., Antitumor effect and immunology activity of seaweeds toward Sarcoma-180. *Bull. Korean Fish. Soc.,* 23(5), 345-352, 1990

Cho, Y. S., Park, J. Y., Oh, Y. J., Jang J. Y., Effect of dandelion leaf extracts on lipid metabolism in rats fed high cholesterol diet, *J. Korean Soc. Food Sci.Nutri.,* 29, 676-682, 2000

Choi, M. Y., E. J. Choi, E. Lee, B. C. Cha, H. J. Park, and T. J. Rhim, Effect of pine needle (Pinus densiflora Seib.

et Zucc) upon Kimchi fermentation, *J. Korean Soc. Food Sci. Nutr.,* 25(6): 899-906, 1996

Choi, Y. B., H. J. Choi, H. S. Baik, and H. K. Jun, Evaluation of optimum condition for the electrofusion between *Lactobacillus* sp. JC-7 isolated from Kimchi and *Lactobacillus acidophilus*8, *Kor. J. Appl. Microbiol. Biotechnol.,* 25: 121-128, 1997

Choi Y. H., Park Y. K., Lee W. H., Study on the Toxic Effects of Kojic acid in *Drosophila melanogaster, Korea J. Envion. Biol.,* 14. 01-07, 1966

Choi, J. H., Kim, D. I., Park, S. H., Kim, W., Lee, J. S., Ryu, J. S. and Chung, Y. S., Effects of sea tangle(laminaria japonica) and fucoidan components on chronic degenerative diseases, *Kor, J, Life Sci.,* 9(4), 430-452, 9(5), 537-547, 1999

Chun, H. J., Choi, E. Y., Uoon, S. C., Nam, H. W, Beak, S. H. and Woo, W. H., Inhibitory effects of ethanol extract of *Atractylodis Rhizoma* alba on melanin biosynthesis. *Yakhak Hoeji,* 45. 269-275, 2001

Church, F. C., Meade J. B,, Treanor, R. E. and Whinna, H. C., Antithrombin activity of fucoidan, *J. Biol. Chem.,* 264, 3618, 1989

Clonigner, M. R., Baldwin, R. E., Aspartylphenylalanine methylester : A low calorie sweetner, *Science,* 170, 81-82, 1970

Conner, D. E. and Beuchat, L. R., Effect of essential oils from plants on growth of food spoilage yeast, *J. Food Sci.,* 49. 429, 1984

Constantine D. S., Extraction, separation, and detection methods for phenolic acids and flavonoids, *Journal of Separation Science,* 30, 3268-3295, 2007

Cox J, Sjolander A, Barr I. ISCOMs and other saponin based adjuvants, *Adv. Drug Deliv. Rev.,* 32, 247-271, 1998

Cox, N. A., Mercuri, A. J., Juven, B. J., Thomson, J. E. and Chew, V., Evaluation of succinic acid and heat to improve the microbiological quality of poultry meat, *J. Food Sci.,* 39. 985, 1974

Creasey, W. A., Biochemical effect of berberine, *Biochem. Pharmacol.,* 28, 1081-1084, 1979

Crow, J. P., Spruell, C., Chen, J., Gunn, C., Ischiropoulos, H., Tsai, M., Smith, C. D., Radi, R., Koppenol, W. H. and Bechman, J. S., *Free Rad. Biol. Med.,* 16, 331-338, 1994

Cui, C. B., S. W. Oh, D. S. Lee and S. S. Ham, Effects of the Biological activities of ethanol extract from korean traditional *kochujang* added with sea tangle(*Laminaria longissima*), *Korean J. Food Preserv.,* 9, 1-7, 2002

David, M. K., Dietary Fiber-mediated Mechanism in Carcinogenesis, *Cancer Research(suppl.),* 52. 2055-2959, 1992

Davydov, M. and A. D. Krikorian, *Eleutherococcus senticosus* Maxim. (*Araliaceae*) as an adaptogen: a closer look, *J. Ethnopharmacol.,* 72, 345-393, 2000

Dcheuer, P. J., Marin natural products, *Academic press.,* P. 251, 1978

Diane, F. B., Suzanne, H., Weiqun, W., Dietary agents in cancer prevention: flavonoids and isoflavonoids, *Pharmacology & Therapeutics,* 90, 157- 177, 2001

Dobson, D. E., Kambe, A., Block, E., Dion, T., Lu, H., Castellot, J. J Jr, Spiegelman, B. M., *1-Butyryl-glycerol:* A novel angiogenesis factor secreted by differentiating adipocytes, Cell, 61: 223, 1990

Dowling, E. A., D. R. Redondo, J. D. Branch, S. Jones, G. McNabb and M. H. Williams. Effect of *Eleutherococcus senticosus* on submaximal and maximal exercise performance, *Med. Sci. Sports Exerc.,* 28, 482-489, 1996

Duke, J. A., Handbook of "phytochemical constituents of GRAS herbs and other economic plants". CRC Press, pp.587-589, 1992

Dusseau, J. W., Hutchins, P. M., Malbasa, D. S., Stimulation of Angiogenesis by adenosine on the chick chorioallantoic membrane, *Circ. Res.,* 59, 163, 1986

Dvorak, H. F., Orenstein, N. S., Carvalho, A. C., Churchill, W. H., Dvorak, A. M., Galli, S. J., Feder, J., Bitzer, A. M., Rypysc, J., Giovinco, P., Induction of a fibrin-gel investment: An early event in line 10 hepatocarcinoma growth mediated by tumor secreted products, *J. Immunol.,* 122(1), 166-174, 1979

Edwards, C. A., Blackburn, N. A., Craigen L., Viscosity of food gums determined in vitro related to their hypoglycemic actions, *Am. J. Clin. Nutr.,* 46. 72-77, 1987

Egger, K. and M. Keil, Flavone glycoside in the flowers of *Paeonia arborea, P. suffruicosa. Planta.,* 88, 154-156, 1969

Ejaz, A., D. Wu, P. Kwan and M. Meydani, Curcumin inhibits adipogenesis in 3T3-L1 adipocytes and angiogenesis and obesity in C57/BL mice, *J. Nutr.,* 139, 919-925, 2009

Ellis, P. R., Morris. E. R., Importance of the rate of hydration of pharmaceutical preparations of guar gum : A new in vitro monitoring method, *Diabetic medicine,* 8, 378-381, 1991

Eugenio, J. G., Tatiane, L. C. O., Severino, M. A., Alessandra, R., Alessandro, D. L., Rosa, H. M. G., Antioxidant Activity by DPPH Assay of Potential Solutions to be Applied on Bleached Teeth, *Braz. Dent. J.*, 23(1), 22-27, 2012

Evans, T. G., McElrath, M.J., Matthews, T., QS-21 promotes an adjuvant effect allowing for reduced antigen dose during HIV-1 envelope subunit immunization in humans, *Vaccine*, 19, 2080-2091, 2001

Farrukh, A., Iqbal, A., Zafar, M., Antioxidant and Free Radical Scavenging Properties of Twelve Traditionally Used Indian Medicinal Plants, *Turkish Journal of Biology*, 30, 177-183, 2006

Fatima, M., Rosario, M. and Conceicao, C., Effect of polyphenols on the intestinal and placental tranport of some bioactive compounds, *Nutrition Research Reviews*, 23, 47-64, 2010

Fernandez-Botran, R., Sanders, V. M., Oliver, K. G., Interleukin 4 mediates autocrine growth of helper T cells after antigenic stimulation, *Proc Natl Acad Sci.*, USA, 83, 9689-9693, 1986

Folin, O., Dennis, W., On phosphotungstic-phosphomolybdic compounds as color reagents, *J. Biol Chem.*, 12, 239-243, 1912

Folkman, J. and Shing, Y., Angiogenesis, *The Journal of Biological Chemistry.* 267(16). 10931-10934, 1992

Form, D. M., Auerbach, R., PG E_2 and angiogenesis, *Proc. Soc. Exp. Biol. Med.,* 172, 214, 1983

Francis, G., Kerem, Z., Makkar, H. P. S., Becker, K., The biological action of saponins in animal systems: a review, *Br. J. Nutr.*, 88, 587-605, 2002

Freese, E., Sheu, C. W. and Gallier, S. E., Function of lipophilic acids as antimicrobial food additives, *Nature*, 241. 321, 1973

Friedman, J. M., Obesity in the new millennium. *Nature*, 404, 632-634, 2000

Friedman, J. M., R. L. Leibel, D. S. Siegel, J. Walsh, N. Bahary, Molecular mapping of the mouse ob mutation. *Genomics*, 11, 1054-1062, 1991

Fuijimura, H., T. Sawada and M. Goto, Screening test of antiinflammatory action on the constituents of crude drugs and plants, *Yakugaku Zasshi,* 90, 782-783, 1970

Fujiki, H., Masami, S., Sachiko, O., Naoko, S., Atsumasa, K., Eisaburo, S., Tomoko, K., Yukiko, T., Kenji, S., Kazue, I., Kei, N., Cancer inhibition by green tea, *Mutation Research/Fundamental and Molecular Mechanisms of Mutagenesis*, 402, 307-310, 1998

Gaffney, B. T., H. M. Hugel and P. A. Rich, Panax ginseng and *Eleutherococcus senticosus* may exaggerate an already existing biphasic response to stress via inhibition of enzymes which limit the binding of stress hormones to their receptors, *Med. Hypotheses*, 56, 567-572, 2001

Giovanni, A., Elisa, A., Susanna, P., Massimiliano, T., Flavonoids as antioxidants in plants: Location and functional significance, *Plant Science*, 196, 67-76, 2012

Gordon, D. J., Functional properties vs physiological action of total dietary fiber. *Cereal Foods World*, 34, 517-525, 1989

Graeber, J. E, Glaser, B. M, Setty. B. N. Y, Jerdan, J. A, Walega, R. W, Stuart, M. J., 15-Hydroxyeicosatetraenoic acid stimulates migration of human retinal microvessel endothelium in vivo, *Prostaglandin,* 39, 665, 1990

Grieve, M., A modern herbal, Dorset Press, p. 249-255. 1994

Grinde, B., Lysozyme from rainbow trout, *Salmo gairdneri* Richardson, as an antibacterial agent against fish pathogens, *J. fish Dis.*, 12, 95-104, 1989

Grinde, B., O. Lie, T. Poppe, and R. Salte, Species and individual variation in lysozyme activity in fish of interest in aquaculture, *Aquaculture,* 68, 299-304, 1988

Gupta, R., Aluminum compounds as vaccine adjuvants, *Adv. Drug Deliv. Rev.*, 32, 155-172, 1998

Gupta, S., N. Ahmad, A. L. Nieminen, and H. Mukhtar, Growth Inhibition, Cell-Cycle Dysregulation, and Induction of Apoptosis by Green Tea Constituent (-)-Epigallocatechin-3-gallate in Androgen-Sensitive and Androgen-Insensitive Human Prostate Carcinoma Cells, *Toxicol. Appl. Pharmacol*, 164, 82-90, 2000

Hacker, B. and P. Medon. Cytotoxic effects of *E. senticosus* aqueous extract against L1210 leukemia cells, *J. Pharm. Sci.*, 73, 270-272, 1984

Halaas, J. L., C. Boozer, J. Blair-west, N. Fidahusein, D. A. Denton, J. M. Fridman, *Proc. Nat'l. Acad. Sci.,* U.S.A. 94, 8878-8883, 1997

Han. S. Y., Park. M. S., Seo. K. I., Changes in the food components during storage of oyster mushroom *Kimchi*, *Korean Journal of Food Preservation*, 9(1), 51-55, 2002

Hardie, D. G., AMP-activated protein kinase: A master switch in glucose and lipid metabolism, *Rev. Endocr. Metab. Disord.*, 5, 119-125, 2004

Harming, R., E. Mainolfi, J. C. Bystryn, M. Henn, V. J. Merluzzi and R. Rothlein, Serum levels of circulating intercellular adhesion molecule 1 in human malignant melanoma, *Cancer Res.*, 51, 5003-5005, 1991

Hasegawa, T., K. Akutsu, Y. Kishi, and K. Nakamura, Constituents of the green tea seeds of *Camellia sinensis, Nat.Prod. Commun.*, 6, 371-374, 2011

Hearing, V. J, Jimenez, M., Mammalian tyrosinase-the critical regulatory control point in melanocyte pigmentation, *Int. J. Biochem.*, 19(12), 1141, 1987

Hibasami, H., T. Fujikawa, H. Takeda, S. Nishibe, T. Satoh, T. Fujisawa and K. Nakashima, Induction of apoptosis by *Acanthopanax senticosus* HARMS and its component, sesamin in human stomach cancer KATO Ⅲ cells, *Oncol. Rep.*, 7, 1213-1216, 2000

Hikino, H., S. Funayama and K. Endo, Hypotensive principles of Astragalus and Hedysarum roots, *Planta Med.*, 30, 297-302, 1976

Hildebret, W., Rudolf, B., Tiao, P., Chen, J., Chinese Crug Monographs and Analysis, Part 1 -2, Verlag, 1996

Hong, J. H., Youn, K. S. and Choi, Y. H., Characteristics of crude protein-bound polysaccharide from *Agaricus blasei* Murill by extraction and precipitation conditions and its antitumor effect, *Korean J. food Sci. Technol.*, 36(4), 586-593, 2004

Hong, N. D., Y. S. Rho, Y. W. Cho and S. M. Ju, Effects of Kilkyungjijak-Tang on the respiratory system, Blood pressure and isolated ileum, *J. Kor. Pharm. Sci.*, 16, 124-131, 1986

Hong. J. S. and Kim. T. Y., Contensts of free-sugars & free-sugaralcohols in *Pleurotus ostreatus*, *Lentinus edods* & *Agaricus bisporus*, *Korean J. food Sci. Technol.*, 20(4), 459~462,1988

Hurch, F. C, Meade, J. B, Treanor, R. E. and Whinna, H. C., Antithrombitic activity of fucoidan with heparin cofactor Ⅱ. antirhrombin Ⅲ and thrombin, *J. iol., Chem.*, 6, 3618, 1989

Hwang, J. S., H. J. Chun and Y. S. Han. 2000. Isolation and identification of antimicrobial compound from Jakyak(*Paeonia japonica* var. *pilosa* N_{AKAI}), *Korean J. Soc. Food Sci.*, 16, 445-452, 2000

Hyodo, I., K. Jinno, M. Tanimizu, Y. Hosokawa, Y. Nishikawa, M. Akiyama, K. Mandai and S. Moriwaki, Detection of circulating intercellular adhesion molecule-1 in hepatocellular carcinoma, *Int. J. Cancer*, 55, 775-779, 1993

Heo, I. D., H. J. SEO and J. D. KIM, Anti-Angiogenic and Anti-Cell Adehesion Effect of the *Camellia japonica* Flower Extract, *Korean Journal of Life Science*, 17(8), 1152-1156, 2007

Inoue, M, Tajima, K., Hirose, K., Tea and coffee consumptionand the risk of digestive tract cancers: data from a comparative case-referent study in Japan, *Cancer Causes Control*, 9, 209-216, 1998

Inoue, M., K. Tajima, M. Mizutani, H. Iwata, T. Iwase, S. Miura, K. Hirose, N. Hamajima, and S. Tominaga, Regular consumption of green tea and the risk of breast cancer recurrence: follow-up study from the Hospital-based Epidemiologic Research Program at Aichi Cancer Center (HERPACC), *Japan. Cancer Lett.*, 167, 175-182, 2001

Iris F. F. and Benzie F. F., The Ferric reducing ability of plasma (FRAP) as a measure of "Antioxdant power": The FRAP assay article NO. 0292. *Alytical biochemistry*, 239, 70-76, 1996

Irshad, Z., M. Singh and M. M. A. Rizvi, Comparative Analysis of the Antioxidant Activity of Cassia fistula Extracts, *International Journal of Medicinal Chemistry*, 2012, 1-6, 2012

Itami, T., M. Kondo, M. Uozu, A. Suganuma, T. Abe, A. Nakagawa, N. Suzuki, and Y. Takahashi, Enhancement of resistance against *Enterococcus seriolicida* infection in yellowtail, *Seriola quinqueradiata*(Temminck & Schlegel), by oral administration of peptidoglycan derived *Bifidobacterium thermophilum, J. Fish Diseases*, 19, 185-187, 1996

Jacobs, L. R., Relationship between dietary fiber and cancer : Metabolic, physiologic, and cellular mechanism. *Proc. Soc. Exp. Biol. Med.*, 183, 299-310, 1986

Jacques, E. N., Joan, C., David, J. M., Peter, J. P., Vascular endothelial growth factor mediated angiogenesis is associated with enhanced endothelial cell survival and induction of bcl-2 expression, *Am. J. Pathol.*, 154, 375-384, 1999

Hwang, J. H. and J. D. Kim, Inhibitory Effects of *Siegesbeckiae herba* Extract on Angiogenesis and Adipogenesis, *Biotechnology and Bioprocess Engineering*, 16, 144-152, 2011

Hwang, J. H., S. W. Lee, K. H. Han, H. J. Seo, and J. D. Kim, Anti-angiogenesis and Anti-adipogenesis Effects of

Anthrisci radix Extract, *Biotechnology and Bioprocess Engineering,* 18, 164-172, 2013

Hwang, J. H., S. H. Lee, S. J. Rha, H. S. Yoon, J. H. Shin, J. H. Lee, M. J. Seo, K. W. Kang, K. H. Han, Y. J. Kim, K. H. Kho, T. S. Shin, M. J. Oh, S. J. OH, H. J. SEO, J. D. Kim, Characterization of Angiogenesis Inhibitor Effect of Green Tea Seed Extract, *Animal Cells and Systems*, 13(2), 133-139, 2009

Hwang, J. H., S. J. Rha, J. K. Cho, T. S. Shin, M. Y. Kim, and J. D. Kim, *Psoraleae semen* Extract Inhibits Angiogenesis and Adipogenesis, *Biotechnology and Bioprocess Engineering*, 18, 942-949, 2013

Hwang, J. H. and J. D. Kim, Inhibitory Effects of *Corni Fructus* Extract on Angiogenesis and Adipogenesis, *Korean J. Physiol. Pharmacol.*,15, 43－51, 2011

Jane, R., Hanrahan, M. C., Neil, L. M., Davucheron, B. J. H. and Graham, A. R. J., Semisynthetic Preparation of Amentoflavone: A Negative Modulator at GABAA Receptors, *Bioorganic & Medicinal Chemistry Letters*, 13, 2281-2284, 2003

Jang, K. S., Studies on the natural pH adjusters for Kimchi, *J. Korean Soc. Food Sci. Nutr.*, 18(3), 321-327, 1988

Jang, K. S., M. J. Kim, Y. A. Oh, M. S. Kang and S. D. Kim, Changes in carotene content of Chinese cabbage Kimchi containing various submaterials and lactic acid bacteria during fermentation, *J. Korean Soc. Food Nutr.*, 20(1), 5-12, 1991

Jeong, Y. J., J. H. Seo, G. D. Lee, M. H. Lee and S. R. Yoon, Changes in quality characteristics of traditional *kochujang* prepared with apple and persimmon during fermentation,. *J. Korean Soc. Food Sci. Nutr.*, 29, 575-581, 2000

Ji, Y., Ji, C., Yue, L., Xu, H., Saponins isolated from Asparagus induce apoptosis in human hepatoma cell line HepG2 through a mitochondrial-mediated pathway, *Curr Oncol.*, 19, eS1-eS9, 2012

Ji, B. T., W. H. Chow, A. W. Hsing, J. K. McLaughlin and Y. T. Gao, Green tea consumption and the risk of pancreatic and colorectal cancers, *Int. J. Cancer,* 70, 255-258, 1997

SHIN, J. H., J. H. LEE, K. H. KANG, J. H. HWANG, K. H. HAN, T. S. SHIN, M. Y. KIM, and J. D. KIM, Selection and Mechanism of Anti-Obesity Agents from Natural Products Based on Anti-Angiogenesis, *The Korean Society for Biotechnology and Bioengineering Journal,* 24, 122~130, 2009

SHIN, J. H., G. Y. Cha, H. J. Kim, J. H. Hwang, K. H. Han, H. J. Seo, M. Y. Kim, S. J. Oh, and J. D. Kim, Ant-Cell Adhesion Effect of Animal Cell with Regional Special Natural Products of *Anthrisci radix, Psoraleae semen, Siegesbeckiae herba* and *Corni fructus*, *KSBB Journal*, 24, 541-548, 2009

Johnson, J. P., B. G. Stade, B. Holzmann, W. Schwable and G. Riethmuller, De novo expression of intercellular adhesion molecule 1 in melanoma correlates with increased risk of metastasis, *Immunology,* 86, 614-644, 1994

Jong Deog KIM, Patent, ANTI-ANGIOGENIC AGENTS AND ANTI-OBESITY SUBSTANCES APPLIED WITH ANYT-ANGIOGENESIS FROM NATURAL PRODUCTS, U.S.A, 8753694, 2014

Kim, J. D., Liping L., Weimin, G, Mohsen, M., Chemical structure of flavonols in relation to modulation of angiogenesis and immune-endothelial cell adhesion, *Journal of Nutritional Biochemistry*, 17, 165-176, 2006

Kim, J. D., M. Y. Kim and J. Y. Kong, The Growth Promoting Effect of Enterobacteria *Bifidobacterium infantis* KCTC 3270 by Combination of Natural Products Bearing Antioxidative Capacity, *J. Korean Soc. Food Sci. Nutr.*, 31(5), 931-938, 2002

Kim, J. D., M. Y. Kim, C. B. Ahn, H. J. Seo, B. J. Kim, J. K. Seo, J. S. Kim, J. Y. Kong, The Growth Promotion Effect of Useful Enterobacteria *Bifidobacterium adolescentis* KCTC 3216 by Combination of Natural Products Bearing Antioxidative Capacity, *Korean J. Biotechnol. Bioeng.*, 17(4), 388-395, 2002

Kim, J. D., M. Y. Kim, H. J. Seo, B. J. Kim, D. H. Kim, E. O. Kim, H. Y. Chung, J. Y. Kong, Combination of Natural Products Removing ROS for Growth Promoting Effects of the Useful Enterobacteria *Lacobacillus* sp., *Kor. J. Microbiol. Biotechnol.*, 30(3), 270-281, 2002

Kim, J. D., M. Y. Kim, S. J. Jung, H. J. Seo, E. O. Kim, S. Y. Lee, Development of GOCHUJANG for Controlling *V. parahaemolyticus* with Green Tea and Natural products, *Journal of Life Science*, 15(5), 783-789, 2005

Kim, J. D., Narendra, C., H. J. Seo, M. Y. Kim and T. S. Shin, Theasaponin E1 as an effective ingredient for anti-angiogenesis and anti-obesity effects, *Bioscience, Biotechnology, and Biochemistry*, 78(2), 279-287, 2014

Kim, J. D., T. S. Shin, The Growth Promotion Effect of Useful Enterobacteria *Bifidobacterium bifidum* by Combination of Natural Products Bearing Antioxidative Capacity, *Kor. J. Microbiol. Biotechnol.*, 30(4), 388-394, 2002

Kim, J. D., The Growth Inhibiting Effect of E. coli KCTC 1039 by Combination of Natural Products Bearing Antioxidative Capacity, *Korean J. Biotechnol. Bioeng.,* 17(5), 490-496, 2002

Kim, J. D., The Growth Inhibiting Effect of Enterobacteria *Clostridium perfringens* KCTC 5014 by Combination of

Natural Products, *J. Korean Soc. Food Sci. Nutr.,* 31(6), 1119-1125, 2002

Kim, J. D., The Growth Inhibiting Effect of *Vibrio parahaemolyticus* KCTC 2471 by the Natural Products Bearing Antioxidative Capacity, *Korean Journal of Life Science*, 12(6), 731-739, 2002

Kim, J. D., The Growth Promoting Effect of Useful Enterobacteria *Clostridium butyricum* KCTC 1785 by Combination of Natural Products Bearing Antioxidative Capacity, *Korean Journal of Life Science*, 12(5),595-604, 2002

Kim, J. D., H. J. Seo, D. J. Lim, S. K. Hong, and T. S. Shin, Modulation of Bacteria with a Combination of Natural Products in KIMCHI Fermentation, *Korean J. Biotechnol.Bioeng.,* 23(2), 118-124, 2008

Juliana, F. S., Daniel, M. G. C., Renata, S. C., Maria, F. A. and Marcos, N. E., Others Flavonoids from Ouratea hexasperma (Ochnaceae), *J. Braz. Chem. Soc.*, 16, 634-638, 2005

Jung, J. W., N. Y. Ahn, S. H. Park, J. K. Oh, H. R. Oh, B. K. Lee, A. S. Om, B. S. Kim, D. H. Kim and J. H. Ryu, The anxiolytic-like effects of *Scutellaria baicalensis* using elevated plus-maze in rats, *Korean. J. Pharmacogn.*, 35, 22-27, 2004

Jyoti, B., Narendra, C., H. J. Seo, M. Y. Kim, T. S. Shin, and J. D. Kim, Immunomodulatory effect of tea saponin in immune T-cells and T-lymphoma cells via regulation of Th1, Th2 immune response and MAPK/ERK2 signaling pathway, *Immunopharmacology and Immunotoxicology*, 36(3), 202-210, 2014

Kabara, J. J., Medium chain fatty acids and esters, *In Antimicrobials in foods*, Branen, A. L. vand Davison, P. M. (ed), Marcel Dekker Inc., New York. p.109, 1983

Kaneyama, K., Takemura, T., Jamada, Y., Sakai, C., Kondon, S. and Nishiyama, S., Pigment production in marine melanoma cells in regulated by tyrosinase, tyrosinase-related protein 1 (TRP 1), dopachrome telomerase (TRP 2) and a melanogenic inhibitor. *J. Invest. Dermal.,* 100. 126-135, 1993

Kang, M. J., Antioxidant activity and free radical scavenging effect of dandelion extract, Ph.D. Thesis, Yeungnam Univ. of Kyungsan, Korea, 2001

Kang, M. J., Seo, Y. H., Kim, J. B., Shin, S. R. and Kim, K. S., The chemical composition of *Taraxacum officinale* consumed in Korea, *Korean J. Soc. Food. Sci.*, 16, 182-187, 2000

Katsunori, K., Yuji, Y., Tomomi, U. and Hideki, H., Growth inhibitory activity of Tea-seeds Saponins and Glyphosate to Weed Seedlings, *Japan International Research Center for Agricultural Sciences*, 38, 267-270, 2004

Kaur, K., H. Michael, S. Arora, P. Härkönen, and S. Kumar, In vitro bioactivity-guided fractionation and characterization of polyphenolic inhibitory fractions from Acacia nilotica (L.) Willd. ex Del., *J. Ethnopharmacol.,* 99, 353-360, 2005

Kawagan, S., *Protocol for control of body functional material in food*, pp. 8-15, Kakuen press center, Japan, 1996.

Kawfman, R. J., Vectors used for expression in mammalian cells. *Meth In Enzymol.,* 87. 205-209, 1991

Keck, P. J, Hauser, S. D, Krivi, G, Sanzo K, Warren T, Feder J, Conolly D. T., Vascular permeability factor, an endothelial cell mitogen related to PDGF, *Science,* 246(4935), 1409-1412, 1989

Kelly E. Heim, Anthony R. Tagliaferro, Dennis J. Bobilya, Flavonoid antioxidants: chemistry, metabolism and structure-activity relationships, *Journal of Nutritional Biochemistry,* 13, 572-584, 2002

Kenneth R. Markham, Øyvind M. Andersen, FLAVONOIDS, Chemistry, Biochemistry and Applications, Taylor & Francis Group,CRC press, 2006, pp. 219-396

Kenneth S. Ranos, Enrique Chacon, and Jr. Daniel Acosta, Toxic responses of the heart and vascular systems, *In Casarett and Doull's toxicology,* 492-495, McGraw-Hill Com., 1996

Kensil CR, Patel U, Lennick M, Marciani D. Separation and characterization of saponins with adjuvant activity from *Quillaja saponaria* Molina cortex. *J. Immunol.,*146, 431-437, 1991

Kiehm, T. G., Anderson, J. M., Ward, K., Benefical effect of a high carbohydrate high fiber diet in hyperglycemic men, *Am. J. Clin. Nutr.,* 29, 895-899, 1976

Kim, D. H., Antitumor activity of fractions of Taraxaci Herba synergistic effect with anticancer drugs, M.S.thesis, Taejon Univ., 1995

Kim, D. H., B. Y. Ahn and B. H. Park, Effect of *Lycium chinense* fruit on the physicochemical properties of *kochujang, Korean J. Food Sci. Technol.,* 35, 461-469, 2003

Kim, D. S, Lee, D. S, Cho, D. M, Kim, H. R, Pyeun, J. H., Trace Components and Functional Saccharides in Seaweed-1 Changes in Proximate Composition and Trace Elements According to the Harvest Season and Places, *Bull. Korea Fish. Soc.,* 28(3), 270-278, 1995

Kim, E. H., T. Aoki, Drug resistance and broad geographical distribution of identical R plasmid of *Pasteurella piscicida* isolated from cultured yellowtail in Japan, *Microbiol. Immunol.,* 37, 103-109, 1993

Kim, J. D, The growth inhibiting effect of *Vibrio parahaemolyticus* KCTC 2471 by the natural products bearing antioxidative capacity, *Korean J. of Life Sci.*, 12, 731-739, 2002

KIM, S. D., Effect of pH adjuster on the fermentation of Kimchi, *J. Korean Soc. Food Sci. Nutr.*, 14(3), 259-264, 1985

Kim, S. H., Park, H. Y. and Park, W. K., Determination and physical properties of dietary fiber in seaweed products, *J. Karean Soc. Food Sci. Nutr.*, 17, 320-325, 1988

Kim, S. H., Park, H. Y. and Park, W. K., Determination and physical properties of dietary fiber in seaweed products. *J. Korean Soc. Food Nutr.*, 17(4), 320-325, 1988

Kim, S. J., and K. H. Park, Retardation of Kimchi fermentation by the extracts of *Allium tuberosum* and growth inhibition of related microorganisms, *J. Korean Soc. Food Sci. Nutr.*, 27(5), 813-818, 1995

Kim, S. K., Y. G. Kim, M. K. Lee, J. S. Ham, J. H. Lee and H. Y. Lee, Comparison of biological activity according to extracting solvents of four Acanthopanax root bark, *Korean J. Medicinal Corp. Sci.*, 8(1), 21-28, 2000

Kim, S. D., Kim, M. H., and Kim, D. H., Effect of dandelion extracts on the growth of latic acid bacteria and gas formation from Kimchi, *Korean J.Phstharvest Sci.Technol.*, 7, 321-325, 2000

Kim, S. K., Effects of Herba Traxaci extract on the antialgesia and antiinflammatory. M.S.thesis, Wonkang Univ., 1991

Kim, Y. S., Y. S. Park and M. H. Lim, Antimicrobial activity of *prunus mume* and *Schizandra chinenis* H-20 extracts and their effects on quality of functional *kochujang, Korean J. Food Sci. Technol.*, 35, 893-897, 2003

Kim, Y. S., Y. S. Park and M. H. Lim, Antimicrobial activity of *prunus mume* and *Schizandra chinenis* H-20 extracts and their effects on quality of functional *kochujang, Korean J. Food Sci. Technol.*, 35, 893-897, 2003

Kimura, Y., H. Okuda, T. Tani and S. Arichi. Studies on *Scutellariae Radix.* Ⅳ. Effects of various flavonone compounds on lipid peroxidation in rat liver, *Chem. Pharm. Bull.*, 30, 1792-1795, 1982

Kimura, Y., H. Okuda, T. Tani and S. Arichi. Studies on *Scutellariae Radix.* Ⅳ. Effects of various flavonone compounds on lipid peroxidation in rat liver, *Chem. Pharm. Bull.*, 30, 1792-1795, 1981

Kitagawa, I., K. Hori, T. Motozawa, T. Murakami, and M. Yoshikawa, Structures of new acylated oleanene-type triterpene oligoglycosides, theasaponins E1 and E2, from the seeds of tea plant, *Camellia sinensis* (L.) O. KUNTZE. *Chem. Pharm.Bull.*, 46, 1901-1906, 1998

Klagsbrun, M., *Angiogenesis factors. In: Ryan US, eds Endothelial Cells,* 2, Boca Raton. CRC press. 37-50, 1988

Kogukuchi, N., *Protocol for free radical experiments*, pp. 40-45, suiyoonsa, Japan, 1999.

Koh. J. B., Choi. M. A., Effect of liquid culture of coriolus versicolor on lipid metabolism, protein level and enzyme activities in rats, *J. Korean Soc. Food Sci Nutr.*, 33(3), 512-517, 2004

Kong, X., Hu, Y., Rui, R., Effects of Chinese herbal medicinal ingredients on peripheral lymphocyte proliferation and serum antibody titer after vaccination in chicken, *Int. Immunopharmacol.*, 4, 975-982, 2004

Kopelman, P. G., Obesity as a medical problem. *Nature*, 404, 635-643, 2000

Kubo, M., H. Matusuda, Y. Kimura, H. Okuda and S. Arichi, *Scutellariae Radix.* Ⅹ. Inhibitory effects of various flavonoids on histamine ralease peritonial mast cell in vitro, *Chem. Pharm. Bull.* 32, 2724-2729, 1984

Kubo, M., H. Matusuda, Y. Kimura, H. Okuda, M. Higashino, T. Tani, K. Namba and S. Arichi, Studies on *Scutellariae Radix.* Ⅶ. Anti-arthritic and anti-inflammatory action of methanolic, 1984

Kull, F. C Jr, Brent, D. A, Parikh, I, Cuatrecasas, P., Chemical identification of a tumor-derived angiogenic factor, *Science,* 236, 843, 1987

Lahaye, M., Marine Algae as Sources of Fibres : Determination of soluble and insoluble dietary fiber contents in some sea vegetables. *J. Sci. Food Agric.,* 54, 587-594, 1991

Lanza, E. and Butrun, R. R., A critical review of food fiber analysis and data. *J. Am. Diet. Assoc.*, 86, 732-743, 1986

Larson-Powers N, Pangborn, R. M., Paired comparisons and time intensity measurements of the sensory properties of beverages and gdlatins containing sucrose or synthetic sweeteners, *J. Food Sci.*, 43, 41-46, 1978

Lee, S. Y., E. O. Kim, H. J. Seo, M. Y. Kim and J. D. Kim, Development of new method for antioxidant capacity with ORP-pH system, *Biotechnology and Bioprocess Engineering*, 19, 514-518, 2004

Lee, B. W. and Shin, D. H., Screening of natural antimicrobial plant extract on food spoilage microorganism,

Korean J.Food Sci.Technol., 23, 200-204, 1991

Lee, G. D. and Y. J. Jeong, Optimization on organoleptic properties of *kochujang* with additional of persimmon fruits, *J. Korean Soc. Food Sci. Nutr.,* 27, 1132-1136, 1998

Lee, H. B., E. K. Kim, S. J. Park, S. G. Bang, T. G. Kim, and D. W. Chung, Isolation and anti-inflammatory effect of astragalin synthesized by enzymatic hydrolysis of tea seed extract, *J. Sci. Food Agric.*, 91, 2315-2321, 2011

Lee, J. H. and Sung. V. J., The content of minerals in algae, *J. Korean Soc. Food & Nutr.*, 9(1), 51-58, 1980

Lee, M. K., Park. W. S., and Kang. K. S., Slective media for isolation and enumeration of latic acid bacteria from Kimchi, *J. Korean Soc. Food Nutr.*, 25(5), 754-760, 1996

Lee, S. H. and Choi, W. J., Changes of the latic acid bacteria and selective inhibitory substance against homo and hetero latic acid bacteria isolated from Kimchi, *Kor. J. Appl.Microbiol. Biotechnol.,* 27, 410-414, 1999

Lee, Y. S., Kim, D. S., Ryu, B. H. and Lee, S. H., Antitumor and immuno-modulating effects of seaweeds toward Sarcoma-180 cell. *J. Korean Soc. Food Nutr.,* 21(5), 544-550, 1992

Lerner, A. B. and Fitzpatrick, T. B., Biochemistry of melanin formation, *Physiol. Rev.*, 30, 91-126, 1950

Leung, D. W., Cachianes, G., Kuang, W. J., Goeddel, D. V., Ferrara, N., Vascular endothelial growth factor is a secreted angiogenic mitogen, Science, 246(4935), 1306-1309, 1989

Li, N., Ma, Z. J., Chu, Y., Phytochemical analysis of the triterpenoids with cytotoxicity and QR inducing properties from the total tea seed saponin of *Camellia sinensis, Fitoterapia*, 84, 321-325, 2013

Lin, J. K. and Shoei, Y., Mechanisms of hypolipidemic and antiobesity effects of tea and tea polyphenols, *Molecular Nutrition & Food Research*, 50, 211-217, 2006

Lin, C. C., and P. C. Huang, Antioxidant and hepatoprotective effects of *Acathopanax senticosus, Phytother. Res.*, 14, 489-494, 2000

Llier, S., Fischer, A. M., Tapon-Bretaudiere, J., Boisson-Vidal, C., Durand, P. and Joze, F. J., Anticoagulant properties of a fucoidan fraction, *Thromb. Res.*, 64, 43, 1991

Maria, L., Urte, L., Volker, B. and Roland, B., Antioxidant properties and total phenolics content of green and black tea under different brewing conditions, *Z. Lebensm Unters Forsch A*, 208, 217-220, 1999

Marlin, S. D., T. A. Springer, Purified intercellular adhesion molecule-1(ICAM-1) is a ligand for lymphocytic function associated antigen 1(LFA-1), *Cell,* 51, 813-820, 1987

Masferrer, J. L., Rimarachin, J. A., Gerrifsen, M. E., Falck, J. R., Yadagiri, P., Dunn, M. W., Laniado, S. M., 12(R)-Hydroxyeicosatrienoic acid, a potent chemotactic and angiogenic factor produced by the cornea, *Circ. Exp. Eye Res.,* 52, 417, 1991

Matsui, Y., Kobayashi, K., Masuda, H., Quantitative analysis of saponins in a tea-leaf extract and their antihypercholesterolemic activity, *Biosci. Biotechnol, Biochem.*, 73, 1513-1519, 2009

Matsui, Y., K. Kobayashi, H. Masuda, H. Kiqoshi, M. Akao, H. Sakurai and H. Kumaqai, Quantitative analysis of saponins in a tea-leaf extract and their antihypercholesterolemic activity, *Biosci. Biotechnol. Biochem.*, 73, 1513-1519, 2009

Mauro, P., Paola, G., Francesca, R., Maria, R. and Mauro, G., Imbalance in the antioxidant pool in melanoma cells and normal melano-cytes from patients with melanoma, *J. invest. Dermatol.*, 107, 322-326, 1996

Meilgaard, M., Civille, G. V. and Carr, B. T., Sensory Evaluation Techniques 2nd ed., p. 53. CRC Press, New York, USA, 1991

Mercurio, K. C. and Behm, P. A., Effect of fiber type and level on mineral excretion transit time and intestinal histology. *J. Food Sci.*, 46, 1462-1463, 1981

Micha, G., Maciej, W., Piotr, S., Alicja, K., Biflavonoids from the Wollemi Pine, Wollemia nobilis (Araucariaceae), *Biochemical Systematics and Ecology*, 46, 18-21, 2013

Milvia, L. R., Antioxidant Defenses in Plants with Attention to Prunus and Citrus spp., *Antioxidants,* 2, 340-369, 2013

Song, M. G., H. J. Seo, J. H. Moon, K. H. Park, and J. D. Kim, Anti-Angiogenic and Anti-Cell Adehesion Effect and Their Mechanism with the Extract of *Camellia japonica* Leaf, *Korean J. Biotechnol.Bioeng.,* 22(4), 249-254, 2007

Minoru, T., Sumito, Y., Kanoko, Y., Hajime, O., Tadashi, Y., Katsunori, K., Jan A. B., Theasaponin E1 destroys the salt tolerance of yeast, *Journal of Bioscience and Bioengineering*, 90, 637-642, 2000

Moingeon, P., Strategies for designing vaccines eliciting Th1 responses in humans, *J. Biotechnol.*, 98, 189-198, 2002

Moon, S. W., Shin, H. K. and Gi, G. E., Effect of Xylitol and Grapefruit Seed Extract on Sensory Value and Fermentation of Baechu Kimchi, *Korea J. Food Sci. Technol.*, 35, 246-253, 2003

Moon, Y. H., Y. H. Lee, B. S. Min and K. H. Bae, Antibacterial Constituents from *Scutellariae Radix* against *Streptococcus mutans* OMZ176, *Kor. J. Pharmacogn.* 28, 99-103, 1997

Mori, B., Kusima, K., Iwasaki, T. and Omiya, H., Dietary fiber content of seaweed, *Agric. Biol. Chem.*, 55, 787-791, 1981

Morris, E. R., Physico-chemical properties of food polysaccharides, in "Dietary Fiber-A Component of food Nutritional Function in health and Disease", Schweizer T., ed., *Springer-Verlag, London*, 41-56, 1992

Morton, L. M., Wang, S. S., Devesa, S. S., Lymphoma incidence patterns by WHO subtype in the United States, 1992-2001, *Blood*, 107, 265-276, 2006

Mosolits, S., Ullenhag, G., Mellstedt, H., Therapeutic vaccination in patients with gastrointestinal malignancies. A review of immunological and clinical results, *Ann. Oncol.* 16, 847-862., 2005

Nakagawa, H., H. Kumai, M. Nakamura and S. Kasahara, Effect of feeding of *Chlorella* -extract supplement in diet on cultured yellow tail-II. *Aquaculture*, 30(2), 76-83, 1982

Narendra, C., Jyoti, B., J. H. Hwang, H. J. Seo, M. Y. Kim, T. S. Shin, J. H. Wee, Y. L. Shin and J. D. Kim, Anti-hyperlipidemic and Fat Pad Lowering Effect of Standardized Tea Seed Cake Extract in Mice Fed High-fat and High-carbohydrate Diet, *Biotechnology and Bioprocess Engineering*, 20, 157-167, 2015

Narendra, C., Jyoti, B., H. J. Seo, M. Y. Kim, T. S. Shin, and J. D. Kim, *Camellia sinensis* fruit peel extract inhibits angiogenesis and ameliorates obesity induced by high-fat diet in rats, *Journal of Functional Foods*, 7, 479-486, 2014

Neiman, C., Influence of trace amounts of fatty acids on the growth of microorganism, *Bacteriol. Rcv.*, 18. 147, 1985

Nemcova, R., Criteria for selection of lactobacilli for probiotic use, *Vet Med (Praha).*, 42(1), 19 27, 1997.

Newman, M. J., Wu, J. Y., Gardner, B. H., Induction of cross-reactive cytotoxic T-lymphocyte responses specific for HIV-1 gp120 using saponin adjuvant (QS-21) supplemented subunit vaccine formulations, *Vaccine*, 15, 1001-1007, 1997

Nishimura, T., Nakui, M., Sato, M., The critical role of Th1-dominant immunity in tumor immunology, *Cancer Chemother Pharmacol.*, 46, 52-61, 2000

Nishimura, S., I. Manabe, M. Nagasaki, Y. Hosoya, H. Yamashita, H. Fujita, M. Ohsugi, K. Tobe, T. Kadowaki, R. Nagai, and S. Sugiura, Adipogenesis in Obesity Requires Close Interplay Between Differentiating Adipocytes, Stromal Cells and Blood Vessels, *DIABETES*, 56, 1517-1526, 2007

Noda, H., Amano, H., Arashima, K., Hashimoto, S. and Nisizawa, K., Antitumor activity of polysaccharides and lipids from marine algae, *Nippon Susan Gakkaishi*, 55, 1265-1271, 1989

Norris, P, R. N. Poston, D. S. Thomas, M. Thornhill, J. Hawk and D. O. Harkard, The expression of E-selectin, ICAM-1 and VCAM-1 in experimental cutaneous inflammation: A comparison of UVb erythema and delayed hypersensitivity, *J. Invest. Dermatol.*, 96, 763-770, 1991

Oda, K., Matsuda, H., Murakami, T., Adjuvant and haemolytic activities of 47 saponins derived from medicinal and food plants, *Biol. Chem.*, 381, 67-74, 2000

Ohh, M., A. Smith, C. Carpenito and F. Takei, Regulation of intercellular adhesion molecule-1 gene expression involves multiple mRNA srabiliazation mechanisms: Effects of interferon-γ and phorbol myristate acetate, *Blood*, 84, 2632-2639, 1994

Oikawa, T., Suganuma, M., Ashino-Fuse, H., Shimamura, M., Okadaic acid a potent angiogenesis inducer, *Jpn. J.Cancer Res.*, 83, 6, 1992

Okawa, M., J. Nohara and M. Ono, DPPH(1,1-diphenyl-2-picrylhydrazyl) radical scavenging activity of flavonoids obtained from some medical plants, *Biol. Pharm. Bull.* 24, 1202-1205, 2001

Okouchi, S., Suzuki, M., Sugano, K., Kagamimori, S. and Ikeda, S., Water Desirable for the Human Body in Terms of Oxidation-Reduction Potential(ORP) to pH Relationship, *Journal of food science*. 67, 1594-1598, 2002

Outa, S., *Food and Antioxidant*, pp. 1-38. Syokuhinzairyokenkyukai, Japan, 1987.

Pack, H. R., Y. H. Ham, S. T. Yee, S. G. Paik and S. K. Jo., Characteristics of B cell proliferation by polysaccharide fraction of *Paeonia Japonica miyabe*, *Immune Network.*, 1, 126-134, 2001

Park, J. M., Lee, S. H., Kim. J. O., *In vitro* and *in vivo* effects of extracts of *Lentimus edodes* on tumor growth in a human papillmavirus 16 oncogenes-transformed animal tumor model apoptosis-mediated tumor cell growth inhibition, *Korean J. Food Sci. Technol.,* 36(1), 141-146, 2004

Park, J. S., T. S. lee, H. W. Kye, S. M. Ahn and B. S. Noh, Study on the preparation of *kochujang* with addition of fruit juices, *Korean J. Food Sci. Technol.*, 25, 98-104, 1993

Park, U. H. and Song H. J., Antimicrobial activity of *Lactobacillus lantarum* Lp2 isolated from Kimchi, *Kor. J. Appl. Microtechnol. Biotechnol.,* 19(6), 637-643, 1991

Park, Y. B., Ahn, J. K., Yoo, S. J., Park, D. C., Kim, I. S., Park, Y. H., Kim, S. B., Elucidation of Anti - Tumor Initiator and Promoter Derived from Seaweed -4 ; Desmutagenic Principles of Ecklonia stolonifera Extracts against Carcinogenic Heterocyclic Amines, *J. Korea. Soc. Food. Nutr.,* 27(3), 537-542, 1998

Park, Y. H., and H. J. Song, Antimicrobial activity of *Lactobacillus lantarum* Lp2 isolated from Kimchi, *Kor J. Appl. Microbial. Biotechnol.,* 19(6): 637-643, 1991

Park, Y. H. and Jo, D. H., Microbial inhibition by an isolate of *Pediococcus* from Kimchi, *J. Korean Agri. Chem. Soc.,* 29(2), 207-211, 1986

Paschka, A. G., R. Butler and C. Y. F. Young, Induction of apoptosis in prostate cancer cell lines by the green tea component, (−)-epigallocatechin-3-gallate, *Cancer Lett.,* 130, 1-7, 1998

Pastore, R. L., Fratellone, P., Potential health benefits of green tea (*Camellia sinensis*): a narrative review, *Explore,* 2, 531-539, 2014

Pavel, S. and Muskiet, F. A., Eumelanin (precursor) metabolites as markers for pigmented malignant melanoma, a preliminary report, *Cancer detection and Prevention,* 6. 311, 1983

Pi-Sunyer, F. X., The obesity epidemic: Pathophysiology and consequences of obesity, *Obes. Res.,* 2, 97S-104S, 2002

Pigott, R., L. P. Dillon, I. H. Jemingway and A, J. J. Gearing, Soluble forms of E-selectin, ICAM-1 and VCAM-1 are present in the supernatants of cytokine activated cultured endothelial cells. Biochem, Biophys. *Biophys. Res. Commun.,* 187, 584-589, 1992

Poissonnet, C. M., A. R. Burdi, F. L. Bookstein, Growth and development of human adipose tissue during early gestation, *Early Hum. Dev.,* 8, 1-11, 1983

Poon, R. T., Fan, S. T., Wong, J., Clinical implications of circulating angiogenic factors in cancer patients, *J. Clin. Oncol.,* 19, 1207-1225, 2001

Prota, G., Recent advances in the chemistry of melanogenesis in mammals, *J. Invest. Dermatol.,* 75. 122, 1980

ROBERT J. WILLIAMS, JEREMY P. E. SPENCER, and CATHERINE RICE-EVANS, FLAVONOIDS: ANTIOXIDANTS OR SIGNALLING MOLECULES?, *Free Radical Biology & Medicine,* 36, 838 - 849, 2004

Racz-Kotilla, E., Racz, G. and Solomon, A., The action of *Taraxacum officinale* extracts on the body weight and diuresis of laboratory animal, *Planta media,* 26, 212-217, 1974

Ralf, H. A. and Kari, A., Molecular regulation of angiogenesis and lymphangiogenesis, *Nature Reviews Molecular Cell Biology,* 8, 464-478, 2007

Rathi, S. P., Sukesh, K., Lilly, M. S., Hinokiflavone from Juniperus as Therapeutic Lead against Osteoarthritis by Inhibiting ADAMTS-5, I*nternational Journal of Bioscience, Biochemistry and Bioinformatics,* 1(1), 16-20, 2011

Rice, G. E., J. M. Munro, C. Corless and M. P. Bevilaoqua, Vascular and non-vascular expression of ICAM-110, *Am. J. Pathol.,* 138, 385-393, 1991

Robert, J. D. and Alexander, N. G., Phycoerythrin Fluorescence-Based Assay for Peroxy Radicals: A screen for Biologically Relevant Protective Agents, *Analytical, Biochemistry,* 177, 300-306, 1989

Romero G. C., Nitric oxide produced by ultraviolet-irradiate keratinocytes stimulates melanogenesis, *J. Clin. Invest.,* 99, 635-641, 1997

Rosen, E. D. and B. M. Spiegelman, PPARgamma: A nuclear regulator of metabolism, differentiation, and cell growth, *J. Biol. Chem.,* 276, 37731-37734, 2001

Rothlein, R., A. Mainolfi, M. Czajkowski, S. D. Marlin, A form of circulating ICAM-1 in human serum, *J. Immunol.,* 147, 3788-3793, 1991

Ruderman, N. B., A. K. Saha, D. Vavvas, and L. A. Witters, Malonyl-CoA, fuel sensing, and insulin resistance, *Am. J. Physiol.,* 276: E1-E18, 1999

Réka, S., Ilona, S. V., Total antioxidant power in some species of Labiatae (Adaptation of FRAP method) *Acta Biologica Szegediensis,* 46(3-4), 125-127, 2002

Ahmad, S. and S. Razaq, New synthesis of biflavones of cupressuflavone series, *Tetrahedron,* 32, 503-506, 1976

Sachie, I., Dietary fiber and function of digestion and absorption. 營養學雜誌, 51 (5), 251-258, 1993

Sagar, S. M., D. Yance, M. H. and R. K. Wong, Natural health products that inhibit angiogenesis: a potential source for investigational new agents to treat cancer-Part 1, *CURRENT ONCOLOGY*, 13(1), 14-26, 2006

Sahika, E. A. and Mehmet, K., Sensitivity of some common food poisoning bacteria to thyme. mint and bay leaves, *Inter. J. Food Microbiol.*, 3. 349, 1986

Santi, M. M., Dipjyoti, C., Mass Spectrometric Detection of Phenolic Acids, Natural Products, pp 2047-2059, 2013

Satoh, K., H. Nakagawa and S. Kasahara, Effect of *Ulva* meal supplementation on disease resistance of red seabream, *Nippon Suisan Gakkaishi,* 53(7), 1115-1120, 1987

Senger, D. R., Galli, S. J., Dvorak, A. M., Perruzzi, C. A., Harvey, V. S., Dvorak, H. S., Tumor cells secrete a vascular permeability factor that promotes accumulation of ascites fluid, *Science,* 219, 983-985, 1983

Seth, R., F. D. Raymond, M. W. Makgoba, Circulating ICAM-1 isoforms: Diagnostic propects for inflammatory and immune disorders, *Lancet,* 338, 83-84, 1991

Shahidi, F. and P. K. Wanasundara, Phenolic antioxidants, *Crit. Rev. Food Sci. Nutr.,* 32, 67-103, 1992

Shahidi, F., Janitha, P. K. and Wanasundara, P. D., Phenolic antioxidants. *Critical Review in Food science and Nutrition,* 32, 67-103, 1992

Sheikh, A. Y., M. D. Rollins, H. W. Hopf, T. K. Hunt, Hyperoxia improves microvascular perfusion in a murine wound model, *Wound Repair Regen.,* 13, 303-308, 2005

Shelef, L. A., Naglik, O. A. and Bogen, D. W., Sensitivity of some common food borne bacteria to the spices sage. rosemary and allspice, *J. Food Sci.*, 45. 1042, 1980

Shen, T. L., A. Y. Park, A. Alcaraz, X. Peng, I. Jang, P. Koni, R. Flavell, H. Gu, and J. L. Guan, Conditional knockout of focal adhesion kinase in endothelial cells reveals its role in angiogenesis and vascular development in late embryogenesis, *J. Cell Biol.,* 169, 941-952, 2005

Shin, D. H., D. H. Kim, U. Choi, M. S. Lim and E. Y. An, Changes in microflora and enzymes activities of traditional *kochujang* prepared with various raw materials, *Korean J. Food Sci. Technol.,* 29, 901-906, 1997

Shin, H. J., D. H. Shin, Y. S. Kwak, J. J. Choo and C. H. Ryu, Sensory evaluation and changes in microflora and enzyme activities of red ginseng *kochujang, J. Korean Soc. Food Sci. Nutr.,* 28, 766-772, 1999

Shin, H. J., D. H. Shin, Y. S. Kwak, J. J. Choo and S. Y. Kim, Changes in physiochemical properties of *kochujang* by red ginseng addition, *J. Korean Soc. Food Sci. Nutr.,* 28, 760-765, 1999

Shoji, M., Hnacock, W. W., Abe, K., Micko, C., Casper, K. A., Baine, R. M., Wilcox, J. N., Danave, I., Dillehay, D. L., Mattews, E., Contrino, J., Morrissey, J. H., Gordon, S., Edgington, T. S., Kudryk, B., Kreutzer, D. L., Rickles, F. R., Activation of coagulation and angiogenesis in cancer : immuno histochemical localization in situ of clotting proteins and vascular endothelial growth factor in human cancer, *Am. J. Pathol.,* 152(2), 399-411, 1998

Sin, K. H., D. K. An, E. R. Woo, H. K. Park, J. S. Lee and W. S. Yun, A study on the extraction efficiency of berberine in *Coptidis rhizoma, J. Kor. Analyical Sci.*, 10, 83-91, 1997

Sinclair, S., Chinese herbs: A clinical review of Astrgalus, Ligusticum, and Schizandrae, *Altern Med. Rev.*, 3, 338-344, 1998

Singh, M., O'Hagan, D. T., Recent advances in veterinary vaccine adjuvants, *Int. J. Parasitol.*, 33, 469-478, 2003

Singleton, V. L., Rossi, J. A., Colorimetry of total phenolics with phosphomolybdic- phosphotungstic acid reagents, *Am. J. Enol. Vitic.*, 16, 144-158, 1965

Sjolander, A., Cox, J. C., Barr, I. G., ISCOMs: an adjuvant with multiple functions, *J. Leukoc. Biol.*, 64, 713-723, 1998

Sjolander, A., Drane, D., Maraskovsky, E., Immune responses to ISCOM formulations in animal and primate models, *Vaccine*, 19, 2661-2665, 2001

Smith, M. E. F., J. A. Thomas, Cellular expression of lymphocytic function associated antigens and the intercellular adhesion molecule-1 in norma tissue, *J. Clin. Pathol.*, 43, 893-900, 1990

Son, Y. M., K. O. Kim and D. W. Jeon, The effect of low molecular weight chitosan with and without other preservatives on the characteristics of Kimchi during fermentation, *Korean J. food Sci. Technol.*, 28(5), 888-896, 1996

Springer, T. A., Adhesion receptors of the immune system, *Nature,* 346, 425-434, 1990

Sun, H., Yang, Z., Ye, Y., Structure and biological activity of protopanaxatriol-type saponins from the roots of Panax notoginseng, *Int. Immunopharmacol.*, 6, 14-25, 2006

Sun, H. X., Xie, Y., Ye, Y. P., Advances in saponin-based adjuvants, *Vaccine*, 27, 1787-1796, 2009

Susan, B. M. and Nagi, B. K., Green tea polyphenols and cancer chemoprevention: multiple mechanisms and endpoints for phase II trials, *Nutrition Reviews*, 62, 204-211, 2004

Sussanne, I., Zheng-Fischhofer Q., Preuss, U., Stamer, K., Baumann, K., Trinczek, B., Biernat, J., Godemann, R., Mandelkow, E. and Mandelkow, E., The endogeneous and cellcycle-dependent phosphorylation of tauprotein in living cells, Implications for Alzheimer's disease, *Mol. Biol. Cell*, 9, 1495-1512, 1998

Syam, S., A. Bustamm, R. Abdullah, M. A. Sukari, N. M. Hashim, M. Ghaderian, M. Rahmani, S. Mohan, I. A. Siddig and H. M. Ali, β-Mangostin induces p53-dependent G2/M cell cycle arrest and apoptosis through ROS mediated mitochondrial pathway and NfkB suppression in MCF-7 cells, *J. Funct. Foods*, 6, 290-304, 2013

Tadahiko, K., Kenji, M., Yoshihiko, A., Chikako, A., Antimicrobial Browning-Inhibitory Effect of Flavor Compounds in Seaweeds, Journal of Applied Phycology, 18(3), 187-196, 2007

Tailor, C. S. and Goyal, A., Antioxidant Activity by DPPH Radical Scavenging Method of Ageratum conyzoides Linn. Leaves, *American Journal of Ethnomedicine*, 1(4), 244-249, 2014

Takagi, K., Shimomura, K., Koizumi, Y., Mitsunaga, T. and Abe, I., Tyrosinase inhibitors from the pericarp of Jatoba (Hymenaea courbaril L.), *Nat. Med.*, 53, 15-21, 1999

Takahaushi, Y., Kitadal, Y., Bucana, C. D., Clearly, K. R., Ellis, L. M., Expression of vascular endothelial growth factor and its receptor, KDR, correlates with vascularity, metastasis and proliferation of human colon cancer, *Cancer Res.*, 55(18), 3964-3968, 1995

Tomita, Y., T. Nishiyama, H. Watanabe, M. Fujiwara and S. Sato, Expression of intercellular adhesion molecule-1(ICAM-1) on renal cell cancer: possible significance in host immune response. *Int, J. Cancer*, 46, 1001-1006, 1990

Tomoda, M., N. Shimizu, N. Ohara, R. Gonda, S. Ishii and H. Otsuki, A reticuloendothelial systemactivating glycan from roots of *Astragalus membranaceus, Phytochemistry*, 31, 63-66, 1992

Trowell, H. C., Ischemic heart disease and dietary fiber. *Am. J. Clin. Nutr.*, 25, 926-932, 1972

Tsujisaki, M., K. Imai, H. Hirata, Y. Hanzawa, J. Masuya, N. Nakano and Y. Sugiyama, Detection of circulating intercellular adhesion molecule-1 antigen in malignant disease, *Clin. Exp. Immunol.*, 85, 3-8, 1991

Umeyama, A., N. Shoji, M. Takei, K. Endo and S. Arihara, Ciwujianosides D1 and C1: powerful inhibitors of histamine release induced by anti-immunoglobulin E from rat peritoneal mast cells, *J. Pharm. Sci.*, 81, 661-662, 1992

Unemori, E. N., Ferrara, N., Bauer, E. A., Amento, E. P., Vascular endothelial growth factor induced interstitial collagenase expression in human endothelial cells, *J. Cell. Physiol.*, 153, 557-562, 1992

Vaporciyan, A. A., Jones, M. L., Ward, P. A., Rapid analysis of leukocyte endothelial adhesion, *J. Immunol. Methods*, 159, 93-100, 1993

Viollet, B., R. Mounier, J. Leclerc, A. Yaziqi, M. Foretz and F. Andreelli, Targeting AMP-activated protein kinase as a novel therapeutic approach for the treatment of metabolic disorders, *Diabetes Metab.*, 33, 395-402, 2007

Wagner, H., R. Bauer, X. Peigen, C. Jianming and A. Nenninger, F. Offermann, Chinese Drug Monographs and Analysis, Verlag für Ganzheitliche Medizin Dr. E. Wühr, D-93444 Kötzting je Monographie DM 39, ISSN 1430-8290, 1997

Waite, D. C., Jacobson, E. W., Ennis, F. A., Three double-blind, randomized trials evaluating the safety and tolerance of different formulations of the saponin adjuvant QS-21, *Vaccine*, 19, 3957-3967, 2001

West, D. C., Hampson, I. N., Arnold, F., Kumar, S., Angiogenesis induced by degration products of hyaluronic acid, *Science*, 228, 1324, 1985

William, W. L., Vincent, W. L., Michelle, H. and Albert S. C., Tumor Angiogenesis as a Target for Dietary Cancer Prevention, *Journal of Oncology*, 1-13, 2012, doi:10.1155/2012/879623, 2012

Williams, C. A., Goldstone, F. and Greenham, J., Flavonoids, cinnamic acids and coumarins from the different tissues and medicinal preparations of *Taraxacum officinale, Phytochemistry*, 42, 121-127, 1996

Winder, W. W. and D. M. Thomson, Cellular energy sensing and signaling by AMP-activated protein kinase, *Cell Biochem. Biophys.*, 47, 332-347, 2007

Yamamoto, I., T. Nagumo, M. Takahasi, M. Fujihara, Y. Suauki, and I. lizima, Antitumor effect of seaweeds Ⅲ. antitumor effect of an extract from Sargassum Kjellmanianum, *J. Exp. Med.*, 51, 187, 1981

Yamamoto, Y., Hiashi, K. and Yoshi, H., Inhibitory activity of acetic acid on yeast, *Nippon Shokuhin Kogyo Gakkaishi*, 31. 772, 1984

Yancopoulos, G., M. Klagsbrun, and J. Folkman, Vasculogenesis, angiogenesis, and growth factors: ephrins enter the fray at the border, *Cell,* 93, 661-664, 1998

Yang, Z. G, Sun, H. X., Fang, W. H., Haemolytic activities and adjuvant effect of Astragalus membranaceus saponins (AMS) on the immune responses to ovalbumin in mice, *Vaccine*, 23, 5196-5203, 2005

Yang, M. J., Kim, M. G., Ann, H. S. and Ahn, R. M., Inhibitory effects of water-acetone extracts of chestnut inner shell, pine needle and hop on the melanin biosynthesis. *Yakhak Hoeji,* 43, 494-501, 1999

Yesilada, E., Bedir, E., Calis, I., Effects of triterpene saponins from Astragalus species on in vitro cytokine release, *J. Ethnopharmacol.*, 96, 71-77, 2005

Yone, Y., M. Furuichi and K. Urano, Effects of wakame *Undaria pinnatifida* and *Ascophyllum nodosum* supplements on growth, feed efficiency and proximate compositions of liver and muscle of red sea bream, *Bull. Jap. Soc. Sci. Fish.*, 52(8), 1465-1468, 1986

Yook, C. S., *Coloured Medicinal Plants of Korea*. p.431. Academic Publishing Co. Seoul, Korea, 1989

Yosikawa, M., W. Kawano and I. Yano. *All of reactive Oxygen and Free Radical*, pp.8-75. Marusen L.T.D., Japan, 2000

Yuko, M. S., Uemura, T., Suzuki, Y., Sugiura, T., Yoshida. M., Kyuki, K., Antimicrobial and anti-inflammatory actions of tea-leaf saponin, *Yakugaku Zasshi*, 116, 238-243, 1996

Zang, Y. D., Y. L. Wang, J. P. Shen and D. X. Li, Hypotensive and antiinflammatory effects of *Astragalus saponin* 1, *Acta. Pharm. Sin.*, 19, 333-337, 1984

Zucher, S., Mirza, H., Conner, C. E., Lorenz, A. F., Drews, M. H., Bahou, W. F., Jesty, J., Vaschular endothelial growth factor induces tissue factor and matrix metalloproteinase production in endothelial cells : conversion of prothrombin to thrombin results in progelatinase A activation and cell proliferation, *Int. J. Cancer,* 75(5), 780-786, 1998

Øyvind, M. A. and Kenneth, R. M., Favonoids-Chemistry, Biochemistry and Applications, CRC press, Tayor & Francis Group, 2006

찾아보기(국문)

ㄱ

가시광선 • 309
간암 • 145
간장 • 405
간장 보 호작용 • 127
갈근(葛根) • 23, 26, 72, 74, 308, 309
갈근+계피 • 207
갈근+백작약+괴화+당귀 • 220
갈근+연자육+녹차+당귀 • 220
갈근+연자육+백작약+괴화 • 220
갈근+연자육+백작약+녹차 • 220
갈근+연자육+백작약+당귀 • 220
감마-인터페론 • 189
감초(甘草) • 23, 27, 74, 76
감초+녹차 • 208
감초+녹차+황금+계피 • 215
감초+황금+진피+계피 • 215
갓(芥子) • 25, 62, 309, 310
강활(羌活) • 25, 63
거풍습제(去風濕劑) • 21
겨자 • 377
계피 • 23, 28, 88, 202, 203, 236, 237
고삼(苦蔘) • 23, 29, 73, 76, 88, 236, 240
고삼+황기 • 244
고삼+황련 • 244
고삼+황련+황기 • 250
고지방식이 • 148
고지방식이 대조군 • 153, 167
고추냉이 • 377
고추장 • 405
고추장 제조 • 370
고탄수화물 식이 대조군 • 153
고혈압 • 149
고흥 • 385
과산화수소 • 82
과피 • 306, 308, 309, 313, 315, 320
관능 시험 • 343
관상 동맥 질환 • 116
괴화(槐花) • 23, 30, 73, 75, 202-204, 206, 236, 237
괴화+녹차+황기+상백피 • 217
구기자(枸杞子) • 23, 31, 73, 75, 88, 02-204, 206, 236, 237
굴 분말 • 402
균주 성장 촉진 효과 • 202, 276, 306, 342, 354
근육계 • 71
긁기 횟수 측정 • 306
금은화(金銀花) • 25, 64, 309-311, 319
기능성 화장품 • 384
김치 발효 균주의 제어 • 354
껍성 • 343, 346

ㄴ

난괴법 • 311
난백 알부민 • 189
내피 세포 • 112
내피 세포 성장 촉진 인자 • 112
네 종류의 약용 자원 조합 • 252
노근(蘆根) • 25, 61
노루궁댕이버섯 • 25, 310, 311, 313, 319, 323
녹차(綠茶) • 75, 77, 88, 206, 239, 241, 307, 310, 313, 320
녹차 사포닌 • 188
녹차 사포닌 E1 • 142, 143
녹차+갈근+황기 • 214
녹차+백굴채+음양곽+진피 • 218
녹차+백굴채+진피 • 214
녹차+백굴채+진피+갈근 • 219
녹차+백굴채+황기 • 214
녹차+백굴채+황기+갈근 • 218
녹차+백굴채+황기+음양곽 • 218
녹차+백굴채+황기+진피 • 218
녹차+백작약+음양곽 • 213
녹차+사간+괴화 • 212
녹차+사간+당귀 • 212
녹차+사간+백작약 • 212
녹차+사간+산수유+감초 • 218
녹차+사간+상백피 • 212
녹차+사간+음양곽 • 212
녹차+사간+황기 • 212
녹차+산사자 • 246
녹차+상백피+괴화 • 213
녹차+상백피+백작약 • 213
녹차+오미자 • 246
녹차+오배자 • 244
녹차+음양곽+갈근 • • 214
녹차+음양곽+백굴채 • 214
녹차+음양곽+진피+갈근 • 218
녹차+음양곽+진피 • 214
녹차+음양곽+황기 • 214
녹차+진피+갈근 • 214
녹차+진피+황기 • 214
녹차+황기+상백피 • 213
녹차+황기+음양곽+갈근 • 218
녹차+황기+음양곽+진피 • 219
녹차+황기+진피+갈근 • 219
녹차 씨앗 과피 추출물 • 161, 165, 169
녹차 씨앗 추출물 • 134
녹차 씨앗 추출물 • 149
녹차 씨앗 추출물을 첨가한 그룹(HC-100) • 153
녹차 씨앗 추출물을 첨가한 그룹(HC-300) • 153
녹차 씨앗 추출물을 첨가한 그룹(HF-100) • 153
녹차 씨앗 추출물을 첨가한 그룹(HF-300) • 153
녹차 씨앗 케이크 추출물 • 150
녹차와 황기 • 310
녹차의 첨가량 • 342
느타리버섯 • 323

ㄷ

다시마 • 381
단백질 정량 키트 • 152
다엽(茶葉) • 32
당귀(當歸) • 23, 33, 72, 88, 202, 204, 206
당귀+음양곽+백작약+괴화 • 217
당귀+음양곽+백작약+녹차 • 217
당귀+음양곽+백작약+상백피 • 217
당귀+음양곽+백작약+황기 • 217
대황 • 77
덱사메타손 • 190
돌외 • 25, 307, 308, 309-311, 320
동물 실험 • 148, 166
동물 실험 윤리 위원회 • 167, 191
동백(山茶花) • 25, 65, 134, 298
동충하초 • 25, 307, 308-311, 313, 319, 323
두 종류의 약용자원 조합 • 95, 207
두충(杜冲) • 23, 34, 88, 206, 236
드-노보합성 • 149

ㄹ

렙틴 • 156
림포사이트 • 188
림포사이트의 분리 • 191
림프종 • 188

ㅁ

마늘 • 375
머루(山葡萄) • 25, 66, 306, 310, 313, 320
머루씨앗 • 306, 308, 310, 311, 319
메주의 첨가 • 376
멜라닌 • 388
면역 조절 작용 • 188
면역 침전 • 135
면역 향상 효과 • 307
멸치 • 404
명인신광수차 • 161, 190
무모쥐 • 145
미역 • 381

민들레(浦公英) • 25, 67, • 306, 307, 309, 310, 313, 320, 322
밀가루+쌀가루 • 343

ㅂ

발효주 • 322
발효주의 성분 • 330
방향족 • 226
방향족 화합물 • 100, 107
백굴채(白掘菜) • 23, 35, 88, 206
백굴채+음양곽+진피+갈근 • 219
백굴채+진피+갈근 • 214
백굴채+황기+음양곽+갈근 • 218
백굴채+황기+음양곽+진피 • 218
백색 지방 조직 • 167
백작약(白灼藥) • 23, 36, 72, 88, 202, 206, 236, 237, 239-241
백작약+갈근 • 211
백작약+괴화 • 211, 244
백작약+괴화+녹차+상백피 • 217
백작약+괴화+녹차+황기 • 217
백작약+괴화+산수유 • 249
백작약+괴화+산수유+녹차 • 254
백작약+녹차 • 208, 211, 244, 246
백작약+녹차+괴화+당귀 • 220
백작약+녹차+오미자 • 249
백작약+당귀 • 211
백작약+백굴채 • 244
백작약+백굴채+녹차 • 249
백작약+백굴채+녹차+오미자 • 255
백작약+백굴채+오미자 • 249
백작약+백굴채+현초 • 249
백작약+산사자 • 246
백작약+산수유 • 208, 244, 246
백작약+상백피 • 208, 211
백작약+연자육 • 211, 244
백작약+연자육+산수유 • 249
백작약+연자육+황백 • 249
백작약+오미자 • 208, 244, 246
백작약+오미자+산수유+녹차 • 256
백작약+오배자 • 244
백작약+음양곽 • 208, 211
백작약+진피 • 211
백작약+현초 • 244
백작약+현초+녹차 • 249
백작약+현초+녹차+오미자 • 255
백작약+현초+백굴채+녹차 • 255
백작약+현초+오미자 • 249
백작약+황금 • 211, 242, 244, 246
백작약+황금+괴화 • 249
백작약+황금+녹차 • 249
백작약+황금+녹차+오미자 • 255
백작약+황금+백굴채 • 249
백작약+황금+백굴채+녹차 • 255
백작약+황금+백굴채+오미자 • 255
백작약+황금+산수유 • 249
백작약+황금+오미자 • 249
백작약+황금+현초 • 249
백작약+황금+현초+녹차 • 255
백작약+황금+현초+백굴채 • 255
백작약+황금+현초+오미자 • 255
백작약+황금+황련 • 249
백작약+황련 • 208, 242, 244, 246
백작약+황백+연자육 • 249
백출(白朮) • 23, 37, 88, 202, 206, 236, 237
백출+당귀 • 208
백출+사간 • 208
밴드의 강도 • 193
보기제(補氣劑) • 19
보신제(補腎劑) • 20
보양제(補陽劑) • 19
부고환 지방 • 167
부대 전자 • 80
부종 두께 • 306
분변 지방 • 155
비뇨기계 • 72
비만 세포 • 316
비만쥐 • 148

ㅅ

사간(射干) • 23, 38, 76, 88, 205
사간+당귀+상백피 • 213
사간+당귀+음양곽+괴화 • 217
사간+당귀+음양곽+녹차 • 217
사간+당귀+음양곽+백작약 • 217
사간+당귀+음양곽+상백피 • 217
사간+당귀+음양곽+황기 • 217
사간+당귀+황백 • 213
사람 태반 세포 • 120
사이토카인의 프라이머 • 193
사포닌 글리코사이드 • 150
산도의 변화 • 364
산사자(山査子) • 23, 39, 76
산사자+백작약+오미자+녹차 • 256
산사자+백작약+오미자+산수유 • 256
산사자+오미자+산수유+녹차 • 256
산사자+오미자 • 246
산사자+황련 • 246
산수유(山茱萸) • 40, 73, 75, 77, 88, 203, 205, 206, 239, 241, 293
산수유 추출물 • 137, 182
산수유+녹차 • 246
산수유+녹차+백작약+오미자 • 216
산수유+녹차+백작약 • 212
산수유+녹차+백출 • 212
산수유+녹차+사간 • 213
산수유+녹차+오미자 • 212
산수유+녹차+현초 • 212
산수유+녹차+황금 • 212
산수유+녹차+황련+백작약 • 216
산수유+녹차+황련+백출 • 216
산수유+녹차+황련+오미자 • 216
산수유+녹차+황련 • 212
산수유+백작약+현초+녹차 • 216
산수유+백작약+현초+오미자 • 216
산수유+백작약+현초+황련 • 216
산수유+백출+백작약 • 212
산수유+산사자 • 246
산수유+오미자 • 246
산수유+오미자+백작약 • 212
산수유+오미자+백출 • 212
산수유+오미자+현초 • 212
산수유+황련 • 246
산수유+황련+백작약+황금 • 216
산수유+황련+백작약 • 212
산수유+황련+백출 • 212
산수유+황련+오미자 • 212
산수유+황련+현초 • 212
산수유+황련+황금 • 212
산한제(散寒劑) • 20
살충 작용 • 127
삼중항산소 • 81
3 차 담금 • 329
상백피 • 23,1, 88, 203, 204, 237, 241
상처 치유 분야 • 117
새송이 • 323
생강(生薑) • 25, 68
생식기 • 315
석류피 • 77
석창포(石菖浦) • 24, 42, 202, 206, 236, 237
석창포+계피 • 207
석창포+괴화 • 207
석창포+승마 • 207
석창포+황기 • 207
석화 • 403
성장 억제 배합비 • 269
성장 촉진 배합비 • 231
세 종류의 약용자원 조합 • 103
세포 부착 • 290
세포 자살의 분석 • 192
세포 밖의 조직 • 112
세포 자살 유도 효과 • 195
소금 • 404
소 태아 혈청 • 190
솔싹 추출물 • 399
송백엽(松栢葉) • 44
송엽(松葉) • 24, 43, 44
슈퍼박테리아 • 277
슈퍼옥시라디칼 • 81
스타필로코스 아우레우스 • 279, 282
스타필로코스 에피더미디스 • 279, 282
스트렙토마이신 • 190
스트렙토코쿠스 주에피데미쿠스 • 279, 282
스트렙토코쿠스 피오게네스 • 279, 282
승마(升摩) • 24, 73, 88, 240
승마+감초+석창포+녹차 • 215
승마+감초+황금+계피 • 215

승마+계피+감초 • 212
승마+계피+녹차 • 212
승마+계피+황금 • 212
승마+고삼 • 244, 245
승마+고삼+황기 • 250
승마+고삼+황련 • 250
승마+석창포+진피 • 212
승마+진피+녹차 • 212
승마+황기 • 244, 245
승마+황기+진피 • 212
승마+황련 • 244
승마+황련+황기 • 250
cDNA 합성 • 165
시차 주사형 열량 분석계 • 348
시험관 독성 분석 키트 • 190
신경계 • 72
신령버섯 • 323
신생 혈관 형성 • 112
신생 혈관 형성 원인으로 올 수 있는 질환 • 117
신생 혈관 형성 억제 기전 규명 • 122
신생 혈관의 형성을 억제하는 물질 • 118
신생 혈관 형성 억제 작용 • 120, 121, 171, 176, 179, 182
신생 혈관 형성을 억제하는 식물 화학 물질 • 119
신장 주위 지방 • 167
심장 질환 • 149
심장 질환 분야 • 116

ㅇ

아가리쿠스 • 308, 310, 324
아디포넥틴 • 156
아디포카인 • 156
암세포 괴사인자 • 189
암세포 이식 • 146
액상 조미료 • 407
약용 자원의 기능성 • 80
약용 자원의 항 산화력 측정 • 85
연자육(蓮子肉) • 24, 45, 73, 75, 88, 202, 203, 205, 237
연자육+괴화+산수유+녹차 • 254
연자육+녹차 • 209
연자육+녹차+사간+감초 • 218
연자육+녹차+사간+산수유 • 218
연자육+녹차+사간 • 213
연자육+백작약+괴화+녹차 • 254
연자육+백작약+괴화+당귀 • 220
연자육+백작약+녹차+괴화 • 220
연자육+백작약+녹차+당귀 • 220
연자육+백작약+산수유+녹차 • 254
연자육+사간 • 209
연자육+산수유+녹차 • 213
연자육+산수유+녹차+감초 • 218
연자육+산수유+사간 • 213
연자육+산수유+사간+감초 • 218
연자육+산수유 • 209
연자육+황금+괴화+산수유 • 254
연자육+황금+백작약+녹차 • 253
연자육+황금+산수유+녹차 • 254
연자육+황금+황련+괴화 • 254
연자육+황금+황련+녹차 • 254
연자육+황금+황련+백작약 • 254
연자육+황금+황련+산수유 • 254
연자육+황백+백작약+녹차 • 253
염도의 변화 • 364
예비 담금 • 325
오가피(五加皮), • 24, 46, 88, 202-204, 206, 236, 241
오가피+상백피 • 246
오가피+오미자 • 246
오가피+황기+황백+백작약 • 256
오가피+황기+황백+황련 • 256
오가피장척탕(五加皮壯脊湯) • 44
오미자(五味子) • 24, 47, 237, 238
오미자+감초 • 208
오미자+녹차 • 208
오미자+연자육+백작약+진피 • 253
오미자+연자육+진피+녹차 • 253
오미자+연자육+황금+녹차 • 253
오미자+연자육+황금+백작약 • 253
오미자+연자육+황금+황백 • 253
오미자+연자육+황백+진피 • 253
오미자+오가피+황금 • 251
오미자+오가피+황기+황련 • 256
오미자+음양곽+백작약+황련 • 252
오미자+황금+백작약+녹차 • 253
오미자+황금+백작약+진피 • 253
오미자+황금+황백+백작약 • 253
오미자+황백 • 243
오배자(五倍子) • 24, 49, 88, 206, 240, 241
완전 프로인트 항원 보강제 • 190
용존 산소 측정법 • 88, 95, 103
용혈 작용 • 194
웨스턴 블랏 • 173
웰빙 발효 • 324
위암(SNU-719) • 145
위장계 • 71
유동 방정식 • 392
유리 지방산 • 153
유방암 • 145
유용 세균 • 202
유해 세균 • 236
유해 세균 성장 억제 효과 • 236
율모곽 • 76
음양곽+갈근 • 211
음양곽+갈근+괴화 • 214
음양곽+갈근+녹차 • 214
음양곽+갈근+당귀 • 214
음양곽+갈근+백작약+녹차 • 220
음양곽+갈근+백작약 • 214
음양곽+갈근+연자육+괴화 • 220
음양곽+갈근+연자육+녹차 • 220
음양곽+갈근+연자육+당귀 • 220
음양곽+갈근+연자육+백작약 • 220
음양곽+갈근+연자육 • 214
음양곽+갈근+황금 • 214
음양곽+갈근+황기 • 214
음양곽+괴화 • 211
음양곽+괴화+괴화 • 215
음양곽+괴화+녹차 • 215
음양곽+괴화+당귀 • 214
음양곽+괴화+백작약 • 214
음양곽+괴화+황금 • 215
음양곽+녹차 • 210
음양곽+당귀 • 208, 211
음양곽+당귀+연자육 • 215
음양곽+두충 • 210
음양곽+백굴채+갈근 • 214
음양곽+백굴채+진피 • 214
음양곽+백굴채+황기 • 214
음양곽+백작약+괴화+녹차 • 217
음양곽+백작약+괴화+상백피 • 217
음양곽+백작약+괴화+황기 • 217
음양곽+백작약+녹차 • 215
음양곽+백작약+당귀 • 215
음양곽+백작약+연자육 • 215
음양곽+백작약+황금 • 215
음양곽+산사자 • 210
음양곽+상백피 • 211
음양곽+연자육 • 211
음양곽+연자육+백작약+당귀 • 220
음양곽+진피+갈근 • 214
음양곽+진피+황기 • 214
음양곽+진피 • 211
음양곽+황금 • 211
음양곽 • 24, 50, 74, 88, 202, 206, 236, 237
이기제(理氣劑) • 20
이수제(利水劑) • 21
2 차 담금 • 328
인슐린 • 156
인진호 • 399
인터루킨-1(IL-1) • 189
일반 식이 대조군 • 153, 167
일중항산소 • 84
1 차 담금 • 326

ㅈ

자궁암 • 145
자외선 • 309
자음제(滋陰劑) • 19
장간막 지방 • 167
장염 비브리오균 • 368
장춘화 • 25, 308, 310
저작 시험 • 343
적외선 • 309
전단 속도 • 391

전분 배합 • 343
전자 공여능 • 92, 98, 105
전호(前胡) • 24, 51, 293
전호 추출물 • 135, 178
정신, 신경계 • 72
젖산 탈수소 효소 • 190
젖산 탈수소 효소(LDH)의 활성 분석 • 194
제어 효과 • 284
제어력 • 370
제주도 • 385
조섬유 • 386
주변 세포 • 112
중성 지방 • 152
지방 조직 • 156
진경 작용 • 127
진피(陳皮) • 24, 52, 72, 74, 88, 202, 204, 206
진피+갈근 • 207
진피+계피 • 207
진피+녹차 • 207
질감 • 342

ㅊ

차조기(紫蘇葉) • 25, 69, 404
참기름 • 405
천문동(天門冬) • 24, 53, 88, 203, 236, 237
청열제(淸熱劑) • 20
체중 감소 • 153
체질량 지수 • 115
총 페놀 함량 • 100, 226
총 세균수 • 357

ㅋ

콜레스테롤 • 152
크로마토그램 • 334
클로스트리디움 디피실레 • 279
클로스트리디움 펄프린젠스 • 279, 282

ㅌ

테스토스테론 • 315
톳(海藻) • 25, 70
톳을 이용한 조미료 • 401
톳의 기능성 • 380
톳의 응용 제품 • 397
톳의 점도 • 391
톳의 흡습성 • 384
통계 분석 • 193
통합 제어 약용 자원 • 283

ㅍ

파고지(破故紙) • 24, 54, 293
파고지 추출물 • 135, 175
페니실린-G • 190
표고버섯 • 323
플라보노이드 • 123
플라보노이드의 구조 • 125
플라보놀의 세포 내의 항 산화력 • 129
플라보놀의 특성 • 127
플라보놀의 항 산화력 • 129

ㅎ

하이드록실라디칼 • 82
한 종류의 약용자원 • 202
함수율 • 346
항 cyclooxygenas • 127
항 NADH oxidase • 127
항 proteinnase • 127
항 xanthine oxidase • 127
항 당뇨 효과 • 317
항 모세혈관 투과 작용 • 127
항 비만 • 319
항 비만 분야 • 115
항 비만 제제 • 116, 159, 160, 169, 174
항 산화 면 • 342, 344, 354
항 산화 작용 • 127
항 산화 효과 • 80
항 산화액의 조성비 • 345
항 생제 대체제 • 276
항 아토피 효과 • 306
항 알레르기 작용 • 127
항 염증 작용 • 127
항 혈전 작용 • 127
항 혈전 효과 • 311
항균 작용 • 127
항암 분야 • 114
항암 작용 • 127
항원 보조 제제 • 188
항원 지시 세포 • 189
해표제(解表劑) • 21
헤모글로빈 • 194
현초(玄草) • 24, 55, 88, 203, 206, 240
현초+감초 • 208
현초+녹차 • 208
현초+백굴채+녹차+오미자 • 255
현초+오미자 • 208
혈관 모세포 • 112
혈관 주변 세포(PC) • 112
혈관 투과성 인자 • 395
혈구 용해 분석 • 191
혈소판 유도 성장 인자 B(PDGFB) • 112
혈압 강하 • 127
혈액 분석 • 148
혈청 생화학 • 168
혈청의 생화학적 인자 • 154
호화도 • 347
호흡기계 • 72
활성산소 • 80
활혈화제(活血化瘀劑) • 21
황금(黃芩) • 24, 56, 206, 238
황금+감초 • 242
황금+괴화 • 244
황금+구기자 • 242
황금+구기자+백작약+황련 • 252
황금+구기자+백작약 • 247
황금+구기자+오미자 • 247
황금+구기자+오미자+황련 • 252
황금+구기자+음양곽+황기 • 252
황금+구기자+황기+감초 • 252
황금+구기자+황련 • 247
황금+녹차 • 244, 246
황금+백굴채 • 244
황금+백굴채+녹차+오미자 • 255
황금+백굴채+녹차 • 249
황금+백굴채+현초 • 249
황금+백작약+오미자+녹차 • 256
황금+산사자 • 246
황금+산사자+녹차 • 251
황금+산사자+백작약 • 251
황금+산사자+백작약+녹차 • 256
황금+산사자+백작약+산수유 • 256
황금+산사자+백작약+오미자 • 256
황금+산사자+산수유 • 251
황금+산사자+산수유+녹차 • 256
황금+산사자+오미자+산수유 • 256
황금+산수유 • 244, 246
황금+산수유+백작약 • 251
황금+상백피 • 242
황금+연자육 • 244
황금+오미자 • 243, 244, 246
황금+오미자+녹차 • 251
황금+오미자+백작약 • 251
황금+오미자+산사자 • 251
황금+오미자+산수유+녹차 • 256
황금+오미자+산수유 • 251
황금+오미자+연자육 • 248
황금+오미자+진피 • 248
황금+음양곽+백작약+황련 • 252
황금+음양곽+황기 • 248
황금+천문동 • 242
황금+현초+녹차+오미자 • 255
황금+현초+백굴채+녹차 • 255
황금+현초+백굴채+오미자 • 255
황금+현초 • 244
황금+황기 • 242, 246
황금+황련+백작약+괴화 • 254
황금+황련+백작약+녹차 • 254
황금+황련+백작약+산수유 • 254
황금+황련 • 244, 246
황금+황백+구기자 • 248
황금+황백+백작약 • 248
황금+황백+오미자 • 248
황금+황백+음양곽 • 248
황금+황백+음양곽+황기 • 252
황기 • 24, 57, 73, 74, 76, 206, 237, 241, 306, 307, 309-311, 313
황기+음양곽+갈근+진피 • 218

황기+황백+황련+백작약 • 256
황기+황백+황련+황금 • 256
황련(黃蓮) • 24, 58, 73, 76, 88, 237, 240, 241
황련+감초 • 208
황련+구기자 • 242
황련+녹차 • 208
황련+백작약+괴화+녹차 • 254
황련+백작약+괴화+산수유 • 254
황련+오미자 • 208, 242, 246, 247
황련+오미자+구기자 • 247
황련+오미자+음양곽 • 247
황련+오미자+황금 • 247
황련+황금+구기자 • 247
황련+황금+음양곽 • 247
황련+황기 • 244
황백(黃柏) • 25, 59, 73, 88, 202-204, 236, 237, 241
황백+감초 • 242
황백+구기자 • 242
황백+상백피 • 242
황백+오가피+백작약 • 251
황백+오가피+황금 • 251
황백+오가피+황기 • 251
황백+오가피+황련 • 251
황백+오미자 • 246
황백+오미자+백작약 • 251
황백+오미자+오가피 • 251
황백+오미자+황금 • 251
황백+오미자+황기 • 251
황백+오미자+황련 • 251
황백+음양곽+황기+감초 • 252
황백+황금+백작약 • 251
황백+황금+황기 • 251
황백+황금+황련 • 251
황백+황기+백작약 • 251
황백+황기+황련 • 251
황백+황련+백작약 • 251
황백+황련+황금+백작약 • 256
회귀 분석 • 85
회전 점도계 • 391
휘발성 성분 • 332
희첨 추출물 • 136, 169
희첨(希簽) • 25, 60, 293
흰지방 조직 • 153

찾아보기(영문)

A

A23187 • 316
abietic acid • 43
Acanthopanacis cortex • 24, 46
ACC-1(acetyl-CoA carboxylase) • 149, 158, 159
acetic acid • 67
acetylcholine • 64
Acid • 55
ACK(Ammonium-Chloride-Potassium) • 190, 191
a-copaene • 52
Acori graminei rhizoma • 24, 42
acorone • 42
actein • 44
adipocyte protein 2(aP2) • 157
adipogenesis • 157
adiponectin • 153
agarose gel • 166
agathisflavone • 127
Akt • 122, 160, 169, 173
alanine • 43
alanine transaminase(ALT) • 153, 168
albiftorin • 36
Aliphatic • 62
Alkaloid • 29, 31, 35, 45, 52, 54, 59, 62, 64, 67, 72
allylisothiocynate • 62, 323
alpha-pinene • 43
alpha-terpinene • 37
alpha-terpineol • 63
alpha-tocopherol • 43, 85
ALT(alanine aminotransferase: SGPT) • 148, 149, 313
amanitin • 67
amentoflavone • 127
AMPK(Adenosine monophosphate(AMP)-activated protein kinase) • 149, 158
Angelicae gigantis radix • 23, 33
Angelicae koreanae radix • 25, 63
angeloylgomisin • 47
angioblast • 112
Angiosenesis • 394
angiostatin • 395
anonaine • 45
ANOVA • 161
antheraxanthin • 62
anthocyanidine • 127
anthricin • 51
Anthrisci radix • 24, 51, 135
Anthrisci radix extract: ARE • 178
anwulignan • 47
aP_2 • 157, 159
APC • 189
apigenin • 50, 51, 64
apoptopsis • 195
Apoptotic DNA Ladder Detection Kit • 190
arabinose • 37
arachine • 67
Area Under Curve(AUC) • 88
Asahipak GS-310 • 171, 179, 183
asarone • 42
ascorbic acid • 85
Asparagi tuber • 24, 53
asparagin • 61
asparagoside • 53
aspartate transaminase(AST) • 153, 168
a-ß-chamigrene • 47
AST(aspartate aminotransferase: SGOT) • 148, 149, 313
astragalans • 57
Astragali radix • 24, 57
astragalin • 27, 41, 62
astragalosides I-VIII • 57
Atractylodis rhizoma alba • 23, 37
atractylon • 37
aucubin • 34
Aurantii nobilis pericarpium • 24, 52
aurone • 127
auroxanthin • 52
avilamycin • 278
a-ylangene • 47
azukisaponin • 30

B

B. adolescentis • 202, 222, 229
B. bifidum • 202, 222, 229
B. fragilis • 261
B. infantis • 202, 230
Bacillus macerans • 357
Bacteroides fragilis • 236, 241, 246, 251, 256, 268, 273
baicalcin • 56, 58
baicalin • 56
baicaline • 58
bakuchiol • 54
bavachin • 54
bavachinin • 54
BCECF-AM • 299
Belamcandae rhizoma • 23, 38
belamcandal • 38
Benzenoid • 68
benzyl alcohol • 51
benzylpaeoniflorin • 36
berberin • 58
berberine • 35, 59
bergapten • 63
β-actin • 152
β-bisabolene • 47
β-carotene • 43, 88
β-catenin • 122, 160, 169, 173
β-farnesene • 63
β-HEX • 316
β-hexosaminidase • 316
β-phycoerythrine(β-PE) • 91
β-sitosterol • 28, 29, 31, 45, 54, 60
betaine • 57
betanin • 54
BHA • 85
BHT • 85

biflavonoid • 127
Bingham • 392
Biogenic amines • 57
biotin • 33
bisabolangelone • 63
borneol • 37, 47
Brain Heart infusion medium • 240
BRAS • 309, 310
Brassica juncea • 25, 62
brassilexin • 62
brazilin • 127
bromocresol purple(BCP) • 359
but-3-enyl-isothiocyanate • 62

C

C. butyricum • 202, 224, 230
C. difficile • 257, 277, 278
C. perfringens • 277, 278
C. perprigins • 257
C/EBPα (CCAAT/enhancer-binding protein α) • 150, 157, 166, 169, 173
C57BL • 174
CAD • 116
cadherin • 290
cadinol • 68
caffeic acid • 44, 51, 60
Caffeic acid • 44
cajeputol • 41, 68
calarene • 42
camelledionol • 65
camelliatannin A • 65
Camelliae japonica folium • 25, 65
campcsterin • 59
campesterol • 41
camphene • 42
candieine • 59
Carbohydrate • 46, 61, 70
Carotene • 52
Carotenoid • 35
carthamin • 127
carvacrol • 33
casuariin • 65
catechin • 28, 65, 66
Catharanthus roseus • 25
cathechins • 32
cDNA Synthesis Kit • 165
C/EBPα • 159, 166, 173, 184
cell strainer • 190
Chalcone • 127
chamigrenal • 47
chelidonin • 35
Chelidonium majus • 23, 35
chlorogenic acid • 64
chloroman-2-carboxylic acid(Trolox) • 91
cholesterol • 41, 149, 313
choline • 57
chrysin • 56
chrysoeriol • 50
cICAM-1 • 291
cimicifugenol • 44
cimicifugic acid • 44
Cimicifugae rhizoma • 24, 44
cimifugin • 44
cimifugoside • 44
cineole • 41, 68
cinnamaldehyde • 28
cinnamic acid • 28
Cinnamomi cortex • 23, 28
cinnamomum • 28
Circulating VCAM-1(cVCAM-1) • 291
cirnigenol • 44
citric acid • 67
citric acid trimethyl ester • 39
citronellal • 68
citronellol • 398
Clostridium • 284
Clostridium difficile • 236, 242, 247, 252, 264, 269, 279, 284
Clostridium perfringens • 236, 237, 242, 248, 252, 265, 269, 279
Cohesivness • 347
coixol • 61
complete Freund's adjuvant: CFA • 190
Compound 48/80 • 306
coniferin • 59
constituents • 37
Coptidis rhizoma • 24, 58
coptisine • 58
Cordyceps sinensis • 25
Corni fructus • 23, 40, 137
Corni fructus extract: CFE • 182
Coumarin • 31, 37, 46, 63
CPT-1(Carnitine palmitoyltransferase-1) • 149
CR-3 • 291
Crataegi fructus • 23, 39
cresol • 51
cryptoxanthin • 52
cupressusflavone • 127

D

DAD • 306, 307, 309, 310, 320
dahurinol • 44
daidzein • 26, 54, 127
dammaradienol • 65
daucosterol • 54
DCF(2',7'-dichlorofluorescein) • 130
DCHC • 307-311, 313, 319
dehydroabietic acid • 43
dehydroanonaine • 45
derivatives • 44
dexamethasone • 147
dichlorodihydrofluorescein diacetate • 130
dihydrochalcone • 127
dihydroxycoumarin • 46
7,4-dihydroxyisoflavone • 127
Diosgenin • 31
Diterpenoid • 28, 43
DMEM • 147, 170, 190
DMSO • 129, 150
DNAse • 151
DOL • 25, 307, 308, 307-311, 320
Donkey anti-mouse IgG-HRP • 296
DPPH method • 92, 262
DSC • 348
Dynabeads Untouched Mouse T cells kit • 190, 191

E

E1 • 32

EBM-2 • 165, 170, 292
EC • 162
ECG • 162
ECM • 112
ECs • 112
EGC • 32, 162
EGCG • 32, 130, 162
EL4 • 189
eleutheroside A • 46
eleutheroside E1 • 46
ELISA kit • 153, 168, 296
endostatin • 395
Engraulis japonicus • 404
Enterococcus faecalis • 357
Enzyme-linked immunosorbert assay(ELISA) • 291
epicatechin • 28, 39, 65
epididymal WAT • 167
Epimedii herba • 24, 50
epimedine • 50
epimedoside • 50
epischisandron • 47
epiwulignan • 47
ERK-2 • 160, 192
Escherichia coli • 236, 238, 243, 248, 253, 258, 265, 269
E-Selectin • 290, 296
Essential oil • 33, 37, 42, 52
eucalyptol, • 41, 68, 398
Eucommiae cortex • 23, 34
eucommiol • 34
eugenol • 42, 51, 64, 65
extracellular buffer • 316

F

FAS(fatty acid synthetase) • 149, 157
Fatty acids • 31
fatty acyl CoA • 149
FBS • 147
ferulic acid • 44, 58, 63
Fiber • 70
FISH • 284
flavanon • 127
Flavanonglycosides • 52
Flavones • 50, 52
Flavonoid • 26-30, 32, 35, 38-41, 45, 46, 50, 51, 54-58, 60, 62, 64-67, 74, 123, 127
flavophspholipol • 278
folic acid • 33
Folin-Denis • 94
formalin • 147
formazan • 150
FRAP(ferric-reducing ability assay of plasma) • 85, 129, 383
free fatty acid: FFA • 153
Free sugars • 34
Furochrornones • 44

G

G(-) • 357
G(+) • 357
GABA • 32
galactose • 37
galangin • 27, 127, 300
Galla rhois • 24, 49
gallic acid • 49, 55
Gallotannins • 36
geniposide • 34
genistein • 26
gentisic acid • 58
Geranii herba • 24, 55
geraniin • 55
geraniol • 64, 398
gingediol • 68
gingerenone A • 68
gingerol • 68
Glibenclamide • 318
glucose • 37, 61, 149, 153, 168, 313
Glycyrrhizae radix • 23, 27
glycyrrhizin • 27
gomisin • 47
GPAT-1(Glycerol-3-phosphate acyl transferase-1) • 150, 158, 159
greentea • 313
Greentea seed saponin E1: GTE1 • 131
greentea seed cake extract: GTE • 150
Greentea seed extract :TSE • 134
Greentea Seed Peel Extract: PE • 161
guaiacol • 51
Gumminess • 343, 346, 347
Gynostemma pentaphyllum • 25
GYP • 241

H

Hardness • 347
HBSS • 130
HCC • 153
HCC-1428 • 145
HDL cholesterol • 149, 152
hederagenin • 64
hemotoxylin • 127
heragenin • 65
herherastine • 58
Hericium erinaceum • 25
hesperidin • 52, 127
hesperstin-7-O-â-D-rutinose • 127
Heterocycles • 41
HFC • 153, 167
HFD • 167
high-density lipoprotein cholesterol • 148
Hijikia fusiforme • 25, 70, 386
hinokiflavone • 127
HIV-1 • 189
horseradish peroxidase • 152
HUVEC • 162, 165, 170, 292
HWG • 306, 307, 309-311, 313
Hydrogen peroxide: H_2O_2 • 82
6-hydroxy-2,5,7,8-tetra methyl • 91
Hydroxyl radical: OH• • 82, 92, 264
hypcroside • 50
hyperin • 45, 46
hyperoside • 39, 45

I

IACUC • 167, 191
IBMX • 147
ICAM-1, • 296
icariin • 50, 127
icariside, • 50

ICR mouse • 153
IFN-γ • 192
IL-1 • 192
IL-10 • 153, 156, 189, 192
IL-12 • 192
IL-13 • 189
IL-1β • 294, 296
IL-2 • 192
IL-4 • 189, 192
IL-5 • 189
IL-6 • 153, 156, 189
IL-8 • 192
Image J software • 193
Immuno precipitation: IP • 135
immunoglobulin superfamily(IGSF) • 290
imperatorin • 63
in vitro toxicology assay kit • 190
Indicator protein • 91
Infra red • 309
inositol • 46, 50
INS • 147, 164
insulin • 147, 168
integrin β 1 • 291
integrins • 290
intercellular adhesion molecule-1(ICAM-1; CD54) • 290
interferon-γ (INF-γ) • 291
interleular-1β • 291
inusterol • 67
ionone • 68
iridin • 38
Iridoid glycosides • 34
isoeugenol • 33
isoferulic acid • 33
isoflavans • 57
isoflavones • 57
Isoflavonoid • 127
isoimperatorin • 63
isoliensinine • 45
isooxypeucedanin • 63
isopropylkirenol • 60
isoquercitrin • 45, 62
isoraxidin • 46
isorhamnetin • 30, 62
IZD • 370

K

K-28 • 315
kaempferol • 26, 27, 35, 40, 45, 50, 62, 65, 127, 300
kaikasaponin I • 30
KAP • 306, 308, 309, 313, 315, 320
KEW • 309-311, 319
kirenol • 60
kojic acid • 389
koreanin • 63
kukoamine • 31
kurarinol • 29
kushenols A-X • 29
kuwanol • 41
kuwanon G • 127

L

L. acidophilus • 202, 221, 227
L. monocytogenes • 259
lactic acid • 67
Lactobacillus • 365
Lactobacillus brevis • 357
Lactobacillus plantarum • 202, 221, 228, 357
Lactococcus latis • 357
laminaran • 393
Laminaria japonica • 386
LC/MS • 150
LC/TOF-MS • 150
LDH(lactate dehydrogenase) • 148, 149, 190, 313
LDL-cholesterol • 152, 313
L-dopa • 318, 388
leptin • 153, 159, 168
Leuconostoc mesentroides • 357
LFA-1 • 291
Lignan derivatives and glucosides • 34
Lignans • 46, 47
Lignin • 51
ligustilide • 33
limonene • 69
limonin • 58, 59
Limonoidal triterpenoids • 59
linallol • 398
linalool • 42, 45, 51, 64
linoleic acid • 31, 69
linolenic acid • 31
Lipid • 39, 61, 70
lipogenesis • 157
lipoprotein lipase(LPL) • 157
liriodendrin • 34
Listeria monocytogenes • 236, 239, 244, 249, 254, 266, 270
Lonicerae flos • 25, 64
LPL • 159
L-selectin • 290
LTQ Orbitrap XL instrument • 150
Luna C-18 • 190
lutein • 62
luteolin • 50, 51, 64, 67
luteoxanthin • 52
Lycii fructus • 23, 31
lyoniresinol • 59

M

maackiain • 30
magnoflorine • 58
magnoftorine phellodendrine • 59
Main flavonoids • 56
malic acid • 67
MAPK(mitogen-activated protein kinases) • 189, 192
maragenin • 65
marine medium • 241
mast cell • 316
matrigel • 120, 162
matrine • 29
MaxG • 347
MDI • 147, 164
menthol • 398
mesenteric WAT • 167
methyl citrate • 39
methyll gallate • 49
methylprotogracillin • 53
Micrococcus Medium • 240
Mineral • 70
Minor flavonoids and other constituents • 56

MLYCD(malonyl-CoA decarboxylase) • 149, 158
monensin sodium • 278
Monosaccharides • 37
Monoterpene glycoside • 36
Monoterpenes • 36, 47
Monoterpenoid • 40, 41, 45, 51, 64, 68
monoterpens • 37
moracin A • 41
Mori cortex radicis • 23, 41
morin • 41
morusin • 127
mouse insulin ELISA kit • 153
MRS • 203
MTT • 150, 162, 170
mutatochrome • 52
myricetin • 127, 300

N

naringenin • 127
naringin • 52
neferine • 45
Nelumbinis semen • 24, 45
neodarutoside • 60
neoeriocitrin • 52
NF-kB • 122, 160, 169, 192
NIH image program • 120, 299
nitrocellulose • 152
nobiletin, • 52
NRM • 310, 311, 313, 319
Nutrient Broth • 238

O

obakunone • 59
Oil red O • 147, 150, 164, 172, 177, 180, 183
ORAC method • 85, 97, 103, 224, 262
Organic acids • 33, 58
orientin • 60
Orlistat(HF-O) • 153
Orlistat(OR) • 167
oroxylin A • 56
oroxyloside, • 56
ORP system value • 85, 381
osthol • 63
ovalbumin: OVA • 189
Oxygen Radical Absorbance Capacity(ORAC) • 91
oxymatrine, • 29
oxypaconiflorin • 36
oxypeucedanin • 63
oxypeucedanin hydrate • 63
oxypeucedanin methanolate • 63
Oyster • 403

P

P. rhizoma • 308, 319
p38MAPK • 197
paconiflorigenone • 36
paconiftorin • 36
Paeonia radix alba • 23, 36
paeonilactones • 36
palmatine • 59
palmitne • 58
paraformaldehyde • 296
PBS(phosphate buffered saline) • 129, 296
pcrilaldehyde • 69
PCs • 112
p-cymol • 47
PE • 169
Pediococcus cerevisiae • 357
penicillin • 191
Perillae folium • 25, 69, 404
perirenal • 167
perirenal WAT • 167
peroxyl radical generator • 91
Phellodendri cortex • 25, 59
Phenolcarboxylic acid • 60
Phenolic constituents • 59
phenolic • 37
phenol • 107
Phenylpropane derivatives • 46
Phenylpropanoid • 28, 51, 64, 65
PHF • 153
phloretin • 127
phospho-AMPKα • 152
Phragmitis rhizoma • 25, 61
PI3K • 122, 135, 160, 169, 173
Pichia • 366
pienene • 47, 69
Pini folium • 24, 43
PMA(phorbol myristyl atetate • 291, 292, 294
PNP-NAG • 317
polyphenol • 66
Polysaccharides • 34, 57
populetin • 40
PPARγ (peroxisome proliferator-activated receptor γ) • 150, 157, 159, 166, 169, 173
prangolarine • 63
prenylated flavonoid • 127
Prenylflavone glycosides • 50
preparative high performance liquid chromatography • 190
procyanidin A2 • 28
2-propanol • 147
propenyl glucosinolate • 62
prostaglandin • 394
Protein • 43, 61, 70
protein bound polysaccharide, PBP • 323
protopine • 35
P-selectin • 290
Pseudomonas nigrifaciens • 357
Pseudoplasticity • 392
Psoraleae semen • 24, 54, 135
Psoraleae semen extract(PSE) • 175
pterocarpans • 57
pterocarpin • 127
Pubeside • 60
Pueraria glycoside • 26
Puerariae radix • 23, 26

Q

Quaternary aporphinc alkaloid • 58
Quaternary protoberberin type alkaloids • 58
quercetin • 26, 27, 35, 39, 40, 45, 50, 55, 62, 65, 127, 300

R

randomized complete block design • 311
RBL-2H3 • 316

Reduced sugar • 66
Reinforced Clostridial Medium(RCM) • 236, 237, 278
resveratrol • 66
retinoic acid • 291
Revert Aid Premium First Strand cDNA Synthesis Kit • 151, 192
RNA • 165
ROPREP Protein Extraction Solution • 152
rotenone • 127
RPMI-1640 • 292
RT-PCR • 131, 132, 151, 165
rutin • 60

S

S. epidermidis • 278
S. aureus • 259, 277, 278, 286
S. epidermidis • 277, 285
S. mutans • 244, 260
S. pyogenes • 277, 278, 286
S. zooepidemicus • 277, 278, 287
S.D. • 285
salinomycin sodium • 278
sanggenon • 41
Saponin • 27, 29, 30-32, 53, 54, 64
saponin glycoside • 150
Schisandrae fructus • 24, 47
schisandrin A/B/C • 47
schisandrol A/B • 47
schisantherin A-E • 47
scopoletin • 31
scutellarcin • 56
Scutellariae radix • 24, 56
scutellarin • 56
SDS-PAGE • 152
secologanin • 40
selectin • 290
selinene • 68
senkyunolide • 33
sesquicarene • 47
Sesquiterpenes • 37, 47
Sesquiterpenoid • 68
Sesterterpenid • 43
sexangularetin • 39
shogaol • 68
Siegesbeckiae herba • 25, 60, 136
siegesbeckiol • 60
siegesbeckioside, • 60
silymarin • 127
sincassiol • 28
sinensetin • 52
sitosterin • 59
skimmiol • 67
SNU-423 • 145
Sophorae flos • 23, 30
Sophorae radix • 23, 29
sophoraflavanone • 29
sophoranol • 29
sophorasaposides • 29
soyasaponin • 27, 29, 30, 57
Sprague-Dawley(SD) • 166, 317
Springness • 347
SRB • 320
SREBP(sterol regulatory element binding proteins) • 150, 157, 166, 169, 173
Staphylococcus aureus • 236, 240, 244, 249, 255, 266, 271, 279
Staphylococcus epidermidis • 279
Sterins • 60
Steroid • 28, 29, 31, 41, 45, 51, 54, 59
Sterol • 33, 46
stigmasterol • 33, 51, 60
stilbene • 389
Streptococcus faeculis • 357
Streptococcus mutans • 236, 240, 250, 255, 267, 272
Streptococcus pyogenes • 279
Streptococcus zooepidemicus • 279
streptomycin • 191
streptozotocin • 317
succinic acid • 55
Sugar • 50
Sulfide • 62
sulphuretin • 127
Superoxide radical • 81
synephrine • 52
syringic acid • 49
syringin • 59

T

T-75 • 292
3T3-L1 • 150, 151, 164, 165, 170, 172, 320
tangcrctin • 52
Tannin • 32, 40, 42, 55, 65, 76
Taraxacum coreanum herba • 25, 67
taraxasterin • 67
taraxasterol • 65, 67
tartaric • 44
tartaric acid • 67
TC(total cholesterol) • 148, 152, 168
Terpenoid • 42, 54, 60, 63
Tetracycline triterpen • 58
Tetraterpenoid • 43, 62
Th1 • 189
Th2 • 189
Theae folium • 23, 32
thymol • 37
TIMP • 395
TNF-α • 153, 156, 192
TPTZ(2,4,6-tri[2-pyridyl]-s-triazine) • 383
trans-martynoside • 56
trans-verbascoside • 56
TRI • 151, 165, 192
triacylglycerol(TG) • 152, 168
triglyceride • 148, 313
5,6,7-trihydroxyflavone • 127
trimethyl citrate • 39
1,2,3-tri-O-galloyl-beta-D-glucopyranose • 40
Tris-buffered saline (TBS) • 152
triterpenc glycosides • 44
Triterpene saponins • 57
Triterpenoid • 38, 40, 44, 65 67
tropine • 62
Tukey-Kramer Multiple Comparison test • 161
Tween 40 • 88
type 2 • 149
Tyrosinase • 388

U

Undaria pinnatifida • 386
U937 cells • 292, 294, 300
ursolic acid • 40
UV: Ultraviolet ray • 309
UVA • 309
UVB • 309

V

vascular cell adhesion molecule-1(VCAM-1; CD106) • 290, 296
vascular permeability factor • 395
VE-Cadherin • 122, 160, 169, 173
VEGFR-2 • 112, 122, 160, 169
VEGFR2/flk-1 • 173
very late antigen(VLA)-4 • 291
Vibrio parahaemolyticus • 236, 241, 246, 251, 256, 260, 267, 272, 369
viscidulin • 56
Visible light • 309
vitamins A, B1, B12, E • 33
vitexin • 39
Vitis thunbergii caulis • 25, 66

W

WAT • 153, 167
Western Blot • 133
western blotting luminol reagent • 296
WG • 306, 310, 313, 320
WGS • 306, 308, 310, 311, 319
withanolide • 31
wogonin • 56, 58
wogonoside • 56, 58
wulignan • 47

X

xylose • 61

Z

zeaxanthin • 52
Zingiberis rhizoma • 25, 68
zingiberol • 68
Zygosaccharomyces • 357

용어풀이(효능)

용어	풀이	쪽
감충(疳蟲)	뱃속에 충이 생겨 발생하는 감병(疳病), 몸이 여위면서 살갗이 누렇게 되고 설사가 잘 멎지 않음	29
강골(强骨)	뼈를 강하게 함	58
강근골(强筋骨)	힘줄과 뼈를 강하게 함	28, 46
강담(降痰)	담을 내리는 효능	56
강지(强志)	의지를 강하게 하는 효능	34, 50
강화(降火)	화를 내리는 치료법	49, 53
개심공(開心孔)	심공(心孔)을 열어주는 효능임-체강이 열려 정신이 맑고 밝아짐	42
개울(開鬱)	기가 울체된 것을 통하게 함	58
개위(開胃)	위의 소화 기능을 돕고 입맛을 돋우는 방법	62, 68, 69
객담황(喀痰黃稠)	황조(黃稠)한 담(痰)이 배출되는 것	51
거담(祛痰)	가래가 잘 나가도록 함	61
거복시(去伏尸)	사람의 오장 중에 숨어 있고, 여러 해가 지나도 없어지지 않는 충을 없앰	53
거습(祛濕)	습사를 없애는 치료 방법	42
거열(祛熱)	열을 제거함	46
거체(去滯)	체기(滯氣)를 제거 함	68
거풍(祛風)	밖으로부터 들어온 풍사를 없앰	29, 63
거풍습(去風濕)	풍사(風邪), 습사(濕邪)로 나타난 질병을 치료함	60
거풍습(祛風濕)	풍습사에 의하여 생긴 병증을 제거하는 효능	34
거풍제습(祛風除濕)	거풍과 제습, 풍사(風邪)과 습사(濕邪)가 체내에 머물러 있다가 통증이 옮겨 다니는 증상에 효능	46
거풍조습(祛風燥濕)	거풍법(祛風法)의 하나로 풍습(風濕)을 없애는 방법	54
거한산습(祛寒散濕)	한(寒)을 제거하고 습(濕)을 흩어지게 하는 효능	63
건비(健脾)	비가 허약한 증상이 나타날 때 쓰는 치료법	68
건위(健胃)	위의 소화기능을 높이는 치료법	39
견근골(堅筋骨)	힘줄과 뼈를 견고하게 하는 효능	34, 50
견신(堅腎)	신(腎)을 견고하게 하는 효능	59
경분독(輕粉毒)	수은 중독	64
경신(輕身)	몸을 가볍게 하는 효능	40
경신불로(輕身不老)	몸을 가볍게 하고 노화를 방지하는 효능	52
경신연년(輕身延年)	몸을 가볍게 하고 수명을 늘리는 효능	64
골절번민(骨節煩悶)	뼈마디가 번거롭고 답답한 증상	51
곽란전근(霍亂轉筋)	토사(吐瀉)로 다리의 근육, 특히 장딴지에 경련이 이는 병증	51, 68
구역(嘔逆)	구토	26, 33, 51
구조충(驅絛蟲)	벌레를 제거하는 치료 방법	39
기천(氣喘)	각종 호흡 곤란증의 총칭	51
난단전(暖丹田)	단전(丹田)을 따뜻하게 하는 효능	54
난수장(暖水臟)	수장(水臟)은 비장(脾臟)과 췌장의 중간 장부를 따스하게 함. 수장은 위(胃)에서 소화시키면 오물 중에 가스가 화하는 오물은 대변이 되고, 염소질(鹽素質)이 화하는 오물은 소변이 되며, 영양소인 유질(油質)은 오염이 안된 수질이 함유하니 이를 흡수하는 장부	48
난위(暖胃)	성질이 따뜻하거나 더운 약으로 위한증을 치료하는 방법, 위를 덥게 함	37
난장위(暖腸胃)	장위(腸胃)를 따뜻하게 하는 효능	42
납기(納氣)	신(腎)에서 폐(肺)에서 흡수한 기운을 받아들이는 효능, 신(腎)의 기능의 하나로 들이쉰 숨을 받아들여 호흡이 잘되도록 함	28, 54

담(痰)	체내 기혈(오장육부에 에너지를 공급하는 에너지원)이나 진액(림프 등 체내에서 존재하는 체액)의 순환이 제대로 이루어지지 않아 생기는 노폐물(예, 끈끈한 가래) 【십중구담(十中九痰: 질병이 10가지면 9가지는 담에 의하여 생기는 병임】	27, 38
담열천해(痰熱喘咳)	담열로 인해서 숨이 가쁘고 기침이 나오는 증상	51
도체(導滯)	막힌 것을 통하게 하는 치료 방법	39
마적(磨積)	적취(積聚)를 해소하는 효능	39
명목(明目)	눈을 밝게 하는 효능	29, 31, 38, 40, 47, 48, 52, 58, 59
명이목(明耳目)	눈과 귀를 밝게 하는 효능	42, 46, 54
반위(反胃)	음식이 내려간 지 한참 만에 거꾸로 넘어오거나 속에서 한동안 묵었다가 도로 나오는 병증	48, 51, 61, 68
발성음(發聲音)	목소리를 회복시키는 효능	42
발표(發表)	표면열을 발산시킴	26, 44
발표산한(發表散寒)	땀을 내서 표(表)에 있는 한사(寒邪)를 없앰	60
발한(發汗)	땀내기 작용이 있는 약을 써서 땀과 함께 표에 있는 사기를 밖으로 내보내는 방법	33
배농(排膿)	염증으로 생긴 농을 바깥으로 배출하는 작용	26, 33, 56, 57, 61
벽백사귀매(辟百邪鬼魅)	백가지 사악한 귀신과 도깨비를 막는 효능	70
벽예(辟穢)	일체의 더러운 것들을 몰아내는 효능	64
벽천행온역(辟天行瘟疫)	크게 유행하는 온역(瘟疫)을 피하게 하는 효능	43
보방광(補膀胱)	방광을 보하는 효능	56
보비(補脾)	비가 허약한 증상이 나타날 때 쓰는 치료법	27, 39, 46
보비위(補脾胃)	비와 위를 보함	44
보수(補髓)	기억력 감퇴와 골다공증을 막음	31
보신영심(補腎寧心)	신(腎)을 보호하고 마음을 편안하게 함	48
보양(補陽)	양이 허한 것을 보함	28
보오장(補五臟)	심, 간, 비, 폐, 신 등의 5 장을 보함	42
보요슬(補腰膝)	허리와 무릎을 보하는 효능	34, 37, 50
보중(補中)	중초(비위)를 보함	29, 47
보폐(補肺)	폐를 보함	57
보폐기(保肺氣)	폐기능을 보하는 효능	53
복홍(伏汞)	수은의 독을 억제하는 효능	29
분청화탁(分清化濁)	소장(小腸)에서 소변(小便)과 대변(大便)의 생성 과정이 잘 일어나도록 돕는 효능	42
사습열(瀉濕熱)	습(濕)이 울체된 채 오래되어 열상(熱象)을 없앰	29
사심(瀉心)	심이나 위의 화열을 없애는 방법	57
사심화(瀉心火)	심이나 위의 화열을 없앰	27
사열청신(瀉熱清神)	열을 사하고 정신을 맑게 함	32
사화(瀉火)	성질이 찬약으로 열이 심하여 생긴 화를 사하는 방법	38, 56
사화해독(瀉火解毒)	성질이 찬약으로 열이 심하여 생긴 화를 사하여 해독하는 방법	58
산결(散結)	울체되어 뭉친 곳을 풀어 주는 효능	62, 67, 70
산어(散瘀)	어혈을 헤치고 부은 것을 삭히는 방법	36, 39
산어혈(散瘀血)	어혈(瘀血)을 제거하는 효능	41
산열해독(散熱解毒)	열을 흩뜨리고 해독하는 효능	64
산울화(散鬱火)	답답한 화울을 분산시킴	26
산한(散寒)	한증을 치료하는 방법	28, 62, 63, 68, 69
산혈(散血)	혈을 소산되게 함. 혈중에 뭉친 어혈 등을 푸는 것	38

살오장충(殺五臟蟲)	5장과 관련시켜 이름 붙인 5 가지 기생충을 멸함	30
살충(殺蟲)	기생충을 없애는 효능, 벌레를 죽임	41, 42, 43, 58, 59
삽장(澁腸)	수렴약으로 설사를 멎게 하는 효능	46, 49
삽정(澁精)	수삽약으로 몽설, 활정, 누정, 요정 등의 유정을 치료하는 방법	40, 46
상기(上氣)	기침할 때 기가 상역(上逆)하는 것, 내쉬는 숨이 많고 들이마시는 숨이 적어 숨이 가쁜 증상	33, 51, 68
상한(傷寒)	차가운 기운의 사기(邪氣)에 몸이 상한 증상을 통칭, 감기	51, 58
생기(生肌)	새 살이 살아나게 치료하는 것	57, 60
생기육(生肌肉)	근육을 생기게 함	33
생모발(生毛髮)	몸에 털이 나게 하는 효능	43
생진(生津)	진액을 생기게 하는 약으로 열에 의하여 진액이 소모된 병증을 치료하는 방법	26, 37, 48, 53, 61
서간(舒肝)	간기(肝氣)가 정체된 것을 흩어지게 하는 방법	69
서근(舒筋)	외치법의 하나로 발이나 손목 부위가 상하여 건 또는 힘살이 오그라들고 관절에 강직이 왔을 때 힘살이나 건을 펴주는 방법	33
서근통락(舒筋通絡)	근육을 이완시키고 경락(經絡)을 통하게 하는 효능	43
선결(宣結)	결체(結滯)된 것을 펴는 것	68
선통울기(宣通鬱氣)	폐기(肺氣)를 개통시켜 응체된 기(氣)를 흩뜨리는 효능	69
성주(醒酒)	술에서 깨게 함	29
소곡(消穀)	음식을 소화시키는 것	37
소담(消痰)	머물러 있는 탁한 담을 없애는 방법	38, 41, 53, 68
소식(消食)	소화를 돕고 식욕을 촉진시키는 작용	32, 39, 68, 69
소영결핵(消瘿結核)	영류(瘿瘤) 및 결핵(結核)을 없애는 효능	70
소옹종(消癰腫)	옹종을 소거함	53
소음(消陰)	음이 성한 것을 없앰	28
소종(消腫)	부종(浮腫)을 삭히며 해독함, 부은 것이 삭아지게 하는 치료법	42, 57, 60, 61, 62
소종거농(消腫去膿)	옹저(癰疽)나 상처가 부은 것을 삭아 없어지게 하고, 동시에 고름을 제거하는 효능	64
소주독(消酒毒)	술독을 소거시킴	26
수렴(收斂)	아물게 하고 줄어들게 하며 나가는 것을 거두어들이는 것	36, 52
수렴고삽(收斂固澁)	수삽(收澁)하는 약물로써 기혈진액이 밖으로 과도하게 배출되는 것을 막는 효능	47
수삽(收澁)	혈진액이 밖으로 과도하게 배출되는 것을 막는 효능	52
수삽보조(收澁補助)	수삽(收澁)하는 약물로써 보(補)하는 기능을 돕는 효능	40
수습거부(收濕去腐)	지혈(止血) (출혈(出血)을 그치게 하는 효능	61
수습염창(收濕斂瘡)	습(濕)의 기운을 거두어 들여 창(瘡)을 수렴시키는 것	49
순기(順氣)	기를 순조롭게 함	47
승양(升陽)	양기를 향상시킴	26, 44
시기열(時氣熱)	전염병으로 열이 나는 것	51
심복결기(心腹結氣)	심복부에 무언가 맺혀있는 병증	51
안신(安神)	정신이 불안한 것을 안정시키는 효능	46
안심신(安心神)	마음과 정신을 편안하게 함	48
안오장(安五臟)	오장(五臟)을 편안하게 하는 효능	29, 43
안태(安胎)	임신부나 태아 자체의 여러 가지 원인들에 의하여 임신이 중절되려는 것을 치료하여 태아가 정상적으로 자라게 하는 것	34, 37, 56, 69
안토제습(安土除濕)	비위(脾胃)를 안정시키고 습사(濕邪)를 제거하는 효능	37
안혼(安魂)	정신을 안정되게 함	27, 44
양간(凉肝)	간의 열독을 내림	59
양간(養肝)	간음이 허한 것을 치료함	29
양기(養氣)	몸 안에 기를 기르는 것	27

양심(凉心)	심(心)기능을 맑게 하는 효능	56
양심(養心)	심음이 허한 것을 치료하는 효능	46
양위지리(養胃止痢)	위기(衛氣)를 증강시켜 이질(痢疾)을 멎게 하는 효능	32
양혈(凉血)	혈분(血分)에 열(熱)이 성(盛)한 것을 치료하는 효능	58, 65
양혈(養血)	보법의 하나. 혈이 허한 것을 보하는 방법	33
양혈조경(養血調經)	혈이 허한 것을 보하고 월경 부조를 치료	36
양혈지혈(凉血止血)	한랭(寒冷)한 약물을 사용하여 혈분(血分)의 열사(熱邪)를 제거하여 지혈하는 효능	30
연년(延年)	오래 살게 함	40
열비(悅脾)	비(脾)의 기능을 증강시키는 효능	42
염음(斂陰)	치료법의 하나로 음액을 수렴하는 방법	36
염정신(斂精神)	정신을 추스리는 효능	54
염창(斂瘡)	창(瘡)을 수렴시키는 것	57
염폐(斂肺)	폐(肺)의 기운을 수렴하여 기침 등을 멈추는 효능	49
연한(斂汗)	수삽법의 하나로 표가 허해서 절로 땀이 나거나 식은땀이 나는 것을 수렴하는 약으로 멎게 하는 방법	40, 48, 49
영수(寧嗽)	기침을 멈추게 함	48
오수발(烏鬚髮)	머리와 수염을 검게 하는 효능	49, 67
온명문(溫命門)	명문(命門)의 상화(相火)의 기운을 보태주는 효능	54
온신(溫腎)	신을 따스하게 함	50
온중(溫中)	중초를 따뜻하게 하는 효능	27, 28, 33, 34, 68
온폐(溫肺)	맛이 맵고 성질이 더운 약으로 폐한증(肺寒症)을 치료하는 방법	62
완급지통(緩急止痛)	급(急)한 기운을 완화시키고 통증을 그치게 하는 효능	36
완위(緩胃)	위를 이완시켜 기를 기르게 함	36
유간(柔肝)	간(肝)을 부드럽게 하는 치료법	36
윤장위(潤腸胃)	입에서 항문까지의 소화 기관을 원활 하게 함	33
윤조(潤燥)	음을 보하고 진액이 생기도록 하는 약으로 음허나 진액이 부족한 것을 치료하는 방법	33, 53
윤폐(潤肺)	담천으로 기침을 하고 숨이 차며 목에서 가래 끓는 소리가 나고, 가슴이 답답하며 달아 오르는 감	27, 31
윤하(潤下)	장을 원활하게 하는 약으로 대변을 나오게 하는 방법	70
이관절(利關節)	관절의 움직임을 편하게 하는 효능	60
이구규(利九竅)	9개의 공동(두개의 눈, 콧구멍, 귓구멍, 입, 요도, 항문)을 이롭게 함	29, 42
이기(利氣)	기를 통하게 하는 치료법	62
이뇨(利尿)	소변을 잘 나오게 하는 효능	32, 61, 66, 67
이방광대소장(利膀胱大小腸)	방광(膀胱)과 대장(大腸), 소장(小腸)을 이롭게 하는 효능	36
이소변(利小便)	소변이 잘 나오게 하는 치료 방법	37, 53
이수(利水)	이소변	57
이인후(利咽喉)	목안을 편하게 하는 효능	38
이장(利腸)	장(腸)을 이롭게 하는 효능	38
이장위(利腸胃)	장과 위를 이롭게 함	56
이하초(利下焦)	하초(下焦)를 이롭게 하는 효능	59
익간신(益肝腎)	간과 신장을 보익하는 효능	34
익기(益氣)	기허증을 치료함	29, 47, 50
익기건비(益氣健脾)	기(氣)와 비(脾)를 보(補)하는 것으로 기허(氣虛)와 비허(脾虛)를 치료하여 튼튼하게 함	46
익신(益腎)	신을 활발하게 함	46
익오장(益五臟)	오장을 활성화 함	33
익위(益衛)	위기(衛氣:살갗과 주리 등 몸 겉면에 분포된 양기)를 증강시키고 기(氣)의 흐름을 좋게 하는 효능	57

익정(益精)	생명 활동을 유지하는 데 필요한 정미로운 물질, 생명의 발생과 그 활동을 유지하는 데에 기본이 되는 물질의 향상	27, 31, 48
익정기(益精氣)	생명 활동을 유지하는 데 필요한 정미로운 물질과 그 기능을 더하는 것	34
익폐(益肺)	폐기를 보호	28
익혈(益血)	혈액을 번성하게 함	57
인약상행(引藥上行)	약력(藥力)을 위로 끌어올리는 효능	44
자보간신(滋補肝腎)	간신(肝腎)을 기르고 보익(補益)하는 효능	31, 46
자음(滋陰)	음이 허한 것을 보하는 방법	36, 53
자음보혈(滋陰補血)	음기(陰氣)를 기르고 혈(血)을 보익(補益)하는 효능	31
장골수(壯骨髓)	골수(骨髓)를 튼튼히 하는 효능	59
장근(壯筋)	근육을 튼튼하게 함	57
장근골(壯筋骨)	근육과 뼈를 튼튼하게 함	67
장기육(長肌肉)	근육(肌肉)을 튼튼히 하는 효능	37
장력(壯力)	힘을 튼튼히 하는 효능	27
장원양(壯元陽)	양(元陽)을 튼튼히 하는 효능	54
장화익토(壯火益土)	화기(火氣)를 보충하여 상생(上生)작용으로 토기(土氣)의 영양을 유도하는 효능	54
정경(定驚)	놀란 것을 안정시키는 작용	58
정백(定魄)	백(魄: 정신의식 활동에서 정력, 패기, 넋을 표현한 말. 또한 본능적인 감각 기능과 몸 동작을 하는 기능을 표현한 말)을 바로잡는 효능임	44
정지(定志)	마음 또는 정신을 안정시킴	29
정천(定喘)	기침과 가래를 멎게 함	48
정통(定痛)	통증을 그치게 하는 효능	27
제리(除痢)	이질(痢疾) 또는 리(痢)를 제거하는 효능	64
제면흑(除面黑)	얼굴이 거먼 색을 띠는 것을 제거함	53
제번갈(除煩渴)	가슴이 답답하여 입 안이 마르고 갈증이 나는 병증을 없앰	32
제습(除濕)	습을 제거함	63
제열(除熱)	열을 제거 함	59
제웅황(制雄黃)	삼류화비소(As2S3)를 주성분으로 하는 광석의 활성화를 억제함	33
제증(除蒸)	몸에 찌듯이 열(熱)이 나는 것을 치료	59
제지만(除支滿)	속이 치받듯이 그득한 것을 제거하는 효능	37
제풍(除風)	풍(風)의 기운을 제거하는 효능	42
조경(調經)	월경부조를 치료하는 방법	33
조기(助氣)	사람의 기운을 북돋움	57
조습(燥濕)	맛이 쓰고 성질이 조(燥)한 약으로 중초의 습을 없애는 방법, 습을 없앰	32, 52, 56, 59, 68
조양(助陽)	보법의 하나. 양이 허한 것을 보하는 방법	50
조양익정(助陽益精)	양기(陽氣)를 도우며 정(精)을 더하는 효능	50
조위(調胃)	위장병을 고침	58
조중(調中)	중초(中焦)를 조화롭게 하는 효능	41
지갈(止渴)	갈증을 해소시킴	26, 46, 48, 64
지구(止嘔)	구역(嘔逆)을 멈추게 하는 효능	48, 61, 68
지구토(止嘔吐)	구토를 멈추게 함	49
지루(止淚)	눈물을 그치게 하는 효능	29
지리(止痢)	이질을 멈추게 함	52
지사(止瀉)	설사(泄瀉)를 치료함	26, 37, 46, 49, 54
지양(止痒)	양증(痒症)을 치료하는 효능	43
지통(止痛)	통증을 없애는 효능	28, 33, 42, 60, 63

지한(止汗)	땀을 그치게 함.	36
지해(止咳)	해소를 멈춤, 기침 소리와 가래를 멈추게 함	27, 52, 68
지해수(止咳嗽)	기침 소리와 가래가 다 있는 것을 그치게 함	49
지혈(止血)	피를 멈추게 함	49, 56, 59, 61, 65, 66, 68
진간(鎭肝)	간(肝)을 편안하게 진정시키는 효능	38, 58
진심(鎭心)	안심법의 하나. 광물성 약물이나 조개류의 껍질 같은 질량이 무거운 진정 약으로 정신이 불안한 것을 치료하는 방법	53
징결(癥結)	병사(病邪)가 쌓여서 뭉친 것	51
청간사화(淸肝瀉火)	맛이 쓰고 성질이 찬약으로 간화를 내리는 방법	30
청두목(淸頭目)	머리와 눈을 맑게 해주는 효능	32
청서(淸暑)	더운 사기를 제거 함	64
청심(淸心)	심(심포)에 열사가 침입한 것을 치료하는 방법,심열(心熱)을 내림	58
청열(淸熱)	성질이 찬약으로 열을 내림	27, 44, 52, 56, 59, 61, 67
청열조습(淸熱燥濕)	성질이 찬약으로 열을 내리고, 맛이 쓰고 성질이 조(燥)한 약으로 중초의 습을 없애는 방법, 습을 없앰, 열기를 식히고 습기를 말리는 효능	58
청위양혈(淸胃凉血)	위(胃) 속의 사열을 없애고 혈분(血分)에 열(熱)이 성(盛)한 것을 치료하는 효능	44
청폐(淸肺)	폐에 쌓인 적열을 씻어내 폐 기능을 활성화	53
축냉기(逐冷氣)	냉기를 쫓아내는 효능	54
축담(逐痰)	담(가래)을 제거하는 효능	42
축담수(逐痰水)	염증에 의하여 생긴 담수를 제거하는 효능	37
축소변(縮小便)	소변이 너무 잦을 때 하초의 기운을 공고히 하여 이를 다스리는 효능	54
축수(逐水)	몸 안에 몰려 있는 수음을 없앰	29
축악혈(逐惡血)	나쁜 혈을 내보냄	57
축어혈(逐瘀血)	피가 몸 안의 일정한 곳에 몰려 생긴 증상을 제거하는 효능	47
치루(治瘻)	치핵이 터진 것	59
타태(墮胎)	입위적인 수단에 의하여 태아를 분만기 이전에 모체에서 떨어지게 함	26, 35
탁독(托毒)	창양 치료법의 하나. 창양이 곪았을 때 먹은 약으로 병독이 퍼지지 못하게 국한시키거나 몰아내는 방법	57
택피부(澤皮膚)	피부를 윤택하게 함	33
토고독(吐蠱毒)	기생충의 감염으로 생기는 고창병, 고의 독으로 생기는 위급한 병증을 게우게 함	44
통락(通絡)	맥락을 통하게 함	62
통경락(通經絡)	인체의 기혈이 운행되는 통로를 원활하게 하는 것	47
통림(通淋)	하초(下焦)의 습열(濕熱)을 없애고 결석(結石)을 제거하며, 소변 볼 때 깔깔하면서 아프거나 방울방울 떨어지면서 시원하게 나가지 않는 병증을 제거하는 방법, 임증(淋證)을 치료하는 방법	67
통소장(通小腸)	소장 운동을 원활하게 함	26
통신기(通腎氣)	신기(腎氣)를 소통시키는 효능	53
통심장(通心臟)	심장의 기운을 소통시키는 효능	69
통혈맥(通血脈)	혈맥을 잘 통하게 함	28
퇴열(退熱)	병으로 인한 열을 가시게 함	26
투기표사(透肌表邪)	기육에 머무르는 표사를 제거하여 소통시키는 효능	63
투사(透邪)	표사(表邪)를 없애는[透達] 방법	64
투진(透疹)	발진을 잘 돋게 하는 방법	44
파기(破氣)	작용이 비교적 센 행기약으로 기가 몰리거나 맺힌 것을 헤치는 치료방법	39
파어(破瘀)	어혈을 없애는 작용이 비교적 센 약으로 어혈을 없애는 치료방법	33
파혈(破血)	나쁜 피를 엷어지게 함	26

평간(平肝)	간기가 몰리거나 치밀어 오르거나 간양이 왕성한 것을 정상으로 회복시킴	28
평위(平胃)	비위에 습이 울체되어 음식을 먹고 싶은 생각이 없으며, 온몸이 무겁고 명치 밑이 트적지근하면서 헛배가 부르고 때로 구역질을 하며 트림이 나거나 신물이 올라 오는 것을 소거함	29
평천(平喘)	숨찬 것을 멈추게 함	28, 52
풍두통(風頭痛)	풍사(風邪)가 머리를 침입함으로써 발생하는 여러 가지 편두통(偏頭痛)이나 정두통(正頭痛)	51
풍열해수담다(風熱咳嗽痰多)	풍열사(風熱邪)가 폐(肺)에 침입하여 기침을 하면서 가래가 있는 것	51
하기(下氣)	기가 치밀어 오르는 것을 내림	27, 42, 68
하12종수종(下十二種水腫)	12 가지 종류의 수종(水腫)을 내리는 효능)	70
하식(下食)	소식(消食)과 유사한 용어로 먹은 것을 아래로 내리는 효능	26, 38
해갈(解渴)	갈증(渴症)을 풀어주는 효능	29, 41, 56
해기(解肌)	근육을 풀어줌	26
해독(解毒)	몸 안이나 목 겉면에 있는 독을 없애는 방법	27, 38, 44, 56, 59, 64, 66, 67
해사독(解蛇毒)	뱀에게 물려서 중독된 것을 치료하는 효능	68
해야균(解野菌)	야생버섯의 독(毒)을 없애주는 것	64
해어해독(解魚蟹毒)	물고기와 게를 많이 먹고 생긴 독(毒)을 푸는 것	69
해주독(解酒毒)	술을 지나치게 많이 마셔 생긴 독을 풀어줌	29, 48
해표(解表)	땀을 내어 표증을 가라앉히는 것	68, 69
행기(行氣)	행기약으로 기를 잘 돌게 하는 방법	39, 69
행어혈(行瘀血)	어혈(瘀血)을 소통시켜 풀어주는 효능	44
화담(化痰)	담을 삭아지게 함	32, 47, 69
화습(化濕)	상초(上焦)나 체표에 있는 습(濕)을 없애는 방법	61
화영설열(和營泄熱)	영혈(營血)을 조화시켜 열을 내보내게 하는 효능, 혈(血)은 영기(營氣)의 작용을 통해서 음식물의 정미로운 물질을 경맥을 통해서 전신을 자윤 시킴	36
화위(和胃)	위기(胃氣)가 조화롭지 못한 것을 치료하는 방법	61
화중(和中)	위기를 조화시키는 치료방법	37
화탁(化濁)	더러운 것을 삭히는 효능	37
화혈(和血)	병으로 혈이 적어졌거나 몰린 것을 고르게 하는 것	33
회양(回陽)	양기(陽氣)를 회복하는 일	68
활담(豁痰)	가래를 삭이는 방법	62
활장(滑腸)	밤 낮으로 설사를 하면서 음식을 먹으면 그대로 나가는 증상	33
활혈(活血)	이혈법의 하나로 혈을 잘 돌아가게 하는 방법	28, 33, 39
후장(厚腸)	장을 튼튼하게 함	58
후장위(厚腸胃)	장과 위를 튼튼하게 함	46

용어풀이(병증)

각기(脚氣)	다리 힘이 약해지고 저리거나 지각 이상이 생겨서 제대로 걷지 못하는 병증	38, 41, 60, 70
각비(脚痺)	다리의 비증(痺證)	44
각중산통(脚中産痛)	다리에 방산형으로 통증이 생기는 것	35
간경풍허(肝經風虛)	肝經(간경)의 몸이 허해져서 외풍과 내풍에 의해서 생긴 병증을 補(보)하는 효능	35
간신양허(肝腎陽虛)	간신(肝腎)이 모두 허하여 인체 생명활동의 기본 물질인인 정혈 (精血)이 부족해지는 병증	47
간신음휴(肝腎陰虧)	간음과 신음이 모두 허한 증상	31
간열목적(肝熱目赤)	간열(肝熱)로 인해 눈이 붉게 된 증상	31
간증(癎症)	발작시에 의식장애	66
간화(肝火)	간기가 몹시 왕성하여 생긴 화로 머리가 어지럽고 얼굴이 벌개지는 증상	59
강경(剛痙)	몸과 팔다리가 뻣뻣해지면서 수축되는 병증	63
개선(疥癬)	옴	44, 65
객담황조(喀痰黃稠)	황조(黃稠)한 담(痰)이 배출되는 것	51
객혈(喀血)	기도를 통해 피가 나오는 증상	31
건망(健忘)	기억력이 약해져 지나간 일을 잘 잊어버리는 병증	27, 42, 50
견배산통(肩背酸痛)	어깨와 등이 시큰시큰하면서 아픈 증상	64
경간(驚癎)	전간의 하나로 무섭고 놀라서 크게 울면서 전간발작이 나타나는 증상	27
경계(驚悸)	이유 없이 제풀에 놀라 가슴이 두근거려 불안한 증상	50
경광(驚狂)	심간풍화(心肝風火)가 항성(亢盛)하여 정신을 어지럽히는 병증	36
경폐(經閉)	달거리가 있어야 할 시기에 없는 것	39
경폐통경(經閉痛經)	월경이 있어야 할 시기에 월경이 없고 월경통이 있는 증상	34
경하경핵(頸下硬核)	목 밑 부분에 단단한 알갱이가 있는 증상	71
고환종통(睾丸腫痛)	고환(睾丸)이 붓고 통증이 있는 것	71
골절번민(骨節煩悶)	뼈마디가 번거롭고 답답한 것을 말함	51
골증(骨蒸)	허로병 때 뼛속이 후끈후끈 달아 오르는 증상	56
골증노열(骨蒸勞熱)	골증로(骨蒸勞), 골증열(骨蒸熱), 허로병 때 뼛속이 후끈후끈 달아오르는 증상	59
곽란(霍亂)	갑자기 크게 토하고 사(瀉)하는 증상	61
곽란번민(霍亂煩悶)	갑자기 게우고 설사하며 마음속으로 모대기며 안타깝게 괴로워함	32
곽란전근(霍亂轉筋)	구토와 설사로 다리의 근육, 주로 비장근(腓腸筋)에 경련이 이는 증상	51, 68, 70
곽란토사(霍亂吐瀉)	갑자기 토하고 설사가 나며 심한 고통이 따르는 위장병	41
관절마목(關節麻木)	관절(關節)의 감각 기능이 제대로 발휘되지 않는 증상	62
구갈(口渴)	목이 마르는 증상	48
구교(狗咬)	개에 물린 것	60
구리(久痢)	痢疾이 오래도록 낫지 않는 증상	46, 49
구면와사(口面喎邪)	눈과 입이 성한 쪽으로 당기며 비뚤어지는 증상	63
구안와사(口眼喎邪)	얼굴에 퍼져 있는 신경이 마비되어 입과 눈이 찌그러지는 증상(안면마비)	26
구사(久瀉)	오래된 설사	49
구사탈항(久瀉脫肛)	오래된 설사로 탈항(脫肛)된 것	57
구설(久泄)	설사가 낫지 않고 오래 끄는 것	45
구설창(口舌瘡)	안과 혀가 허는 것	59
구역(嘔逆)	속이 메슥메슥하여 게우려는 것	26, 33, 51
궁랭(宮冷)	자궁이 한랭(寒冷)한 것	28
권태소기(倦怠少氣)	권태(倦怠)롭고 기운이 적은 것	37

권태핍력(倦怠乏力)	몸이 피곤해서 움직이기 싫고 힘이 없음	27
궐증(厥證)	갑자기 의식을 잃고 넘어지며 얼굴색이 창백하고 손발이 싸늘한 것이 주증상인데 한참 후에 저절로 깨어나는 병증	42, 63
귀격신청(鬼擊身靑)	귀격(鬼擊: 갑자기 귀기(鬼氣)에 걸려 일어나는 병)으로 몸이 푸르게 된 증, 칼로 찌르듯이 가슴과 배가 아파서 만지지도 못하고 누를 수도 없거나 피를 토하고 코피가 나며 하혈(下血)을 함)	65
근골상리(筋骨相離)	힘줄과 뼈가 서로 떨어지는 증상	35
근골연급(筋骨攣急)	근맥이 수축해 펴지지 않고 동통(疼痛)이 그치지 않는 증상	50, 64
근골위연(筋骨痿軟)	근골이 마르면서 힘이 빠지는 병증	47
금창(金瘡)	칼, 창, 화살 따위로 생긴 상처	60
기괴(氣塊)	덩어리가 있는 것 같은데 생겼다 풀렸다 해서 만져지지 않는 것	40
기급(氣急)	숨이 찬 것, 갑자기 몹시 놀라는 것	58, 70
기부불인(肌膚不仁)	피부가 무감각한 증상	64
기수(嗜睡)	잠이 너무 많은 증상(嗜睡)	29
기역(氣逆)	장부의 기가 병적으로 위로 치밀어 오르는 것	39
기열(肌熱)	기표(肌表)에 열이 나는 느낌이 드는 병	57
기와(嗜臥)	노곤해서 잠을 많이 자거나 계속 조는 병증	34
기육풍열(肌肉風熱)	풍열(風熱)로 인한 근육(肌肉)의 병증	45
기천(氣喘)	여러 가지 천증(喘證)을 통틀어 이르는 말	51, 70
기취(氣臭)	좋지 않은 냄새	39
기폐이롱(氣閉耳聾)	기(氣)가 쌓여서 거슬러 올라감으로써 청각 기능이 저하되는 병증	42
기허수종(氣虛水腫)	기(氣)가 허하여 몸이 붓는 증	57
나력(瘰癧)	멍울[結核], 결핵성림프선염, 목 뒤나 귀뒤, 겨드랑이 사타구니 쪽에 크고 작은 멍울이 생긴 증상, 한센병으로 목, 귀 뒤, 겨드랑이 등에 큰 멍울이 생긴 증상	66, 71
나질(癩疾)	만성 전염성 피부병의 하나인 한센병	30
난종(卵腫)	고환에 염증이 생겨 통증이 심한 증상	71
낭습(囊濕)	음낭에 땀이 많이 나서 축축한 증	55
냉기(冷氣)	차가운 기운	48
냉풍(冷風)	비신(脾腎)이 모두 허한 데에 풍습(風濕)이 팔다리의 관절에 침입해 발병한 병증	50
노기(勞氣)	허로(虛勞), 밥을 먹고 나면 땀이 나고 잠이 들면 식은땀이 나는 증상	50
노복(勞復)	상한(傷寒), 온열병(溫熱病)이 나은 후에 남은 사기(邪氣)가 아직 다 없어지지 않았는데 과로로 재발한 것	70
노상이수(勞傷羸瘦)	노권상(勞倦傷: 내상병증으로 늘 노곤해 하는 증)으로 인해서 몸이 마르고 체중이 감소되는 증상	48
노인유뇨(老人遺尿)	노인(老人)에게서 생기는 스스로 자각(自覺)하지 못하고 소변이 저절로 흘러나오는 불수의적 배뇨	41
뇌골통(腦骨痛)	두개골(頭蓋骨)에 생기는 통증	41
누정(漏精)	좋아하는 사람을 보거나 생각하기만 하여도 정액이 저절로 나오는 병증, 조루와 유사	56
누혈(漏血)	사춘기와 갱년기 부녀자에게서 충임맥(衝任脈)이 단단치 못해 생기는 혈	31
다수(多睡)	잠을 많이자는 병증	32
단기(短氣)	숨결이 빠르면서 이어지지 못하고 숨이 찬 증상	27
단기맥허(短氣脈虛)	호흡이 짧아 제대로 이어지지 않고 맥(脈)이 허(虛)한 증상	48
단독(丹毒)	환부의 피부가 마치 빨간 물감을 칠한 듯하고 불에 지지듯이 화끈 달아오르면서 열이 나는 증상	64
담궐(痰厥)	궐증(厥證)의 하나로 담(痰)이 성하여 기(氣)가 막힘으로써 팔다리가 차고 심지어 기절하는 병증	42
담습유주(痰濕流注)	담습(痰濕)이 유주하여 생기는 증상	62
담열천해(痰熱喘咳)	담열(痰熱)로 인해서 숨이 가쁘고 기침이 나오는 증상	51

담음(痰飮)	여러 가지 수음 병을 통틀어 이른 말, 몸안에 수습이 몰린 것, 몸 안에 수습(水濕)이 운화되지 못하여 생긴 음(飮; 묽은 가래 또는 물가래, 찬가래)과 담(痰; 진한 가래 또는 불가래, 더운 가래)을 말함	38, 39, 60, 70
담음해수(痰飮咳嗽)	담음병(痰飮病: 담궐(痰厥), 담괴(痰塊), 담결(痰結) 등 담음(痰飮)으로 인해 생긴 병증)으로 인해 발생하는 기침	68
담천(痰喘)	담이 성해서 생긴 숨찬 증상	39
담체경락(痰滯經絡)	담(痰)이 경락(經絡)에 울체(鬱滯)된 병증	62
대열(大熱)	대(大)는 체표(體表)를 말하고 높은 열이 아니고 표열(表熱)을 말함	29
대풍(大風)	혈이 허해서 생긴 풍, 한센병	30
대하(帶下)	여성 성기에서 흘러 나오는 이슬, 부인과 질병을 통틀어 이른 말	36, 45, 57, 59
도한(盜汗)	잠잘 때에만 땀이 나다가 잠에서 깨어나면 곧 땀이 멎는 증상	37, 38, 48, 49, 57, 58, 59
동창(凍瘡)	겨울에 몸이 얼어서 피부에 헌데가 생긴 것	44
두선(頭旋)	현기증	63
두액통(頭額痛)	머리와 이마가 아픈 증상	41
두창(痘瘡)	천행발반창, 천연두. 급성 발진성 전염병	45
두통현훈(頭痛眩暈)	머리가 아프고 어지러운 증상	31, 36
두풍(頭風)	머리 아픔이 낫지 않고 오래 계속되면서 때에 따라 아팠다 멎었다 하는 것, 머리에 풍사를 받아 생긴 병증	40, 57
두훈(頭暈)	어지러움	32
마도제창(馬刀諸瘡)	나력의 멍울이 여러 개 연달아 생기는 것	71
마진불투(麻疹不透)	마진(麻疹)이 아직 투발(透發: 농(膿)이나 두창(痘瘡) 따위를 통하게 하여 발산시키는 효능)되지 않은 것	45
목삽(目澁)	눈이 깔깔하고 아픈 병증	36
목예(目翳)	흑정이 흐려진 것, 안구결막	62
목적(目赤)	백정에 피가 생기는 증상	45, 57, 63
목적인통(目赤咽痛)	눈에 피가 지고 목이 아픈 증상	28
목적종통(目赤腫痛)	눈의 흰자위에 핏발이 서고 부으며 아픈 증상	52, 56, 60, 67
목현(目眩)	눈앞이 아찔해지거나 서물거리면서 잘 보이지 않는 것	32
목황(目黃)	눈의 백정이 누런 빛을 띤 것	41
미탈(眉脫)	눈썹이 떨어지는 증상	29
박손(撲損)	넘어지거나 부딪혀서 입은 외상(外傷)	63
반위(反胃)	위암; 음식을 먹은 뒤 일정한 시간이 지난 다음 토하는 병증	48, 51, 61, 68
반위토식(反胃吐食)	위가 받지 않아 음식을 토하는 것	60
발배(發背)	등에 생긴 창면이 깊고 잘 낫지 않는 증상	37
백절산동(百節酸疼)	전신(全身)의 관절이 시큰거리며 아픈 증상	64
백탁(白濁)	오줌이 혼탁되어 뿌연 증상, 오줌길 구멍이 늘 허연 혼탁된 물이 조금씩 나와 있고, 오줌이 잘 나오지 않으면서 아픈 증상	45, 48
번갈(煩渴)	가슴에 열감(熱感)이 있으면서 입 안이 마르고 갈증이 나는 병증	61
번만(煩滿)	가슴이 달아 오르면서 그득한 증상	27
번만불식(煩滿不食)	속이 차고 답답하여 음식을 먹을 수 없음	60
번열(煩熱)	가슴이 답답하고 열이 나는 증상	48
번조(煩躁)	가슴속이 달아 오르면서 답답하고 편안치 않아서 팔다리를 가만히 두지 못하는 증상	29, 58
변독(便毒)	횡현(橫痃) 소복하(少腹下)와 서혜부(鼠蹊部)에 생긴 멍울. 성교에 너무 힘을 썼거나, 혹은, 욕정을 참고 배설하지 못하여 정(精)과 혈(血)이 뭉쳐 중도(中途)에 막혀 있거나, 심하게 화를 내어 간(肝)을 손상하여 경락에 기혈이 막혀 생기거나, 양매창이 전염되어 생기기도 함	43, 65
복서(伏暑)	사기(邪氣)가 인체에 침범한 후 곧바로 병을 일으키지 않고 잠복해 있다가 일정한 시기가 되어 발생하는 온병	58
복열(伏熱)	몸 안에 잠복하고 있는 열사	29

복중냉통(腹中冷痛)	배가 차고 아픈 증상	27
복중뇌명(腹中雷鳴)	뱃속에 꾸르륵 하면서 끓는 소리가 나는 증상	71
복중사역(腹中邪逆)	배 안의 사기(邪氣)가 역(逆)하는 것	39
복창(腹脹)	배가 불러오는 증상	39
복창만(腹脹滿)	배가 불룩하면서 그득한 것	65
부녀음랭(婦女陰冷)	부녀의 음부(陰部)가 한랭(寒冷)한 증상	48
부인경폐(婦人經閉)	여자가 18세 이상이 되어도 월경이 없거나, 또는 계속 월경이 있다가 임신, 수유기를 제외하고 3 개월 이상 연속 월경이 없는 병증	32, 36
부인대하(婦人帶下)	부인의 음도에서 끈끈한 액체가 끊임없이 계속 흘러나오는 것	52
부인유옹(婦人乳癰)	부인의 유방에 생기는 옹(癰)	67
부인절음불산(婦人絕陰不産)	부인의 몸에 음기(陰氣)가 없어 아이를 낳지 못하는 것	50
부인혈기불순(婦人血氣不順)	부인(婦人)의 혈기(血氣)가 순조롭지 못한 증상	55
부인혈력(婦人血瀝)	부인이 월경이 아닌데 조금씩 피가 나오는 것	27
부종(浮腫)	세포사이의 체액이 혈관 이외의 부위에 집적되어 부어오르는 증상	44
분돈(奔豚)	신기(腎氣)가 허약하여 비(脾)의 습사(濕邪)가 들거나, 발한(發汗) 후 소침(燒鍼)을 잘못 놓아 침구멍에 한사(寒邪)가 들어가 기가 상충(上衝)함, 흉복통(胸腹痛)이 있고, 한열(寒熱)이 오가며, 배꼽 밑에 동계(動悸)가 있음	48, 56, 71
붕루(崩漏)	여성성기 부정출혈	36, 49
붕중(崩中)	갑자기 음도(陰道)에서 대량의 출혈이 있는 것	31, 34, 43, 45
비뉵(鼻衄)	코피가 나는 증상	62, 68
비만(肥滿)	몸의 지방조직에 중성지방이 지나치게 많이 축적되어 살찐 상태	39
비만구역(痞滿嘔逆)	흉완부(胸脘部)가 막혀 그득하고 답답하되 아프지 않으며 구역(嘔逆)하는 것	58
비사입목(飛絲入目)	먼지가 눈에 들어가 눈병이 생긴 것	70
비색(鼻塞)	코가 막히는 것으로 흔히 감기에서 볼 수 있는 증상, 감기 등으로 인해 코가 막히는 증상	41, 68
비시(飛尸)	허벅지 안쪽과 바깥쪽 모두 약간 붓고 살짝 굶은 증상, 전염성이 있는 노병(勞病)	65
비위기약(脾胃氣弱)	비위(脾胃)의 기가 약한 것	37
비위허약(脾胃虛弱)	비위의 기가 부족한 증상	27
비허구사(脾虛久瀉)	비(脾)가 허하여 오랫동안 설사를 하는 증상	46
비혈(鼻血)	코에 피가 나는 증상	49, 56, 58
비홍(鼻紅)	코피가 심하게 쏟아져 나오는 증상	68
사공독(射工毒)	물속 벌레에 쏘여 생긴 독	63
사견상(蛇犬傷)	뱀이나 개에 물린 손상	70
사교독창(蛇咬毒瘡)	뱀에 물려 오른 독으로 창(瘡)이 생긴 것	52
사리(瀉痢)	설사와 이질	36, 48
사리복통(瀉痢腹痛)	설사를 하며 복통이 있는 것	40
사지마비(四肢麻痺)	사지의 마비	60
사지불수(四肢不遂)	사지의 운동 마비	47
사지불인(四肢不仁)	수족의 운동 신경이 마비되어 수축이 안 되고 행동이 부자유스러운 것	50
사지습비(四肢濕痺)	사지(四肢)에 습기(濕氣)가 성(盛)하여 형성되는 병증	43
사지연급(四肢攣急)	사지(四肢)의 힘줄이 오그라들고 땅기면서 뻣뻣해지는 병증	27, 36
사혈(瀉血)	어혈(瘀血)을 체외로 빼내어 질병을 치유하는 방법	30
산기(疝氣)	고환 통증	71
산후악혈(産后惡血)	산후(産後)에 나쁜 피가 나오는 증상	45
산후중풍(産後中風)	출산(出産)한 뒤 경련(痙攣)을 주증으로 하는 증상	64
상기(上氣)	기운이 아래에서 위로 치미는 것, 내쉬는 숨이 많고 들이마시는 숨이 적어 숨이 가쁜 증상	33, 51
상기구역(上氣嘔逆)	상기(上氣)가 있으면서 구역(嘔逆)이 나는 증상	68

상서(傷暑)	여름철에 서사에 상한 병증	32
상한(傷寒)	외감성 질병, 풍한사에 의해서 생긴 외감병, 차가운 기운에 손상을 입은 감기	51, 58
설종(舌腫)	혀가 붓는 증상	27
소갈(消渴)	갈증이 나서 물을 많이 마시지만 갈증이 없어지지 않는 증상	26, 27, 30, 32, 40, 54, 57, 58, 59, 61
소변단적(小便短赤)	소변이 시원하게 나오지 않고 찔끔거리며, 양이 적고 붉은 증상	61
소변불금(小便不禁)	신장(腎臟)과 방광이 함께 허(虛)하여 스스로 제어할 수 있는 힘이 없어 저절로 소변이 나오는 것을 참거나 가누지 못해 흘리게 되는 증세	43
소변불리(小便不利)	소변량이 줄거나 잘 나오지 않거나 심지어 막혀서 전혀 나오지 않는 병증	41, 50
소변빈삭(小便頻數)	소변을 보는 횟수와 양이 모두 많은 증상	40
소변여력(小便餘瀝)	소변을 보고 난 뒤에도 남아서 방울방울 떨어지는 병증	35
소변폐(小便閉)	소변이 나오지 않은 증상	57
소변황적(小便黃赤)	오줌 색깔이 정상보다 진한 노란색이면서, 붉은 색을 띠는 증상	30
소복기창(小腹氣脹)	아랫배가 부어올라 커지는 증상	48
소아경간(小兒驚癎)	소아가 경기(驚氣)와 간질(癎疾)을 앓는 증상	45, 52
소아두창(小兒痘瘡)	소아가 천연두를 앓은 뒤에 피부가 헐어서 가렵고 진물이 나는 병증	37
소아신열(小兒身熱)	어린이가 여름에 열이 나면서 몸이 약해지는 증상	30
소아유뇨(小兒遺尿)	어린 아이가 때에 상관없이 소변을 지리는 병증	55
소아중설(小兒重舌)	소아의 혀 밑에 혀 모양의 군살이 돋는 병증	41
소중(消中)	消渴의 한 종류	32
수고(水蠱)	배가 몹시 불러 오면서 속이 그득한 감을 주증상으로 하는 병증	39
수기(水氣)	몸 안에 수습(水濕)이 고여 얼굴과 눈, 팔다리, 가슴과 배, 심지어 온몸이 붓는 증상	64
수기부종(水氣浮腫)	수기(水氣)에 의한 부종(浮腫)	71
수족불수(手足不隨)	팔다리가 마비되어 마음대로 움직이지 못하는 병	63
수종(水腫)	몸 안에 체액이 머물러 있어 얼굴, 팔다리, 가슴과 배, 심하면 온몸이 붓는 병증	38, 41, 67
순긴(脣緊)	어린 아이에서 입과 입술의 근육이 급히 수축하여 입을 벌리고 다물기 어렵고 젖이나 음식을 못 먹는 것	62
습개(濕疥)	개창-피부병의 하나로 헌데가 겹친 진옴	54
습열사리(濕熱瀉痢)	습열로 인한 이질	56
습열황달(濕熱黃疸)	간 조직에 염증이 생겨 간 세포가 파괴되어 일으키는 카타르성 황달	67
습창(濕瘡)	습진의 한 종류, 개선(疥癬), 옴	44
시기독려(時氣毒癘)	계절마다 발생하는 강력한 전염성(傳染性) 병사(病邪)), 풍열두통(風熱頭痛: 두통의 하나로 풍열사(風熱邪)가 위로 치밀어서 생긴 증상	45
시기열(時氣熱)	전염병으로 열이 나는 증상	51
시질(時疾)	계절성이 강한 감염성 질병	61
식복(食復)	온병(溫病) 또는 온역(溫疫)의 회복기에 음식 조절을 잘못하여 병이 도진 증상	70
식욕부진(食慾不振)	식욕이 없는 증상	47
식적담체(食積痰滯)	비위의 운화기능 장애로 먹은 음식물이 정체되어 머물러 맺혀있는 증상	32
신기상(腎氣傷)	콩팥이 손상되는 증상	27
신랭(腎冷)	신한(腎寒) 한기(寒氣)가 신(腎)을 쳐서 일어남. 오삭오삭 떨리고 뼈 속까지 차며, 이빨이 덜덜 떨리는 증상	55, 62
신로(腎勞)	신이 허손되어 오는 허로	35
신쇠(腎衰)	신이 위축됨	57
신열(身熱)	열이나는 증상	26, 52
신허(腎虛)	신이 허한 상태	48
신허요통(腎虛腰痛)	신의 허쇠로 생긴 요통. 허리가 시큰거리며 무겁고 계속 아픔	35
신허작천(腎虛作喘)	신(腎)이 허하여 호흡이 가쁜 병증	28, 54

실면다몽(失眠多夢)	잠을 잘 자지 못하고 꿈을 많이 꾸는 증상	47
심계(心悸)	가슴이 두근거리면서 불안해 하는 증상	27
심계실면(心悸失眠)	가슴이 두근거리면서 불안해 하여 잠을 못 이루는 것	46, 48
심번구갈(心煩口渴)	목이 마르고 가슴이 답답한 병증	32
심복결기(心腹結氣)	심복부에 무언가 맺혀있는 증상	51
심복냉통(心腹冷痛)	명치와 배가 차고 아픈 증상, 구토(嘔吐), 설사(泄瀉), 한비(寒痺: 한사(寒邪)로 인해 저리고 아픈 증상	28, 68
심복적기(心腹積氣)	명치와 아랫배에 기가 몰려서 흩어지지 않는 증상	30
심복창만(心腹脹滿)	고창(鼓脹). 흉복부가 불어나고 속이 그득한 것이 주증인 병증	70
심비숙혈(心脾宿血)	심과 비에 혈(血)이 정체하여 오래된 혈(血)	39
심열(心熱)	심장에 생긴 여러 가지 열증	26
심적복량(心積伏梁)	배꼽 위에서 일어나는데 크기가 팔뚝만하고 위로 명치까지 하는 증상	43
심통(心痛)	심장 부위 및 명치 부위가 아픈 증상	31, 32, 62
심하비(心下痞)	명치 밑이 그득하면서 더부룩한데 만지면 유연하고 아프지도 않는 증상	36
심하만(心下滿)	위완부(胃脘部)가 막혀 답답하면서 더부룩한 병증	70
심하통(心下痛)	명치밑의 아픔을 위주로 하는 병증	34
심흉번민(心胸煩悶)	가슴이 더부룩하고 답답한 것	42
십중구담(十中九痰)	질병이 10가지면 9가지는 담에 의하여 생기는 병임	27, 38
아구창(鵝口瘡)	신생아, 영아의 설사 및 영양 부족 또는 마진(麻疹)의 후기에 발생하는 구강 질환으로 입 안의 점막이나 혀에 둥근 하얀 반점이 생기는 병증	42
아근부란악취(牙根浮爛惡臭)	잇몸이 붓고 헐면서 썩은 냄새가 나는 것	45
아치풍통(牙齒風痛)	풍사(風邪)를 받아서 생긴 치통	50
아통(牙痛)	이가 아픈 것	58
악종결핵(惡腫結核)	살결 속에 응어리가 지며 붓는 병	67
악창(惡瘡)	창양(瘡瘍)으로 인한 농혈(膿血)이 부패하여 오래되어도 낫지 않는 병	30, 44, 54, 60, 67
악풍(惡風)	뇌풍(한센병), 독이 센 풍사	36
안적작통(眼赤作痛)	양쪽 눈이 붉게 부으며 아픈 병증	46
양독발반(陽毒發斑)	열이 나면서 얼굴 및 그 밖의 드러난 부위 피부에 반점, 구진, 잔물집, 딱지 등 피진(皮疹)이 나타나며 관절이 붓고 아픈 증상 등이 나타나는 병증	45
양매독창(楊梅毒瘡)	성병의 하나로 양매(楊梅)와 독창(毒瘡)이 겸한 증상	31
양매창(楊梅瘡)	매독(梅毒)의 균이 전염되어 생기는 매독(梅毒)	65
양위(陽痿)	발기가 안 되는 것이며 혹 발기가 되어도 단단하지 않은 것	28
양위유정(陽痿遺精)	성욕은 있으나 음경이 제대로 발기되지 않은 증상과 정액이 성행위 이외에 흐르는 증상, 양위(陽痿)증상과 정액이 성행위 이 외에 흐르는 증상	40, 54
양허현훈(陽虛眩暈)	현훈의 하나로 양기가 부족하거나 청양이 머리까지 올라가지 못해서 생기는 증상	28
어혈(瘀血)	피가 몸 안의 일정한 곳에 몰려 생긴 병증	39
어혈경폐(瘀血經閉)	기체(氣滯), 한조(寒阻)에 의하여 경맥의 혈행이 삽체(澁滯)되고 어혈(瘀血)이 충맥(衝脈), 임맥(任脈), 포맥(胞脈)을 막은 것이 오래되어 월경이 일어나지 않는 병증	40
얼역(噦逆)	위기(胃氣)가 거슬러 올라와 위로 치밀어서 일어남, 병이 심한 사람은 그 소리가 메이는 증상, 딸국질	66
역절풍(歷節風)	숨이 짧고 땀이 저절로 나며 마디마디가 두루 아파 참지 못하며 굽히고 펴지 못하는 것	44
열갈(熱渴)	실열이 있으면서 갈증이 나는 것	41
열닉(熱慝)	속이 답답하고 그득한 것	60
열독(熱毒)	양열(陽熱)이 몰려 독이 생긴 것	29, 32
열독담화울결(熱毒痰火鬱結)	열독(熱毒)으로 인해 담화(痰火: 담을 낀 화나 담에 의하여 생긴 화, 목이나 귀 뒤, 겨드랑이 밑에 염주알 같은 매듭이 생긴 병증)가 울결된 것	38
열독리(熱毒痢)	전염성이 강한 사기가 대장에 몰려 중하게 경과하는 이질	59
열독혈리(熱毒血痢)	열독으로 인한 피가 섞여 나오는 이질	65

용어	풀이	쪽
열리(熱痢)	대장에 열이 몰려서 기혈이 막힌 탓으로 위장의 운화기능이 장애되어 생긴 이질	26, 30, 59
열리하중(熱痢下重)	열증에 의한 이질에 의하여 몸 아랫도리가 무거운 것	52
열림(熱淋)	습열이 하초에 몰려서 생기는 임증	56
열림삽통(熱淋澁痛)	습열이 하초에 몰려 소변을 조금씩 자주 보며, 잘나오지 않고 아픈 증상	61, 67
열병혼수(熱病昏睡)	열병(熱病)으로 인해 정신이 희미해 지면서 쓰러져 깨어나지 않는 증상	42
열옹(熱癰)	목구멍의 가운데에 생기는 후옹(喉癰)	44
오경설사(五更泄瀉)	오경(五更)쯤에 설사를 하는 증상, 腎虛	54
오로(五勞)	5 가지의 허로, 오래 걸으면 간장(肝臟)이 피로하여 힘줄이 상하고(行傷筋), 오래 보면(視) 심장(心臟)이 피로하여 혈을 상하며(視傷血), 오래 앉으면 비장(脾臟)이 피로하여 근육을 상하고(坐傷肉), 오래 누워있으면 폐장(肺臟)이 피로하여 기를 상하며(臥傷氣), 오래 서있으면 신장(腎臟)이 피로하여 뼈를 상함(立傷骨)을 말함. 칠상(七傷: 정(精), 기(氣), 신(神), 마음(心), 혈(血), 근육(筋肉), 근골(筋骨)의 7 가지가 상함을 말함	54
오로칠상(五勞七傷)	오로는 오장이 허약해서 생기는 허로(虛勞)를 5가지로 나눈 것으로, 심로(心勞), 폐로(肺勞), 간로(肝勞), 비로(脾勞), 신로(腎勞) 등이고, 칠상은 남자의 신기(腎氣)가 허약하여 생기는 음한(陰寒), 음위(陰痿), 이급(裏急), 정루(精漏), 정소(精少), 정청(精淸), 소변삭(小便數) 등 7가지 증상), 풍습비통(風濕痺痛: 풍사(風邪)와 습사(濕邪)가 상박(相搏)하여 병변을 일으킴. 풍습으로 인해서 저리고 아픈 것, 팔이 아파 쓰지 못하는 증상	47, 53, 64
오림(五淋)	노림(勞淋), 열림(熱淋), 혈림(血淋), 기림(氣淋), 석림(石淋) 등 5 가지의 임증(淋症)	67
오림융폐(五淋癃閉)	오림(五淋: 노림(勞淋), 열림(熱淋), 혈림(血淋), 기림(氣淋), 석림(石淋) 등 5 가지의 임증(淋症)으로 인하여 요(尿)가 방광에 정체(停滯)되어 소변(小便)이 잘 나오지 않는 증상	67
오심(惡心)	매스꺼움. 토하고 싶어도 토해지지 않는 증상	59
오장냉열(五臟冷熱)	오장의 냉열을 치료	59
오치(五痔)	모치(牡痔), 빈치(牝痔), 장치(腸痔), 맥치(脈痔), 기치(氣痔) 등 5 종의 치질	31, 65
온열초기(溫熱初起)	온열사(溫熱邪)에 감촉된 초기	64
온학(溫瘧)	학질의 하나로 사기가 음경에 잠복해 있다가 가을에 먼저 풍에 상한 다음 다시 한에 상하거나 서열사를 받아서 생기는 증상	26, 33
옹저(癰疽)	곪으며 부어오르는 증상	31, 61
옹종(癰腫)	옹저 때 부어 오른 것, 기혈(氣血)이 사독(邪毒)을 받아 옹색(壅塞)하여 통하지 않음으로써 국부적으로 일어나는 종창(腫脹)	30, 37, 45, 63
완비불기(脘痞不飢)	배가 결리고 아프거나 체해 배가 고프지 않는 증상	43
외감발열두통(外感發熱頭痛)	외인에 감촉되어 생긴 발열 및 두통	26
외상출혈(外傷出血)	외상(外傷)으로 인해 출혈이 나는 것	49
요동(腰疼)	허리가 뻐근하고 아픈 증상	55
요신간한통(腰腎間寒痛)	허리와 신(腎)에 차가운 통증이 있는 증상	68
요슬냉통(腰膝冷痛)	허리와 무릎이 차고 통증이 있는 증상	28, 54
요슬산통(腰膝酸痛)	허리와 무릎이 시리고 아픈 증상	32, 40, 47
요통(腰痛)	허리 아픈 병증	32, 40, 62
요혈(尿血)	소변에 혈이 동반되는 증상	28, 34
울열(鬱熱)	열이 쌓임	58
원형탈모증(圓形脫毛症)	모발이 동전 모양으로 둥그렇게 빠지는 증상	54
월경불순(月經不順)	생리가 순조롭지 못한 것	34, 36
위완창통(胃脘脹痛)	명치에 가까운 윗배가 창만(脹滿) 하면서 아픈 병증	39
위한토식(胃寒吐食)	위(胃)가 차서 음식을 토하는 병증	62
유경(柔痙)	폐열(肺熱)이 신(腎)으로 전해짐으로써 뼈가 뻣뻣해지고, 힘살이 물러 팔다리의 움직임에 힘이 없는 병증	63
유뇨(遺尿)	소변을 참지 못하고 저절로 배출되는 증상, 오줌이 자기도 모르게 저절로 나오는 병증	48, 55
유뇨빈뇨(遺尿頻尿)	소변이 저절로 나오면서 배뇨 횟수가 잦은 증상	54

유아(乳蛾)	후핵(喉核: 구개편도)이 빨갛게 붓고 아픈 증상	65
유옹(乳癰)	젖 몸에 생긴 옹, 젖 몸에 생긴 덩어리	28, 56, 70
유정(遺精)	정액이 절로 나오는 병증	32, 46, 48, 49, 59
유풍(游風)	얼굴에 국한성 부종이 나타나는 증상	63
유풍종독(游風腫毒)	얼굴의 국한성 부종으로 헌데 또는 헌데의 독	45
육적(肉積)	비가 허한데 고기를 지나치게 먹어서 생긴 적의 하나	39
육혈(衄血)	외상을 입지 않았는데도 두부(頭部)의 모든 구멍 및 살갗에서 피가 나오는 증상	65
음경중통(陰莖中痛)	음경(陰莖)의 속이 아픈 것	50
음낭습양(陰囊濕痒)	음낭(陰囊)이 축축하고 가려운 증상	44
음양역병(陰陽易病)	한(傷寒) 혹은 온역(溫疫) 등의 병을 앓은 후에 남은 열이 아직 완전히 없어지지 않은 상태에서 방사(房事)를 함으로써 병이 상대방에게 전염되는 것, 상한을 앓아 건강이 완전히 회복되지 않은 부인과 방사를 한 후 남자가 얻은 병을 음역(陰易)이라 하고, 상한을 앓아 건강이 완전히 회복되지 않은 남자와 방사를 한 후 부인이 얻은 병을 양역(陽易)이라 함	69
음위(陰萎)	성욕은 있으나 음경이 제대로 발기되지 않은 증상	50, 54
음증상한(陰證傷寒)	병사(病邪)가 음경(陰經)으로 직접 침범한 허한증(虛寒證)	62
음퇴(陰㿉)	아랫배가 붓고 아프거나 고환이 땅기면서 붓고 아픈 증상	71
음하습양(陰下濕痒)	사타구니가 축축하고 가려운 것. 신(腎)이 상하여 신기(腎氣)가 부족하기 때문에 음부(陰部)가 차고 땀이 저절로 나는 것이며, 풍사(風邪)의 침범에 의하여 가려움증을 일으킴	35
음허목적생예(陰虛目赤生翳)	음허(陰虛)로 인해서 눈이 붉어지고 예(흐릿함)가 생기는 병증	32
음허발열(陰虛發熱)	음혈(陰血)이 저절로 손상되거나 신수(腎水)가 쇠갈하여 발생하는 발열	53
이롱(耳聾)	귀 안에서 소리가 나면서 잘 듣지 못하는 증	41, 54, 62
이명(耳鳴)	귀 울음 증상	32
이수(羸瘦)	몸이 여위는 병증	57
임신구토(姙娠嘔吐)	수태후 2~3개월에 나타나는 오심구토	70
인통(咽痛)	목안이 아픈 증상	27
인후종통(咽喉腫痛)	목안이 붓고 아픈 증상	39, 53, 67
임력(淋瀝)	소변이 잘 나오지 않고, 방울방울 떨어지면서 배뇨 시(排尿時) 통증이 있는 증상	30
자궁탈수(子宮脫垂)	자궁이 정상 위치에서 아래쪽으로 내려와서 음렬(陰裂) 이탈한 상태	45
자한(自汗)	깨어 있을 때 몸에 부담을 줌이 없이 절로 나는 땀	36, 48, 49, 57
잠교(蠶咬)	누에에 물려 생긴 중독증	60
장독하혈(臟毒下血)	대변을 본 뒤에 피가 나오는 증상	31
장열번갈(壯熱煩渴)	고열이 나며, 가슴이 답답하여 입안이 마르고 갈증이 나는 병증	56, 58
장옹(腸癰)	창자 속에 옹(癰)이 생기고 아울러 배가 아픈 병증	67
장위랭(腸胃冷)	장위(腸胃)에 한차고 냉냉한 기운이 몰린 증상	34
장위풍사(腸胃風邪)	장위(腸胃)에 풍사(風邪)가 있는 것	41
장출불수(腸出不收)	장이 나왔다가 거두어지지 않는 것	64
장풍(腸風)	치질 때 뒤로 새빨간 피가 나오는 것	30, 36, 40
장풍하혈(腸風下血)	일종의 변혈(便血)을 주증으로 하는 질병	26, 31, 65
적기(積氣)	병의 기운이 몸 안에 몰려 있는 것	39
적백리(赤白痢)	묵 같은 곱과 피고름이 섞인 대변을 누는 이질의 한 종류	27, 31, 32, 57
적백탁(赤白濁)	백탁과 적탁, 음경구(陰莖口)로부터 탁한 물질이 흘러 나오나 소변은 혼탁하지 않은 증상	46
적옹(赤癰)	붉은 색의 옹(癰: 몸의 겉층과 장부 등이 곪는 병증)	50
적유풍단(赤遊風丹)	바람을 맞아 살갗이 반들반들하면서 붓고 빨갛고, 몸에서 이리저리로 돌아다니는 발적	48
적취(積聚)	뱃속에 덩이가 생겨 아픈 증상	29, 36, 71
적풍상인(賊風傷人)	이상 기후(바람)로 사람의 건강을 해치는 것	47

전간(癲癎)	발작적으로 의식 장애가 오는 것을 주증으로 하는 병증	42
절맥(絕脈)	맥의 하나로 정상보다 지나치게 빨리 뛰거나 더디게 뛰는 맥	41
절양무자(絕陽無子)	양기(陽氣)가 끊어져서 자식을 낳지 못하는 것	50
정류(精流)	정액이 계속 흐르는 병증	55
정창(疔瘡)	부스럼의 하나로 쇠 못처럼 작고 딴딴하고 뿌리가 깊이 박혀 있는 증상	60, 65
정창종독(疔瘡腫毒)	독기를 감수하여 생긴 정창(疔瘡)이 진행되면서 붓고 아픈 것	67
제비(諸痺)	막혀서 통하지 않는 모든 증상	26
제종독(諸腫毒)	모든 종기(腫氣)의 독기운	65
제하교통(臍下絞痛)	배꼽 아래가 꼬이듯 아픈 것	62
족종(足腫)	무릎 이하 복사뼈, 발가락 등이 모두 붓고 경직되는 병증	30
족한(足寒)	발이 시려움	45
종독(腫毒)	독기에 의한 종기로서 좀처럼 사그러들지 않고 주위에 시퍼렇게 죽은 피가 뭉쳐서 점점 악화되면서 잘 곪지도 않아 통증이 심한 경우, 종기의 독기	49
중기하함(中氣下陷)	비(脾)가 허해서 장부가 아래로 처지는 감이 있는 병증	57
중악(中惡)	정신을 잃고 넘어지며 말을 하지 못하는 것	29, 34, 36, 44, 68
중풍(中風)	갑자기 정신을 잃고 넘어지거나 갑자기 구안와사, 반신불수, 언어 장애 등 일련의 후유증을 남기는 병증	26, 34, 44
중풍불어(中風不語)	중풍으로 말을 하지 못하는 증상	63
중풍실음(中風失音)	풍으로 갑자기 말을 못하는 증상	30
중풍편비(中風偏痺)	풍사(風邪)가 성(盛)한 비증(痺症)이 한 쪽으로 오는 것, 동통이 상하좌우로 돌아다녀 일정하지 않는 증상	53
지랭맥미(肢冷脈微)	사지가 냉하고 맥이 미약한 증상	68
지절통(肢節痛)	감기(感氣)나 몸살로 인(因)하여 팔다리의 뼛마디가 쑤시는 증상	34, 38
지주교(蜘蛛咬)	거미한테 물리면 임신한 것처럼 배가 커지고 몸에서 실 같은 것	60
창개(瘡疥)	피부병의 하나로 헌데가 겹친 진옴(瘡疥)	30, 37, 59
창만(脹滿)	배가 몹시 불러 오면서 속이 그득한 감이 있는 증상	68
창양종독(瘡瘍腫毒)	겉에 생기는 여러 가지 외과 질환과 피부 질환이 헌 곳, 헌 곳의 독	60
척강이궐(脊强而厥)	척추 뼈 부위의 근맥(筋脈)과 기육(肌肉)이 당겨 몸을 앞으로 구부리지 못하고 궐증(厥證)을 일으키는 것	63
천수(喘嗽)	호흡이 빠르고 촉박하며 기침이 나는 병증	55
천식(喘息)	연달아서 하는 기침	53
천행상기(天行上氣)	기운이 아래에서 위로 치미는 증상	26
천행열질(天行熱疾)	한 나라 또는 세계적인 범위에서 돌림이 일어나는 병, 전염병	56, 58
청예백막(青翳白膜)	사물을 흐리게 보는 눈, 백내장	52
체허강직(體虛强直)	몸이 허하고 온몸이 뻣뻣해지는 증상	35
출충(出蟲)	생체에 해악한 충을 내보냄	50
치루(痔瘻)	항문 직장 주위에 누공이 생긴 병증	37
치창변혈(痔瘡便血)	치질(痔疾)에 의해 변을 볼 때 피가 나오는 것	59
치통(齒痛)	이빨이 아픈 증상	34, 45
치혈(痔血)	군살이 몸 밖으로 비집고 나온 것(痔)에서 피가 나는 것	31
타박손상(打撲損傷)	부딪치거나 맞아서 다쳐 손상된 증상	69
타태(墮胎)	임신 3 달 이후에 저절로 중절되는 증상	26, 35
타혈(唾血)	침에 피가 섞여 나오는 증상	68
탄산(呑酸)	위의 신물이 목구멍까지 올라갔다가 내려가는 증	40
탈항(脫肛)	항문 및 직장 점막 또는 전층이 항문 밖으로 빠져 나오는 병증	49
탕화작상(湯火灼傷)	끓는 물이나 뜨거운 기름에 팔다리를 데었거나, 혹은 불에 타서 화상을 입은 증상	66
태기불안(胎氣不安)	임신불안(姙娠不安)의 뜻으로 임신의 정상 경과에 장애가 발생한 병리적 상황	38
태독(胎毒)	갓난 어린이에게 여러 가지 병을 일으키게 하는 선천적 병인	28, 59

태동(胎動)	태아가 자궁강 안에서 움직이는 것	35, 43, 59
태동불안(胎動不安)	임신이 중절되려 할 때의 초기증상	56
태루(胎漏)	임신기에 아랫배 아픔이 없이 자궁의 출혈이 조금씩 있는 증상	35, 43
태불하(胎不下)	태아가 임신부의 뱃속에서 나오지 않는 것	55
토기(吐氣)	토하려는 기운이 있는 것	56
토혈(吐血)	피가 호흡기와 소화관으로부터 입을 거쳐 나오는 증상	26, 31, 32, 53, 65, 68
통비(痛痺)	지금의 통풍(痛風)	66
투발(透發)	농(膿)이나 두창(痘瘡) 따위를 통하게 하여 발산시키는 효능	45
편풍(偏風)	반신불수	50
폐만(肺滿)	폐기가 막히고 몰려 가슴이 그득한 증상	39
폐열구얼(肺熱嘔呃)	폐열(肺熱)로 구역질과 딸꾹질을 하는 병증	61
폐열창(肺熱瘡)	열이 몹시 날 때 폐에 생기는 물집	30
폐열해수(肺熱咳嗽)	폐에 생긴 여러 가지 열증(熱證)으로 기침이 나는 것	56, 61
폐옹(肺癰)	폐부(肺部)에 생기는 옹양(癰瘍)	57, 61, 67
폐위(肺痿)	폐엽(肺葉)이 마르고 시들어 발생하는 병증	27, 53
폐한해수(肺寒咳嗽)	폐에 한(寒)기가 가득 차서 기침이 나는 병증	62
폐허구해(肺虛久咳)	폐가 허하여 오래된 기침을 치료	49
폐허해천(肺虛咳喘)	폐(肺)가 허하여 해수(咳嗽)가 시원하게 나오지 않고 호흡이 가쁘며 곤란한 증후	48
폭풍습(暴風濕)	갑자기 풍습(風濕)을 감수하여 발생한 여러 가지 병증	53
풍경(風痙)	경증(痙證)의 하나. 갑자기 넘어지며 온 몸이 강직되고, 이를 악무는 등의 전간양(癲癎樣) 발작이 반복적으로 나타남	34
풍기(風氣)	바람	41
풍랭기통(風冷氣痛)	찬 바람(風冷)으로 인한 목이 아픈 증상	62
풍독설사(風毒泄瀉)	풍독으로 인한 설사	60
풍독종(風毒腫)	풍독(風毒)으로 생기는 종기	62
풍두통(風頭痛)	풍(風)으로 인한 두통(頭痛)	51
풍랭상신(風冷傷腎)	풍랭(風冷)에 의해 신(腎)이 상한 것	35
풍루(風淚)	바람을 쏘이면 눈물이 나오는 것	52
풍습비(風濕痺)	풍사(風邪)와 습사(濕邪)가 합쳐진 비증(痺證)으로 팔다리가 저리고 아프며 잘 쓰지 못하는 증상, 풍습으로 신체가 저리고 감각이 없어지는 증상	34, 44, 68
풍습비통(風濕痺痛)	풍사(風邪)와 습사(濕邪)가 상박(相搏)하여 병변을 일으킴. 풍습으로 인해서 저리고 아픈 것, 팔이 아파 쓰지 못하는 증상	47, 50, 63
풍열(風熱)	풍사(風邪)와 열사(熱邪)가 겹친 것. 발열이 중하고 오한은 경하며, 구갈(口渴)이 나는 증상	53, 56
풍열담연(風熱痰涎)	풍열이 올라와 머리를 어지럽혀 일어나는 두통	32
풍열두통(風熱頭痛)	두통의 하나로 풍열사(風熱邪)가 위로 치밀어서 생긴 증상	45
풍열해수담다(風熱咳嗽痰多)	풍열사(風熱邪)가 폐(肺)에 침입하여 기침을 하면서 가래가 있는 증상	51
풍전(風顚)	정신이 불안정한 증상	53
풍진습창(風疹濕瘡)	풍진으로 인해 생기는 습성 피부 질환	60
풍한감모(風寒感冒)	풍한사(風寒邪)를 외감(外感)해 생긴 감기	63, 69
풍한습비(風寒濕痺)	풍, 한, 습 3기가 뒤섞여 혈기를 울체로 몰아 신중, 두통, 수족마비 등의 증상이 나타나는 것	40, 52
풍허(風虛)	몸이 허해져서 생기는 풍증	55
피부습란(皮膚濕爛)	피부에 진물이 나면서 문드러지는 증상	49
피부결기(皮膚結氣)	피부에 사기(邪氣)가 맺혀 모인 증상	68
피부어혈(皮膚瘀血)	피부에 어혈이 생긴 증상	47
피부풍열(皮膚風熱)	피부의 풍사와 열사가 겹친 증상	30

하리(下痢)	설사와 이질	34, 38, 40, 69
하리후중(下痢後重)	하리(下痢)후에 뒤가 묵직한 것	45
하부창(下部瘡)	부인의 음호에 생긴 헌 곳	50
하혈(下血)	자궁 출혈	43, 45, 58
한사(寒瀉)	비위(脾胃)에 한(寒)이 성(盛)하여 발생하는 설사	68
한습요통(寒濕腰痛)	한습사가 경락을 막아서 기혈이 잘 통하지 못해 일어나는 요통	46
한열(寒熱)	오한과 열나는 증상을 합하여 이른 말, 추위를 느끼고 찬 것을 싫어하는 증상 및 열나는 증상	27, 33, 36, 44, 53, 57
한열왕래(寒熱往來)	갑자기 춥다가 갑사기 열이 나는 증상	69
항강(項强)	목덜미가 뻣뻣하고 아프며 잘 돌리지 못하는 증상	26
해농혈(咳膿血)	기침할 때 가래침에 피고름이 섞여 나오는 증상	45
해수(咳嗽)	기침 소리와 가래가 다 있는 것	32, 39, 70
해역(咳逆)	기침하면서 기운이 치밀어 오르는 것, 숨이 찬 것	33, 48, 53
허로(虛勞)	몸의 정기와 기혈이 허손해진 병증	34, 36
허로객열(虛勞客熱)	허로한데 열증이 동반된 것	41
허로불면(虛勞不眠)	몸이 허약해져 잠을 자지 못하는 것	68
허로이수(虛勞羸瘦)	몸이 허약해져 점점 수척해지는 것	27, 58
허로정휴(虛勞精虧)	몸의 정기와 기혈이 허손 해져(虛勞) 정(精)이 이지러짐	31
허리(虛羸)	허하여 몸이 야위는 증상, 식욕부진(食慾不振)	47
허손상중(虛損傷中)	몸의 정기(正氣)나 기혈(氣血)이 허손해진 병증으로 중초비위(中焦脾胃)의 기를 손상한 것	46
허한(虛寒)	정기(正氣)가 허해 속이 찬 증후가 나타나는 것	55
허한토사(虛寒吐瀉)	정기가 허하고 속이 찬 증상으로 게우고 설사하는 병증	28
현훈심계(眩暈心悸)	어지러우며 심장이 심하게 뛰는 것	33
현훈이명(眩暈耳鳴)	현훈(眩暈)에 이명(耳鳴)을 수반하는 증상	40
혈괴(血塊)	해산한 뒤에 주기적으로 아랫배의 아픔이 있는 것	40
혈력(血瀝)	혈이 몰리는 것	34
혈리(血痢)	피고름이 섞인 대변을 설하는 이질	30, 66
혈림(血淋)	오줌에 피가 섞여 나오는 임증	45, 65, 67
혈변(血便)	대변에 혈액이 함께 나오는 증상	49
혈붕(血崩)	성기 부정 출혈, 붕루, 피가 갑자기 많이 나오는 것	56, 57
혈비(血痺)	기혈이 허약해져서 막혀서 통하지 않는 증상	36
혈허위황(血虛萎黃)	혈이 허하거나 부족하여 몸이 누렇게 뜬 병증	33, 36
협풍통(脇風痛)	풍으로 옆구리가 아픈 증	26
협하통(脇下痛)	옆구리 아래의 통증	36
호뇨자창(狐尿刺瘡)	곤충의 분비물에 닿아 일으키는 피부병으로 창(瘡)이 생긴 것	67
호상(虎傷)	호랑이에게 물려 생긴 상처	60
황달(黃疸)	온몸과 눈, 오줌이 누렇게 되는 병증	29, 38, 56, 58, 59
후비(喉痺)	목안이 벌겋고 붓고 아프며 막힌 감이 있는 인후병	31, 39, 62, 64
후성(喉腥)	목안에서 비린 냄새가 나는 것	56
흉격번열(胸膈煩熱)	가슴이 답답하면서 열감을 느끼는 증	26
흉열(胸熱)	가슴에 열사(熱邪)가 있는 것	39
흉협창통(胸脇脹痛)	흉협(胸脇: 앞 가슴과 양쪽 옆구리)이 창만하며 통증이 있는 증상	62
흉협허통(胸脇虛痛)	허증(虛證)일 때 나타나는 흉협부(胸脇部)의 통증(痛症)	45

김 종 덕

- 약학박사(부산대학교, 1991)
- 전남대학교 생명산업공학과 교수
- 전남대학교 항비만·건강연구소 소장
- 전남대학교 해양미래자원개발사업단장
- 생체의 반란자 산소의 두얼굴-프리라디칼의 생성 및 소거 기전 (전남대학교출판부, 2013)
- 미세조류의 경이로운 세계와 산업적 응용-에너지, 식량 및 환경 분야의 미래자원 (전남대학교출판부, 2012)
- Progress in Molecular Environmental Bioengineering(Intech, 2011)
- Enzyme Functionality (Marcel Dekler Inc, 2004)

자연으로의 회귀
천연 약용 자원의 생명산업적 응용

인 쇄 2017년 1월 10일
발 행 2017년 1월 20일

저 자 김종덕
발행인 정병석
발행처 전남대학교출판부

등 록 1981년 5월 21일 제53호
주 소 61186 광주광역시 북구 용봉로 77
전 화 062-530-0571~2
마케팅 062-530-0573
팩 스 062-530-0579
홈페이지 http://www.cnup.co.kr

값 27,000 원

ISBN 978-89-6849-370-6 (93470)

이 도서의 국립중앙도서관 출판예정도서목록(CIP)은 e-CIP홈페이지(http://www.nl.go.kr/ecip)와 국가자료공동목록시스템(http://www.nl.go.kr/kolisnet)에서 이용하실 수 있습니다.
(CIP제어번호 : CIP2017000986)